LES NOUVEAUX

Précis

BRÉAL

Analyse PCSI

Daniel GUININ

Professeur en classes préparatoires scientifiques - 2e année

Bernard JOPPIN

Professeur en classes préparatoires scientifiques - 1re année

Bréal éditions

1, rue de Rome - 93561 Rosny-sous-Bois cedex

LES NOUVEAUX

Précis

BRÉAL

Titres disponibles dans la filière PCSI

Mathématiques 1re année

- Analyse PCSI
- Algèbre et géométrie PCSI

Physique 1re année

- Mécanique PCSI
- Électromagnétisme PCSI
- Électrocinétique PCSI
- Optique MPSI - PCSI - PTSI
- Thermodynamique PCSI

Chimie 1re année

- Chimie PCSI

Exercices 1re année

- Mathématiques PCSI
- Physique PCSI

Maquette : Insolencre & 16 iS.
Couverture : Sophie Martinet.
Réalisation : 16 iS.

Dépôt légal : août 2003.
ISBN 2 7495 0221 7

Avant-propos

Les programmes en vigueur à partir de septembre 2003 veulent favoriser la transition entre le lycée et les classes préparatoires. Les Nouveaux Précis Bréal accompagnent cette importante évolution des Prépas scientifiques. Dans ce but, les trois premiers chapitres de cet ouvrage, dédié à l'analyse, constituent une première partie, dans laquelle sont présentées, en partant du programme de Terminale S, les notions de base indispensables dans les autres disciplines scientifiques.

Rigueur, méthode et clarté restent les leitmotivs de cette nouvelle édition. La mise en page et l'apport de couleur accompagnent, en la soulignant, la structure de chaque chapitre divisé en trois parties complémentaires :

- Le **Cours** est composé des définitions, théorèmes et propriétés nécessaires et suffisants. L'objectif est clair : *tout le programme, rien que le programme*. Tous les théorèmes, ainsi que les principales propriétés, sont démontrés en détail. Parfois, une démonstration simple à établir pourra faire l'objet d'un premier exercice d'application stimulant.
- Les **Méthodes** constituent la principale innovation des Nouveaux Précis. Étudiants et professeurs savent combien le plus délicat, lorsque l'on aborde un problème, est souvent la phase de démarrage : *par quel bout le prendre ?* Deux temps composent cette nouvelle rubrique.

  L'essentiel explicite, en une fiche de synthèse, les démarches les plus courantes. Des mises en œuvre illustrent ces démarches par des exercices classiques, voire «incontournables».
- Les **Exercices**, sont classés selon leur degré de difficulté : du niveau 1, qui correspond à des exercices souvent proches du cours, au niveau 3, moins «transparents». Le niveau 2 propose des sujets de colles raisonnables. Dans tous les cas, ces exercices sont calibrés en fonction de ce que l'on peut véritablement attendre d'un étudiant de première année. Les indications apportent, comme c'est souvent le cas en colle, un coup de pouce qui peut être bienvenu lorsque l'on travaillle seul.

  Tous les exercices ont une solution, détaillée ou plus succincte.

Il nous paraît encore plus indispensable d'accorder à ces deux dernières parties, les Méthodes et les Exercices, une place importante, équivalente à celle du Cours. Cet équilibre permettra aux étudiants de disposer d'un outil de travail complet, adapté au rythme progressif et soutenu de la préparation aux concours. Nous espérons que ces Nouveaux Précis les aideront, tout au long de l'année, à accéder avec confiance en deuxième année de préparation et qu'ils deviendront alors une référence pour les notions qui seront supposées acquises.

Les auteurs

Sommaire

1. Fonctions usuelles

2. Équations différentielles

3. Courbes planes paramétrées

4. Réels – Suites réelles

Sommaire

Sommaire

CHAPITRE

1 *Fonctions usuelles*

A. Logarithmes, exponentielles et puissances

Ces fonctions ont été étudiées au Lycée. Il s'agit ici de rappeler leurs principales propriétés. Certaines démonstrations font appel à des résultats qui seront vus ultérieurement. Elles peuvent donc être réservées à une deuxième lecture.

1. Logarithme népérien

Définition 1

La fonction **logarithme népérien** est l'unique primitive ✎ (1) sur $\mathbb{R}_+^*$ et s'annulant en 1 de la fonction $x \mapsto \frac{1}{x}$. Cette application de $\mathbb{R}_+^*$ dans $\mathbb{R}$ est notée ℓn.

$$\ell n : \mathbb{R}^*+ \to \mathbb{R}, \quad x \mapsto \int_1^x \frac{1}{t}\mathrm{d}t.$$

✎ (1) La notion de primitive est connue depuis la classe de Terminale. Il a été admis que toute fonction réelle continue sur un intervalle I possède au moins une primitive sur I.
Dans le chapitre consacré à l'intégration, on donnera une preuve de ce résultat.

Remarque

On note usuellement $\ell n\, x$, au lieu de $\ell n(x)$, l'image de $x > 0$ par ℓn.

On dit aussi que $\ell n\, x$ est le **logarithme népérien** de x.

Propriété 1

Dérivabilité – Croissance

La fonction ℓn est de classe $\mathcal{C}^\infty$ ✎ (2) sur $\mathbb{R}_+^*$ avec : $\quad \forall x \in \mathbb{R}_+^*, \quad \ell n'(x) = \frac{1}{x}$.

Elle est strictement croissante et concave. ✎ (3)

✎ (2) Une fonction est dite de **classe** $\mathcal{C}^\infty$ sur un intervalle I lorsqu'elle est indéfiniment dérivable sur cet intervalle. Toutes ses dérivées sont alors continues sur I.

✎ (3) La notion de convexité ou de concavité sera étudiée dans le chapitre consacré à la dérivation.
Une fonction f, dérivable sur un intervalle I est concave quand sa dérivée f' est décroissante.
Elle est convexe quand f' est croissante.

☞ Par définition d'une primitive, on a $\forall x \in \mathbb{R}_+^*, \ell n'(x) = \frac{1}{x} > 0$.

La classe $\mathcal{C}^\infty$ sur $\mathbb{R}_+^*$ et la croissance stricte en résultent.

On obtient alors $\forall x \in \mathbb{R}_+^*, \ell n''(x) = -\frac{1}{x^2} < 0$ ce qui montre la concavité.

Corollaire

Soit u une fonction strictement positive sur un intervalle I de $\mathbb{R}$.

Alors la fonction composée $x \mapsto \ell n\big(u(x)\big)$ est dérivable sur I. Sa dérivée est $\quad x \mapsto \frac{u'(x)}{u(x)}$.

Propriété 2

Morphisme et conséquences

a) Pour tout $(x, y) \in \left(\mathbb{R}_+^*\right)^2$, on a $\ell n(xy) = \ell n\, x + \ell n\, y$. ✎ (4)

b) $\forall x \in \mathbb{R}_+^*, \ell n \frac{1}{x} = -\ell n\, x$.

c) $\forall (x, y) \in \left(\mathbb{R}_+^*\right)^2, \ell n \frac{x}{y} = \ell n\, x - \ell n\, y$.

d) $\forall x \in \mathbb{R}_+^*, \forall r \in \mathbb{Q}, \ell n\, x^r = r\, \ell n\, x$.

e) $\forall n \in \mathbb{N}^*, \forall (x_i)_{1 \leqslant i \leqslant n} \in \left(\mathbb{R}_+^*\right)^n, \ell n \left(\prod_{i=1}^{n} x_i\right) = \sum_{i=1}^{n} \ell n\,(x_i)$.

✎ (4) ℓn est un morphisme du groupe $\left(\mathbb{R}_+^*, \times\right)$ sur le groupe $(\mathbb{R}, +)$. Voir le tome d'Algèbre-Géométrie, chapitre 6.

(5) Corollaire de la propriété 1.

a) $y \in \mathbb{R}_+^*$ étant fixé, considérons la fonction $f\ :\ x \mapsto \ell n(xy) - \ell n\, x$.

Elle est dérivable (5) sur $\mathbb{R}_+^*$ avec : $\forall x \in \mathbb{R}_+^*, f'(x) = \dfrac{y}{xy} - \dfrac{1}{x} = 0$; elle est donc constante.

En conséquence, on a $\forall x \in \mathbb{R}_+^*, f(x) = f(1)$, c'est-à-dire $\forall x \in \mathbb{R}_+^*, \ell n(xy) - \ell n\, x = \ell n\, y$.

b) Avec $\ell n\, 1 = 0$, la propriété a) donne $\ell n\, x + \ell n\, \dfrac{1}{x} = 0$.

c) D'après les propriétés a) et b), $\ell n\, \dfrac{x}{y} = \ell n\, x + \ell n\, \dfrac{1}{y} = \ell n\, x - \ell n\, y$.

d) Par récurrence sur n, il vient $\forall n \in \mathbb{N}, \ell n\, a^n = n\, \ell n\, a$, puis en utilisant le b), $\forall n \in \mathbb{N}, \ell n\, a^{-n} = \ell n\, \dfrac{1}{a^n} = n\, \ell n\, \dfrac{1}{a} = -n\, \ell n\, a$. Ainsi, on a $\forall n \in \mathbb{Z}, \ell n\, a^n = n\, \ell n\, a$.

Pour $r = \dfrac{p}{q} \in \mathbb{Q}$, $(p \in \mathbb{Z}, q \in \mathbb{N}^*)$, on a $\ell n\, a^{rq} = q\, \ell n\, a^r$ et $\ell n\, a^{rq} = \ell n\, a^p = p\, \ell n\, a$ donc :

$$\ell n\, a^r = \frac{p}{q}\, \ell n\, a = r\, \ell n\, a.$$

e) Cette propriété se montre aisément par récurrence sur n.

Propriété 3

Limites aux bornes

a) $\lim\limits_{x \to +\infty} \ell n\, x = +\infty$, b) $\lim\limits_{\substack{x \to 0 \\ x > 0}} \ell n\, x = -\infty$, c) $\lim\limits_{x \to +\infty} \dfrac{\ell n\, x}{x} = 0$, d) $\lim\limits_{\substack{x \to 0 \\ x > 0}} x\, \ell n\, x = 0$.

(6) C'est une application du théorème de la limite monotone, qui sera vu au chapître 5.

(7) $\ell n\left(\frac{1}{x}\right) = -\ell n\, x$.

(8) Il s'agit ici de la croissance de l'intégrale. Cette propriété a déjà été vue en Terminale.

a) Pour $a > 1$ fixé, on a $\ell n\, a > \ell n\, 1$ donc $\ell n\, a > 0$. Pour tout $n \in \mathbb{N}^*$, on a $\ell n\, a^n = n\, \ell n\, a$. Il en résulte $\lim\limits_{n \to +\infty} \ell n\, a^n = +\infty$.

Ainsi, ℓn est croissante et non majorée. Il s'ensuit que $\lim\limits_{x \to +\infty} \ell n\, x = +\infty$. (6)

b) La propriété précédente donne $\lim\limits_{\substack{x \to 0 \\ x > 0}} \ell n \left(\dfrac{1}{x}\right) = +\infty$ donc (7) $\lim\limits_{\substack{x \to 0 \\ x > 0}} \ell n\, x = -\infty$.

c) Pour $t \geqslant 1$, on a $\dfrac{1}{t} \leqslant \dfrac{1}{\sqrt{t}}$ donc les propriétés de l'intégration (8) nous donnent :

$$\forall x \geqslant 1,\ \int_1^x \frac{1}{t}\mathrm{d}t \leqslant \int_1^x \frac{1}{\sqrt{t}}\mathrm{d}t \text{ c'est-à-dire } \forall x \geqslant 1,\ \ell n\, x \leqslant 2(\sqrt{x} - 1) \leqslant 2\sqrt{x}.$$

On en déduit : $\forall x \geqslant 1,\ 0 \leqslant \dfrac{\ell n\, x}{x} \leqslant \dfrac{2}{\sqrt{x}}$ d'où $\lim\limits_{x \to +\infty} \dfrac{\ell n\, x}{x} = 0$.

d) La propriété c) donne $\lim\limits_{\substack{x \to 0 \\ x > 0}} x\, \ell n \left(\dfrac{1}{x}\right) = 0$. On conclut avec $\ell n \left(\dfrac{1}{x}\right) = -\ell n\, x$.

Propriété 4

Étude au voisinage de 1

a) $\lim\limits_{x \to 1} \dfrac{\ell n\, x}{x - 1} = 1$, b) $\lim\limits_{h \to 0} \dfrac{\ell n(1 + h)}{h} = 1$. (9)

(9) Ces deux propositions expriment que le nombre dérivé de ℓn en 1 est égal à 1.

Propriété 5

Inégalité de convexité

$$\forall x \in]-1, +\infty[,\ \ell n(1 + x) \leqslant x.$$

(10) Une fonction concave et dérivable est majorée par sa fonction affine tangente en tout point. Voir chapitre 6.

Cette propriété s'établit aisément en étudiant la fonction $x \mapsto x - \ell n(1 + x)$.
C'est aussi une conséquence immédiate de la concavité de la fonction ℓn. (10)

Définition 2

On appelle **nombre de Néper**, et on note e, l'unique réel tel que $\ell n\, e = 1$. ✎ (11)

✎ (11) Les propriétés 1 et 3 montrent que la fonction ℓn définit une bijection de $\mathbb{R}_+^*$ sur $\mathbb{R}$.

Représentation graphique

✎ (12)

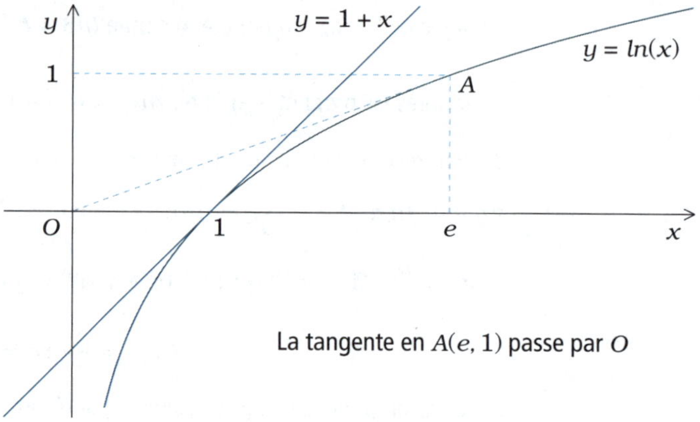

✎ (12) La propriété 3, $\lim\limits_{x\to+\infty} \dfrac{\ell n\, x}{x} = 0$, montre que la courbe présente, quand x tend vers $+\infty$, une branche parabolique de direction $(y=0)$.

2. Logarithme de base a

On considère un réel a strictement positif et différent de 1.

Définition 3

On appelle **logarithme de base** a, et on note $\log_a$, l'application de $\mathbb{R}_+^*$ dans $\mathbb{R}$ définie par :

$$\log_a : x \mapsto \frac{\ell n\, x}{\ell n\, a}.$$ ✎ (13)

✎ (13) $\log_a(x)$ également noté $\log_a x$, est appelé le logarithme de base a de x.

On remarquera que a est l'unique réel x tel que $\log_a x = 1$.

Cas particuliers

- $a = e$, on retrouve le logarithme népérien : $\ell n = \log_e$.
- $a = 10$, le logarithme de base 10 est appelé **logarithme décimal** et noté log.

Propriété 6

- La fonction $\log_a$ est de classe $\mathcal{C}^\infty$ sur $\mathbb{R}_+^*$ et on a : $\forall x \in \mathbb{R}_+^*,\ \log_a'(x) = \dfrac{1}{x\,\ell n\, a}$.
- Si $a \in]1, +\infty[$, $\log_a$ est strictement croissante et concave.
- Si $a \in]0, 1[$, $\log_a$ est strictement décroissante et convexe.

Propriété 7

Pour tout $(x, y) \in \mathbb{R}_+^{*2}$, $\log_a(xy) = \log_a x + \log_a y$.

Propriété 8

Formule de changement de base

Étant donné a et b dans $\mathbb{R}_+^* \setminus \{1\}$, on a :

$$\log_b = \left(\log_b a\right) \log_a.$$ ✎ (14)

✎ (14) C'est là une égalité fonctionnelle qui signifie : $\forall x \in \mathbb{R}_+^*$, $\log_b x = \log_b a \log_a x$.

☞ On a $\log_b x = \dfrac{\ell n\, x}{\ell n\, b} = \dfrac{\ell n\, a}{\ell n\, b}\dfrac{\ell n\, x}{\ell n\, a}$, ce qui donne $\log_b x = \log_b a\ \log_a x$.

Représentations graphiques

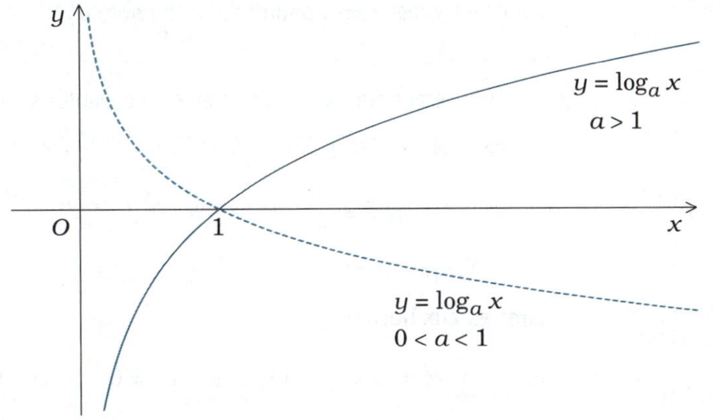

3. Exponentielle népérienne

Définition 4

La fonction **exponentielle**, notée exp, est la bijection réciproque ✎ [15] de la fonction logarithme népérien. C'est donc une bijection de $\mathbb{R}$ sur $\mathbb{R}_+^*$ définie par :

$$\forall x \in \mathbb{R},\ y = \exp x \iff x = \ell n\, y.$$

✎ [15] ℓn est continue, strictement croissante sur $\mathbb{R}_+^*$ avec $\lim\limits_{x\to 0} \ell n\, x = -\infty$ et $\lim\limits_{x\to+\infty} \ell n\, x = +\infty$. Elle définit donc un homéomorphisme de $\mathbb{R}_+^*$ sur $\mathbb{R}$. Voir au chapitre 5.

Conséquences

$$\forall x \in \mathbb{R},\ \ell n(\exp x) = x \quad , \quad \forall x \in \mathbb{R}_+^*,\ \exp(\ell n\, x) = x \quad , \quad \exp(0) = 1 \ , \ \exp(1) = e.$$

Propriété 9

Dérivabilité – Croissance

La fonction exp est de classe $\mathcal{C}^\infty$ sur $\mathbb{R}$ avec : $\forall x \in \mathbb{R},\ \exp'(x) = \exp x$.

Elle est strictement croissante et convexe.

☞ La dérivée de ℓn ne s'annule pas sur $\mathbb{R}_+^*$, la fonction réciproque est donc dérivable sur $\mathbb{R}$ ✎ [16] avec : $\forall x \in \mathbb{R},\ \exp'(x) = \dfrac{1}{\ell n'\left(\exp(x)\right)} = \exp(x).$

✎ [16] Voir chapitre 6.

Propriété 10

Morphisme et conséquences ✎ [17]

a) $\forall (x,y) \in \mathbb{R}^2,\ \exp(x+y) = \exp x \exp y.$

b) $\forall x \in \mathbb{R},\ \exp(-x) = \dfrac{1}{\exp x}.$

c) $\forall (x,y) \in \mathbb{R}^2,\ \exp(x-y) = \dfrac{\exp x}{\exp y}.$

d) $\forall x \in \mathbb{R}, \forall r \in \mathbb{Q},\ (\exp x)^r = \exp(rx).$

e) $\forall n \in \mathbb{N}^*, \forall (x_i)_{1\leqslant i\leqslant n} \in \mathbb{R}^n,\ \exp\left(\sum\limits_{i=1}^n x_i\right) = \prod\limits_{i=1}^n \exp(x_i).$

✎ [17] En posant $u = \exp x$ et $v = \exp y$, le a) est conséquence de :
$\ell n(uv) = \ell n\, u + \ell n\, v$
b), c), d) et e) peuvent s'obtenir à partir de a) ou se déduire des propriétés correspondantes de ℓn en propriété 1.

Avec la propriété 10. d), la fonction exp est un prolongement continu de la fonction :

$$\mathbb{Q} \to \mathbb{R},\ r \mapsto e^r.$$

En effet, avec $\exp(1) = e$, et 10. d) il vient : $\forall r \in \mathbb{Q},\ \exp(r) = \exp(1)^r = e^r.$

Notation 1

Pour tout x réel, $\exp x$ pourra donc être noté e^x.

Avec cette notation, les propriétés précédentes se réécrivent :

$$\forall x \in \mathbb{R},\ \ell n\left(e^x\right) = x\ ,\ \forall x \in \mathbb{R}_+^*,\ e^{\ell n\, x} = x\ ,\ \forall (x,y) \in \mathbb{R}^2,\ e^{x+y} = e^x e^y\ ;$$

$$\forall x \in \mathbb{R},\ e^{-x} = \frac{1}{e^x}\ ,\ \forall (x,y) \in \mathbb{R}^2,\ e^{x-y} = \frac{e^x}{e^y}\ ,\ \forall x \in \mathbb{R}, \forall r \in \mathbb{Q},\ e^{rx} = \left(e^x\right)^r.$$

Propriété 11

Limites aux bornes ✎ [18]

a) $\lim\limits_{x\to+\infty} e^x = +\infty$, b) $\lim\limits_{x\to-\infty} e^x = 0$, c) $\lim\limits_{x\to+\infty} \dfrac{e^x}{x} = +\infty$.

✎ [18] On utilise que exp est une bijection croissante de $\mathbb{R}$ sur $\mathbb{R}_+^*$ et que $\lim\limits_{y\to+\infty} \frac{y}{\ell n\, y} = +\infty$.

Propriété 12

Étude au voisinage de 0 ✎ [19]

$$\lim_{x\to 0} \frac{e^x - 1}{x} = 1.$$

✎ [19] Cette propriété exprime que le nombre dérivé de exp en 0 est égal à 1.

Propriété 13

Inégalité de convexité

$$\forall x \in \mathbb{R},\ e^x \geqslant x + 1.$$

☞ Il suffit d'une étude rapide de la fonction $x \mapsto e^x - x - 1$.

C'est aussi une conséquence immédiate de la convexité de la fonction exponentielle. ✎ [20]

✎ [20] Une fonction convexe dérivable est minorée par sa fonction affine tangente en tout point. Voir chapitre 6.

Représentation graphique

La tangente en $A(1, e)$ passe par O

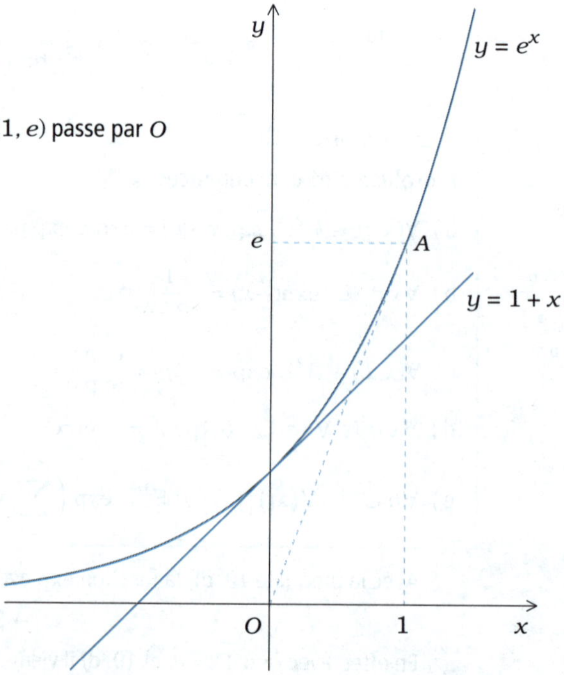

4. Exponentielle de base a

On considère un réel a strictement positif et différent de 1.

Définition 5

La fonction **exponentielle de base** a, notée $\exp_a$ ✎ (21) est la bijection réciproque de la fonction logarithme de base a. C'est donc une bijection de $\mathbb{R}$ sur $\mathbb{R}_+^*$ définie par :

$$\forall x \in \mathbb{R},\quad y = \exp_a x \iff x = \log_a y$$

✎ (21) Pour $a=e$, on retrouve l'exponentielle népérienne.

Conséquences

$$\forall x \in \mathbb{R},\ \log_a\left(\exp_a x\right) = x\ ,\ \ell n\left(\exp_a x\right) = x\,\ell n\, a\,;$$

$$\forall x \in \mathbb{R}_+^*,\ \exp_a\left(\log_a x\right) = x\ ,\ \exp_a(0) = 1\ ,\ \exp_a(1) = a.$$

Propriété 14

$$\forall x \in \mathbb{R},\ \exp_a x = e^{x\,\ell n\, a}.$$ ✎ (22)

✎ (22) Les propriétés de $\exp_a$ peuvent donc se déduire des propriétés correspondantes de exp et de cette formule.

☞ $y = \exp_a x$ équivaut à $x = \dfrac{\ell n\, y}{\ell n\, a}$ donc à $x\,\ell n\, a = \ell n\, y$ ce qui donne $y = e^{x\,\ell n\, a}$.

Propriété 15

Dérivabilité – Variations

La fonction $\exp_a$ est de classe $\mathcal{C}^\infty$ sur $\mathbb{R}$ avec : $\forall x \in \mathbb{R},\ \exp_a'(x) = (\ell n\, a)\exp_a x.$

- Si $a > 1$, elle est strictement croissante, convexe.
- Si $0 < a < 1$, elle est strictement décroissante, convexe.

Propriété 16

Morphisme et conséquences

a) $\forall (x, y) \in \mathbb{R}^2,\ \exp_a(x + y) = \exp_a x\ \exp_a y.$

b) $\forall x \in \mathbb{R},\ \exp_a(-x) = \dfrac{1}{\exp_a(x)}.$

c) $\forall (x, y) \in \mathbb{R}^2,\ \exp_a(x - y) = \dfrac{\exp_a x}{\exp_a y}.$

d) $\forall x \in \mathbb{R}, \forall r \in \mathbb{Q},\ \left(\exp_a x\right)^r = \exp_a(rx).$

Notation 2

$\exp_a$ est un prolongement continu de la fonction $\mathbb{Q} \mapsto \mathbb{R}, r \mapsto a^r$.

Pour tout x réel, $\exp_a x$ pourra donc être noté a^x.

Avec cette notation, les propriétés précédentes se réécrivent :

$$\forall x \in \mathbb{R},\ \log_a\left(a^x\right) = x\ ,\ \ell n\left(a^x\right) = x\,\ell n\, a\quad ,\quad \forall x \in \mathbb{R}_+^*,\ a^{\log_a x} = x\,;$$

$$\forall x \in \mathbb{R},\ a^x = e^{x\,\ell n\, a}\quad ,\quad \forall (x, y) \in \mathbb{R}^2,\ a^{x+y} = a^x a^y\quad ,\quad \forall x \in \mathbb{R},\ a^{-x} = \frac{1}{a^x},$$

$$\forall (x, y) \in \mathbb{R}^2,\ a^{x-y} = \frac{a^x}{a^y}\quad ,\quad \forall x \in \mathbb{R}, \forall r \in \mathbb{Q},\ \left(a^x\right)^r = a^{rx}.$$

Définition 6

Pour tout $x \in \mathbb{R}$, on pose $1^x = 1$. ✎ (23)

✎ (23) Cette extension de la définition est justifiée par $a^x = e^{x\,\ell n\, a}$.

Propriété 17

Exponentielles et puissances

a) $\forall a \in \mathbb{R}_+^*, \forall (x,y) \in \mathbb{R}, \ (a^x)^y = (a^y)^x = a^{xy}$. ✎ (24)

b) $\forall (a,b) \in \mathbb{R}_+^{*2}, \forall x \in \mathbb{R}, \ (ab)^x = a^x b^x$.

c) $\forall (a,b) \in \mathbb{R}_+^{*2}, \forall x \in \mathbb{R}, \ \left(\frac{a}{b}\right)^x = \frac{a^x}{b^x}$.

✎ (24) Par rapport à la propriété 16.d), la nouveauté est que les deux exposants sont maintenant réels.

☞ a) $(a^x)^y = e^{y \ln a^x} = e^{xy \ln a} = a^{xy}$.

b) $(ab)^x = e^{x \ln(ab)} = e^{x(\ln a + \ln b)} = e^{x \ln a} e^{x \ln b} = a^x b^x$.

c) $\left(\frac{a}{b}\right)^x = e^{x \ln\left(\frac{a}{b}\right)} = e^{x(\ln a - \ln b)} = \frac{e^{x \ln a}}{e^{x \ln b}} = \frac{a^x}{b^x}$.

Représentations graphiques ✎ (25)

✎ (25) $a^{-x} = \left(\frac{1}{a}\right)^x$ montre que les graphes de $\exp_a$ et $\exp_{\frac{1}{a}}$ sont symétriques par rapport à l'axe (Oy). L'ensemble des graphes correspondant à $0<a<1$, est donc l'image dans la réflexion d'axe (Oy) de l'ensemble des graphes correspondant à $a>1$.

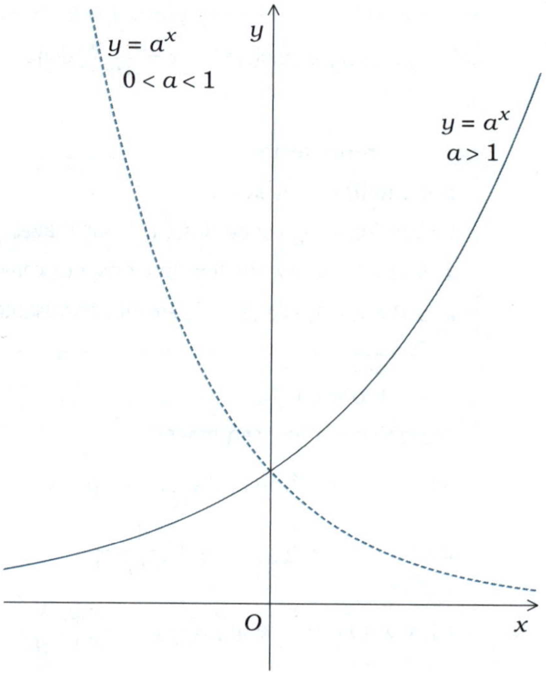

5. Fonctions puissances

Définition 7

Soit $\alpha \in \mathbb{R}$; on appelle fonction **puissance d'exposant** α, et nous notons P_α, l'application de $\mathbb{R}_+^*$ dans $\mathbb{R}$ définie par :

$$\forall x \in \mathbb{R}_+^*, \quad P_\alpha(x) = x^\alpha = e^{\alpha \ln x}. \text{ ✎ (26)}$$

✎ (26) Pour $\alpha > 0$, en posant $P_\alpha(0)=0$, on obtient une fonction continue sur $[0,+\infty[$.

Propriété 18

P_α est de classe $\mathcal{C}^\infty$ sur $\mathbb{R}_+^*$ avec :

$$\forall x \in]0,+\infty[\quad , \quad P'_\alpha(x) = \alpha\, x^{\alpha-1}$$
$$P''_\alpha(x) = \alpha(\alpha-1)x^{\alpha-2}$$

- Pour $\alpha > 0$, P_α est croissante et pour $\alpha < 0$ elle est décroissante.
- Pour $\alpha > 1$ ou $\alpha < 0$, P_α est convexe et pour $0 < \alpha < 1$ elle est concave.

Propriété 19

On suppose $\alpha > 0$ et on note encore P_α le prolongement continu sur $\mathbb{R}_+$.

- Pour $\alpha > 1$, P_α est de classe $\mathcal{C}^1$ sur $\mathbb{R}_+$ avec $P'_\alpha(0) = 0$. ✎ (27)
- Pour $0 < \alpha < 1$, P_α est de classe $\mathcal{C}^1$ sur $\mathbb{R}_+^*$ et $\lim\limits_{x \to 0} P'_\alpha(x) = +\infty$. ✎ (28)

✎ (27) C'est une conséquence du théorème 14 du chapitre 6.

✎ (28) La tangente en O au graphe de P_α est portée par l'axe (Oy).

Représentations graphiques

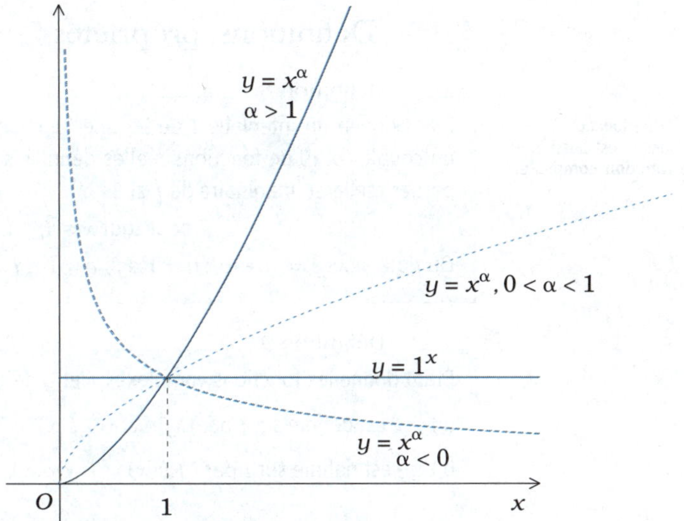

6. Comparaison locale des fonctions logarithmes, exponentielles et puissances

Théorème 1

$$\forall(\alpha,\beta) \in \left(\mathbb{R}_+^*\right)^2, \quad \lim_{x \to +\infty} \frac{(\ell n\, x)^\alpha}{x^\beta} = 0.$$

$$\forall(\alpha,\beta) \in \left(\mathbb{R}_+^*\right)^2, \quad \lim_{\substack{x \to 0 \\ x > 0}} x^\beta\, |\ell n\, x|^\alpha = 0. \text{ ✎ (29)}$$

✎ (29) Ces deux propriétés restent vraies avec $\alpha < 0$, mais alors il n'y a plus d'indétermination.

☞ a) Écrivons $\dfrac{(\ell n\, x)^\alpha}{x^\beta} = \left(\dfrac{\ell n\, x}{x^{\frac{\beta}{\alpha}}}\right)^\alpha = \left(\dfrac{\alpha}{\beta}\,\dfrac{\ell n\, x^{\frac{\beta}{\alpha}}}{x^{\frac{\beta}{\alpha}}}\right)^\alpha$.

Par ailleurs, on a $\lim\limits_{x \to +\infty} x^{\frac{\beta}{\alpha}} = +\infty$ donc, ✎ (30) il vient $\lim\limits_{x \to +\infty} \dfrac{\ell n\, x^{\frac{\beta}{\alpha}}}{x^{\frac{\beta}{\alpha}}} = 0$;

puis avec $\alpha > 0$, $\lim\limits_{x \to +\infty} \dfrac{(\ell n\, x)^\alpha}{x^\beta} = 0$.

b) En posant $x = \dfrac{1}{t}$, pour $0 < x < 1$, on a $x^\beta\, |\ell n\, x|^\alpha = \dfrac{(\ell n\, t)^\alpha}{t^\beta}$ et on est ramené au cas précédent.

✎ (30) D'après la propriété 3.c).

Théorème 2

$$\forall\, \alpha \in \mathbb{R}_+^*, \quad \lim_{x \to +\infty} \frac{e^x}{x^\alpha} = +\infty, \quad \lim_{x \to -\infty} |x|^\alpha\, e^x = 0. \text{ ✎ (31)}$$

✎ (31) Ici aussi ces propriétés restent vraies avec $\alpha < 0$, sans indétermination.

☞ a) $\dfrac{e^x}{x^\alpha} = \left(\dfrac{e^{\frac{x}{\alpha}}}{x}\right)^\alpha$ et on conclut avec la propriété 11.c).

b) En posant $x = -t$, on a $|x|^\alpha\, e^x = \dfrac{t^\alpha}{e^t}$ et on est ramené au cas précédent.

B. Fonction exponentielle complexe

1. Fonctions à valeurs complexes

1.1 – Définitions, propriétés

✎ (32) Une fonction à valeurs dans $\mathbb{C}$ est aussi appelée **fonction complexe**.

Définition 8

Étant donné un intervalle I de $\mathbb{R}$, une fonction f définie sur I à valeurs dans $\mathbb{C}$ ✎ (32) et un couple (u, v) de fonctions réelles définies sur I, u et v sont respectivement appelées les parties réelle et imaginaire de f si :

$$\text{pour tout } x \in I,\ f(x) = u(x) + iv(x).$$

On note alors $f = u + iv$, $u = \operatorname{Re} f$, $v = \operatorname{Im} f$.

Définition 9

Étant donné les fonctions complexes f et g définies sur I, et $\lambda \in \mathbb{C}$:

a) λf est définie sur I par $(\lambda f)(x) = \lambda f(x)$,

b) fg est définie sur I par $(fg)(x) = f(x)g(x)$,

c) si f ne prend pas la valeur 0 sur I, la fonction $\dfrac{1}{f}$ est définie sur I par $\dfrac{1}{f}(x) = \dfrac{1}{f(x)}$.

Propriété 20

Soit f et g des fonctions complexes définies sur un intervalle I de $\mathbb{R}$.

En notant $u_1 = \operatorname{Re} f$, $v_1 = \operatorname{Im} f$,, $u_2 = \operatorname{Re} g$ et $v_2 = \operatorname{Im} g$:

- les parties réelle et imaginaire de $f + g$ sont respectivement $u_1 + u_2$ et $v_1 + v_2$,
- les parties réelle et imaginaire de fg sont respectivement $u_1u_2 - v_1v_2$ et $u_1v_2 + u_2v_1$.

Définition 10

Avec les notations ci-dessus, la fonction conjuguée de f est $u - iv$. Elle est notée $\overline{f}$.

Définition 11

La fonction **module de** f, notée $|f|$, est la fonction réelle définie sur I par $|f| = \sqrt{u^2 + v^2}$.
La fonction f est dite **bornée** lorsque $|f|$ est majorée.

Propriété 21

$|f|^2 = f\overline{f}$ et si f ne s'annule pas sur I, $\dfrac{1}{f} = \dfrac{\overline{f}}{|f|^2}$.

Propriétés des opérations algébriques sur les fonctions complexes

✎ (33) Les démonstrations découlent de celles qui concernent les fonctions réelles, appliquées aux parties réelles et imaginaires des fonctions complexes considérées.

Les règles sont les mêmes que pour les fonctions à valeurs réelles. ✎ (33)

1.2 – Continuité, limites

Les fonctions complexes considérées sont définies sur un intervalle I non vide, non réduit à un point, et on étudie leur comportement en un point a qui est dans l'intervalle ou qui est une borne de l'intervalle.

Définition 12

f est continue en $a \in I$ lorsque ses parties réelle et imaginaire sont continues en a.

(34) Les démonstrations découlent de celles qui concernent les fonctions réelles, appliquées aux parties réelles et imaginaires des fonctions complexes considérées.

(35) Avec éventuellement $a=+\infty$ ou $a=-\infty$.

(36) L'unicité de la limite pour une fonction réelle donne alors l'unicité de la limite pour une fonction à valeurs dans $\mathbb{C}$.

(37) Il s'agit ici d'étendre aux fonctions complexes une propriété bien connue des fonctions réelles.

Opérations algébriques sur les fonctions complexes continues

Les règles sont les mêmes que pour les fonctions réelles continues. (34)

Définition 13

f admet une limite en a (35) lorsque les fonctions $u = \mathrm{Re} f$ et $v = \mathrm{Im} f$ ont en a des limites respectives α et β.

La limite $b \in \mathbb{C}$ de f en a est alors $b = \alpha + i\beta$, (36) et on note $\lim\limits_{a} f = b$ ou $\lim\limits_{x\to a} f(x) = b$.

Propriété 22

Une fonction complexe f admet la limite b en a si et seulement si la fonction réelle $x \mapsto |f(x) - b|$ admet la limite 0 en a. (37)

a) Supposons que $b = \alpha + i\beta$ soit limite de f en a, avec α et β réels.

D'après la définition 13, les parties réelle et imaginaire u et v de f admettent en a les limites respectives α et β. Donc les régles connues sur les limites de fonctions réelles donnent :

$$\lim_{x\to a} \sqrt{\big(u(x)-\alpha\big)^2 + \big(v(x)-\beta\big)^2} = 0 \text{ c'est-à-dire } \lim_{x\to a} |f(x) - b| = 0.$$

b) Réciproquement, supposons que $\lim\limits_{x\to a} |f(x) - b| = 0$.

Alors les majorations $|u(x) - \alpha| \leqslant |f(x) - b|$ et $|v(x) - \beta| \leqslant |f(x) - b|$ donnent :

$$\lim_{x\to a} \big(u(x)-\alpha\big) = 0 \text{ et } \lim_{x\to a} \big(v(x)-\beta\big) = 0,$$

c'est-à-dire :

$$\lim_{x\to a} u(x) = \alpha \text{ et } \lim_{x\to a} v(x) = \beta. \text{ (38)}$$

(38) Pour conclure on utilise la même propriété mais dans le cadre connu des fonctions réelles.

Opérations algébriques sur les limites de fonctions complexes

Les règles sont les mêmes que pour les limites de fonctions à valeurs réelles. (39)

(39) Les démonstrations découlent de celles qui concernent les fonctions réelles, appliquées aux parties réelles et imaginaires des fonctions complexes considérées.

2. Fonctions à valeurs dans $\mathbb{R}^2$

2.1 – Identification de $\mathbb{C}$ et $\mathbb{R}^2$

L'identification usuelle de $\mathbb{C}$ à $\mathbb{R}^2$ permet d'appliquer aux fonctions à valeurs dans $\mathbb{R}^2$ ce qui a été vu pour les fonctions à valeurs dans $\mathbb{C}$. (40)

(40) Bien entendu, les propriétés qui font appel au produit de nombres complexes ne sont pas concernées par cette identification.

2.2 – Propriétés spécifiques

Soit f et g des fonctions à valeurs dans $\mathbb{R}^2$, définies sur un intervalle I de $\mathbb{R}$.

L'espace $\mathbb{R}^2$ est muni du produit scalaire usuel et on dispose de la fonction Det présentée dans le tome d'Algèbre-Géométrie au chapitre 2. On définit alors sur I les fonctions réelles suivantes :

Définition 14

a) **produit scalaire** $(f|g)$: $x \mapsto \big(f(x)|g(x)\big)$;

b) **norme** $\|f\|$: $x \mapsto \|f(x)\|$;

c) **déterminant** $\mathrm{Det}(f, g)$: $x \mapsto \mathrm{Det}\big(f(x), g(x)\big)$.

Propriété 23

Si f et g admettent chacune une limite en a, il en est de même pour $(f|g)$, $\|f\|$ et $\mathrm{Det}(f, g)$.

$$\lim_a (f|g) = \Big(\lim_a f \,|\, \lim_a g\Big) \ , \ \lim_a \|f\| = \|\lim_a f\| \ , \ \lim_a \mathrm{Det}(f, g) = \mathrm{Det}\Big(\lim_a f, \lim_a g\Big)$$

Si f et g sont continues sur I, il en est de même pour $(f|g)$, $\|f\|$ et $\mathrm{Det}(f|g)$.

3. Fonction exponentielle complexe

3.1 – Définition

Définition 15

Pour tout $z \in \mathbb{C}$, $z = x + iy$ avec $(x, y) \in \mathbb{R}^2$, on pose $e^z = e^x(\cos y + i \sin y)$. ✎ (41)
La fonction $\mathbb{C} \to \mathbb{C}$, $z \mapsto e^z$ est appelée **exponentielle complexe**.

✎ (41) Pour $z \in \mathbb{R}$, on a $z=x$ et $e^z=e^x$: donc la fonction $\mathbb{C} \to \mathbb{C}$, $z \to e^z$ est un prolongement de la fonction exponentielle réelle.

Propriété 24

Pour tout $z \in \mathbb{C}$, $\left|e^z\right| = e^{\mathrm{Re}\, z}$, $\mathrm{Arg}\, e^z = \mathrm{Im}\, z$.

Propriété 25

a) Pour tout $(z, z') \in \mathbb{C}^2$, $e^{z+z'} = e^z \cdot e^{z'}$.

b) L'application $z \mapsto e^z$ est un morphisme du groupe $(\mathbb{C}, +)$ dans le groupe $(\mathbb{C}^*, \times)$.

c) Pour tout $z \in \mathbb{C}$ et tout $n \in \mathbb{Z}$, $\left(e^z\right)^n = e^{nz}$.

☞ a) On pose $x = x + iy$, $z' = x' + iy'$ avec x, x', y, y' réels. En utilisant :

$\cos(y + y') = \cos y \cos y' - \sin y \sin y'$ et $\sin(y + y') = \sin y \cos y' + \sin y' \cos y$,

il vient :

$$e^{z+z'} = e^{x+x'}\left(\cos(y + y') + i \sin(y + y')\right) = e^x(\cos y + i \sin y) \cdot e^{x'}(\cos y' + i \sin y').$$

b) Puisque $\left|e^z\right| = e^{\mathrm{Re}\, z}$, l'application $z \mapsto e^z$ est à valeurs dans $\mathbb{C}^*$. La proposition a) assure donc que l'on a un morphisme de groupes.

c) Les propriétés des morphismes de groupes donnent $e^0 = 1$ et $e^{-z} = \dfrac{1}{e^z}$.

Par récurrence, on obtient $\forall n \in \mathbb{N}^*, e^{nz} = \left(e^z\right)^n$ puis il vient :

$$e^{-nz} = \frac{1}{e^{nz}} = \frac{1}{\left(e^z\right)^n} = \left(e^z\right)^{-n}$$

Formules d'Euler

Pour tout $x \in \mathbb{R}$, $\cos x = \dfrac{e^{ix} + e^{-ix}}{2}$ et $\sin x = \dfrac{e^{ix} - e^{-ix}}{2i}$. ✎ (42)

✎ (42) Rappel de ce qui a été vu au chapitre 1, dans le tome d'Algèbre-Géométrie.

4. Dérivation

4.1 – Notions générales

On considère une fonction complexe f définie sur un intervalle I de $\mathbb{R}$.

Définition 16

f est dérivable en a lorsque ses parties réelle et imaginaire u et v le sont et, dans ce cas :

$$f'(a) = u'(a) + iv'(a).$$

Remarque

On définit les fonctions dérivables (ou de classe $\mathcal{D}^1$) sur I, et plus généralement, les fonctions p fois dérivables (ou de classe $\mathcal{D}^p$) sur I, ou p fois continûment dérivables (ou de classe $\mathcal{C}^p$) sur I de la même façon que pour les fonctions réelles.

Propriété 26

Étant donné $p \in \mathbb{N}$, f est de classe $\mathcal{C}^p$ (resp. $\mathcal{D}^p$) sur I lorsque u et v sont de classe $\mathcal{C}^p$ (resp. $\mathcal{D}^p$) sur I. On a alors :

$$f^{(p)} = u^{(p)} + i\,v^{(p)}.$$

Propriété 27

Les règles de dérivation relatives aux fonctions à valeurs complexes sont les mêmes que pour les fonctions à valeurs réelles. ✎ (43)

- Soit f dérivable sur I et $\lambda \in \mathbb{C}$. Alors $(\lambda f)' = \lambda f'$.
- Soit f et g des fonctions complexes dérivables sur I. Alors $(fg)' = f'g + fg'$.
- Si f est dérivable sur I et ne s'annule pas sur I, alors $\left(\dfrac{1}{f}\right)' = -\dfrac{f'}{f^2}$.

✎ (43) Ces propriétés peuvent se démontrer en exprimant les parties réelles et imaginaires des diverses fonctions qui interviennent.

Propriété 28

Si f est dérivable sur I, alors $\overline{f}$ est dérivable sur I et on a : $(\overline{f})' = \overline{f'}$.

Propriété 29

Si f est dérivable sur I et ne s'annule pas sur I, $|f|' = \dfrac{uu' + vv'}{|f|}$.

☞ u et v étant dérivables et $u^2 + v^2$ ne s'annulant pas sur I, $|f| = \sqrt{u^2 + v^2}$ est dérivable sur I avec $|f|' = \dfrac{uu' + vv'}{\sqrt{u^2 + v^2}}$.

Propriété 30

Soit φ une fonction réelle dérivable sur un intervalle J de $\mathbb{R}$ et f une fonction complexe dérivable sur un intervalle I de $\mathbb{R}$.

Si $\varphi(J) \subset I$, alors $f \circ \varphi$ est dérivable sur J et $(f \circ \varphi)' = \varphi' \times (f' \circ \varphi)$.

4.2 – La fonction $\mathbb{R} \to \mathbb{C}$, $x \mapsto e^{ax}$, avec $a \in \mathbb{C}$

Propriété 31

Pour $a \in \mathbb{C}$, la fonction $\mathbb{R} \to \mathbb{C}$, $x \mapsto e^{ax}$ est dérivable sur $\mathbb{R}$ de dérivée $x \mapsto a\,e^{ax}$. ✎ (44)

✎ (44) La formule donnant la dérivée est la même que a soit réel ou complexe.

☞ Posons $a = \alpha + i\beta$ avec $(\alpha, \beta) \in \mathbb{R}^2$. Les parties réelle et imaginaire de $f : x \mapsto e^{ax}$ sont respectivement $u : x \mapsto e^{\alpha x} \cos \beta x$ et $v : x \mapsto e^{\alpha x} \sin \beta x$.

Puisque u et v sont dérivables sur $\mathbb{R}$, f l'est aussi avec $f' = u' + i\,v'$.

Alors $u'(x) = e^{\alpha x}(\alpha \cos \beta x - \beta \sin \beta x)$ et $v'(x) = e^{\alpha x}(\alpha \sin \beta x + \beta \cos \beta x)$ donne :

$$f'(x) = (\alpha + i\beta)e^{\alpha x}(\cos \beta x + i \sin \beta x).$$

C. Fonctions hyperboliques

1. Définitions

Définition 17

Les fonctions **cosinus hyperbolique**, notée ch, et **sinus hyperbolique**, notée sh, sont définies sur $\mathbb{R}$ par :

$$\operatorname{ch} x = \frac{1}{2}\left(e^{x} + e^{-x}\right) \quad , \quad \operatorname{sh} x = \frac{1}{2}\left(e^{x} - e^{-x}\right).$$

Remarques

- Toute fonction réelle f, définie sur $\mathbb{R}$, est d'une manière unique somme d'une fonction paire et d'une fonction impaire :

$$f(x) = \frac{1}{2}\big(f(x) + f(-x)\big) + \frac{1}{2}\big(f(x) - f(-x)\big)$$

ch et sh sont respectivement la partie paire et la partie impaire de exp.

- Pour tout x réel, $\operatorname{ch} x$ est strictement positif.

$\operatorname{sh} x = 0$ si et seulement si $e^{x} = e^{-x}$, c'est-à-dire $e^{2x} = 1$ ou encore $x = 0$.

Définition 18

La fonction **tangente hyperbolique**, notée th, est définie sur $\mathbb{R}$ par $\operatorname{th} x = \dfrac{\operatorname{sh} x}{\operatorname{ch} x}$.

Pour tout $x \in \mathbb{R}$, $\operatorname{th} x = \dfrac{e^{x} - e^{-x}}{e^{x} + e^{-x}} = \dfrac{e^{2x} - 1}{e^{2x} + 1} = \dfrac{1 - e^{-2x}}{1 + e^{-2x}}$.

2. Formulaires

Formulaire 1

Quel que soit x réel,

$$\begin{cases} \textbf{(1)} & \operatorname{ch} x + \operatorname{sh} x = e^{x} \\ \textbf{(2)} & \operatorname{ch} x - \operatorname{sh} x = e^{-x} \\ \textbf{(3)} & \operatorname{ch}^2 x - \operatorname{sh}^2 x = 1 \end{cases}$$

Formulaire 2

Quels que soient x et y réels,

(4) $\operatorname{ch}(x+y) = \operatorname{ch} x \operatorname{ch} y + \operatorname{sh} x \operatorname{sh} y$ **(6)** $\operatorname{ch}(x-y) = \operatorname{ch} x \operatorname{ch} y - \operatorname{sh} x \operatorname{sh} y$

(5) $\operatorname{sh}(x+y) = \operatorname{sh} x \operatorname{ch} y + \operatorname{ch} x \operatorname{sh} y$ **(7)** $\operatorname{sh}(x-y) = \operatorname{sh} x \operatorname{ch} y - \operatorname{ch} x \operatorname{sh} y$

☞ a) $\operatorname{ch} x \operatorname{ch} y = \frac{1}{4}(e^{x} + e^{-x})(e^{y} + e^{-y}) = \frac{1}{4}(e^{x+y} + e^{-x-y} + e^{x-y} + e^{-x+y})$

et $\operatorname{sh} x \operatorname{sh} y = \frac{1}{4}(e^{x} - e^{-x})(e^{y} - e^{-y}) = \frac{1}{4}(e^{x+y} + e^{-x-y} - e^{x-y} - e^{-x+y})$

donnent : $\operatorname{ch} x \operatorname{ch} y + \operatorname{sh} x \operatorname{sh} y = \frac{1}{2}\left(e^{x+y} + e^{-(x+y)}\right) = \operatorname{ch}(x+y)$.

b) **(5)** se montre de même. **(6)** et **(7)** s'obtiennent à partir de **(4)** et **(5)** en changeant y en $-y$, avec la parité de ch et l'imparité de sh.

Formulaire 3

Quel que soit x réel,

(8) $\operatorname{ch} 2x = \operatorname{ch}^2 x + \operatorname{sh}^2 x = 2\operatorname{ch}^2 x - 1 = 1 + 2\operatorname{sh}^2 x$ **(9)** $\operatorname{sh} 2x = 2 \operatorname{sh} x \operatorname{ch} x$

C'est un corolaire de **(4)** et **(5)** avec $y = x$, et **(3)**.

✎ (45) Ces formules sont des conséquences immédiates des formules d'addition.

Formulaire 4

Quels que soient x et y réels, ✎ (45)

(10) $\operatorname{ch} x \operatorname{ch} y = \frac{1}{2}[\operatorname{ch}(x+y) + \operatorname{ch}(x-y)]$

(11) $\operatorname{sh} x \operatorname{sh} y = \frac{1}{2}[\operatorname{ch}(x+y) - \operatorname{ch}(x-y)]$

(12) $\operatorname{sh} x \operatorname{ch} y = \frac{1}{2}[\operatorname{sh}(x+y) + \operatorname{sh}(x-y)]$

(13) $\operatorname{ch}^2 x = \frac{1}{2}(\operatorname{ch} 2x + 1)$ **(14)** $\operatorname{sh}^2 x = \frac{1}{2}(\operatorname{ch} 2x - 1)$

Formulaire 5

Quels que soient x et y réels,

(15) $\operatorname{ch} x + \operatorname{ch} y = 2 \operatorname{ch} \frac{x+y}{2} \operatorname{ch} \frac{x-y}{2}$ **(16)** $\operatorname{ch} x - \operatorname{ch} y = 2 \operatorname{sh} \frac{x+y}{2} \operatorname{sh} \frac{x-y}{2}$

(17) $\operatorname{sh} x + \operatorname{sh} y = 2 \operatorname{sh} \frac{x+y}{2} \operatorname{ch} \frac{x-y}{2}$ **(18)** $\operatorname{sh} x - \operatorname{sh} y = 2 \operatorname{sh} \frac{x-y}{2} \operatorname{ch} \frac{x+y}{2}$

Ces formules s'obtiennent à partir de **(10)**, **(11)** et **(12)** en remplaçant x et y par :

$\frac{x+y}{2}$ et $\frac{x-y}{2}$ respectivement.

Formulaire 6

Quels que soient x et y réels,

(19) $\operatorname{th}(x+y) = \frac{\operatorname{th} x + \operatorname{th} y}{1 + \operatorname{th} x \operatorname{th} y}$ **(20)** $\operatorname{th}(x-y) = \frac{\operatorname{th} x - \operatorname{th} y}{1 - \operatorname{th} x \operatorname{th} y}$

La relation **(19)** s'obtient à partir du quotient de $\operatorname{sh}(x+y)$ par $\operatorname{ch}(x+y)$ en divisant numérateur et dénominateur par $\operatorname{ch} x \operatorname{ch} y$.

Formulaire 7

Quel que soit x réel, en posant $t = \operatorname{th} \frac{x}{2}$,

(21) $\operatorname{th} x = \frac{2t}{1+t^2}$ **(22)** $\operatorname{sh} x = \frac{2t}{1-t^2}$ **(23)** $\operatorname{ch} x = \frac{1+t^2}{1-t^2}$

Comparaison entre fonctions circulaires et fonctions hyperboliques

✎ (46) Ces fonctions seront définies en deuxième année.

Nous admettons ✎ (46) qu'il existe des fonctions de $\mathbb{C}$ dans $\mathbb{C}$ appelées cos, sin, ch et sh qui prolongent les fonctions de $\mathbb{R}$ dans $\mathbb{R}$ de mêmes noms et telles que les formules $\operatorname{ch} x = \frac{e^x + e^{-x}}{2}$, $\operatorname{sh} x = \frac{e^x - e^{-x}}{2}$, $\cos x = \frac{e^{ix} + e^{-ix}}{2}$, $\sin x = \frac{e^{ix} - e^{-ix}}{2i}$ restent valables avec x complexe, ainsi que toutes les formules de trigonométrie circulaire ou hyperbolique.

On obtient alors pour tout x réel :

$$\begin{array}{rclcrcl} \cos(ix) & = & \operatorname{ch} x & , & \operatorname{ch}(ix) & = & \cos x \\ \sin(ix) & = & i \operatorname{sh} x & , & \operatorname{sh}(ix) & = & i \sin x \\ \tan(ix) & = & i \operatorname{th} x & , & \operatorname{th}(ix) & = & i \tan x \end{array}$$

Ceci permet de déduire toute formule de trigonométrie circulaire de la formule homologue de trigonométrie hyperbolique et réciproquement. Par exemple, sachant que pour tout $z \in \mathbb{C}$, on a $\cos^2 z + \sin^2 z = 1$, il vient pour tout $x \in \mathbb{R}$, $\cos^2(ix) + \sin^2(ix) = 1$ d'où $\operatorname{ch}^2 x - \operatorname{sh}^2 x = 1$.

Nous donnons ci-après les formules de trigonométrie circulaires déduites par ce procédé des formules **(4)** à **(23)** précédentes.

(4′) $\cos(x+y) = \cos x \cos y - \sin x \sin y$ **(6′)** $\cos(x-y) = \cos x \cos y + \sin x \sin y$

(5′) $\sin(x+y) = \sin x \cos y + \cos x \sin y$ **(7′)** $\sin(x-y) = \sin x \cos y - \cos x \sin y$

(8′) $\cos 2x = \cos^2 x - \sin^2 x = 2\cos^2 x - 1 = 1 - 2\sin^2 x$

(9′) $\sin 2x = 2 \sin x \cos x$ **(10′)** $\cos x \cos y = \frac{1}{2}[\cos(x+y) + \cos(x-y)]$

(11′) $\sin x \sin y = -\frac{1}{2}[\cos(x+y) - \cos(x-y)]$

(12′) $\sin x \cos y = \frac{1}{2}[\sin(x+y) + \sin(x-y)]$

(13′) $\cos^2 x = \frac{1}{2}(1 + \cos 2x)$ **(14′)** $\sin^2 x = \frac{1}{2}(1 - \cos 2x)$

(15′) $\cos x + \cos y = 2\cos\frac{x+y}{2}\cos\frac{x-y}{2}$

(16′) $\cos x - \cos y = -2\sin\frac{x+y}{2}\sin\frac{x-y}{2}$

(17′) $\sin x + \sin y = 2\sin\frac{x+y}{2}\cos\frac{x-y}{2}$

(18′) $\sin x - \sin y = 2\sin\frac{x-y}{2}\cos\frac{x+y}{2}$

(19′) $\tan(x+y) = \frac{\tan x + \tan y}{1 - \tan x \tan y}$ **(20′)** $\tan(x-y) = \frac{\tan x - \tan y}{1 + \tan x \tan y}$

(21′) $\tan x = \frac{2t}{1-t^2}$ **(22′)** $\sin x = \frac{2t}{1+t^2}$ **(23′)** $\cos x = \frac{1-t^2}{1+t^2}$

en ayant posé $t = \tan\frac{x}{2}$

3. Fonctions ch et sh

Propriété 32

a) Les fonctions ch et sh sont définies sur $\mathbb{R}$ et sont respectivement paire et impaire.

b) ch et sh sont de classe $\mathcal{C}^\infty$: $\mathrm{ch}' = \mathrm{sh}$, $\mathrm{sh}' = \mathrm{ch}$.

c) ch est convexe sur $\mathbb{R}$, sh est convexe sur $[0, +\infty[$ et concave sur $]-\infty, 0]$.

Les formules de dérivation s'obtiennent à partir des définitions de ch et sh.

Pour tout $x \geqslant 0$,

$$0 < \mathrm{ch}\, x - \frac{e^x}{2} = \frac{e^{-x}}{2}$$

et

$$0 < \frac{e^x}{2} - \mathrm{sh}\, x = \frac{e^{-x}}{2}$$

montre que :

$$y = \frac{e^x}{2}$$

est asymptote en $+\infty$ aux courbes représentant ch et sh, en précisant les positions relatives.

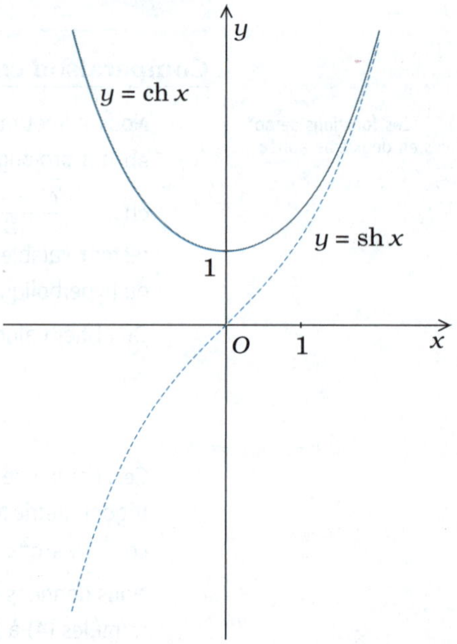

x	$-\infty$		0		$+\infty$
$\mathrm{ch}\,x$	$+\infty$	↘	1	↗	$+\infty$
$\mathrm{sh}\,x$	$-\infty$	↗	0	↗	$+\infty$

Représentation paramétrique d'une hyperbole

Soit a et b réels strictement positifs et l'hyperbole (H) d'équation $\dfrac{x^2}{a^2} - \dfrac{y^2}{b^2} = 1$. ✎ (47)

✎ (47) Pour une hyperbole, voir le chapitre 4 du tome Algèbre-Géométrie.

sh étant une bijection de $\mathbb{R}$ sur $\mathbb{R}$, pour tout y réel, il existe un unique réel t tel que $\dfrac{y}{b} = \operatorname{sh} t$.

Un point (x, y) appartient à (H) si et seulement si $\dfrac{x^2}{a^2} = \dfrac{y^2}{b^2} + 1$, c'est-à-dire :

$$\frac{x^2}{a^2} = 1 + \operatorname{sh}^2 t = \operatorname{ch}^2 t.$$

(H) est la réunion des demi-hyperboles (H_+) et (H_-) contenues respectivement dans les demi-plans $x \geqslant 0$ et $x \leqslant 0$.

$$(H_+) : \begin{cases} x = a \operatorname{ch} t \\ y = b \operatorname{sh} t \end{cases} \qquad (H_-) : \begin{cases} x = -a \operatorname{ch} t \\ y = b \operatorname{sh} t \end{cases} \qquad \text{pour } t \in \mathbb{R}$$

Remarque

Cette représentation paramétrique d'une hyperbole (avec les fonctions hyperboliques) est à rapprocher de la représentation paramétrique (avec les fonctions circulaires) :

- du cercle d'équation $x^2 + y^2 = R^2$ par $\begin{cases} x = R\cos t \\ y = R\sin t \end{cases}$ et
- de l'ellipse d'équation $\dfrac{x^2}{a^2} + \dfrac{y^2}{b^2} = 1$ par $\begin{cases} x = a\cos t \\ y = b\sin t \end{cases}$

4. Fonction tangente hyperbolique

Propriété 33

Pour tout $x \in \mathbb{R}$, **(24)** $1 - \operatorname{th}^2 x = \dfrac{1}{\operatorname{ch}^2 x}$.

☞ Cette formule s'obtient en divisant les deux membres de $\operatorname{ch}^2 x - \operatorname{sh}^2 x = 1$ par $\operatorname{ch}^2 x$.
Notons que, pour tout $x \in \mathbb{R}$, $|\operatorname{th} x| < 1$.

Propriété 34

La fonction th est impaire. Elle est de classe $\mathcal{C}^\infty$ et $\operatorname{th}' = 1 - \operatorname{th}^2 = \dfrac{1}{\operatorname{ch}^2}$.

x	$-\infty$		0		$+\infty$
$\operatorname{th} x$	-1	↗	0	↗	$+1$

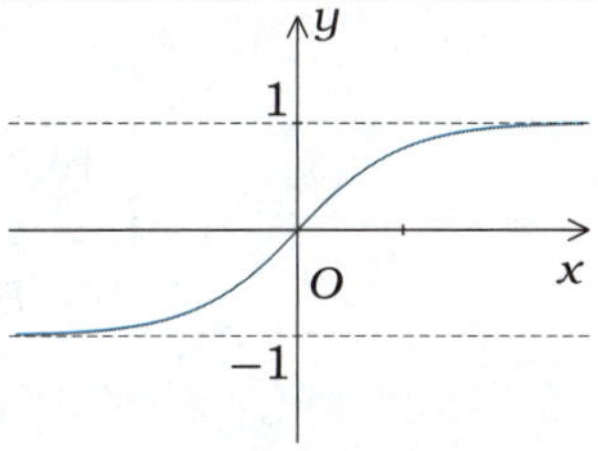

D. Fonctions hyperboliques réciproques

1. Définitions

Les applications ch, sh et th induisent des bijections continues et strictement croissantes de $\mathbb{R}_+$ sur $[1, +\infty[$, de $\mathbb{R}$ sur $\mathbb{R}$ et de $\mathbb{R}$ sur $]-1, 1[$ respectivement.
Leurs réciproques sont les fonctions **hyperboliques réciproques**.

Définition 19

La fonction **argument cosinus hyperbolique**, notée Argch,
$\left\{\begin{array}{lll}[1,+\infty[& \to & \mathbb{R} \\ x & \mapsto & \operatorname{Argch} x\end{array}\right.$ est définie par $\left\{\begin{array}{l}y=\operatorname{Argch} x \\ x \geqslant 1\end{array}\right. \Longleftrightarrow \left\{\begin{array}{l}x=\operatorname{ch} y \\ y \geqslant 0\end{array}\right.$

Définition 20

La fonction **argument sinus hyperbolique**, notée Argsh,
$\left\{\begin{array}{lll}\mathbb{R} & \to & \mathbb{R} \\ x & \mapsto & \operatorname{Argsh} x\end{array}\right.$ est définie par $\left\{\begin{array}{l}y=\operatorname{Argsh} x \\ x \in \mathbb{R}\end{array}\right. \Longleftrightarrow \left\{\begin{array}{l}x=\operatorname{sh} y \\ y \in \mathbb{R}\end{array}\right.$

Définition 21

La fonction **argument tangente hyperbolique**, notée Argth,
$\left\{\begin{array}{lll}]-1,1[& \to & \mathbb{R} \\ x & \mapsto & \operatorname{Argth} x\end{array}\right.$ est définie par $\left\{\begin{array}{l}y=\operatorname{Argth} x \\ x \in]-1,1[\end{array}\right. \Longleftrightarrow \left\{\begin{array}{l}x=\operatorname{th} y \\ y \in \mathbb{R}\end{array}\right.$

2. Expressions logarithmiques

Propriété 35

Pour tout $x \in [1,+\infty[$, $\operatorname{Argch} x = \ell n\left(x+\sqrt{x^2-1}\right)$.

☞ Pour $x \geqslant 1$, soit $t = \operatorname{Argch} x$. On a $t \geqslant 0$ et $x = \operatorname{ch} t$.
Il vient alors $\operatorname{sh}^2 t = x^2 - 1$ et, puisque t est positif, on a $\operatorname{sh} t \geqslant 0$.
Il s'ensuit $\operatorname{sh} t = \sqrt{x^2-1}$. Avec $e^t = \operatorname{ch} t + \operatorname{sh} t$, on obtient :

$$e^t = x + \sqrt{x^2-1} \quad \text{et} \quad t = \operatorname{Argch} x = \ell n\left(x+\sqrt{x^2-1}\right).$$

Propriété 36

Pour tout $x \in \mathbb{R}$, $\operatorname{Argsh} x = \ell n\left(x+\sqrt{x^2+1}\right)$.

☞ De même que pour la propriété précédente, posons $t = \operatorname{Argsh} x$, c'est-à-dire $x = \operatorname{sh} t$.
Avec $\operatorname{ch}^2 t = 1 + x^2$, on obtient $e^t = x + \sqrt{x^2+1}$ et $\operatorname{Argsh} t = \ell n\left(x+\sqrt{x^2+1}\right)$.

Propriété 37

Pour tout $x \in]-1,1[$, $\operatorname{Argth} x = \dfrac{1}{2}\ell n\,\dfrac{1+x}{1-x}$.

☞ Pour $x \in]-1,1[$, posons $t = \operatorname{Argth} x$, donc $x = \operatorname{th} t$. Nous avons donc :

$$x = \frac{e^{2t}-1}{e^{2t}+1}, \text{ d'où } e^{2t} = \frac{1+x}{1-x}.$$

Il vient alors $t = \operatorname{Argth} x = \dfrac{1}{2}\ell n\,\dfrac{1+x}{1-x}$.

Remarques

- Pour tout $x \in \mathbb{R} \setminus]-1,1[$, $\ell n\left|x+\sqrt{x^2-1}\right| = \left\{\begin{array}{lll}\operatorname{Argch} x & \text{si} & x \geqslant 1 \\ -\operatorname{Argch}(-x) & \text{si} & x \leqslant -1\end{array}\right.$
- $\dfrac{1}{2}\ell n\left|\dfrac{1+x}{1-x}\right| = \left\{\begin{array}{ll}\operatorname{Argth} x & \text{si } |x|<1 \\ \operatorname{Argth}\dfrac{1}{x} & \text{si } |x|>1\end{array}\right.$

3. Dérivation

Les dérivées des fonctions Argsh, Argch et Argth peuvent être obtenues à partir des expressions logarithmiques.

Formulaire 8

$$\operatorname{Argsh}'(x) = \frac{1}{\sqrt{x^2+1}}.$$

Formulaire 9

$$\operatorname{Argch}'(x) = \frac{1}{\sqrt{x^2-1}} \quad \text{pour } x \in]1, +\infty[.$$

Formulaire 10

$$\operatorname{Argth}'(x) = \frac{1}{1-x^2} \quad \text{pour } x \in]-1, 1[.$$

E. Fonctions circulaires réciproques

1. Définition

Définition 22

La fonction sinus est continue, strictement croissante sur $\left[-\frac{\pi}{2}, \frac{\pi}{2}\right]$ et :

$$\sin\left(\left[-\frac{\pi}{2}, \frac{\pi}{2}\right]\right) = [-1, 1].$$

Elle induit une bijection s de $\left[-\frac{\pi}{2}, \frac{\pi}{2}\right]$ sur $[-1, 1]$. La bijection réciproque de s est appelée la fonction **arc sinus** et on la note Arcsin.

✎ (48) $\forall x \in \left[-\frac{\pi}{2}, \frac{\pi}{2}\right]$ $\operatorname{Arcsin}(\sin x) = x$.

$$u = \operatorname{Arcsin} x,\ x \in [-1, 1] \iff x = \sin u,\ u \in \left[-\frac{\pi}{2}, \frac{\pi}{2}\right].$$ ✎ (48)

Définition 23

La fonction cosinus est continue, strictement décroissante sur $[0, \pi]$ et :

$$\cos\left([0, \pi]\right) = [-1, 1].$$

Elle induit une bijection c de $[0, \pi]$ sur $[-1, 1]$. La bijection réciproque de c est appelée la fonction **arc cosinus** et on la note Arccos.

✎ (49) $\forall x \in [0, \pi]$ $\operatorname{Arccos}(\cos x) = x$.

$$u = \operatorname{Arccos} x,\ x \in [-1, 1] \iff x = \cos u,\ u \in [0, \pi].$$ ✎ (49)

Définition 24

La fonction tangente est continue, strictement croissante sur $\left]-\frac{\pi}{2}, \frac{\pi}{2}\right[$ et :

$$\tan\left(\left]-\frac{\pi}{2}, \frac{\pi}{2}\right[\right) = \mathbb{R}.$$

Elle induit une bijection t de $\left]-\frac{\pi}{2}, \frac{\pi}{2}\right[$ sur $\mathbb{R}$. La bijection réciproque de t est appelée la fonction **arc tangente** et on la note Arctan.

✎ (50) $\forall x \in \left]-\frac{\pi}{2}, \frac{\pi}{2}\right[$ $\operatorname{Arctan}(\tan x) = x$.

$$u = \operatorname{Arctan} x,\ x \in \mathbb{R} \iff x = \tan u,\ u \in \left]-\frac{\pi}{2}, \frac{\pi}{2}\right[.$$ ✎ (50)

Propriété 38

Pour tout $x \in [-1,1]$, ▪ $\cos(\text{Arccos}\, x) = x$ ▪ $\sin(\text{Arccos}\, x) = \sqrt{1-x^2}$.

Pour tout $x \in [-1,1] \setminus \{0\}$, ▪ $\tan(\text{Arccos}\, x) = \dfrac{\sqrt{1-x^2}}{x}$.

Propriété 39

Pour tout $x \in [-1,1]$, ▪ $\sin(\text{Arcsin}\, x) = x$ ▪ $\cos(\text{Arcsin}\, x) = \sqrt{1-x^2}$.

Pour tout $x \in]-1,1[$, ▪ $\tan(\text{Arcsin}\, x) = \dfrac{x}{\sqrt{1-x^2}}$.

Propriété 40

Pour tout $x \in \mathbb{R}$,

▪ $\tan(\text{Arctan}\, x) = x$, ▪ $\cos(\text{Arctan}\, x) = \dfrac{1}{\sqrt{1+x^2}}$, ▪ $\sin(\text{Arctan}\, x) = \dfrac{x}{\sqrt{1+x^2}}$.

2. Représentations graphiques

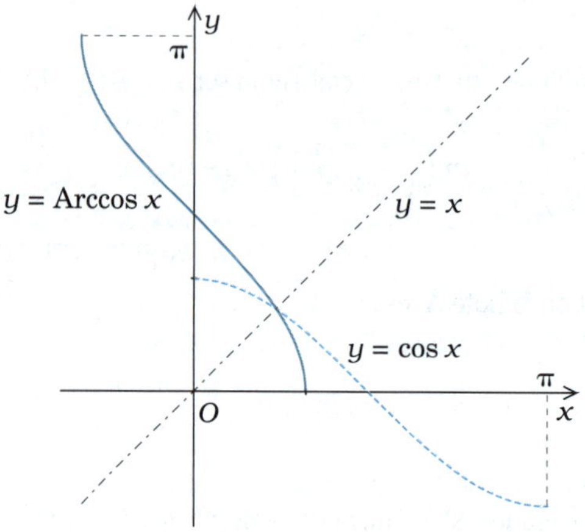

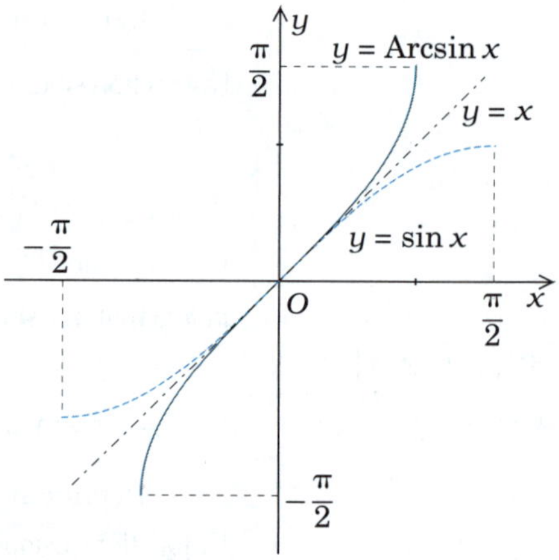

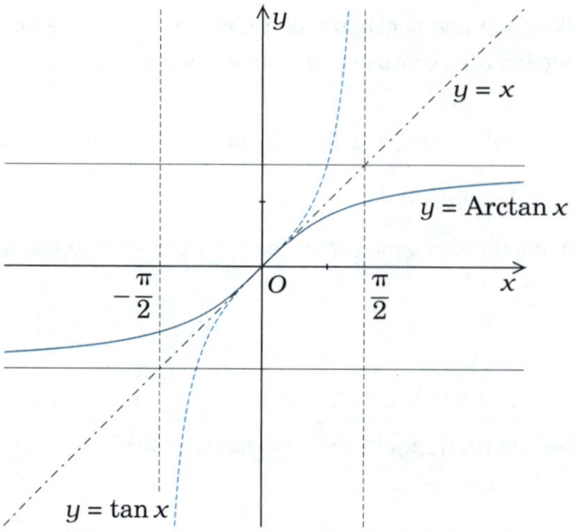

3. Dérivation

Propriété 41

La fonction arc cosinus est dérivable sur $]-1,1[$ et $\operatorname{Arccos}' x = \dfrac{-1}{\sqrt{1-x^2}}$.

☞ cos est dérivable sur $[0,\pi]$ et sa dérivée sin est strictement négative sur $]0,\pi[$.
Puisque $\operatorname{Arccos}(]-1,1[) =]0,\pi[$, la fonction Arccos est dérivable sur $]-1,1[$.
Pour $|x|<1$, soit $t = \operatorname{Arccos} x$, avec $t \in]0,\pi[$. Nous avons :

$$\operatorname{Arccos}' x = \frac{1}{\cos' t} = \frac{-1}{\sin t} = \frac{-1}{\sqrt{1-\cos^2 t}} = \frac{-1}{\sqrt{1-x^2}}.$$

Propriété 42

La fonction arc sinus est dérivable sur $]-1,1[$ et $\operatorname{Arcsin}' x = \dfrac{1}{\sqrt{1-x^2}}$.

☞ sin est dérivable sur $\left[-\frac{\pi}{2},\frac{\pi}{2}\right]$ et sa dérivée cos est strictement positive sur $\left]-\frac{\pi}{2},\frac{\pi}{2}\right[$.

Puisque $\operatorname{Arcsin}(]-1,1[) = \left]-\frac{\pi}{2},\frac{\pi}{2}\right[$, Arcsin est dérivable sur $]-1,1[$.
Pour $x \in]-1,1[$, soit $t = \operatorname{Arcsin} x$. Nous avons :

$$\operatorname{Arcsin}' x = \frac{1}{\sin' t} = \frac{1}{\cos t} = \frac{1}{\sqrt{1-\sin^2 t}} = \frac{1}{\sqrt{1-x^2}}.$$

Propriété 43

La fonction arc tangente est dérivable sur $\mathbb{R}$ et $\operatorname{Arctan}' x = \dfrac{1}{1+x^2}$.

☞ tan est dérivable sur $\left]-\frac{\pi}{2},\frac{\pi}{2}\right[$ et sa dérivée $1+\tan^2$ est strictement positive sur $\left]-\frac{\pi}{2},\frac{\pi}{2}\right[$.

Puisque $\operatorname{Arctan}(\mathbb{R}) = \left]-\frac{\pi}{2},\frac{\pi}{2}\right[$, Arctan est dérivable sur $\mathbb{R}$.

Pour $x \in \mathbb{R}$, soit $t = \operatorname{Arctan} x$. Alors $\operatorname{Arctan}' x = \dfrac{1}{\tan' t} = \dfrac{1}{1+\tan^2 t} = \dfrac{1}{1+x^2}$.

Propriété 44

Pour tout $x \in [-1,1]$, $\operatorname{Arcsin} x + \operatorname{Arccos} x = \dfrac{\pi}{2}$.

☞ La fonction $f : x \mapsto \operatorname{Arcsin} x + \operatorname{Arccos} x$ est continue sur $[-1,1]$ est dérivable sur $]-1,1[$.
Pour tout $x \in]-1,1[$, $f'(x) = \dfrac{1}{\sqrt{1-x^2}} - \dfrac{1}{\sqrt{1-x^2}} = 0$.

f est donc constante sur $[-1,1]$. On conclut avec $f(0) = \operatorname{Arcsin} 0 + \operatorname{Arccos} 0 = \dfrac{\pi}{2}$.

Propriété 45

$$\operatorname{Arctan} x + \operatorname{Arctan}\frac{1}{x} = \begin{cases} \dfrac{\pi}{2} & \text{lorsque } x>0 \\ -\dfrac{\pi}{2} & \text{lorsque } x<0 \end{cases}$$

☞ La fonction $g : x \mapsto \operatorname{Arctan}\dfrac{1}{x}$ est dérivable sur $\mathbb{R}_+^*$ et sur $\mathbb{R}_-^*$, et on a $g'(x) = -\dfrac{1}{1+x^2}$.

La fonction $x \mapsto \operatorname{Arctan} x + \operatorname{Arctan}\dfrac{1}{x}$ est donc constante sur $\mathbb{R}_+^*$ et sur $\mathbb{R}_-^*$.

On conclut avec $\operatorname{Arctan} 1 = \dfrac{\pi}{4}$ et $\operatorname{Arctan}(-1) = -\dfrac{\pi}{4}$.

Exercices

Niveau 1

Logaritmes Exponentielles

Ex. 1

Résoudre l'équation :

$$\log_x 10 = 2\log_{10x} 10 + 3\log_{100x} 10,\ x \in \mathbb{R}.$$

Ex. 2

Résoudre l'équation :

$$2^{2x} - 3^{x-1/2} = 3^{x+1/2} - 2^{2x-1},\ x \in \mathbb{R}.$$

Ex. 3

Étant donné a et b réels strictement plus grands que 1, montrer que $\ell n \dfrac{a+b}{2} \geqslant \sqrt{\ell n\, a\, \ell n\, b}$.

Ex. 4

Montrer que, pour tout $x \in]0,1[$, $x^x(1-x)^{1-x} \geqslant \dfrac{1}{2}$.

Fonctions hyperboliques

Ex. 5

Étant donné a, b réels et $n \in \mathbb{N}$, calculer :

$$C_n = \sum_{k=0}^{n} \operatorname{ch}(a+kb) \ \text{ et } \ S_n = \sum_{k=0}^{n} \operatorname{sh}(a+kb).$$

Ex. 6

Résoudre l'équation : $x \in \mathbb{R},\ 5\operatorname{ch} x - 4\operatorname{sh} x = 3$.

Ex. 7

Linéariser et dériver la fonction $f\ :\ x \mapsto \operatorname{ch}^4 x \operatorname{sh}^2 x$.

Ex. 8

Simplifier $u_n = \displaystyle\prod_{k=1}^{n} \operatorname{ch} \frac{x}{2^k}$. En déduire $\displaystyle\lim_{n\to+\infty} u_n$.

Ex. 9

Simplifier l'expression $\ell n \sqrt{\dfrac{1+\operatorname{th} x}{1-\operatorname{th} x}}$.

Ex. 10

Simplifier $u_n = \displaystyle\sum_{k=0}^{n-1} 2^{k-n} \operatorname{th}\left(2^k x\right)$.

En déduire $\displaystyle\lim_{n\to+\infty} u_n$.

Fonctions circulaires réciproques

Ex. 11

Montrer que, pour tout $x \in [0,1]$:

$$\operatorname{Arcsin}\sqrt{x} = \frac{\pi}{4} + \frac{1}{2}\operatorname{Arcsin}(2x-1).$$

Ex. 12

Étant donné $(x,y) \in \mathbb{R}^2$ avec $xy \neq 1$, montrer que :

$$\operatorname{Arctan} x + \operatorname{Arctan} y = \operatorname{Arctan} \frac{x+y}{1-xy} + k\pi$$

où :

- $k = 0$ si $xy < 1$,
- $k = 1$ si $xy > 1$, avec x (et y) positif,
- $k = -1$ si $xy > 1$, avec x (et y) négatif.

Ex. 13

1) Comparer :

$$\operatorname{Arctan} \frac{1}{2x^2} \text{ et } \operatorname{Arctan} \frac{x}{x+1} - \operatorname{Arctan} \frac{x-1}{x}.$$

2) Simplifier $\displaystyle\sum_{k=1}^{n} \operatorname{Arctan} \frac{1}{2k^2}$.

En déduire $\displaystyle\lim_{n\to+\infty} \sum_{k=1}^{n} \operatorname{Arctan} \frac{1}{2k^2}$.

Ex. 14

Formule de Méchain

Montrer que $4\operatorname{Arctan}\dfrac{1}{5} - \operatorname{Arctan}\dfrac{1}{239} = \dfrac{\pi}{4}$.

Niveau 2

Avec solution détaillée

Ex. 15

Calculer, en fonction de $t \in \mathbb{R}$, la limite :

$$\lim_{p \to +\infty} \frac{1}{2i}\left(\left(1+\frac{it}{p}\right)^p - \left(1-\frac{it}{p}\right)^p\right).$$

Ex. 16

1) Calculer $A = \text{Arctan}\,2 + \text{Arctan}\,5 + \text{Arctan}\,8$.

2) Résoudre l'équation **(1)** $x \in \mathbb{R}$:

$$\text{Arctan}(x-3) + \text{Arctan}\,x + \text{Arctan}(x+3) = \frac{\pi}{4}.$$

Ex. 17

Soit $\{x_1, x_2, \ldots, x_7\}$ un ensemble de 7 réels distincts. Montrer qu'il existe $i \in [\![1,7]\!]$ et $j \in [\![1,7]\!]$ tels que :

$$0 < \frac{x_i - x_j}{1 + x_i x_j} < \frac{1}{\sqrt{3}}.$$

Avec éléments de solution

Ex. 18

Étudier la fonction :

$$f\ :\ x \mapsto \text{Arccos}\sqrt{\frac{1+\sin x}{2}} - \text{Arcsin}\sqrt{\frac{1+\cos x}{2}}.$$

Ex. 19

Trouver les fonctions $f\ :\ \mathbb{R} \to \mathbb{R}$, dérivables en 0 avec $f'(0) = 0$ telles que :

$$\forall x \in \mathbb{R}, f(2x) = \frac{2f(x)}{1+f^2(x)}. \quad (1)$$

Indications

Ex. 1

Poser $X = \log x$.

Ex. 3

C'est une inégalité de convexité.

Ex. 4

Étudier la convexité de $g\ :\ x \mapsto x\,\ell n\,x$.

Ex. 5

Faire apparaître des sommes géométriques.

Ex. 6

Poser $X = e^x$ ou poser $t = \text{th}\,\frac{x}{2}$.

Ex. 7

Utiliser le formulaire de trigonométrie hyperbolique ou développer l'expression $\left(\frac{e^x+e^{-x}}{2}\right)^4\left(\frac{e^x-e^{-x}}{2}\right)^2$ et regrouper les termes :

$$(e^{6x}+e^{-6x}),\ (e^{4x}+e^{-4x}) \text{ et } (e^{2x}+e^{-2x}).$$

Ex. 8

Si $x \neq 0$, $\text{ch}\,x = \dfrac{\text{sh}\,2x}{2\,\text{sh}\,x}$.

Ex. 10

Pour $x \neq 0$, écrire $2^k\,\text{th}\left(2^k x\right)$ sous la forme :

$$f\left(2^{k+1}\right) - f\left(2^k\right).$$

Ex. 12

Pour $y \neq 0$ considérer la fonction :

$$x \mapsto \text{Arctan}\,x + \text{Arctan}\,y - \text{Arctan}\,\frac{x+y}{1-xy}.$$

Ex. 13

Utiliser l'exercice précédent.

Ex. 14

Utiliser l'exercice 12.

Ex. 15

Considérer le module et l'argument.

Ex. 16

2) Montrer que (1) a une solution et une seule.

Ex. 17

$$\tan(a-b) = \frac{\tan a - \tan b}{1 + \tan a \tan b}.$$

Ex. 18

f est définie sur $\mathbb{R}$, 2π-périodique et :

$$f\left(\frac{\pi}{2} - x\right) = f(x).$$

On peut limiter l'étude à l'intervalle $\left[\frac{\pi}{4}, \frac{5\pi}{4}\right]$.

Ex. 19

Montrer que si f est solution alors :

$$\forall x \in \mathbb{R}, -1 < f(x) < 1.$$

Introduire la fonction $g\ :\ x \mapsto \text{Argth}\,f(x)$.

Solutions des exercices

Niveau 1

Ex. 1

x est nécessairement strictement positif et différent de $\frac{1}{10}$ et de $\frac{1}{100}$. Posons $X = \log x$.

En remarquant que $\log_a 10 = \frac{1}{\log a}$, il vient $\frac{1}{X} = \frac{2}{X+1} + \frac{3}{X+2}$ c'est-à-dire $4X^2 + 4X - 2 = 0$ dont les racines sont $\frac{-1-\sqrt{3}}{2}$ et $\frac{-1+\sqrt{3}}{2}$. En conclusion, l'équation proposée admet $10^{\frac{-1-\sqrt{3}}{2}}$ et $10^{\frac{-1+\sqrt{3}}{2}}$ pour solutions.

Ex. 2

Avec $2^{2x} + 2^{2x-1} = 3 \times 2^{2x-1}$ et $3^{x+1/2} + 3^{x-1/2} = 4 \times 3^{x-1/2}$, l'équation se lit $2^{2x-3} = 3^{x-3/2}$ et elle équivaut à $(2x-3)\,\ell n\, 2 = \left(x - \frac{3}{2}\right) \ell n\, 3$, ce qui s'écrit $(2x-3)(2\,\ell n\, 2 - \ell n\, 3) = 0$, donc $x = \frac{3}{2}$.

Ex. 3

La fonction $f\ :\ x \mapsto \ell n(\ell n\, x)$ est définie et dérivable sur $]1, +\infty[$. Sa dérivée seconde, $f''\ :\ x \mapsto -\frac{1+\ell n\, x}{(x\,\ell n\, x)^2}$, est négative, donc f est concave sur $]1, +\infty[$. Il en résulte que pour tout $(a, b) \in]1, +\infty[\times]1, +\infty[$:

$$\ell n\left(\ell n\,\frac{a+b}{2}\right) \geqslant \frac{1}{2}(\ell n(\ell n\, a) + \ell n(\ell n\, b)) \quad \text{ou encore} \quad \ell n\left(\ell n\,\frac{a+b}{2}\right) \geqslant \frac{1}{2}\,\ell n(\ell n\, a\,\ell n\, b) = \ell n\sqrt{\ell n\, a\,\ell n\, b}$$

ℓn étant une bijection croissante de $\mathbb{R}_+^*$ sur $\mathbb{R}$, il vient $\ell n\,\frac{a+b}{2} \geqslant \sqrt{\ell n\, a\,\ell n\, b}$.

Ex. 4

$x^x(1-x)^{1-x} = \exp[x\,\ell n\, x + (1-x)\,\ell n(1-x)]$ nous ramène à l'étude, sur $]0, 1[$, de la fonction :

$$x \mapsto x\,\ell n\, x + (1-x)\,\ell n(1-x).$$

Considérons la fonction g définie sur $]0, 1[$ par $g(x) = x\,\ell n\, x$.

$g'(x) = 1 + \ell n\, x$ nous montre que g est convexe et donc, pour tout $x \in]0, 1[$, $g(x) + g(1-x) \geqslant 2g\left(\frac{1}{2}\right)$ c'est-à-dire $x\,\ell n\, x + (1-x)\,\ell n(1-x) \geqslant \ell n\,\frac{1}{2}$. L'exponentielle étant croissante, il vient $x^x(1-x)^{1-x} \geqslant \frac{1}{2}$.

Ex. 5

1) On a $C_n + S_n = \sum_{k=0}^{n} e^{a+kb}$.

Si $b = 0$, alors $C_n + S_n = (n+1)e^a$. Si $b \neq 0$, alors $e^b \neq 1$ et $C_n + S_n = \frac{e^{(n+1)b} - 1}{e^b - 1} e^a = \frac{\operatorname{sh}\left((n+1)b/2\right)}{\operatorname{sh}(b/2)} e^{a+n\frac{b}{2}}$

2) De même,

avec $C_n - S_n = \sum_{k=0}^{n} e^{-a-kb}$, si $b = 0$, $C_n - S_n = (n+1)e^{-a}$ et si $b \neq 0$, $C_n - S_n = \frac{\operatorname{sh}\left((n+1)b/2\right)}{\operatorname{sh}(b/2)} e^{-a-n\frac{b}{2}}$

3) En conclusion, il vient :

si $b = 0$, $C_n = (n+1)\operatorname{ch} a$ et $S_n = (n+1)\operatorname{sh} a$, et

si $b \neq 0$, $C_n = \frac{\operatorname{sh}\left((n+1)b/2\right)}{\operatorname{sh}(b/2)} \operatorname{ch}\left(a + n\frac{b}{2}\right)$ et $S_n = \frac{\operatorname{sh}\left((n+1)b/2\right)}{\operatorname{sh}(b/2)} \operatorname{sh}\left(a + n\frac{b}{2}\right)$.

Ex. 6

1) **Première méthode** : on exprime directement $\operatorname{ch} x$ et $\operatorname{sh} x$ à l'aide de e^x.

Avec $\operatorname{ch} x = \dfrac{e^{2x}+1}{2e^x}$ et $\operatorname{sh} x = \dfrac{e^{2x}-1}{2e^x}$, l'équation se lit $e^{2x} - 6e^x + 9 = 0$, c'est-à-dire $(e^x - 3)^2 = 0$, et on obtient $x = \ell n\, 3$.

2) **Deuxième méthode** : comme en trigonométrie circulaire, posons $t = \operatorname{th} \dfrac{x}{2}$.

Avec $\operatorname{ch} x = \dfrac{1+t^2}{1-t^2}$ et $\operatorname{sh} x = \dfrac{2t}{1-t^2}$, il vient $4t^2 - 4t + 1 = 0$, de racine (double) $\dfrac{1}{2}$.

Avec $\operatorname{th} \dfrac{x}{2} = \dfrac{e^x - 1}{e^x + 1}$, on en déduit $e^x = 3$ c'est-à-dire $x = \ell n\, 3$.

Ex. 7

Nous avons $\operatorname{ch} x \operatorname{sh} x = \dfrac{1}{2} \operatorname{sh} 2x$ (formule **(9)** et donc $f(x) = \dfrac{1}{4}(\operatorname{ch} x \operatorname{sh} 2x)^2$. La formule **(12)** nous donne $\operatorname{ch} x \operatorname{sh} 2x = \dfrac{1}{2}(\operatorname{sh} 3x + \operatorname{sh} x)$ et donc $f(x) = \dfrac{1}{16}\left(\operatorname{sh}^2 3x + \operatorname{sh}^2 x + 2 \operatorname{sh} 3x \operatorname{sh} x\right)$. En utilisant les formules **(14)** et **(12)**, on obtient $f(x) = \dfrac{\operatorname{ch} 6x}{32} + \dfrac{\operatorname{ch} 4x}{16} - \dfrac{\operatorname{ch} 2x}{32} - \dfrac{1}{16}$. Il vient alors $f'(x) = \dfrac{3}{16} \operatorname{sh} 6x + \dfrac{1}{4} \operatorname{sh} 4x - \dfrac{1}{16} \operatorname{sh} 2x$.

Ex. 8

Si $x = 0$, il s'agit d'un produit de termes tous égaux à 1 donc $\forall n \in \mathbb{N}^*$, $u_n = 1$ et $\lim u_n = 1$.

Pour $x \neq 0$, $\operatorname{ch} \dfrac{x}{2^k} = \dfrac{\operatorname{sh}\left(x/2^{k-1}\right)}{2 \operatorname{sh}(x/2^k)}$ (formule **(9)**). Il s'ensuit $\displaystyle\prod_{k=1}^{n} \operatorname{ch} \frac{x}{2^k} = \frac{1}{2^n} \frac{\operatorname{sh} x}{\operatorname{sh}(x/2^n)}$. En remarquant que $\displaystyle\lim_{t \to 0} \frac{\operatorname{sh} t}{t} = \operatorname{sh}'(0) = \operatorname{ch} 0 = 1$, il vient $\displaystyle\lim_{n \to +\infty} 2^n \operatorname{sh} \frac{x}{2^n} = x$ donc, pour tout $x \neq 0$, $\lim u_n = \dfrac{\operatorname{sh} x}{x}$.

On peut noter que la fonction $x \mapsto \lim u_n$ est continue sur $\mathbb{R}$.

Ex. 9

th est définie sur $\mathbb{R}$ et $\dfrac{1 + \operatorname{th} x}{1 - \operatorname{th} x} > 0$ puisque $-1 < \operatorname{th} x < 1$.

Avec $\operatorname{th} x = \dfrac{\operatorname{sh} x}{\operatorname{ch} x}$, il vient $\dfrac{1 + \operatorname{th} x}{1 - \operatorname{th} x} = \dfrac{\operatorname{ch} x + \operatorname{sh} x}{\operatorname{ch} x - \operatorname{sh} x} = e^{2x}$. Ainsi, $\sqrt{\dfrac{1 + \operatorname{th} x}{1 - \operatorname{th} x}} = e^x$ puis $\ell n \sqrt{\dfrac{1 + \operatorname{th} x}{1 - \operatorname{th} x}} = x$.

Ex. 10

Si $x = 0$, nous avons une somme de termes tous nuls donc $\forall n \in \mathbb{N}^*$, $u_n = 0$ et $\lim u_n = 0$. Supposons $x \neq 0$.

Avec $(1 + \operatorname{th}^2 x) \operatorname{th} 2x = 2 \operatorname{th} x$ (formule **(21)**), nous obtenons :

$$\operatorname{th} x = \frac{2}{\operatorname{th} 2x} - \frac{1}{\operatorname{th} x} \quad \text{puis} \quad 2^k \operatorname{th}\left(2^k x\right) = \frac{2^{k+1}}{\operatorname{th}\left(2^{k+1} x\right)} - \frac{2^k}{\operatorname{th}\left(2^k x\right)}.$$

Il vient alors $\displaystyle\sum_{k=0}^{n-1} 2^k \operatorname{th}\left(2^k x\right) = \frac{2^n}{\operatorname{th}\left(2^n x\right)} - \frac{1}{\operatorname{th} x}$ donc $u_n = \dfrac{1}{\operatorname{th}\left(2^n x\right)} - \dfrac{2^{-n}}{\operatorname{th} x}$.

Pour $x > 0$, on a $\displaystyle\lim_{n \to +\infty} \operatorname{th}\left(2^n x\right) = 1$ donc $\displaystyle\lim_{n \to +\infty} u_n = 1$, de même pour $x < 0$, $\displaystyle\lim_{n \to +\infty} u_n = -1$.

Ex. 11

Comme $\sqrt{x}$ appartient à $[0, 1]$, $t = \operatorname{Arcsin} \sqrt{x}$ est élément de $\left[0, \dfrac{\pi}{2}\right]$ et $x = \sin^2 t$.

Nous avons donc $2x - 1 = 2\sin^2 t - 1 = -\cos 2t = \sin\left(2t - \dfrac{\pi}{2}\right)$.

Avec $2t - \dfrac{\pi}{2} \in \left[-\dfrac{\pi}{2}, \dfrac{\pi}{2}\right]$, il vient $\operatorname{Arcsin}(2x - 1) = 2t - \dfrac{\pi}{2}$ puis $t = \dfrac{\pi}{4} + \dfrac{1}{2} \operatorname{Arcsin}(2x - 1)$.

Ex. 12

1) Notons que si $x = 0$ ou $y = 0$, $\text{Arctan}\, x + \text{Arctan}\, y = \text{Arctan}\, \frac{x+y}{1-xy}$.

Si $xy \neq 1$, avec $\tan(\text{Arctan}\, x + \text{Arctan}\, y) = \frac{x+y}{1-xy}$, il vient que $\text{Arctan}\, x + \text{Arctan}\, y - \text{Arctan}\, \frac{x+y}{1-xy}$ est un multiple entier de π. Étant donné $y \neq 0$ fixé, la fonction $f\ :\ x \mapsto \text{Arctan}\, x + \text{Arctan}\, y - \text{Arctan}\, \frac{x+y}{1-xy}$ est continue sur tout intervalle où elle est définie. Sur un tel intervalle, la fonction continue $\frac{1}{\pi} f$ est constante puisqu'elle est à valeurs entières et possède la propriété des valeurs intermédiaires.

2) Soit $y > 0$. f est continue sur $\in \left]\frac{1}{y}, +\infty\right[$ et sur $\left]-\infty, \frac{1}{y}\right[$.

Il existe $k \in \mathbb{Z}$ tel que : $\forall x \in \left]\frac{1}{y}, +\infty\right[$, $\text{Arctan}\, x + \text{Arctan}\, y - \text{Arctan}\, \frac{x+y}{1-xy} = k\pi$.

Nous avons $\lim\limits_{x \to +\infty} \text{Arctan}\, \frac{x+y}{1-xy} = -\text{Arctan}\, \frac{1}{y}$.

Avec $\text{Arctan}\, \frac{1}{y} = \frac{\pi}{2} - \text{Arctan}\, y$ et $\lim\limits_{x \to +\infty} \text{Arctan}\, x = \frac{\pi}{2}$, il vient $k = 1$.

De même, pour $x \in \left]-\infty, \frac{1}{y}\right[$, avec $\lim\limits_{x \to -\infty} \text{Arctan}\, x = -\frac{\pi}{2}$, il vient $k = 0$.

3) Soit $y < 0$. f est continue sur $\left]\frac{1}{y}, +\infty\right[$ et sur $\left]-\infty, \frac{1}{y}\right[$.

Il existe $k \in \mathbb{Z}$ tel que : $\forall x \in \left]\frac{1}{y}, +\infty\right[$, $\text{Arctan}\, x + \text{Arctan}\, y - \text{Arctan}\, \frac{x+y}{1-xy} = k\pi$.

Avec $\text{Arctan}\, \frac{1}{y} = -\frac{\pi}{2} - \text{Arctan}\, y$, en prenant la limite de $f(x)$ en $+\infty$, on obtient $k = 0$.

De même, pour $x \in \left]-\infty, \frac{1}{y}\right[$, avec $\lim\limits_{x \to -\infty} \text{Arctan}\, x = -\frac{\pi}{2}$, il vient $k = -1$.

Remarque : le cas $xy < 1$ contient le cas où x et y sont de signes contraires.

Ex. 13

1) La comparaison de ces expressions ne se pose que pour $x \notin \{-1, 0\}$.

$\text{Arctan}\, \frac{x}{x+1} - \text{Arctan}\, \frac{x-1}{x} = \text{Arctan}\, \frac{x}{x+1} + \text{Arctan}\, \frac{1-x}{x}$.

$\frac{x}{x+1}\frac{1-x}{x} - 1 = \frac{1-x}{x+1} - 1 = -\frac{2x}{x+1}$ est différent de 0. Avec $\dfrac{\frac{x}{x+1} + \frac{1-x}{x}}{1 - \frac{x}{x+1}\frac{1-x}{x}} = \frac{1}{2x^2}$, nous avons l'existence d'un entier k, dépendant de x, tel que $\text{Arctan}\, \frac{1}{2x^2} = \text{Arctan}\, \frac{x}{x+1} - \text{Arctan}\, \frac{x-1}{x} + k\pi$.

D'après l'exercice précédent :

$k = 0$ si $\frac{2x}{x+1} > 0$, c'est-à-dire $x \in\,]-\infty, -1[\, \cup\,]0, +\infty[$. $k = 1$ si $\frac{2x}{x+1} < 0$ et $\frac{x}{x+1} > 0$, c'est-à-dire $x \in \varnothing$

$k = -1$ si $\frac{2x}{x+1} < 0$ et $\frac{x}{x+1} < 0$, c'est-à-dire $x \in\,]-1, 0[$.

2) La question précédente nous montre que, pour tout entier $k \in \mathbb{N}^*$,

$$\text{Arctan}\, \frac{1}{2k^2} = \text{Arctan}\, \frac{k}{k+1} - \text{Arctan}\, \frac{k-1}{k}.$$

Il vient alors $\sum\limits_{k=1}^{n} \text{Arctan}\, \frac{1}{2k^2} = \text{Arctan}\, \frac{n}{n+1}$. Puis $\lim\limits_{n \to +\infty} \sum\limits_{k=1}^{n} \text{Arctan}\, \frac{1}{2k^2} = \text{Arctan}\, 1 = \frac{\pi}{4}$.

Ex. 14

De $2\,\text{Arctan}\,\frac{1}{5} = \text{Arctan}\,\frac{2/5}{1-(1/25)} = \text{Arctan}\,\frac{5}{12}$ et $2\,\text{Arctan}\,\frac{5}{12} = \text{Arctan}\,\frac{5/6}{1-(25/144)} = \text{Arctan}\,\frac{120}{119}$,

nous déduisons $4\,\text{Arctan}\,\frac{1}{5} - \text{Arctan}\,\frac{1}{239} = \text{Arctan}\,\frac{120}{119} - \text{Arctan}\,\frac{1}{239}$.

Enfin $\text{Arctan}\,\frac{120}{119} - \text{Arctan}\,\frac{1}{239} = \text{Arctan}\,\frac{(120/119)-(1/239)}{1+(120/119)(1/239)}$.

On vérifie alors que $120\times 239 - 119 = 119\times 239 + 120$ et donc que $\text{Arctan}\,\frac{120}{119} - \text{Arctan}\,\frac{1}{239} = \text{Arctan}\,1 = \frac{\pi}{4}$.

Remarque : cette formule est à la base d'un calcul approché assez efficace de π avec un grand nombre de décimales.

Ex. 15

1) Posons $u_p = 1 + \frac{it}{p}$. On a $|u_p|^2 = 1 + \frac{t^2}{p^2}$. Avec $p\,\ell n\,|u_p| = \frac{p}{2}\,\ell n\left(1+\frac{t^2}{p^2}\right)$, et sachant que $\ell n(1+x) \leqslant x$ (inégalité de convexité), il vient $\lim\limits_{p\to+\infty}(p\,\ell n\,|u_p|) = 0$. Il s'ensuit $\lim\limits_{p\to+\infty} \ell n(|u_p|^p) = 0$ et $\lim\limits_{p\to+\infty}|u_p|^p = 1$.

2) Comme $\frac{u_p}{|u_p|}$ est de module 1, il existe $\theta_p \in \mathbb{R}$ tel que $\frac{1}{|u_p|}\left(1+\frac{it}{p}\right) = \cos\theta_p + i\sin\theta_p$

Avec $\cos\theta_p = \frac{1}{|u_p|} > 0$, on peut choisir $\theta_p \in \left]-\frac{\pi}{2}, \frac{\pi}{2}\right[$.

Avec $\tan\theta_p = \frac{t}{p}$, il vient alors $\theta_p = \text{Arctan}\,\frac{t}{p}$. Enfin $u_p = |u_p|\,e^{i\theta_p}$ donne $u_p^p = |u_p|^p\,e^{ip\theta_p}$.

Sachant que $\lim\limits_{x\to 0}\frac{\text{Arctan}\,x}{x} = \text{Arctan}'(0) = 1$, de $p\theta_p = p\,\text{Arctan}\,\frac{t}{p}$, on déduit $\lim\limits_{p\to+\infty} p\theta_p = t$.

3) En résumé, avec $\lim\limits_{p\to+\infty}|u_p|^p = 1$ et $\lim\limits_{p\to+\infty} p\theta_p = t$, la continuité des fonctions $x \mapsto e^x$ et $y \mapsto e^{iy}$ permet de conclure à $\lim\limits_{p\to+\infty}\left(1+\frac{t}{p}\right)^p = e^{it}$. On a de même $\lim\limits_{p\to+\infty}\left(1-\frac{t}{p}\right)^p = e^{-it}$. D'où finalement

$$\lim_{p\to+\infty}\frac{1}{2i}\left(\left(1+\frac{it}{p}\right)^p - \left(1-\frac{it}{p}\right)^p\right) = \frac{1}{2i}\left(e^{it}-e^{-it}\right) = \sin t.$$

Ex. 16

1) Calculons $\tan(\text{Arctan}\,2 + \text{Arctan}\,5) = \frac{2+5}{1-2\times 5} = -\frac{7}{9}$ puis $\tan A = \frac{-(7/9)+8}{1+(7/9)\times 8} = 1$.

Il existe donc $k \in \mathbb{Z}$ tel que $A = \frac{\pi}{4} + k\pi$. Puisque $2, 5$ et 8 sont supérieurs à $\sqrt{3}$, $\text{Arctan}\,2$, $\text{Arctan}\,5$ et $\text{Arctan}\,8$ sont dans $\left]\frac{\pi}{3}, \frac{\pi}{2}\right[$ et A est dans $\left]\pi, \frac{3\pi}{2}\right[$. Il en résulte que $k = 1$ et $A = \frac{5\pi}{4}$.

2) La fonction réelle définie sur $\mathbb{R}$ par $f(x) = \text{Arctan}(x-3) + \text{Arctan}\,x + \text{Arctan}(x+3)$ est continue et strictement croissante.

Avec $\lim\limits_{x\to-\infty} f(x) = -\frac{3\pi}{2}$ et $\lim\limits_{x\to+\infty} f(x) = \frac{3\pi}{2}$, il vient $f(\mathbb{R}) = \left]-\frac{3\pi}{2}, \frac{3\pi}{2}\right[$, donc f réalise une bijection de $\mathbb{R}$ sur $\left]-\frac{3\pi}{2}, \frac{3\pi}{2}\right[$ et l'équation proposée a une solution et une seule, égale à $f^{-1}(0)$. Si x est la solution de $f(x) = \frac{\pi}{4}$ on a aussi $\tan(f(x)) = 1$ ce qui donne $\frac{12x - x^3}{10 - 3x^2} = 1$ donc $x^3 - 3x^2 - 12x + 10 = 0$ **(2)**.

D'après la première question, on a $f(5) = \frac{\pi}{4}$ donc $\tan(f(5)) = 1$ et 5 est solution de **(2)**. En factorisant $x - 5$, l'équation **(2)** s'écrit $(x-5)(x^2+2x-2) = 0$ et ses trois solutions sont 5, $-1+\sqrt{3}$ et $-1-\sqrt{3}$.

D'autre part, puisque $f(0) = 0 < \frac{\pi}{4}$, la solution de **(1)** est supérieure à 0. D'après le 1), 5 n'est pas la solution cherchée, celle-ci est donc $-1+\sqrt{3}$.

Ex. 17

On peut supposer $\forall i \in [\![1,6]\!], x_i < x_{i+1}$. Pour tout $i \in [\![1,7]\!]$, posons $\theta_i = \text{Arctan}\, x_i$. On a alors pour tout $i \in [\![1,6]\!], \theta_i < \theta_{i+1}$ et pour tout $i \in [\![1,7]\!], -\dfrac{\pi}{2} < \theta_i < \dfrac{\pi}{2}$ donc $0 < \theta_7 - \theta_1 < \pi$ **(1)**.

Supposons que, pour tout $i \in [\![1,6]\!], \theta_{i+1} - \theta_i \geqslant \dfrac{\pi}{6}$, alors on aurait $\theta_7 - \theta_1 = \displaystyle\sum_{i=1}^{6} \left(\theta_{i+1} - \theta_i \right) \geqslant \pi$ ce qui est contradictoire avec **(1)**. En conséquence, il existe $i \in [\![1,6]\!]$ tel que $0 < \theta_{i+1} - \theta_i < \dfrac{\pi}{6}$ ce qui donne :

$$0 < \tan\left(\theta_{i+1} - \theta_i \right) < \frac{1}{\sqrt{3}} \text{ c'est-à-dire } 0 < \frac{x_{i+1} - x_i}{1 + x_i x_{i+1}} < \frac{1}{\sqrt{3}}.$$

Ex. 18

f est définie, continue sur $\mathbb{R}$: $f(x + 2\pi) = f(x)$, $f\left(\dfrac{\pi}{2} - x\right) = f(x)$, on limite l'étude à l'intervalle $\left[\dfrac{\pi}{4}, \dfrac{5\pi}{4}\right]$.

Pour $x \in \left[\dfrac{\pi}{4}, \dfrac{\pi}{2}\right[\cup \left]\dfrac{\pi}{2}, \pi\right[\cup \left]\pi, \dfrac{5\pi}{4}\right[$:

$$f'(x) = -\frac{\cos x}{2\sqrt{1 - \sin^2 x}} + \frac{\sin x}{2\sqrt{1 - \cos^2 x}} = \frac{1}{2}\left[\frac{\sin x}{|\sin x|} - \frac{\cos x}{|\cos x|}\right].$$

Sur $\left[\dfrac{\pi}{4}, \dfrac{\pi}{2}\right[f'(x) = 0, f(x) = -\dfrac{\pi}{4}$.

Sur $\left]\dfrac{\pi}{2}, \pi\right[, f'(x) = 1, f(x) = x - \dfrac{3\pi}{4}$.

Sur $\left]\pi, \dfrac{5\pi}{4}\right], f'(x) = 0, f(x) = \dfrac{\pi}{4}$.

Ex. 19

On remarque que la fonction th est solution du problème.

L'inégalité $2\,|ab| \leqslant a^2 + b^2$ montre que si f est solution, alors $\forall x \in \mathbb{R}, |f(x)| \leqslant 1$.

En supposant qu'il existe $x_0 \in \mathbb{R}$ tel que $f(x_0) = 1$, on obtient $f(0) = \displaystyle\lim_{n \to +\infty} f\left(\frac{x_0}{2^n}\right) = 1$. Donc f présente en 0 un maximum et on a $f'(0) = 0$. Ceci étant exclu, on en déduit $\forall x \in \mathbb{R}, f(x) < 1$.

Le même raisonnement donne $\forall x \in \mathbb{R}, f(x) > -1$ d'où finalement $f(\mathbb{R}) \subset]-1, 1[$.

Alors $f(0)\left(1 + f(0)^2\right) = 2f(0)$ donne $f(0) = 0$.

À toute solution f du problème, on peut associer $g = \text{Argth} \circ f$ et on montre que la condition :

$$\forall x \in \mathbb{R}, f(2x) = \frac{2f(x)}{1 + f^2(x)} \textbf{ (1) } \text{équivaut à } \forall x \in \mathbb{R}, g(2x) = 2g(x) \textbf{ (2)}$$

La dérivabilité de f en 0 donne celle de g au même point et en remarquant que $\forall x \in \mathbb{R}, \forall n \in \mathbb{N}$ on a :

$$g(x) = 2^n g\left(\frac{x}{2^n}\right),$$

on obtient $g(x) = x\,g'(0)$. Il en résulte que si f est solution du problème alors il existe $a \in \mathbb{R}$ tel que :

$$\forall x \in \mathbb{R}, f(x) = \text{th}(ax).$$

Il reste à vérifier que toute fonction $x \mapsto \text{th}\, ax$ est solution pour conclure.

CHAPITRE

2 Équations différentielles

Dans les équations différentielles linéaires la notion d'espace vectoriel est pratiquement incontournable. Bien qu'une première approche de celle-ci soit fournie dans la première partie du tome d'Algèbre-Géométrie, quelques résultats et démonstrations du présent chapitre pourront être omis en première lecture et revus après l'étude des espaces vectoriels. Ces points seront signalés par une note en marge.

A. Équations linéaires du premier ordre

1. Exponentielle, caractérisations

✎ (1) Voir au chapitre précédent.

Pour $a \in \mathbb{C}$, la fonction $E_a : t \mapsto e^{at}$, ✎ (1) de $\mathbb{R}$ dans $\mathbb{C}$ vérifie :

- $E_a(0) = 1$,
- quels que soient t et u dans $\mathbb{R}$, $E_a(t+u) = E_a(t)E_a(u)$,
- Elle est dérivable sur $\mathbb{R}$ et on a $E_a' = aE_a$.

1.1 – Caratérisation par équation différentielle

On se propose d'étudier une fonction f, de $\mathbb{R}$ dans $\mathbb{C}$, dérivable sur $\mathbb{R}$ et telle que :

$$f' = af.$$

Propriété 1

Soit f une fonction dérivable sur $\mathbb{R}$ et pour laquelle il existe $a \in \mathbb{C}$, $a \neq 0$, tel que $f' = af$.
Alors il existe $\lambda \in \mathbb{C}$ tel que, pour tout $t \in \mathbb{R}$, $f(t) = \lambda e^{at}$, c'est-à-dire $f = \lambda E_a$.

☞ Définissons la fonction g par : $\forall t \in \mathbb{R},\ g(t) = f(t)e^{-at}$.
Alors g est dérivable sur $\mathbb{R}$ en on a $g'(t) = f'(t)e^{-at} - af(t)e^{-at}$, c'est-à-dire :

$$g'(t) = \big(f'(t) - af(t)\big)e^{-at}.$$

Alors g' est la fonction nulle sur $\mathbb{R}$, donc g est constante.
Il existe donc $\lambda \in \mathbb{C}$ tel que, pour tout $t \in \mathbb{R}$, $f(t) = \lambda e^{at}$.

Corollaire

Soit f une fonction dérivable sur $\mathbb{R}$ et pour laquelle il existe $a \in \mathbb{C}$, $a \neq 0$, tel que $f' = af$.
Si on a $f(0) = 1$, alors f est la fonction $E_a : \mathbb{R} \to \mathbb{C}$, $t \mapsto e^{at}$.

1.2 – Caratérisation fonctionnelle

On se propose d'étudier une fonction f, de $\mathbb{R}$ dans $\mathbb{C}$, dérivable sur $\mathbb{R}$ et telle que :

$$\forall (t,u) \in \mathbb{R}^2,\ f(t+u) = f(t)f(u).$$

Propriété 2

Soit f une fonction dérivable sur $\mathbb{R}$ vérifiant $\forall (t,u) \in \mathbb{R}^2,\ f(t+u) = f(t)f(u)$.
Dans ce cas :

a) s'il existe $c \in \mathbb{R}$ tel que $f(c) = 0$, alors f est la fonction nulle sur $\mathbb{R}$,

b) si f n'est pas la fonction nulle sur $\mathbb{R}$, alors $f(0) = 1$.

☞ a) Pour tout $t \in \mathbb{R}$, en notant que $t = c + (t - c)$, il vient $f(t) = f(c)f(t-c)$.
Donc $f(c) = 0$ donne $f(t) = 0$.

b) On a $f(0) = f(0+0) = \big(f(0)\big)^2$, donc $f(0)\big(f(0) - 1\big) = 0$.
Si f n'est pas la fonction nulle, on a $f(0) \neq 0$, d'où $f(0) = 1$.

✎ (2) Et avec encore : $f(t+u)=f(t)f(u)$ pour tout $(t,u)\in\mathbb{R}^2$ et f dérivable.

✎ (3) Si $a=0$, alors f est constante.

Propriété 3

Si f n'est pas la fonction nulle sur $\mathbb{R}$, ✎ (2) alors il existe $a \in \mathbb{C}$ tel que $f' = af$.

☞ Pour tout $t \in \mathbb{R}$, et pour tout $u \in \mathbb{R}$, on a $f(t+u) = f(t)f(u)$.
En dérivant par rapport à u, il vient $f'(t+u) = f'(u)f(t)$. Posons $a = f'(0)$.
On a donc, pour tout $t \in \mathbb{R}$, $f'(t) = af(t)$. ✎ (3)
Avec $f(0) = 1$, le corollaire précédent donne : pour tout $t \in \mathbb{R}$, $f(t) = e^{at}$.

2. Solutions d'une équation différentielle linéaire de forme résolue

✎ (4) où $\mathbb{K}$ est $\mathbb{R}$ ou $\mathbb{C}$,

✎ (5) On dit aussi que **(L)** est une équation différentielle linéaire **normalisée**, l'une ou l'autre expression traduisant que le coefficient de x' est 1. x est la fonction «inconnue» et on utilise t pour «variable» appartenant à I. Il est tout aussi usuel de préférer une inconnue y, en réservant à x le rôle de variable, et donner l'équation différentielle linéaire sous la forme **(L)** : $y'=a(x)y+b(x)$.

✎ (6) φ est dite de classe $\mathcal{C}^p$ sur I ($p\geqslant 1$) lorsqu'elle est p fois continûment dérivable sur I. Voir chapitre 6.

Définition 1

Étant donné des fonctions a et b continues sur un intervalle I de $\mathbb{R}$, à valeurs dans $\mathbb{K}$, ✎ (4) une **solution** de l'équation :

$$\textbf{(L)} : x' = a(t)x + b(t),$$

est une fonction φ de I dans $\mathbb{K}$, dérivable sur I, telle que :

$$\forall t \in I,\ \varphi'(t) = a(t)\,\varphi(t) + b(t)$$

Le graphe dans un repère $(O, \vec{i}, \vec{j})$ d'une solution φ est une **courbe intégrale** de **(L)**.
(L) est une équation **différentielle linéaire du premier ordre de forme résolue.** ✎ (5)

Remarque

Si a et b sont de classe $\mathcal{C}^p$ sur I, ✎ (6) toute solution φ est de classe $\mathcal{C}^{p+1}$.

Définition 2

Résoudre, ou intégrer, cette équation, c'est trouver l'ensemble **S(L)** de toutes ses solutions.

3. Équation linéaire homogène de forme résolue

Définition 3

Le cas particulier **(H)** : $x' = a(t)x$, où a est une fonction continue sur I, est une équation différentielle linéaire **homogène**.

Remarque

Étant donné l'équation **(L)** : $x' = a(t)x + b(t)$, on dit que **(H)** : $x' = a(t)x$ est l'**équation homogène associée** à **(L)**.

✎ (7) $\mathbf{S}_{\mathbb{R}}$**(H)** est l'ensemble des solutions réelles de **(H)**. $\mathbf{S}_{\mathbb{C}}$**(H)** est l'ensemble des solutions complexes.

✎ (8) On note $\mathcal{C}^1(I,\mathbb{K})$ l'ensemble des applications de classe $\mathcal{C}^1$ sur I, à valeurs dans $\mathbb{K}$.

✎ (9) k est définie par $\forall t\in I, k(t)=\psi(t)e^{-A(t)}$.

✎ (10) Pour une deuxième lecture, après l'étude des espaces vectoriels. Voir le chapitre 8 du tome d'Algèbre-Géométrie.

Théorème 1

L'ensemble $\mathbf{S}_{\mathbb{K}}$**(H)** ✎ (7) des solutions, à valeurs dans $\mathbb{K}$, de **(H)** : $x' = a(t)x$ est l'ensemble des produits d'une solution non nulle par tous les éléments de $\mathbb{K}$.

☞ La fonction a est continue sur I. Soit A une primitive de a sur I et φ la fonction définie sur I par $\varphi(t) = e^{A(t)}$. Nous avons $\varphi'(t) = a(t)\,\varphi(t)$ sur I donc φ est une solution de **(H)**.
Soit ψ un élément de $\mathcal{C}^1(I,\mathbb{K})$. ✎ (8) Puisque φ ne s'annule pas sur I, il existe k dans $\mathcal{C}^1(I,\mathbb{K})$ telle que $\psi = k\varphi$. ✎ (9)
De $\psi' = k'\,\varphi + k\varphi'$ et $\varphi' = a\varphi$, on déduit que $\psi \in \mathbf{S}_{\mathbb{K}}$**(H)** si et seulement si $k' = 0$, donc k constante. On a ainsi $\mathbf{S}_{\mathbb{K}}\textbf{(H)} = \{k\,\varphi\ /\ k \in \mathbb{K}\}$.

Remarque

✎ (10) Ce théorème peut s'énoncer :

$\mathbf{S}_{\mathbb{K}}$**(H)** est un sous-espace vectoriel de $\mathcal{C}^1(I,\mathbb{K})$. Si φ est une solution non nulle de **(H)**, $\mathbf{S}_{\mathbb{K}}$**(H)** est la droite vectorielle engendrée par φ.

✎ (11) Interprétation géométrique : $\mathbb{K}=\mathbb{R}$.
Par tout point $M(t_0,\alpha)$, $t_0\in I$, $\alpha\in\mathbb{R}$, il passe une courbe intégrale de l'équation et une seule.
Deux courbes intégrales distinctes n'ont aucun point commun.

Théorème 2

Étant donné $t_0 \in I$ et $\alpha \in \mathbb{K}$, il y a une solution et une seule de **(H)** : $x' = a(t)x$ qui prend la valeur α en t_0. ✎ (11)

☞ Avec les notations du théorème **1**, pour tout élément ψ de $\mathbf{S}_{\mathbb{K}}$**(H)**, il existe un scalaire k et un seul tel que $\psi = k\varphi$.

Nous avons $\psi(t_0) = \alpha$ si et seulement si $ke^{A(t_0)} = \alpha$, c'est-à-dire $k = \alpha e^{-A(t_0)}$.

L'unique solution prenant la valeur α en t_0 est ainsi : $t \mapsto \alpha e^{A(t)-A(t_0)}$.

Remarque

Si t_0 est un point quelconque de I, $\mathbf{S}_{\mathbb{K}}$**(H)** est l'ensemble des fonctions :

$$\varphi \;:\; t \mapsto k\exp\left(\int_{t_0}^{t} a(u)\mathrm{d}u\right), \quad k\in\mathbb{K}.$$

La solution prenant la valeur α en t_0 est la fonction :

$$t \mapsto \alpha\exp\left(\int_{t_0}^{t} a(u)\mathrm{d}u\right).$$

Corollaire

La seule solution de **(H)** : $x' = a(t)x$ prenant la valeur 0 en $t_0 \in I$ est θ, fonction nulle sur I.

✎ (12) On dit aussi que pour tout $(t_0,\alpha)\in I\times\mathbb{K}$, il y a **unicité au problème de Cauchy)** pour **(H)** en (t_0,α).

Définition 4

Le théorème 2 s'énonce en disant que, pour tout couple $(t_0,\alpha) \in I \times \mathbb{K}$, il y a une solution et une seule φ de **(H)** qui vérifie la **condition initiale** $\varphi(t_0) = \alpha$. ✎ (12)

Exemple 1
a) Les solutions sur $\mathbb{R}$ de $x' = tx$ sont les fonctions $t \mapsto \lambda e^{t^2/2}$, avec $\lambda \in \mathbb{K}$.
b) Les solutions sur $\mathbb{R}$ de $x' + e^t x = 0$ sont les fonctions $t \mapsto \lambda e^{-e^t}$, avec $\lambda \in \mathbb{K}$.

Exemple 2 Résoudre l'équation $x' = \dfrac{1}{t}x$.

La fonction $t \mapsto \dfrac{1}{t}$ est continue sur $\mathbb{R}_+^*$ et sur $\mathbb{R}_-^*$.

Les solutions sur $\mathbb{R}_+^*$ sont $\left\{\begin{array}{ccc}\mathbb{R}_+^* & \to & \mathbb{R}\\ t & \mapsto & \lambda t\end{array}\right.$ avec $\lambda \in \mathbb{K}$.

Les solutions sur $\mathbb{R}_-^*$ sont $\left\{\begin{array}{ccc}\mathbb{R}_-^* & \to & \mathbb{R}\\ t & \mapsto & \mu t\end{array}\right.$ avec $\mu \in \mathbb{K}$.

Toutefois, on ne peut pas parler de solution sur $\mathbb{R}$ car $t \mapsto \dfrac{1}{t}$ est non définie en 0.

✎ (13) Comme précédemment, on note $\mathbf{S}_{\mathbb{K}}$**(L)** l'ensemble des solutions de **(L)** à valeurs dans $\mathbb{K}$.

✎ (14) Si φ est une solution non nulle de **(H)**, on a :
$\mathbf{S}_{\mathbb{K}}\mathbf{(H)}=\{\lambda\varphi/\lambda\in\mathbb{K}\}$
donc
$\mathbf{S}_{\mathbb{K}}\mathbf{(L)}=\{\psi+\lambda\varphi/\lambda\in\mathbb{K}\}$
On dit que la solution générale de **(L)** est la somme d'une solution particulière de **(L)** : ψ, et de la solution générale de **(H)** : $\lambda\varphi,\lambda\in\mathbb{K}$.

✎ (15) Pour une deuxième lecture après l'étude des espaces vectoriels.

4. Équation linéaire complète de forme résolue

On étudie l'équation **(L)** : $x' = a(t)x + b(t)$ ✎ (13) où a et b sont des fonctions continues sur un intervalle I, à valeurs dans $\mathbb{K}$.

Théorème 3

Étant donné $\psi\in\mathbf{S}_{\mathbb{K}}$**(L)**, une fonction $f : I \to \mathbb{K}$ est solution de **(L)** sur I si et seulement si :

$f - \psi \in \mathbf{S}_{\mathbb{K}}$**(H)**. ✎ (14) .

☞ Avec $\psi' = a\,\psi + b$, la condition $f' = af + b$ équivaut à $(f - \psi)' = a(f - \psi)$.

Remarque ✎ (15)

On exprime cette propriété par $\mathbf{S}_{\mathbb{K}}\mathbf{(L)}= \psi+\mathbf{S}_{\mathbb{K}}\mathbf{(H)}$: $\mathbf{S}_{\mathbb{K}}$**(L)** est le sous-espace affine de $\mathcal{C}^1(I,\mathbb{K})$ contenant ψ et de direction $\mathbf{S}_{\mathbb{K}}$**(H)**, c'est donc une droite affine.

Propriété 4

Superposition de solutions

Lorsque b se présente sous forme d'une somme $b = \sum_{k=1}^{p} b_k$, si pour tout $k \in [\![1, p]\!]$ on dispose d'une solution particulière φ_k de $(\mathbf{L}_k)$: $x' = a(t)x + b_k(t)$, alors $\varphi = \sum_{k=1}^{p} \varphi_k$ est solution particulière de **(L)**.

4.1 – Solutions particulières usuelles ✎ (16)

✎ (16) D'après le théorème 3, une méthode de résolution de **(L)** consiste à résoudre **(H)** et déterminer une solution particulière de **(L)**. Ce paragraphe donne des équations pour lesquelles ce procédé peut être mis en œuvre.

Formulaire 1

Étant donné $\alpha \in \mathbb{K}$ et une fonction polynôme p de degré n, l'équation $x' = \alpha x + p(t)$ admet pour solution particulière sur $\mathbb{R}$:

a) un polynôme de degré $n + 1$ si $\alpha = 0$,

b) un polynôme de degré n si $\alpha \neq 0$.

☞ a) Dans le premier cas, il s'agit d'une primitive de p.

b) Dans le deuxième cas, le principe de superposition de solutions permet de ne traiter que le cas où $p(t) = \lambda_n t^n$.

On cherche $f(t) = \sum_{k=0}^{n} \beta_k t^k$ telle que $f' = \alpha f + p$, c'est-à-dire $\beta_n = -\dfrac{\lambda_n}{\alpha}$ et :

$$\text{pour } k \in [\![0, n-1]\!],\ \alpha\beta_k = (k+1)\beta_{k+1}$$

Ce système en $\beta_0, \beta_1, \ldots, \beta_n$ admet une solution unique, d'où la conclusion.

Formulaire 2

Dans le cas où la fonction b est définie sur $\mathbb{R}$ par $b(t) = e^{mt}p(t)$ où $m \in \mathbb{K}$, et où p est une fonction polynôme de degré n, avec $\alpha \in \mathbb{K}$, l'équation $x' = \alpha x + b$ admet une solution particulière sur $\mathbb{R}$ de la forme $t \mapsto e^{mt}q(t)$, où q est un polynôme. ✎ (17)

✎ (17) Il y a lieu de distinguer les cas $\alpha = m$ et $\alpha \neq m$. Pour $\alpha = m$, $\deg q = 1 + \deg p$. Pour $\alpha \neq m$, $\deg q = \deg p$.

☞ e^{mt} n'étant jamais nul, à toute solution f, on peut associer φ telle que :

$$\forall t \in \mathbb{R},\ f(t) = e^{mt}\varphi(t)$$

Pour tout $t \in \mathbb{R}$, $\big(m\varphi(t) + \varphi'(t)\big)e^{mt} = \alpha\varphi(t)e^{mt} + p(t)e^{mt}$ nous montre que φ est solution de $x' = (\alpha - m)x + p(t)$, ce qui nous ramène au cas précédent.

Exemple 3 Résoudre l'équation différentielle $x' = 3x + (3t^2 + 1)e^{2t}$.

La recherche d'une solution particulière de la forme $(at^2 + bt + c)e^{2t}$ conduit à :

$$\big[2(at^2 + bt + c) + 2at + b\big]e^{2t} = 3(at^2 + bt + c)e^{2t} + (3t^2 + 1)e^{2t}$$

c'est-à-dire $(a+3)t^2 + (b - 2a)t + 1 - b + c = 0$, ce qui donne $a = -3$, $b = -6$ et $c = -7$.

Les solutions de l'équation homogène associée sont $t \mapsto \lambda e^{3t}$, avec $\lambda \in \mathbb{K}$.

Les solutions demandées sont alors les fonctions $f : t \mapsto \lambda e^{3t} - (3t^2 + 6t + 7)e^{2t}$.

Exemple 4 Résoudre l'équation différentielle $x' = 3x + (3t^2 + 1)e^{3t}$.

Nous cherchons une solution particulière de la forme $t \mapsto g(t)e^{3t}$. La fonction g doit vérifier :

$$\big[g'(t) + 3g(t)\big]e^{3t} = 3g(t)e^{3t} + (3t^2 + 1)e^{3t},$$

c'est-à-dire $g'(t) = 3t^2 + 1$. Nous pouvons choisir $g(t) = t^3 + t$.

Les solutions de l'équation homogène associée sont $t \mapsto \lambda e^{3t}$, avec $\lambda \in \mathbb{K}$.

Les solutions demandées sont les fonctions $f : t \mapsto (t^3 + t + \lambda)e^{3t}$.

4.2 – Méthode de variation de la constante

Formulaire 3

Étant donné **(L)** : $x' = a(t)x + b(t)$, avec a et b continues sur I :

a) on détermine une solution non nulle φ de l'équation **(H)** homogène associée à **(L)**,

b) alors la recherche d'une fonction ω telle que $\omega\varphi$ soit solution de **(L)** se ramène à un calcul de primitive. ✎ (18)

✎ (18) Les solutions de **(H)** sont les fonctions $\lambda\varphi$ avec $\lambda \in \mathbb{K}$. Lorsqu'on recherche les solutions de **(L)** sous la forme $\omega\varphi$, on remplace la constante λ par une fonction ω, d'où le nom de la méthode.
Notons que cette méthode s'applique aux cas particuliers étudiés ci-dessus. Elle est utile quand le coefficient $a(t)$ de x n'est pas constant et/ou quand le «second membre» $b(t)$ n'est pas classique.

☞ Les solutions de **(L)** sont des éléments de $\mathcal{C}^1(I, \mathbb{K})$.

D'autre part, on sait que si φ solution de **(H)** n'est pas la fonction nulle, alors $\forall t \in I, \varphi(t) \neq 0$, donc pour tout $f \in \mathcal{C}^1(I, \mathbb{K})$, il existe $\omega \in \mathcal{C}^1(I, \mathbb{K})$ unique telle que $f = \omega\varphi$, et f sera solution de **(L)** si et seulement si, sur I :

$$\omega\, \varphi' + \omega'\, \varphi = a\, \omega\, \varphi + b.$$

Puisque $\varphi' = a\varphi$, cela équivaut à $\omega'\varphi = b$, ou encore à, puisque φ ne s'annule pas sur I :

$$\omega' = \frac{b}{\varphi}.$$

La recherche d'une solution particulière est donc ramenée au calcul d'une primitive (ce qui explique l'expression «intégrer l'équation...»).

Théorème 4

Étant donné $(t_0, \alpha) \in I \times \mathbb{K}$, il y a une solution f et une seule de **(L)** qui prend la valeur α en t_0, c'est-à-dire qui vérifie la condition initiale $f(t_0) = \alpha$. ✎ (19)

✎ (19) Interprétation géométrique : $\mathbb{K}=\mathbb{R}$.
Par tout $M(t_0,\alpha)$, $t_0 \in I$, $\alpha \in \mathbb{R}$, il passe une courbe intégrale de l'équation et une seule. Deux courbes intégrales distinctes n'ont aucun point commun.

☞ Étant donnés une primitive A de a sur I et $\varphi = e^A$, $g = \omega\varphi$ est solution de **(L)** si et seulement si $\omega' = be^{-A}$.

Une solution particulière de **(L)** est donc $g \;:\; t \mapsto \left(\int_{t_0}^{t} b(u)e^{-A(u)}\mathrm{d}u\right) e^{A(t)}$, et les solutions de **(L)** sont les fonctions :

$$f \;:\; t \mapsto \lambda e^{A(t)} + \int_{t_0}^{t} b(u)e^{A(t)-A(u)}\mathrm{d}u \quad \text{avec } \lambda \in \mathbb{K}.$$

Alors f prend la valeur α en t_0 si et seulement si $\lambda = \alpha e^{-A(t_0)}$.

En choisissant $A \;:\; t \mapsto \int_{t_0}^{t} a(u)\mathrm{d}u$, cette fonction f est :

$$f \;:\; t \mapsto \alpha \exp\left(\int_{t_0}^{t} a(u)\mathrm{d}u\right) + \int_{t_0}^{t} b(u) \exp\left(\int_{u}^{t} a(s)\mathrm{d}s\right) \mathrm{d}u$$

Exemple 5 Résoudre l'équation $x' + x\tan t = \cos^2 t$.

La continuité de $t \mapsto \tan t$ nous conduit à travailler sur un intervalle $I_k = \left]-\frac{\pi}{2} + k\pi, \frac{\pi}{2} + k\pi\right[$.

La fonction φ définie sur I_k par $\varphi(t) = \cos t$ est solution de l'équation homogène associée.

En recherchant, sur I_k, les solutions de la forme $f \;:\; t \mapsto \omega(t)\cos t$, nous obtenons :

$\omega'(t)\cos t = \cos^2 t$, c'est-à-dire $\omega'(t) = \cos t$ et $\omega(t) = \lambda + \sin t$, avec $\lambda \in \mathbb{K}$

Les solutions, sur I_k, sont définies par $f(t) = (\lambda + \sin t)\cos t = \dfrac{\sin 2t}{2} + \lambda \cos t$.

5. Équation linéaire de forme non résolue

5.1 – Solutions d'une équation différentielle linéaire

On considère des fonctions u, v et w continues sur un intervalle J et à valeurs dans $\mathbb{K}$.

Définition 5

Une solution de l'équation **(L)** : $u(t)x' = v(t)x + w(t)$ est une fonction φ de J dans $\mathbb{K}$, dérivable sur J, et telle que :

$$\forall t \in J,\ u(t)\,\varphi'(t) = v(t)\ \varphi(t) + w(t)$$

(L) est une équation **différentielle linéaire du premier ordre de forme non résolue.**

Dans le cas particulier où $w = 0$, on a une équation différentielle linéaire homogène du premier ordre de forme non résolue. ✎ (20)

✎ (20) **(H)** : $u(t)x' = v(t)x$ est encore appelée équation homogène associée à **(L)**.

Nous notons encore $\mathbf{S}_{\mathbb{K}}\mathbf{(H)}$ et $\mathbf{S}_{\mathbb{K}}\mathbf{(L)}$ les ensembles de solutions de **(H)** et **(L)**.

Théorème 5

a) $\mathbf{S}_{\mathbb{K}}\mathbf{(H)}$ est un $\mathbb{K}$ espace vectoriel. ✎ (21)

b) Si ψ est un élément de $\mathbf{S}_{\mathbb{K}}\mathbf{(L)}$ alors $\mathbf{S}_{\mathbb{K}}\mathbf{(L)} = \{\psi + \varphi\ /\ \varphi \in \mathbf{S}_{\mathbb{K}}\mathbf{(H)}\} = \psi + \mathbf{S}_{\mathbb{K}}\mathbf{(H)}$. ✎ (22)

✎ (21) À voir en deuxième lecture, après l'étude des espaces vectoriels.

✎ (22) On peut avoir $\mathbf{S}_{\mathbb{K}}\mathbf{(H)}=\{0\}$ et $\mathbf{S}_{\mathbb{K}}\mathbf{(L)}=\varnothing$. Voir les exemples 6, 7, 8 et 9. De même, il n'est pas question d'unicité : voir l'exemple 10.

☞ a) $\mathbf{S}_{\mathbb{K}}\mathbf{(H)}$ est non vide car il contient la fonction nulle.

Si φ_1 et φ_2 sont dans $\mathbf{S}_{\mathbb{K}}\mathbf{(H)}$, pour tout $\lambda \in \mathbb{K}$, $\lambda\,\varphi_1 + \varphi_2$ est encore dans $\mathbf{S}_{\mathbb{K}}\mathbf{(H)}$.

Ainsi $\mathbf{S}_{\mathbb{K}}\mathbf{(H)}$ est un sous-espace vectoriel de $\mathcal{D}^1(I, \mathbb{K})$.

b) Même démonstration que pour le théorème 3.

5.2 – Méthodes de résolution

Si **(H)** (resp. **(L)**) admet une solution f, alors la restriction de f à tout intervalle $I \subset J$ sur lequel u ne s'annule pas est solution sur I de l'équation :

$$\textbf{(H')} : x' = \frac{v(t)}{u(t)}x \quad \text{(resp. } \textbf{(L')} : x' = \frac{v(t)}{u(t)}x + \frac{w(t)}{u(t)}\text{)}.$$

Pour résoudre **(H)** (resp. **(L)**) on commence donc par résoudre **(H')** (resp. **(L')** sur chacun des sous-intervalles de J où u ne s'annule pas.

Il reste alors à étudier dans quelle mesure on peut **raccorder** de telles solutions de **(H')** (resp. **(L')** pour obtenir une solution de **(H)** (resp. **(L)**) sur J.

Situation de référence

Pour préciser cette démarche, supposons par exemple que u admette une seule valeur d'annulation t_0 sur J, t_0 n'étant pas borne de J.

Posons alors $I_1 = J \cap \left]-\infty, t_0\right[$ et $I_2 = J \cap \left]t_0, +\infty\right[$, et soient φ_1 et φ_2 solutions de **(L')** sur I_1 et I_2 respectivement.

Pour que φ_1 et φ_2 se raccordent en une solution de **(L)** sur J, il est nécessaire :

- qu'elles aient une même limite réelle ℓ en t_0
- et que la fonction continue f définie par $f_{|I_1} = \varphi_1$, $f_{|I_2} = \varphi_2$, $f(t_0) = \ell$ soit dérivable en t_0.

Exemple 6 Résoudre **(H)** : $tx' + x = 0$ sur $\mathbb{R}$.

0 est la seule valeur d'annulation de u : $t \mapsto t$, fonction continue sur $\mathbb{R}$.

Les solutions sur $I_1 =]-\infty, 0[$ sont les fonctions $t \mapsto \dfrac{\lambda}{t}$ $\lambda \in \mathbb{K}$,

et sur $I_2 =]0, +\infty[$ sont les fonctions $t \mapsto \dfrac{\mu}{t}$ $\mu \in \mathbb{K}$.

Si f est solution de **(H)** sur $\mathbb{R}$, il existe $(\lambda, \mu) \in \mathbb{K}^2$ tel que $f(t) = \dfrac{\lambda}{t}$ pour $t < 0$ et $f(t) = \dfrac{\mu}{t}$ pour $t > 0$. Alors la continuité de f en 0 nécessite $\lambda = \mu = 0$. Ainsi la seule solution de **(H)** (sur $\mathbb{R}$) est la fonction nulle : $\mathbf{S}_{\mathbb{K}}\mathbf{(H)} = \{\theta\}$.

Exemple 7 Résoudre **(H)** : $t^3x' - 2x = 0$ sur $\mathbb{R}$.

Ici encore, 0 est la seule valeur d'annulation de $u\ :\ t \mapsto t^3$, fonction continue sur $\mathbb{R}$.

Les solutions sur $I_1 =]-\infty, 0[$ sont $\varphi_\lambda\ :\ t \mapsto \lambda e^{-\frac{1}{t^2}},\quad \lambda \in \mathbb{K}$,

les solutions sur $I_2 =]0, +\infty[$ sont $\psi_\mu\ :\ t \mapsto \mu e^{-\frac{1}{t^2}},\quad \mu \in \mathbb{K}$.

Pour tout $(\lambda, \mu) \in \mathbb{K}^2$, on a : $\lim\limits_{\substack{t\to 0\\ t<0}} \varphi_\lambda(t) = \lim\limits_{\substack{t\to 0\\ t>0}} \psi_\mu(t) = 0$ et $\lim\limits_{\substack{t\to 0\\ t<0}} \varphi'_\lambda(t) = \lim\limits_{\substack{t\to 0\\ t>0}} \psi'_\mu(t) = 0$

donc toute fonction $f_{\lambda,\mu}\ :\ t \mapsto \begin{cases} \lambda e^{-\frac{1}{t^2}} & \text{si } t<0 \\ 0 & \text{si } t=0 \\ \mu e^{-\frac{1}{t^2}} & \text{si } t>0 \end{cases}$ est dérivable sur $\mathbb{R}$ et, puisque $f_{\lambda,\mu}(0) = 0$, elle est solution de **(H)** sur $\mathbb{R}$.

$\mathbf{S}_{\mathbb{K}}$**(H)** est un espace vectoriel, ensemble des fonctions $\alpha f_{1,0} + \beta f_{0,1}$, avec $(\alpha, \beta) \in \mathbb{R}^2$.

Exemple 8 Résoudre **(L)** : $t(t-1)x' + (2t-1)x = 1$ sur $\mathbb{R}$.

Les fonctions coefficients $u\ :\ t\mapsto t(t-1)$, $v\ :\ t\mapsto 2t-1$, $w\ :\ t\mapsto 1$ sont continues sur $\mathbb{R}$, u s'annule en 0 en 1. Posons $I_1 =]-\infty, 0[$, $I_2 =]0, 1[$, $I_3 =]1, +\infty[$. Si f est solution de **(L)** sur $\mathbb{R}$ alors $\varphi_k = f_{|I_k}$ est solution de : **(L')** : $x' = -\dfrac{2t-1}{t^2-t}x + \dfrac{1}{t^2-t}$ sur I_k.

Les solutions de **(H')** : $x' = -\dfrac{2t-1}{t^2-t}x$ sur I_k sont $\psi_k\ :\ t \mapsto \dfrac{\lambda_k}{t^2-t}$ $\lambda_k \in \mathbb{K}$.

$x \mapsto \dfrac{\lambda(t)}{t^2-t}$ est solution de **(L')** sur I_k si et seulement si $\lambda'(t) = 1$ ✎ (23) soit :

$$\lambda(t) = t + a,\ a \in \mathbb{K}.$$

✎ (23) On applique la méthode de variation de la constante.

Ainsi les solutions de **(L')** sur I_k sont $\varphi_k\ :\ t \mapsto \dfrac{t+a_k}{t^2-t}$.

En conséquence, si f est solution de **(L)** sur $\mathbb{R}$, il existe $(a_1, a_2, a_3) \in \mathbb{K}^3$ tel que :

$$f(t) = \frac{t+a_1}{t^2-t} \text{ pour } t<0\ ,\ f(t) = \frac{t+a_2}{t^2-t} \text{ pour } 0<t<1\ ,\ f(t) = \frac{t+a_3}{t^2-t} \text{ pour } t>1.$$

Pour que f ait une limite réelle en 0, il est nécessaire que $a_2 = 0$ et pour qu'elle ait une limite réelle en 1, il est nécessaire que $a_2 = -1$. En conséquence, **(L)** n'a pas de solution sur $\mathbb{R}$.

Exemple 9 Résoudre **(L)** : $tx' - 2x = (t-1)(t+1)^3$ sur $\mathbb{R}$.

Les fonctions $u\ :\ t \mapsto t$, $v\ :\ t \mapsto -2$, $w\ :\ t \mapsto (t-1)(t+1)^3$ sont continues sur $\mathbb{R}$ et u s'annule en 0. On résoud **(L')** : $x' - \dfrac{2}{t}x = \dfrac{(t-1)(t+1)^3}{t}$ sur $]-\infty, 0[$ et sur $]0, +\infty[$.

Les solutions de **(H')** : $x' - \dfrac{2}{t}x = 0$ sur $]-\infty, 0[$ et sur $]0, +\infty[$ sont les fonctions $t \mapsto \lambda t^2$.

✎ (24) $x\ :\ t \mapsto \lambda(t)t^2$ est solution de **(L')** : $x' - \dfrac{2}{t}x = \dfrac{(t-1)(t+1)^3}{t}$ sur $]-\infty, 0[$ ou sur $]0, +\infty[$ si et seulement si :

$$\lambda'(t) = \frac{(t-1)(t+1)^3}{t^3} = t + 2 - \frac{2}{t^2} - \frac{1}{t^3}.$$

✎ (24) En appliquant la méthode de variation de la constante.

Donc les solutions de **(L')** sur $]-\infty, 0[$ ou $]0, +\infty[$ sont les fonctions :

$$t \mapsto \frac{t^4}{2} + 2t^3 + 2t + \frac{1}{2} + \lambda t^2\ ,\ \lambda \in \mathbb{K}.$$

Si f est solution de **(L)** sur $\mathbb{R}$ alors $f_{|]-\infty,0[}$ est solution de **(L)** sur $]-\infty, 0[$ et $f_{|]0,+\infty[}$ est solution sur $]0, +\infty[$ donc il existe $(\lambda, \mu) \in \mathbb{K}^2$ tel que :

$$f(t) = \frac{t^4}{2} + 2t^3 + 2t + \frac{1}{2} + \lambda t^2 \quad \text{pour } t<0$$
$$f(t) = \frac{t^4}{2} + 2t^3 + 2t + \frac{1}{2} + \mu t^2 \quad \text{pour } t>0$$

Inversement, pour tout $(\lambda, \mu) \in \mathbb{K}^2$, la fonction définie par les formules précédentes et $f(0) = 0$ est continue, dérivable sur $\mathbb{R}$ et solution de **(L)** sur $\mathbb{R}$.

L'ensemble des solutions de **(L)** sur $\mathbb{R}$ est donc l'ensemble de ces fonctions : c'est un espace affine de dimension 2.

Exemple 10 a) Déterminer les solutions réelles de **(H)** : $t^2x' + x = 0$.

b) Soit $(t_0, x_0) \in \mathbb{R}^2$, trouver les solutions de **(H)** (sur $\mathbb{R}$) vérifiant la condition $x(t_0) = x_0$.

a) 0 est la seule valeur d'annulation sur $\mathbb{R}$ de la fonction continue $u : t \mapsto t^2$.

Les solutions réelles de **(H')** : $x' = -\frac{1}{t^2}x$ sont les fonctions :

$$\begin{array}{llllll} & \varphi_\lambda & : & t \mapsto \lambda e^{\frac{1}{t}} & , \ \lambda \in \mathbb{R} & , \ \text{sur } \mathbb{R}_+^* \\ \text{et} & \psi_\mu & : & t \mapsto \mu e^{\frac{1}{t}} & , \ \mu \in \mathbb{R} & , \ \text{sur } \mathbb{R}_-^* \end{array}$$

Pour tout $\lambda \in \mathbb{R}^*$, on a $\lim\limits_{\substack{t \to 0 \\ t > 0}} \varphi_\lambda(t) = \pm\infty$ ✎ (25) et φ_0 est la fonction nulle sur $\mathbb{R}_+^*$.

✎ (25) Avec le signe de λ.

Pour tout $\mu \in \mathbb{R}$, on a $\lim\limits_{\substack{t \to 0 \\ t < 0}} \psi_\mu(t) = 0$. ✎ (26)

✎ (26)

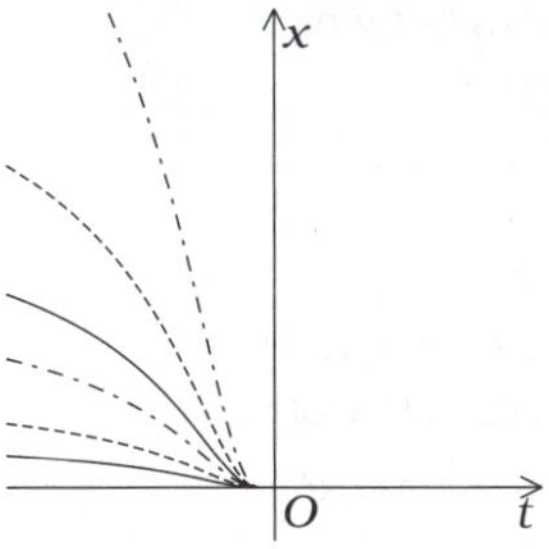

Les seules solutions possibles de **(H)** (sur $\mathbb{R}$) sont donc les fonctions f_μ définies par :

$$f_\mu(t) = \mu e^{\frac{1}{t}} \text{ si } t < 0 \ , \ f_\mu(t) = 0 \text{ si } t > 0.$$

Avec $\lim\limits_{\substack{t \to 0 \\ t < 0}} \frac{1}{t} e^{\frac{1}{t}} = 0$, on voit que f_μ est dérivable en 0 ; on vérifie qu'elle est solution de **(H)**.

b) Si $t_0 < 0$, il y a une solution de **(H)** sur $\mathbb{R}$ vérifiant $x(t_0) = x_0$, c'est f_μ avec $\mu = x_0 e^{-\frac{1}{t_0}}$.

Si $t_0 \geqslant 0$, pour $x_0 \neq 0$, il n'y a aucune solution sur $\mathbb{R}$ vérifiant $x(t_0) = x_0$;

alors que, pour $x_0 = 0$, toute solution de **(H)** sur $\mathbb{R}$ vérifie $x(t_0) = x_0 = 0$.

B. Équations linéaires du second ordre à coefficients constants

1. Notion de solution

Définition 6

Étant donné a, b éléments de $\mathbb{K}$, ✎ (27) et c une fonction continue sur un intervalle I à valeurs dans $\mathbb{K}$, une **solution** de l'équation **(L)** : $x'' + ax' + bx = c$, est une fonction φ de I dans $\mathbb{K}$, deux fois dérivable sur I et telle que :

$$\forall t \in I, \ \varphi''(t) + a\,\varphi'(t) + b\,\varphi(t) = c(t).$$

✎ (27) $\mathbb{K}$ désigne $\mathbb{R}$ ou $\mathbb{C}$.

Définition 7

L'équation est dite **homogène** lorsque le «second membre» c est égal à 0.

(H) : $x'' + ax' + bx = 0$ est appelée **équation homogène associée** à **(L)**.

2. Équation homogène à coefficients constants

Propriété 5

Toute solution de **(H)** est nécessairement de classe $\mathcal{C}^\infty$ sur $\mathbb{R}$.

☞ Une solution φ de **(H)** est, par définition, deux fois dérivable sur $\mathbb{R}$.
De $\varphi'' = -a\,\varphi' - b\varphi$, on déduit que si φ est n fois dérivable sur $\mathbb{R}$ ($n \geqslant 2$), alors elle est $n+1$ fois dérivable sur $\mathbb{R}$.
Il en résulte donc, par récurrence, que φ admet une dérivée à tout ordre sur $\mathbb{R}$.

Théorème 6

L'ensemble $\mathbf{S}_{\mathbb{K}}$**(H)** des solutions à valeurs dans $\mathbb{K}$ de **(H)** : $x'' + ax' + bx = 0$, est un $\mathbb{K}$-espace vectoriel.✎ (28)

✎ (28) À voir en deuxième lecture.

☞ Cet ensemble $\mathbf{S}_{\mathbb{K}}$**(H)** est inclus dans l'espace vectoriel $\mathcal{C}^{\infty}(I, \mathbb{K})$ des fonctions qui sont indéfiniment dérivables sur I.
Il est en outre aisé de voir que la somme de deux solutions est une solution et que le produit d'une solution par un élément de $\mathbb{K}$ est une solution.

2.1 – Solutions complexes d'une équation homogène

Théorème 7

Il existe deux solutions u et v de **(H)** telles que tout élément de $\mathbf{S}_{\mathbb{C}}$**(H)** soit de la forme :

$$\lambda u + \mu v, \quad \text{avec } (\lambda, \mu) \in \mathbb{C}^2.$$

☞ a) La fonction $t \mapsto e^{rt}$ est solution de **(H)** ✎ (29) si et seulement si :

$$(r^2 + ar + b)e^{rt} = 0 \quad \text{c'est-à-dire} \quad r^2 + ar + b = 0.$$

Soit α une solution de cette équation. ✎ (30) Pour toute fonction $f \in \mathcal{C}^{\infty}(\mathbb{R}, \mathbb{C})$, ✎ (31) on considère la fontion $g \in \mathcal{C}^{\infty}(\mathbb{R}, \mathbb{C})$ définie par $g(t) = f(t)e^{-\alpha t}$, d'où $f(t) = g(t)e^{\alpha t}$.
Avec $f'(t) = \big(g'(t) + \alpha g(t)\big)e^{\alpha t}$ et $f''(t) = \big(g''(t) + 2\,\alpha\, g'(t) + \alpha^2 g(t)\big)e^{\alpha t}$,
il vient que f est solution de **(H)** si et seulement si :

$$g''(t) + 2\,\alpha\, g'(t) + \alpha^2 g(t) + a\big(g'(t) + \alpha g(t)\big) + bg(t) = 0$$

c'est-à-dire : $g''(t) + (a + 2\alpha)g'(t) + (\alpha^2 + a\,\alpha + b)g(t) = 0$,
ou encore : $g''(t) + (a + 2\alpha)g'(t) = 0$.

✎ (29) Instruits par les équations du premier ordre, on cherche des solutions exponentielles.

✎ (30) Toute équation de degré 2 admet deux racines, distinctes ou non.

✎ (31) $\mathcal{C}^{\infty}(\mathbb{R},\mathbb{C})$ est l'ensemble des fonctions à valeurs dans $\mathbb{K}$ indéfiniment dérivables sur $\mathbb{R}$.

b) Premier cas : α est racine double de $r^2 + ar + b = 0$, c'est-à-dire $\alpha = -\dfrac{a}{2}$. ✎ (32)
De $g'' = 0$, il vient $g(t) = \lambda t + \mu$, avec $(\lambda, \mu) \in \mathbb{C}^2$ et toute solution f de **(H)** s'écrit :

$$f(t) = \lambda e^{\alpha t} + \mu t e^{\alpha t}.$$

$\mathbf{S}_{\mathbb{C}}$**(H)** est donc l'ensemble des combinaisons linéaires de $u\ :\ t \mapsto e^{\alpha t}$ et $v\ :\ t \mapsto te^{\alpha t}$.
Si on a $(\lambda, \mu) \in \mathbb{C}^2$ tel que $\lambda u + \mu v = 0$, c'est-à-dire, pour tout $t \in \mathbb{R}$, $\lambda e^{\alpha t} + \mu t e^{\alpha t} = 0$, alors il vient $\lambda = 0$ (en prenant la valeur en 0), puis $\mu = 0$. ✎ (33)

✎ (32) Dans ce cas, on a : $b = \dfrac{a^2}{4}$.

✎ (33) On dit alors que (u,v) est un système libre et que l'espace vectoriel $\mathbf{S}_{\mathbb{C}}$**(H)** est de dimension 2. Voir à ce propos le chapitre 10 en Algèbre-Géométrie.

c) Deuxième cas : $r^2 + ar + b = 0$ admet des racines distinctes α et β.
Notons que $\alpha + \beta = -a$ et $a + 2\alpha = -(a + 2\beta) \neq 0$.
g' est solution de l'équation $x' + (a + 2\alpha)x = 0$ c'est-à-dire $x' - (a + 2\beta)x = 0$. Ainsi :

$$g'(t) = \lambda_1 e^{(a+2\beta)t} \quad \text{puis} \quad g(t) = \frac{\lambda_1}{a + 2\beta}e^{(a+2\beta)t} + \mu.$$

Les solutions f sont donc les fonctions telles que $f(t) = \lambda e^{\beta t} + \mu e^{\alpha t}$ $(\lambda, \mu) \in \mathbb{C}^2$.
$\mathbf{S}_{\mathbb{C}}$**(H)** est l'ensemble des combinaisons linéaires de $u\ :\ t \mapsto e^{\alpha t}$ et $v\ :\ t \mapsto e^{\beta t}$.
Comme précédemment, on vérifie que (u, v) est un système libre :
$\lambda e^{\beta t} + \mu e^{\alpha t} = 0$ pour tout t implique, en dérivant, $\lambda\,\alpha\, e^{\alpha t} + \mu\,\beta\, e^{\beta t} = 0$, puis, avec $t = 0$, il vient :

$$\lambda + \mu = 0 \quad \text{et} \quad \alpha\,\lambda + \beta\,\mu = 0.$$

Avec $\alpha \neq \beta$, on en déduit $\lambda = \mu = 0$. Il en résulte de nouveau $\dim \mathbf{S}_{\mathbb{C}}$**(H)** $= 2$.

Définition 8

L'équation **(E)** : $r^2 + ar + b = 0$ est appelée **équation caractéristique** de l'équation différentielle **(H)** : $x'' + ax' + bx = 0$.

En conclusion de cette étude

Formulaire 4

Étant donné l'équation **(H)** : $x'' + ax' + bx = 0$, avec $(a, b) \in \mathbb{K}^2$, si l'équation caractéristique

$$\textbf{(E)} : r \in \mathbb{C},\ r^2 + ar + b = 0$$

a) a une racine double α, les solutions de **(H)** sont les fonctions :

$$t \mapsto (\lambda + \mu t)e^{\alpha t}, \quad \text{avec } (\lambda, \mu) \text{ quelconque dans } \mathbb{C}^2,$$

b) a deux racines distinctes α et β, les solutions de **(H)** sont les fonctions :

$$t \mapsto \lambda e^{\alpha t} + \mu t e^{\beta t}, \quad \text{avec } (\lambda, \mu) \text{ quelconque dans } \mathbb{C}^2.$$

Théorème 8

Étant donné $(t_0, A, B) \in \mathbb{R} \times \mathbb{C} \times \mathbb{C}$, l'équation **(H)** : $x'' + ax' + bx = 0$ admet une solution et une seule f telle que : $f(t_0) = A$ et $f'(t_0) = B$. ✎ (34)

✎ (34) On dit que $f(t_0)=A$, $f'(t_0)=B$ est un système de conditions initiales pour **(H)**.

☞ a) Si **(E)** a une racine double α.

Avec $f(t) = (\lambda t + \mu)e^{\alpha t}$ et donc $f'(t) = (\alpha\,\lambda\, t + \alpha\,\mu + \lambda)e^{\alpha t}$, le système :

$$\begin{cases} \lambda t_0 + \mu &= Ae^{-\alpha t_0} \\ (\alpha t_0 + 1)\,\lambda + \alpha\,\mu &= Be^{-\alpha t_0} \end{cases}$$

admet une solution (λ_0, μ_0) unique car son déterminant $\begin{vmatrix} t_0 & 1 \\ \alpha t_0 + 1 & \alpha \end{vmatrix}$ est non nul.

b) Si **(E)** admet des racines distinctes α et β.

Avec $f(t) = \lambda e^{\alpha t} + \mu e^{\beta t}$ et donc $f'(t) = \alpha\,\lambda\, e^{\alpha t} + \beta\,\mu\, e^{\beta t}$, le système :

$$\begin{cases} \lambda e^{\alpha t_0} + \mu e^{\beta t_0} = A \\ \alpha\,\lambda\, e^{\alpha t_0} + \beta\,\mu\, e^{\beta t_0} = B \end{cases}$$

admet une solution (λ_0, μ_0) unique car son déterminant $\begin{vmatrix} e^{\alpha t_0} & e^{\beta t_0} \\ \alpha e^{\alpha t_0} & \beta e^{\beta t_0} \end{vmatrix} = (\beta - \alpha)e^{(\alpha+\beta)t_0}$ est non nul.

Corollaire

La fonction nulle est la seule solution de **(H)** qui prend, en un point donné, la valeur 0 en même temps que sa dérivée.

2.2 – Solutions réelles d'une équation homogène

Dans le cas où a et b sont des réels, il est naturel de donner les solutions réelles de **(H)**.

Formulaire 5

Si l'équation **(E)** admet une racine (réelle) double α, les solutions réelles sont les fonctions :

$$f\ :\ t \mapsto (\lambda t + \mu)e^{\alpha t}, \text{ avec } (\lambda, \mu) \in \mathbb{R}^2.$$

Formulaire 6

Si l'équation **(E)** admet deux racines réelles distinctes α et β, les solutions réelles sont les fonctions $f\ :\ t \mapsto \lambda e^{\alpha t} + \mu e^{\beta t}$, avec $(\lambda, \mu) \in \mathbb{R}^2$.

En posant $\alpha = r + s$, $\beta = r - s$ c'est-à-dire $r = \dfrac{\alpha + \beta}{2}$, $s = \dfrac{\alpha - \beta}{2}$, les solutions réelles sont les fonctions : $f\ :\ t \mapsto (\lambda \operatorname{ch} st + \mu \operatorname{sh} st)e^{rt}$ avec $(\lambda, \mu) \in \mathbb{R}^2$. ✎ (35)

✎ (35) Avec $u : t \mapsto e^{\alpha t}$ et $v : t \mapsto e^{\beta t}$, $\left(\frac{u+v}{2}, \frac{u-v}{2}\right)$ est encore une base de $S_{\mathbb{C}}$**(H)**, et on a :
$\frac{u+v}{2} : t \mapsto e^{rt} \operatorname{ch} st$
$\frac{u-v}{2} : t \mapsto e^{rt} \operatorname{sh} st$

Formulaire 7

Si l'équation **(E)** admet deux racines (distinctes) complexes conjuguées :

$$r + is \text{ et } r - is, \text{ avec } (r, s) \in \mathbb{R} \times \mathbb{R}^*,$$

les solutions réelles sont les fonctions :

$$f : t \mapsto (\lambda \cos st + \mu \sin st)e^{rt}, \quad \text{avec } (\lambda, \mu) \in \mathbb{R}^2 \text{ ✎ } (36)$$

ou encore : $f : t \mapsto \rho\, e^{rt} \cos(st + \theta), \quad \text{avec} \quad (\rho, \theta) \in \mathbb{R}^2.$

✎ (36) Avec $u : t \mapsto e^{(r+is)t}$ et $v : t \mapsto e^{(r-is)t}$, $\left(\frac{u+iv}{2}, \frac{u-iv}{2i}\right)$ est encore une base de $\mathbf{S}_{\mathbb{C}}$**(H)** et on a : $\frac{u+iv}{2} : t \mapsto e^{rt} \cos st$, $\frac{u-iv}{2i} : t \mapsto e^{rt} \sin st$.

☞ Pour cette dernière formule, les solutions (complexes) de **(H)** sont les fonctions :

$$t \mapsto \lambda e^{(r+is)t} + \mu e^{(r-is)t}, \text{ avec } (\lambda, \mu) \in \mathbb{C}^2.$$

Une telle solution est à valeurs réelles si et seulement si , pour tout t :

$$\lambda e^{(r+is)t} + \mu e^{(r-is)t} = \overline{\lambda} e^{(r-is)t} + \overline{\mu} e^{(r+is)t}$$

donc : $\lambda e^{ist} + \mu e^{-ist} = \overline{\lambda} e^{-ist} + \overline{\mu} e^{ist}.$

On a $is \neq -is$ (car $s \neq 0$), donc les fonctions $t \mapsto e^{ist}$ et $t \mapsto e^{-ist}$ sont indépendantes et la relation précédente équivaut à : $\lambda = \overline{\mu}$.

Il reste à remarquer alors que :

$$\lambda e^{(r+is)t} + \overline{\lambda} e^{(r-is)t} = 2\,\mathrm{Re}\left(\lambda e^{(r+is)t}\right)$$

pour obtenir f comme combinaison linéaire des fonctions $t \mapsto e^{rt} \cos st$ et $t \mapsto e^{rt} \sin st$.

Théorème 9

Soit $(a, b) \in \mathbb{R}^2$, le $\mathbb{R}$ espace vectoriel $\mathbf{S}_{\mathbb{R}}$**(H)** des solutions réelles de **(H)** : $x'' + ax' + bx = 0$ est de dimension 2. ✎ (37)

✎ (37) Pour une deuxième lecture.

☞ Dans chacun des cas étudiés dans les formulaires 4, 5 et 6, on vérifie que le système générateur de $\mathbf{S}_{\mathbb{R}}$**(H)** mis en évidence est libre.

Exemple 11 Déterminons les solutions réelles des équations :

$(H_1) : x'' + 2x' - 3x = 0$, $(H_2) : x'' + 2x' + x = 0$, $(H_3) : x'' + 2x' + 4x = 0.$

a) Les racines de l'équation $r^2 + 2r - 3 = 0$ sont 1 et -3.

Les solutions réelles de (H_1) sont alors $t \mapsto \lambda e^t + \mu e^{-3t}$, avec $(\lambda, \mu) \in \mathbb{R}^2$.

b) L'équation $r^2 + 2r + 1 = 0$ admet -1 pour racine double.

Les solutions réelles de (H_2) sont alors $t \mapsto (\lambda t + \mu)e^{-t}$, avec $(\lambda, \mu) \in \mathbb{R}^2$.

c) Les racines de l'équation $r^2 + 2r + 4 = 0$ sont $-1 + i\sqrt{3}$ et $-1 - i\sqrt{3}$.

Les solutions réelles de (H_3) sont alors $t \mapsto (\lambda \cos t\sqrt{3} + \mu \sin t\sqrt{3})e^{-t}$, avec $(\lambda, \mu) \in \mathbb{R}^2$.

Exemple 12 Résoudre les équations : $(H_1) : x'' + 4x = 0$, $(H_2) : x'' - x' + 1 + i = 0.$

a) Les racines de l'équation $r^2 + 4 = 0$ sont $2i$ et $-2i$.

Les solutions complexes de (H_1) sont $t \mapsto \lambda e^{2it} + \mu e^{-2it}$, avec $(\lambda, \mu) \in \mathbb{C}^2$.

Les solutions réelles sont $t \mapsto \lambda \cos 2t + \mu \sin 2t$, avec $(\lambda, \mu) \in \mathbb{R}^2$.

b) Les racines de l'équation $r^2 - r + 1 + i = 0$ sont i et $1 - i$.

Les solutions complexes de (H_2) sont $t \mapsto \lambda e^{it} + \mu e^{(1-i)t}$, avec $(\lambda, \mu) \in \mathbb{C}^2$.

D'autre part, on peut vérifier que $\lambda e^{it} + \mu e^{(1-i)t}$ est réel, pour tout t, si et seulement si :

$$\lambda = \mu = 0. \text{ ✎ } (38)$$

La seule solution réelle de l'équation (H_2) est donc la fonction nulle.

✎ (38) En posant : $\Phi(t) = \lambda e^{it} + \mu e^{(1-i)t} - \overline{\lambda} e^{-it} - \overline{\mu} e^{(1+i)t}$ on résoud le système linéaire : $\Phi(0)=0, \Phi'(0)=0, \Phi''(0)=0, \Phi'''(0)=0$ aux inconnues $\lambda, \mu, \overline{\lambda}, \overline{\mu}$.

3. Équation complète à coefficients constants

3.1 – Étude générale

On étudie l'équation **(L)** : $x'' + ax' + bx = c(t)$, où a, b sont des constantes et c est une fonction continue sur un intervalle I.

$\mathbf{S}_{\mathbb{K}}$**(L)** désigne l'ensemble des solutions à valeurs dans $\mathbb{K}$ de **(L)** sur I.

Si c est de classe $\mathcal{C}^p$ sur I, toute solution φ est de classe $\mathcal{C}^{p+2}$.

On utilise l'équation homogène associée **(H)** : $x'' + ax' + bx = 0$.

✎ (39) La démonstration est identique à celle du théorème 3. Comme au premier ordre, la solution générale de **(L)** est la somme d'une solution particulière de **(L)** et de la solution générale de **(H)**.

Théorème 10

Si ψ est une solution de **(L)**, alors une fonction $f \in \mathcal{C}^2(I, \mathbb{K})$ est solution de **(L)** si et seulement si :

$$f - \psi \in \mathbf{S}_{\mathbb{K}}\mathbf{(H)}.$$ ✎ (39)

On exprime cette propriété par : $\mathbf{S}_{\mathbb{K}}\mathbf{(L)} = \psi + \mathbf{S}_{\mathbb{K}}\mathbf{(H)}$.

Remarque ✎ (40)

✎ (40) Pour une deuxième lecture.

S'il existe ψ solution de **(L)**, c'est-à-dire si $\mathbf{S}_{\mathbb{K}}$**(L)** est non vide, on dit que $\mathbf{S}_{\mathbb{K}}$**(L)** est le plan affine de $\mathcal{C}^2(I, \mathbb{K})$ contenant ψ et de direction le plan vectoriel $\mathbf{S}_{\mathbb{K}}$**(H)**.

L'existence de ψ solution particulière de **(L)** dans le cas d'une fonction $c \in \mathcal{C}(I, \mathbb{K})$ quelconque sera prouvée plus loin, au paragraphe 4.

Propriété 6

Superposition de solutions

Lorsque c se présente sous forme d'une somme $c = \sum_{k=1}^{p} c_k$, si, pour tout $k \in [\![1, p]\!]$, on dispose d'une solution particulière φ_k de **(L**$_k$**)** : $x'' + ax' + bx = c_k(t)$, alors $\varphi = \sum_{k=1}^{p} \varphi_k$ est solution particulière de **(L)**.

3.2 – Le second membre est un polynôme ✎ (41)

✎ (41) La fonction c est souvent appelée, abusivement, second membre de l'équation **(L)**. Comme au premier ordre, une méthode de résolution de **(L)** consiste à résoudre **(H)** et déterminer une solution particulière de **(L)**. Dans ce paragraphe et le suivant, on donne des seconds membres pour lesquels ce procédé peut être mis en œuvre.

(L) : $x'' + ax' + bx = P(t)$, où P est un polynôme de degré $n \in \mathbb{N}$.

Formulaire 8

a) Si $b \neq 0$, **(L)** a une solution polynôme de degré n.

b) Si $b = 0$ et $a \neq 0$, **(L)** a une solution polynôme de degré $n + 1$.

c) Si $a = b = 0$, les solutions de **(L)** sont des polynômes de degrés $n + 2$.

a) On obtient une solution particulière en prenant un polynôme g de degré n. Les coefficients s'obtiennent en résolvant un système échelonné.

b) Si g est une solution, g' est solution de $x' + ax = P(t)$. Le terme constant de g est arbitraire et peut être pris égal à 0.

c) On obtient toutes les solutions par deux quadratures successives. ✎ (42)

✎ (42) Le terme quadrature exprime un calcul de primitive.

Exemple 13 Calculer la solution prenant, ainsi que sa dérivée, la valeur 0 en 0 pour chacune des équations différentielles suivantes :

a) $y'' = x^2 + 1$, b) $y'' - 5y' = x^2 + 1$, c) $y'' - 5y' + 6y = x^2 + 1$.

a) $f''(x) = x^2 + 1$ donne $f'(x) = \dfrac{x^3}{3} + x + \lambda$ puis $f(x) = \dfrac{x^4}{12} + \dfrac{x^2}{2} + \lambda x + \mu$.

$f(0) = f'(0) = 0$ donne $\lambda = \mu = 0$.

b) La solution générale de $y'' - 5y' = 0$ est $x \mapsto \lambda + \mu e^{5x}$.
Cherchons une solution $g : x \mapsto ax^3 + bx^2 + cx$ pour $y'' - 5y' = x^2 + 1$.
$g''(x) - 5g'(x) = -15ax^2 + 2(3a - 5b)x + 2b - 5c$ donne :

$$a = -\frac{1}{15},\ b = -\frac{1}{25} \text{ et } c = -\frac{27}{125}$$

Les solutions sont les fonctions $f : x \mapsto \lambda + \mu e^{5x} - \frac{1}{15}x^3 - \frac{1}{25}x^2 - \frac{27}{125}x$.

$f(0) = f'(0) = 0$ donne $\lambda + \mu = 0$ et $5\mu - \frac{27}{125} = 0$, c'est-à-dire $\mu = \frac{27}{625}$ et $\lambda = -\frac{27}{625}$.

c) La solution générale de $y'' - 5y' + 6y = 0$ est $x \mapsto \lambda e^{2x} + \mu e^{3x}$.
Cherchons une solution $g : x \mapsto ax^2 + bx + c$ pour $y'' - 5y' + 6y = x^2 + 1$.
Avec $g''(x) - 5g'(x) + 6g(x) = 6ax^2 + 2(3b - 5a)x + 6c - 5b + 2a$, on obtient :

$$a = \frac{1}{6},\ b = \frac{5}{18} \text{ et } c = \frac{37}{108}.$$

Les solutions sont les fonctions $f : x \mapsto \lambda e^{2x} + \mu e^{3x} + \frac{1}{6}x^2 + \frac{5}{18}x + \frac{37}{108}$.

$f(0) = f'(0) = 0$ donne $\lambda + \mu + \frac{37}{108} = 0$ et $2\lambda + 3\mu + \frac{5}{18} = 0$, soit $\lambda = -\frac{3}{4}$ et $\mu = \frac{11}{27}$.

3.3 – Second membre produit d'un polynôme et d'une exponentielle

(L) : $x'' + ax' + bx = e^{kt}P(t)$, où $k \in \mathbb{K}$ et P est un polynôme de degré $n \in \mathbb{N}$.

Formulaire 9

Avec **(E)** : $r^2 + ar + b = 0$,

a) si k n'est pas racine de **(E)**, **(L)** a une solution $t \mapsto e^{kt}Q(t)$ où Q est un polynôme de degré n ;

b) si k est racine simple de **(E)**, **(L)** a une solution $t \mapsto e^{kt}R(t)$ où R est un polynôme de degré $n + 1$;

c) si k est racine double de **(E)**, toutes les solutions de **(L)** sont de la forme $t \mapsto e^{kt}S(t)$ où S est un polynôme de degré $n + 2$.

☞ En posant $x = e^{kt}y$, nous avons $x'' + ax' + bx = \left[y'' + (2k+a)y' + (k^2 + ak + b)y\right]e^{kt}$.
Nous sommes ramenés à résoudre $y'' + (2k + a)y' + (k^2 + ak + b)y = P(t)$, ce qui correspond au cas précédent (paragraphe 3.2).

Exemple 14 Calculer les solutions réelles des équations :

$$(\mathrm{L}_1) : y'' + 4y' + 13y = e^{-2x}(\pi - x)\ ,\ (\mathrm{L}_2) : y'' - 5y' = \left(x^2 + 1\right)e^{5x},$$
$$(\mathrm{L}_3) : y'' + 6y' + 9y = (x^2 + 1)e^{-3x}.$$

a) L'équation caractéristique $r^2 + 4r + 13 = 0$ admet $-2 + 3i$ et $-2 - 3i$ pour racines.
La solution réelle générale de $y'' + 4y' + 13y = 0$ est :

$$x \mapsto (\lambda \cos 3x + \mu \sin 3x)e^{-2x}, \quad \text{avec } (\lambda, \mu) \in \mathbb{R}^2$$

-2 n'étant pas racine de l'équation caractéristique, on cherche une solution de la forme $x \mapsto (ax + b)e^{-2x}$ et on obtient $9ax + 9b = \pi - x$, c'est-à-dire $a = -\frac{1}{9}$ et $b = \frac{\pi}{9}$.

Les solutions réelles de $(\mathbf{L}_1)$ sont donc :

$$x \mapsto \left(\lambda \cos 3x + \mu \sin 3x - \frac{1}{9}x + \frac{\pi}{9}\right) e^{-2x}, \quad \text{avec } (\lambda, \mu) \in \mathbb{R}^2$$

b) 5 étant racine simple l'équation caractéristique $r^2 - 5r = 0$, on cherche une solution de la forme : $x \mapsto (ax^3 + bx^2 + cx)e^{5x}$. Il vient alors :

$$15ax^2 + (10b + 6a)x + 2b + 5c = x^2 + 1, \text{ donc } a = \frac{1}{15}, b = -\frac{1}{25}, c = \frac{27}{125}.$$

Les solutions réelles de $(\mathbf{L}_2)$ sont donc :

$$x \mapsto \lambda + \left(\frac{x^3}{15} - \frac{x^2}{25} + \frac{27x}{125} + \mu\right) e^{5x}, \text{ avec } (\lambda, \mu) \in \mathbb{R}^2$$

c) -3 étant racine double de l'équation caractéristique $r^2 + 6r + 9 = 0$, posons $y = ze^{-3x}$.

Il vient alors $z'' = x^2 + 1$ puis $z = \dfrac{x^4}{12} + \dfrac{x^2}{2} + \lambda x + \mu$, et les solutions réelles de $(\mathbf{L}_3)$ sont :

$$x \mapsto \left(\frac{x^4}{12} + \frac{x^2}{2} + \lambda x + \mu\right) e^{-3x}, \text{ avec } (\lambda, \mu) \in \mathbb{R}^2.$$

3.4 – Le second membre est $A(t)\cos kt + B(t)\sin kt$

On recherche les solutions **réelles** de **(L)** : $x'' + ax' + bx = A\cos kt + B\sin kt$, avec a et b réels, A et B polynômes réels, et k réel non nul.

Formulaire 10

Avec l'équation **(E)** : $r^2 + ar + b = 0$,

a) si ik n'est pas racine de **(E)**, **(L)** a une solution $t \mapsto U(t)\cos kt + V(t)\sin kt$, avec $(U, V) \in \mathbb{R}[X]^2$ et $\sup(\deg U, \deg V) = \sup(\deg A, \deg B)$;

b) si ik est racine de **(E)**, **(L)** a une solution $t \mapsto U(t)\cos kt + V(t)\sin kt$, avec $(U, V) \in \mathbb{R}[X]^2$ et $\sup(\deg U, \deg V) = 1 + \sup(\deg A, \deg B)$.

☞ Avec $A(t)\cos kt + B(t)\sin kt = \dfrac{A - iB}{2}e^{ikt} + \dfrac{A + iB}{2}e^{-ikt}$, le principe de superposition des solutions particulières ramène à la résolution des équations :

$$(1) : x'' + ax' + bx = \frac{A - iB}{2}e^{ikt} \quad \text{et} \quad (2) : x'' + ax' + bx = \frac{A + iB}{2}e^{-ikt}.$$

A et B étant des polynômes réels, $\dfrac{A + iB}{2}e^{-ikt}$ est le conjugué de $\dfrac{A - iB}{2}e^{ikt}$.

a et b étant réels, la conjuguée d'une solution de **(1)** est solution de **(2)**.

Notons que, A et B étant des polynômes réels, le degré n de $\dfrac{A - iB}{2}$ est $\sup(\deg A, \deg B)$.

a) Si ik n'est pas racine de **(E)**. D'après le formulaire 8, il existe un polynôme Q de degré n tel que $t \mapsto Q(t)e^{ikt}$ soit solution de **(1)**. $t \mapsto \overline{Q}(t)e^{-ikt}$ est alors solution de (2), et une solution de **(L)** est donc :

$t \mapsto Q(t)e^{ikt} + \overline{Q}(t)e^{-ikt}$, c'est-à-dire $t \mapsto \big(Q(t) + \overline{Q}(t)\big)\cos kt + i\big(Q(t) - \overline{Q}(t)\big)\sin kt$.

Il reste à remarquer que les polynômes $U = Q + \overline{Q}$ et $V = i(Q - \overline{Q})$ sont réels, de degrés au plus n et que l'un (au moins) est de degré n.

b) Si ik est racine de **(E)**, nous appliquons encore le formulaire 9 : il existe un polynôme R de degré $n + 1$ tel que $t \mapsto R(t)e^{ikt}$ soit solution de (1).

Comme dans le cas a), une solution de **(L)** est $t \mapsto \big(R(t) + \overline{R}(t)\big)\cos kt + i\big(R(t) - \overline{R}(t)\big)\sin kt$.

Les polynômes $U = R + \overline{R}$ et $V = i(R - \overline{R})$ sont réels, de degrés au plus $n + 1$ et l'un (au moins) est de degré $n + 1$.

3.5 – Le second membre est $\big(A(t)\cos kt + B(t)\sin kt\big)e^{mt}$

On recherche les solutions **réelles** de **(L)** : $x'' + ax' + bx = (A\cos kt + B\sin kt)e^{mt}$, avec a et b réels, A et B polynômes réels, k et m réels non nuls.

Formulaire 11

On se ramène au cas précédent en posant $x = ze^{mt}$.

Exemple 15 Trouver les solutions réelles de l'équation différentielle $y'' + 4y' + 13y = e^{-2x}\sin^3 x$.

La solution générale réelle de $y'' + 4y' + 13y = 0$ est :

$$x \mapsto e^{-2x}(\lambda\cos 3x + \mu\sin 3x),\ \text{avec } (\lambda,\mu) \in \mathbb{R}^2.$$

En posant $y = e^{-2x}z$, on est amené à résoudre :

$$z'' + 9z = \sin^3 x = \frac{3}{4}\sin x - \frac{1}{4}\sin 3x$$

Puisque i n'est pas racine de $r^2 + 9 = 0$, une solution particulière de $z'' + 9z = \dfrac{3}{4}\sin x$ est de la forme :

$$x \mapsto u\cos x + v\sin x.$$

On obtient $x \mapsto \dfrac{3}{32}\sin x$ pour solution.

Puisque $3i$ est racine de $r^2 + 9 = 0$, $z'' + 9z = -\dfrac{1}{4}\sin 3x$ admet une solution de la forme :

$$x \mapsto ux\cos 3x + vx\sin 3x.$$

On obtient $x \mapsto \dfrac{x}{24}\cos 3x$ pour solution.

On en déduit :

$$x \mapsto \left(\frac{3}{32}\sin x + \frac{x}{24}\cos 3x\right)e^{-2x}$$

comme solution particulière pour l'équation proposée et donc :

$$x \mapsto \left(\lambda\cos 3x + \mu\sin 3x + \frac{3}{32}\sin x + \frac{x}{24}\cos 3x\right)e^{-2x},\ \text{avec } (\lambda,\mu) \in \mathbb{R}^2$$

représente la solution générale.

4. Équation complète, autres cas

Dans les cas où le second membre n'est pas d'une des formes classiques étudiées au paragraphe précédent, un changement de fonction inconnue ramène à une équation du premier ordre.

Propriété 7

Soit φ une solution, éventuellement complexe, ✎ (43) de **(H)** ne s'annulant pas sur I.
Le changement de fonction inconnue, défini par $x = \varphi y$, ramène la résolution de l'équation **(L)** : $x'' + ax' + bx = c$ à celle d'une équation linéaire du premier ordre en x'.

☞ Soit f une fonction deux fois dérivable sur I.
On définit la fonction g deux fois dérivable sur I par $f = g\varphi$.

Il vient que f est solution de **(L)** si et seulement si $g'' + \left(2\dfrac{\varphi'}{\varphi} + a\right)g' = \dfrac{c}{\varphi}$.

Les fonctions g' sont donc les solutions de l'équation du premier ordre :

$$(\mathrm{L}_1)\ : x' + \left(2\frac{\varphi'(t)}{\varphi(t)} + a\right)x = \frac{c(t)}{\varphi(t)}$$ ✎ (44)

Considérons u solution sur I de cette équation ✎ (45) et soit U une primitive de u sur I.
D'après ce qui précède, $\Phi\ :\ I \to \mathbb{K},\ t \mapsto \varphi(t)\,U(t)$ est solution de **(L)** sur I.

✎ (43) Dans $\mathbb{C}$, l'équation caractéristique (E) a toujours au moins une racine α et $\varphi : t \mapsto e^{\alpha t}$ ne s'annule pas sur $\mathbb{R}$.

✎ (44) Remarquer que, si φ est réelle, l'équation homogène associée s'intègre sans calculs car une primitive de :
$$t \mapsto 2\frac{\varphi'(t)}{\varphi(t)} + a$$
est $t \mapsto 2\ln|\varphi(t)| + at$.

✎ (45) On sait que l'ensemble $\mathbf{S}_{\mathbb{K}}(\mathrm{L}_1)$ des solutions de (L_1) sur I est une droite affine.

Corollaire

Pour tout $c \in \mathcal{C}(I, \mathbb{K})$, l'équation **(L)** a au moins une solution, c'est-à-dire que $\mathbf{S}_{\mathbb{K}}$**(L)** $\neq \varnothing$.

☞ Cela résulte de la propriété 7 et du fait que l'équation **(H)** admet toujours au moins une solution qui ne s'annule pas sur $\mathbb{R}$.

Dans le cas où $\mathbb{K} = \mathbb{R}$: $(a, b) \in \mathbb{R}^2$, $c \in \mathcal{C}(I, \mathbb{R})$, il suffit de noter qu'il existe $\Phi \in \mathbf{S}_{\mathbb{C}}$**(L)** et qu'alors la fonction $\operatorname{Re} \Phi$ appartient à $\mathbf{S}_{\mathbb{R}}$**(L)**.

Théorème 11

Soit $(a, b) \in \mathbb{K}^2$ et $c \in \mathcal{C}(I, \mathbb{K})$.

Étant donné $(t_0, A, B) \in I \times \mathbb{K} \times \mathbb{K}$, l'équation **(L)** : $x'' + ax' + bx = c(t)$ admet une solution f, et une seule, telle que $f(t_0) = A, f'(t_0) = B$.

☞ Considérons une base (φ, ψ) de $\mathbf{S}_{\mathbb{K}}$**(H)** fournie, par exemple, par les formulaires 4, 5 ou 6, et Φ un élément de $\mathbf{S}_{\mathbb{K}}$**(L)**.

Alors pour tout $f \in \mathbf{S}_{\mathbb{K}}$**(L)**, il existe $(\lambda, \mu) \in \mathbb{K}^2$, unique, tel que $f = \Phi + \lambda\,\varphi + \mu\,\psi$.

On vérifie que, pour tout $t_0 \in \mathbb{R}$, $\begin{vmatrix} \varphi(t_0) & \psi(t_0) \\ \varphi'(t_0) & \psi'(t_0) \end{vmatrix} \neq 0$, il en résulte que les conditions :

$$f(t_0) = A, f'(t_0) = B$$

conduisent à un système de Cramer en (λ, μ).

En conséquence, il existe f unique solution de **(L)** sur I et telle que $f(t_0) = A, f'(t_0) = B$.

Exemple 16 Résoudre l'équation différentielle (1) : $(1 + x)y'' - 2y' + (1 - x)y = xe^{-x}$ sur $]-1, +\infty[$ en remarquant que $x \mapsto e^x$ est solution de l'équation homogène associée.

Posons $y = ze^x$, nous sommes conduits à résoudre $(1 + x)z'' + 2xz' = xe^{-2x}$.

Étudions l'équation (2) : $(1 + x)u' + 2xu = xe^{-2x}$ sur $]-1, +\infty[$.

Les solutions de l'équation homogène $(1 + x)u' + 2xu = 0$ sont $x \mapsto \lambda(1 + x)^2 e^{-2x}$.

Appliquons la méthode de variation de la constante.

$x \mapsto (1 + x)^2 e^{-2x}\,\lambda(x)$ est solution de (2) lorsque :

$$(1 + x)^3\,\lambda'(x)e^{-2x} = xe^{-2x}, \text{ c'est-à-dire } \lambda'(x) = \frac{x}{(1 + x)^3} = \frac{1}{(1 + x)^2} - \frac{1}{(1 + x)^3}.$$

Il vient $\lambda(x) = -\dfrac{1}{1 + x} + \dfrac{1}{2(1 + x)^2} + \mu$ donc $u = z' = \left(-x - \dfrac{1}{2}\right) e^{-2x} + \mu(1 + x)^2 e^{-2x}$.

On en déduit : $z = \dfrac{x + 1}{2} e^{-2x} + a\left(2x^2 + 6x + 5\right) e^{-2x} + b$, $(a, b) \in \mathbb{R}^2$, d'où la solution générale de **(1)** sur $]-1, +\infty[$:

$$x \mapsto a(2x^2 + 6x + 5)e^{-x} + be^x + \frac{x + 1}{2} e^{-x}.$$

C. Équations non linéaires : notions de base

1. Solutions d'une équation $y' = F(x,y)$

Définition 9

Soit $D \subset \mathbb{R} \times \mathbb{K}$ et F une application de D dans $\mathbb{K}$.

Étant donné un intervalle I de $\mathbb{R}$, une **solution sur** I de l'équation différentielle :

$$\textbf{(E)} : y' = F(x, y)$$

est une fonction f de I dans $\mathbb{K}$ dérivable sur I : $f \in \mathscr{D}^1(I, \mathbb{K})$ et telle que :

$$\forall t \in I,\ f'(t) = F\big(t, f(t)\big).$$ ✎ (46)

✎ (46) Implicitement, on a donc : $\forall t \in I, \big(t, f(t)\big) \in D$.

Si $\mathbb{K} = \mathbb{R}$, les courbes représentatives des solutions sont encore appelées **courbes intégrales** de l'équation **(E)**.

Propriété 8

Si f est solution de **(E)** sur I, alors, pour tout sous-intervalle J de I, f est solution de **(E)** sur J. ✎ (47)

✎ (47) Contrairement aux équations linéaires, la détermination des intervalles I possibles fait partie de la résolution de l'équation, ce n'est plus une donnée ! Dans une étude ultérieure, on s'intéressera à la détermination des intervalles I les plus grands possibles qui seront attachés aux solutions maximales.

Définition 10

Soit $(t_0, \alpha) \in \mathbb{K}$, résoudre le **problème de Cauchy** pour l'équation **(E)** en (t_0, α), c'est trouver toutes les solutions f de **(E)** sur I telles que $t_0 \in I$ et $f(t_0) = \alpha$. ✎ (48)

✎ (48) Géométriquement : $\mathbb{K}=\mathbb{R}$. Cela revient à trouver les courbes intégrales de **(E)** passant par $M(t_0, \alpha)$.

2. Équations à variables séparables

2.1 – Définition

Définition 11

Une équation à variables séparables est une d'équation de la forme :

$$\textbf{(S)} : y' = a(x)\, b(y)$$

où a et b sont des fonctions réelles continues sur des intervalles I_1 et J respectivement, b ne prenant pas la valeur 0 sur J.

2.2 – Méthode

Soit φ une solution sur un intervalle $I \subset I_1$, on a alors :

$$\forall x \in I,\ \varphi(x) \in J \text{ et } \frac{\varphi'(x)}{b\big(\varphi(x)\big)} = a(x).$$

Considérons A et B des primitives de a et $\dfrac{1}{b}$ sur I et J respectivement.

La fonction $x \mapsto \dfrac{\varphi'(x)}{b\big(\varphi(x)\big)}$ admet $x \mapsto B\big[\varphi(x)\big]$ pour primitive sur I et on a donc :

$$B \circ \varphi = A + \lambda,\ \lambda \in \mathbb{R}.$$

$\dfrac{1}{b}$ ne s'annulant pas sur J, la fonction B admet une réciproque et le couple (φ, I) vérifie :

$$\varphi(I) \subset J\ ,\ \varphi = B^{-1} \circ (A + \lambda).$$

Réciproquement, si un couple (φ, I) vérifie ces conditions, on a bien $\varphi \in \mathcal{D}^1(I, \mathbb{R})$ et :

$$\forall x \in I, \varphi'(x) = a(x)\, b\big(\varphi(x)\big).$$

Étant donné $\left(x_0, y_0\right) \in I \times J$, il y a une valeur de λ et une seule pour laquelle la fonction φ associée vérifie $\varphi\left(x_0\right) = y_0$, il s'agit de $\lambda = B\left(y_0\right) - A\left(x_0\right)$.

Formulaire 12

Pratiquement, on écrit **(S)** : $y' = a(x)\, b(y)$ sous la forme $\dfrac{\mathrm{d}y}{b(y)} = a(x)\mathrm{d}x$, puis il vient :

$$\int \frac{\mathrm{d}y}{b(y)} = \int a(x)\mathrm{d}x + \lambda.$$

Exemple 17 Résoudre l'équation $y' = e^{x+y}$.

Écrivons $y' = e^{x+y}$ sous la forme $e^x = y' e^{-y}$.

La fonction $t \mapsto e^{-t}$ ne s'annule pas sur $\mathbb{R}$.

$$\int e^x \mathrm{d}x = \int e^{-y} \mathrm{d}y \text{ se lit } e^x + k = -e^{-y}.$$

Les solutions sont les fonctions $\left\{ \begin{array}{llll} \varphi : &]-\infty, a[& \rightarrow & \mathbb{R} \\ & x & \mapsto & -\ell n(e^a - e^x) \end{array} \right.$ ✎ (49)

✎ (49) On exhibe ici l'intervalle I le plus grand possible.

2.3 – Application aux équations linéaires homogènes réelles du premier ordre

Il s'agit ici de déterminer les solutions réelles de l'équation :

$$\textbf{(H)} : y' = a(x)y \quad \text{où } a \in \mathcal{C}(I, \mathbb{R}).$$

Si f, solution de **(H)**, n'est pas la fonction nulle alors elle ne s'annule en aucun point de I, ✎ (50) on a donc :

$$\forall x \in I, \ \frac{f'(x)}{f(x)} = a(x). \text{ ✎ (51)}$$

✎ (50) Corollaire du théorème 2.

✎ (51) Pratiquement, on écrira $\frac{\mathrm{d}y}{y} = a(x)\mathrm{d}x$: c'est la séparation des variables qui est ici rendue possible par l'utilisation du résultat rappelé ci-dessus.

Donc en introduisant A primitive de a sur I, il vient :

$$\begin{array}{rrcll} & \ell n\,|f(x)| & = & A(x) + \lambda & \lambda \in \mathbb{R} \\ \text{puis} & f(x) & = & \varepsilon(x) e^{A(x)+\lambda} & \text{avec } \forall\, x \in I, \varepsilon(x) \in \{-1, 1\}. \end{array}$$

Remarquons que f garde un signe constant car elle est continue et ne s'annule pas.

Il en résulte que la fonction ε est constante, égale à 1 ou -1, et en posant $k = \varepsilon\, e^{\lambda}$, on obtient :

$$f(x) = k\, e^{A(x)} \quad \text{avec} \quad k \in \mathbb{R}^*.$$

Inversement, toute fonction $f \ : \ x \mapsto k\, e^{A(x)}$ ✎ (52) avec $k \in \mathbb{R}$ est bien solution de **(H)** sur I : on a retrouvé le résultat du théorème 1.

✎ (52) Remarquer que pour k=0 on retrouve la fonction nulle qui avait été écartée...

Méthodes

L'essentiel

I. Équations linéaires du premier ordre

✔ **Si l'on veut** résoudre **(H)** : $x' + a(t)x = 0$, $a \in \mathcal{C}(I, \mathbb{K})$,

- **on peut** utiliser la méthode du facteur intégrant : si A est une primitive de a sur I, $(x' + ax)e^A$ est la dérivée de xe^A ;
- **on peut** lorsque $\mathbb{K} = \mathbb{R}$, utiliser la méthode de séparation des variables : en écartant la solution nulle, l'équation s'écrit $\frac{x'}{x} = -a$.

✔ **Si l'on veut** résoudre **(L)** : $x' + a(t)x = b(t)$, $(a, b) \in \mathcal{C}(I, \mathbb{K})^2$,

- **on peut** ajouter à la solution générale de l'équation homogène associée **(H)** une solution particulière de **(L)**. C'est le cas, par exemple, pour les équations $x' + \alpha x = p(x)$, $x' + \alpha x = e^{mt}p(t)$, où $(\alpha, m) \in \mathbb{K}^2$ et p est un polynôme ;
- **on peut** résoudre l'équation homogène associée et terminer avec la méthode de variation de la constante.

✔ **Si l'on veut** résoudre **(L)** : $u(t)x' + v(t)x = w(t)$, $(u, v, w) \in \mathcal{C}(I, \mathbb{K})^3$,

- **on peut**
  - déterminer les sous-intervalles $I_1, I_2, \ldots$ de I sur lesquels u ne s'annule pas,
  - résoudre **(L)** sur chaque sous-intervalle $I_1, I_2, \ldots$
  - observer que toute solution de **(L)** sur I est un raccordement de solutions sur I_1, sur $I_2, \ldots$

  → Voir *Mise en œuvre*, exercice 1

II. Équations linéaires du second ordre à coefficients constants

✔ **Si l'on veut** résoudre **(H)** : $x'' + ax' + bx = 0$, $(a, b) \in \mathbb{K}^2$,

- **on peut** déterminer une base de l'espace vectoriel des solutions au moyen de l'équation caractéristique **(E)** : $r^2 + ar' + br = 0$.

✔ **Si l'on veut** résoudre **(L)** : $x'' + ax' + bx = c(t)$, $(a, b) \in \mathbb{K}^2$, $c \in \mathcal{C}(I, \mathbb{K})$,

- **on peut** ajouter la solution générale de l'équation homogène associée **(H)** à une solution particulière de **(L)**.
  C'est le cas par exemple pour les équations :

  $x'' + ax' + bx = p(t)$ — p polynôme

  $x'' + ax' + bx = e^{kt}p(t)$ — $k \in \mathbb{K}$, p polynôme

  $x'' + ax' + bx = p(t)\cos kt + q(t)\sin kt$ — $k \in \mathbb{R}$, p, q polynômes

  C'est aussi le cas lorsque le second membre est une combinaison linéaire de seconds membres des types précédents ;

  → Voir *Mise en œuvre*, exercice 2
- **on peut** avec une solution φ de **(H)** ne s'annulant pas sur I, effectuer le changement de fonction inconnue défini par $x = \varphi y$ ce qui ramène à intégrer une équation du premier ordre.

  → Voir *Mise en œuvre*, exercice 3

Mise en œuvre

Ex. 1

On considère l'équation différentielle **(L)** : $x(x^2-1)y' + 2y = x^2$.

1) Résoudre **(L)** (solutions réelles) dans chacun des intervalles $]-\infty,-1[$, $]-1,0[$, $]0,1[$ et $]1,+\infty[$.

2) Trouver les solutions de **(L)** sur $\mathbb{R}$.

Indications

1) Sur chacun des intervalles donnés, l'ensemble des solutions de **(L)** est une droite affine.

2) Il y a une seule solution sur $\mathbb{R}$.

Solution

1) Les fonctions $u : x \mapsto x(x^2-1)$, $v : x \mapsto 2$ et $w : x \mapsto x^2$ sont continues sur $\mathbb{R}$, u s'annule en -1, 0 et 1.
On résoud donc **(L)** sur :

$$I_1 =]-\infty,-1[\ ,\ I_2 =]-1,0[\ ,\ I_3 =]0,1[\text{ et } I_4 =]1,+\infty[.$$

L'ensemble des solutions de **(H)** : $x(x^2-1)y' + 2y = 0$ sur I_k est :

$$x \mapsto \lambda_k \frac{x^2}{1-x^2}\ ,\ \lambda_k \in \mathbb{R}$$

Avec la méthode de variation de la constante, on pose $y = \lambda(x)\dfrac{x^2}{1-x^2}$.

Alors y est solution de **(L)** sur I_k si et seulement si $\lambda'(x) = -\dfrac{1}{x}$ donc :

$$\lambda(x) = \lambda_k - \ell n|x|.$$

La solution générale de **(L)** sur I_k est donc :

$$f_k : I_k \to \mathbb{R},\ x \mapsto \frac{x^2}{1-x^2}\left(\lambda_k - \ell n|x|\right),\ \lambda_k \in \mathbb{R}.$$

2) Si f est solution de **(L)** sur $\mathbb{R}$, il existe $\lambda_1, \lambda_2, \lambda_3, \lambda_4$ réels tels que :

$$\forall k \in [\![1,4]\!]\ \ f_{|I_k} = f_k.$$

Compte tenu de $\lim\limits_{x\to 1} \dfrac{\ell n(x)}{1-x^2} = -\dfrac{1}{2}$, on voit que la continuité de f en 1 nécessite $\lambda_3 = \lambda_4 = 0$.

De même, la continuité en -1 nécessite $\lambda_1 = \lambda_2 = 0$.
D'autre part, quels que soient λ_2 et λ_3 on a :

$$\lim_{x\to 0} f_2(x) = \lim_{x\to 0} f_3(x) = 0.$$

Ainsi l'équation **(L)** a au plus une solution sur $\mathbb{R}$, il s'agit de :

$$f : x \mapsto \frac{x^2\,\ell n|x|}{x^2-1} \text{ si } x \notin \{-1,0,1\},$$

$$f(0) = 0, f(1) = f(-1) = \frac{1}{2}.$$

Commentaires

Sur I_k l'ensemble des solutions de **(L)** est aussi l'ensemble des solutions de :

(L') : $y' + \dfrac{2}{x(x^2-1)}y = \dfrac{x}{x^2-1}$

$\dfrac{2}{x(1-x^2)} = \dfrac{2}{x} + \dfrac{2x}{1-x^2}$

$\displaystyle\int \frac{2}{x(1-x^2)}dx = 2\,\ell n|x| - \ell n|1-x^2|.$

$\ell n\, x = \ell n(1+x-1) \underset{1}{\sim} x-1$

$1-x^2 = (1-x)(1+x) \underset{1}{\sim} 2(1-x)$

En remarquant la parité de $x \mapsto \dfrac{x^2}{1-x^2}$ et de $x \mapsto \dfrac{x^2\,\ell n|x|}{1-x^2}$.

Inversement cette fonction est bien sûr continue sur $\mathbb{R}$, de plus :

$$\lim_{x\to 0}\frac{f(x)}{x}=\lim_{x\to 0}\frac{x\,\ell n\,|x|}{x^2-1}=0$$

et

$$\lim_{x\to 1}\frac{f(x)-\dfrac{1}{2}}{x-1}=\frac{1}{2}$$

donc f est dérivable :

en 0 avec $f'(0)=0$,

en 1 avec $f'(1)=\frac{1}{2}$,

en -1 (par parité de f) avec $f'(-1)=-\frac{1}{2}$.

On en conclut que f est l'unique solution de **(L)** sur $\mathbb{R}$.

Les λ_k ont été déterminés pour qu'il en soit ainsi.

On pose $x=1+u$, il vient :

$$f(x)=\frac{(1+2u+o(u))(u-\frac{u^2}{2}+o(u^2))}{2u+u^2}$$
$$=\frac{1+\frac{3}{2}u+o(u)}{2(1+\frac{u}{2})}$$
$$=\frac{1}{2}\left(1+\frac{3}{2}u+o(u)\right)\left(1-\frac{u}{2}+o(u)\right)$$
$$=\frac{1}{2}+\frac{1}{2}u+o(u)$$

Ex. 2

Trouver les solutions réelles de **(L)** : $y''+\omega^2 y=\sin^3 x$, $\omega\in\mathbb{R}_+^*$.

Indications

Linéariser $\sin^3 x$ puis déterminer une solution particulière de **(L)** avec le principe de superposition des solutions.

Solution

La solution générale de l'équation homogène **(H)** : $y''+\omega^2 y=0$ est :

$$x\mapsto \lambda\cos\omega x+\mu\sin\omega x.$$

Sachant que $\sin^3 x=\frac{3}{4}\sin x-\frac{1}{4}\sin 3x$, on considère les équations :

$$(\mathbf{L_1})\ :\ y''+\omega^2 y=\sin x$$
et
$$(\mathbf{L_2})\ :\ y''+\omega^2 y=\sin 3x$$

- Équation **(L_1)**

Si $\omega\neq 1$, **(L_1)** a une solution de la forme $x\mapsto\alpha\sin x+\beta\cos x$.
On trouve :

$$\alpha=\frac{1}{\omega^2-1}\ ,\ \beta=0.$$

Si $\omega=1$, **(L_1)** a une solution de la forme $x\mapsto \alpha x\sin 3x+\beta x\cos 3x$.
On trouve :

$$\alpha=0\ ,\ \beta=-\frac{1}{2}.$$

- Équation **(L_2)**

Si $\omega\neq 3$, **(L_2)** a une solution de la forme $x\mapsto\alpha\sin 3x+\beta\cos 3x$.
On trouve :

$$\alpha=\frac{1}{\omega^2-9}\ ,\ \beta=0.$$

Commentaires

L'équation caractéristique **(E)** : $r^2+\omega^2=0$ a deux racines conjuguées : $i\omega$ et $-i\omega$.

La formule $\sin 3x=3\sin x-4\sin^3 x$ est connue. On peut aussi écrire :

$$\sin^3 x=\left(\frac{e^{ix}-e^{-ix}}{2i}\right)^3$$
$$=-\frac{e^{3ix}-e^{-3ix}}{8i}+\frac{3\left(e^{ix}-e^{-ix}\right)}{8i}.$$

$y=\alpha\sin x+\beta\cos x$

$y''+\omega^2 y=(\omega^2-1)(\alpha\sin x+\beta\cos x)$

$y=\alpha x\sin x+\beta x\cos x$

$y''+y=-2\beta\sin x+2\alpha\cos x$

$y=\alpha\sin 3x+\beta\cos 3x$

$y''+\omega^2 y=(\omega^2-9)(\alpha\sin 3x+\beta\cos 3x)$

Si $\omega = 3$, (L_2) a une solution de la forme $x \mapsto \alpha x \sin 3x + \beta x \cos 3x$.
On trouve :

$$\alpha = 0 \ , \ \beta = -\frac{1}{6}.$$

Finalement, la solution générale de **(L)** est :

- si $\omega \notin \{1, 3\}$,

$$x \mapsto \lambda \cos \omega x + \mu \sin \omega x + \frac{3}{4(\omega^2 - 1)} \sin x - \frac{1}{4(\omega^2 - 9)} \sin 3x \,;$$

- si $\omega = 1$, $\quad x \mapsto \left(\lambda - \frac{3}{8}x\right) \cos x + \mu \sin x + \frac{1}{32} \sin 3x\,;$
- si $\omega = 3$, $\quad x \mapsto \left(\lambda + \frac{x}{24}\right) \cos 3x + \mu \sin 3x + \frac{3}{32} \sin x.$

$y = \alpha x \sin 3x + \beta x \cos 3x$

$y'' + 9y = -6\beta \sin 3x + 6\alpha \cos 3x$

Si f_1 est solution de (L_1) et f_2 solution de (L_2) alors $\frac{3}{4}f_1 - \frac{1}{4}f_2$ est solution de **(L)**.

Ex. 3

Trouver les solutions réelles de l'équation différentielle **(L)** : $y'' - 2y' - 3y = \dfrac{e^{3x}}{\operatorname{ch}^2 x}$.

Indications

Puisque $x \mapsto e^{3x}$ est solution de l'équation homogène, le changement de fonction inconnue défini par $y = z\,e^{3x}$ ramène à une équation du premier ordre en $u = z'$.

Solution

L'équation homogène **(H)** : $y'' - 2y' - 3y = 0$ a pour solution générale :

$$x \mapsto \lambda\, e^{-x} + \mu\, e^{3x}$$

La fonction $x \mapsto \dfrac{e^{3x}}{\operatorname{ch}^2 x}$ est continue sur $\mathbb{R}$, donc l'ensemble **S(L)** des solutions réelles de **(L)** est un plan affine de $\mathcal{C}^2(\mathbb{R}, \mathbb{R})$ dont la direction est **S(H)** espace des solutions de **(H)** sur $\mathbb{R}$.

Le changement de fonction inconnue défini par $y = z e^{3x}$ transforme **(L)** en (L_1) : $z'' + 4z' = \dfrac{1}{\operatorname{ch}^2 x}$.

Et (L_1) équivaut à (L_2) : $z' + 4z = \operatorname{th} x + \mu \ , \ \mu \in \mathbb{R}$.

La solution générale de l'équation homogène (H_2) : $z' + 4z = 0$ est :

$$x \mapsto \lambda\, e^{-4x}.$$

On applique alors la méthode de variation de la constante : en posant $z = \lambda(x) e^{-4x}$, z est solution de (L_2) sur $\mathbb{R}$ si et seulement si :

$$\forall x \in \mathbb{R}, \ \lambda'(x) = e^{4x} \operatorname{th} x.$$

donc $\lambda(x) = \displaystyle\int e^{4x} \frac{e^{2x} - 1}{e^{2x} + 1} \mathrm{d}x = \frac{1}{4} e^{4x} - e^{2x} + \ell n\left(e^{2x} + 1\right).$

La solution générale de **(L)** est donc :

$$x \mapsto \lambda\, e^{-x} + \mu\, e^{3x} - e^{x} + e^{-x}\, \ell n\left(e^{2x} + 1\right)$$

Commentaires

L'équation caractéristique

$$\textbf{(E)} : r^2 - 2r - 3 = 0$$

a pour solutions -1 et 3.

En fait $x \mapsto \dfrac{e^{3x}}{\operatorname{ch}^2 x}$ est de classe $\mathcal{C}^\infty$ sur $\mathbb{R}$ et **S(L)** $\subset \mathcal{C}^\infty(\mathbb{R}, \mathbb{R})$.

$y = z\,e^{3x}$, $y' = \left(z' + 3z\right) e^{3x}$,

$y'' = \left(z'' + 6z' + 9z\right) e^{3x}$

$y'' - 2y' - 3y = \left(z'' + 4z'\right) e^{3x}$

Remarquons que le choix du changement de fonction ramène à une équation du premier ordre en z' d'une part et donne une simplification par e^{3x} d'autre part.

En posant $t = e^{2x}$ on a

$$\int e^{4x} \frac{e^{2x} - 1}{e^{2x} + 1} \mathrm{d}x = \frac{1}{2} \int \frac{t(t-1)}{t+1} \mathrm{d}t = \int \left(\frac{t}{2} - 1 + \frac{1}{t+1}\right) \mathrm{d}t.$$

Exercices

Dans les équations différentielles proposées, ou bien x est fonction de t, ou bien y est fonction de x.
Lorsque l'équation est à coefficients réels ou à valeurs dans $\mathbb{R}$, on s'intéressera à la détermination des solutions réelles.

Niveau 1

Exercices 1 à 8, on demande de résoudre les équations proposées.

Équations du premier ordre de forme résolue

Ex. 1

$x' + 2tx = e^{t-t^2}$. **(1)**

Ex. 2

$x' + x\cot\text{an}\, t = \sin t$. **(2)**

Ex. 3

$x' + x = \sin t + 3\sin 2t$. **(3)**

Ex. 4

$(x+i)y' + y = 1 + 2x\,\text{Arctan}\, x$. **(4)**

Équations du deuxième ordre

Ex. 5

$x'' - 3x' + 2x = t\,e^{2t}$. **(5)**

Ex. 6

$y'' - 3y' + \lambda y = \sin x$, avec $\lambda \in \mathbb{R}$. **(6)**

Ex. 7

$y'' - 2y' + \lambda y = e^{2x} + e^x \sin x$, avec $\lambda \in \mathbb{R}$. **(7)**

Ex. 8

$$y'' + 6y' + 9y = \frac{e^{-3x}}{\sqrt{x^2+1}}. \qquad \textbf{(8)}$$

Niveau 2

Avec solution détaillée

Ex. 9

Résoudre l'équation différentielle :

$$\textbf{(L)} : \left(1 - x^2\right)y' + xy = \frac{1}{x} + x\,\ell n\, x - x$$

1) sur les intervalles $]0,1[$ et $]1,+\infty[$.

2) sur $]0,+\infty[$.

Ex. 10

Soit $f \in \mathcal{C}^1(\mathbb{R}_+, \mathbb{R})$ tel que $\lim\limits_{x\to+\infty} f(x) + f'(x) = \ell$.

Montrer que $\lim\limits_{x\to+\infty} f(x) = \ell$.

Ex. 11

Trouver les fonctions $f \in \mathcal{C}(\mathbb{R},\mathbb{R})$ telles que :

$$\forall x \in \mathbb{R},\ \int_0^x f(t)(2x-3t)\mathrm{d}t = \frac{x^2}{2}.$$

Ex. 12

Résoudre l'équation différentielle :

$$\textbf{(L)} : y'' - y = |\text{th}\, x|.$$

Avec éléments de solution

Ex. 13

Trouver les fonctions $f \in \mathcal{C}(\mathbb{R},\mathbb{R})$ telles que :

$$\forall x \in \mathbb{R}, f(x) = \cos x - x - \int_0^x (x-t)f(t)\mathrm{d}t. \qquad \textbf{(E)}$$

Ex. 14

Résoudre l'équation différentielle :

$$\textbf{(L)} : |x|\,y' + (x-1)y = x^2.$$

Ex. 15

Déterminer les fonctions $f \in \mathcal{C}(\mathbb{R},\mathbb{R})$ telles que :

$$\forall x \in \mathbb{R}, f(x) = \sin x + 2\int_0^x e^{x-t} f(t)\mathrm{d}t. \qquad \textbf{(E)}$$

Ex. 16

Trouver les fonctions f réelles, dérivables sur $\mathbb{R}$ telles que : $\forall x \in \mathbb{R},\ f'(x) = f(1-x)$.

Ex. 17

Trouver les fonctions $f \in \mathcal{C}^2(\mathbb{R},\mathbb{R})$ telles que :

$$\forall x \in \mathbb{R},\ f''(x) + f(-x) = x + \cos x$$

Niveau 3

Avec solution détaillée

Ex. 18

On considère l'équation différentielle :

$$\textbf{(L)} : \left(1+x^2\right)^2 y'' + 2x\left(1+x^2\right) y' + y = 0.$$

Les solutions de cette équation sur $\mathbb{R}$ sont définies de la même façon que pour les équations à coefficients constants.

1) Trouver φ bijection de $\mathbb{R}$ sur I, intervalle de $\mathbb{R}$, avec φ et φ^{-1} de classe $\mathcal{C}^1$, tel que le changement de variable défini par $t = \varphi(x)$ transforme **(L)** en une équation à coefficients constants.

2) En déduire la solution générale de **(L)** sur $\mathbb{R}$.

Ex. 19

Trouver les fonctions $f \in \mathcal{C}(\mathbb{R},\mathbb{R})$ qui vérifient :

(E) : $\forall (x,y) \in \mathbb{R}^2,\ f(x+y) + f(x-y) = 2f(x)f(y)$.

Avec éléments de solution

Ex. 20

Résoudre l'équation différentielle :

$$2x(1-x)y' + (1-2x)y = x. \qquad \textbf{(L)}$$

Ex. 21

Soit $f \in \mathcal{C}^2(\mathbb{R},\mathbb{R})$ telle que :

$$\lim_{x \to +\infty} \left(f(x) + f'(x) + f''(x)\right) = \ell.$$

Montrer que $\lim\limits_{x \to +\infty} f(x) = \ell$.

Indications

Ex. 9

1) Sur $]0,1[$ et $]1,+\infty[$, **(L)** est équivalente à l'équation :

$$\textbf{(L')} : y' + \frac{x}{1-x^2}y = \frac{1}{x(1-x^2)} + \frac{x\ell n\, x - x}{1-x^2}.$$

2) Il s'agit d'étudier la possiblité de raccorder en 1 une solution sur $]0,1[$ et une solution sur $]1,+\infty[$.

Ex. 10

f est solution d'une équation différentielle :

$$\textbf{(L)} : y' + y = g(x)$$

avec $g \in \mathcal{C}(\mathbb{R}_+, \mathbb{R})$, et $\lim\limits_{x\to+\infty} g(x) = \ell$.

Ex. 11

Former une équation différentielle vérifiée par :

$$F : x \mapsto \int_0^x f.$$

Ex. 12

La valeur absolue n'est pas gênante. La fonction :

$$x \mapsto |\text{th}\, x|$$

est continue sur $\mathbb{R}$ donc l'ensemble des solutions de **(L)** sur $\mathbb{R}$ est un plan affine de $\mathcal{C}^2(\mathbb{R},\mathbb{R})$.

Ex. 13

Commencer par prouver que si $f \in \mathcal{C}(\mathbb{R},\mathbb{R})$ est solution du problème alors f est de classe $\mathcal{C}^\infty$ sur $\mathbb{R}$.

En déduire une équation différentielle dont f est solution.

Ex. 14

Résoudre sur $]0,+\infty[$ et sur $]-\infty,0[$, puis rechercher les solutions éventuelles sur $\mathbb{R}$.

Ex. 15

1) Introduire la fonction $F : x \mapsto \int_0^x e^{-t} f(t)\mathrm{d}t$ et trouver une équation différentielle vérifiée par F.

2) Autre méthode. Prouver que si f est solution de **(E)** alors $f \in \mathcal{C}^1(\mathbb{R},\mathbb{R})$ et trouver une équation différentielle vérifiée par f.

Ex. 16

Si $f \in \mathcal{D}^1(\mathbb{R},\mathbb{R})$ vérifie $\forall x \in \mathbb{R}, f'(x) = f(1-x)$ alors $f \in \mathcal{D}^2(\mathbb{R},\mathbb{R})$. L'ensemble des solutions est inclus dans l'espace des solutions de $y'' + y = 0$.

Ex. 17

Introduire les parties paire et impaire de f.

Ex. 18

Pour le changement de variable, utiliser la notation différentielle, avec $y = f(x)$, $y' = f'(x)$, $y'' = f''(x)$ on a aussi $y' = \frac{\mathrm{d}y}{\mathrm{d}x}$, $y'' = \frac{\mathrm{d}^2y}{\mathrm{d}x^2}$.

Observer que, après un changement de variable, le coefficient de $\frac{\mathrm{d}y}{\mathrm{d}t}$ est à un facteur près la dérivée du coefficient de $\frac{\mathrm{d}^2y}{\mathrm{d}t^2}$.

Ex. 19

En intégrant l'équation **(E)** par rapport à y, prouver que si f est solution du problème alors $f \in \mathcal{C}^\infty(\mathbb{R},\mathbb{R})$.

En dérivant, trouver une équation différentielle dont f est solution. Calculer $f(0)$ et $f'(0)$ pour en déduire les solutions possibles.

Ex. 20

On commence par résoudre sur $]-\infty,0[$, $]0,1[$ $]1,+\infty[$ puis on étudie les raccordements possibles.

Il est intéressant d'utiliser les formules :

$$\frac{1}{2}\ell n\left|\frac{1+t}{1-t}\right| = \frac{1}{2}\ell n\left(\frac{1+t}{1-t}\right) = \text{Argth}\, t \text{ si } |t| < 1,$$

$$\frac{1}{2}\ell n\left|\frac{1+t}{1-t}\right| = \frac{1}{2}\ell n\left(\frac{1+1/t}{1-1/t}\right) = \text{Argth}\,\frac{1}{t}$$

si $|t| > 1$.

Ex. 21

On commence par se ramener au cas où $\ell = 0$.

Puis on résoud l'équation différentielle $y'' + y' + y = h(x)$ où $h \in \mathcal{C}(\mathbb{R},\mathbb{R})$ est telle que $\lim\limits_{x\to+\infty} h(x) = 0$.

Solutions des exercices

Niveau 1

Ex. 1

Les coefficients sont continus sur $\mathbb{R}$, on résoud l'équation sur $\mathbb{R}$.

La solution générale de **(H)** : $x' + 2tx = 0$ est $t \mapsto \lambda e^{-t^2}$, $\lambda \in \mathbb{R}$.

Méthode de variation de la constante : $x(t) = \lambda(t)e^{-t^2}$ conduit à $\lambda' = e^t$ d'où $\lambda = e^t + a$, $a \in \mathbb{R}$.

La solution générale de **(1)** sur $\mathbb{R}$ est : $t \mapsto a e^{-t^2} + e^{t-t^2}$, $a \in \mathbb{R}$.

Ex. 2

La fonction cotangente est continue sur $\mathbb{R} \setminus \pi\mathbb{Z}$ donc dans cet exemple on étudie les solutions sur un intervalle $I = \left]k\pi, (k+1)\pi\right[$. La solution générale de **(H)** : $x' + x \operatorname{cotan} t = 0$ est $t \mapsto \dfrac{\lambda}{\sin t}$, $\lambda \in \mathbb{R}$.

Méthode de variation de la constante : $x(t) = \dfrac{\lambda(t)}{\sin t}$ conduit à $\lambda' = \sin^2 t$ d'où $\lambda = \dfrac{1}{2}(t - \sin t \cos t) + a$, $a \in \mathbb{R}$.

La solution générale de **(2)** sur I est : $t \mapsto \dfrac{a}{\sin t} + \dfrac{t}{2\sin t} - \dfrac{\cos t}{2}$.

Ex. 3

Les coefficients sont continus sur $\mathbb{R}$, on résoud l'équation sur $\mathbb{R}$.

La solution générale de **(H)** : $x' + x = 0$ est $t \mapsto \lambda e^{-t}$.

L'équation **(L_1)** : $x' + x = \sin t$ a une solution de la forme $x : t \mapsto \alpha \sin t + \beta \cos t$. Par identification, il vient :

$$\alpha - \beta = 1 \ , \ \alpha + \beta = 0 \ \text{donc} \ \alpha = \frac{1}{2} \ , \ \beta = -\frac{1}{2}.$$

L'équation **(L_2)** : $x' + x = 3\sin 2t$ a une solution de la forme $x : t \mapsto \gamma \sin 2t + \delta \cos 2t$. Par identification, il vient :

$$\gamma - 2\delta = 3 \ , \ 2\gamma + \delta = 0 \ \text{donc} \ \gamma = \frac{3}{5} \ , \ \delta = -\frac{6}{5}.$$

On en déduit une solution particulière de **(3)** : $t \mapsto \dfrac{1}{2}\sin t - \dfrac{1}{2}\cos t + \dfrac{3}{5}\sin 2t - \dfrac{6}{5}\cos 2t$,

puis la solution générale sur $\mathbb{R}$: $t \mapsto \lambda e^{-t} + \dfrac{1}{2}\sin t - \dfrac{1}{2}\cos t + \dfrac{3}{5}\sin 2t - \dfrac{6}{5}\cos 2t$.

Ex. 4

On remarque que $\forall x \in \mathbb{R}, x + i \neq 0$ donc **(4)** a les mêmes solutions que l'équation **(L^*)** : $y' + \dfrac{y}{x+i} = \dfrac{1 + 2x \operatorname{Arctan} x}{x+i}$ qui est de forme résolue avec des coefficients continus sur $\mathbb{R}$. L'ensemble des solutions sur $\mathbb{R}$ est donc une droite affine.

Calculons $\displaystyle\int_0^x \frac{dt}{t+i} = \int_0^x \frac{t-i}{t^2+1} dt = \frac{1}{2} \ell n\,(x^2+1) - i \operatorname{Arctan} x$.

L'équation **(H)** : $y' + \dfrac{y}{x+i} = 0$ est équivalente à $\left(y' + \dfrac{y}{x+i}\right) \exp\left(\displaystyle\int_0^x \frac{dt}{t+i}\right) = 0$ et sa solution générale est :

$$x \mapsto \lambda \exp\left(-\int_0^x \frac{dt}{t+i}\right).$$

Avec $\cos(\operatorname{Arctan} x) = \dfrac{1}{\sqrt{x^2+1}}$ et $\sin(\operatorname{Arctan} x) = \dfrac{x}{\sqrt{x^2+1}}$ on obtient $\exp\left(-\displaystyle\int_0^x \frac{dt}{t+i}\right) = \dfrac{1+ix}{1+x^2} = \dfrac{1}{1-ix}$.

La solution générale de **(H)** s'écrit donc $x \mapsto \frac{\lambda}{1-ix}$, $\lambda \in \mathbb{C}$.

On applique ensuite la méthode de variation de la constante. En posant $y(x) = \frac{\lambda(x)}{1-ix}$, on obtient :

$$\lambda' = -i - 2ix \operatorname{Arctan} x.$$

Alors $\int x \operatorname{Arctan} x \mathrm{d}x = \frac{x^2+1}{2} \operatorname{Arctan} x - \int \frac{\mathrm{d}x}{2} = \frac{x^2+1}{2} \operatorname{Arctan} x - \frac{x}{2}$ donne :

$$\lambda(x) = -i\left(1+x^2\right) \operatorname{Arctan} x + a \ , \ a \in \mathbb{C}$$

donc la solution générale de **(4)** est $x \mapsto \frac{a}{1-ix} + (x-i) \operatorname{Arctan} x \ , \ a \in \mathbb{C}$.

Ex. 5

L'équation caractéristique **(E)** : $r^2 - 3r + 2 = 0$ a pour racines 1 et 2.

La solution générale de **(H)** : $x'' - 3x' + 2x = 0$ est donc $t \mapsto \lambda e^t + \mu e^{2t}$.

Puisque 2 est racine simple de **(E)**, **(5)** admet une solution particulière de la forme $x : t \mapsto \left(at^2 + bt\right) e^{2t}$.

On obtient alors $x'' - 3x' + 2x = (2at + 2a + b)e^{2t}$ d'où par identification : $a = \frac{1}{2}$ et $b = -1$.

La solution générale de **(5)** est donc $x : t \mapsto \lambda e^t + \left(\frac{1}{2}t^2 - t + \mu\right) e^{2t} \ , \ (\lambda, \mu) \in \mathbb{R}^2$.

Ex. 6

L'équation caractéristique **(E)** : $r^2 - 3r + \lambda = 0$ s'écrit $\left(r - \frac{3}{2}\right)^2 = \frac{9}{4} - \lambda$.

On considère donc trois cas.

- $\lambda < \frac{9}{4}$: **(E)** a deux racines réelles $\frac{3}{2} + \sqrt{\frac{9}{4} - \lambda}$ et $\frac{3}{2} - \sqrt{\frac{9}{4} - \lambda}$

et la solution générale de **(H)** : $y'' - 3y' + \lambda y = 0$ est :

$$x \mapsto \left[\alpha \operatorname{ch}\left(x\sqrt{\frac{9}{4} - \lambda}\right) + \beta \operatorname{sh}\left(x\sqrt{\frac{9}{4} - \lambda}\right)\right] e^{\frac{3}{2}x} \ , \ (\alpha, \beta) \in \mathbb{R}^2.$$

- $\lambda = \frac{9}{4}$: **(E)** a une racine double $\frac{3}{2}$

et la solution générale de **(H)** est $x \mapsto (\alpha x + \beta) e^{\frac{3}{2}x} \ , \ (\alpha, \beta) \in \mathbb{R}^2$.

- $\lambda > \frac{9}{4}$: **(E)** a deux racines complexes conjuguées $\frac{3}{2} + i\sqrt{\lambda - \frac{9}{4}}$ et $\frac{3}{2} - i\sqrt{\lambda - \frac{9}{4}}$

et la solution générale de **(H)** est $x \mapsto \left[\alpha \cos\left(x\sqrt{\lambda - \frac{9}{4}}\right) + \beta \sin\left(x\sqrt{\lambda - \frac{9}{4}}\right)\right] e^{\frac{3}{2}x}$.

Le scalaire λ étant réel, i n'est pas racine de **(E)** et l'équation **(6)** admet une solution particulière de la forme :

$$y : x \mapsto a \sin x + b \cos x.$$

On obtient alors $y'' - 3y' + \lambda y = \big(a(\lambda - 1) + 3b\big) \sin x + \big(b(\lambda - 1) - 3a\big) \cos x$ d'où par identification :

$$a(\lambda - 1) + 3b = 1 \ , \ -3a + b(\lambda - 1) = 0$$

C'est là un système de Cramer en (a, b) qui donne $a = \frac{\lambda - 1}{(\lambda - 1)^2 + 9}$, $b = \frac{3}{(\lambda - 1)^2 + 9}$

et la solution particulière cherchée est $x \mapsto \frac{(\lambda - 1)\sin x + 3\cos x}{(\lambda - 1)^2 + 9}$.

En ajoutant la solution générale de **(H)**, on en déduit celle de l'équation **(6)**.

Ex. 7

Pour simplifier le second membre, commençons par effectuer le changement de fonction inconnue défini par $y = z\,e^x$.

Alors y est solution de **(7)** sur $\mathbb{R}$ si et seulement si z est solution sur $\mathbb{R}$ de **(L)** : $z'' + (\lambda - 1)z = e^x + \sin x$.

- L'équation caractéristique de **(L)** est **(E)** : $r^2 + \lambda - 1 = 0$, d'où trois cas :
  - $\lambda < 1$: la solution générale de **(H)** : $z''+(\lambda-1)z = 0$ est $x \mapsto \alpha\,\mathrm{ch}\left(x\sqrt{1-\lambda}\right) + \beta\,\mathrm{sh}\left(x\sqrt{1-\lambda}\right)$, $(\alpha,\beta) \in \mathbb{R}^2$;
  - $\lambda = 1$: la solution générale de **(H)** est $x \mapsto \alpha x + \beta$, $(\alpha,\beta) \in \mathbb{R}^2$;
  - $\lambda > 1$: la solution générale de **(H)** est $x \mapsto \alpha\cos\left(x\sqrt{\lambda-1}\right) + \beta\sin\left(x\sqrt{\lambda-1}\right)$, $(\alpha,\beta) \in \mathbb{R}^2$.
- Considérons l'équation **(L_1)** : $z'' + (\lambda - 1)z = e^x$.

Pour $\lambda \neq 0$, 1 n'est pas racine de **(E)** et **(L_1)** a une solution de la forme $x \mapsto a\,e^x$.

On trouve $a = \dfrac{1}{\lambda}$: la solution est $x \mapsto \dfrac{1}{\lambda}e^x$.

Pour $\lambda = 0$, 1 est racine simple de **(E)** et **(L_1)** a une solution de la forme $x \mapsto b\,x\,e^x$.

Par identification on trouve $b = \dfrac{1}{2}$ d'où la solution : $x \mapsto \dfrac{x}{2}e^x$.

- Considérons ensuite l'équation **(L_2)** : $z'' + (\lambda - 1)z = \sin x$.

Pour $\lambda \neq 2$: i n'est pas racine de **(E)** et **(L_2)** a une solution de la forme $x \mapsto a\sin x + b\cos x$.

Par identification, il vient $a = \dfrac{1}{\lambda - 2}$, $b = 0$, d'où la solution : $x \mapsto \dfrac{1}{\lambda-2}\sin x$.

Pour $\lambda = 2$, i est racine de **(E)** et **(L_2)** a une solution de la forme $x \mapsto a\,x\,\sin x + b\,x\,\cos x$.

On trouve maintenant $a = 0$, $b = -\dfrac{1}{2}$ d'où la solution : $x \mapsto -\dfrac{x}{2}\cos x$.

- Conclusion. Donnons la solution générale de **(7)** dans les divers cas de figure.

$$\begin{array}{lll}
\lambda = 0 & : & x \mapsto (\alpha\,\mathrm{ch}\,x + \beta\,\mathrm{sh}\,x)e^x + \dfrac{x}{2}e^{2x} - \dfrac{1}{2}e^x\sin x \\
\lambda = 2 & : & x \mapsto (\alpha\cos x + \beta\sin x)e^x + \dfrac{1}{2}e^{2x} - \dfrac{x}{2}e^x\cos x \\
\lambda < 1, \lambda \neq 0 & : & x \mapsto \left[\alpha\,\mathrm{ch}\left(x\sqrt{1-\lambda}\right) + \beta\,\mathrm{sh}\left(x\sqrt{1-\lambda}\right)\right]e^x + \dfrac{1}{\lambda}e^{2x} + \dfrac{1}{\lambda-2}e^x\sin x \\
\lambda = 1 & : & x \mapsto (\alpha x + \beta)e^x + e^{2x} - e^x\sin x \\
\lambda > 1, \lambda \neq 2 & : & x \mapsto \left[\alpha\cos\left(x\sqrt{\lambda-1}\right) + \beta\sin\left(x\sqrt{\lambda-1}\right)\right]e^x + \dfrac{1}{\lambda}e^{2x} + \dfrac{1}{\lambda-2}e^x\sin x
\end{array}$$

Ex. 8

L'équation caractéristique **(E)** : $r^2 + 6r + 9 = 0$ admet -3 comme racine double.

La solution générale de **(H)** : $y'' + 6y' + 9y = 0$ est donc $x \mapsto (\alpha + \beta x)e^{-3x}$, $(\alpha,\beta) \in \mathbb{R}^2$.

En remarquant que $x \mapsto e^{-3x}$ est solution de l'équation homogène **(H)**, on effectue le changement de fonction inconnue défini par $y = z\,e^{-3x}$.

Alors y est solution de **(8)** sur $\mathbb{R}$ si et seulement si z est solution de **(L)** : $z'' = \dfrac{1}{\sqrt{x^2+1}}$.

Deux calculs de primitives donnent successivement :

$$\begin{array}{rcll}
z' & = & \ell n\left(x + \sqrt{x^2+1}\right) + \lambda & \lambda \in \mathbb{R} \\
z & = & x\,\ell n\left(x + \sqrt{x^2+1}\right) - \sqrt{x^2+1} + \lambda x + \mu & (\lambda,\mu) \in \mathbb{R}^2 \\
\text{donc } y & = & \left(x\,\ell n\left(x + \sqrt{x^2+1}\right) - \sqrt{x^2+1} + \lambda x + \mu\right)e^{-3x} & (\lambda,\mu) \in \mathbb{R}^2
\end{array}$$

Niveau 2

Ex. 9

1) Les fonctions coefficients $u : x \mapsto 1 - x^2$, $v : x \mapsto x$, $w : x \mapsto \frac{1}{x} + x \ell n x - x$ sont continues sur $]0, +\infty[$ et u s'annule en 1. L'ensemble des solutions de **(L)** sur $I_1 =]0, 1[$ (resp. sur $I_2 =]1, +\infty[$) est égal à l'ensemble des solutions de **(L')** : $y' + \frac{x}{1 - x^2} y = \frac{1 + x^2 \ell n x - x^2}{x(1 - x^2)}$ sur cet intervalle, c'est une droite affine de $\mathcal{C}^2(I_1, \mathbb{R})$, (resp. $\mathcal{C}^2(I_2, \mathbb{R})$).

Une primitive de $x \mapsto \frac{x}{1 - x^2}$ sur I_k ($k = 1$ ou 2) étant $x \mapsto -\frac{1}{2} \ell n |1 - x^2|$, la solution générale de **(H)** : $y' + \frac{x}{1 - x^2} y = 0$ sur I_k est $y : x \mapsto \lambda \sqrt{|1 - x^2|}$, $\lambda \in \mathbb{R}$.

Appliquons la méthode de variation de la constante. En posant $g(x) = \lambda(x) \sqrt{|1 - x^2|}$, y est solution de **(L)** sur I_k si et seulement si $(1 - x^2)\sqrt{|1 - x^2|}\lambda' = \frac{1}{x} + x \ell n x - x$

- sur $]0, 1[$, on obtient $\lambda'(x) = \frac{x}{(1 - x^2)^{\frac{3}{2}}} \ell n x + \frac{1}{x(1 - x^2)^{\frac{1}{2}}}$ donc $\lambda(x) = \frac{\ell n x}{(1 - x^2)^{\frac{1}{2}}} + a$, $a \in \mathbb{R}$;
- sur $]1, +\infty[$, on obtient $\lambda'(x) = -\frac{x \ell n x}{(x^2 - 1)^{\frac{3}{2}}} + \frac{1}{x(x^2 - 1)^{\frac{1}{2}}}$ donc $\lambda(x) = \frac{\ell n x}{(x^2 - 1)^{\frac{1}{2}}} + a$, $a \in \mathbb{R}$.

On obtient ainsi la solution générale de **(L')** :

- sur $]0, 1[$, $x \mapsto a\sqrt{1 - x^2} + \ell n x$, $a \in \mathbb{R}$;
- sur $]1, +\infty[$, $x \mapsto b\sqrt{x^2 - 1} + \ell n x$, $b \in \mathbb{R}$.

Remarque

En notant que $\frac{1}{x} + x \ell n x - x = (1 - x^2)\frac{1}{x} + x \ell n x$, il peut paraître évident que la fonction ℓn est solution de **(L)** sur $]0, +\infty[$ ce qui dispense des calculs précédents.

2) Soit f une solution de **(L)** sur $]0, +\infty[$. Il existe $(a, b) \in \mathbb{R}^2$ tel que :

$$\forall x \in]0, 1[, \quad f(x) = \ell n x + a\sqrt{1 - x^2},$$
$$\forall x \in]1, +\infty[, \quad f(x) = \ell n x + b\sqrt{x^2 - 1}.$$

Compte tenu de $\lim\limits_{\substack{x \to 1 \\ x < 1}} \frac{\sqrt{1 - x^2}}{x - 1} = -\infty$ et $\lim\limits_{\substack{x \to 1 \\ x > 1}} \frac{\sqrt{x^2 - 1}}{x - 1} = +\infty$, la dérivabilité de f en 1 nécessite $a = b = 0$.

Ainsi **(L)** a au plus une solution sur $]0, +\infty[$, il s'agit de la fonction ℓn. D'autre part, on a déjà vu que ℓn est solution de **(L)** sur $]0, +\infty[$. Donc **(L)** a une et une seule solution sur $]0, +\infty[$.

Ex. 10

Remarquons d'abord qu'il suffit de prouver le résultat dans le cas où $\ell = 0$. En effet, en posant $\varphi = f - \ell$ on a $\lim\limits_{x \to +\infty} \varphi(x) + \varphi'(x) = 0$. Donc, si le résultat est vrai dans le cas $\ell = 0$, on obtient $\lim\limits_{x \to +\infty} \varphi(x) = 0$, ce qui donne :

$$\lim_{x \to +\infty} f(x) = \ell.$$

On suppose donc maintenant $\ell = 0$.

Soit $g = f + f'$, puisque f est de classe $\mathcal{C}^1$ sur $[0, +\infty[$, g est continue sur cet intervalle et f est solution sur $[0, +\infty[$ de l'équation différentielle :

$$\textbf{(L)} : y' + y = g(x) \text{ avec } \lim_{x \to +\infty} g(x) = 0.$$

On peut donc en résolvant cette équation exprimer f en fonction de g.

L'équation homogène **(H)** : $y' + y = 0$ a pour solution $x \mapsto \lambda e^{-x}$.

La méthode de variation de la constante donne que $y\ :\ x \mapsto \lambda(x)e^{-x}$ est solution de **(L)** si et seulement si :

$$\lambda'(x) = g(x)e^{x} \quad \text{donc} \quad \lambda(x) = a + \int_0^x g(t)e^{t}\mathrm{d}t.$$

On en déduit qu'il existe $a \in \mathbb{R}$ tel que $f(x) = a\,e^{-x} + \displaystyle\int_0^x g(t)e^{t-x}\mathrm{d}t.$

Il est clair que le problème revient à montrer que $\displaystyle\lim_{x\to+\infty} \int_0^x g(t)e^{t-x}\mathrm{d}t = 0.$

L'hypothèse $\displaystyle\lim_{x\to+\infty} g(x) = 0$ se traduit par : $\forall\varepsilon > 0\ ,\ \exists x_0 \in \mathbb{R}_+\ ,\ x \geqslant x_0 \ \Rightarrow\ |g(x)| \leqslant \dfrac{\varepsilon}{2}$

alors pour tout $x \geqslant x_0$, on a $\displaystyle\left|\int_0^x g(t)e^{t-x}\mathrm{d}t\right| \leqslant e^{-x}\int_0^{x_0} |g(t)|\,e^{t}\mathrm{d}t + \frac{\varepsilon}{2}e^{-x}\int_{x_0}^{x} e^{t}\mathrm{d}t$ soit :

$\displaystyle\left|\int_0^x g(t)e^{t-x}\mathrm{d}t\right| \leqslant A\,e^{-x} + \frac{\varepsilon}{2}\left(1 - e^{x_0 - x}\right) \leqslant A\,e^{-x} + \frac{\varepsilon}{2}$ où on a posé $A = \displaystyle\int_0^{x_0} |g(t)|\,e^{t}\mathrm{d}t$ (c'est une constante !).

De $\displaystyle\lim_{x\to+\infty} A\,e^{-x} = 0$, on déduit l'existence de $x_1 \geqslant x_0$ tel que pour tout $x \geqslant x_1$ on ait $A\,e^{-x} \leqslant \dfrac{\varepsilon}{2}$.

Finalement, $\forall\varepsilon > 0,\ \exists x_1 \in \mathbb{R}_+,\ x \geqslant x_1 \ \Rightarrow\ \displaystyle\left|\int_0^x g(t)e^{t-x}\mathrm{d}t\right| \leqslant \varepsilon$ ce qui prouve que $\displaystyle\lim_{x\to+\infty} f(x) = 0.$

Ex. 11

Étant donné $f \in \mathcal{C}(\mathbb{R}, \mathbb{R})$, la fonction $g\ :\ x \mapsto 2x\displaystyle\int_0^x f(t)\mathrm{d}t - 3\int_0^x t\,f(t)\mathrm{d}t$ est de classe $\mathcal{C}^1$ sur $\mathbb{R}$ et telle que $g(0) = 0$. La condition $\forall x \in \mathbb{R},\ g(x) = \dfrac{x^2}{2}$ **(1)** implique $\forall x \in \mathbb{R},\ g'(x) = x$ **(2)** c'est-à-dire :

$$\forall x \in \mathbb{R},\ 2\int_0^x f(t)\mathrm{d}t - x f(x) = x \quad \textbf{(2)}$$

Introduisons alors F primitive de f qui s'annule en 0, $F\ :\ x \mapsto \displaystyle\int_0^x f(t)\mathrm{d}t.$

Si f est solution de **(2)**, alors F est solution sur $\mathbb{R}$ de l'équation différentielle **(L)** : $xy' - 2y = -x.$

Résolvons donc cette équation.

Il est clair que $x \mapsto x$ est solution de **(L)** sur $\mathbb{R}$. L'ensemble des solutions de **(L)** sur $]0, +\infty[$ (resp. $]-\infty, 0[$) est identique à l'ensemble des solutions sur $]0, +\infty[$ (resp. $]-\infty, 0[$) de **(L')** : $y' - \dfrac{2}{x}y = -1.$

La solution générale de **(H')** : $y' - \dfrac{2}{x}y = 0$ sur $]0, +\infty[$ ou sur $]-\infty, 0[$ est $x \mapsto \lambda x^2$ d'où la solution générale de **(L')** sur $]0, +\infty[$: $x \mapsto x + \lambda x^2,\ \lambda \in \mathbb{R}$ et sur $]-\infty, 0[$: $x \mapsto x + \mu x^2,\ \mu \in \mathbb{R}.$

On déduit de ce calcul que, si f est solution de **(2)**, il existe $(\lambda, \mu) \in \mathbb{R}^2$ tel que :

$$\forall x \in]-\infty, 0[\quad F(x) = x + \mu x^2 \quad \text{donc} \quad f(x) = 1 + 2\,\mu\,x$$
$$\forall x \in]0, +\infty[\quad F(x) = x + \lambda x^2 \quad \text{donc} \quad f(x) = 1 + 2\,\lambda\,x$$

Ainsi toute solution de **(2)** est nécessairement de la forme :

$$\textbf{(3)} \quad f\ :\ x \mapsto \begin{cases} 1 + ax & \text{si} \quad x < 0 \\ 1 & \text{si} \quad x = 0 \\ 1 + bx & \text{si} \quad x > 0 \end{cases} \quad \text{avec } (a, b) \in \mathbb{R}^2.$$

Réciproquement, une telle fonction f est continue sur $\mathbb{R}$, et on vérifie que, quels que soient $\lambda \in \mathbb{R}$ et $x \in \mathbb{R}$:

$$\int_0^x (2x - 3t)(1 + \lambda t)\mathrm{d}t = 2x\left(x + \lambda\frac{x^2}{2}\right) - \frac{3}{2}x^2 - \lambda x^3$$
$$= \frac{x^2}{2}.$$

donc elle est solution de **(L)** sur $\mathbb{R}$ c'est-à-dire que f est solution de **(2)**.

L'ensemble des solutions du problème est donc constitué des fonctions définies par **(3)**.

Ex. 12

La fonction $x \mapsto |\text{th}\, x|$ étant continue sur $\mathbb{R}$, l'ensemble **S(L)** des solutions de **(H)** est un plan affine de $\mathcal{C}^2(\mathbb{R}, \mathbb{R})$ dont la direction est le plan **S(H)** des solutions de **(H)**.

Déterminons d'abord **S(H)**.

L'équation caractéristique est $r^2 - 1 = 0$ donc **S(H)** est l'ensemble des fonctions $x \mapsto a \text{ sh}\, x + b \text{ ch}\, x$, $(a, b) \in \mathbb{R}^2$.

La fonction ch ne s'annule pas sur $\mathbb{R}$, on effectue donc le changement de fonction inconnue défini par $\forall x \in \mathbb{R}$, $y = z \text{ ch}\, x$.

Posons $\varepsilon = 1$ pour $x \in [0, +\infty[$, $\varepsilon = -1$ pour $x \in]-\infty, 0[$.

Alors y est solution de **(L)** sur $I_1 =]0, +\infty[$ et sur $I_2 =]-\infty, 0[$ si et seulement si :

$$\forall x \in I_k, k = 1 \text{ ou } 2,\ z'' + 2z' \frac{\text{sh}\, x}{\text{ch}\, x} = \varepsilon \frac{\text{sh}\, x}{\text{ch}^2 x}.$$

On résout l'équation $u' + 2u\dfrac{\text{sh}\, x}{\text{ch}\, x} = \varepsilon \dfrac{\text{sh}\, x}{\text{ch}^2 x}$ sur I_k par la méthode de variation de la constante, il vient :

$$z' = \frac{\varepsilon}{\text{ch}\, x} + \frac{\lambda}{\text{ch}^2 x}, \quad \lambda \in \mathbb{R}.$$

D'où successivement $z = 2\,\varepsilon \text{ Arctan}\, e^x + \lambda \text{ th}\, x + \mu$ $(\lambda, \mu) \in \mathbb{R}^2$ et $y = 2\,\varepsilon \text{ ch}\, x \text{ Arctan}\left(e^x\right) + \lambda \text{ sh}\, x + \mu \text{ sh}\, x$.

Une solution f de **(L)** sur $\mathbb{R}$ est donc telle qu'il existe a_1, b_1, a_2, b_2 réels avec :

$$\begin{cases} f(x) = a_1 \text{ sh}\, x + b_1 \text{ ch}\, x + 2 \text{ ch}\, x \text{ Arctan}\, e^x & \text{si } x > 0 \\ f(x) = a_2 \text{ sh}\, x + b_2 \text{ ch}\, x - 2 \text{ ch}\, x \text{ Arctan}\, e^x & \text{si } x < 0 \end{cases}$$

La continuité de f et f' en 0 donne alors $b_1 + \dfrac{\pi}{2} = b_2 - \dfrac{\pi}{2}$, $a_1 + 1 = a_2 - 1$ donc le plan affine **S(L)** est inclus dans l'ensemble P des fonctions de la forme :

$$f : x \mapsto \begin{cases} a \text{ sh}\, x + b \text{ ch}\, x + 2 \text{ ch}\, x \text{ Arctan}\, e^x & \text{si } x \geqslant 0 \\ (a+2) \text{ sh}\, x + (b + \pi) \text{ ch}\, x - 2 \text{ ch}\, x \text{ Arctan}\, e^x & \text{si } x < 0 \end{cases}$$

En remarquant que P est également un plan, on conclut que **S(L)** = P. Finalement **S(L)** est le plan affine de direction **S(H)** et contenant la fonction :

$$f_0 : x \mapsto \begin{cases} 2 \text{ ch}\, x \text{ Arctan}\, e^x & \text{si } x \geqslant 0 \\ 2 \text{ sh}\, x + \pi \text{ ch}\, x - 2 \text{ ch}\, x \text{ Arctan}\, e^x & \text{si } x < 0 \end{cases}$$

Ex. 13

(E) s'écrit $\forall x \in \mathbb{R},\ f(x) = \cos x - x - x \displaystyle\int_0^x f(t)\text{d}t + \int_0^x t f(t)\text{d}t$, donc si $f \in \mathcal{C}^p(\mathbb{R}, \mathbb{R})$ est solution de **(E)** alors $f \in \mathcal{C}^{p+1}(\mathbb{R}, \mathbb{R})$ et, par récurrence, si $f \in \mathcal{C}(\mathbb{R}, \mathbb{R})$ est solution de **(E)** alors $f \in \mathcal{C}^\infty(\mathbb{R}, \mathbb{R})$.

Étant donné $f \in \mathcal{C}^\infty(\mathbb{R}, \mathbb{R})$, on établit les équivalences entre **(1)**, **(2)** et **(3)**.

(1) f est solution de **(E)**,

(2) $\forall x \in \mathbb{R},\ f'(x) = -\sin x - 1 - \displaystyle\int_0^x f(t)\text{d}t$, $f(0) = 1$,

(3) $\forall x \in \mathbb{R},\ f''(x) + f(x) = -\cos x$, $f(0) = 1$, $f'(0) = -1$.

Une solution particulière de $y'' + y = -\cos x$ est $x \mapsto -\dfrac{x}{2} \sin x$ et la solution générale est :

$$x \mapsto \lambda \cos x + \left(\mu - \frac{x}{2}\right) \sin x.$$

Avec $f(0) = 1$, $f'(0) = -1$, on en déduit que **(E)** admet une solution et une seule :

$$f : x \mapsto \cos x - \left(1 + \frac{x}{2}\right) \sin x.$$

Ex. 14

Sur l'intervalle $I_1 =]0, +\infty[$, **(L)** équivaut à **(L$_1$)** : $y' + \dfrac{x-1}{x} y = x$.

Les solutions sur I_1 sont les fonctions $x \mapsto \lambda x e^{-x} + x$, $\lambda \in \mathbb{R}$.

Sur l'intervalle $I_2 =]-\infty, 0[$, **(L)** équivaut à **(L₂)** : $y' + \dfrac{1-x}{x}y = -x$.

Les solutions sur I_2 sont les fonctions $x \mapsto \mu\dfrac{e^x}{x} + x + 2 + \dfrac{2}{x}$.

Solutions sur $\mathbb{R}$.

Si f est solution sur $\mathbb{R}$, il existe a et b réels tels que :

$$f(x) = a\frac{e^x}{x} + x + 2 + \frac{2}{x} \text{ pour } x<0 \ , \ f(x) = bxe^{-x} + x \text{ pour } x>0.$$

La continuité de f en 0 nécessite $a = -2$ et $f(0) = 0$.

On a alors $\lim\limits_{\substack{x\to 0\\ x<0}} \dfrac{f(x)}{x} = 0$ et $\lim\limits_{\substack{x\to 0\\ x>0}} \dfrac{f(x)}{x} = 1 + b$, la dérivabilité de f en 0 nécessite donc $b = -1$. Ainsi **(L)** a au plus une solution sur $\mathbb{R}$.

On vérifie que f définie par $f(x) = x + 2 + \dfrac{2}{x}\left(1 - e^x\right)$ pour $x<0$, $f(x) = x - xe^{-x}$ pour $x \geqslant 0$ est dérivable en 0, c'est l'unique solution de **(L)** sur $\mathbb{R}$.

Ex. 15

- Première méthode

Pour tout $f \in \mathcal{C}(\mathbb{R},\mathbb{R})$ soit $F \in \mathcal{C}^1(\mathbb{R},\mathbb{R})$ définie par $F \ : \ x \mapsto \displaystyle\int_0^x e^{-t}f(t)\mathrm{d}t$.

f est solution de **(E)** si et seulement si $f = F'$ avec $F(0) = 0$ et $\forall x \in \mathbb{R},\ \ F'(x) - 2F(x) = e^{-x}\sin x$.

La résolution de **(L₁)** : $y' - 2y = e^{-x}\sin x$ donne, compte tenu de $F(0) = 0$:

$$F(x) = \frac{e^{2x}}{10} - \frac{e^{-x}}{10}(\cos x + 3\sin x)$$

puis en dérivant $e^{-x}f(x) = \dfrac{e^{2x}}{5} + \dfrac{e^{-x}}{5}(-\cos x + 2\sin x)$ donc $f(x) = \dfrac{e^{3x}}{5} + \dfrac{2}{5}\sin x - \dfrac{1}{5}\cos x$.

- Deuxième méthode

Avec $f(x) = \sin x + 2e^x \displaystyle\int_0^x e^{-t}f(t)\mathrm{d}t$ on voit que si f continue sur $\mathbb{R}$ vérifie **(E)** alors $f \in \mathcal{C}^1(\mathbb{R},\mathbb{R})$. On peut donc dériver et on obtient que f est solution de **(E)** si et seulement si $f(0) = 0$ et $\forall x \in \mathbb{R},\ \ f'(x) - 3f(x) = \cos x - \sin x$.

La résolution de **(L₂)** : $y' - 3y = \cos x - \sin x$ donne, compte tenu de $f(0) = 0$:

$$f(x) = \frac{e^{3x}}{5} + \frac{2}{5}\sin x - \frac{1}{5}\cos x.$$

Ex. 16

Si $f \in \mathcal{D}^1(\mathbb{R},\mathbb{R})$ vérifie **(E)** : $\forall x \in \mathbb{R},\ \ f'(x) = f(1-x)$ alors f' est dérivable sur $\mathbb{R}$ avec $\forall x \in \mathbb{R},\ \ f''(x) = -f'(1-x)$ donc $f''(x) + f(x) = 0$. En conséquence, il existe $(\lambda, \alpha) \in \mathbb{R}^2$ tel que $\forall x \in \mathbb{R},\ \ f(x) = \lambda\cos(x - \alpha)$.

Il reste à déterminer quelles sont, parmi les fonctions précédentes, celles qui vérifient effectivement **(E)**.

On est donc amené à trouver les réels λ, α tels que $\forall x \in \mathbb{R},\ \ \lambda\cos(1 - x - \alpha) = \lambda\cos\left(x - \alpha + \dfrac{\pi}{2}\right)$

ce qui donne $\lambda = 0$ ou $\lambda \neq 0$ et $\alpha = \dfrac{1}{2} + \dfrac{\pi}{4} + k\pi$, $k \in \mathbb{Z}$.

Les solutions du problème sont les fonctions $x \mapsto A\cos\left(x - \dfrac{1}{2} - \dfrac{\pi}{4}\right)$, $A \in \mathbb{R}$.

Ex. 17

On rappelle que si E désigne l'espace vectoriel des applications de $\mathbb{R}$ dans $\mathbb{R}$, P le sous-espace des applications paires et I le sous-espace des applications impaires, on a $E = P \oplus I$.

Soit $g \ : \ x \mapsto \dfrac{1}{2}\big(f(x) + f(-x)\big)$ la partie paire de f,

et $h \ : \ x \mapsto \dfrac{1}{2}\big(f(x) - f(-x)\big)$ sa partie impaire.

Alors f est de classe $\mathcal{C}^2$ sur $\mathbb{R}$ si et seulement si g et h sont de classe $\mathcal{C}^2$ sur $\mathbb{R}$.
$f \in \mathcal{C}^2(\mathbb{R}, \mathbb{R})$ est solution du problème si et seulement si :

$$\forall x \in \mathbb{R}, \qquad g''(x) + g(x) = \cos x \quad , \quad h''(x) - h(x) = x$$

$$\text{donc} \qquad g(x) = \lambda \cos x + \frac{1}{2} x \sin x \quad , \quad h(x) = \mu \operatorname{sh} x - x$$

Les solutions du problème sont les fonctions $f \ : \ x \mapsto \lambda \cos x + \mu \operatorname{sh} x + \frac{1}{2} x \sin x - x$.

Niveau 3

Ex. 18

1) Avec la notation différentielle, **(L)** s'écrit $\left(1+x^2\right)^2 \dfrac{\mathrm{d}^2 y}{\mathrm{d}x^2} + 2x\left(1+x^2\right)\dfrac{\mathrm{d}y}{\mathrm{d}x} + y = 0$.

Dans cette équation, la fonction inconnue est $f \ : \ x \mapsto y = f(x)$ et on a $f'(x) = \dfrac{\mathrm{d}y}{\mathrm{d}x}$, $f''(x) = \dfrac{\mathrm{d}^2 y}{\mathrm{d}x^2}$. Après le changement de variable défini par $t = \varphi(x)$ (ou $x = \varphi^{-1}(t)$ car on impose à φ d'être une bijection de classe $\mathcal{C}^1$ (ainsi que φ^{-1}), la nouvelle fonction inconnue est $g \ : \ t \mapsto y = f\left(\varphi^{-1}(t)\right)$ et on a $g'(t) = \dfrac{\mathrm{d}y}{\mathrm{d}t}$, $g''(t) = \dfrac{\mathrm{d}^2 y}{\mathrm{d}t^2}$.

Avec ces notations, les règles de composition des dérivations nous donnent :

$$\frac{\mathrm{d}y}{\mathrm{d}x} = \frac{\mathrm{d}y}{\mathrm{d}t}\frac{\mathrm{d}t}{\mathrm{d}x} = \varphi'(x)\frac{\mathrm{d}y}{\mathrm{d}t} \ , \quad \frac{\mathrm{d}^2 y}{\mathrm{d}x^2} = \varphi''(x)\frac{\mathrm{d}y}{\mathrm{d}t} + \varphi'(x)\frac{\mathrm{d}^2 y}{\mathrm{d}t^2}\frac{\mathrm{d}t}{\mathrm{d}x} = \varphi''(x)\frac{\mathrm{d}y}{\mathrm{d}t} + \varphi'^2(x)\frac{\mathrm{d}^2 y}{\mathrm{d}t^2}.$$

Donc f est solution de **(L)** sur $\mathbb{R}$ si et seulement si $g = f \circ \varphi^{-1}$ est solution de **($\mathbf{L_1}$)** avec :

$$(\mathrm{L}_1) : \left(1+x^2\right)^2 \varphi'^2(x)\frac{\mathrm{d}^2 y}{\mathrm{d}t^2} + \left(\left(1+x^2\right)^2 \varphi''(x) + 2x\left(1+x^2\right)\varphi'(x)\right)\frac{\mathrm{d}y}{\mathrm{d}t} + y = 0$$

(on a continué à noter x au lieu de $\varphi^{-1}(t)$ pour ne pas surcharger).
Pour obtenir une équation à coefficients constants, il suffit d'imposer $\forall x \in \mathbb{R}, \ \left(1+x^2\right)\varphi'(x) = 1$ on aura alors $\forall x \in \mathbb{R}, \ \left(1+x^2\right)\varphi''(x) + 2x\,\varphi'(x) = 0$, et l'équation **($\mathbf{L_1}$)** s'écrira $\dfrac{\mathrm{d}^2 y}{\mathrm{d}t^2} + y = 0$.

La condition $\left(1+x^2\right)\varphi'(x) = 1$ donne $\varphi'(x) = \dfrac{1}{1+x^2}$ et un changement de variable possible est donc $\varphi = \mathrm{Arctan}$ qui réalise une bijection de classe $\mathcal{C}^1$ (ainsi que φ^{-1}) de $\mathbb{R}$ sur $\left]-\dfrac{\pi}{2}, \dfrac{\pi}{2}\right[$.

2) La solution générale de **($\mathbf{L_1}$)** est $y \ : \ t \mapsto A\cos t + B\sin t$, $(A, B) \in \mathbb{R}^2$.
D'après le 1), la solution générale de **(L)** est donc $f \ : \ x \mapsto A\cos(\mathrm{Arctan}\, x) + B\sin(\mathrm{Arctan}\, x)$ c'est-à-dire :

$$f \ : \ x \mapsto \frac{A + Bx}{\sqrt{1+x^2}} \ , \ (A, B) \in \mathbb{R}^2.$$

Ex. 19

1) La fonction nulle est solution évidente, écartons ce cas.

Soit $f \in \mathcal{C}(\mathbb{R}, \mathbb{R})$, en supposant $\forall a \in \mathbb{R}, \ \displaystyle\int_0^a f(y)\mathrm{d}y = 0$, par dérivation on obtient $\forall a \in \mathbb{R}, \ f(a) = 0$ donc $f = 0$. En conséquence, si $f \in \mathcal{C}(\mathbb{R}, \mathbb{R}) \setminus \{0\}$, il existe $a \in \mathbb{R}$ tel que $\displaystyle\int_0^a f(y)\mathrm{d}y \neq 0$.

En supposant de plus que f est solution de **(E)**, intégrons les fonctions continues :

$$y \mapsto f(x+y) + f(x-y) \quad \text{et} \quad y \mapsto 2f(x)f(y) \quad \text{sur } [0, a].$$

On obtient $\forall x \in \mathbb{R},\ 2f(x)\displaystyle\int_0^a f(y)\mathrm{d}y = \int_0^a f(x+y)\mathrm{d}y + \int_0^a f(x-y)\mathrm{d}y$

puis par changement de variable :

$$\forall x \in \mathbb{R},\ 2f(x)\int_0^a f(y)\mathrm{d}y = \int_x^{x+a} f(u)\mathrm{d}u - \int_x^{x-a} f(v)\mathrm{d}v$$

soit encore en posant $2\displaystyle\int_0^a f(y)\mathrm{d}y = \frac{1}{k}$ et $F\ :\ x \mapsto \displaystyle\int_0^x f(u)\mathrm{d}u$:

$$\forall x \in \mathbb{R},\ f(x) = kF(x+a) - kF(x-a) - 2kF(x).$$

Par définition de F, f de classe $\mathcal{C}^p$ sur $\mathbb{R}$ donne F de classe $\mathcal{C}^{p+1}$ donc d'après la relation précédente, f de classe $\mathcal{C}^p$ sur $\mathbb{R}$ donne f de classe $\mathcal{C}^{p+1}$. Ainsi, sachant que f est de classe $\mathcal{C}^0$ sur $\mathbb{R}$, on obtient par récurrence que, quel que soit $n \in \mathbb{N}$, f est de classe $\mathcal{C}^n$ sur $\mathbb{R}$, c'est-à-dire qu'elle est de classe $\mathcal{C}^\infty$.

L'ensemble **S(E)** des solutions du problème est inclus dans $\mathcal{C}^\infty(\mathbb{R},\mathbb{R})$.

2) Soit maintenant $f \in$ **S(E)**, dérivons deux fois les fonctions $y \mapsto f(x+y) + f(x-y)$ et $y \mapsto 2f(x)f(y)$.

Il vient $\forall x \in \mathbb{R}^2,\quad f'(x+y) - f'(x-y) = 2f(x)f'(y)$ **(1)**

puis $\quad f''(x+y) + f''(x-y) = 2f(x)f''(y)$ **(2)**

Donc, pour $y = 0$, $\forall x \in \mathbb{R},\ f''(x) = f(x)f''(0)$.

En conclusion, si f est solution du problème, il existe $a \in \mathbb{R}$ tel que f soit solution sur $\mathbb{R}$ de l'équation différentielle :

$$y'' + ay = 0 \quad \textbf{(H)}.$$

Remarquons que **(E)** donne $f(0) = f(0)^2$ (avec $x = y = 0$) donc $f(0) = 0$ ou $f(0) = 1$.

Dans le cas $f(0) = 0$, **(E)** donne $\forall x \in \mathbb{R},\ 2f(x) = 0$ (avec $y = 0$) donc $f = 0$.

Ainsi pour $f \in$ **S(E)** $\setminus \{0\}$, on a $f(0) = 1$ et en faisant $x = y = 0$ dans **(1)**, il vient $2f(0)f'(0) = 0$ donc $f'(0) = 0$.

On en déduit que f est l'unique solution de l'équation **(H)** vérifiant $f(0) = 1$, $f'(0) = 0$.

On a donc trois cas possibles :

- $a > 0$, on pose $\omega = \sqrt{a}$, **(H)** s'écrit $y'' + \omega^2 y = 0$ et on a $\forall x \in \mathbb{R},\ f(x) = \cos \omega x$,
- $a < 0$, on pose $\omega = \sqrt{-a}$, **(H)** s'écrit $y'' - \omega^2 y = 0$ et on a $\forall x \in \mathbb{R},\ f(x) = \mathrm{ch}\, \omega x$,
- $a = 0$, **(H)** s'écrit $y'' = 0$ et alors $\forall x \in \mathbb{R},\ f(x) = 1$.

En ajoutant la fonction nulle, on a là toutes les solutions possibles du problème.

Réciproquement, les fonctions constantes $x \mapsto 1$ et $x \mapsto 0$ sont solutions évidentes et pour tout $\omega \in \mathbb{R}_+^*$, les fonctions $x \mapsto \cos \omega x$ et $x \mapsto \mathrm{ch}\, \omega x$ sont solutions d'après les formules usuelles de trigonométrie circulaire ou hyperbolique.

Ex. 20

Sur chacun des intervalles $I_1 =]-\infty, 0[$, $I_2 =]0, 1[$, $I_3 =]1, +\infty[$, **(L)** est équivalente à une équation de forme résolue. La solution générale de l'équation homogène est $x \mapsto \dfrac{\lambda}{\sqrt{|x^2 - x|}}$.

On applique la méthode de variation de la constante pour obtenir la solution générale de **(L)** :

$$\text{sur } I_1 \ :\ x \mapsto \frac{\lambda_1}{\sqrt{x(x-1)}} - \frac{1}{2} + \frac{1}{2\sqrt{x(x-1)}}\,\mathrm{Argth}\sqrt{\frac{x}{x-1}},$$

$$\text{sur } I_2 \ :\ x \mapsto \frac{\lambda_2}{\sqrt{x(1-x)}} - \frac{1}{2} + \frac{1}{2\sqrt{x(1-x)}}\,\mathrm{Arctan}\sqrt{\frac{x}{1-x}},$$

$$\text{sur } I_3 \ :\ x \mapsto \frac{\lambda_3}{\sqrt{x(x-1)}} - \frac{1}{2} - \frac{1}{2\sqrt{x(x-1)}}\,\mathrm{Argth}\sqrt{\frac{x-1}{x}}.$$

L'étude des raccordements en 0 et 1 donne :

- une solution f_1 et une seule sur $]-\infty, 1[$ définie par :

$$f_1(x) = -\frac{1}{2} + \frac{1}{2\sqrt{x(x-1)}} \operatorname{Argth} \sqrt{\frac{x}{x-1}} \quad \text{si} \quad x < 0 \ , \ f_1(0) = 0$$

$$f_1(x) = -\frac{1}{2} + \frac{1}{2\sqrt{x(1-x)}} \operatorname{Arctan} \sqrt{\frac{x}{1-x}} \quad \text{si} \quad 0 < x < 1 \ ;$$

oour cette étude il est intéressant de faire apparaître les fonctions $u \mapsto \frac{1}{u} \operatorname{Arctan} u$ et $u \mapsto \frac{1}{u} \operatorname{Argth} u$;

- une solution f_2 et une seule sur $]0, +\infty[$ définie par :

$$f_2(x) = -\frac{1}{2} - \frac{1}{2\sqrt{x(1-x)}} \operatorname{Arctan} \sqrt{\frac{1-x}{x}} \quad \text{si} \quad 0 < x < 1 \ , \ f_2(1) = -1$$

$$f_2(x) = -\frac{1}{2} - \frac{1}{2\sqrt{x(x-1)}} \operatorname{Argth} \sqrt{\frac{x-1}{x}} \quad \text{si} \quad x > 1 \ ;$$

- aucune solution sur $\mathbb{R}$.

Ex. 21

En considérant la fonction $g = f - \ell$ on voit que le résultat est vrai avec ℓ quelconque si et seulement si il est vrai dans le cas $\ell = 0$.

On suppose donc $\ell = 0$, l'hypothèse donne que f est solution d'une équation différentielle **(L)** : $y'' + y' + y = h(x)$ où $h \in \mathcal{C}(\mathbb{R}, \mathbb{R})$ et $\lim\limits_{x \to +\infty} h(x) = 0$.

La solution générale, à valeurs dans $\mathbb{C}$, de **(H)** : $y'' + y' + y = 0$ est :

$$x \mapsto \lambda\, e^{jx} + \mu\, e^{j^2 x} \quad (\lambda, \mu) \in \mathbb{C}^2.$$

Au moyen du changement de fonction inconnue défini par $y = z\, e^{jx}$, on en déduit qu'il existe $(a, b) \in \mathbb{C}^2$ tel que :

$$\forall x \in \mathbb{R}, \ f(x) = f_0(x) + a\, e^{jx} + b\, e^{j^2 x}$$

où on a posé $f_0(x) = \dfrac{e^{jx}}{j - j^2} \displaystyle\int_0^x e^{-jt} h(t) \mathrm{d}t + \dfrac{e^{j^2 x}}{j^2 - j} \displaystyle\int_0^x e^{-j^2 t} h(t) \mathrm{d}t.$

Avec $\left|e^{jx}\right| = \left|e^{j^2 x}\right| = e^{-\frac{x}{2}}$, on a $\lim\limits_{x \to +\infty} a\, e^{jx} + b\, e^{j^2 x} = 0$ et on est ramené à montrer que $\lim\limits_{x \to +\infty} f_0(x) = 0$.

Une majoration donne $|f_0(x)| \leqslant \dfrac{2e^{-\frac{x}{2}}}{\sqrt{3}} \displaystyle\int_0^x e^{\frac{t}{2}} \, |h(t)| \, \mathrm{d}t.$

Puisque h est continue sur $[0, +\infty[$ et qu'elle est de limite nulle en $+\infty$, elle est bornée sur $[0, +\infty[$.

On pose $A = \sup\limits_{h \in [0, +\infty[} |h(t)|$. Il vient :

$$|f_0(x)| \leqslant \frac{2Ae^{-\frac{x}{2}}}{\sqrt{3}} \int_0^{\frac{x}{2}} e^{\frac{t}{2}} \mathrm{d}t + \frac{2}{\sqrt{3}} e^{-\frac{x}{2}} \sup_{t \in \left[\frac{x}{2}, +\infty\right[} |h(t)| \int_{\frac{x}{2}}^x e^{\frac{t}{2}} \mathrm{d}t$$

d'où :

$$|f_0(x)| \leqslant \frac{4A}{\sqrt{3}} e^{-\frac{x}{4}} + \frac{4}{\sqrt{3}} \sup_{t \in \left[\frac{x}{2}, +\infty\right[} |h(t)|.$$

La conclusion résulte de $\lim\limits_{x \to +\infty} \sup\limits_{t \in \left[\frac{x}{2}, +\infty\right[} |h(t)| = 0.$

CHAPITRE

3 Courbes planes paramétrées

Le plan usuel $\mathcal{P}$ et l'espace $\mathcal{V}$ des vecteurs de $\mathcal{P}$ sont identifiés à $\mathbb{R}^2$ ou à $\mathbb{C}$ par le choix d'un repère cartésien $\mathcal{R}_0 = (O, \vec{i}, \vec{j})$. Voir Algèbre-Géométrie, chapitres 1 et 2.
Lorsque c'est utile, ce repère est orthonormal (direct).

A. Notion de courbe paramétrée

1. Fonctions à valeurs dans $\mathbb{C}$, dans $\mathbb{R}^2$

Rappelons ce qui a été vu au chapitre 1 :

Définition 1

Une fonction Φ, définie sur un intervalle I de $\mathbb{R}$, et à valeurs dans $\mathbb{R}^2$ ou dans $\mathbb{C}$, est un couple (f, g) de deux fonctions réelles définies sur I.

Définition 2

Φ est dérivable sur I si et seulement si f et g sont dérivables sur I.
Pour tout $t \in I$, on pose alors $\Phi'(t) = \big(f'(t), g'(t)\big)$: Φ' est la dérivée de Φ.
Φ est de classe $\mathcal{C}^1$, ou continûment dérivable, sur I quand elle est dérivable sur I avec Φ' continue sur I. ✎ (1)
Étant donné $k \in \mathbb{N}$, on dit que Φ est de classe $\mathcal{C}^k$ sur I lorsqu'elle est k fois continûment dérivable sur I ✎ (2) ce qui équivaut à dire que les fonctions f et g admettent des dérivées successives jusqu'à l'ordre k et que les dérivées $f^{(k)}$, $g^{(k)}$ sont continues sur I.

✎ (1) C'est-à-dire lorsque f' et g' sont continues sur I.

✎ (2) C'est-à-dire qu'elle admet des dérivées successives $\Phi', \Phi'', \dots, \Phi^{(k)}$ continues sur I.

Pour $r \in [\![0, k]\!]$, on a alors $\Phi^{(r)} = \big(f^{(r)}, g^{(r)}\big)$.
Φ est de classe $\mathcal{C}^\infty$ quand elle est de classe $\mathcal{C}^k$ pour tout $k \in \mathbb{N}$.

2. Arc paramétré

Définition 3

On appelle **arc paramétré** ou **courbe paramétrée** du plan, un couple (I, Φ) formé d'un intervalle I de $\mathbb{R}$ et d'une application Φ de I dans $\mathbb{R}^2$ de classe $\mathcal{C}^1$ ✎ (3) sur I.
Lorsque Φ est de classe $\mathcal{C}^k$ ou $\mathcal{C}^\infty$, l'arc paramétré est dit de classe $\mathcal{C}^k$ ou $\mathcal{C}^\infty$.

✎ (3) C'est-à-dire dérivable et de dérivée continue.

Définition 4

L'image $\Phi(I)$ de Φ est le **support** de l'arc paramétré (I, Φ). ✎ (4)

✎ (4) Usuellement, un arc paramétré (I,Φ) de support $\Gamma = \Phi(I)$ est abusivement noté Γ, c'est-à-dire que l'on confond l'arc paramétré et son support. On dit aussi que Γ est l'arc paramétré par :
$t \mapsto M = \Phi(t)$, $t \in I$.
ou par :
$t \mapsto M = O + \Phi(t)$, $t \in I$.
car l'identification de M et du vecteur $\overrightarrow{OM}$ donne $M = O + \overrightarrow{OM}$.

Dans la mesure où le plan est rapporté à un repère $(O, \vec{i}, \vec{j})$, on identifie le couple $\Phi(t) = \big(f(t), g(t)\big)$ au point $M(t)$ de coordonnées $\big(f(t), g(t)\big)$ et ainsi Φ présentée comme une application à valeurs dans $\mathbb{R}^2$ devient à valeurs dans le plan $\mathcal{P}$.
Plus particulièrement, en écrivant $\Phi(t) = M(t)$, on note souvent M la fonction Φ.
On note alors $M', M'', \dots$ les dérivées $\Phi', \Phi'', \dots$
En liaison avec les coordonnées de M, les fonctions réelles f et g, composantes de Φ, sont le plus souvent notées x et y. On a dans ce cas $M(t) = \big(x(t), y(t)\big) = \Phi(t)$.

Interprétation cinématique

En considérant que le paramètre t désigne le temps, $\Phi(t)$ est la position d'un mobile ponctuel M à l'instant t ; le support de l'arc est appelé la **trajectoire**.

Les deux premiers vecteurs dérivés $\Phi'(t) = \dfrac{\mathrm{d}M}{\mathrm{d}t}$, $\Phi''(t) = \dfrac{\mathrm{d}^2M}{\mathrm{d}t^2}$ sonr respectivement la vitesse et l'accélération (vectorielles).

3. Représentation cartésienne

Soit Γ l'arc paramétré par (I, Φ).

L'application Φ peut être définie dans le repère cartésien $(O, \vec{i}, \vec{j})$ du plan $\mathcal{P}$ par :

$$\Phi(t) = O + x(t)\vec{i} + y(t)\vec{j}$$

Alors Γ est l'arc paramétré par :

$$\Phi : I \to \mathcal{P}, \quad t \mapsto M = O + x(t)\vec{i} + y(t)\vec{j}$$ (5)

et on a $\forall t \in I, \ \Phi'(t) = x'(t)\vec{i} + y'(t)\vec{j}$.

(5) Couramment on représente aussi cet arc paramétré par : $\Gamma \begin{cases} x=f(t) \\ y=g(t) \end{cases}$

Exemple 1

- Le cercle $\mathcal{C}$, de centre A et de rayon R, est l'arc paramétré par :

$$t \mapsto M = A + R\cos t\,\vec{i} + R\sin t\,\vec{j} \ , \ t \in [0, 2\pi[$$

- La courbe représentative d'une fonction numérique $f : I \to \mathbb{R}$ est l'arc paramétré par :

$$\Gamma : x \mapsto M = O + x\vec{i} + f(x)\vec{j} \ , \ x \in I.$$

4. Représentation polaire

4.1 – Notion de repère mobile

Lorsque $\mathcal{P}$ est orienté euclidien, le repère canonique $\mathcal{R}_0 = (O, \vec{i}, \vec{j})$ est orthonormal direct.

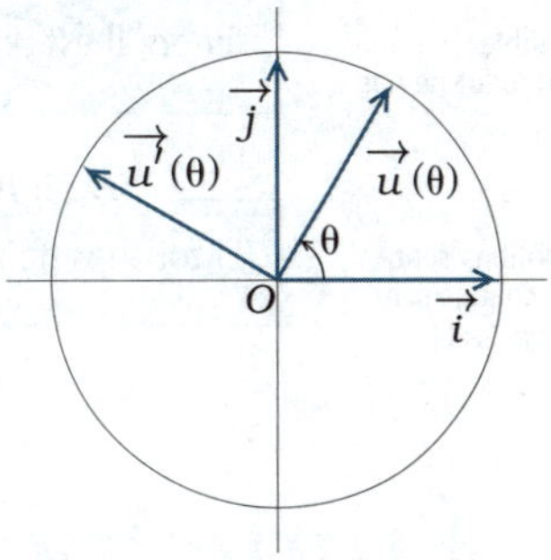

À l'application :

$\vec{u} : \mathbb{R} \to \mathcal{V}, \ \theta \mapsto \cos\theta\,\vec{i} + \sin\theta\,\vec{j}$

de classe $\mathcal{C}^\infty$, avec

$\vec{u'}(\theta) = \vec{u}\left(\theta + \frac{\pi}{2}\right) = -\sin\theta\,\vec{i} + \cos\theta\,\vec{j}$ (6)

on associe le repère orthonormal direct

$$\mathcal{R}_\theta = \left(O, \vec{u}(\theta), \vec{u'}(\theta)\right)$$

appelé **repère mobile.** (7)

(6) On pose souvent $\vec{v}(\theta) = \vec{u'}(\theta)$.

(7) Le repère $\mathcal{R}_\theta$ étant noté plus simplement $(O, \vec{u}, \vec{u'})$, θ est une mesure de l'angle orienté $(\vec{i}, \vec{u})$.

4.2 – Représentation d'un arc paramétré en coordonnées polaires

La donnée de deux fonctions réelles r, θ, de classe $\mathcal{C}^k$ sur I définit un arc paramétré Γ :

$$t \mapsto M = O + r(t)\,\vec{u}\left(\theta(t)\right) \ , \ t \in I$$ (8)

Le premier vecteur dérivé s'écrit $\vec{M'}(t) = r'(t)\,\vec{u}(t) + r(t)\,\theta'(t)\vec{u'}(t)$.

Dans le cas fréquent d'un arc paramétré par $\theta \mapsto M = O + r(\theta)\,\vec{u}(\theta)$, $\theta \in I$, les deux premières dérivées s'écrivent, avec des notations rapides :

$$\vec{M'} = r'\vec{u} + r\vec{u'} \quad \text{et} \quad \vec{M''} = (r'' - r)\vec{u} + 2r'\vec{u'}.$$

(8) On dit aussi que cet arc paramétré est défini en coordonnées polaires par : $r=r(t)$, $\theta=\theta(t)$, $t\in I$ ou, dans le deuxième cas, par $r=r(\theta)$, $\theta\in I$.

5. Représentation complexe d'un arc paramétré du plan (9)

Une fonction complexe, de classe $\mathcal{C}^k$, $z : I \to \mathbb{C}$, $t \mapsto x(t) + i\,y(t)$, définit un arc paramétré :

$$I \to \mathbb{C}, \ t \mapsto M = O + x(t)\vec{i} + y(t)\vec{j}$$

$M(t)$ est le point d'affixe $z(t)$ dans le repère $(O, \vec{i}, \vec{j})$.

Notons les relations $\vec{u}(\theta) = e^{i\theta}$ et $\vec{u'}(\theta) = ie^{i\theta} = e^{i\left(\theta + \frac{\pi}{2}\right)}$.

(9) Le plan $\mathcal{P}$ est ici identifié à $\mathbb{C}$.

6. Changement de paramètre admissible

Soit $\Gamma = (I, \Phi)$ un arc paramétré de classe $\mathcal{C}^k$.

On dit que φ est un changement de paramètre admissible sur Γ si c'est une bijection de classe $\mathcal{C}^k$ un intervalle J de $\mathbb{R}$, sur I, telle que φ' ne s'annule pas sur J. ✎ (10)

✎ (10) Avec ces conditions sur φ, la fonction φ^{-1} est aussi de classe $\mathcal{C}^k$. On dit que φ est un $\mathcal{C}^k$-difféomorphisme de J sur I.

Avec $\Psi = \Phi \circ \varphi$, (J, Ψ) a le même support que (I, Φ) : $\Phi(I) = \Psi(J) = \Gamma$; on dit aussi que (J, Ψ) est un autre **paramétrage admissible** de Γ.

Exemple 2 Le cercle unité privé d'un point

$I =]-\pi, \pi[, \quad \Phi : I \to \mathcal{P}, t \mapsto M = O + \cos t \, \vec{i} + \sin t \, \vec{j}$

$J = \mathbb{R}, \quad \Psi : \mathbb{R} \to \mathcal{P}, u \mapsto M = O + \dfrac{1-u^2}{1+u^2} \vec{i} + \dfrac{2u}{1+u^2} \vec{j}$

(I, Φ) et (J, Ψ) sont des arcs $\mathcal{C}^\infty$ associés par $\Psi = \Phi \circ \varphi$ avec :

$$\varphi : J \to I, \quad u \mapsto t = 2 \operatorname{Arctan} u \quad , \quad u = \varphi^{-1}(t) = \tan \frac{t}{2}$$

7. Point simple – Point multiple – Arc simple

Soit Γ un arc paramétré (I, Φ) et M un point du support.

Définition 5

Si M a un seul antécédent par Φ, on dit que M est un **point simple** de Γ.

Sinon, il est dit **point multiple** (point double, triple, etc.). ✎ (11)

✎ (11) L'ensemble $\{t \in I / M = \Psi(t)\}$ peut ne pas être fini.

Définition 6

Si tous les points de Γ sont simples, on dit que Γ est un **arc simple**. ✎ (12)

✎ (12) Ces notions sont invariantes par changement de paramètre admissible.

B. Étude locale d'un arc – Tangente

1. Formule de Taylor-Young

Soit $\Gamma = (I, \Phi)$ un arc paramétré de classe $\mathcal{C}^k$, ($k \in \mathbb{N}^*$ aussi grand que nécessaire).

Anticipation

Au chapitre 6, consacré à la dérivation, on établira la formule de Taylor-Young : ✎ (13)

✎ (13) On l'utilise dès maintenant.

Théorème 1

Étant donné $n \leqslant k$ et $t_0 \in I$, il existe une fonction $\varphi : I \to \mathcal{V}$ continue, avec $\varphi(t_0) = 0$, telle que, pour $t_0 + h \in I$, on a :

$$\Phi(t_0 + h) = \Phi(t_0) + h\,\Phi'(t_0) + \frac{h^2}{2!}\Phi''(t_0) + \ldots + \frac{h^n}{n!}\Phi^{(n)}(t_0) + h^n \varphi(t_0 + h)$$

En posant $\varphi(t_0 + h) = \varepsilon(h)$, donc $\varepsilon(0) = 0$, cela se lit aussi :

$$\Phi(t_0 + h) = \Phi(t_0) + h\,\Phi'(t_0) + \frac{h^2}{2}\Phi''(t_0) + \ldots + \frac{h^n}{n!}\Phi^{(n)}(t_0) + h^n \varepsilon(h)$$

Pour résumer l'expression « ε est une fonction continue avec $\varepsilon(0) = 0$ », on dit que $h^n \varepsilon(h)$ est **négligeable** devant h^n et on le note $o(h^n)$. ✎ (14)

✎ (14) Ce qui s'énonce : « petit o de h^n ».

2. Entiers caractéristiques

✎ (15) Et on n'envisage que ce cas.

- On suppose ✎ (15) qu'il existe $i \in \mathbb{N}^*$, $1 \leq i < k$, tel que $\Phi^{(i)}(t_0) \neq 0$.

En notant p le plus petit de ces entiers non nuls, on obtient :

$$\Phi(t_0 + h) = \Phi(t_0) + \frac{h^p}{p!}\,\Phi^{(p)}(t_0) + o(h^p)$$

- On suppose ensuite qu'il existe un entier j : $1 \leq p < j \leq k$, tel que $\Phi^{(p)}(t_0)$ et $\Phi^{(j)}(t_0)$ ne soient pas colinéaires.

✎ (16) On a donc $q > p$.

On note q le plus petit de ces entiers. ✎ (16)

✎ (17) Pour $p \leq i < q$, $\Phi^{(i)}(t_0)$ est colinéaire à $\Phi^{(p)}(t_0) \neq \overrightarrow{0}$

Pour i entier compris entre p et $q-1$, il existe un réel λ_i tel que $\frac{1}{i!}\,\Phi^{(i)}(t_0) = \lambda_i\,\Phi^{(p)}(t_0)$ ✎ (17)

En reportant dans la formule de Taylor-Young à l'ordre q, il vient alors :

$$\Phi(t_0 + h) = \Phi(t_0) + \left(\sum_{i=p}^{q-1} \lambda_i h^i\right) \Phi^{(p)}(t_0) + \frac{h^q}{q!}\,\Phi^{(q)}(t_0) + o(h^q)$$

Notons que $\left(\Phi^{(p)}(t_0), \Phi^{(q)}(t_0)\right)$ est une base de $\mathcal{V}$.

✎ (18) Ces entiers caractéristiques sont invariants par changement de paramètre admissible.

Définition 7

Ces entiers p et q sont les **entiers caractéristiques** du point $M_0 = \Phi(t_0)$ de l'arc Γ. ✎ (18)

3. Tangente

Conservons les notations du paragraphe précédent.

✎ (19) La tangente ne dépend pas du paramétrage admissible choisi.

Définition 8

La **tangente** à l'arc Γ au point $M_0 = \Phi(t_0)$ est la droite passant par M_0 et dirigée par le vecteur $\Phi^{(p)}(t_0)$. ✎ (19)

✎ (20) La tangente en un point régulier $M_0 = \Phi(t_0)$ est la droite $M_0 + \mathbb{R}\,\Phi'(t_0)$

Définition 9

Le point $M_0 = \Phi(t_0)$ est un **point régulier** de Γ quand le vecteur $\Phi'(t_0)$ est non nul. ✎ (20)

Il est dit **stationnaire** si $\Phi'(t_0) = 0$.

Définition 10

Γ est un **arc régulier** si tous ses points sont réguliers.

Exemple 3

- L'arc Γ paramétré par $t \mapsto M = O + x(t)\,\overrightarrow{i} + y(t)\,\overrightarrow{j}$, $t \in I$, est régulier si et seulement si :

$$\forall t \in I, \quad \left(x'(t), y'(t)\right) \neq (0, 0)$$

- La courbe Γ représentative de $f \in \mathcal{C}^1(I, \mathbb{R})$, c'est-à-dire l'arc paramétré par :

$$x \mapsto M = O + x\,\overrightarrow{i} + f(x)\,\overrightarrow{j}, \quad x \in I \text{ est régulier.}$$ ✎ (21)

- Sur l'arc Γ paramétré en polaires par $\theta \mapsto M = O + r(\theta)\,\overrightarrow{u}(\theta)$, $\theta \in I$, tout point distinct du pôle est régulier. ✎ (22)

✎ (21) $\overrightarrow{M'}(x) = \overrightarrow{i} + f'(x)\,\overrightarrow{j}$

✎ (22) $\overrightarrow{M'}(\theta) = r'(\theta)\,\overrightarrow{u} + r(\theta)\,\overrightarrow{u'}$

Définition 11

$M_0 = \Phi(t_0)$ est un point **birégulier** si $\left(\Phi'(t_0), \Phi''(t_0)\right)$ est une base de $\mathcal{V}$.

Les entiers caractéristiques sont alors $p = 1$ et $q = 2$.

Détermination pratique de la tangente en un point régulier

Soit Γ un arc régulier du plan $\mathcal{P}$ rapporté à $(O, \vec{i}, \vec{j})$.

Donnons une équation de la tangente suivant le choix de la paramétrisation de Γ.

- Γ courbe représentative de $y = f(x)$ où $f : I \to \mathbb{R}$ est de classe $\mathcal{C}^1$.

Équation de la tangente en $M(x_0)$: $y = f(x_0) + (x - x_0)f'(x_0)$.

- Γ courbe paramétrée $I \to \mathcal{P}$, $t \mapsto M\big(x(t), y(t)\big)$, avec x et y de classe $\mathcal{C}^1$.

Équation de la tangente en $M(t_0)$: $\begin{vmatrix} x - x(t_0) & x'(t_0) \\ y - y(t_0) & y'(t_0) \end{vmatrix} = 0.$

- Γ donnée par une équation polaire $r = r(\theta)$ où $r : I \to \mathbb{R}$ est de classe $\mathcal{C}^1$.

Γ est paramétrée par $I \to \mathcal{P}$, $\theta \mapsto M = O + r(\theta)\,\vec{u}(\theta)$.

La dérivée s'écrit $\dfrac{d\overrightarrow{M}}{d\theta} = \overrightarrow{M'} = r'\vec{u} + r\vec{u'}$.

Une équation de la tangente en $M(\theta)$ dans le repère $\big(O, \vec{u}(\theta), \vec{u'}(\theta)\big)$ est :

$$r(\theta)X - r'(\theta)Y - r^2(\theta) = 0.$$ ✎ (23)

✎ (23) Noter l'utilisation du repère mobile qui permet d'obtenir une représentation relativement simple de cette tangente.

4. Étude locale – Concavité

Notation 1

Soit $\Gamma = (I, \Phi)$ un arc paramétré de classe $\mathcal{C}^k$ du plan $\mathcal{P}$, $M_0 = \Phi(t_0)$ un point de Γ, p et q les entiers caractéristiques, s'ils existent, associés à M_0.

Notons $\vec{V} = \Phi^{(p)}(t_0)$ et $\vec{W} = \Phi^{(q)}(t_0)$; $(M_0, \vec{V}, \vec{W})$ est un repère de $\mathcal{P}$.

4.1 – Allure d'une courbe au voisinage d'un point

En écrivant $M = M_0 + X\vec{V} + Y\vec{W}$, on admet que :

X est équivalent à $\dfrac{h^p}{p!}$ et que Y est équivalent à $\dfrac{h^q}{q!}$. ✎ (24)

✎ (24) Le terme «équivalent» sera précisé au chapitre 8 : Étude locale d'une fonction.

On en déduit la position locale de Γ par rapport à la tangente $M_0 + \mathbb{R}\vec{V}$.

point ordinaire
p : impair
q : pair

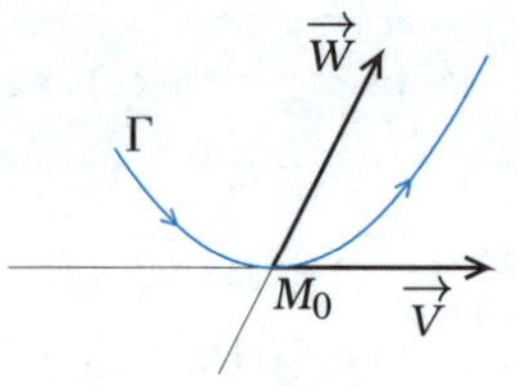

dessin 1

point d'inflexion
p : impair
q : impair

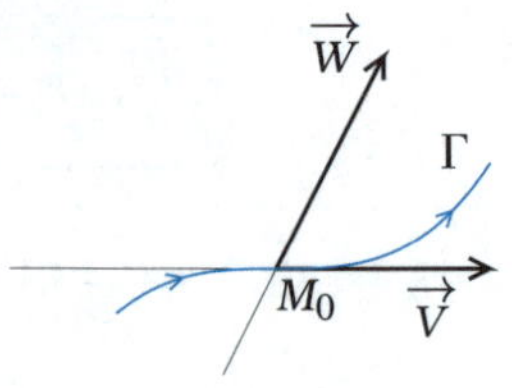

dessin 2

rebroussement de 1ère espèce
p : pair
q : impair

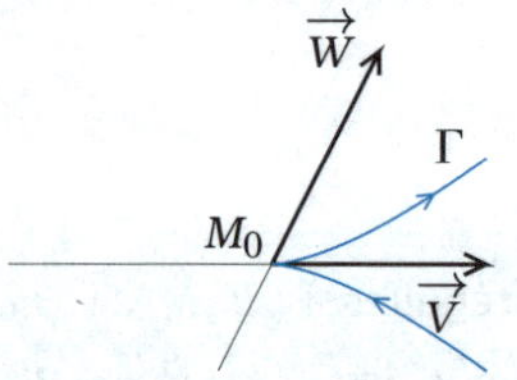

dessin 3

rebroussement de 2ème espèce
p : pair
q : pair

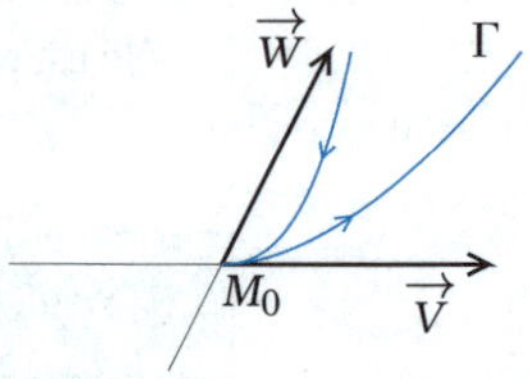

dessin 4

Les flèches sur les courbes orientent Γ dans le sens des t croissants.
Dans les dessins 1 et 2, le point M_0 est régulier si p=1 et birégulier si p=1,q=2.
Dans les dessins 3 et 4, le point M_0 est stationnaire.

Détermination pratique des entiers caractéristiques

Les points de la courbe paramétrée par $\Phi : t \mapsto \big(x(t), y(t)\big)$ sont presque tous réguliers : les valeurs d'annulation simultanée de $x'(t)$ et $y'(t)$ sont exceptionnelles.

Le déterminant $\begin{vmatrix} x'(t) & x''(t) \\ y'(t) & y''(t) \end{vmatrix}$ ne s'annule lui aussi que très rarement : la plupart des points sont biréguliers, donc ordinaires.

Pour les quelques point réguliers mais non biréguliers, comme pour les rares points stationnaires, les valeurs correspondantes du paramètre sont exceptionnelles.

On aura le plus souvent ✎ (25) affaire à des fonctions de classe $\mathcal{C}^\infty$ sur I.

Le calcul des fonctions dérivées ne présente pas de difficultés majeures dans les cas usuels. Parfois, ce sera la formule de Taylor-Young ✎ (26) qui permettra d'obtenir les vecteurs dérivés successifs $\Phi^{(n)}(t)$ aux points particuliers en notant que :

si $\begin{cases} x'(t_0 + h) = a_0 + a_1 h + a_2 h^2 + \ldots + a_k h^k + \ldots + a_n h^n + o(h^n) \\ y'(t_0 + h) = b_0 + b_1 h + b_2 h^2 + \ldots + b_k h^k + \ldots + b_n h^n + o(h^n) \end{cases}$ alors

$$\Phi(t_0) = (a_0, b_0),\ \Phi'(t_0) = (a_1, b_1), \ldots, \Phi^{(k)}(t_0) = k!(a_k, b_k), \ldots, \Phi^{(n)}(t_0) = n!(a_n, b_n).$$

✎ (25) Précaution oratoire pour ne pas dire officiellement : toujours, dans les sujets proposés.

✎ (26) On ne sera en mesure d'utiliser efficacement cette méthode qu'après l'étude des développements limités au chapitre 8. Ceux-ci nous donneront en effet un moyen pour écrire la formule de Taylor sans avoir à calculer les dérivées successives de Φ, et donc d'en déduire $\Phi(t_0), \Phi'(t_0), \ldots, \Phi^{(n)}(t_0)$ sans calcul des fonctions $\Phi, \Phi', \ldots, \Phi^{(n)}$.

Exemple 4 Nature des points de la courbe paramétrée par $\Phi(t) = \big(3t - t^3, 2t^2 - t^4\big)$.

La courbe est de classe $\mathcal{C}^\infty$ sur $\mathbb{R}$. Comme $x : t \mapsto 3t - t^3$ est impaire et $y : t \mapsto 2t^2 - t^4$ est paire, les points $\Phi(-t)$ et $\Phi(t)$ sont symétriques par rapprt à l'axe $(O, \vec{i})$.

Il suffit donc d'étudier la courbe sur $I = [0, +\infty[$.

On a $x'(t) = 3(1 - t^2)$ et $y'(t) = 4t(1 - t^2)$. Sur I, le point $\Phi(1)$ est stationnaire, les autres sont réguliers.

- Points réguliers : $t \geqslant 0$, $t \neq 1$. On a $x''(t) = -6t$, $y''(t) = 4(1 - 3t^2)$, donc :

$$\det\big(\Phi'(t), \Phi''(t)\big) = \begin{vmatrix} 3(1-t^2) & -6t \\ 4t(1-t^2) & 4(1-3t^2) \end{vmatrix} = 12(1-t^2)\begin{vmatrix} 1 & -2t \\ t & 1-3t^2 \end{vmatrix} = 12(1-t^2)^2.$$

On en déduit que tous les points réguliers sont biréguliers, donc ordinaires.

- Point stationnaire $t = 1$.

On a $x''(1) = -6$ et $y''(1) = -8$. Avec $x'''(t) = -6$ et $y'''(t) = -24t$, les vecteurs $\Phi''(1) = (-6, -8)$ et $\Phi'''(1) = (-6, -24)$ sont indépendants.

Le point $\Phi(1)$ est donc un point de rebroussement de première espèce.

4.2 – Position relative de Γ et d'une droite $\mathcal{D}$ passant par M_0

- Dessin 1 Γ traverse toute droite $\mathcal{D}$ excepté la tangente.
- Dessin 2 Γ traverse toute droite $\mathcal{D}$ y compris la tangente.
- Dessin 3 Γ ne traverse aucune droite $\mathcal{D}$ excepté la tangente.
- Dessin 4 Γ ne traverse aucune droite $\mathcal{D}$.

4.3 – Concavité

Définition 12

En un point birégulier M_0 de Γ, on appelle **concavité** ✎ (27) le demi-plan ouvert :

$$M_0 + \mathbb{R}\ \Phi'(t_0) + \mathbb{R}_+^*\ \Phi''(t_0)$$

c'est-à-dire le demi-plan défini par $Y > 0$ dans le repère local $(M_0, \vec{V}, \vec{W})$

✎ (27) Nous admettons que la concavité ne dépend pas de la représentation admissible de Γ.
Dans les dessins 2 et 3, la concavité change en M_0.

Exemple 5 Reconnaître la nature du point stationnaire de la courbe paramétrée :

$$\Gamma : \mathbb{R} \to \mathcal{P},\quad t \mapsto M\big(x(t) = e^{t-1} - t,\ \ y(t) = t^3 - 3t\big)$$

Donner l'allure de Γ autour de ce point.

On a $x'(t) = e^{t-1} - 1$ et $y'(t) = 3(t^2 - 1)$,
d'où $M'(1) = 0$

Le point $A = M(1) = O - 2\overrightarrow{j}$ est stationnaire.
Pour tout entier $k \geqslant 2$, on a $x^{(k)}(t) = e^{t-1}$,
donc $x^{(k)}(1) = 1$.
Avec $y''(t) = 6t$, $y'''(t) = 6$
et $y^{(k)}(t) = 0$ pour $k \geqslant 4$,
on a $\Phi''(1) = (1, 6)$, $\Phi'''(1) = (1, 6)$
et $\Phi^{(4)}(1) = (1, 0)$.
Les entiers caractéristiques sont $p = 2$, $q = 4$.
A est un point de rebroussement de $2^{\text{ème}}$ espèce.

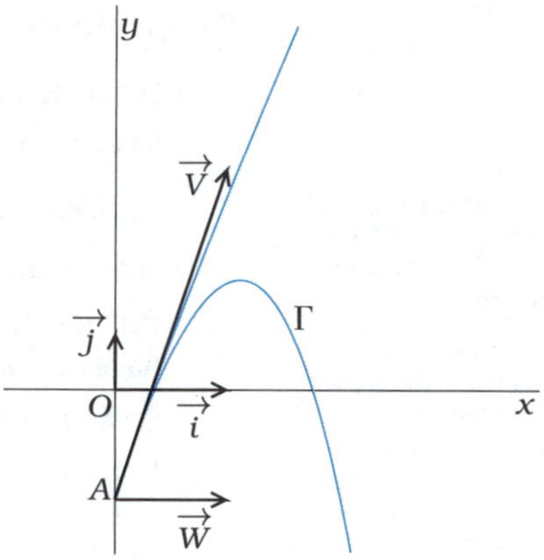

Notons $\overrightarrow{V} = \overrightarrow{M''}(1) = \overrightarrow{i} + 6\overrightarrow{j}$ et $\overrightarrow{W} = \overrightarrow{M^{(4)}}(1) = \overrightarrow{i}$.

Posons $\overrightarrow{AM} = X(h)\overrightarrow{V} + Y(h)\overrightarrow{W}$.

La formule de Taylor-Yong donne :

$$\overrightarrow{AM} = \frac{h^2}{2}\Phi''(1) + \frac{h^3}{6}\Phi'''(1) + \frac{h^4}{24}\Phi^{(4)}(1) + o(h^4) = \left(\frac{h^2}{2} + \frac{h^3}{6}\right)\overrightarrow{V} + \frac{h^4}{24}\overrightarrow{W} + o(h^4),$$

donc $X(h) = \dfrac{h^2}{2} + \dfrac{h^3}{6} + o(h^4)$ et $Y(h) = \dfrac{h^4}{24} + o(h^4)$.

On en déduit que $\Phi(1+h) - \Phi(1-h) = \dfrac{h^3}{3}\overrightarrow{V} + o(h^4)$.

On peut placer alors l'arc arrivant ($h \leqslant 0$) en A par rapport à celui qui en sort ($h \geqslant 0$).

C. Étude du support d'une courbe

1. Branches infinies

1.1 – Définition

$\Gamma = (I, \Phi)$ est un arc paramétré de $\mathcal{P}$. Pour $t \in I$, $\Phi(t) = \big(x(t), y(t)\big)$.

Pour tout $t \in I$, on a $\| \Phi(t) \| = \sqrt{x^2(t) + y^2(t)}$.

Enfin a désigne une borne de I. ✎ (28)

✎ (28) Donc éventuellement a=$+\infty$ ou a=$-\infty$.

Définition 13

Branche infinie

On dit que Γ admet une branche infinie lorsque t tend vers a si $\lim\limits_{t \to a} \| \Phi(t) \| = +\infty$. ✎ (29)

✎ (29) C'est-à-dire si au moins une des fonctions $x(t)$ ou $y(t)$ admet une limite infinie en a.

Définition 14

Direction asymptotique

On se place dans le cas où la courbe admet une branche infinie quand t tend vers a.

Si la fonction $t \mapsto \dfrac{1}{\| \Phi(t) \|}\Phi(t)$ admet une limite $\overrightarrow{K}$ ✎ (30) quand t tend vers a, on dit que $\mathbb{R}\overrightarrow{K}$ est la direction asymptotique de la branche infinie.

✎ (30) Ce vecteur $\overrightarrow{K}$ est alors de norme 1.

Définition 15

Asymptote

Dans le cas où la courbe présente une branche infinie quand t tend vers a, on recherche s'il existe une droite $\mathcal{D}$ du plan telle que la distance $d(M(t), \mathcal{D})$ tende vers 0 quand $t \to a$.

Alors la droite $\mathcal{D}$ est appelée asymptote de l'arc Γ pour la branche infinie concernée. ✎ (31)

✎ (31) S'il existe une asymptote $\mathcal{D}$, sa direction est une direction asymptotique de l'arc Γ.

1.2 – Étude pratique

Cas de Γ : $]t_0, +\infty[\to \mathcal{P}$, $t \mapsto M = O + x(t)\vec{i} + y(t)\vec{j}$

Γ présente une branche infinie lorsque l'une des fonctions $t \mapsto |x(t)|$, $t \mapsto |y(t)|$ tend vers $+\infty$ quand $t \to a$ avec $a \in \{t_0, +\infty\}$.

- **Cas d'une asymptote parallèle à un axe**

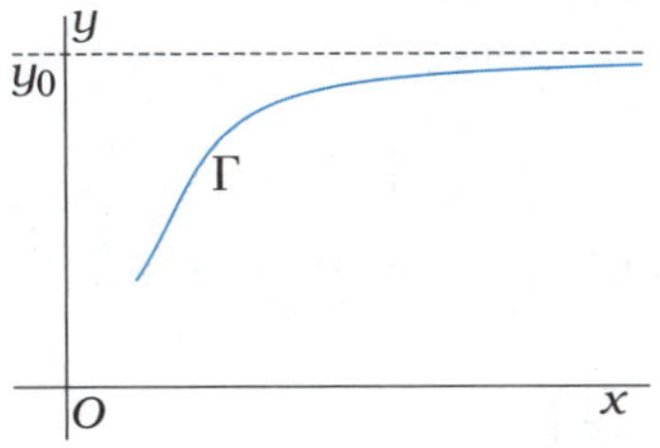

Si, par exemple : $\lim\limits_{t \to a} x(t) = +\infty$ et $\lim\limits_{t \to a} y(t) = y_0$ alors la courbe Γ admet la droite $\mathcal{D}$: $y = y_0$ pour asymptote.

- **Recherche d'une direction asymptotique**

Dans le cas où : $\lim\limits_{t \to a} |x(t)| = +\infty$ et $\lim\limits_{t \to a} |y(t)| = +\infty$,

on étudie la limite éventuelle ℓ (réelle ou infinie) de $\dfrac{y(t)}{x(t)}$ quand t tend vers a. ✎ (32)

✎ (32) Pratiquement, lorsque $a=t_0$ on se ramène à la borne 0 en posant $t=t_0+h$, et lorsque $a=+\infty$ on se ramène à la borne 0 en posant $t=\frac{1}{h}$.

Cette limite définit la direction asymptotique lorsqu'elle existe.

- Si ℓ est $+\infty$ ou $-\infty$, la direction asymptotique est celle de l'axe $(O, \vec{j})$.
- Si ℓ est réelle, la direction asymptotique est celle de la droite d'équation $y = \ell x$.

- **Recherche d'une branche parabolique**

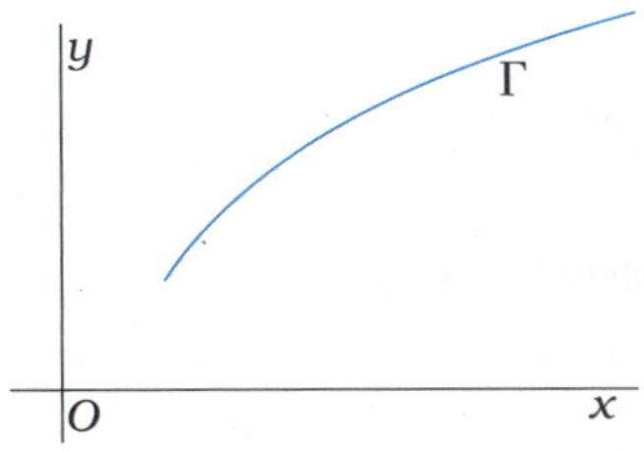

Dans le cas où $\lim\limits_{t \to a} |x(t)| = +\infty$ et $\lim\limits_{t \to a} |y(t)| = +\infty$:

si $\lim\limits_{t \to a} \dfrac{y(t)}{x(t)} = 0$, on dit que Γ admet une branche parabolique de direction $\mathbb{R}\vec{i}$;

si $\lim\limits_{t \to a} \dfrac{y(t)}{x(t)} = +\infty$ (ou $-\infty$), Γ admet une branche parabolique de direction $\mathbb{R}\vec{j}$;

si $\lim\limits_{t \to a} \dfrac{y(t)}{x(t)} = \alpha$ et si $\lim\limits_{t \to a} \big(y(t) - \alpha x(t)\big) = +\infty$ ou $-\infty$, Γ admet une branche parabolique de direction $\mathbb{R}(\vec{i} + \alpha\vec{j})$.

- **Recherche d'une asymptote**

On se place dans le cas où il existe $\ell \in \mathbb{R}^*$ tel que $\lim\limits_{t \to a} \dfrac{y(t)}{x(t)} = \ell$. ✎ (33)

✎ (33) Ce qui exclut le cas des branches paraboliques de direction $\mathbb{R}\vec{i}$ ou $\mathbb{R}\vec{j}$.

S'il existe β réel tel que $\lim\limits_{t \to a} \big(y(t) - \ell x(t)\big) = \beta$,

Γ admet la droite $\mathcal{D}$: $y = \ell x + \beta$ pour asymptote et dans ce cas seulement.

Remarque

Pour le tracé, il est important de connaître la position de la courbe par rapport à l'asymptote.

Pour cela, on étudie le signe de $\big[y(t) - \ell x(t) - \beta\big]$ quand t est proche de a.

Cette étude sera souvent facilitée par un **développement limité** ✎ (34) au voisinage de a. Dans un premier temps elle pourra donc être omise sauf dans les cas simples.

✎ (34) Notion introduite au chapitre 8.

Exemple 6 Étudier les branches infinies de la courbe :

$$\Gamma :]0,+\infty[\to \mathcal{P},\ t \mapsto M = O + x(t)\,\overrightarrow{i} + y(t)\,\overrightarrow{j} \quad \text{avec } x(t) = \frac{t}{\ell n\, t} \text{ et } y(t) = \frac{t^2}{t-1}$$

Γ présente des branches infinies lorsque $t \to 1$ et lorsque $t \to +\infty$.

- $1^{\text{ère}}$ branche infinie : $t \to 1$. Posons $t = 1 + h$.

On a $\dfrac{y(t)}{x(t)} = t\,\dfrac{\ell n\, t}{t-1}$. Avec $\lim\limits_{t\to 1} \dfrac{\ell n\, t}{t-1} = 1$, il vient $\lim\limits_{t\to 1} \dfrac{y(t)}{x(t)} = 1$.

La courbe présente une branche infinie dans la direction de la première bissectrice $y = x$.

$y(t) - x(t) = t\,\dfrac{t-1}{\ell n\, t}\,\dfrac{t\,\ell n\, t - (t-1)}{(t-1)^2}$. Avec $\lim\limits_{t\to 1} t\,\dfrac{t-1}{\ell n\, t} = 1$, il reste à étudier $\dfrac{t\,\ell n\, t - (t-1)}{(t-1)^2}$.

En posant $t = 1 + h$, cela revient à étudier la limite en 0 de $\dfrac{(1+h)\,\ell n(1+h) - h}{h^2}$.

En posant $\delta : h \mapsto \ell n(1+h)$, $\delta'(h) = \dfrac{1}{1+h}$ et $\delta''(h) = -\dfrac{1}{(1+h)^2}$ donne :

$$\delta'(0) = 1 \text{ et } \delta''(0) = -1.$$

La formule de Taylor-young donne alors $\ell n(1+h) = h - \dfrac{1}{2}h^2 + h^2\,\varepsilon(h)$, avec $\lim\limits_{h\to 0} \varepsilon(h) = 0$.

Il vient alors $(1+h)\,\ell n(1+h) - h = \dfrac{h^2}{2} + h^2 ig((1+h)\,\varepsilon(h) - \dfrac{h}{2}\Big)$

puis $\dfrac{(1+h)\,\ell n(1+h) - h}{h^2} = \dfrac{1}{2} + h\Big((1+h)\,\varepsilon(h) - \dfrac{h}{2}\Big)$. ✎ (35)

✎ (35) Ce calcul paraît bien laborieux. Rassurons-nous par le fait que les développements limités permettrons d'en donner une présentation bien plus simple et donc plus claire !

On en déduit que $\lim\limits_{t\to 1}\big(y(t) - x(t)\big) = \dfrac{1}{2}$.

Ainsi, la courbe admet la droite d'équation $y = x + \dfrac{1}{2}$ pour asymptote.

Un travail plus fin avec développements limités montrerait que

$y(t) - x(t) - \dfrac{1}{2}$ est du signe de $\dfrac{7h}{12}$,

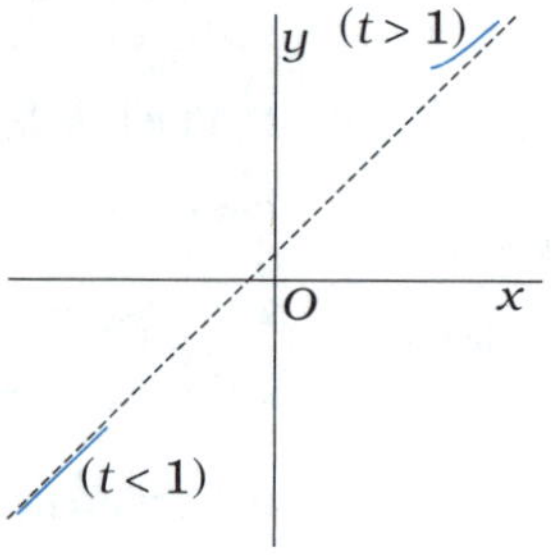

pour pouvoir placer la courbe par rapport à l'asymptote.

- $2^{\text{ème}}$ branche infinie : $t \to +\infty$

On a $\dfrac{y(t)}{x(t)} = \dfrac{t}{t-1}\,\ell n\, t$. Avec $\lim\limits_{t\to +\infty} \dfrac{t}{t-1} = 1$, il vient $\lim\limits_{t\to +\infty} \dfrac{y(t)}{x(t)} = +\infty$.

La courbe Γ admet une branche parabolique de direction $\mathbb{R}\overrightarrow{j}$ quand $t \to +\infty$.

Concluons cette étude au moyen d'un tracé de Γ réalisé sur ordinateur :

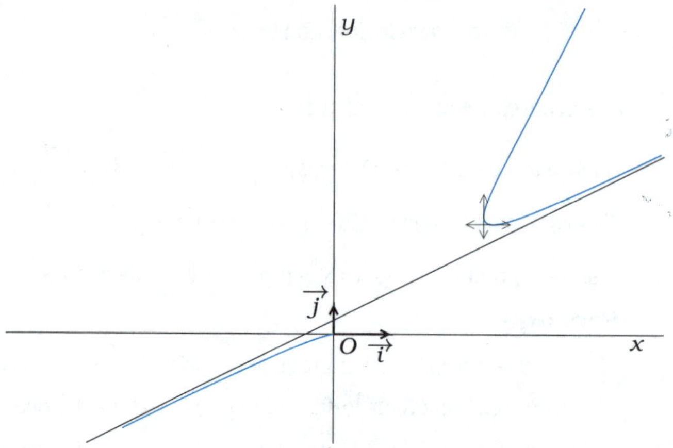

2. Points doubles

✎ (36) Dans la pratique, c'est la réduction de l'intervalle d'étude qui ramène à ce cas.

On suppose ici que l'ensemble des points multiples de $\Gamma = (I, \Phi)$ est fini. ✎ (36)

Posons $\Phi(t) = \big(x(t), y(t)\big)$, les points doubles correspondent aux couples $(t_1\,,t_2) \in I^2$ qui vérifient le système :

$$(S) \;:\; x(t_1) = x(t_2)\;,\quad y(t_1) = y(t_2)\;,\quad t_1 - t_2 \neq 0.$$

Remarques

- (S) se simplifie en notant que $x(t_1) - x(t_2)$ et $y(t_1) - y(t_2)$ se factorisent le plus souvent par $(t_1 - t_2)$.
- (S) est symétrique ; ✎ (37) il peut être judicieux de calculer $s = t_1 + t_2$ et $p = t_1 t_2$. En effet, en appelant x_A, y_A les coordonnées du point double A concerné, on a :

✎ (37) Si (t_1, t_2) est solution, alors (t_2, t_1) est solution.

$$x_A = x(t_1) = x(t_2) \;\text{ et }\; y_A = y(t_1) = y(t_2)$$

donc $x_A = \frac{1}{2}\big(x(t_1) + x(t_2)\big)$ et $y_A = \frac{1}{2}\big(y(t_1) + y(t_2)\big)$.

Ces expressions symétriques en $(t_1\,,t_2)$ s'exprimeront en fonction de s et p. ✎ (38)

✎ (38) C'est-à-dire que l'on peut obtenir x_A et y_A sans expliciter t_1 et t_2.

Exemple 7 Trouver le point double de la courbe Γ paramétrée par :

$$x = \frac{t^3}{(t-1)(t+2)}\quad,\quad y = \frac{t^2 - 2t}{t-1} = t - 1 - \frac{1}{t-1}$$

Notons qu'il s'agit d'une réunion d'arcs paramétrés définis sur les intervalles :

$$]-\infty, -2[\;,\;]-2, 1[\;,\;]1, +\infty[$$

Cherchons deux réels **distincts** u et v tels que $M(u) = M(v)$.

Pour cela, on factorise les différences $x(u) - x(v) = 0$ et $y(u) - y(v) = 0$:

$$y(u) - y(v) = \frac{u^2 - 2u}{u-1} - \frac{v^2 - 2v}{v-1} = 0 \iff (u - v)(uv - (u+v) + 2) = 0$$

$$x(u) - x(v) = 0 \iff (u - v)\big(u^2v^2 + uv(u+v) - 2(u^2 + uv + v^2)\big) = 0$$

Introduisons les fonctions symétriques $s = u + v$ et $p = uv$ (somme et produit).

$$\begin{cases} p - s + 2 = 0 \\ p^2 + ps - 2(s^2 - p) = 0 \end{cases} \iff \begin{cases} s = 0 \\ p = -2 \end{cases} \text{ d'où } \begin{cases} u = -\sqrt{2} \\ v = \sqrt{2} \end{cases}$$

On en déduit les coordonnées du point double A : $x_A = 2$, $y_A = -2$. ✎ (39)

✎ (39) Le calcul de $x(\sqrt{2})$ et $y(\sqrt{2})$ ne présente ici aucune difficulté. Il n'en est pas toujours ainsi et il est souvent très simplificateur d'utiliser les expressions de x_A et y_A en fonction de s et p. Voir exercice proposé 3.

D. Courbes en coordonnées polaires

1. Courbe paramétrée en polaires

La donnée de deux fonctions r, θ appartenant à $\mathcal{C}^k(I, \mathbb{R})$ où I est un intervalle de $\mathbb{R}$, définit l'arc paramétré $I \to \mathcal{P}, t \mapsto M = O + r(t)\overrightarrow{u}(\theta(t))$.

Il est de classe $\mathcal{C}^k$ avec $\overrightarrow{M'}(t) = r'(t)\,\overrightarrow{u}(\theta(t)) + r(t)\,\theta'(t)\overrightarrow{u'}(\theta(t))$. ✎ (40)

✎ (40) La fonction : $\theta \mapsto \overrightarrow{u}(\theta) = \cos\theta\,\overrightarrow{i} + \sin\theta\,\overrightarrow{j}$ est de classe $\mathcal{C}^\infty$ avec : $\overrightarrow{u'}(\theta) = -\sin\theta\,\overrightarrow{i} + \cos\theta\,\overrightarrow{j}$ donc : $\overrightarrow{u'}(\theta) = \overrightarrow{u}\left(\theta + \frac{\pi}{2}\right)$, $\overrightarrow{u'}\left(\theta + \frac{\pi}{2}\right) = -\overrightarrow{u}(\theta)$.

Définition 16

Dans le cas particulier fréquent où $\theta(t) = t$, on dit que :

l'arc paramétré $\theta \mapsto M = O + r(\theta)\,\overrightarrow{u}(\theta)$ a pour **équation polaire** $r = r(\theta)$.

Remarques

1) Les courbes d'équations polaires $r = r(\theta)$, $r = r(\theta + 2\pi)$, $r = -r(\theta + \pi)$ coïncident.
Par exemple, $\mathscr{C}$: $r = \cos(\theta/2)$, $r = -\cos(\theta/2)$, $r = \sin(\theta/2)$.

2) $\mathscr{C}_\alpha$: $r = r(\theta - \alpha)$ est l'image de $\mathscr{C}_0$: $r = r(\theta)$ par la rotation de centre O et d'angle α.

3) La courbe d'équation polaire $r = r(\theta)$ a pour paramétrage cartésien : ✎ (41)

$$\theta \mapsto M = O + x(\theta)\overrightarrow{i} + y(\theta)\overrightarrow{j} \quad \text{avec} \quad x(\theta) = r(\theta)\cos\theta,\ y(\theta) = r(\theta)\sin\theta$$

✎ (41) En pratique, il est déconseillé de l'utiliser si ce n'est pour identifier une courbe connue. Par exemple : $r = a\sin\theta$ donne $x^2+y^2-ay=0$, et on reconnaît un cercle tangent en O à Ox.

2. Équations polaires de courbes usuelles

2.1 – La droite

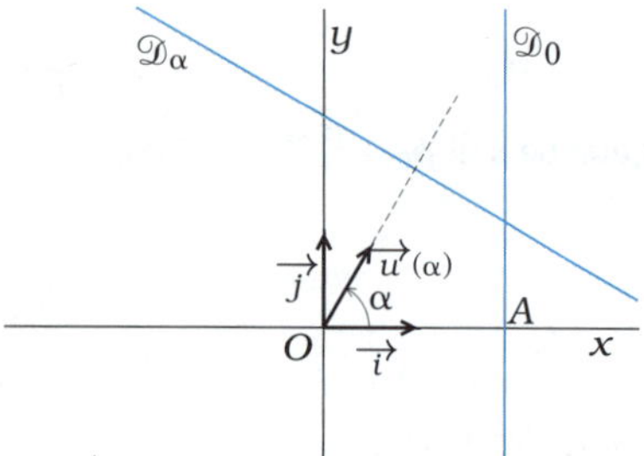

$\overrightarrow{OA} = a\overrightarrow{i}$

$\overrightarrow{OH} = a\overrightarrow{u}(\alpha)$

Pour une droite ou pour un cercle passant par l'origine, voir aussi le chapitre 2 du tome Algèbre-Géométrie.

- L'axe Ox : $\theta = 0$ ou $\theta = k\pi$ $(k \in \mathbb{Z})$.
- $O + \mathbb{R}\overrightarrow{u}(\alpha)$: $\theta = \alpha$ ou $\theta = \alpha + k\pi$.
- $\mathscr{D}_0$: $x = a$, $r = \dfrac{a}{\cos\theta}$, $\theta \in \left]-\dfrac{\pi}{2}, \dfrac{\pi}{2}\right[$.
- $\mathscr{D}_\alpha$: $x\cos\alpha + y\sin\alpha - a = 0$, $r = \dfrac{a}{\cos(\theta - \alpha)}$.

2.2 – Cercle passant par O

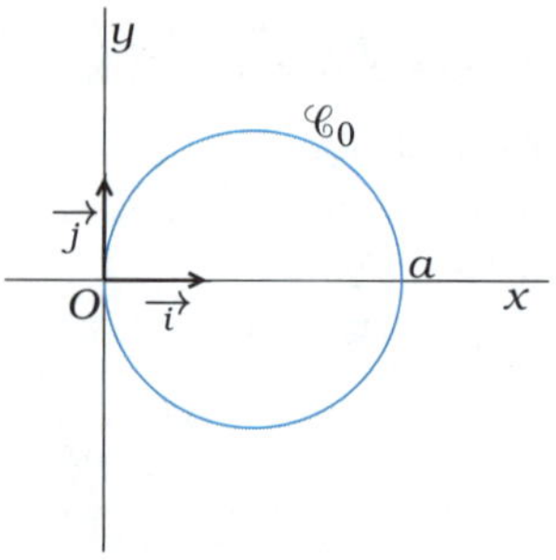

$\mathscr{C}_0$: $x^2+y^2-ax=0$
$\mathscr{C}_0$: $r = a\cos\theta$,
$\theta \in \left[-\dfrac{\pi}{2}, \dfrac{\pi}{2}\right]$

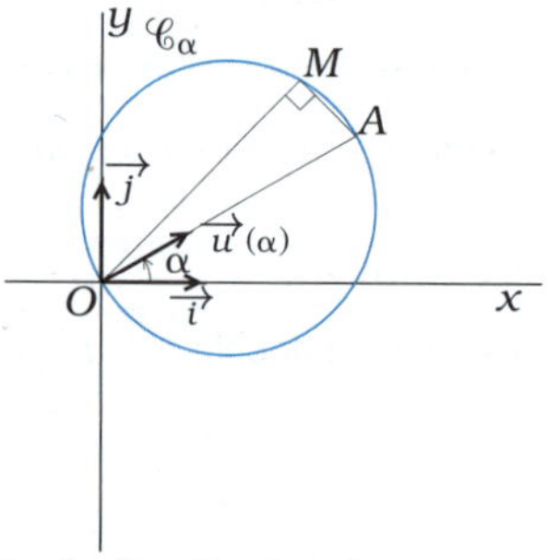

$\mathscr{C}_\alpha$ de diamètre $[OA]$
$\overrightarrow{OA} = 2a\overrightarrow{u}(\alpha)$
$M \in \mathscr{C}_\alpha \Longleftrightarrow \overrightarrow{OM} \cdot \overrightarrow{u}(\theta) = \overrightarrow{OA} \cdot \overrightarrow{u}(\theta)$
$\mathscr{C}_\alpha$: $r = a\cos(\theta - \alpha)$

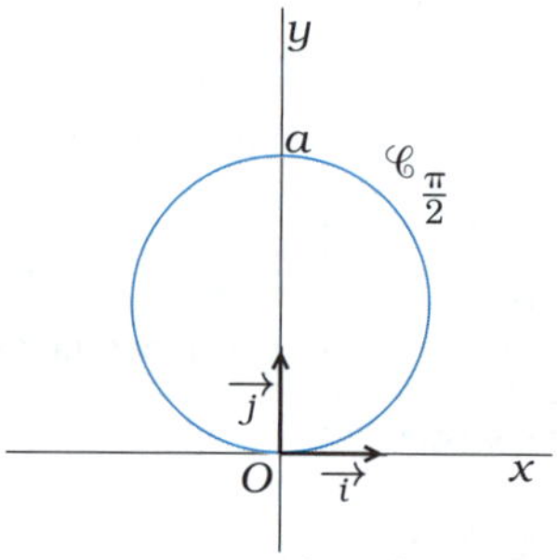

$\mathscr{C}_{\frac{\pi}{2}}$: $x^2+y^2-ay=0$
$\mathscr{C}_{\frac{\pi}{2}}$: $r = a\sin\theta$,
$\theta \in [0, \pi]$

Remarques

1) Le cercle de centre O et de rayon a a pour équation polaire $r = a$ ou $r = -a$.

2) Dans le cas général, (cercle non centré en O ou ne passant pas par O), le cercle n'a pas d'équation polaire simple.

2.3 – Conique de foyer O

La droite $\mathscr{D}$ ayant pour équation $x = d$, la conique $\mathscr{C}$ de foyer O, de directrice $\mathscr{D}$ et d'excentricité $e > 0$, est définie par $OM = e\,d(M, D)$.

Elle a pour équation polaire $r = \dfrac{ed}{1 + e\cos\theta}$ ou $r = \dfrac{ed}{-1 + e\cos\theta}$. ✎ (42)

✎ (42) Les coniques sont traitées au chapitre 4 du tome Algèbre-Géométrie.

3. Étude d'une courbe paramétrée en polaires

Dans tout ce paragraphe, D est un intervalle ou une réunion d'intervalles de $\mathbb{R}$ et $\mathscr{C}$ est une courbe de $\mathscr{P}$ d'équation polaire $r = r(\theta)$, $\theta \in D$. ✎ (43)

✎ (43) Si D est une réunion d'intervalles, $\mathscr{C}$ est une réunion d'arcs paramétrés au sens de la définition 16.

3.1 – Isométries et périodes

Envisageons une isométrie laissant l'origine invariante.

Le tableau suivant précise l'image du point M et le cas où la courbe $\mathscr{C}$ est invariante par cette isométrie.

Nature de l'isométrie	Image de $M = O + r\,\overrightarrow{u}(\theta)$	$\mathscr{C}$ est invariante par l'isométrie lorsque pour tout $\theta \in D$:
Rotation de centre O d'angle α	$O + r\overrightarrow{u}(\theta + \alpha)$	$r(\theta) = r(\theta + \alpha)$ ✎ (44)
Réflexion d'axe Ox	$O + r\overrightarrow{u}(-\theta)$	$r(\theta) = r(-\theta)$ ou $r(\theta) = -r(\pi - \theta)$
Réflexion d'axe Oy	$O + r\overrightarrow{u}(\pi - \theta)$	$r(\theta) = r(\pi - \theta)$ ou $r(\theta) = -r(-\theta)$
Réflexion d'axe $O + \mathbb{R}\overrightarrow{u}(\alpha)$	$O + r\overrightarrow{u}(2\,\alpha - \theta)$	$r(\theta) = r(2\,\alpha - \theta)$

✎ (44) α est période de la fonction r.

Période, antipériode de $\theta \mapsto M(\theta)$. Intervalle utile

- Si r est 2π-périodique c'est-à-dire si $\forall\, \theta \in D$, $r(\theta + 2\pi) = r(\theta)$, alors :

$$\forall\, \theta \in D,\ M(\theta + 2\pi) = M(\theta)$$

et pour obtenir toute la courbe, il suffit de faire décrire à θ un intervalle (ou une réunion d'intervalles) de la forme $[a, a + 2\,\pi\,[\cap D$.

- Si r est π-antipériodique, c'est-à-dire si $\forall\, \theta \in D$, $r(\theta + \pi) = -r(\theta)$, alors :

$$\forall\, \theta \in D,\ M(\theta + \pi) = M(\theta)$$

et pour obtenir toute la courbe il suffit de faire décrire à θ un intervalle (ou une réunion d'intervalles) de la forme $[a, a + \pi[\cap D$. ✎ (45)

✎ (45) On a des résultats analogues si r est $2n\pi$-périodique, ou $(2n+1)\pi$-antipériodique.

Principe du secteur angulaire

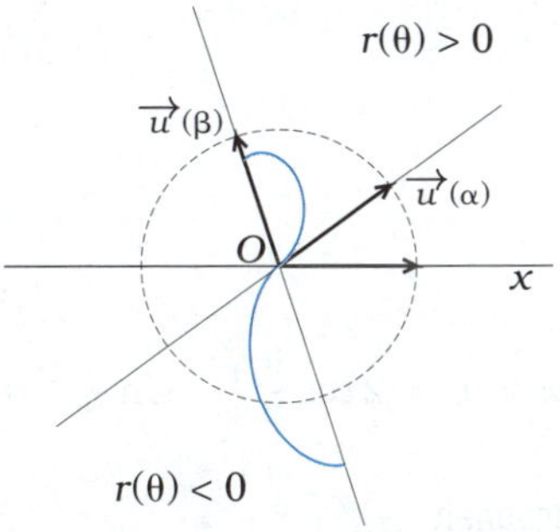

Si $r(\alpha) = 0$ alors $M(\alpha) = O$.
Si pour $\alpha \leqslant \theta \leqslant \beta$, $r(\theta)$ a un signe constant, la courbe est dans un secteur angulaire limité par les demi-droites d'équations :

$$\theta = \alpha \ , \ \theta = \beta.$$

L'étude des zéros et du signe de $r(\theta)$ permet, dans la plupart des cas, de donner une ébauche satisfaisante de la courbe $\mathscr{C}$. ✎ (46)

✎ (46) Pour une étude plus fine, il faudrait calculer $r'(\theta)$ et en déduire :
- les variations de r ;
- et les points M de $\mathscr{C}$ où la tangente est perpendiculaire au rayon vecteur OM.

Cependant, l'usage veut que cette étude ne soit faite que très occasionnellement.

3.2 – Tangente

Tangente en O

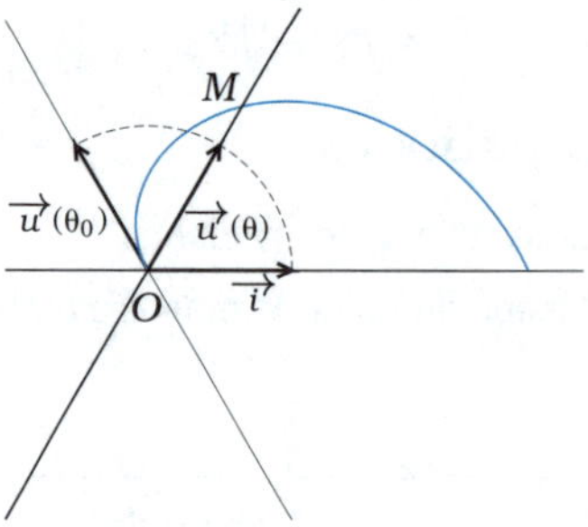

Si $r(\theta_0) = 0$ alors $M(\theta_0) = O$ et la tangente en O à $\mathscr{C}$ est :

$$O + \mathbb{R}\,\overrightarrow{u}(\theta_0)$$

En effet, soit p, s'il existe, le plus petit des entiers $k > 0$ tels que $r^{(k)}(\theta_0) \neq 0$. ✎ (47) Alors le premier vecteur dérivé non nul en θ_0 de $\Phi(\theta) = r(\theta)\overrightarrow{u}(\theta)$ est :

$$\Phi^{(p)}(\theta_0) = r^{(p)}(\theta_0)\overrightarrow{u}(\theta_0).$$

✎ (47) Dans le cas très particulier où toutes les dérivées de r s'annulent en θ_0, la définition géométrique usuelle d'une tangente montre que la propriété annoncée reste vraie.

Exemple 8 Dessiner la courbe d'équation polaire $r = \sin \dfrac{3\theta}{2}$

La période de la fonction $\theta \mapsto \sin \dfrac{3\theta}{2}$ est $\dfrac{4\pi}{3}$,

celle de la fonction $\theta \mapsto r(\theta)\,\overrightarrow{u}(\theta)$ est donc 4π.

Pour $\theta \in \left[0, \dfrac{2\pi}{3}\right]$, $r(\theta)$ est positif.

Le principe du secteur angulaire permet de tracer un pétale de la rosace. Les tangentes aux extrémités sont les droites d'équations $\theta = 0$ et $\theta = \dfrac{2\pi}{3}$.

La courbe est invariante par les rotations de centre O, d'angle $\dfrac{4\pi}{3}$ ou $-\dfrac{4\pi}{3}$ et par symétrie d'axe Oy.

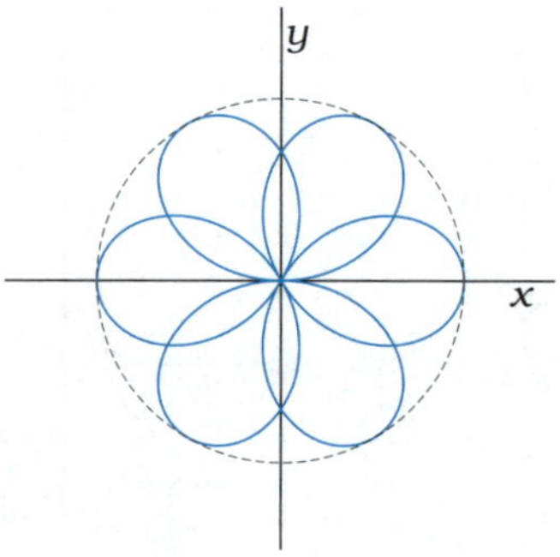

Tangente en $M \neq 0$

Comme $\overrightarrow{M'}(\theta) = r'(\theta)\,\overrightarrow{u}(\theta) + r(\theta)\overrightarrow{u'}(\theta)$, tout point de la courbe autre que O est régulier.

En un tel point la tangente est dirigée par $\overrightarrow{M'} = r'\,\overrightarrow{u} + r\overrightarrow{u'}$ et elle est paramétrée par :

$$\lambda \mapsto M + \lambda\overrightarrow{M'} = O + (r + \lambda r')\,\overrightarrow{u} + \lambda r\overrightarrow{u'}$$

Dans le repère $\mathscr{R}_\theta = (O, \overrightarrow{u}, \overrightarrow{u'})$ la tangente a pour équation $rX - r'Y - r^2 = 0$.

Si $\overrightarrow{T}$ est un vecteur unitaire de la tangente en M à $\mathscr{C}$, on introduit les mesures, modulo 2π, d'angles orientés de vecteurs unitaires suivantes :

$$\varphi = (\overrightarrow{i}, \overrightarrow{T}),\ V = (\overrightarrow{u}, \overrightarrow{T}) = \varphi - \theta$$

d'où $\overrightarrow{T} = \overrightarrow{u}(\varphi)$, $\overrightarrow{T} = \cos V\,\overrightarrow{u} + \sin V\overrightarrow{u'}$,

et $\tan V = \dfrac{r}{r'}$

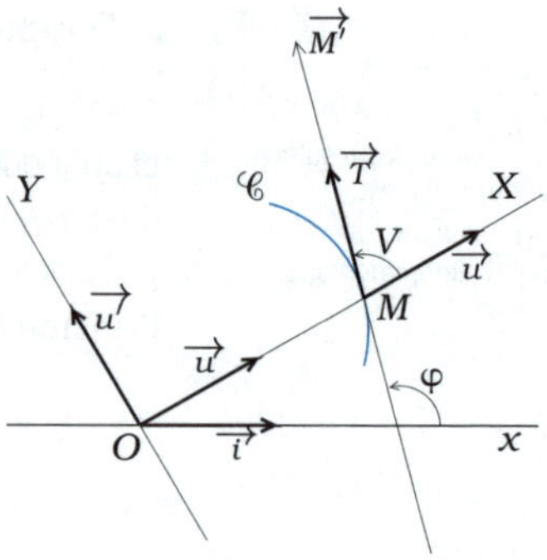

Exemple 9 Cas de la cardioïde : $r = 1 + \cos\theta$.

On a ici $M = O + (1 + \cos\theta)\,\overrightarrow{u}(\theta)$,

$$\overrightarrow{M'} = -\sin\theta\,\overrightarrow{u} + (1 + \cos\theta)\overrightarrow{u'} = 2\cos\frac{\theta}{2}\left(-\sin\frac{\theta}{2}\overrightarrow{u} + \cos\frac{\theta}{2}\overrightarrow{u'}\right).$$

Pour $\theta \in]-\pi, \pi[$, $\cos\dfrac{\theta}{2} > 0$ et on reconnaît :

$$\overrightarrow{T} = -\sin\frac{\theta}{2}\overrightarrow{u} + \cos\frac{\theta}{2}\overrightarrow{u'} = \overrightarrow{u}\left(\frac{3\theta}{2} + \frac{\pi}{2}\right), \quad \text{donc } \varphi = \frac{3\theta}{2} + \frac{\pi}{2} \text{ et } V = \frac{\theta + \pi}{2}.$$

3.3 – Concavité

Rappelons que l'origine est le seul point stationnaire éventuel.

Si $O = M(\theta_0)$ avec $\overrightarrow{M'}(\theta_0) = 0$, le signe de $r(\theta)$ au voisinage de θ_0 donne l'allure de la courbe.

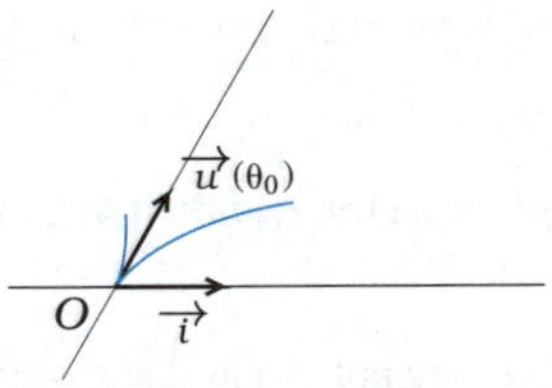

r garde un signe constant
rebroussement de $1^{\text{ère}}$ espèce
Exemple : $r = 1 + \cos\theta$

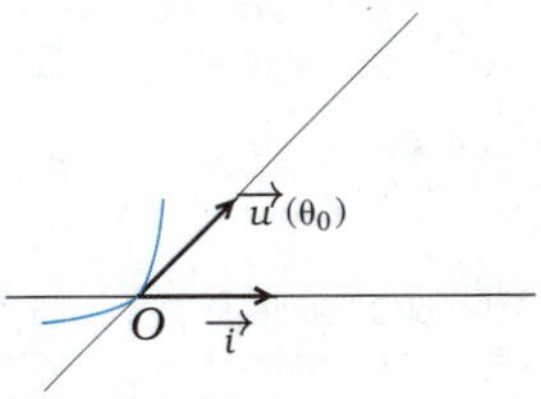

r change de signe
allure ordinaire
Exemple : $r = \sin^3 \dfrac{\theta}{3}$

Calcul préliminaire

$$\overrightarrow{M'} = r'\overrightarrow{u} + r\overrightarrow{u'}\ ,\quad \overrightarrow{M''} = (r'' - r)\overrightarrow{u} + 2r'\overrightarrow{u'}$$

$$\left[\overrightarrow{M'}, \overrightarrow{M''}\right] = \begin{vmatrix} r' & r'' - r \\ r & 2r' \end{vmatrix} = r^2 + 2r'^2 - rr''\ ,\quad \left[\overrightarrow{M'}, \overrightarrow{MO}\right] = \left[\overrightarrow{OM}, \overrightarrow{M'}\right] = r^2.$$

Le point $M(\theta_0)$, distinct de O, est point d'inflexion si et seulement si $r^2 + 2r'^2 - rr''$ s'annule en changeant de signe en θ_0. Si $r^2 + 2r'^2 - rr'' > 0$ alors le point O est dans la concavité.

La fonction $q = \dfrac{1}{r}$ peut être source de simplifications car : $q + q'' = \dfrac{r^2 + 2r'^2 - rr''}{r^3}$.

Exemple 10 La cardioïde :

$$r = 1 + \cos\theta \text{ donne } r^2 + 2r'^2 - rr'' = 3(1 + \cos\theta) > 0 \quad \text{pour } \theta \in]-\pi, \pi[.$$

Donc pour la cardioïde, le pôle O est toujours dans la concavité.

Exemple 11 Une conique de foyer O :

$$r = \frac{p}{1 + e\cos\theta},\quad q = \frac{1}{p}(1 + e\cos\theta),\quad q + q'' = \frac{1}{p}.$$

Pour l'ellipse et la parabole ($0 < e \leqslant 1$), $r > 0$, le foyer O reste dans la concavité.

Pour l'hyperbole, ($1 < e$), le foyer est dans la concavité pour les points de la branche correspondant à $r > 0$ et change de côté pour les points de l'autre branche ($r < 0$).

3.4 – Branches infinies – Asymptotes

- **Branches spirales**

C'est le cas où $\boxed{\lim\limits_{\theta \to +\infty} r(\theta) = +\infty}$

Exemple : spirale d'Archimède $r = a\theta$

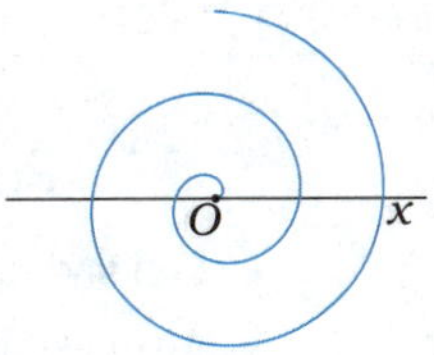

- **Cercle ou point asymptote,** $r = b$

C'est le cas où $\boxed{\lim\limits_{\theta \to +\infty} r(\theta) = b}$

Exemple : $r = \dfrac{ae^\theta}{1 + e^\theta}$

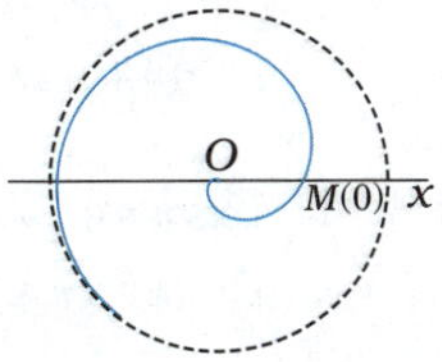

- **Direction asymptotique**

Dans le cas où $\lim_{\theta \to \theta_0} r(\theta) = +\infty$ ou $-\infty$, la courbe présente une branche infinie de direction asymptotique $\mathbb{R}\overrightarrow{u}(\theta_0)$.

- **Asymptote**

Si $\mathbb{R}\overrightarrow{u}(\theta_0)$ est direction asymptotique et si $\lim_{\theta \to \theta_0} r(\theta)\sin(\theta - \theta_0) = b$, la droite d'équation $Y = b$ dans $\mathcal{R}_{\theta_0}$ est asymptote. ✎ (48)

Dans le repère $\mathcal{R}_0$, cette asymptote a pour équation normale $-x\sin\theta_0 + y\cos\theta_0 - b = 0$.

✎ (48) Dans le repère $\mathcal{R}_{\theta_0}$ les coordonnées de $M(\theta)$ sont : $X = r(\theta)\cos(\theta - \theta_0)$ et $Y = r(\theta)\sin(\theta - \theta_0)$

Méthode pratique

Dans le cas d'une direction asymptotique d'angle polaire θ_0, on étudie la limite quand h tend vers 0 de $Y(h) = r(\theta_0 + h)\sin h$. ✎ (49)

Si $\lim_{h \to 0} |Y(h)| = +\infty$, la courbe présente une branche parabolique de direction $\mathbb{R}\overrightarrow{u}(\theta_0)$.

Si $\lim_{h \to 0} Y(h) = b$, on dispose d'une asymptote $Y = b$.

✎ (49) Après l'étude du chapitre 8, un développement limité à deux termes de $Y(h)$ au voisinage de 0 pourra donner la limite cherchée et la position locale de la courbe par rapport à son asymptote éventuelle.

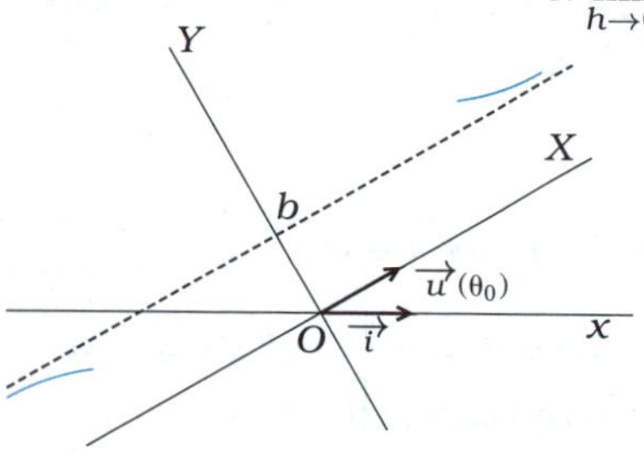

Si $Y(h) = b + ch + o(h)$, avec $c \neq 0$, le signe de c permet de placer la courbe par rapport à son asymptote.

La figure ci-contre correspond au cas : $b > 0$, $c > 0$ (penser au principe du secteur angulaire).

Exemple 12 Étudions les asymptotes de $\mathscr{C}$: $r = 1 + \tan\frac{\theta}{2}$.

$r(\theta + 2\pi) = r(\theta)$, donc 2π est une période et on peut limiter l'étude à l'intervalle $[0, 2\pi]$.

Étudions la branche infinie de direction asymptotique $\theta = \pi$. ✎ (50)

On a $\tan\frac{\pi + h}{2} = -\frac{1}{\tan h/2}$ donc $r(\pi + h) = \frac{\sin h/2 - \cos h/2}{\sin h/2}$, puis :

$$-r(\pi + h)\sin h = 2\left(-\sin\frac{h}{2} + \cos\frac{h}{2}\right)\cos\frac{h}{2}$$

Les dérivées successives de sin et cos en 0 sont connues et on a :

$$\cos x = 1 + x\,\varepsilon(x),\quad \sin x = x + x\,\eta(x), \text{ avec } \lim_{x \to 0} \varepsilon(x) = \lim_{x \to 0} \eta(x) = 0,$$

d'où :
$$\cos\frac{h}{2} - \sin\frac{h}{2} = 1 - \frac{h}{2} + h\,\alpha(h), \text{ avec } \lim_{h \to 0} \alpha(h) = 0.$$

On en déduit que $r(\pi + h)\sin h = 2 - h + o(h)$.

La courbe admet la droite d'équation $y = 2$ pour asymptote quand θ tend vers π. ✎ (51)

La courbe est au-dessus pour $\theta < \pi$ et en-dessous pour $\theta > \pi$.

✎ (50) D désignant l'ensemble de définition de r, on a $D \cap [0,2\pi] = [0,\pi[\cup]\pi,2\pi]$.

✎ (51) Remarquer que puisque la direction asymptotique est celle de l'axe $(O, \overrightarrow{i})$, nous n'avons pas utilisé la méthode générale qui consiste en l'étude de la limite de $Y = r(\pi + h)\sin h$, nous nous sommes contentés d'étudier celle de $y = -Y$ ce qui présente l'avantage de conclure sans avoir à «retourner» les axes.

3.5 – Points doubles

- L'origine est point multiple de $\mathscr{C}$ si l'équation $r(\theta) = 0$ a plusieurs solutions.
- $M(\theta)$ est un point double de $\mathscr{C}$ s'il existe $n \in \mathbb{Z}^*$ tel que $r(\theta + n\pi) = (-1)^n r(\theta)$, d'où deux familles d'équations à considérer :

$$r(\theta + 2k\pi) = r(\theta),\ (k \in \mathbb{Z}^*) \quad , \quad r(\theta + 2k\pi + \pi) = -r(\theta),\ (k \in \mathbb{Z})$$

Lorsque $\theta \mapsto r(\theta)$ est injective, il n'y a lieu d'envisager que la deuxième équation. ✎ (52)

Lorsque 2π est une période de r, une seule équation est à envisager : $r(\theta + \pi) = -r(\theta)$.

✎ (52) C'est le cas, par exemple, pour $r = 1 + \frac{1}{\theta}$ ou $r = \ell n\,\theta$.

L'essentiel

I. Plan d'étude d'une courbe paramétrée $\Gamma : x = x(t),\ y = y(t)$

a) Détermination des intervalles de définition et intervalles d'étude

- Préciser la partie D de $\mathbb{R}$ sur laquelle la fonction $\Phi\ :\ t \mapsto O + x(t)\overrightarrow{i} + y(t)\overrightarrow{j}$ est de classe $\mathcal{C}^k$, $k \geqslant 1$.
- Étudier les propriétés de périodicité de parité pour en déduire sur quel(s) intervalles(s) faire varier t pour obtenir toute la courbe. On obtient ainsi l'intervalle (ou les intervalles) utile(s).
- Étudier les invariances par transformations simples (réflexions, translation) de façon à se limiter à *l'intervalle (ou les intervalles) d'étude.*

b) Étude des branches infinies

Préciser les directions asymptotiques, asymptotes ou branches paraboliques.

c) Variations

Calculer $x'(t)$, $y'(t)$ et résumer les variations de x et y dans un tableau.

d) Points stationnaires

Si $x'(t_0) = y'(t_0) = 0$, effectuer l'étude locale autour de $M(t_0)$ avec la formule de Taylor-Young, c'est-à-dire avec les vecteurs dérivés successifs. (Après l'étude du chapitre 8, pour plus d'efficacité, on utilisera des développement limités.)

e) Tracé

f) Point(s) double(s)

Si le tracé en suggère la présence, chercher les coordonnées des points doubles en suivant les méthodes exposées dans l'exemple 7 du cours.

→ Voir *Mise en œuvre*, exercices 1, 2 et 3

II. Plan d'étude d'une courbe Γ définie en polaires par $r = r(\theta)$

a) Détermination des intervalles de définition et intervalles d'étude

Opérer comme en I.a). Les particularités dues aux polaires sont :

- pour les intervalles utiles : tenir compte de la présence éventuelle d'une antipériode ;
- pour les intervalles d'étude : considérer les invariances éventuelles par rotation de centre O.

b) Étudier les branches infinies

c) Tableau

Dresser un tableau donnant les valeurs d'annulation de r et le signe de r.

d) Tracé

Placer les points particuliers et les tangentes en ces points.

Effectuer le tracé en appliquant le principe du secteur angulaire.

e) Points doubles

Si le tracé fait apparaître des points doubles, les préciser ainsi que les tangentes en ces points.

→ Voir *Mise en œuvre*, exercices 4 et 5

Mise en œuvre

Ex. 1

Soit $a \in \mathbb{R}_+^*$, construire la courbe paramétrée $\mathscr{C}$: $x = a(t - \sin t)$, $y = a(1 - \cos t)$.

Cette courbe est usuellement répertoriée sous le nom de cycloïde. Elle correspond à la trajectoire d'un point lié à un cercle qui roule sans glisser sur une droite.

Solution

- Intervalle d'étude

Les fonctions x : $t \mapsto a(t - \sin t)$ et y : $t \mapsto a(1 - \cos t)$ sont définies, de classe $\mathcal{C}^\infty$ sur $\mathbb{R}$.

y est 2π-périodique tandis que $\forall t \in \mathbb{R}, \ \ x(t + 2\pi) = 2\,\pi\,a + x(t)$.

L'arc $\mathscr{C}_n$ correspondant à $t \in [\alpha + 2n\pi, \alpha + 2(n+1)\pi]$ se déduit de l'arc $\mathscr{C}_0$ correspondant à $t \in [\alpha, \alpha + 2\pi]$ dans la translation de vecteur $2n\,\pi\,a\,\vec{i}$.

Pour obtenir toute la courbe, il suffit donc de tracer l'arc $\mathscr{C}_0$ correspondant à $t \in [\alpha, \alpha + 2\pi]$ et de compléter par des translations de vecteurs $2n\pi\,a\,\vec{i}$, $n \in \mathbb{Z}$.

Notons maintenant que x est impaire et y paire, donc que Oy est axe de symétrie de $\mathscr{C}$. En choisissant $\alpha = -\pi$ l'arc $\mathscr{C}_0$ correspondant à $t \in [-\pi, \pi]$ se décompose en deux arcs $\mathscr{C}_0'$ et $\mathscr{C}_0''$ correspondant respectivement à $t \in [0, \pi]$ et $t \in [-\pi, 0]$, images l'un de l'autre dans la réflexion d'axe Oy.

Finalement, on retient $[0, \pi]$ comme intervalle d'étude.

- Variations

$$x'(t) = a(1 - \cos t)\ , \ \ y'(t) = a \sin t$$

t	0		π
x'	0	$+$	$2a$
y'	0	$+$	0
x	0	$\nearrow$	πa
y	0	$\nearrow$	$2a$

- Point stationnaire

Pour $t = 0$ on a un point stationnaire : $M(0) = O$.

Le calcul des trois premières dérivées de x et y montre que les entiers caractéristiques en $M(0)$ sont $p = 2$, $q = 3$ ce qui correspond à un rebroussement de première espèce, la tangente étant dirigée par $\overrightarrow{M''}(0)$ donc par $\vec{j}$.

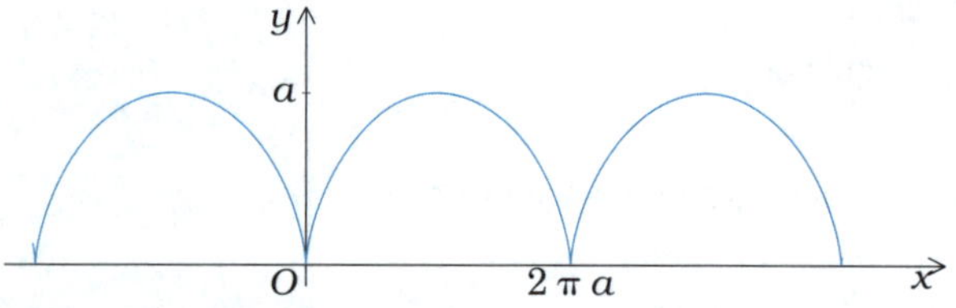

Commentaires

On note $M(t) = O + x(t)\,\vec{i} + y(t)\,\vec{j}$.

$M(t+2\pi)$ est image de $M(t)$ dans la translation de vecteur $2\pi a\,\vec{i}$.

Remarquer qu'à ce niveau, le choix de α est absolument arbitraire.

Pour exploiter la parité de y et l'imparité de x, on choisit α de façon à centrer l'intervalle $[\alpha, \alpha+2\pi]$ en 0.

$\dfrac{y'(\pi)}{x'(\pi)} = 0$: la tangente en $M(\pi)$ est dirigée par $\vec{i}$.

$\overrightarrow{M'}(0) = \vec{0}$, $\overrightarrow{M''}(0) = a\,\vec{j}$, $\overrightarrow{M'''}(0) = a\,\vec{i}$.

Remarquons que, dans ce cas, la nature de ce point pouvait se déduire de l'invariance de $\mathscr{C}_0$ dans la réflexion d'axe Oy.

Après l'étude du chapitre 8, on déduira $\overrightarrow{M'}(0)$, $\overrightarrow{M''}(0)$ et $\overrightarrow{M'''}(0)$ des développements limités :
$x(t) = a\frac{t^3}{6} + o(t^3)$ et $y(t) = a\frac{t^2}{2} + o(t^3)$.

Ex. 2

On considère la courbe Γ paramétrée par : $x = 4\cos t - \cos 4t$, $y = 4\sin t - \sin 4t$.

1) Montrer que l'on peut se limiter à l'intervalle d'étude $I = \left[0, \frac{\pi}{3}\right]$.

2) Construire Γ en la plaçant par rapport au cercle $\mathscr{C}$ de centre O et de rayon 3.

Indications

1) Utiliser le paramétrage complexe : $t \mapsto z(t)$ avec $z(t) = x(t) + i\,y(t)$.

Solution

1) Intervalle d'étude

Les fonctions $x : t \mapsto 4\cos t - \cos 4t$ et $y : t \mapsto 4\sin t - \sin 4t$ sont de classe $\mathcal{C}^\infty$ sur $\mathbb{R}$ et 2π-périodiques. On peut donc retenir comme intervalle utile, tout intervalle $[\alpha, \alpha + 2\pi[$.

En identifiant E au plan complexe, Γ est paramétré par $t \mapsto z(t)$, avec $z(t) = 4e^{it} - e^{i4t}$, on remarque alors que $z\left(t + \frac{2\pi}{3}\right) = z(t)\,e^{\frac{2i\pi}{3}}$.

Donc $M\left(t + \frac{2\pi}{3}\right)$ est image de $M(t)$ dans la rotation R de centre O et d'angle $\frac{2\pi}{3}$.

Ainsi, il suffit de construire l'arc Γ_0 correspondant à $t \in \left[\alpha, \alpha + \frac{2\pi}{3}\right]$ puis de compléter avec les images de Γ_0 dans les rotations R et R^2 pour obtenir Γ.

Remarquons enfin que x est paire et y impaire donc que Ox est axe de symétrie de Γ. En choisissant $\alpha = -\frac{\pi}{3}$, Γ_0 se décompose en deux sous-arcs Γ_0' et Γ_0'' correspondant respectivement à $\left[0, \frac{\pi}{3}\right]$ et $\left[-\frac{\pi}{3}, 0\right]$ et images l'un de l'autre dans la réflexion d'axe Ox.

Finalement, on peut limiter l'étude à $\left[0, \frac{\pi}{3}\right]$.

2) ▪ Variations

$$x'(t) = 4(\sin 4t - \sin t) = 8\sin\frac{3t}{2}\cos\frac{5t}{2} \qquad y'(t) = 4(\cos t - \cos 4t) = 8\sin\frac{3t}{2}\sin\frac{5t}{2}$$

t	0		$\frac{\pi}{5}$		$\frac{\pi}{3}$
x'	0	$+$	0	$-$	$-4\sqrt{3}$
y'	0	$+$		$+$	4
x	3	↗		↘	$\frac{5}{2}$
y	0		↗		$\frac{5\sqrt{3}}{2}$

Commentaires

On pose :

$M(t) = O + x(t)\,\vec{i} + y(t)\,\vec{j}$

$M(t+2\pi) = M(t)$

α est quelconque.

car $e^{\frac{8i\pi}{3}} = e^{\frac{2i\pi}{3}}$.

$\Gamma_1 = R(\Gamma_0)$

$\Gamma_2 = R(\Gamma_1) = R^2(\Gamma_0)$

$\Gamma = \Gamma_0 \cup \Gamma_1 \cup \Gamma_2$

Remarquer que le choix de α intervient en tout dernier lieu.

$\sin\frac{3t}{2} = 0 \iff t = \frac{2k\pi}{3}$

$\sin\frac{5}{2}t = 0 \iff t = \frac{2k\pi}{5}$

$\cos\frac{5}{2}t = 0 \iff t = \frac{\pi}{5} + \frac{2k\pi}{5}$

$\overrightarrow{M'}\left(\frac{\pi}{5}\right) = 8\cos\frac{\pi}{5}\,\vec{j}$,

$M\left(\frac{\pi}{5}\right)$ est un point ordinaire à tangente verticale.

Remarque :

on peut obtenir $\cos\frac{2\pi}{5}$ et $\cos\frac{4\pi}{5}$ en écrivant que $e^{\frac{2i\pi}{5}}$ et $e^{\frac{4i\pi}{5}}$ sont racines de $X^5 - 1$.

- Point stationnaire

Pour $t = 0$, on a un point stationnaire : $M(0) = A = (3, 0)$.
$x''(t) = 4(4\cos 4t - \cos t)$, $y''(t) = 4(-\sin t + 4\sin 4t)$,
$x'''(t) = 4(-16\sin 4t + \sin t)$, $y'''(t) = 4(-\cos t + 16\cos 4t)$ donne $\big(x''(0), y''(0)\big) = (12, 0)$ et $\big(x'''(0), y'''(0)\big) = (0, 60)$ donc les entiers caractéristiques en $M(0)$ sont $p = 2$, $q = 3$, et il s'agit d'un rebroussement de première espèce, à tangente dirigée par $\overrightarrow{M''}(0) = 12\,\vec{i}$ donc par $\vec{i}$.

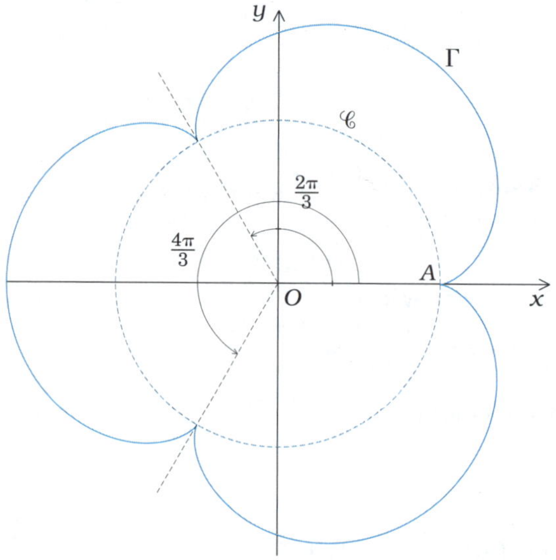

on obtient :

$$\cos\frac{\pi}{5} = -\cos\frac{4\pi}{5} = \frac{1+\sqrt{5}}{4}$$

d'où :

$$\sin\frac{\pi}{5} = \sin\frac{4\pi}{5} = \frac{\sqrt{5-\sqrt{5}}}{2\sqrt{2}}$$

puis :

$$x\left(\frac{\pi}{5}\right) = \frac{5(1+\sqrt{5})}{4} \simeq 4{,}05$$

$$y\left(\frac{\pi}{5}\right) = \frac{3\sqrt{5-\sqrt{5}}}{2\sqrt{2}} \simeq 1{,}76.$$

Comme dans l'exercice précédent, la nature du point stationnaire peut se déduire du fait que Ox est axe de symétrie de Γ.

Les trois points de rebroussement sont sur le cercle $\mathscr{C}$.

Remarquons aussi, pour une deuxième lecture, que les dérivées successives de x et y en 0 peuvent se déduire des développements limités : $x(t) = 3 + 6t^2 + o(t^3)$ et $y(t) = 10t^3 + o(t^3)$.

Ex. 3

Tracer la courbe paramétrée par $x = \dfrac{t^3}{(t-1)(t+2)}$, $y = \dfrac{t^2 - 2t}{t-1} = t - 1 - \dfrac{1}{t-1}$.

Solution

1) Il s'agit de la réunion d'arcs paramétrés définis sur les intervalles :

$$]-\infty, -2[\ ,\ ]-2, 1[\ ,\ ]1, +\infty[$$

2) ▪ Étude des branches infinies

$\lim\limits_{t\to -2} |x(t)| = +\infty$, $\lim\limits_{t\to -2} y(t) = -\dfrac{8}{3}$, donc $y = -\dfrac{8}{3}$ est asymptote à la courbe

▪ Étude au voisinage de 1.

On a $\dfrac{y(t)}{x(t)} = \dfrac{t^2-4}{t^2}$, donc $\lim\limits_{t\to 1} \dfrac{y(t)}{x(t)} = -3$.

On a $y + 3x = \dfrac{t}{t-1}\Big(\dfrac{3t^2}{t+2} + t - 2\Big) = \dfrac{4t(t+1)}{t+2}$, d'où $\lim\limits_{t\to 1}(y + 3x) = \dfrac{8}{3}$

La courbe admet pour asymptote la droite d'équation $y + 3x - \dfrac{8}{3} = 0$.

Formons ensuite $3x + y - \dfrac{8}{3}$.

On a $3x + y - \dfrac{8}{3} = \dfrac{4t(t+1)}{t+2} - \dfrac{8}{3} = \dfrac{4}{3(t+2)}(t-1)(3t+4)$.

On voit que lorsque t tend vers 1 par valeurs supérieures, la courbe est au-dessus de l'asymptote et en dessous dans l'autre cas.

Commentaires

On ne voit aucune possibilité de réduction des intervalles d'étude.

Avec $\lim|x(t)| = +\infty$, $\lim|y(t)| = +\infty$ et $\lim \dfrac{y(t)}{x(t)} = -3$ on a une direction asymptotique d'équation $3x + y = 0$.

Recherche d'une droite asymptote.

En vue de l'étude de la position de la courbe par rapport à l'asymptote.

Avec $\dfrac{4(3t+4)}{3(t+2)}$ proche de $\dfrac{28}{9}$ quand t est proche de 1, le signe de $y + 3x - \dfrac{8}{3}$ est celui de $t - 1$.

- Quand $|t| \to +\infty$, on a $\dfrac{y(t)}{x(t)} = \dfrac{t^2-4}{t^2}$, donc $\lim\limits_{t\to+\infty} \dfrac{y(t)}{x(t)} = 1$.

$\dfrac{y(t)}{x(t)} = 1 - \dfrac{1}{t^2}$.

$y(t) - x(t) = -\dfrac{4t}{(t-1)(t+2)}$ montre que la droite D : $x - y = 0$ est asymptote à la courbe. La courbe est en-dessous de D pour $t \to +\infty$ et au-dessus pour $t \to -\infty$.

$\dfrac{-4t}{(t-1)(t+2)}$ est de limite 0, avec le signe contraire de t.

3) Variations

$$x'(t) = \frac{t^2(t^2+2t-6)}{(t-1)^2(t+2)^2} \quad \text{et} \quad y'(t) = 1 + \frac{1}{(t-1)^2}$$

Dressons le tableau de variation de x et de y.
On a noté $t^2 + 2t - 6 = (t-\alpha)(t-\beta)$ avec $\alpha = -1 - \sqrt{7}$ et $\beta = -1 + \sqrt{7}$, (paramètres des points où la tangente est verticale).

t	$-\infty$		α		-2		0		1		β		$+\infty$
$x(t)$	$-\infty$	↗	x_α	↘	$-\infty$ ‖ $+\infty$	↘	0	↘	$-\infty$ ‖ $+\infty$	↘	x_β	↗	$+\infty$
$y(t)$	$-\infty$	↗	y_α	↗	$-\frac{8}{3}$	↗	0	↗	$+\infty$ ‖ $-\infty$	↗	y_β	↗	$+\infty$

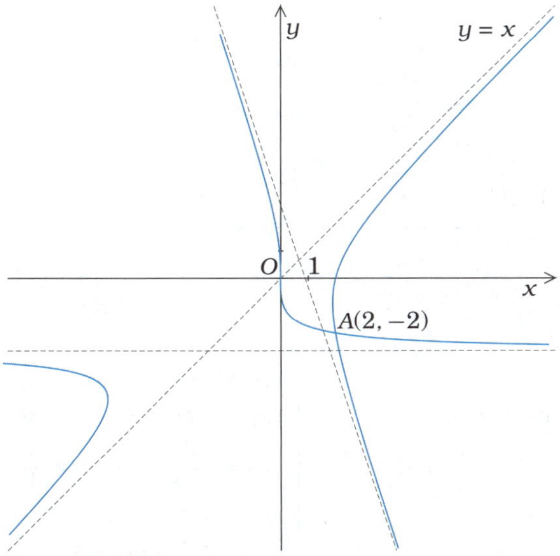

4) Point double
Le tracé suggère la présence d'un point double. La détermination de celui-ci a fait l'objet de l'exemple 7 du cours.

Ex. 4

Représenter la courbe $\mathscr{C}$ d'équation polaire $r = (1 - \sin\theta)\cot\text{an}\,\dfrac{\theta}{2}$

Solution

- Intervalle d'étude

La fonction r : $\theta \mapsto (1 - \sin\theta)\,\text{cotan}\,\dfrac{\theta}{2}$ est définie, de classe $\mathcal{C}^\infty$ sur $D = \mathbb{R} \setminus 2\pi\mathbb{Z}$ et elle est 2π-périodique. On peut prendre comme intervalles utiles et intervalles d'étude $[-\pi, 0[$ et $]0, \pi]$.

- Branches infinies

On a $\lim\limits_{\substack{\theta\to 0\\ \theta>0}} r(\theta) = +\infty$, $\lim\limits_{\substack{\theta\to 0\\ \theta<0}} r(\theta) = -\infty$.

Commentaires

Il n'y a pas d'autre réduction possible. On évite de choisir $]0,2\pi[$ comme ensemble d'étude, ce qui nous amènerait à faire deux calculs pour l'étude des branches infinies.

Dans les deux cas, il y a donc une direction asymptotique d'équation polaire $\theta=0$.

Formons $y(\theta) = r\sin\theta = 2(1-\sin\theta)\cos^2\dfrac{\theta}{2} = (1-\sin\theta)(1+\cos\theta)$.

On en déduit que $\lim\limits_{\theta\to 0} y(\theta) = 2$, et donc que $\mathscr{C}$ a pour asymptote la droite $\mathscr{D}$ d'équation $y = 2$.

Formons maintenant :

$$y(\theta)-2=\cos\theta-1-\sin\theta-\sin\theta\cos\theta=-2\sin\frac{\theta}{2}\left(\sin\frac{\theta}{2}+\cos\frac{\theta}{2}+\cos\theta\cos\frac{\theta}{2}\right).$$

On voit alors que $y(\theta)-2$ est du signe de $-\theta$ quand θ est proche de 0. Donc $\mathscr{C}$ est en dessous de l'asymptote $\mathscr{D}$ quand θ tend vers 0 par valeurs positives et c'est l'inverse dans l'autre cas.

Pour une seconde lecture : on peut atteidre ce résultat avec le développement limité $y=2-2\theta=o(\theta)$.

- Tableau de valeurs et signe de r

θ	$-\pi$		$-\dfrac{\pi}{2}$		0			$\dfrac{\pi}{2}$		π
$r(\theta)$	0	$-$	-2	$-$	$-\infty$ ‖	$+\infty$	$+$	0	$+$	0

$r(\theta)$ est du signe de $\cot\text{an}\,\dfrac{\theta}{2}$.

En écrivant $r(\theta)=\text{cotan}\,\dfrac{\theta}{2}-\cos\theta-1$,

il vient $r'(\theta)=\dfrac{1}{\cos\theta-1}+\sin\theta$

d'où $r'\left(-\dfrac{\pi}{2}\right)=-2$ et en $-\dfrac{\pi}{2}$, $\tan V=1$.

On note que $y=r\sin\theta$ $=2(1-\sin\theta)\cos^2\dfrac{\theta}{2}$ reste positif.

- Tracé de la courbe

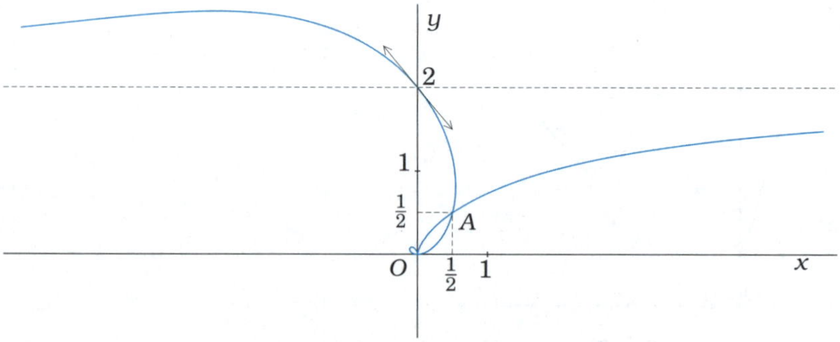

- Point double

L'équation $r(\theta+\pi) = -r(\theta)$ conduit à $\sin\theta - \cos\theta = 0$.

Le point double est A : $\theta = -\dfrac{3\pi}{4}$, $r = -\dfrac{1}{\sqrt{2}}$, de coordonnées :

$$x = \frac{1}{2}\ ,\ y = \frac{1}{2}.$$

Avec $\theta\in[-\pi,\pi]$ et $\theta+\pi\in[-\pi,\pi]$, l'équation $\sin\theta = \cos\theta$ donne :

$$\theta = -\frac{3\pi}{4}\ ,\ \theta+\pi = \frac{\pi}{4}.$$

Ex. 5

Construire la courbe d'équation polaire $r = \dfrac{1}{1-2\cos\theta}\sin\dfrac{3\theta}{2}$.

Indications

2π est antipériode.

Solution

- Intervalle d'étude La fonction r : $\theta\mapsto\dfrac{1}{1-2\cos\theta}\sin\dfrac{3\theta}{2}$ est définie sur :

$$D=\mathbb{R}\setminus\left(\left\{\frac{\pi}{3}+2k\pi\ /k\in\mathbb{Z}\right\}\cup\left\{-\frac{\pi}{3}+2k\pi\ /k\in\mathbb{Z}\right\}\right)$$

et elle est 4π-périodique.

Commentaires

4π étant période, on obtient la courbe Γ avec $\theta\in[\alpha,\alpha+4\pi[\cap D$. Et 2π étant antipériode, les arcs Γ_1 et Γ_2, correspondant à : $\theta\in[\alpha,\alpha+2\pi[$ et $\theta\in[\alpha+2\pi,\alpha+4\pi[$ sont symétriques par rapport à O.

On remarque de plus que $r(\theta+2\pi) = -r(\theta)$ et que r est impaire.
On peut donc limiter l'étude à $[0,\pi]\cap D$, puis on complètera la courbe Γ en faisant subir à l'arc obtenu la réflexion d'axe $(O,\vec{j})$, puis en transformant les deux arcs précédents par la symétrie de centre O.

Avec $\alpha=-\pi$, Γ_1 se décompose en Γ_1' et Γ_1'' correspondant respectivement à $\theta\in[0,\pi]$ et $\theta\in[-\pi,0]$; Γ_1'' est l'image de Γ_1' dans la réflexion d'axe $(O,\vec{j})$.

- Branches infinies

On a $\lim\limits_{\theta\to\frac{\pi}{3},\,\theta<\frac{\pi}{3}} r(\theta) = -\infty$, $\lim\limits_{\theta\to\frac{\pi}{3}\ \theta>\frac{\pi}{3}} r(\theta) = +\infty$.

Posons $h = \theta - \frac{\pi}{3}$, il vient $\sin\frac{3\theta}{2} = \sin\left(\frac{3h}{2}+\frac{\pi}{2}\right) = \cos\frac{3h}{2}$.

Avec $1-2\cos\theta = 2\left(\cos\frac{\pi}{3}-\cos\theta\right) = 4\sin\frac{1}{2}\left(\theta-\frac{\pi}{3}\right)\sin\frac{1}{2}\left(\theta+\frac{\pi}{3}\right)$,

donc $1-2\cos\theta = 4\sin\frac{h}{2}\sin\left(\frac{h}{2}+\frac{\pi}{3}\right)$. Il vient alors :

$\cos p-\cos q=-2\sin\frac{p-q}{2}\sin\frac{p+q}{2}$.
$\sin h=2\sin\frac{h}{2}\cos\frac{h}{2}$.

$$Y = r(\theta)\sin\left(\theta-\frac{\pi}{3}\right) = \frac{2\cos\frac{3h}{2}\cos\frac{h}{2}}{4\sin\left(\frac{h}{2}+\frac{\pi}{3}\right)}$$

Y est l'ordonnée de $M(\theta)$ dans le repère $\left(O,\vec{u}_{\frac{\pi}{3}},\vec{u}_{\frac{5\pi}{6}}\right)$.

Il s'ensuit que la limite de Y est $\frac{1}{\sqrt{3}}$.

La droite $\mathcal{D}$, d'équation $Y = \frac{1}{\sqrt{3}}$ dans le repère $\left(O,\vec{u}_{\frac{\pi}{3}},\vec{u}_{\frac{5\pi}{6}}\right)$, est asymptote à la courbe Γ.

$\sin\frac{\pi}{3}=\frac{\sqrt{3}}{2}$.
$\mathcal{D}$ a pour équation :
$$-x\frac{\sqrt{3}}{2}+\frac{y}{2}=\frac{\sqrt{3}}{3}$$
dans le repère $(O,\vec{i},\vec{j})$.

- Tableau de valeurs et signe de r

Sur $[0,\pi]$, r s'annule en $\frac{2\pi}{3}$.

Pour une seconde lecture : un développement limité montre que $Y-\frac{1}{\sqrt{3}}$ est équivalent à $-\frac{h}{6}$, d'où la position locale de Γ par rapport à $\mathcal{D}$.

θ	0		$\frac{\pi}{3}$			$\frac{2\pi}{3}$		π
r	0	$-$	$-\infty$ ‖	$+\infty$	$+$	0	$-$	$-\frac{1}{3}$

- Tracé de la courbe

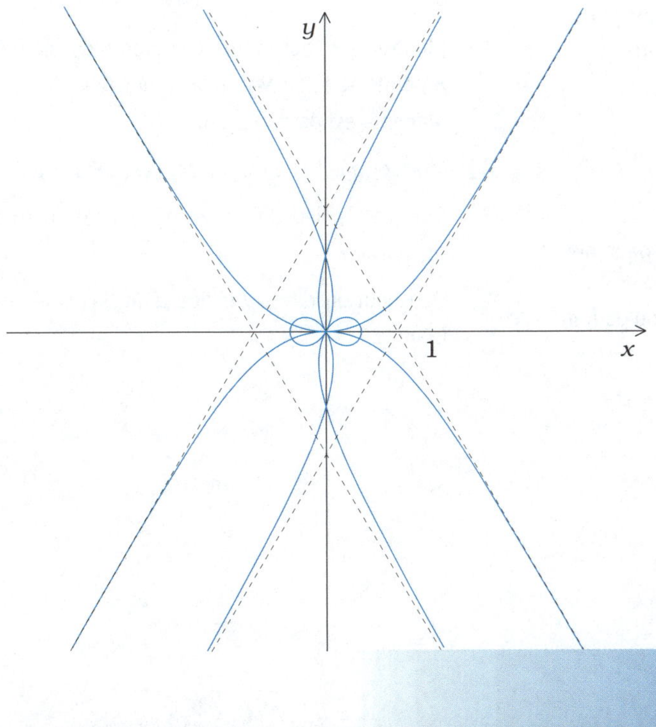

On place l'asymptote, les points particuliers avec les tangentes en ces points et on respecte le principe du secteur angulaire.
Avec :
$r'(\theta)=\dfrac{\frac{3}{2}\cos\frac{3\theta}{2}}{1-2\cos\theta}-\dfrac{2\sin\theta\sin\frac{3\theta}{2}}{(1-2\cos\theta)^2}$ on obtient $r'(\pi)=0$ donc en $M(\pi)$ la tangente est perpendiculaire au rayon vecteur OM.
De même :
$r\left(\frac{\pi}{2}\right)=\frac{\sqrt{2}}{2}$, $r'\left(\frac{\pi}{2}\right)=-\frac{7\sqrt{2}}{4}$
donc en $\frac{\pi}{2}$, $\tan V=-\frac{2}{7}$,
$V\simeq-16°$.

Exercices

Niveau 1

Construction d'arcs paramétrés

Ex. 1

$\mathscr{C} : x = \dfrac{t^3}{(1+t)^2(1-t)} \ , \quad y = \dfrac{t^2}{1-t^2}.$

Ex. 2

$\mathscr{C} : x = \dfrac{t^2+1}{2t} \ , \quad y = \dfrac{2t-1}{t^2}.$

Ex. 3

$\mathscr{C} : x = \dfrac{1+t^2}{1+t} \ , \quad y = \dfrac{t^2}{1+t^3}.$

Ex. 4

$\mathscr{C} = \cos t \ , \quad y = \cos \dfrac{3t}{5}$. On précisera avec soin l'intervalle utile et les points doubles.

Arcs définis par une équation polaire

Ex. 5

Construire la courbe $\mathscr{C}$ d'équation polaire :

$$r = \tan\theta \tan 3\,\theta\,.$$

Ex. 6

Soit $\mathscr{C}$ la cardioïde $r = a(1+\cos\theta)$ et P, Q deux points de la cardioïde alignés avec O.

Montrer que les tangentes en P, Q sont orthogonales et que, lorsque P et Q décrivent $\mathscr{C}$, leur intersection décrit un cercle.

Niveau 2

Avec solution détaillée

Ex. 7

Trouver le lieu des centres des cercles passant par 0 et tangents à l'ellipse $\mathscr{E} : x = 2\cos t \ , \ y = \sin t$.

Ex. 8

Soit $\mathscr{C}$ la courbe paramétrée par :

$$t \mapsto M = O + t^2\vec{i} + t^3\vec{j}$$

1) Écrire l'équation d'une tangente à $\mathscr{C}$.
2) Caractériser les points du plan d'où l'on peut mener à $\mathscr{C}$ trois tangentes.
3) Trouver l'ensemble $\mathscr{P}$ des points d'où l'on peut mener à $\mathscr{C}$ deux tangentes orthogonales.
4) Dessiner et placer les courbes $\mathscr{C}$ et $\mathscr{P}$.

Ex. 9

On considère la cardioïde Γ d'équation polaire :

$$\rho = 1 + \cos\theta$$

1) Montrer que, pour toute direction δ du plan, il y a 3 points M_1, M_2, M_3 de la cardioïde en lesquels la tangente est parallèle à δ.
2) Montrer que l'aire $(M_1M_2M_3)$ est constante.
3) Quel est le lieu du centre de gravité du triangle $M_1M_2M_3$?
4) Que peut-on dire du milieu d'un des côtés de ce triangle ?

Avec éléments de solution

Ex. 10

Soit $\mathscr{C}$ l'astroïde $x = a\cos^3 t, y = a\sin^3 t$.

Trouver le lieu des points d'où l'on peut mener à $\mathscr{C}$ deux tangentes orthogonales.

Dessiner les deux courbes.

Ex. 11

Soit $a \in \mathbb{R}_+^*$, déterminer et dessiner le lieu des points d'inflexion des limaçons de Pascal $\mathscr{C}_b$ d'équation polaire $r = a\cos\theta + b$ lorsque b décrit $\mathbb{R}$.

Ex. 12

1) Construire la courbe $\mathscr{C}$:

$$x = \cos t(\sqrt{2}\cos t + 1), y = \sin t(\sqrt{2}\cos t - 1)$$

2) Déterminer les points doubles.

3) Montrer que $\mathscr{C}$ possède un centre de rotation Ω, plus précisément que $\mathscr{C}$ est invariante par trois rotations de centre Ω (dont l'identité).

Indications

Ex. 5

Lorsqu'une direction asymptotique est $\mathbb{R}\vec{i}$ ou $\mathbb{R}\vec{j}$, il est inutile de passer dans le repère mobile pour étudier l'asymptote éventuelle. Si la direction est $\mathbb{R}\vec{i}$, on étudie $\lim\limits_{\theta\to\theta_0} y$ c'est-à-dire : $\lim\limits_{\theta\to\theta_0} r\sin\theta$. Si la direction est $\mathbb{R}\vec{j}$, on étudie $\lim\limits_{\theta\to\theta_0} x$ c'est-à-dire : $\lim\limits_{\theta\to\theta_0} r\cos\theta$.

Ex. 6

Commencer par déterminer l'intersection des tangentes en $M(\theta)$ et $M(\theta+\pi)$ dans le repère mobile :

$$\left(O, \vec{u}(\theta), \vec{u}'(\theta)\right).$$

Ex. 7

Un point P de la normale en $M(t)$ appartient au lieu si et seulement si $OP = MP$.

Ex. 8

2) L'équation $x^3 + px + q = 0$, $(p, q) \in \mathbb{R}^2$, a trois racines réelles distinctes si et seulement si :

$$4p^3 + 27q^2 < 0$$

3) Les tangentes en $M(u)$ et $M(v)$ sont orthogonales si et seulement si $9uv + 4 = 0$.

Ex. 9

1) La tangente en $M(\theta)$ est dirigée par $\vec{u}\left(\frac{3\theta}{2} + \frac{\pi}{2}\right)$.

2) Montrer que, pour tout $\alpha \in \mathbb{R}$:

$$\cos\alpha + \cos\left(\alpha + \frac{2\pi}{3}\right) + \cos\left(\alpha - \frac{2\pi}{3}\right) = 0$$

$$\sin\alpha + \sin\left(\alpha + \frac{2\pi}{3}\right) + \sin\left(\alpha - \frac{2\pi}{3}\right) = 0$$

Ex. 10

La normale en $M(t)$ est dirigée par $\vec{u}\left(\frac{\pi}{2} - t\right)$.

Ex. 11

Montrer que l'existence d'un point d'inflexion exige $a < b < 2a$. Puis exprimer les coordonnées polaires du point d'inflexion en fonction de b.

Ex. 12

Soit A, B, C les points doubles de $\mathscr{C}$. Si Ω est centre de rotation de $\mathscr{C}$, Ω est aussi centre de rotation du triangle ABC. On a donc nécessairement ABC équilatéral et Ω centre de gravité de ABC.

Solutions des exercices

Niveau 1

Ex. 1

L'ensemble de définition de $t \mapsto M = O + x(t)\vec{i} + y(t)\vec{j}$ est $D =]-\infty, -1[\cup]-1, 1[\cup]1, +\infty[$.

- Branches infinies

• $1^{\text{ère}}$ direction asymptotique $(t \to 1)$:

$\dfrac{y(t)}{x(t)} = \dfrac{1+t}{t}$ donne $\lim\limits_{t\to 1} \dfrac{y(t)}{x(t)} = 1$. 2

$y(t) - 2x(t) = \dfrac{t^2}{(1+t)^2}$ donne $\lim\limits_{t\to 1}\big(y(t)-2x(t)\big) = \dfrac{1}{4}$

puis $y(t) - 2x(t) - \dfrac{1}{4} = \dfrac{(t-1)(1+3t)}{4(1+t)^2}$.

Avec $\dfrac{1+3t}{4(1+t)^2}$ proche de $\dfrac{1}{4}$ quand t est proche de 1,

il vient que $y(t) - 2x(t) - \dfrac{1}{4}$ est du signe de $\dfrac{t-1}{4}$ quand t est proche de 1.

La droite $\mathcal{D}$: $y = 2x + \dfrac{1}{4} = 0$ est asymptote à $\mathcal{C}$.

Quand $t \to 1$, par valeurs inférieures $\mathcal{C}$ est en dessous de $\mathcal{D}$, par valeurs supérieures $\mathcal{C}$ est au-dessus de $\mathcal{D}$.

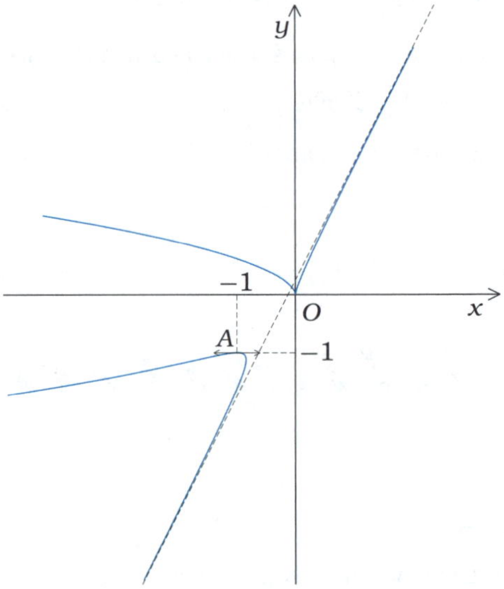

• $2^{\text{ème}}$ direction asymptotique quand t tend vers -1.

On a $\lim\limits_{t\to -1} x(t) = -\infty$ et $\lim\limits_{t\to -1} y(t) = \pm\infty$ (avec le signe de $t+1$) et $\dfrac{y(t)}{x(t)} = \dfrac{1+t}{t}$ donne $\lim\limits_{t\to -1} \dfrac{y(t)}{x(t)} = 0$.

Il s'ensuit que $\mathcal{C}$ présente une branche parabolique dans la direction de Ox.

• Lorsque t tend vers l'infini, $M(t)$ tend vers $A(-1, 1)$.

- Variations

On obtient $x'(t) = \dfrac{t^2(3-t)}{(1+t)^3(1-t)^2}$ et $y'(t) = \dfrac{2t}{(1-t^2)^2}$. Dressons le tableau de variation de x et y :

t	$-\infty$		-1		0		1		3		$+\infty$
x	-1	↘	$-\infty$ ‖ $-\infty$	↗	0	↗	$+\infty$ ‖ $-\infty$	↗	$-\dfrac{27}{32}$	↘	-1
y	-1	↘	$-\infty$ ‖ $+\infty$	↘	0	↗	$+\infty$ ‖ $-\infty$	↗	$-\dfrac{9}{8}$	↗	-1

$\dfrac{y'(t)}{x'(t)} = \dfrac{2(1+t)}{t(3-t)}$ est de limite nulle quand t tend vers l'infini. La tangente en A à la courbe est parallèle à Ox.

- Étude du point stationnaire $(t = 0)$. Mettons-nous en mesure de calculer les dérivées successives de x et y.

Notons que $y(t) = -1 + \dfrac{1}{(1-t)(1+t)} = -1 + \dfrac{1}{2}\dfrac{1-t+1+t}{(1-t)(1+t)} = -1 + \dfrac{1}{2(t+1)} - \dfrac{1}{2(t-1)}$.

Exprimons $x(t)$ sous la forme $a + \dfrac{b}{1+t} + \dfrac{c}{(1+t)^2} + \dfrac{d}{1-t}$.

Par identification, on obtient $x(t) = -1 - \dfrac{1}{2(t+1)^2} + \dfrac{5}{4(t+1)} - \dfrac{1}{4(t-1)}$.

On obtient alors sans difficulté $\big(x''(0), y''(0)\big) = (0, 2)$ et $\big(x'''(0), y'''(0)\big) = (6, 0)$.

L'origine est point de rebroussement de $1^{\text{ère}}$ espèce.

Ex. 2

La fonction $t \mapsto M = O + x(t)\vec{i} + y(t)\vec{j}$ est de classe $\mathcal{C}^\infty$ sur $]-\infty, 0[\cup]0, +\infty[$.

- Branches infinies Avec $x(t) = \dfrac{t}{2} + \dfrac{1}{2t}$ et $y(t) = \dfrac{2}{t} - \dfrac{1}{t^2}$,

• il vient $\lim\limits_{t\to 0,\, t>0} x(t) = +\infty$, $\lim\limits_{t\to 0,\, t<0} x(t) = -\infty$ et $\lim\limits_{t\to 0,\, t>0} y(t) = \lim\limits_{t\to 0,\, t<0} y(t) = -\infty$

$\dfrac{y(t)}{x(t)} = \dfrac{2(2t-1)}{t(t^2+1)}$ donne $\lim\limits_{t\to 0,\, t>0} \dfrac{y(t)}{x(t)} = -\infty$ et $\lim\limits_{t\to 0,\, t<0} \dfrac{y(t)}{x(t)} = +\infty$.

La courbe $\mathcal{C}$ présente une branche parabolique de direction $\mathbb{R}\vec{j}$.

• Quand $t \to +\infty$ ou $-\infty$, on a $\lim\limits_{t\to+\infty} y(t) = \lim\limits_{t\to-\infty} y(t) = 0$, la droite Ox est asymptote.

- Variations

Calculons $x'(t) = \dfrac{t^2-1}{2t^2}$, $y'(t) = \dfrac{2(1-t)}{t^3}$; le point $M(1)$ est un point stationnaire de $\mathcal{C}$.

On a $x'(t) = \dfrac{1}{2} - \dfrac{1}{2t^2}$, $x''(t) = \dfrac{1}{t^3}$, $x'''(t) = -\dfrac{3}{t^4}$, $y'(t) = -\dfrac{2}{t^2} + \dfrac{2}{t^3}$, $y''(t) = \dfrac{4}{t^3} - \dfrac{6}{t^4}$, $y'''(t) = -\dfrac{12}{t^4} + \dfrac{24}{t^5}$,

d'où : $\overrightarrow{M''}(1) = \vec{i} - 2\vec{j}$ et $\overrightarrow{M'''}(1) = -3\vec{i} + 12\vec{j}$.

Les vecteurs $\overrightarrow{M''}(1)$ et $\overrightarrow{M'''}(1)$ sont non colinéaires, donc $M(1) = O + \vec{i} + \vec{j}$ est un point de rebroussement de 1ère espèce.

Dressons un tableau de variation des fonctions x et y.

t	$-\infty$		-1		0			1		$+\infty$
$x(t)$	$-\infty$	↗	-1	↘	$-\infty$ ‖	$+\infty$	↘	1	↗	$+\infty$
$y(t)$	0	↘	-3	↘	$-\infty$ ‖	$-\infty$	↗	1	↘	0

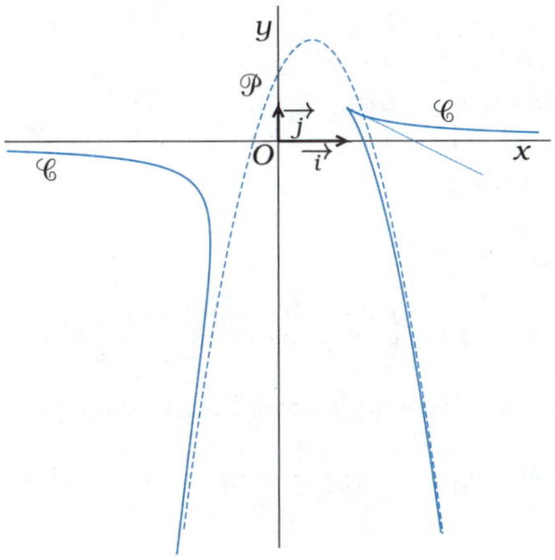

Ex. 3

Posons $M(t) = O + x(t)\vec{i} + y(t)\vec{j}$. La fonction $t \mapsto M(t)$ est de classe $\mathcal{C}^\infty$ sur $]-\infty, -1[\cup]-1, +\infty[$.

- Branches infinies

• Quand $t \to +\infty$ et quand $t \to -\infty$, on a $x(t)$ de limite infinie avec le signe de t, et $y(t)$ de limite 0, avec le signe de t. Dans les deux cas $\mathcal{C}$ admet pour asymptote la droite Ox.

• Quand $t \to -1$, $x(t)$ et $y(t)$ sont de limite infinie avec le signe de $t+1$. D'autre part, $\dfrac{y(t)}{x(t)} = \dfrac{t^2}{(t^2+1)(t^2-t+1)}$ donne $\lim\limits_{t\to-1} \dfrac{y(t)}{x(t)} = \dfrac{1}{6}$, d'où la direction asymptotique d'équation $6y - x = 0$.

On forme alors $6y(t) - x(t) = -\dfrac{(t+1)(t^2-3t+1)}{t^2-t+1}$, et avec $\lim\limits_{t\to-1}\big(6y(t)-x(t)\big) = 0$, on obtient que la droite $\mathcal{D}$ d'équation $6y - x = 0$ est asymptote à $\mathcal{C}$.

Étant donné que $-\dfrac{t^2-3t+1}{t^2-t+1}$ est proche de $-\dfrac{5}{3}$ quand t est proche de -1, la position locale de $\mathcal{C}$ par rapport à $\mathcal{D}$ est fixée par le signe de $-(t+1)$.

- Variations

$$x'(t) = \frac{t^2+2t-1}{(t+1)^2} \quad , \quad y'(t) = \frac{t(2-t^3)}{(t^3+1)^2}$$

x	$-\infty$		$-1-\sqrt{2}$		-1		0		$\sqrt{2}-1$		$\sqrt[3]{2}$		$+\infty$
x'		$+$	0	$-$	‖	$-$		$-$	0	$+$		$+$	
y'		$-$		$-$	‖	$-$	0	$+$		$+$	0	$-$	
x	$-\infty$	$\nearrow$	$-4,8$	$\searrow$	$-\infty$ ‖ $+\infty$	$\searrow$	1	$\searrow$	$0,8$	$\nearrow$	$1,1$	$\nearrow$	$+\infty$
y	0	$\searrow$	$-0,4$	$\searrow$	$-\infty$ ‖ $+\infty$	$\searrow$	0	$\nearrow$	$0,2$	$\nearrow$	$0,5$	$\searrow$	0
$\dfrac{y'}{x'}$			∞		‖		0		∞		0		

Les valeurs approchées sont données à $5 \cdot 10^{-2}$ près.

- Dessin

On utilise un repère orthogonal non normé.
Le tracé fait apparaître un point double :

$$A = M(t_1) = M(t_2)$$

(t_1, t_2) est solution de :

$$x(t_1) = x(t_2) \quad , \quad y(t_1) = y(t_2) \quad \text{avec } t_1 \neq t_2$$

donc aussi, après simplification par $t_1 - t_2$, de :

$$t_1 + t_2 + t_1t_2 = 1 \quad , \quad t_1^2t_2^2 - t_1 - t_2 = 0.$$

En posant $s = t_1 + t_2$, $p = t_1t_2$ il vient :

$$s = p^2 \quad \text{et} \quad p^2 + p - 1 = 0$$

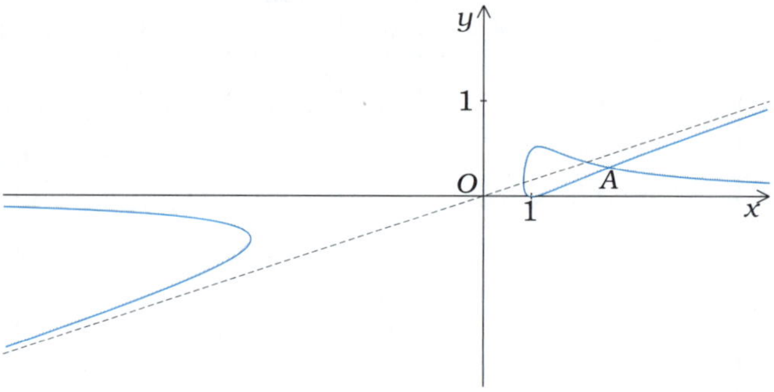

donc :

$(s,p) = \left(\dfrac{3-\sqrt{5}}{2}, \dfrac{\sqrt{5}-1}{2}\right)$ ou $(s,p) = \left(\dfrac{3+\sqrt{5}}{2}, \dfrac{-\sqrt{5}-1}{2}\right)$ et t_1, t_2 sont les solutions de $t^2 - st + p = 0$.

Pour que cette équation ait des racines réelles distinctes, il faut et il suffit que l'on ait $s^2 - 4p > 0$ c'est-à-dire $2 - 7p > 0$.

La solution à retenir est donc $s = \dfrac{3+\sqrt{5}}{2}$, $p = -\dfrac{1+\sqrt{5}}{2}$. Pour conclure, on exprime les coordonnées de A en fonction de s et p :

$$x_A = \frac{1}{2}\big(x(t_1) + x(t_2)\big) = \frac{2+s+s^2-2p+sp}{2(1+s+p)} \quad , \quad y_A = \frac{1}{2}\big(y(t_1)+y(t_2)\big) = \frac{s^2-2p+p^2s}{2\left(1+s^3-3ps+p^3\right)}$$

D'où en tenant compte de $s + p = 1$, $s = p^2$, $p^2 = 1 - p$:

$$x_A = \frac{1+s-p}{2} = \frac{3+\sqrt{5}}{2} \simeq 2,62 \quad , \quad y_A = \frac{s^2-p}{1+s^3-2ps} = \frac{2+\sqrt{5}}{7+3\sqrt{5}} \simeq 0,31$$

Ex. 4

La fonction $\Phi \,:\, t \mapsto M = O + x(t)\,\vec{i} + y(t)\,\vec{j}$ est de classe $\mathcal{C}^\infty$ sur $\mathbb{R}$.

- Intervalle utile

Les fonctions coordonnées $x \,:\, t \mapsto \cos t$ et $y \,:\, t \mapsto \cos\dfrac{3t}{5}$ sont périodiques, de périodes respectives

$T_x = 2\pi$ et $T_y = \dfrac{10\pi}{3}$ donc $\Phi \,:\, t \mapsto M(t)$ est périodique de période $T = 10\pi$.

On obtient toute la courbe en faisant décrire à t l'intervalle $[-5\pi, 5\pi]$.

En notant que x et y sont paires, on a $M(t) = M(-t)$ et sur l'intervalle précédent, le support est décrit deux fois. Finalement, un intervalle utile, pour que le support soit décrit en entier est $I = [0, 5\pi]$.

On note aussi que l'origine est centre de symétrie, car $x(5\pi - t) = -x(t)$ et $y(5\pi - t) = -y(t)$. On obtient donc la moitié de la courbe lorsque t décrit $\left[0, \frac{5\pi}{2}\right]$. La seconde moitié se déduit de la première par la symétrie de centre O.

- Variations

Avec $x'(t) = -\sin t$, $y'(t) = -\frac{3}{5}\sin\frac{3t}{5}$, on peut dresser le tableau de variations :

t	0		π		$\frac{5\pi}{3}$		2π		$\frac{5\pi}{2}$
x'	0	$-$	0	$+$		$+$	0	$-$	-1
y'	0	$-$		$-$	0	$+$		$+$	
x	1	$\searrow$	-1	$\nearrow$	$\frac{1}{2}$	$\nearrow$	1	$\searrow$	0
y	1	$\searrow$	$-0,31$	$\searrow$	-1	$\nearrow$	$-0,81$	$\searrow$	0

Les valeurs approchées sont données à $5 \cdot 10^{-3}$ près.

Pour $t = 0$, on a un point stationnaire.

$x''(t) = -\cos t$ et $y''(t) = -\frac{9}{25}\cos\frac{3t}{5}$ donne $\left(x''(0), y''(0)\right) = \left(-1, -\frac{9}{25}\right)$,

ce qui montre que la tangente est dirigée par $\vec{i} + \frac{9}{25}\vec{j}$.

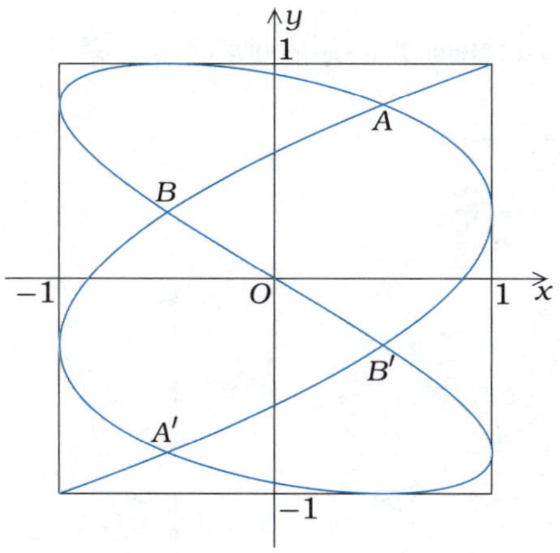

Pour le tracé, on peut remarquer que la courbe est inscrite dans le carré $[-1, 1] \times [-1, 1]$ à la frontière duquel elle est tangente.

On notera que le point stationnaire $I(1, 1)$ est un point d'arrêt.

- Points doubles de $\mathscr{C}$

On cherche u et v tels que $0 \leqslant u < v < 5\pi$ et $M(u) = M(v)$, ce qui donne les quatre points doubles :

$$A : \begin{cases} v + u = 4\pi \\ v - u = \frac{10\pi}{3} \end{cases} \quad \begin{cases} u = \frac{\pi}{3} \\ v = \frac{11\pi}{3} \end{cases} \quad \begin{cases} x_A = \cos\frac{\pi}{3} = \frac{1}{2} \\ y_A = \cos\frac{\pi}{5} = \frac{\sqrt{5}+1}{4} \end{cases}$$

$$B : \begin{cases} v - u = 2\pi \\ v + u = \frac{10\pi}{3} \end{cases} \quad \begin{cases} u = \frac{2\pi}{3} \\ v = \frac{8\pi}{3} \end{cases} \quad \begin{cases} x_B = \cos\frac{2\pi}{3} = -\frac{1}{2} \\ y_B = \cos\frac{2\pi}{5} = \frac{\sqrt{5}-1}{4} \end{cases}$$

A' et B' sont symétriques de A et B par rapport à O.

Ex. 5

- La fonction r est de classe $\mathcal{C}^\infty$ sur $D = \mathbb{R} \setminus \left\{ \frac{\pi}{6} + \frac{k\pi}{3} / k \in \mathbb{Z} \right\}$.

$r \ : \ \theta \mapsto \tan\theta \tan 3\theta$ est π-périodique et paire : on limite l'étude à $\left[0, \frac{\pi}{2}\right] \cap D = \left[0, \frac{\pi}{6}\right[\cup \left]\frac{\pi}{6}, \frac{\pi}{2}\right[$.

On complétera la courbe en effectuant une réflexion d'axe $(O, \vec{i})$ puis une symétrie par rapport à O.

- Branches infinies

- $\lim\limits_{\theta \to \frac{\pi}{2}, \theta < \frac{\pi}{2}} r(\theta) = +\infty$, la direction asymptotique est $\mathbb{R}\vec{j}$.

Avec $x(\theta) = \sin\theta \tan 3\theta$, il vient $\lim\limits_{\theta \to \frac{\pi}{2}, \theta < \frac{\pi}{2}} x(\theta) = +\infty$, on a donc une branche parabolique de direction $\mathbb{R}\vec{j}$.

- $\lim\limits_{\theta \to \frac{\pi}{6}, \theta < \frac{\pi}{6}} r(\theta) = +\infty$, $\lim\limits_{\theta \to \frac{\pi}{6}, \theta > \frac{\pi}{6}} r(\theta) = -\infty$. On pose $\theta = \frac{\pi}{6} + h$, il vient :

$$Y = r\left(\frac{\pi}{6} + h\right) \sin h = -\frac{\tan\left(\frac{\pi}{6} + h\right) \sin h}{\tan 3h}$$

Avec $\tan\frac{\pi}{6} = \frac{1}{\sqrt{3}}$ et $\lim\limits_{h \to 0} \frac{\sin h}{\tan 3h} = \frac{1}{3}$, il vient $\lim\limits_{h \to 0} -\frac{\tan\left(\frac{\pi}{6} + h\right) \sin h}{\tan 3h} = -\frac{\sqrt{3}}{9}$.

D'où l'asymptote $\mathcal{D}$ d'équation $Y = -\frac{\sqrt{3}}{9}$ dans le repère $\left(O, \vec{u}_{\frac{\pi}{6}}, \vec{u}_{\frac{2\pi}{3}}\right)$.

Pour la position locale par rapport à l'asymptote, il faudrait connaître le signe de $Y + \frac{\sqrt{3}}{9}$ pour h voisin de 0.

Un calcul de développement limité permettra d'obtenir $Y + \frac{\sqrt{3}}{9}$ équivalent à $-\frac{4h}{9}$.

- Tableau de valeurs et signe de r

θ	0			$\frac{\pi}{6}$			$\frac{\pi}{3}$			$\frac{\pi}{2}$
r	0	$+$	$+\infty$	‖	$-\infty$	$-$	0	$+$	$+\infty$	‖

- Tracé

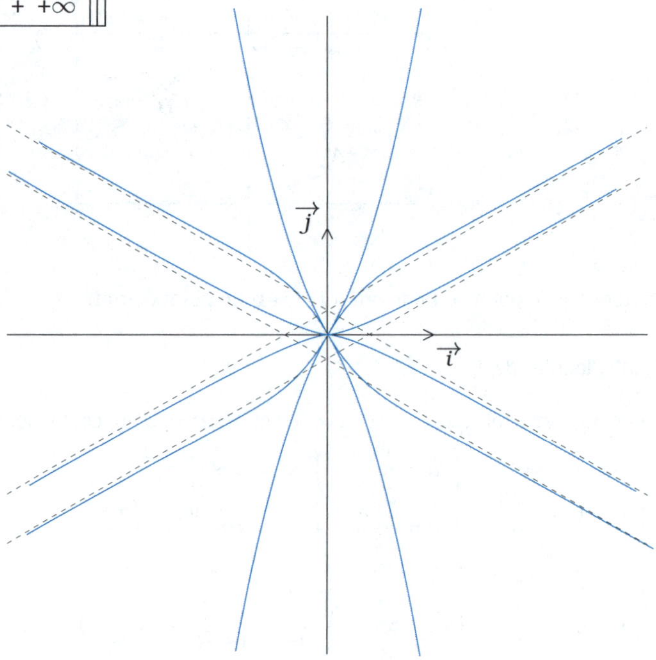

Ex. 6

On pose $\overrightarrow{u}(\theta) = \cos\theta\,\overrightarrow{i} + \sin\theta\,\overrightarrow{j}$.
La cardioïde est paramétrée par :

$$\theta \mapsto M = O + a(1+\cos\theta)\,\overrightarrow{u}(\theta)$$

Prenons $P = M(\theta)$ et $Q = M(\theta+\pi)$ alignés avec O.

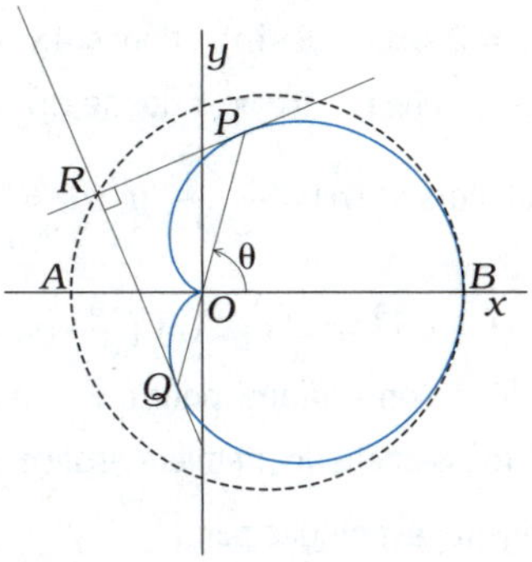

Dans le repère $\left(O, \overrightarrow{u}(\theta), \overrightarrow{u'}(\theta)\right)$, les tangentes en P et Q à $\mathscr{C}$ ont pour équations :

$$\mathcal{T}_P \;:\; X(1+\cos\theta) + Y\sin\theta - a(1+\cos\theta)^2 = 0$$
$$\mathcal{T}_Q \;:\; -X(1-\cos\theta) + Y\sin\theta - a(1-\cos\theta)^2 = 0$$

Elles sont orthogonales car $-(1+\cos\theta)(1-\cos\theta)+\sin^2\theta = 0$.
Leur intersection $R = \mathcal{T}_P \cap \mathcal{T}_Q$ est caractérisée par :

$$R = O + X\overrightarrow{u} + Y\overrightarrow{u'} \quad \text{avec} \quad X = 2a\cos\theta \;\text{ et }\; Y = a\sin\theta$$

soit $R = O + a(3\cos^2\theta - 1)\,\overrightarrow{i} + 3a\sin\theta\cos\theta\,\overrightarrow{j}$, $R = O - a\,\overrightarrow{i} + 3a\cos\theta\,\overrightarrow{u}(\theta)$.

Le point R décrit le cercle de diamètre $[AB]$ avec $A = O - a\,\overrightarrow{i}$, $B = O + 2a\,\overrightarrow{i}$.

Niveau 2

Ex. 7

$\mathscr{E}$ est paramétrée par $t \mapsto M(t) = O + 2\cos t\,\overrightarrow{i} + \sin t\,\overrightarrow{j}$.

La tangente en $M(t)$ est dirigée par $\overrightarrow{M'}(t) = -2\sin t\,\overrightarrow{i} + \cos t\,\overrightarrow{j}$, donc la normale l'est par $\overrightarrow{h} = \cos t\,\overrightarrow{i} + 2\sin t\,\overrightarrow{j}$.

Soit $P = M + \lambda\,\overrightarrow{h}$ le centre du cercle tangent en M passant par O, ses coordonnées sont :

$$x = (2+\lambda)\cos t \;,\; y = (1+2\lambda)\sin t \;\text{ avec }\; \lambda \in \mathbb{R} \text{ tel que } \|\overrightarrow{OP}\|^2 = \|\overrightarrow{PM}\|^2$$

c'est-à-dire $(2+\lambda)^2\cos^2 t + (1+2\lambda)^2\sin^2 t = \lambda^2\cos^2 t + 4\lambda^2\sin^2 t$ ou encore $\lambda = -\dfrac{4\cos^2 t + \sin^2 t}{4}$

On en déduit une représentation paramétrique du lieu de P :

$$\Gamma \;:\; \begin{cases} x = \left(1 + \frac{3}{4}\sin^2 t\right)\cos t = \cos t\left(\frac{7}{4} - \frac{3}{4}\cos^2 t\right) \\ y = \left(\frac{1}{2} - \frac{3}{2}\cos^2 t\right)\sin t = \sin t\left(-1 + \frac{3}{2}\sin^2 t\right) \end{cases}$$

- Étude de Γ

• x et y sont de classe $\mathcal{C}^\infty$ sur $\mathbb{R}$, périodiques de période 2π. De plus :

$$x(t+\pi) = -x(t) \;,\; y(t+\pi) = -y(t) \;,\; x(-t) = x(t) \;,\; y(-t) = -y(t)$$

On limite donc l'étude à $t \in \left[0, \frac{\pi}{2}\right]$, en complétant par la réflexion d'axe Ox, puis par la symétrie de centre O. (Ce fait est géométriquement prévisible depuis le début, en considérant les symétries de $\mathscr{E}$.)

• $x'(t) = \dfrac{\sin t}{4}(9\cos^2 t - 7)$, $y'(t) = \dfrac{\cos t}{2}(7 - 9\cos^2 t)$.

t	0		a		$\frac{\pi}{2}$
x'	0	$+$	0	$-$	
y'		$-$	0	$+$	0
x	1	$\nearrow$		$\searrow$	0
y	0	$\searrow$		$\nearrow$	$\frac{1}{2}$
$\frac{y'}{x'}$	∞		$-2\,\mathrm{cotan}\,a$		0

$a = \mathrm{Arccos}\,\dfrac{\sqrt{7}}{3} \simeq 0,49$

- Point stationnaire : $t = a$.

Avec $\cos a = \dfrac{\sqrt{7}}{3}$, $\sin a = \dfrac{\sqrt{2}}{3}$ on obtient $x(a) = \dfrac{7\sqrt{7}}{18}$, $y(a) = \dfrac{-2\sqrt{2}}{9}$.

$4x'(t) = 2\sin t - 9\sin^3 t$ donne $4x''(t) = -25\cos t + 27\cos^3 t$ puis $4x'''(t) = -56\sin t + 81\sin^3 t$,

$2y'(t) = 7\cos t - 9\cos^3 t$ donne $2y''(t) = 20\sin t - 27\sin^3 t$ puis $2y'''(t) = -61\cos t + 81\cos^3 t$.

Il vient alors $x''(a) = -\dfrac{\sqrt{7}}{3}$, $y''(a) = \dfrac{7\sqrt{2}}{3}$, $x'''(a) = -\dfrac{19\sqrt{2}}{6}$, $y'''(a) = \dfrac{\sqrt{7}}{3}$.

Les vecteurs $\overrightarrow{U} = -\overrightarrow{i} + \sqrt{14}\,\overrightarrow{j}$ et $\overrightarrow{V} = -19\sqrt{2}\,\overrightarrow{i} + 2\sqrt{7}\,\overrightarrow{j}$ étant libres, on a affaire, pour $t = a$, à un point de rebroussement de première espèce, la tangente est dirigée par $\overrightarrow{U}$.

- Les points doubles correspondent aux intersections avec Ox :

$y = 0$ pour $\cos t = \dfrac{\sqrt{3}}{3}$ d'où $x = \dfrac{\sqrt{3}}{2} = 0,87$

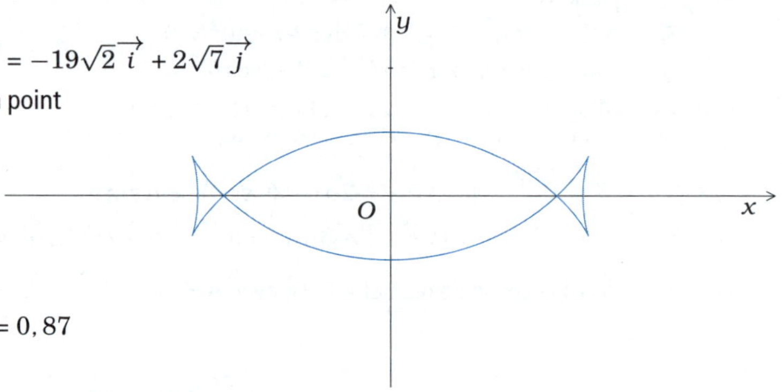

Ex. 8

1) $x'(t) = 2t$, $y'(t) = 3t^2$ montre que, pour $t \neq 0$, la tangente en $M(t)$ est dirigée par le vecteur $(2, 3t)$.

La tangente à $\mathscr{C}$ en $M(t)$ a pour équation $\begin{vmatrix} x - t^2 & 2 \\ y - t^3 & 3t \end{vmatrix} = 0$, c'est-à-dire $3tx - 2y - t^3 = 0$.

Au point stationnaire $M(0)$, on a $x'' = 2$, $y''(0) = 0$, et la tangente a pour équation $y = 0$.

Ce cas particulier rejoint le cas général avec $t = 0$.

2) Soit $P = (x, y)$ un point donné du plan.

Le paramètre t d'un point de $\mathscr{C}$, dont la tangente passe par P, est une racine réelle de l'équation :

$$(E) : \quad t^3 - 3xt + 2y = 0\ , \quad t \in \mathbb{R}.$$

Cette équation a trois racines réelles distinctes si et seulement si $x^3 - y^2 > 0$.

Les points du plan d'où l'on peut mener à $\mathscr{C}$ trois tangentes sont situés «à droite» de $\mathscr{C}$.

Remarquons que (E) a deux racines réelles distinctes si et seulement si $x^3 - y^2 = 0$, $x \neq 0$.

Dans ce cas, on a une racine double et une simple.

3) Notons u, v, w les trois racines distinctes ou non de l'équation $t^3 - 3xt + 2y = 0$, autrement dit :

$$u + v + w = 0\ , \quad uv + vw + wu = -3x\ , \quad uvw = -2y \quad (1)$$

L'orthogonalité des tangentes en $M(u)$ et $M(v)$ s'exprime par $9uv + 4 = 0$ (2) et les relations (1) donnent :

$$w = \frac{9}{2}y\ , \quad u + v = -\frac{9}{2}y\ , \quad -\frac{4}{9} - \frac{81}{4}y^2 = -3x$$

Ainsi l'existence de réels u, v, w vérifiant les conditions (1) (2) nécessite $\dfrac{81}{4}y^2 + \dfrac{4}{9} = 3x$.

Réciproquement, supposons $\dfrac{81}{4}y^2 + \dfrac{4}{9} = 3x$. On a alors $x \geqslant \dfrac{4}{27}$ et $x^3 - y^2 = x^3 - \dfrac{4}{27}x + \left(\dfrac{4}{27}\right)^2$.

Or la fonction $\varphi\ :\ [0, +\infty[\to \mathbb{R},\ x \mapsto x^3 - \dfrac{4}{27}x + \left(\dfrac{4}{27}\right)^2$ atteint son minimum en $\dfrac{2}{9}$, avec $\varphi\left(\dfrac{2}{9}\right) = 0$.

On en déduit que l'on a $x^3 - y^2 \geqslant 0$, $x \neq 0$, et l'équation (E) admet «trois» racines réelles u, v, w dont deux au moins, u et v par exemple, sont distinctes.

En posant $s = u + v$ et $p = uv$, les relations (1) deviennent :

$$s + w = 0\ , \quad p + ws = -3x\ , \quad pw = -2y \quad (3)$$

Compte tenu de $\frac{81}{4}y^2 + \frac{4}{9} = 3x$, on vérifie que (3) admet la solution : $(s, p, w) = \left(-\frac{9}{2}y, -\frac{4}{9}, \frac{9}{2}y\right)$.

Donc les tangentes en $M(u)$ et $M(v)$, où u et v sont les racines de $t^2 + \frac{9}{2}yt - \frac{4}{9} = 0$, sont orthogonales.

En conclusion, le lieu des points d'où l'on peut mener à $\mathcal{C}$ deux tangentes orthogonales (courbe orthoptique) est la parabole $\mathcal{P} : y^2 = \frac{4}{27}\left(x - \frac{4}{27}\right)$.

4) Le tracé des courbes $\mathcal{C}$ et $\mathcal{P}$ effectué avec un ordinateur laisse penser qu'elles sont tangentes.

La réciproque du 3) montre que $\mathcal{C}$ et $\mathcal{P}$ ont deux points communs :

$$A\left(\frac{2}{9}, \frac{2\sqrt{2}}{27}\right) \text{ et } A'\left(\frac{2}{9}, -\frac{2\sqrt{2}}{27}\right)$$

et il est facile de vérifier que les tangentes à $\mathcal{P}$ et $\mathcal{C}$ en ces deux points coïncident.

La normale à $\mathcal{C}$, en un point de contact avec $\mathcal{P}$, est tangente à $\mathcal{C}$.

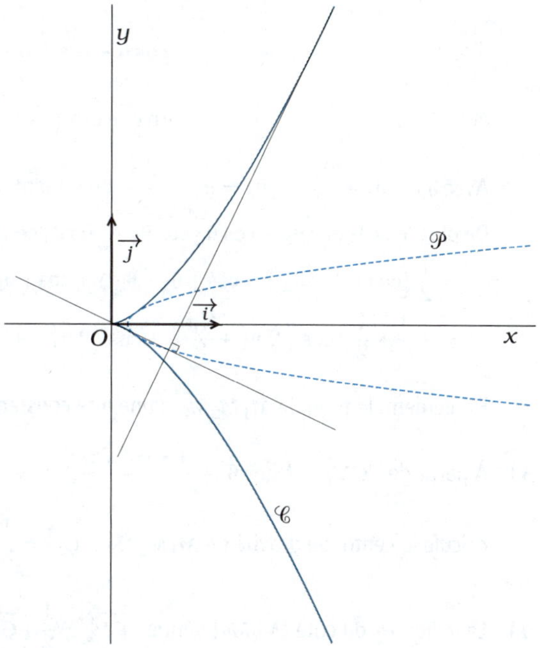

Ex. 9

1) Avec les notations usuelles : $\vec{u}(\theta) = \cos\theta\,\vec{i} + \sin\theta\,\vec{j}$, $\vec{u'}(\theta) = -\sin\theta\,\vec{i} + \cos\theta\,\vec{j}$.

La cardioïde est paramétrée par : $\theta \mapsto M = O + (1 + \cos\theta)\,\vec{u}(\theta)$, $\theta \in [a, a + 2\pi[$.
En dérivant, on obtient :

$$\begin{aligned}\overrightarrow{M'}(\theta) &= -\sin\theta\,\vec{u}(\theta) + (1 + \cos\theta)\vec{u'}(\theta)\\ &= 2\cos\frac{\theta}{2}\left(-\sin\frac{\theta}{2}\,\vec{u}(\theta) + \cos\frac{\theta}{2}\vec{u'}(\theta)\right)\\ &= 2\cos\frac{\theta}{2}\,\vec{u}\left(\frac{3\theta}{2} + \frac{\pi}{2}\right)\end{aligned}$$

Ce calcul montre qu'en tout point $M(\theta)$ distinct de O, la tangente à Γ est dirigée par $\vec{u}\left(\frac{3\theta}{2} + \frac{\pi}{2}\right)$ et on vérifie que cela est encore vrai au point $O = M(\pi)$.
Si la direction δ est $\mathbb{R}\,\vec{u}(\alpha)$, les points de Γ en lesquels la tangente a pour direction δ ont pour paramètre θ solution de $\frac{3\theta}{2} + \frac{\pi}{2} \equiv \alpha[\pi]$, ce qui donne les trois points M_1, M_2, M_3 correspondant respectivement à :

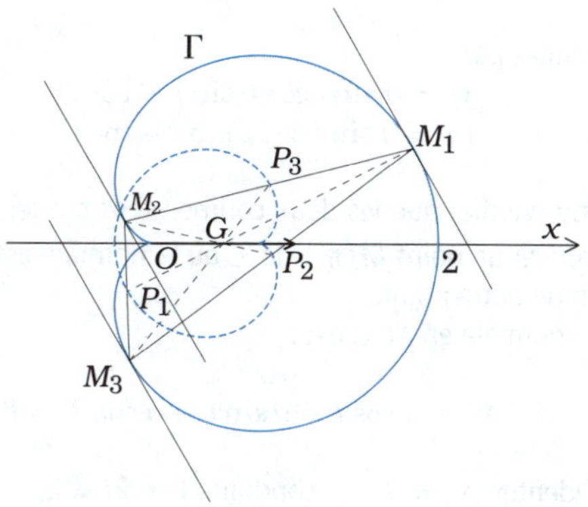

$$\theta_1 = \frac{2\alpha - \pi}{3} \;,\; \theta_2 = \theta_1 + \frac{2\pi}{3} \text{ et } \theta_3 = \theta_1 - \frac{2\pi}{3}$$

2) L'aire du triangle $(M_1M_2M_3)$ étant $\mathcal{A} = \frac{1}{2}\left|\text{Det}(\overrightarrow{M_1M_2}, \overrightarrow{M_1M_3})\right|$, évaluons :

$$\text{Det}(\overrightarrow{M_1M_2}, \overrightarrow{M_1M_3}) = \text{Det}(\overrightarrow{OM_1}, \overrightarrow{OM_2}) + \text{Det}(\overrightarrow{OM_2}, \overrightarrow{OM_3}) + \text{Det}(\overrightarrow{OM_3}, \overrightarrow{OM_1})$$

Comme $\text{Det}(\overrightarrow{OM_i}, \overrightarrow{OM_j}) = (1+\cos\theta_i)(1+\cos\theta_j)\sin(\theta_j - \theta_i)$, il vient :

$$\text{Det}(\overrightarrow{M_1M_2}, \overrightarrow{M_1M_3}) = \frac{\sqrt{3}}{2}\left[3 + 2(\cos\theta_1 + \cos\theta_2 + \cos\theta_3) + \cos\theta_1\cos\theta_2 + \cos\theta_2\cos\theta_3 + \cos\theta_3\cos\theta_1\right]$$

Remarquons alors que, pour α réel quelconque, on a $e^{i\alpha} + e^{i\left(\alpha+\frac{2\pi}{3}\right)} + e^{i\left(\alpha-\frac{2\pi}{3}\right)} = e^{i\alpha}\left(1+j+j^2\right) = 0$

d'où : $$\cos\alpha + \cos\left(\alpha + \frac{2\pi}{3}\right) + \cos\left(\alpha - \frac{2\pi}{3}\right) = 0 \quad (1)$$

et : $$\sin\alpha + \sin\left(\alpha + \frac{2\pi}{3}\right) + \sin\left(\alpha - \frac{2\pi}{3}\right) = 0 \quad (2)$$

Avec $\theta_2 = \theta_1 + \frac{2\pi}{3}$, $\theta_3 = \theta_1 - \frac{2\pi}{3}$ on obtient $\cos\theta_1 + \cos\theta_2 + \cos\theta_3 = 0$.

De plus $\cos\theta_1\cos\theta_2 + \cos\theta_2\cos\theta_3 + \cos\theta_3\cos\theta_1$

$$= \frac{1}{2}\left[\cos(\theta_1+\theta_2) + \cos(\theta_1-\theta_2) + \cos(\theta_2+\theta_3) + \cos(\theta_2-\theta_3) + \cos(\theta_3+\theta_1) + \cos(\theta_3-\theta_1)\right]$$

$$= -\frac{3}{4} + \frac{1}{2}\left[\cos\left(2\theta_1 + \frac{2\pi}{3}\right) + \cos(2\theta_1) + \cos\left(2\theta_1 - \frac{2\pi}{3}\right)\right] = -\frac{3}{4} \quad \text{(toujours d'après (1))}$$

Finalement, le triangle $M_1M_2M_3$ a une aire constante : $\mathcal{A} = \frac{9\sqrt{3}}{16}$.

3) À partir de $\overrightarrow{OM_i} = \left(\cos\theta_i + \frac{1+\cos 2\theta_i}{2}\right)\vec{i} + \left(\sin\theta_i + \frac{1}{2}\sin 2\theta_i\right)\vec{j}$, en tenant compte de (1) et (2), on calcule le centre de gravité de $M_1M_2M_3$: $\overrightarrow{OG} = \frac{1}{3}\sum_{i=1}^{3}\overrightarrow{OM_i} = \frac{\vec{i}}{2}$. G ne dépend pas de α.

4) Le milieu P_1 du côté $[M_2M_3]$ vérifie $\overrightarrow{GP_1} = \frac{1}{2}\left(\overrightarrow{GM_2} + \overrightarrow{GM_3}\right) = -\frac{1}{2}\overrightarrow{GM_1}$.

Il décrit la cardioïde $\mathscr{C}$, image de Γ par l'homothétie de centre G et de rapport $-\frac{1}{2}$. Les deux autres milieux des côtés de $M_1M_2M_3$ décrivent la même cardioïde.

Ex. 10

La tangente à $\mathscr{C}$ en $M(t)$ $\left(a\cos^3 t, a\sin^3 t\right)$ est $\mathcal{T}_t$:

$$x\sin t + y\cos t - a\sin t\cos t = 0$$

Elle est orthogonale à $\vec{u}\left(\frac{\pi}{2} - t\right)$. Les points d'où l'on peut mener deux tangentes orthogonales sont $P(t) = \mathcal{T}_t \cap \mathcal{T}_{t+\frac{\pi}{2}}$ donnés par :

$$x_P = a\sin t\cos t(\sin t - \cos t)$$
$$y_P = a\sin t\cos t(\sin t + \cos t)$$

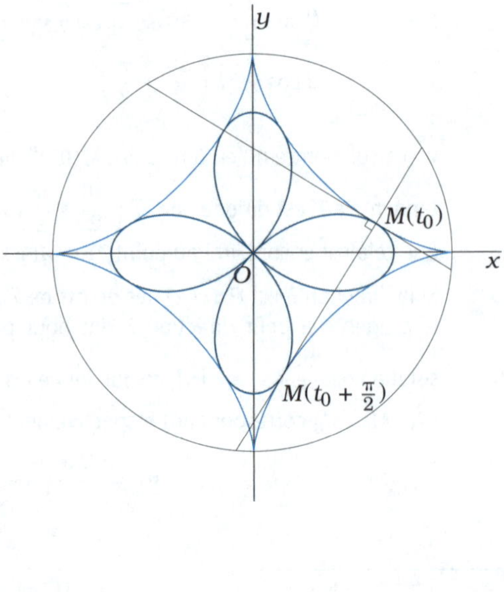

Pour vérifier que les deux courbes sont tangentes, il suffit de trouver un point $M(t_0)$ de $\mathscr{C}$ où la normale est tangente à $\mathscr{C}$ en un autre point.

La normale en $M(t)$ est :

$$\mathcal{N}_t \ : \ x\cos t - y\sin t - a\cos 2t = 0$$

L'identité $\mathcal{N}_t = \mathcal{T}_{t-\frac{\pi}{2}}$ conduit à $\tan 2t = 2$,

d'où $t_0 \equiv \frac{1}{2}\alpha + k\frac{\pi}{2}$ avec $\alpha = \text{Arctan}\, 2$

Ex. 11

Les courbes $\mathscr{C}_b$ et $\mathscr{C}_{-b}$ coïncident ($M_b(\theta+\pi) = M_{-b}(\theta)$). On suppose $b \geqslant 0$.

Ox étant axe de symétrie, on limite l'intervalle d'étude à $[0, \pi]$.

Un point d'inflexion de $\mathscr{C}_b$ correspond à un changement de signe de la fonction :

$$\varphi_b(\theta) = r^2 + 2r'^2 - r\,r'' = b^2 + 3ab\cos\theta + 2a^2$$

φ_b est décroissante sur $[0, \pi]$ et $\inf\limits_{[0,\pi]} \varphi_b(\theta) = \varphi_b(\pi) = b^2 - 3ab + 2a^2 = (b-a)(b-2a)$.

L'existence d'un point d'inflexion pour $\mathscr{C}_b$ exige : $a < b < 2a$.

Dans ces conditions, on exprime en fonction de b les coordonnées polaires du point d'inflexion :

$$\theta(b) = \operatorname{Arccos}\left(-\frac{b^2+2a^2}{3ab}\right) \quad , \quad r(b) = \frac{2(b^2-a^2)}{3b}$$

Le lieu cherché est la courbe Γ paramétrée par $b \mapsto P = O + r(b)\,\overrightarrow{u}(\theta(b))$, $b \in]a, 2a[$.

L'étude des variations des fonctions $b \mapsto r(b)$ et $b \mapsto \theta(b)$ permet de tracer la courbe Γ :

b	a		$a\sqrt{2}$		$2a$
$\cos\theta$	-1	$\nearrow$	$-\frac{2\sqrt{2}}{3}$	$\searrow$	-1
$\theta(b)$	π	$\searrow$	θ_0	$\nearrow$	π
$r(b)$	0	$\nearrow$	$\frac{a\sqrt{2}}{3}$	$\nearrow$	a

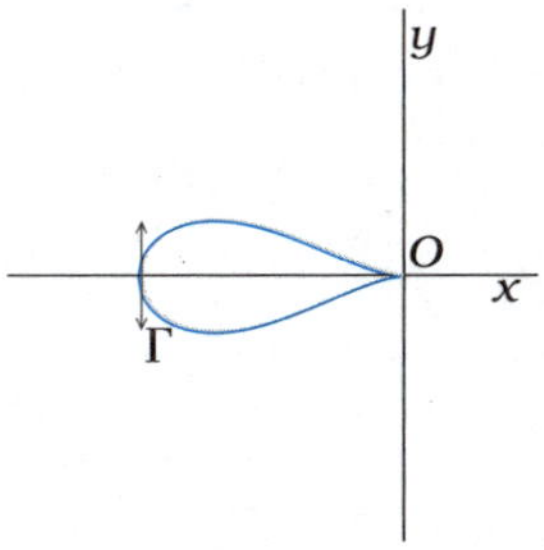

Les tangentes remarquables se justifient par $r(a) = 0$, $\theta'(a\sqrt{2}) = 0$, $\lim\limits_{b \to 2a} \theta'(b) = +\infty$.

Ex. 12

1) ▪ Intervalle d'étude : $[0, \pi]$, on complète la courbe par une réflexion d'axe Ox.

▪ Variations

$$x'(t) = -\sin t\left(2\sqrt{2}\cos t + 1\right) \quad , \quad y'(t) = 2\sqrt{2}\cos^2 t - \cos t - \sqrt{2}$$

t	0		t_1		t_0		t_2		π
x'	0	$-$		$-$	0	$+$		$+$	0
y'		$+$	0	$-$		$-$	0	$+$	
x		$\searrow$		$\searrow$		$\nearrow$	0	$\nearrow$	
y		$\nearrow$		$\searrow$		$\searrow$	0	$\nearrow$	

$$t_0 = \operatorname{Arccos}\left(-\frac{1}{2\sqrt{2}}\right)$$
$$t_1 = \operatorname{Arccos}\left(\frac{1+\sqrt{17}}{4\sqrt{2}}\right)$$
$$t_2 = \operatorname{Arccos}\left(\frac{1-\sqrt{17}}{4\sqrt{2}}\right)$$

▪ Valeurs numériques et dessin

$t_1 \approx 25,09°$, $t_0 \approx 110,70°$, $t_2 \approx 123,51°$

$x(0) \approx 2,41$ $\quad y(0) = 0$

$x(t_1) \approx 2,07$ $\quad y(t_1) \approx 0,12$

$x(t_0) \approx -0,18$ $\quad y(t_0) \approx -1,40$

$x(t_2) \approx -0,12$ $\quad y(t_2) \approx -1,48$

$x(\pi) \approx 0,41$

2) Points doubles

$$A\left(\frac{\sqrt{2}}{4}, -\frac{\sqrt{3}}{2\sqrt{2}}\right),\quad B\left(\frac{\sqrt{2}}{4}, \frac{\sqrt{3}}{2\sqrt{2}}\right),\quad C\left(\sqrt{2}, 0\right)$$

3) Si Ω est centre de rotation de $\mathscr{C}$, c'est le centre de gravité de ABC, c'est-à-dire le point de coordonnées $\left(\frac{\sqrt{2}}{2}, 0\right)$.

On effectue la translation des axes amenant l'origine en Ω ; par rapport au repère $(\Omega, \vec{i}, \vec{j})$ la représentation paramétrique complexe de $\mathscr{C}$ est $t \mapsto z(t) = \frac{\sqrt{2}}{2}e^{2it} + e^{-it}$.

En vérifiant que $z(t)e^{2i\frac{\pi}{3}} = z\left(t - \frac{2\pi}{3}\right)$ et $z(t)e^{4i\frac{\pi}{3}} = z\left(t + \frac{2\pi}{3}\right)$, on montre que $\mathscr{C}$ est invariante par les rotations $\mathscr{R}\left(\Omega, \frac{2\pi}{3}\right)$ et $\mathscr{R}\left(\Omega, \frac{4\pi}{3}\right)$.

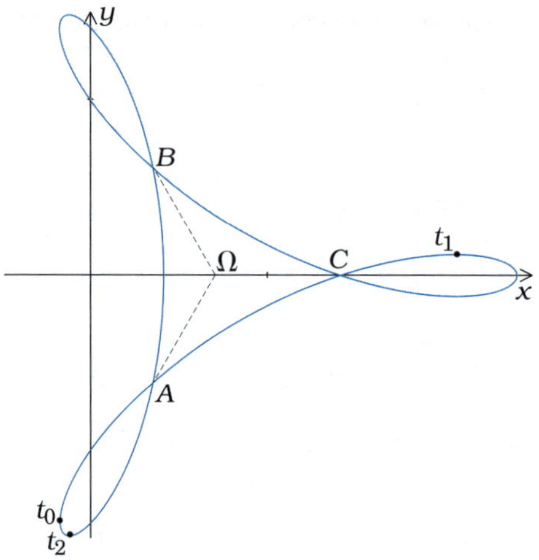

CHAPITRE

4 Réels Suites réelles

A. Le corps des réels

1. Propriétés générales

1.1 – Propriétés de la relation d'ordre

Sur le corps $\mathbb{R}$ des réels, on considère la relation d'ordre usuelle, notée $\leqslant$.

Propriétés usuelles

1) La relation d'ordre usuelle sur $\mathbb{R}$ est **totale**

Étant donné $(x, y) \in \mathbb{R}^2$, on a $x \leqslant y$ ou $y \leqslant x$.

2) La relation d'ordre est compatible avec l'addition.

Étant donné $(x, y, z) \in \mathbb{R}^3$, on a $x \leqslant y \Rightarrow x + z \leqslant y + z$.

3) La relation d'ordre est compatible avec la multiplication.

Étant donné $(x, y) \in \mathbb{R}^2$, on a $x \geqslant 0$ et $y \geqslant 0 \Rightarrow xy \geqslant 0$.

Pour résumer ces propriétés de la relation d'ordre sur $\mathbb{R}$, on dit que le corps $\mathbb{R}$ des réels est **totalement ordonné**.

1.2 – Propriété de la borne supérieure

Les corps usuels de nombres sont le corps $\mathbb{Q}$ des nombres rationnels, le corps $\mathbb{R}$ des nombres réels et le corps $\mathbb{C}$ des nombres complexes.

Cas des nombres complexes

On ne parle jamais de relation d'ordre sur le corps des nombres complexes.

Cependant, il en existe. Par exemple : étant donné z et z', on utilise les parties réelles et imaginaires de z et z', c'est-à-dire $z = x + iy$ et $z' = x' + iy'$, avec x, y, x' et y' réels.

On peut considérer la relation $\preceq$ entre éléments de $\mathbb{C}$ définie par :

$$z \preceq z' \quad \text{si et seulement si} \quad \begin{cases} x \leqslant x' \\ \text{ou} \\ x = x' \text{ et } y \leqslant y' \end{cases}$$

On vérifie aisément que :

- $z \preceq z'$ et $z' \preceq z \Rightarrow z = z'$,
- $z \preceq z'$ et $z' \preceq z'' \Rightarrow z \preceq z''$.
- et, pour tous z et z' dans $\mathbb{C}$, on a $z \preceq z'$ ou $z' \preceq z'$.

Ainsi $\preceq$ est une relation d'ordre total sur $\mathbb{C}$. Toutefois :

Propriété 1

Il n'y a sur $\mathbb{C}$ aucune relation d'ordre compatible avec les opérations sur $\mathbb{C}$. ✎ (1)

☞ Supposons que, sur $\mathbb{C}$, il y ait une relation d'ordre total compatible avec les opérations. et notons la $\leqslant$. Pour tout $z \in \mathbb{C}$, on a $0 \leqslant z$ ou $z \leqslant 0$, puisque la relation d'ordre est totale.

Par hypothèse, pour z et z' dans $\mathbb{C}$, on a $0 \leqslant z$ et $0 \leqslant z' \Rightarrow 0 \leqslant zz'$. ✎ (2)

En particulier, pour $0 \leqslant z$, on a $0 \leqslant z^2$, et, pour $z \leqslant 0$, on a $0 \leqslant -z$. ✎ (3) Alors $0 \leqslant (-z)^2$ donne $0 \leqslant z^2$.

Ainsi, pour une telle relation d'ordre, pour tout $z \in \mathbb{C}$, on a $0 \leqslant z^2$. ✎ (4)

On a donc en particulier $0 \leqslant i^2$, d'où $0 \leqslant -1$ soit $1 \leqslant 0$. Or $1 = 1^2$ et $0 \leqslant 1^2$ donne $0 \leqslant 1$.

On en déduit que $0 = 1$, ce qui prouve par l'absurde qu'il n'y a aucune relation d'ordre total sur $\mathbb{C}$ qui soit compatible avec les opérations.

✎ (1) Si on souhaite une relation d'ordre qui ne se limite pas à un simple classement mais qui soit compatible avec les opérations, le corps des complexes est à bannir.

✎ (2) Compatibilité avec la multiplication.

✎ (3) Compatibilité avec l'addition.

✎ (4) Tout carré est positif.

✎ (5) M n'est pas a priori un élément de A.

✎ (6) L'ensemble des majorants de A n'est pas vide.

Définition 1

Soit A une partie non vide de $\mathbb{Q}$ ou de $\mathbb{R}$.

a) M ✎ (5) est un **majorant** de A lorsque tout $a \in A$ vérifie $a \leqslant M$.
S'il existe un majorant pour A, on dit que A est **majorée**.

b) La **borne supérieure** d'une partie non vide et majorée ✎ (6) A est, s'il existe, le plus petit des majorants de A.

Caractérisation de la borne supérieure

Soit A une partie non vide de $\mathbb{R}$ ou $\mathbb{Q}$.

La borne supérieure α de A, si elle existe, est caractérisée par la conjonction des deux propriétés :

(1) pour tout $a \in A$, on a $a \leqslant \alpha$, (α est un majorant de A) ;

(2) pour tout réel $x < \alpha$, il existe $a \in A$ tel que $x < a$, (il n'existe pas de majorant de A strictement inférieur à A).

Minorant, borne inférieure

De façon analogue :

1) m est un minorant de A lorsque tout $a \in A$ vérifie $m \leqslant a$. Si A admet un minorant, on dit que A est minorée.
La borne inférieure d'une partie minorée A est, s'il existe, le plus grand des minorants de A

2) Notons $-A$ l'ensemble des opposés des éléments de A. Alors
- m est un minorant de A si et seulement si $-m$ est un majorant de $-A$.
- α est la borne inférieure de A si et seulement si $-\alpha$ est la borne supérieure de $-A$.

3) Soit A une partie non vide de $\mathbb{R}$ ou $\mathbb{Q}$. Sa borne infériere β, si elle existe, est caractérisée par :
- $\forall a \in A,\ \beta \leqslant a$ et
- pour tout $y > \beta$, il existe $a \in A$ tel que $y > a$.

✎ (7) Si la «borne supérieure» est utile, cela interdit de se limiter à l'ensemble des rationnels.

Propriété 2

Dans $\mathbb{Q}$, il existe des parties non vides et majorées qui n'ont pas de borne supérieure. ✎ (7)

☞ Soit $A = \{x \in \mathbb{Q},\ x \geqslant 0,\ x^2 < 2\}$. Montrer que A n'a pas de borne supérieure revient à montrer que $B = \{x \in \mathbb{Q},\ x \geqslant 0,\ x^2 \geqslant 2\}$ n'a pas de plus petit élément.

Étant donné $b \in B$, soit $n \in \mathbb{N}^*$ tel que $nb \geqslant 1$. (1)

$b - \dfrac{1}{n} \in B$ s'écrit $\left(b - \dfrac{1}{n}\right)^2 \geqslant 2$, ce qui équivaut à $\dfrac{2b}{n} - \dfrac{1}{n^2} \leqslant b^2 - 2$.

Pour cela, il suffit que $\dfrac{2b}{n} \leqslant b^2 - 2$, c'est-à-dire $n \geqslant \dfrac{2b}{b^2 - 2}$. (2)

Avec $n \in \mathbb{N}$ vérifiant (1) et (2), on voit que b n'est pas plus petit élément de B.

1.3 – Propriétés du corps des réels

Une propriété spécifique à $\mathbb{R}$

✎ (8) On dit aussi que $\mathbb{R}$ vérifie la propriété de la borne supérieure.

✎ (9) Cette propriété ne concerne, parmi les corps usuels de nombres, que le corps des réels.

Théorème 1

Toute partie non vide et majorée de $\mathbb{R}$ admet une borne supérieure. ✎ (8)
Pour $A \subset \mathbb{R}$, majorée, on note $\sup A$ la borne supériure de A.

Cette propriété est fondamentale. ✎ (9) Elle est admise.

C'est à rapprocher du fait que, dans $\mathbb{Z}$, toute partie non vide et majorée admet un plus grand élément.

Corollaire

Toute partie A non vide et minorée de $\mathbb{R}$ admet une borne inférieure, notée $\inf A$.

Théorème 2

Le corps $\mathbb{R}$ est **archimédien** : $\forall (x, y) \in \mathbb{R}_+^* \times \mathbb{R}_+, \ \exists p \in \mathbb{N}, \ y < px$ (1)

Il est équivalent de dire que, $\forall r \in \mathbb{R}_+^*, \ \exists p \in \mathbb{N}, \ r < p$ (2)

Il est également équivalent de dire que, $\forall s \in \mathbb{R}_+^*, \exists p \in \mathbb{N}, \ ps > 1$ **(3)**

☞ Soit $r > 0$ et considérons l'ensemble A des entiers naturels n tels que $n \leqslant r$.

A est une partie de $\mathbb{R}$ non vide ($0 \in A$) et majorée (par r), elle admet donc une borne supérieure β (dans $\mathbb{R}$).

Il existe $m \in A$ tel que $\beta - 1 < m$. ✎ (10) Ainsi, $p = m + 1$ est strictement plus grand que β. A étant majoré par β, p n'appartient pas à A. On en déduit $p > r$, ce qui prouve **(2)**.

✎ (10) β est le plus petit majorant de A donc $\beta - 1$ n'est pas un majorant.

2. Valeur absolue

Définition 2

Étant donné $x \in \mathbb{R}$, la **valeur absolue** de x est le réel $\sup\{x, -x\}$. On le note $|x|$.

Dans les propriétés 3, 4 et 5, x et y sont des réels quelconques.

Propriété 3

- $|-x| = |x|$
- $0 \leqslant |x| \qquad |x| = 0 \iff x = 0$
- $|x - y| = |y - x|$

Propriété 4

$|x.y| = |x| . |y| \quad , \quad \left|x^p\right| = |x|^p$ pour tout $p \in \mathbb{N}$.

Propriété 5

$|x + y| \leqslant |x| + |y| \quad , \quad \big||x| - |y|\big| \leqslant |x + y|$.

Définition 3

Étant donné x et y réels, on pose $d(x, y) = |x - y|$.
$d(x, y)$ est appelée la **distance** de x et y.

En conséquence des propriétés de la valeur absolue, on a :

- $\forall (x, y) \in \mathbb{R}^2, \ \ d(y, x) = d(x, y)$ ✎ (11)
- $\forall (x, y) \in \mathbb{R}^2, \ \ d(x, y) = 0 \iff x = y$ ✎ (12)
- $\forall (x, y, z) \in \mathbb{R}^3, \ \ d(x, z) \leqslant d(x, y) + d(y, z)$ ✎ (13)

✎ (11) d est symétrique.

✎ (12) d sépare les points.

✎ (13) C'est l'inégalité triangulaire.

Propriété 6

Étant donné $a \in \mathbb{R}$ et $k \in \mathbb{R}_+$, $d(x, a) \leqslant k$ équivaut à $x \in [a - k, a + k]$.

Notation 1

Étant donné $x \in \mathbb{R}$, on pose $x^+ = \sup\{x, 0\}$ et $x^- = \sup\{-x, 0\}$.

Propriété 7

Quel que soit x réel, $\quad |x| = x^+ + x^-, \quad x = x^+ - x^-, \quad x^+ = \dfrac{1}{2}(|x| + x)$.

Quels que soient les réels x et y,

- $\sup\{x, y\} = \dfrac{1}{2}(x + y + |x - y|)$
- $\inf\{x, y\} = \dfrac{1}{2}(x + y - |x - y|)$

3. Partie entière

Propriété 8

Étant donné x réel, il existe un unique entier relatif p tel que $p \leqslant x < p+1$.

☞ a) Si p existe, c'est nécessairement le plus grand élément de $A = \{n \in \mathbb{Z},\ n \leqslant x\}$, ce qui assure son unicité. ✎ (14)

b) L'ensemble $A = \{n \in \mathbb{Z},\ n \leqslant x\}$ est non vide : c'est immédiat si $x \geqslant 0$ et, pour $x < 0$, on utilise $m \in \mathbb{N}$, $m > -x$ dont l'existence est assurée par la propriété d'Archimède.

A est majoré par x.

L'existence d'un entier plus grand que x (propriété d'Archimède) montre que A est une partie majorée de $\mathbb{Z}$. Elle admet donc un plus grand élément p, et cet élément vérifie $p \leqslant x < p+1$.

✎ (14) C'est un raisonnement par analyse-synthèse.
- Analyse : si p existe, ce ne peut être que le plus grand élément de A.
- Synthèse : on montre que A admet un plus grand élément p et que celui-ci vérifie : $p \leqslant x < p+1$.

Définition 4

L'entier p, introduit dans la propriété 8, est appelé la **partie entière** de x et on le note $E(x)$. La **partie décimale** de x est $x - E(x)$. On la note $[x]$.

Propriété 9

Étant donné x réel,
- $x = E(x) \iff x \in \mathbb{Z}$;
- pour tout $p \in \mathbb{Z}$, $E(x+p) = E(x) + p$.

Propriété 10

L'application «partie entière», de $\mathbb{R}$ dans $\mathbb{Z}$, est croissante. ✎ (15)

✎ (15) Elle n'est pas strictement croissante : par exemple, $E(3{,}7) < E(4{,}1)$ mais $E(3{,}7) = E(3{,}82)$.

Propriété 11

Quel que soit $(x, y) \in \mathbb{R}_+^* \times \mathbb{R}$, il existe un unique entier relatif n tel que $0 \leqslant y - nx < x$.

☞ Cela s'écrit aussi : $n \leqslant \dfrac{y}{x} < n+1$; il s'agit de $E\left(\dfrac{y}{x}\right)$.

Propriété 12

Étant donné $a \in \mathbb{R}_+^*$, tout nombre réel x s'écrit d'une manière et d'une seule sous la forme :

$$x = na + y, \quad \text{avec } n \in \mathbb{Z} \text{ et } 0 \leqslant y < a.$$

Définition 5

Étant donné $a \in \mathbb{R}_+^*$ et $(x, y) \in \mathbb{R}^2$, on dit que x est **congru à y modulo a** lorsqu'il existe $n \in \mathbb{Z}$ tel que :

$$x - y = na \quad \text{et on note} \quad x \equiv y \bmod a.$$

Exemple 1 Pour tout $x \in \mathbb{R}$ et tout $n \in \mathbb{N}^*$, montrer les relations :

a) $0 \leqslant E(nx) - nE(x) \leqslant n-1$;

b) $E\left(\dfrac{1}{n}E(nx)\right) = E(x)$.

a) On a $E(x) \leqslant x < E(x)+1$. Il s'ensuit $nE(x) \leqslant nx < nE(x) + n$.

La définition de la partie entière donne alors $nE(x) \leqslant E(nx)$ et $E(nx) < nE(x) + n$ puisque $nE(x) + n$ est un entier. Le résultat annoncé en résulte.

b) De l'inégalité a), on déduit $E(x) \leqslant \dfrac{1}{n}E(nx) \leqslant E(x) + 1 - \dfrac{1}{n}$.

En prenant la partie entière de chacun des trois termes, il vient $E\left(\dfrac{1}{n}E(nx)\right) = E(x)$.

4. Densité de $\mathbb{Q}$ et de $\mathbb{R}\backslash\mathbb{Q}$ dans $\mathbb{R}$

4.1 – Intervalles de $\mathbb{R}$

Définition 6

Étant donné a et b réels, le **segment** $[a, b]$ est l'ensemble des réels compris (au sens large) entre a et b.

Si $a \leqslant b$, $[a, b] = \{t \in \mathbb{R},\ a \leqslant t \leqslant b\}$.

Dans le cas où $a = b$, $[a, a] = \{a\}$.

Définition 7

Étant donné une partie $I \subset \mathbb{R}$, on dit que I est un **intervalle** lorsque :

$$\forall (x, y) \in I^2,\ [x, y] \subset I.$$

Propriété 13

Une partie $I \subset \mathbb{R}$ est un intervalle de $\mathbb{R}$ si et seulement si :

$$\forall (x, y) \in I^2,\ \forall t \in [0, 1],\ (1-t)x + y \in I$$

a) Supposons que I est un intervalle et considérons $(x, y) \in I^2$.

On peut supposer $x \leqslant y$. Pour $t \in \mathbb{R}$, on a $(1-t)x + ty = x + (y-x)t$.

Avec $0 \leqslant t \leqslant 1$ et $y - x \geqslant 0$, il vient $x \leqslant x + (y-x)t \leqslant y$ d'où $(1-t)x + ty \in I$.

b) Supposons que $\forall (x, y) \in I^2,\ \forall t \in [0, 1],\ (1-t)x + y \in I$, et considérons $(x, y) \in I^2$, en supposant $x < y$.

Étant donné $u \in [x, y]$, posons $t = \dfrac{u-x}{y-x}$. On a $0 \leqslant t \leqslant 1$ et avec $1 - t = \dfrac{y-u}{y-x}$,

il vient $(1-t)x + ty = \dfrac{(y-u)x}{y-x} + \dfrac{(u-x)y}{y-x} = u$ et donc $u \in I$.

Propriété 14

L'ensemble des intervalles de $\mathbb{R}$ est constitué par :

- $\varnothing$ ainsi que $\mathbb{R}$ lui-même,

et, avec a et b réels

- $[a, +\infty[= \{x \in \mathbb{R},\ x \geqslant a\}$ ▪ $]-\infty, b] = \{x \in \mathbb{R},\ x \leqslant b\}$ (fermés non bornés)
- $]a, +\infty[= \{x \in \mathbb{R},\ x > a\}$ ▪ $]-\infty, b[= \{x \in \mathbb{R},\ x < b\}$ (ouverts non bornés)

et, avec a et b réels, $a < b$,

- le segment $[a, b]$ (fermé, borné)
- $]a, b[= \{x \in \mathbb{R},\ a < x < b\}$ (ouvert, borné)
- $[a, b[= \{x \in \mathbb{R},\ a \leqslant x < b\}$ ▪ $]a, b] = \{x \in \mathbb{R},\ a < x \leqslant b\}$ (semi-ouverts bornés)

Propriété 15

Toute intersection d'intervalles est un intervalle. [16]

[16] C'est immédiat à partir de la définition **7**. Cependant, ne pas oublier que $\varnothing$ est un intervalle et que l'intersection d'une famille vide de sous-ensembles de $\mathbb{R}$ est $\mathbb{R}$ lui-même.

Propriété 16

Étant donné a et b réels, $a < b$, soit I l'un des intervalles bornés $[a, b]$, $]a, b]$, $[a, b[$ ou $]a, b[$.

On a alors $\sup \left\{ |x-y| \,/ (x, y) \in I^2 \right\} = b - a$.

Le réel $b - a$ est appelé longueur de l'intervalle I.

4.2 – Réels, rationnels et irrationnels

Propriété 17

Quels que soient x et y réels, $x < y$, il existe $r \in \mathbb{Q}$ tel que $x < r < y$. ✎ (17)

✎ (17) Entre deux réels quelconques distincts, il y a au moins un rationnel.

☞ a) Analyse. Si $\frac{q}{p} \in \mathbb{Q}$, avec $(q, p) \in \mathbb{Z} \times \mathbb{N}^*$, vérifie $x < \frac{q}{p} < y$, alors $px < q < py$. Pour que l'intervalle $]px, py[$ contienne un entier, il suffit que sa longueur $py - px$ soit strictement plus grande que 1.

b) Existence. Avec $y - x > 0$, il existe $p \in \mathbb{N}^*$ tel que $p(y - x) > 1$ (propriété d'Archimède), c'est-à-dire $0 < \frac{1}{p} < y - x$.

Posons $q = E(px)$; on a alors $q \leqslant px < q + 1$ donc $\frac{q}{p} \leqslant x < \frac{q}{p} + \frac{1}{p}$.

Avec $\frac{q}{p} \leqslant x$ et $\frac{1}{p} < y - x$, on obtient $\frac{q}{p} + \frac{1}{p} < y$.

En conclusion, le rationnel $\frac{q+1}{p}$ est strictement compris entre x et y.

Propriété 18

Quels que soient x et y rationnels, $x < y$, il existe $r \in \mathbb{R} \setminus \mathbb{Q}$ tel que $x < r < y$.

☞ Soit $r = \frac{x + y\sqrt{2}}{1 + \sqrt{2}}$. Il est immédiat que $x < r < y$.

Et r n'est pas rationnel, sinon $\sqrt{2} = \frac{r - x}{y - r}$ serait lui-même rationnel.

Propriété 19

Entre deux réels distincts, il existe une infinité de rationnels et aussi une infinité d'irrationnels.

☞ Soit x et y des réels distincts. Entre x et y, il y a au moins un rationnel (propriété 17).
Supposons qu'il y ait au moins n rationnels distincts entre x et y, par exemple :

$$x < r_1 < \ldots < r_n < y$$

Entre r_n et y, il y a au moins un rationnel r : $x < r_1 < \ldots < r_n < r < y$.
Il y a donc au moins $n + 1$ rationnels entre x et y.
On a ainsi prouvé qu'il y a une infinité de rationnels entre x et y.
Avec la propriété 18 on en déduit qu'il y a aussi une infinité d'irrationnels entre x et y.

Définition 8

Soit A une partie de $\mathbb{R}$. On dit que A est **dense** dans $\mathbb{R}$ lorsque :

$$\forall (u, v) \in \mathbb{R}^2, \ u < v \ \Rightarrow \ A \cap]u, v[\neq \varnothing$$

Il est équivalent de dire que, pour tout x réel et pour tout $\varepsilon > 0$, $A \cap]x - \varepsilon, x + \varepsilon[\neq \varnothing$.

Théorème 3

$\mathbb{Q}$ et $\mathbb{R} \setminus \mathbb{Q}$ sont denses dans $\mathbb{R}$.

4.3 – Extension

Définition 9

Soit I un intervalle de $\mathbb{R}$, une partie A de I est dite dense dans I lorsque :

$$\forall (u, v) \in I^2, \ A \cap]u, v[\neq \varnothing.$$

Exemple : $Q \cap]0, 1[$ est dense dans $[0, 1]$.

B. Sous-groupes de $(\mathbb{R},+)$

Les notions exposées dans ce paragraphe sont données à titre de complément au programme.

Définition 10

Soit G un sous-groupe du groupe additif $(\mathbb{R}, +)$. Il est qualifié de :

a) **discret** lorsqu'il existe $a \in \mathbb{R}$ tel que $G = a \cdot \mathbb{Z} = \{na/n \in \mathbb{Z}\}$;

b) **dense** lorsque l'ensemble de ses éléments est une partie dense dans $\mathbb{R}$.

Théorème 4

Tout sous-groupe de $(\mathbb{R}, +)$ est soit dense soit discret.

Le sous-groupe réduit à $\{0\}$ est discret : $\{0\} = 0 \cdot \mathbb{Z}$.

Dans la suite, nous supposons $G \neq \{0\}$.

$G \cap \mathbb{R}^*$ est alors non vide ; puisque l'opposé de tout élément de G est encore dans G, l'ensemble $A = G \cap \mathbb{R}_+^*$ et non vide et minoré par 0.

Considérons $a = \inf A$. Deux cas se présentent : $a = 0$ et $a > 0$.

a) Supposons $a = 0$.

Étant donné u et v réels, avec $u < v$, on a $v - u > 0$ donc $v - u$ ne minore plus A et il existe $x \in A$ tel que $x < v - u$. Posons $n = E\left(\dfrac{u}{x}\right)$: $n \leqslant \dfrac{u}{x} < n + 1$. ✎ (18)

✎ (18)

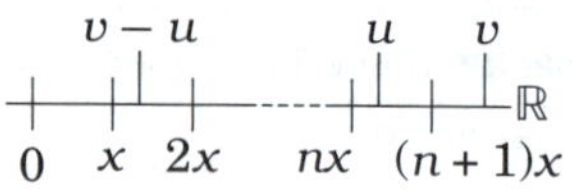

Il vient alors $u - x < nx \leqslant u$ ou encore $u < (n+1)x \leqslant u + x$ et donc $u < (n+1)x < v$.

Il reste à remarquer que, puisque G est un groupe additif, $(n+1)x$ appartient à G pour conclure que G est dense dans $\mathbb{R}$.

b) Supposons $a > 0$.

Si a n'appartient pas à G, pour tout $\varepsilon > 0$, il existe $x \in A$ tel que $a < x < a + \varepsilon$.

Avec le choix de $\varepsilon = a$, il existe $b \in A$ tel que $a < b < 2a$.

Puis, avec le choix de $\varepsilon = b - a$, il existe $c \in A$ tel que $a < c < b$.

G étant un groupe additif, le réel $b - c$ appartient à G

et puisqu'il est strictement positif, c'est un élément de A.

Alors $b - c < a$ est en contradiction avec le fait que a est minorant de A.

On est ainsi assuré que a appartient à A et donc que $a \cdot \mathbb{Z}$ est inclus dans G.

Soit maintenant un élément x quelconque de G. Posons $p = E\left(\dfrac{x}{a}\right)$.

On a $0 \leqslant x - pa < a$. Or $x - pa$ est dans G.

Comme a est le plus petit élément strictement positif de G, on obtient $x - pa = 0$, donc $x = pa \in a \cdot \mathbb{Z}$. Il en résulte $G \subset a \cdot \mathbb{Z}$.

Ainsi $G = a \cdot \mathbb{Z}$, c'est-à-dire que G est un sous-groupe discret.

C. Suites réelles

✎ (19) On donne dans cette partie les définitions générales concernant les suites dans un corps $\mathbb{K}$ afin de pouvoir étudier :
– les suites réelles de ce chapitre,
– mais aussi les suites complexes dans le chapitre 7.

1. Suites dans un corps ✎ (19)

$\mathbb{K}$ désigne un corps, dont les éléments sont appelés des **scalaires**.

Définition 11

On appelle **suite dans** $\mathbb{K}$ toute application de $\mathbb{N}$ dans $\mathbb{K}$.
L'ensemble des suites dans $\mathbb{K}$ est noté $\mathbb{K}^{\mathbb{N}}$.

Notation 2

Une suite dans $\mathbb{K}$ est notée : $\begin{cases} \mathbb{N} & \to & \mathbb{K} \\ n & \mapsto & x_n \end{cases}$ ou $(x_n)_{\mathbb{N}}$ ou encore (x_n). ✎ (20)
Une suite dans $\mathbb{K}$ définie à partir du rang $n_0 \in \mathbb{N}$ est une application de $\mathbb{N} \cap [n_0\,, +\infty[$ dans $\mathbb{K}$. On la note $(y_n)_{n \geqslant n_0}$.
Une telle suite se ramène à une suite $(x_n)_{\mathbb{N}}$ en posant $\forall n \in \mathbb{N},\ x_n = y_{n+n_0}$.

✎ (20) Pour $f \in \mathbb{K}^{\mathbb{N}}$, l'image par f d'un élément $n \in \mathbb{N}$ est en général notée $f(n)$. Pour désigner une suite, on utilise souvent les lettres x, y... et on note x_n à la place de $x(n)$.

Notation 3

Étant donné une suite $(x_n)_{\mathbb{N}}$, on note $X = \{x_n,\ n \in \mathbb{N}\}$.

Définition 12

La **somme de deux suites** (x_n) et (y_n) est la suite (s_n) définie par :
$$\forall n \in \mathbb{N},\ s_n = x_n + y_n$$

On note $(s_n) = (x_n) + (y_n)$ et on définit ainsi une **addition** dans $\mathbb{K}^{\mathbb{N}}$.

Définition 13

Le **produit de deux suites** (x_n) et (y_n) est la suite (p_n) définie par :
$$\forall n \in \mathbb{N},\ p_n = x_n y_n$$

On note $(p_n) = (x_n).(y_n)$ et on définit ainsi une **multiplication** dans $\mathbb{K}^{\mathbb{N}}$.

Remarque

Les addition et multiplication dans $\mathbb{K}^{\mathbb{N}}$ sont notées comme celles de $\mathbb{K}$.

Définition 14

Le **produit d'une suite** (x_n) **par un scalaire** λ est la suite $\lambda(x_n) : n \mapsto \lambda x_n$.

Propriété 20

L'ensemble $\mathbb{K}^{\mathbb{N}}$, muni de l'addition et de la multiplication définies ci-dessus, est un anneau commutatif.

- L'élément neutre de l'addition est la suite (θ_n) telle que $\theta_n = 0$ pour tout $n \in \mathbb{N}$. ✎ (21)
- L'élément unité est la suite (μ_n) telle que $\mu_n = 1$ pour tout $n \in \mathbb{N}$.
- Une suite (x_n) est inversible lorsque $0 \notin X$.

Son inverse est la suite (y_n) telle que $y_n = \dfrac{1}{x_n}$ pour tout $n \in \mathbb{N}$.

✎ (21) (θ_n) est appelée la suite nulle.

Propriété 21

L'ensemble $\mathbb{K}^{\mathbb{N}}$, muni de l'addition et du produit par un scalaire définis ci-dessus, est un $\mathbb{K}$-espace vectoriel.

☞ Étant donné un ensemble E et un corps $\mathbb{K}$, l'ensemble $\mathbb{K}^E$ est un $\mathbb{K}$-espace vectoriel. ✎ (22)

✎ (22) C'est un exemple de référence : voir Algèbre-Géométrie, chapitre **8**.

2. Suites réelles bornées

Définition 15

Une suite (x_n) de $\mathbb{R}$ est dite :

a) **majorée** lorsque X est majoré, c'est-à-dire $\exists M \in \mathbb{R},\ \forall n \in \mathbb{N},\ x_n \leqslant M$;

b) **minorée** lorsque X est minoré, c'est-à-dire $\exists m \in \mathbb{R},\ \forall n \in \mathbb{N},\ x_n \geqslant m$;

c) **bornée** lorsqu'elle est à la fois majorée et minorée.

On note $\mathcal{B}(\mathbb{R})$ l'ensemble des suites réelles bornées.

Propriété 22

Une suite (x_n) est bornée si et seulement si $\exists A > 0,\ \forall n \in \mathbb{N}, |x_n| \leqslant A$.

☞ a) Si $\exists A > 0,\ \forall n \in \mathbb{N},\ |x_n| \leqslant A,$ alors (x_n) est majorée par A et minorée par $-A$.

b) Si (x_n) est majorée par M, elle est majorée par $|M|$.

Si (x_n) est minorée par m, la suite $(-x_n)$ est majorée par $-m$ et donc par $|m|$.

Ainsi, la suite $(|x_n|)$ est majorée par $\sup(|m|, |M|)$.

Théorème 5

$\mathcal{B}(\mathbb{R})$ est un sous-espace vectoriel et un sous-anneau de $\mathbb{R}^{\mathbb{N}}$.

☞ $\mathcal{B}(\mathbb{R})$ est non vide car il contient la suite nulle. D'autre part, il est immédiat que la somme et le produit de suites bornées est une suite bornée et que le produit par un scalaire d'une suite bornée est une suite bornée. Et enfin, $\mathcal{B}(\mathbb{R})$ contient la suite unité (μ_n). ✎ [23]

✎ [23] $\forall n \in \mathbb{N}, \mu_n = 1.$

3. Suites convergentes – Limite d'une suite convergente

Définition 16

Une suite (x_n) de $\mathbb{R}$ **converge vers** $a \in \mathbb{R}$ lorsque :

$$\forall \varepsilon > 0,\ \exists p \in \mathbb{N},\ \forall n \geqslant p,\ |x_n - a| \leqslant \varepsilon$$ ✎ [24]

✎ [24] L'écart entre x_n et a peut être rendu aussi petit que l'on veut, en prenant p suffisamment grand.

Théorème 6

Une suite (x_n) de $\mathbb{R}$ converge vers a si et seulement si la suite $(x_n - a)$ converge vers 0.

Définition 17

Une suite réelle (x_n) est **convergente** lorsqu'il existe $a \in \mathbb{R}$ tel que la suite (x_n) converge vers a.

Une suite non convergente est dite **divergente**.

Notation 4

On note $\mathcal{C}_a(\mathbb{R})$ l'ensemble des suites réelles convergeant vers a.

On note $\mathcal{C}(\mathbb{R})$ l'ensemble des suites réelles qui sont convergentes : $\mathcal{C}(\mathbb{R}) = \bigcup_{a \in \mathbb{R}} \mathcal{C}_a$.

On note $\mathcal{C}_a$ ou $\mathcal{C}$ au lieu de $\mathcal{C}_a(\mathbb{R})$ ou $\mathcal{C}(\mathbb{R})$ lorsqu'il n'y a pas d'ambiguïté.

✎ (25) On dit que c'est le théorème d'unicité de la limite (quand elle existe).

Théorème 7

Si une suite converge vers a et vers a', alors $a = a'$. ✎ (25)

☞ Supposons $(x_n) \in \mathcal{C}_a \cap \mathcal{C}_{a'}$. Pour tout $\varepsilon > 0$, il existe p_1 et p_2 tels que :

$$\forall n \geqslant p_1, |x_n - a| \leqslant \varepsilon \text{ et } \forall n \geqslant p_2, |x_n - a'| \leqslant \varepsilon$$

Soit $p = \sup\{p_1, p_2\}$. On a $\forall n \geqslant p, |a - a'| \leqslant |(x_n - a) - (x_n - a')|$.

Ainsi, $\forall \varepsilon > 0$, $|a - a'| \leqslant 2\varepsilon$ et donc $a = a'$. ✎ (26)

✎ (26) $|a-a'|$ est élément de $\mathbb{R}_+$ donc la proposition :

$\forall \varepsilon > 0, |a-a'| \leqslant 2\varepsilon$

montre que c'est le plus petit élément de $\mathbb{R}_+$.

✎ (27) Cette notion trouve sa justification dans le théorème 7.

Définition 18

Soit (x_n) une suite convergeant vers a. On dit que a est **la limite** de la suite (x_n). ✎ (27)

Notation 5

Si (x_n) est une suite de $\mathbb{R}$ convergeant vers a, on note :

$$a = \lim(x_n) \text{ ou } a = \lim x_n \text{ ou } a = \lim_{n \to +\infty} x_n$$

Théorème 8

(x_n) converge vers 0 si et seulement si la suite $(|x_n|)$ converge vers 0.

Théorème 9

Si la suite (y_n) converge vers 0 et si quel que soit $n \in \mathbb{N}$, $|x_n| \leqslant |y_n|$, alors la suite (x_n) converge vers 0.

Théorème 10

Toute suite convergente est bornée.

☞ Soit (x_n) une suite convergente et $a \in \mathbb{R}$ sa limite.

$$\exists p \in \mathbb{N}, \forall n \in \mathbb{N}, n > p \Rightarrow a - 1 \leqslant x_n \leqslant a + 1$$

L'ensemble $\{|x_n|, n > p\}$ est majoré par $1 + |a|$.

L'ensemble des $|x_n|$ est alors majoré par $1 + |a| + \sup\{|x_n|, 0 \leqslant n \leqslant p\}$.

Théorème 11

Caractérisation des bornes supérieures (resp. inférieures)

Soit A une partie majorée (resp. minorée) non vide de $\mathbb{R}$ et a un réel, les propositions suivantes sont équivalentes :

(1) $a = \sup A$ (resp. $a = \inf A$) ;

(2) $\begin{cases} \forall x \in A, \ x \leqslant a \quad \text{(resp. } a \leqslant x\text{)} ; \\ \text{il existe } (x_n) \text{ suite de points de } A \text{ telle que } a = \lim x_n. \end{cases}$

☞ **(1) ⇒ (2)**

Si $a = \sup A$, a majore A donc $\forall x \in A, x \leqslant a$. ✎ (28)

De plus, a est le plus petit majorant de A, donc $\forall n \in \mathbb{N}$ il existe $x_n \in A$ tel que :

$$a - \frac{1}{n+1} < x_n \leqslant a \text{ ✎ (29)}$$

Avec $0 \leqslant a - x_n < \dfrac{1}{n+1}$, il est clair que $\lim x_n = a$.

(2) ⇒ (1)

a est par hypothèse un majorant de A.

Puisque $\lim x_n = a$, à tout $\varepsilon > 0$, on peut associer $p \in \mathbb{N}$ tel que :

$$\text{pour tout } n \geqslant p, \ a - \varepsilon < x_n \leqslant a$$

Ceci prouve que a est le plus petit majorant de A.

✎ (28) On fait la démonstration dans le cas de la borne supérieure, l'autre cas s'y ramène en considérant la partie $-A$ et le réel $-a$.

✎ (29) Quel que soit $n \in \mathbb{N}$, $a - \frac{1}{n+1}$ n'est plus un majorant de A.

Théorème 12

Caractérisation des parties denses

Soit I un intervalle de $\mathbb{R}$ et A une partie de I. Les propositions suivantes sont équivalentes :

(1) A est dense dans I ;

(2) tout élément de I est limite d'une suite de point de A.

☞ **(1) ⇒ (2)**

Soit $x \in I$, pour tout $n \in \mathbb{N}$, il existe $x_n \in A$ tel que $x - \dfrac{1}{n+1} < x_n < x + \dfrac{1}{n+1}$. ✎ (30)

✎ (30) Voir définition 8.

Alors $0 \leqslant |x_n - x| < \dfrac{1}{n+1}$ et il vient $\lim x_n = x$.

(2) ⇒ (1)

Soit $(x, y) \in I^2$ avec $x < y$, posons $z = \dfrac{x+y}{2}$ et $\varepsilon = \dfrac{1}{2}(y - x) > 0$.

Il existe (z_n) suite de points de A telle que $z = \lim z_n$, donc à $\varepsilon > 0$, on peut associer p tel que, pour tout $n \geqslant p$, $|z - z_n| < \varepsilon$ et avec le choix de ε, cela donne $x < z_n < y$. On a donc bien $]x, y[\cap A \neq \emptyset$.

4. Opérations sur les suites réelles convergentes

Théorème 13

Si (x_n) est une suite de limite 0 et (y_n) une suite bornée, alors la suite $(x_n y_n)$ converge vers 0.

☞ Il existe $M \in \mathbb{R}_+^*$ tel que $\forall n \in \mathbb{N}$, $|y_n| \leqslant M$ et pour tout $\varepsilon > 0$, il existe $p \in \mathbb{N}$ tel que, quel que soit $n \geqslant p$, $|x_n| \leqslant \dfrac{\varepsilon}{M}$. Ainsi, quel que soit $n \geqslant p$, on a $|x_n y_n| \leqslant \varepsilon$ d'où la conclusion.

Théorème 14

Étant donné (x_n) et (y_n) des suites convergeant vers a et b respectivement

a) la suite $(x_n) + (y_n)$ converge vers $a + b$:

$$a = \lim x_n \ , \ b = \lim y_n \ \Rightarrow \ a + b = \lim (x_n + y_n)$$

b) pour tout λ réel la suite $\lambda (x_n)$ converge vers λa :

$$a = \lim x_n \ , \ \lambda \in \mathbb{R} \ \Rightarrow \ \lambda a = \lim (\lambda x_n)$$

c) la suite $(x_n) \cdot (y_n)$ converge vers ab :

$$a = \lim x_n \ , \ b = \lim y_n \ \Rightarrow \ ab = \lim (x_n y_n)$$

☞ a) Pour tout $\varepsilon > 0$, il existe $p \in \mathbb{N}$ tel que, pour tout $n \geqslant p$:

$$|x_n - a| \leqslant \frac{\varepsilon}{2} \quad \text{et} \quad |y_n - b| \leqslant \frac{\varepsilon}{2}$$

donc $\left|(x_n + y_n) - (a + b)\right| \leqslant |x_n - a| + |y_n - b| \leqslant \varepsilon$.

Ainsi $(x_n + y_n)$ converge vers $a + b$.

b) Formons $\lambda x_n - \lambda a = \lambda(x_n - a)$, le résultat découle du théorème 13 avec $\lim (x_n - a) = 0$ et la suite constante de valeur λ.

c) Formons $x_n y_n - ab = x_n(y_n - b) + b(x_n - a)$.

- D'après le théorème 10, la suite (x_n) est bornée donc, avec le théorème 13 et $\lim (y_n - b) = 0$, il vient $\lim x_n (y_n - b) = 0$.
- D'après le b), on a $\lim b(x_n - a) = 0$.
- Enfin, le a) donne $\lim x_n (y_n - b) + b(x_n - a) = 0$.

Théorème 15

Étant donné une suite (x_n) de limite $a \in \mathbb{R}$, la suite $(|x_n|)$ converge vers $|a|$.

☞ On a $\big| |x_n| - |a| \big| \leqslant |x_n - a|$ et $\lim (x_n - a) = 0$, la conclusion résulte du théorème 9.

Théorème 16

Soit (x_n) une suite inversible de limite $a \neq 0$. Alors la suite $\left(\frac{1}{x_n}\right)$ converge vers $\frac{1}{a}$.

☞ Pour tout $n \in \mathbb{N}$, $\frac{1}{x_n} - \frac{1}{a} = \frac{a - x_n}{a x_n}$.

Pour tout $\varepsilon > 0$, il existe $p \in \mathbb{N}$ tel que, pour tout $n \geqslant p$, $|x_n - a| \leqslant \varepsilon$.

Puisque la suite $|x_n|$ converge vers $|a|$ et que $\frac{|a|}{2}$ est strictement positif, il existe $r \in \mathbb{N}$ tel que, pour tout $n \geqslant r$, $|x_n - a| \leqslant \frac{|a|}{2}$ donc $|x_n| \geqslant \frac{|a|}{2}$. ✎ (31)

✎ (31) $\big||x_n| - |a|\big| \leqslant |x_n - a| \leqslant \frac{|a|}{2}$.

On en déduit que, pour tout $n \geqslant \sup\{p, r\}$, $\left|\frac{a - x_n}{a x_n}\right| \leqslant \frac{2\varepsilon}{a^2}$.

5. Limites et relation d'ordre

Propriété 23

Soit (x_n) une suite convergente de limite $a > 0$, alors $\exists p \in \mathbb{N},\ \forall n \geqslant p,\ x_n > 0$.

☞ Avec $\frac{a}{2} > 0$, la définition de la convergence vers a nous donne :

$$\exists p \in \mathbb{N},\ \forall n \geqslant p,\ |x_n - a| < \frac{a}{2} \text{ d'où } x_n > a - \frac{a}{2} = \frac{a}{2} > 0$$

Propriété 24

Soit des suites (x_n) et (y_n) convergentes, de limites respectives a et b, alors :

$$(\forall n \in \mathbb{N},\ x_n \leqslant y_n) \Rightarrow a \leqslant b$$

☞ Supposons $a > b$. On a donc $\frac{a-b}{2} > 0$.

La convergence de (x_n) vers a et (y_n) vers b donne :

$$\exists n_1 \in \mathbb{N}, \forall p \geqslant n_1\ |x_p - a| < \frac{a-b}{2} \text{ et } \exists n_2 \in \mathbb{N}, \forall p \geqslant n_2\ |y_p - b| < \frac{a-b}{2}$$

Pour $p \geqslant \sup\{n_1, n_2\}$, on a donc :

$$x_p > a - \frac{a-b}{2} \text{ et } y_p < b + \frac{a-b}{2} \text{ c'est-à-dire } y_p < \frac{a+b}{2} < x_p$$

ce qui est en contradiction avec l'hypothèse.

Théorème 17

Soit (a_n), (b_n) et (x_n) telles que :

(1) $\forall n \in \mathbb{N},\ a_n \leqslant x_n \leqslant b_n$;

(2) les suites (a_n) et (b_n) sont convergentes et de même limite ℓ.

Alors (x_n) est convergente et $\lim x_n = \ell$. ✎ (32)

✎ (32) Ce résultat est en général appelé le **« théorème d'encadrement »**.

☞ $\lim a_n = \lim b_n = \ell$ donne $\lim (b_n - a_n) = 0$ (théorème 14) donc, avec $|x_n - a_n| \leqslant |b_n - a_n|$, il vient $\lim (x_n - a_n) = 0$ (théorème 9).

On conclut, encore avec le théorème 14, en écrivant $x_n = x_n - a_n + a_n$.

Exemple 2 Montrer que la suite (u_n), définie par $u_n = \sum_{k=1}^{n} \frac{n+k}{n^2+k}$, est convergente. ✎ (33)

✎ (33) Le symbole $\sum$ est d'usage courant en analyse. On pourra en trouver la définition et les principales propriétés dans le chapitre 5 d'Algèbre-Géométrie.

Pour tout $n \in \mathbb{N}^*$ et pour tout entier k, $1 \leqslant k \leqslant n$, on utilise :

$$\frac{n+k}{n^2+n} \leqslant \frac{n+k}{n^2+k} \leqslant \frac{n+k}{n^2} \quad \text{et} \quad \sum_{k=1}^{n}(n+k) = n^2 + \frac{n(n+1)}{2}$$

En posant $a_n = \sum_{k=1}^{n} \frac{n+k}{n^2+n}$, il vient $a_n = \frac{n}{n+1} + \frac{1}{2}$ et la suite (a_n) converge vers $\frac{3}{2}$.

En posant $b_n = \sum_{k=1}^{n} \frac{n+k}{n^2}$, il vient $b_n = \frac{3}{2} + \frac{1}{2n}$ et la suite (b_n) converge vers $\frac{3}{2}$.

Avec, pour tout $n \in \mathbb{N}^*$, $a_n \leqslant u_n \leqslant b_n$, on voit que la suite (u_n) admet $\frac{3}{2}$ pour limite.

6. Suites extraites

Définition 19

Étant donné des suites (x_n) et (y_n), on dit que (y_n) est une **suite extraite** de (x_n) lorsqu'il existe une application φ strictement croissante de $\mathbb{N}$ dans $\mathbb{N}$ telle que :

$$\forall n \in \mathbb{N}, \ y_n = x_{\varphi(n)} \quad ✎ (34)$$

✎ (34) **Exemples usuels**
$\varphi : n \mapsto 2n$ donne la suite extraite (x_{2n}).
$\varphi : n \mapsto 3n+1$ donne la suite extraite (x_{3n+1}).

Théorème 18

Toute suite extraite d'une suite de limite a converge vers a.

☞ Étant donné une suite (x_n) de limite a, considérons une suite $(x_{\varphi(n)})$ extraite de (x_n).
Quel que soit $\varepsilon > 0$, il existe $p \in \mathbb{N}$ tel que, pour tout $n \geqslant p$, $|x_n - a| \leqslant \varepsilon$.
Puisque $\varphi(n) \geqslant n$, ✎ (35) on obtient : pour tout $n \geqslant p$, $|x_{\varphi(n)} - a| \leqslant \varepsilon$, ce qui montre que la suite $(x_{\varphi(n)})$ converge vers a.

✎ (35) Si φ est une application strictement croissante de $\mathbb{N}$ dans $\mathbb{N}$, pour tout $n \in \mathbb{N}$, $\varphi(n) \geqslant n$. Cela se vérifie aisément par récurrence.

Corollaire

Pour qu'une suite diverge :
- il suffit qu'elle admette une suite extraite divergente ;
- il suffit qu'elle admette deux suites extraites convergentes avec des limites distinctes.

Exemples

- Considérons la suite $((-1)^n)_{n \in \mathbb{N}}$.

Les suites extraites $((-1)^{2n})$ et $((-1)^{2n+1})$ sont constantes donc elles convergent vers 1 et -1 respectivement et la suite proposée est divergente.

- Considérons la suite de terme général $x_n = \frac{1+n(-1)^n}{2+n}$.

On a $x_{2n} = \frac{1+2n}{2+2n}$, $\lim x_{2n} = 1$, $x_{2n+1} = \frac{-2n}{3+2n}$, $\lim x_{2n+1} = -1$.

Les deux suites extraites (x_{2n}) et (x_{2n+1}) ont des limites distinctes donc (x_n) diverge.

Exemple 3 Montrons que pour qu'une suite (x_n) soit convergente, il faut et il suffit que les suites extraites (x_{2n}) et (x_{2n+1}) soient convergentes et que leurs limites soient égales.

La condition est nécessaire d'après le théorème 18.

Réciproquement, supposons que (x_{2n}) et (x_{2n+1}) convergent vers la même limite ℓ. Alors :
- il existe $p \in \mathbb{N}$ tel que, pour tout $n \geqslant p$, $|x_{2n} - \ell| \leqslant \varepsilon$ et,
- il existe $q \in \mathbb{N}$ tel que, pour tout $n \geqslant q$, $|x_{2n+1} - \ell| \leqslant \varepsilon$.

En posant $r = \sup\{2p, 2q+1\}$, pour tout $n \geqslant r$, on a $|x_n - \ell| \leqslant \varepsilon$, d'où la conclusion.

7. Suites monotones

Définition 20

Une suite (x_n) de $\mathbb{R}$ est dite :

- **croissante** (resp. **strictement croissante**) lorsque :

$$\forall (n,p) \in \mathbb{N}^2,\ n < p \ \Rightarrow \ x_n \leqslant x_p \ \text{(resp. } x_n < x_p\text{)}$$

- **décroissante** (resp. **strictement décroissante**) lorsque :

$$\forall (n,p) \in \mathbb{N}^2,\ n < p \ \Rightarrow \ x_n \geqslant x_p \ \text{(resp. } x_n > x_p\text{)}$$

Une suite qui est à la fois croissante et décroissante est constante.

Définition 21

Une suite est **monotone** si elle est croissante ou si elle est décroissante.

Une suite est dite **strictement monotone** lorsqu'elle est soit strictement croissante soit strictement décroissante.

Propriété 25

La somme de deux suites croissantes est croissante.

Si l'une d'elles est strictement croissante, la somme est strictement croissante.

Propriété 26

Le produit de deux suites croissantes et positives est une suite croissante.

De plus, si elles sont strictement positives et si l'une d'elles est strictement croissante, le produit est une suite strictement croissante.

D. Propriétés des suites monotones

1. Le théorème de la limite monotone

Théorème 19

Toute suite réelle croissante et majorée est convergente.

Et toute suite réelle décroissante et minorée est convergente. ✎ (36)

✎ (36) Ce résultat est usuellement appelé **théorème de la limite monotone**.

☞ Soit (x_n) une suite réelle et $X = \{x_n, n \in \mathbb{N}\}$. Dire que (x_n) est majorée, c'est dire que X est une partie majorée de $\mathbb{R}$. Soit ℓ la borne supérieure de X.

Pour tout $\varepsilon > 0$, il existe $p \in \mathbb{N}$ tel que $\ell - \varepsilon < x_p$.

La suite (x_n) étant croissante, pour tout $n \geqslant p$, on a $x_p \leqslant x_n$ et donc $\ell - \varepsilon < x_n$.

Ainsi, pour tout $n \geqslant p$, $\ell - \varepsilon < x_n \leqslant \ell$, et la suite (x_n) converge vers ℓ. ✎ (37)

✎ (37) Le cas d'une suite (x_n) décroissante minorée s'en déduit en considérant la suite $(-x_n)$.

Exemple 4 Montrer que la suite $(u_n)_{n\geqslant 1}$ définie par $u_n = \sum_{k=1}^{n} \frac{1}{\sqrt{(n+k)(n+k+1)}}$ est convergente.

Étudions la monotonie de (u_n).

$$u_{n+1} - u_n = \sum_{k=1}^{n+1} \frac{1}{\sqrt{(n+k+1)(n+k+2)}} - \sum_{k=1}^{n} \frac{1}{\sqrt{(n+k)(n+k+1)}}$$

$$u_{n+1} - u_n = \sum_{k=2}^{n+2} \frac{1}{\sqrt{(n+k)(n+k+1)}} - \sum_{k=1}^{n} \frac{1}{\sqrt{(n+k)(n+k+1)}}$$

$$u_{n+1} - u_n = \frac{1}{\sqrt{2(n+1)}}\left[\frac{1}{\sqrt{2n+1}} + \frac{1}{\sqrt{2n+3}} - \frac{2}{\sqrt{2(n+2)}}\right].$$

Avec $\frac{1}{\sqrt{2n+1}} \geqslant \frac{1}{\sqrt{2(n+2)}}$ et $\frac{1}{\sqrt{2n+3}} \geqslant \frac{1}{\sqrt{2(n+2)}}$, il vient $u_{n+1} - u_n \geqslant 0$ et la suite (u_n) est croissante. Pour $1 \leqslant k \leqslant n$, nous avons $n^2 \leqslant (n+k)(n+k+1)$. Il s'ensuit $u_n \leqslant 1$. Croissante et majorée, (u_n) est convergente.

2. Suites adjacentes

Propriété 27

Soit (a_n) et (b_n) des suites réelles vérifiant :

(1) (a_n) est croissante et (b_n) est décroissante,

(2) pour tout $n \in \mathbb{N}$, $a_n \leqslant b_n$.

Alors (a_n) et (b_n) sont convergentes et $\lim a_n \leqslant \lim b_n$.

☞ Soit $A = \{a_n, n \in \mathbb{N}\}$ et $B = \{b_n, n \in \mathbb{N}\}$.

Si $n \leqslant p$, $a_n \leqslant a_p$ et $a_p \leqslant b_p$ donnent $a_n \leqslant b_p$.

Si $n \geqslant p$, $a_n \leqslant b_n$ et $b_n \leqslant b_p$ donnent $a_n \leqslant b_p$.

Ainsi, quels que soient n et p, $a_n \leqslant b_p$. Tout élément de B est un majorant de A et tout élément de A est un minorant de B.

La suite (a_n) est croissante et majorée : elle est donc convergente.

La suite (b_n) est décroissante et minorée : elle est donc convergente.

Puisque tout élément de A est inférieur à tout élément de B, on a $\sup A \leqslant \inf B$, donc $\lim a_n \leqslant \lim b_n$ découle de $\lim a_n = \sup A$ et $\lim b_n = \inf B$.

Propriété 28

Soit (a_n) et (b_n) des suites réelles vérifiant :

(1) (a_n) est croissante et (b_n) est décroissante,

(2) $(a_n - b_n)$ converge vers 0.

Alors, pour tout $(n, p) \in \mathbb{N}^2$, $a_n \leqslant b_p$.

☞ Supposons qu'il existe $(n, p) \in \mathbb{N}^2$ tel que $a_n > b_p$.

Alors pour tout $q \geqslant \sup\{n, p\}$, on a $a_q \geqslant a_n$, $b_p \geqslant b_q$ donc $a_q - b_q \geqslant a_n - b_p > 0$, ce qui est incompatible avec la convergence de $(a_q - b_q)$ vers 0.

Définition 22

Des suites réelles (a_n) et (b_n) sont dites **adjacentes** lorsque :

(1) (a_n) est croissante et (b_n) est décroissante,

(2) $(a_n - b_n)$ converge vers 0.

Théorème 20

Deux suites adjacentes sont convergentes et elles ont la même limite.

☞ La convergence de ces suites découle des propriétés précédentes.
L'égalité de leurs limites provient de $\lim a_n - \lim b_n = \lim(a_n - b_n) = 0$.

Exemple 5 On considère les suites (a_n) et (b_n) définies par : $a_n = \sum_{k=0}^{n} \frac{1}{k!}$ et $b_n = a_n + \frac{1}{n.n!}$

a) Montrer que ces deux suites ont la même limite. On la note e.

b) Montrer que cette limite n'est pas un rationnel.

a) La suite (a_n) est visiblement strictement croissante.

$b_{n+1} - b_n = a_{n+1} - a_n + \frac{1}{(n+1).(n+1)!} - \frac{1}{n.n!} = -\frac{1}{n(n+1)(n+1)!}$ montre que la suite (b_n) est strictement décroissante.

Pour tout $n \in \mathbb{N}$, $0 < b_n - a_n = \frac{1}{n.n!} \leqslant \frac{1}{n}$ montre que $(b_n - a_n)$ converge vers 0.

Les deux suites (a_n) et (b_n) sont adjacentes : elles sont convergentes et ont même limite. Comme borne supérieure de $\{a_n, n \in \mathbb{N}\}$, cette limite e est strictement positive.

b) Supposons que $e = \frac{p}{q}$ avec $p \in \mathbb{N}^*$ et $q \in \mathbb{N}^*$.

En réduisant au même dénominateur on a $e - a_q = \frac{p}{q} - \sum_{k=0}^{q} \frac{1}{k!} = \frac{A}{q!}$ où A est un entier.

Or $a_q \leqslant e \leqslant b_q$ donne $0 \leqslant e - a_q \leqslant \frac{1}{q \cdot q!}$, d'où $0 \leqslant A \leqslant \frac{1}{q}$.

A étant entier, il vient $A = 0$ et $e = a_q$, ce qui est en contradiction avec la croissance stricte de (a_n) ✎ (38) ou $A = 1$ et $q = 1$, $e = b_1$, ce qui est interdit par la décroissance stricte de (b_n).

Ceci nous donne un exemple de suite (a_n) de rationnels dont la limite n'est pas un rationnel.

✎ (38) C'est à rapprocher du fait que $\mathbb{Q}$ ne possède pas la propriété de la borne supérieure.

Exemple 6 Étant donné $k \in \mathbb{N}^*$, montrer que pour tout réel positif x, il existe un unique réel positif y tel que $y^k = x$. Le réel y est appelé la racine $k^{\text{ième}}$ de x et noté $\sqrt[k]{x}$ ou $x^{\frac{1}{k}}$.

Pour tout $n \in \mathbb{N}$, désignons par p_n le plus grand entier vérifiant $(10^{-n}p_n)^k \leqslant x$.

Posons $a_n = 10^{-n}p_n$ et $b_n = a_n + 10^{-n}$. On a clairement $\lim b_n - a_n = 0$.

D'autre part, $\left(10^{-n}p_n\right)^k \leqslant x$ s'écrit $\left(10^{-(n+1)}10p_n\right)^k \leqslant x$ et, par définition de p_{n+1}, il vient $10p_n \leqslant p_{n+1}$ donc $a_n \leqslant a_{n+1}$.

De même, en remarquant que $p_n + 1$ est le plus petit entier vérifiant $\left(10^{-n}(p_n+1)\right)^k > x$, on obtient $b_{n+1} \leqslant b_n$.

Ainsi les suites (a_n) et (b_n) sont adjacentes et leur limite commune ℓ vérifie $\ell^k \leqslant x$ (car $\forall n \in \mathbb{N}$, $a_n^k \leqslant x$) et $x \leqslant \ell^k$ (car $\forall n \in \mathbb{N}$, $x < b_n^k$) donc $\ell^k = x$. On a donc prouvé l'existence d'une racine $k^{\text{ième}}$ de x. L'unicité provient de la croissance stricte de $x \mapsto x^k$.

3. Théorème des segments emboîtés

✎ (39) Intervalles fermés bornés.

✎ (40) La suite (S_n) est décroissante pour l'inclusion.

Définition 23

Soit $(S_n)_{n\in\mathbb{N}}$ une suite de segments ✎ (39) de $\mathbb{R}$.

C'est une suite de **segments emboîtés** lorsque, pour tout $n \in \mathbb{N}$, on a $S_{n+1} \subset S_n$. ✎ (40)

Propriété 29

a) Soit $(S_n)_{n\in\mathbb{N}}$ une suite de segments emboîtés. Notons l_n la longueur de S_n.

Alors l'intersection $S = \bigcap_{n\in\mathbb{N}} S_n$ est non vide.

b) **Théorème des segments emboîtés**

Si la suite (l_n) est de limite 0, alors l'intersection $\bigcap_{n\in\mathbb{N}} S_n$ est réduite à un point.

☞ Notons $S_n = [a_n, b_n]$, avec $a_n \leqslant b_n$. La longueur l_n de S_n est $l_n = b_n - a_n$.

La décroissance de la suite (S_n) s'exprime par $\left[a_{n+1}, b_{n+1}\right] \subset [a_n, b_n]$, c'est-à-dire :

$$a_n \leqslant a_{n+1} \leqslant b_{n+1} \leqslant b_n.$$

✎ (41) Propriété 27.

✎ (42) Propriété des suites monotones.

a) On a donc $(a_n)_{n\in\mathbb{N}}$ croissante, $(b_n)_{n\in\mathbb{N}}$ décroissante et, puisque pour tout $n \in \mathbb{N}$, $a_n \leqslant b_n$, les suites (a_n) et (b_n) sont convergentes, et leurs limites respectives α et β vérifient $\alpha \leqslant \beta$. ✎ (41)

On a en outre $a_n \leqslant \alpha$ et $\beta \leqslant b_n$, ✎ (42) ce qui montre que, quel que soit n, $[\alpha, \beta] \subset S_n$, d'où $[\alpha, \beta] \subset S$.

b) Avec l'hypothèse supplémentaire $\lim l_n = 0$, les suites (a_n) et (b_n) sont adjacentes, et il s'ensuit que $\alpha = \beta$, d'où $\{\alpha\} \subset S$.

Pour montrer que $\{\alpha\} = S$, il reste à prouver que S ne contient aucun autre réel.

✎ (43) α est la borne supérieure de l'ensemble A des a_n.

Soit $x \in \mathbb{R}$, $x < \alpha$. Il existe $p \in \mathbb{N}$ tel que $x < a_p \leqslant \alpha$. ✎ (43) De ce fait x n'appartient pas à S_p et n'appartient donc pas à S.

En utilisant le fait que β est la borne inférieure de l'ensemble B des b_n, on montre de même qu'aucun réel $y > \alpha$ n'est dans S.

E. Limite infinie d'une suite

1. Définitions

Définition 24

Une suite réelle est **divergente** lorsqu'elle n'admet pas de limite dans $\mathbb{R}$.

Une suite réelle convergente est nécessairement bornée. L'objet de ce paragraphe est de distinguer certaines suites parmi celles qui ne sont pas bornées.

Définition 25

On dit qu'une suite (u_n) de réels **admet** $+\infty$ **pour limite** lorsque :

$$\forall a \in \mathbb{R},\ \exists p \in \mathbb{N},\ \forall n \geqslant p,\ u_n \geqslant a$$

On note alors $\lim u_n = +\infty$.

Définition 26

On dit qu'une suite (u_n) de réels **admet** $-\infty$ **pour limite** lorsque :

$$\forall a \in \mathbb{R},\ \exists p \in \mathbb{N},\ \forall n \geqslant p,\ u_n \leqslant a$$

On note alors $\lim u_n = -\infty$.

2. Propriétés

Propriété 30

Soit (u_n) et (v_n) deux suites réelles. ✎ (44)

a) Si (u_n) est minorée et $\lim v_n = +\infty$ alors $\lim(u_n + v_n) = +\infty$

b) Si (u_n) est majorée et $\lim v_n = -\infty$ alors $\lim(u_n + v_n) = -\infty$

c) Si $\lim u_n = +\infty$ et $\lim v_n = +\infty$ alors $\lim(u_n + v_n) = +\infty$

d) Si $\lim u_n = -\infty$ et $\lim v_n = -\infty$ alors $\lim(u_n + v_n) = -\infty$

✎ (44) Avec $v_n+u_n=u_n+v_n$ on a les mêmes résultats pour (v_n+u_n).

Propriété 31

Soit (u_n) et (v_n) deux suites réelles. ✎ (45)

a) Si $\lim u_n = a \in \mathbb{R}_+^*$ et $\lim v_n = +\infty$ alors $\lim(u_n v_n) = +\infty$

b) Si $\lim u_n = a \in \mathbb{R}_-^*$ et $\lim v_n = +\infty$ alors $\lim(u_n v_n) = -\infty$

c) Si $\lim u_n = a \in \mathbb{R}_+^*$ et $\lim v_n = -\infty$ alors $\lim(u_n v_n) = -\infty$

d) Si $\lim u_n = a \in \mathbb{R}_-^*$ et $\lim v_n = -\infty$ alors $\lim(u_n v_n) = +\infty$

e) Si $\lim u_n = +\infty$ et $\lim v_n = +\infty$ alors $\lim(u_n v_n) = +\infty$

f) Si $\lim u_n = +\infty$ et $\lim v_n = -\infty$ alors $\lim(u_n v_n) = -\infty$

g) Si $\lim u_n = -\infty$ et $\lim v_n = -\infty$ alors $\lim(u_n v_n) = +\infty$

✎ (45) Avec $v_n u_n = u_n v_n$ on a les mêmes résultats pour $(v_n u_n)$.

Remarques

1) La somme de suites (u_n) et (v_n) telles que $\lim u_n = +\infty$ et $\lim v_n = -\infty$ présente une **forme indéterminée** quant à une limite éventuelle.

a) Avec $u_n = n^2$ et $v_n = -n$, $\lim(u_n + v_n) = +\infty$.

b) Avec $u_n = n$ et $v_n = -n^2$, $\lim(u_n + v_n) = -\infty$.

c) Avec $a \in \mathbb{R}$, $u_n = n^2 + a$ et $v_n = -n^2$, $\lim(u_n + v_n) = a$.

d) Avec $u_n = n^2 + (-1)^n$ et $v_n = -n^2$, $(u_n + v_n)$ n'admet pas de limite (ni réelle ni infinie).

2) Le produit de suites (u_n) et (v_n) telles que $\lim u_n = +\infty$ et $\lim v_n = 0$ présente une **forme indéterminée** quant à une limite éventuelle.

a) Avec $u_n = n^2$ et $v_n = \frac{1}{n}$, $\lim(u_n v_n) = +\infty$.

b) Avec $u_n = n$ et $v_n = \frac{1}{n^2}$, $\lim(u_n v_n) = 0$.

c) Avec $a \in \mathbb{R}^*$, $u_n = n$ et $v_n = \frac{a}{n}$, $\lim(u_n v_n) = a$.

d) Avec $u_n = n^2$ et $v_n = \frac{(-1)^n}{n}$, $(u_n v_n)$ n'admet pas de limite, (ni dans $\mathbb{R}$, ni $+\infty$, ni $-\infty$).

Propriété 32

Étant donné des suites (u_n) et (v_n),

a) si ($\lim u_n = +\infty$ et $\forall n \in \mathbb{N},\ u_n \leqslant v_n$) alors $\lim v_n = +\infty$;

b) si ($\lim u_n = -\infty$ et $\forall n \in \mathbb{N},\ u_n \geqslant v_n$) alors $\lim v_n = -\infty$.

F. La droite numérique achevée

1. Définition et relation d'ordre

Définition 27

On appelle **droite numérique achevée** l'ensemble $\overline{\mathbb{R}} = \mathbb{R} \cup \{-\infty, +\infty\}$ où :

a) $-\infty$ et $+\infty$ sont des éléments non réels,

b) $\overline{\mathbb{R}}$ est muni de la relation d'ordre total qui prolonge celle de $\mathbb{R}$ telle que :

$-\infty$ est strictement inférieur à tout $x \in \mathbb{R} \cup \{+\infty\}$,

$+\infty$ est strictement supérieur à tout $x \in \mathbb{R} \cup \{-\infty\}$.

Cette relation d'ordre sur $\overline{\mathbb{R}}$ est encore notée $\leqslant$.

Théorème 21

Toute partie de $\overline{\mathbb{R}}$ admet une borne supérieure et une borne inférieure.

☞ Soit A une partie de $\overline{\mathbb{R}}$.

- Le résultat est immédiat si A est $\varnothing$ ou $\{-\infty\}$ ou $\{+\infty\}$.

Étudions alors le cas où $A \cap \mathbb{R} \neq \varnothing$.

- Borne supérieure :

si $+\infty \in A$, $\sup\limits_{\overline{\mathbb{R}}} A = +\infty$;

si $+\infty \notin A$, et si $A \setminus \{-\infty\}$ est une partie majorée de $\mathbb{R}$, $\sup\limits_{\overline{\mathbb{R}}} A = \sup\limits_{\mathbb{R}} A$;

si $+\infty \notin A$, et si $A \setminus \{-\infty\}$ est une partie non majorée de $\mathbb{R}$, $\sup\limits_{\overline{\mathbb{R}}} A = +\infty$.

- Borne inférieure :

si $-\infty \in A$, $\inf\limits_{\overline{\mathbb{R}}} A = -\infty$;

si $-\infty \notin A$, et si $A \setminus \{+\infty\}$ est une partie minorée de $\mathbb{R}$, $\inf\limits_{\overline{\mathbb{R}}} A = \inf\limits_{\mathbb{R}} A$;

si $-\infty \notin A$, et si $A \setminus \{+\infty\}$ est une partie non minorée de $\mathbb{R}$, $\inf\limits_{\overline{\mathbb{R}}} A = -\infty$.

Théorème 22

Toute suite monotone de $\mathbb{R}$ admet une limite dans $\overline{\mathbb{R}}$.

☞ Soit (x_n) une suite croissante de $\mathbb{R}$ et $X = \{x_n / n \in \mathbb{N}\}$.

Si X est majoré par un élément de $\mathbb{R}$, et $a = \sup X$, alors $a = \lim x_n$, sinon, $\lim x_n = +\infty$.

Si (x_n) est décroissante, on conclut en notant que $(-x_n)$ est croissante.

Définition 28

Une partie I de $\overline{\mathbb{R}}$ est un **intervalle** de $\overline{\mathbb{R}}$ quand il existe $(\alpha, \beta) \in \overline{\mathbb{R}}^2$ tel que I soit l'ensemble des éléments de $\overline{\mathbb{R}}$ compris ✎ (46) entre α et β.

✎ (46) Au sens large ou au sens strict

α et β sont les **bornes** de cet intervalle.

Propriété 33

Une partie I de $\overline{\mathbb{R}}$ est un intervalle si et seulement si $\forall (x, y) \in I^2,\ ]x, y[\subset I$ **(1)**

✎ (47) Pour $I=\varnothing$, la proposition :
$\forall(x,y)\in I^2,]x,y[\subset I$
est vraie.
Pour la démonstration, on se limite donc à $I\neq\varnothing$.

a) Condition nécessaire

Soit I un intervalle non vide ✎ (47) de bornes α et β.

Pour tout $(x, y)\in I^2$, $x < y$, et pour tout $t\in]x, y[$, la transitivité de la relation d'ordre permet de dire que t appartient à I.

b) Condition suffisante

Soit I une partie de $\overline{\mathbb{R}}$, non vide et vérifiant **(1)**.

Notons $m = \inf I$ et $M = \sup I$. Alors, $I \subset [m, M]$.

Soit $a\in]m, M[$. De la définition des bornes inférieure et supérieure de I, il vient :

$$\exists x \in I,\ x < a \quad \text{et} \quad \exists y \in I,\ a < y$$

Avec $x < a < y$, on obtient $a \in I$. Par suite, $]m, M[\subset I$.

En conclusion, I est soit $]m, M[$, soit $]m, M]$, soit $[m, M[$, soit $[m, M]$ et c'est donc un intervalle.

2. Opérations

Les opérations sur les suites réelles, bornées ou non, et les théorèmes relatifs aux limites conduisent à l'**extension partielle** à $\overline{\mathbb{R}}$ des opérations de $\mathbb{R}$.

Formulaire 1

a) $(+\infty) + (+\infty) = +\infty \qquad (-\infty) + (-\infty) = -\infty$

b) pour tout $x \in \mathbb{R}$, $x + (+\infty) = (+\infty) + x = +\infty$ et $x + (-\infty) = (-\infty) + x = -\infty$

c) $(+\infty)\cdot(+\infty) = (-\infty)\cdot(-\infty) = +\infty$ et $(-\infty)\cdot(+\infty) = (+\infty)\cdot(-\infty) = -\infty$

d) pour tout $x \in \mathbb{R}_+^*$, $x\cdot(+\infty) = (+\infty)\cdot x = +\infty$ et $x\cdot(-\infty) = (-\infty)\cdot x = -\infty$

e) pour tout $x \in \mathbb{R}_-^*$, $x\cdot(+\infty) = (+\infty)\cdot x = -\infty$ et $x\cdot(-\infty) = (-\infty)\cdot x = +\infty$

G. Valeurs approchées d'un réel

1. Approximations décimales

Notations

Étant donné un réel x, on considère les suites définies par :

- $a_n = 10^{-n}E(10^n x)$
- $b_n = a_n + 10^{-n}$
- $c_0 = E(x)$ et, pour tout $n \in \mathbb{N}^*$, $c_n = E\left(10^n x\right) - 10E\left(10^{n-1}x\right)$.

Avec, par exemple, $x = \pi$, on a :

$$a_0 = E(\pi) = 3 \quad , \quad b_0 = 4 \quad , \quad c_0 = a_0 = 3$$

$$a_1 = \frac{E(10\pi)}{10} = 3,1 \quad , \quad b_1 = 3,2 \quad , \quad c_1 = 1$$

$$a_2 = \frac{E\left(10^2\,\pi\right)}{10^2} = 3,14 \quad , \quad b_2 = 3,15 \quad , \quad c_2 = 4$$

$$a_3 = \frac{E\left(10^3\,\pi\right)}{10^3} = 3,141 \quad , \quad b_3 = 3,142 \quad , \quad c_3 = 1$$

$$a_4 = \frac{E\left(10^4\,\pi\right)}{10^4} = 3,1415 \quad , \quad b_4 = 3,1416 \quad , \quad c_4 = 5$$

$$a_5 = \frac{E\left(10^5\,\pi\right)}{10^5} = 3,14159 \quad , \quad b_5 = 3,14160 \quad , \quad c_5 = 9$$

Définition 29

La suite (a_n) est la suite des approximations décimales par défaut de x ;
la suite (b_n) est la suite des approximations décimales par excès de x.

a_n et b_n sont les valeurs approchées, respectivement par défaut et par excès, de x, à la précision 10^{-n}.

Propriété 34

Les suites (a_n) et (b_n) sont adjacentes et leur limite commune est x.

✎ (48) Voir l'exemple **1**.

☞ Rappelons que, pour tout réel y et tout entier $n \in \mathbb{N}^*$, $0 \leqslant E(ny) - nE(y) \leqslant n-1$. ✎ (48)
Il vient alors $0 \leqslant E(10^{n+1}x) - 10E(10^n x) \leqslant 9$, d'où :

$$0 \leqslant \frac{1}{10^{n+1}}E(10^{n+1}x) - \frac{1}{10^n}E(10^n x) \leqslant \frac{1}{10^n} - \frac{1}{10^{n+1}}$$

La première inégalité montre que $a_n \leqslant a_{n+1}$, et la seconde montre que $b_{n+1} \leqslant b_n$.
Comme $b_n - a_n = 10^{-n}$, la suite $(b_n - a_n)$ converge vers 0 et les suites (a_n) et (b_n) sont donc adjacentes.

Avec $E(10^n x) \leqslant 10^n x < E(10^n x) + 1$, il vient $\frac{1}{10^n}E(10^n x) \leqslant x < \frac{1}{10^n}E(10^n x) + 10^{-n}$
c'est-à-dire, pour tout $n \in \mathbb{N}$, $a_n \leqslant x < b_n$.
La limite commune des suites (a_n) et (b_n) est donc x.

Propriété 35

a) Pour tout $n \in \mathbb{N}^*$, $a_n = \sum_{k=0}^{n} 10^{-k}c_k$.

b) Pour tout $n \in \mathbb{N}^*$, $c_n \in \{0, 1, \ldots, 9\}$.

c) Pour tout $n \in \mathbb{N}$, il existe $m > n$ tel que $c_m \neq 9$.

☞ a) Pour $k > 0$, $10^{-k}c_k = a_k - a_{k-1}$ donne $\sum_{k=1}^{n} 10^{-k}c_k = a_n - a_0$.

Avec $a_0 = E(x) = c_0$, il vient $a_n = \sum_{k=0}^{n} 10^{-k}c_k$.

b) Comme dans la démonstration de la propriété 34, pour tout entier $n \geqslant 1$:

$$0 \leqslant E(10^n x) - 10E(10^{n-1}x) \leqslant 9$$

donne, pour tout $n \geqslant 1$, $0 \leqslant c_n \leqslant 9$.

c) Supposons qu'il existe un entier n_0 tel que, pour tout $n > n_0$, $c_n = 9$.
Pour tout $n > n_0$:

$$\begin{aligned} a_n &= \sum_{k=0}^{n_0} 10^{-k}c_k + 9\sum_{k=n_0+1}^{n} 10^{-k} \\ &= \sum_{k=0}^{n_0} 10^{-k}c_k + 9 \cdot 10^{-n_0-1}\frac{1-10^{n_0-n}}{1-10^{-1}} = \sum_{k=0}^{n_0} 10^{-k}c_k + 10^{-n_0} - 10^{-n} \end{aligned}$$

Puisque $x = \lim a_n$, il vient $x = \sum_{k=0}^{n_0} 10^{-k}c_k + 10^{-n_0}$.

De ce fait, avec $n > n_0$, $10^{n-1}x$ et $10^n x$ sont alors des entiers. On en déduit :

$$c_n = E(10^n x) - 10E(10^{n-1}x) = 0,$$

ce qui est en contradiction avec $c_n = 9$.

2. Approximation par dichotomie

2.1 – Construction d'une suite de segments emboîtés

Étant donné a et b réels, $a < b$, on considère le segment $S = [a, b]$.

On pose $S_0 = [a, b]$, puis on partage S_0 en deux segments de même longueur en utilisant :

$$m = \frac{a+b}{2}.$$

On choisit alors un des deux segments $[a, m]$ ou $[m, b]$, on le note S_1, et on pose $S_1 = [a_1, b_1]$.

On a ainsi $S_1 \subset S_0$ et, en notant $l = b_0 - a_0$ et $l_1 = b_1 - a_1$, il vient $l_1 = \frac{1}{2} l_0$.

De même, pour tout $n \in \mathbb{N}$, on pose :

$$\left(a_{n+1} = a_n \text{ et } b_{n+1} = \frac{1}{2}(a_n + b_n)\right)$$

$$\text{ou bien} \quad \left(a_{n+1} = \frac{1}{2}(a_n + b_n) \text{ et } b_{n+1} = b_n\right)$$

$$\text{et} \quad S_{n+1} = [a_{n+1}, b_{n+1}].$$

En notant $l_n = b_n - a_n$, on a $l_{n+1} = \frac{1}{2} l_n$, donc $l_n = \frac{1}{2^n}(b - a)$ et $\lim l_n = 0$.

On a ainsi défini une suite $(S_n)_{n \in \mathbb{N}}$ de segments emboîtés dont l'intersection est réduite à un point.

2.2 – Une méthode d'approximation d'un réel

Soit x un réel et un encadrement $a < x < b$ de x.

Par dichotomie, on construit une suite de segments emboîtés dont l'intersection est $\{x\}$.

Si à l'étape n, on a $a_n \leqslant x \leqslant b_n$, à l'étape suivante on doit avoir :

$$[a_{n+1}, b_{n+1}] = \left[a_n, \frac{a_n + b_n}{2}\right]$$

$$\text{ou} \quad [a_{n+1}, b_{n+1}] = \left[\frac{a_n + b_n}{2}, b_{n+1}\right]$$

$$\text{et} \quad a_{n+1} \leqslant x \leqslant b_{n+1},$$

donc :

- si $x < \frac{a_n + b_n}{2}$, on prend $[a_{n+1}, b_{n+1}] = \left[a_n, \frac{a_n + b_n}{2}\right]$,
- si $x > \frac{a_n + b_n}{2}$, on prend $[a_{n+1}, b_{n+1}] = \left[\frac{a_n + b_n}{2}, b_n\right]$,
- si $x = \frac{a_n + b_n}{2}$, on peut prendre $[a_{n+1}, b_{n+1}] = \left[a_n, \frac{a_n + b_n}{2}\right]$. ✎ (49)

✎ (49) On pourrait prendre l'autre moitié de $[a_n, b_n]$.

Pour tout $n \in \mathbb{N}$, on a $a_n \leqslant x \leqslant b_n$, avec $x - a_n \leqslant \frac{b-a}{2^n}$ et $b - x \leqslant \frac{b-a}{2^n}$.

(a_n) est une suite d'approximation de x par défaut et

(b_n) est une suite d'approximation de x par excès.

2.3 – Exemple

Construisons des suites d'approximation de $\sqrt{2}$ par défaut et par excès.

On a $\sqrt{2} > \dfrac{a_n + b_n}{2}$ si et seulement si $\left(a_n + b_n\right)^2 < 8$. Alors :

$$a_{n+1} = \frac{a_n + b_n}{2} \quad \text{et} \quad b_{n+1} = b_n.$$

On a de même $\sqrt{2} \leqslant \dfrac{a_n + b_n}{2}$ si et seulement si $(a_n + b_n)^2 \geqslant 8$. Alors :

$$a_{n+1} = a_n \quad \text{et} \quad b_{n+1} = \frac{a_n + b_n}{2}.$$

✎ (50) Qui découle de $1^2 < 2 < 2^2$.

Calculons les premiers termes des suites dichotomiques d'approximation de $\sqrt{2}$ à partir de l'encadrement $1 < \sqrt{2} < 2$. ✎ (50)

- $(1+2)^2 > 8$, donc $a_1 = a_0 = 1$ et $b_1 = \dfrac{a_0 + b_0}{2} = \dfrac{3}{2}$.
- $\left(1 + \dfrac{3}{2}\right)^2 = \dfrac{25}{4} < 8$, donc $a_2 = \dfrac{1}{2}\left(1 + \dfrac{3}{2}\right) = \dfrac{5}{4}$ et $b_2 = b_1 = \dfrac{3}{2}$.
- $\left(\dfrac{5}{4} + \dfrac{3}{2}\right)^2 = \dfrac{121}{16} < 8$ donc $a_3 = \dfrac{1}{2}\left(\dfrac{5}{4} + \dfrac{3}{2}\right) = \dfrac{11}{8}$ et $b_3 = \dfrac{3}{2}$.
- $\left(\dfrac{11}{8} + \dfrac{3}{2}\right)^2 = \dfrac{529}{64} > 8$ donc $a_4 = \dfrac{11}{8}$ et $b_4 = \dfrac{1}{2}\left(\dfrac{11}{8} + \dfrac{3}{2}\right) = \dfrac{23}{16}$
- $\left(\dfrac{11}{8} + \dfrac{23}{16}\right)^2 = \dfrac{2025}{256} < 8$ donc $a_5 = \dfrac{1}{2}\left(\dfrac{11}{8} + \dfrac{23}{16}\right) = \dfrac{45}{32}$ et $b_5 = \dfrac{23}{16}$.

$\dfrac{45}{32} \leqslant \sqrt{2} \leqslant \dfrac{23}{16}$ donne des approximations de $\sqrt{2}$ par défaut et par excès à $\dfrac{1}{32}$ près.

L'essentiel

I. Bornes supérieures (ou inférieures)

✔ **Si l'on veut** calculer la borne supérieure d'une partie A de $\mathbb{R}$,

▪ **on peut** ▪ vérifier que A est non vide majorée ce qui assure l'existence de $\sup A$,

▪ trouver un majorant a, le plus «ajusté» possible,

▪ montrer que a est le plus petit des majorants, soit en prouvant que a appartient à A, soit en prouvant que pour tout $\varepsilon > 0$, $a - \varepsilon$ n'est plus un majorant, soit en exhibant une suite de points de A qui converge vers a.

→ Voir *Mise en œuvre*, exercices 1, 2 et 3

II. Parties denses

✔ **Si l'on veut** montrer qu'une partie A d'un intervalle I est dense dans I,

▪ **on peut** prouver que tout élément x de I est limite d'une suite d'éléments de A.

→ Voir *Mise en œuvre*, exercice 4

III. Calcul de la limite d'une suite

✔ **Si l'on veut** prouver l'existence et calculer la limite d'une suite (u_n),

▪ **on peut** penser à utiliser les théorèmes concernant les opérations sur les limites conjointement avec les règles de croissances comparées des fonctions logarithme, puissances et exponentielles revues dans le chapitre 1 : la factorisation d'un terme dominant peut suffire pour lever l'indétermination dans une somme ;

→ Voir *Mise en œuvre*, exercice 5

▪ **on peut** penser à majorer $|u_n|$ pour mettre en évidence une limite nulle ;

→ Voir *Mise en œuvre*, exercice 6

▪ **on peut** penser à majorer et minorer u_n de façon à conclure avec le «théorème d'encadrement».

→ Voir *Mise en œuvre*, exercice 7

IV. Convergence d'une suite

✔ **Si l'on veut** prouver qu'une suite est convergente,

▪ **on peut** penser à étudier la monotonie de (u_n) en considérant $u_{n+1} - u_n$ ou $\dfrac{u_{n+1}}{u_n}$ et si (u_n) est monotone, essayer de prouver qu'elle est majorée ou minorée ;

→ Voir *Mise en œuvre*, exercice 8

▪ **on peut** penser à utiliser les suites adjacentes
soit en introduisant une seconde suite (v_n),
soit en décomposant (u_n) en deux suites (u_{2n}) et (u_{2n+1}).

→ Voir *Mise en œuvre*, exercices 9 et 10

Mise en œuvre

Ex. 1

Soit A, B deux parties non vides et bornées de $\mathbb{R}$.

1) Montrer que $\sup(A+B) = \sup(A) + \sup(B)$.

2) Pour $\lambda \in \mathbb{R}^*$, déterminer $\sup(\lambda A)$.

3) En déduire $\sup(A-B) = \sup(A) - \inf(B)$.

Indications

$A+B = \{a+b/a \in A, b \in B\}$, $A-B = \{a-b/a \in A, b \in B\}$, $\lambda A = \{\lambda a/a \in A\}$.

Si $\lambda > 0$, $\sup \lambda A = \lambda \sup A$, si $\lambda < 0$, $\sup(\lambda A) = \lambda \inf A$.

Solution

1) Pour tout $(a,b) \in A \times B$, on a $a+b \leqslant \sup(A)+\sup(B)$.
Ainsi $\sup(A)+\sup(B)$ est un majorant de $A+B$ ce qui donne :

$$\sup(A+B) \leqslant \sup A + \sup(B) \quad (1)$$

Pour tout $\varepsilon > 0$, il existe $a \in A$ et $b \in B$ tels que :

$$a > \sup(A) - \frac{\varepsilon}{2} \text{ et } b > \sup(B) - \frac{\varepsilon}{2}$$

donc tels que $a+b > \sup(A)+\sup(B) - \varepsilon$.
Il en résulte que $\sup(A)+\sup(B)$ est le plus petit majorant de $A+B$ donc que $\sup(A+B) = \sup(A)+\sup(B)$.

2) Supposons $\lambda > 0$.

- Pour tout $a \in A$, on a $a \leqslant \sup A$ donc $\lambda a \leqslant \lambda \sup(A)$ et il en résulte $\sup(\lambda A) \leqslant \lambda \sup(A)$ (3).
- Pour tout $\varepsilon > 0$, il existe $a \in A$ tel que $a > \sup(A) - \frac{\varepsilon}{\lambda}$ donc :

$$\lambda a > \lambda \sup(A) - \varepsilon$$

Ainsi $\lambda \sup(A)$ est le plus petit majorant de λA, c'est-à-dire :

$$\sup(\lambda A) = \lambda \sup A$$

Supposons $\lambda < 0$.

- Pour tout $a \in A$, on a $a \geqslant \inf A$ donc $\lambda a \leqslant \lambda \inf A$.
- Pour tout $\varepsilon > 0$, il existe $a \in A$ tel que $a < \inf(A) + \frac{\varepsilon}{|\lambda|}$ donc :

$$\lambda a > \lambda \inf(A) - \varepsilon$$

Ainsi $\lambda \inf(A)$ est le plus petit majorant de λA, c'est-à-dire :

$$\sup(\lambda A) = \lambda \inf(A)$$

3) D'après le 2), on a $\sup(-A) = -\inf(B)$ et en utilisant le 1) :

$$\begin{aligned} \sup(A-B) &= \sup(A) + \sup(-B) \\ &= \sup A - \inf(B) \end{aligned}$$

Commentaires

$A+B$ est donc majoré ce qui prouve l'existence de $\sup(A+B)$. On utilise que $\sup(A)$ (resp. $\sup(B)$) est le plus petit majorant de A (resp. de B).

Autre solution :
$\forall (a,b) \in A \times B, a+b \leqslant \sup(A+B)$
donne successivement :
$\forall b \in B, \sup A \leqslant \sup(A+B) - b$
puis : $\sup A + \sup B \leqslant \sup(A+B)$ (2)
on conclut avec (1) et (2).

On a encore $\frac{\varepsilon}{\lambda} > 0$.

Autre solution : avec $A = \frac{1}{\lambda}(\lambda A)$, l'inégalité (3) donne $\sup A \leqslant \frac{1}{\lambda} \sup(\lambda A)$,
soit $\lambda \sup A \leqslant \sup(\lambda A)$ (4).
On conclut avec (3) et (4).

Dans ce cas, on a $\frac{\varepsilon}{|\lambda|} > 0$ et $\lambda \frac{\varepsilon}{|\lambda|} = -\varepsilon$.

$A - B = A + (-B)$.

Ex. 2

Soit $A = \left\{ (x_1 + x_2 + \cdots + x_n)\left(\frac{1}{x_1} + \frac{1}{x_2} + \cdots + \frac{1}{x_n}\right) \Big/ (x_1, x_2, \ldots, x_n) \in \mathbb{R}_+^{*n} \right\}$. Calculer $\inf A$.

Indications

Observer que pour tout couple (a,b) de réels strictement positifs : $\frac{a}{b} + \frac{b}{a} \geqslant 2$.

Solution

Il est clair que A est minoré par 0, ce qui assure l'existence de $\inf A$.

Commentaires

Tout élément de A s'écrit :

$$\sum_{i=1}^{n} x_i \sum_{j=1}^{n} \frac{1}{x_j} = \sum_{(i,j)\in[\![1,n]\!]^2} \frac{x_i}{x_j} \quad \text{avec} \quad (x_i)_{1\leqslant i\leqslant n} \in \mathbb{R}_+^{*n}$$

soit encore :

$$\sum_{i=1}^{n} x_i \sum_{j=1}^{n} \frac{1}{x_j} = \sum_{i=1}^{n} \frac{x_i}{x_i} + \sum_{1\leqslant i<j\leqslant n} \left(\frac{x_i}{x_j} + \frac{x_j}{x_i}\right)$$

$$= n + \sum_{1\leqslant i<j\leqslant n} \left(\frac{x_i}{x_j} + \frac{x_j}{x_i}\right)$$

On remarque alors que pour tout $(a, b) \in \mathbb{R}_+^{*2}$, on a :

$$\frac{a}{b} + \frac{b}{a} - 2 = \frac{a^2 + b^2 - 2ab}{ab} = \frac{(a-b)^2}{ab}$$

donc $\quad \frac{a}{b} + \frac{b}{a} - 2 \geqslant 0.$

Il en résulte $\quad \sum_{i=1}^{n} x_i \sum_{j=1}^{n} \frac{1}{x_j} \geqslant n + 2\frac{n(n-1)}{2}$

soit $\quad \sum_{i=1}^{n} x_i \sum_{j=1}^{n} \frac{1}{x_j} \geqslant n^2.$

Par définition de $\inf A$, on a donc $\inf A \geqslant n^2$ **(1)**.
Il suffit alors de noter que, pour $x_1 = x_2 = \cdots = x_n = 1$, on a :

$$\sum_{i=1}^{n} x_i \sum_{j=1}^{n} \frac{1}{x_j} = n^2 \text{ pour conclure à } \inf A = n^2.$$

On décompose la somme $\sum_{(i,j)\in[\![1,n]\!]^2} \frac{x_i}{x_j}$ au moyen d'une partition de $[\![1,n]\!]^2$.
Précisément : $[\![1,n]\!]^2 = E_1 \cup E_2$ avec $E_1 \cap E_2 = \varnothing$ où on a posé :
$E_1 = \{(i,i) / i \in [\![1,n]\!]\}$,
$E_2 = \{(i,j),(j,i) / (i,j) \in [\![1,n]\!]^2, i<j\}$.
Remarquer que E_2 s'obtient en regroupant les deux couples (i,j) et (j,i) correspondant à une même paire $\{i,j\}$.

$\inf A$ est le plus grand des minorants de A.
n^2 étant élément de A, on a $\inf A \leqslant n^2$ et avec (1), il vient $\inf A = \min A = n^2$.

Ex. 3

1) En étudiant les variations de la fonction $f : x \mapsto \ell n(1+x) - x$, établir que :

pour tout $x \in]-1, +\infty[$, $\ell n(1+x) \geqslant x$.

2) Soit $A = \left\{ \left(\frac{m+n+1}{m+n}\right)^{m+n} / (m,n) \in \mathbb{N}^{*2} \right\}$.

Déduire du 1) que A est une partie majorée de $\mathbb{R}$ et calculer $\sup(A)$.

Indications

$a^{m+n} = e^{(m+n)\ell n\, a}$. Pour tout $x > -1$, $\ell n(1+x) \leqslant x$.

Solution

1) La fonction $f : x \mapsto \ell n(1+x) - x$ est dérivable sur $]-1, +\infty[$, avec :

$$f'(x) = \frac{1}{1+x} - 1 = \frac{-x}{1+x}$$

D'où les variations de f :

x	-1		0		$+\infty$
$f'(x)$	‖	$+$	0	$-$	
$f(x)$	‖ $-\infty$	$\nearrow$	0	$\searrow$	$-\infty$

La fonction f atteint donc un maximum strict en 0 et il en résulte que, pour tout $x \in]-1, +\infty[$, $\ell n(1+x) - x \leqslant 0$.

Commentaires

On peut donner de nombreuses preuves de cette inégalité.
Par exemple, en remarquant que :

$$\ell n(1+x) = \int_0^x \frac{1}{1+t}\,dt$$

on conclut avec :
$\forall t \in [0,x]$, $\frac{1}{1+t} \leqslant 1$ lorsque $x \geqslant 0$,
et
$\forall t \in [x,0]$, $\frac{1}{1+t} \geqslant 1$ lorsque $x \leqslant 0$.
On a également vu dans le chapitre 1 qu'il s'agit d'une inégalité résultant de la concavité de la fonction ℓn.

2) ▪ Pour tout $(m,n) \in \mathbb{N}^{*2}$, on a :

$$\left(\frac{m+n+1}{m+n}\right)^{m+n} = \left(1+\frac{1}{m+n}\right)^{m+n} = e^{(m+n)\,\ell n\left(1+\frac{1}{m+n}\right)}$$

Sachant que $\ell n\left(1+\frac{1}{m+n}\right) \leqslant \frac{1}{m+n}$, on obtient :

$$\forall (m,n) \in \mathbb{N}^{*2}, \quad \left(\frac{m+n+1}{m+n}\right)^{m+n} \leqslant e$$

▪ Considérons la suite (u_n) de terme général :

$$u_n = \left(1+\frac{1}{2n}\right)^{2n} = e^{2n\,\ell n\left(1+\frac{1}{2n}\right)}$$

Avec $\lim\limits_{x \to 0} \frac{\ell n(1+x)}{x} = 1$, il vient :

$$\lim_{n \to +\infty} 2n\,\ell n\left(1+\frac{1}{2n}\right) = 1 \text{ et donc } \lim_{n \to +\infty} u_n = e$$

Ainsi e majore A et est limite d'une suite de points de A, ce qui prouve que $e = \sup(A)$.

Cette limite est connue, elle a été revu dans le chapitre 1 en liaison avec le calcul du nombre dérivé de la fonction ℓn au point 1.
Les chapitres suivants nous donneront des méthodes moins laborieuses pour obtenir ce résultat.

Ex. 4

On considère la partie A de $[0,1]$ définie par $A = \left\{\frac{q}{2^p} / 0 < q < 2^p, p \in \mathbb{N}^*\right\}$.

Montrer que A est dense dans $[0,1]$.

Indications

Pour tout $x \in [0,1]$, on construit une suite $u_n = \frac{q_n}{2^n}$ telle que $\lim\limits_{n \to +\infty} \frac{q_n}{2^n} = x$ en prenant garde à la condition $1 \leqslant q \leqslant 2^n - 1$.

Solution

Soit $n \in \mathbb{N}^*$.

Dans le cas où $0 \leqslant x < \frac{1}{2}$, il existe un unique $q_n \in [\![1, 2^n - 1]\!]$ tel que :

$$\frac{q_n - 1}{2^n} \leqslant x < \frac{q_n}{2^n}$$

Dans le cas où $\frac{1}{2} \leqslant x < 1$, il existe un unique $q_n \in [\![1, 2^n - 1]\!]$ tel que :

$$\frac{q_n}{2^n} \leqslant x < \frac{q_n + 1}{2^n}$$

Enfin, pour $x = 1$, en posant $\forall n \in \mathbb{N}, q_n = 2^n - 1$, on obtient :

$$x - \frac{q_n}{2^n} = \frac{1}{2^n}$$

Par définition, on a $\forall n \in \mathbb{N}, \left|x - \frac{q_n}{2^n}\right| < \frac{1}{2^n}$ donc $\lim\limits_{n \to +\infty} \frac{q_n}{2^n} = x$.

Ainsi, tout point de $[0,1]$ est limite d'une suite d'éléments de A ce qui prouve que A est dense dans $[0,1]$.

Commentaires

Si $0 \leqslant x < \frac{1}{2}$, $q_n = 1 + E(2^n x)$ donc, puisque $2^n x \in \left[0, 2^{n-1}\right[$, on a $E(2^n x) \in \left[0, 2^{n-1} - 2\right]$ et $q_n \in \left[1, 2^{n-1} - 1\right] \subset \left[1, 2^n - 1\right]$.

Si $\frac{1}{2} \leqslant x < 1$, $q_n = E(2^n x)$ donc, puisque $2^n x \in \left[2^{n-1}, 2^n\right[$, on a :
$E(2^n x) \in \left[2^{n-1}, 2^n - 1\right]$ et
$q_n \in \left[2^{n-1}, 2^n - 1\right] \subset \left[1, 2^n - 1\right]$.

Ex. 5

Déterminer la limite de chacune des suites (u_n), (v_n), (w_n) suivantes :

$$u_n = 3^n - n^2 2^n \quad , \quad v_n = \frac{2^{2n} + n3^n}{2^{2n} - n3^n} \quad , \quad w_n = \frac{n^2 - n\,\ell n\, n}{n^2 + n(\ell n\, n)^2}$$

Indications

Dans chaque cas une factorisation judicieuse permet de lever l'indétermination.

Solution

- Étude de (u_n)

Écrivons $u_n = 3^n\left(1 - n^2\left(\frac{2}{3}\right)^n\right)$.

Sachant que $\lim\limits_{n\to+\infty} n^2\left(\frac{2}{3}\right)^n = 0$, il vient $\lim\limits_{n\to+\infty} u_n = +\infty$.

- Étude de (v_n)

Écrivons $v_n = \dfrac{2^{2n}\left(1+n\left(\frac{3}{4}\right)^n\right)}{2^{2n}\left(1-n\left(\frac{3}{4}\right)^n\right)} = \dfrac{1+n\left(\frac{3}{4}\right)^n}{1-n\left(\frac{3}{4}\right)^n}$.

Sachant que $\lim\limits_{n\to+\infty} n\left(\frac{3}{4}\right)^n = 0$, il vient $\lim\limits_{n\to+\infty} v_n = 1$.

- Étude de (w_n)

Écrivons $w_n = \dfrac{n^2\left(1-\dfrac{\ell n\, n}{n}\right)}{n^2\left(1+\dfrac{(\ell n\, n)^2}{n}\right)} = \dfrac{1-\dfrac{\ell n\, n}{n}}{1+\dfrac{(\ell n\, n)^2}{n}}$

Avec $\lim\limits_{n\to+\infty} \dfrac{\ell n\, n}{n} = \lim\limits_{n\to+\infty} \dfrac{(\ell n\, n)^2}{n} = 0$, il vient $\lim\limits_{n\to+\infty} w_n = 1$

Commentaires

Les règles de comparaison utilisées ici ont été revues dans le chapitre 1.
Dans les suivants, ces notions seront approfondies et on introduira de nouveaux «outils» qui permettront de traiter ce genre de question de façon plus souple en évitant les factorisations laborieuses.

On notera que, dans chaque exemple, on transforme les sommes en produits par factorisation du **terme dominant**.

Ex. 6

Déterminer la limite de chacune des suites (u_n) et (v_n) suivantes $u_n = \dfrac{n \sin n}{n^2+1}$, $v_n = \dfrac{e^{-n\cos^2 n}}{n+1}$.

Solution

$|u_n| \leqslant \dfrac{n}{n^2+1} < \dfrac{1}{n}$: $\lim u_n = 0$. $|v_n| \leqslant \dfrac{1}{n+1}$: $\lim v_n = 0$.

Commentaires

Aucune difficulté.

Ex. 7

Étant donné x réel, étudier la suite de terme général $u_n = \dfrac{1}{n^2}\sum\limits_{k=1}^{n} E(kx)$, $n \geqslant 1$.

Indications

On encadre u_n.

Solution

Sachant que $kx - 1 \leqslant E(kx) \leqslant kx$, on obtient :

$$\frac{x}{n^2}\sum_{k=1}^{n} k - \frac{1}{n} \leqslant u_n \leqslant \frac{x}{n^2}\sum_{k=1}^{n} k$$

soit $\dfrac{x}{2}\left(1+\dfrac{1}{n}\right) - \dfrac{1}{n} \leqslant u_n \leqslant \dfrac{x}{2}\left(1+\dfrac{1}{n}\right)$.

Alors $\lim\limits_{n\to+\infty} \dfrac{x}{2}\left(1+\dfrac{1}{n}\right) = \lim\limits_{n\to+\infty} \dfrac{x}{2}\left(1+\dfrac{1}{n}\right) - \dfrac{1}{n} = \dfrac{x}{2}$ donne :

$\lim\limits_{n\to+\infty} u_n = \dfrac{x}{2}$ avec le théorème d'encadrement.

Commentaires

On rappelle que :

$$\sum_{k=1}^{n} k = \frac{n(n+1)}{2}$$

Ex. 8

On rappelle que si $(x_i)_{i\in[\![1,n]\!]}$ est une famille de réels, le produit $x_1x_2\ldots x_n$ est noté : $\prod_{i=1}^{n} x_i$ ou $\prod_{1\leqslant i\leqslant n} x_i$.
Montrer que la suite de terme général $u_n = \prod_{k=0}^{n}\left(1+e^{-k}\right)$ est convergente.

Indications

On pourra utiliser que, pour tout $x\in]-1,+\infty[$, $\ell n(1+x)\leqslant x$.

Solution

La suite (u_n) est clairement croissante car $\dfrac{u_{n+1}}{u_n} = 1+e^{-(n+1)} > 1$.

De plus, on a $u_n > 0$ pour tout $n\in\mathbb{N}$, ce qui permet de considérer :

$$v_n = \ell n\, u_n = \sum_{k=0}^{n} \ell n\left(1+e^{-k}\right)$$

Compte tenu de $\ell n(1+x)\leqslant x$, pour tout $x\in]-1,+\infty[$, il vient :

$$v_n \leqslant \sum_{k=0}^{n} e^{-k} \text{ c'est-à-dire } v_n \leqslant \frac{1-e^{-(n+1)}}{1-e^{-1}}$$

On a donc aussi $v_n \leqslant \dfrac{1}{1-e^{-1}}$ soit $v_n \leqslant \dfrac{e}{e-1}$

et par croissance de la fonction exponentielle : $u_n = e^{v_n} \leqslant e^{\frac{e}{e-1}}$.

En conséquence, (u_n) converge en tant que suite croissante majorée.

Commentaires

Il faut penser au logarithme de façon à transformer le produit en somme.

Cette inégalité classique est très simple à mémoriser dès que l'on fait le lien avec la concavité de la fonction ℓn.

Noter que la limite n'est pas demandée.

Ex. 9

Étant donné des réels a et b tels que $0<a<b$, on considère les suites (u_n) et (v_n) définies par :

$$u_0 = a\ ,\ v_0 = b\ ,\ u_{n+1} = \sqrt{u_n v_n}\ ,\ v_{n+1} = \frac{1}{2}(u_n+v_n)$$

Montrer que (u_n) et (v_n) convergent avec $\lim u_n = \lim v_n$.

Indications

Montrer que, quel que soit $n\in\mathbb{N}$, $v_n \geqslant u_n$ et en déduire que les deux suites convergent, puis montrer qu'elles ont même limite.

Solution

Une récurrence simple montre que $\forall n\in\mathbb{N},\ u_n>0$ et $v_n>0$.

Comparons u_n et v_n. Pour tout $n\geqslant 1$, on a :

$$v_n - u_n = \frac{1}{2}\left(v_{n-1}+u_{n-1}-2\sqrt{u_{n-1}v_{n-1}}\right) = \frac{1}{2}\left(\sqrt{v_{n-1}}-\sqrt{u_{n-1}}\right)^2$$

et il est clair que $\forall n\in\mathbb{N},\ v_n-u_n\geqslant 0$.

Étudions maintenant la monotonie de (u_n) et de (v_n) :

- avec $u_{n+1}^2 = u_nv_n$ et $v_n\geqslant u_n>0$, on obtient $u_{n+1}^2\geqslant u_n^2$ donc $u_{n+1}\geqslant u_n$ et la suite (u_n) est croissante ;
- avec $v_{n+1} = \frac{1}{2}(u_n+v_n)$ et $u_n\leqslant v_n$, on obtient $v_{n+1}\leqslant v_n$ et la suite (v_n) est décroissante.

À ce niveau, on peut affirmer que les deux suites convergent, posons donc :

$$\ell = \lim u_n\ ,\ \ell' = \lim v_n$$

La relation $v_{n+1} = \frac{1}{2}(u_n+v_n)$ nous donne par passage à la limite :

$$\ell' = \frac{1}{2}(\ell+\ell') \text{ donc } \ell=\ell'.$$

Commentaires

La comparaison de u_n et v_n va permettre d'obtenir facilement la monotonie de (u_n) et de v_n).

C'est la propriété 27.

En conclusion, les deux suites sont adjacentes.

Ex. 10

Soit (a_n) une suite de réels positifs décroissante de limite nulle.

On pose, pour tout $n \in \mathbb{N}$, $u_n = \sum_{k=0}^{n} (-1)^k a_k$.

1) Montrer que la suite (u_n) est convergente.

2) Soit $\ell = \lim u_n$, montrer que, quel que soit $n \in \mathbb{N}$, $|u_n - \ell| \leqslant a_{n+1}$.

Indications

Considérer les suites (u_{2n}) et (u_{2n+1}).

Solution

1) Montrons que les suites (u_{2n}) et (u_{2n+1}) sont adjacentes.

La décroissance de (a_n) donne :

$$u_{2n+2} - u_{2n} = a_{2n+2} - a_{2n+1} \leqslant 0$$

$$u_{2n+1} - u_{2n-1} = -a_{2n+1} + a_{2n} \geqslant 0$$

donc (u_{2n}) décroît et (u_{2n+1}) croît.

La suite (a_n) étant de limite nulle, on a :

$$\lim_{n \to +\infty} (u_{2n} - u_{2n+1}) = \lim_{n \to +\infty} a_{2n+1} = 0$$

En conséquence, (u_{2n}) et (u_{2n+1}) sont convergentes et ont la même limite ℓ, il en résulte que (u_n) converge vers ℓ.

2)
- Si n est pair : $n = 2p$.
  De $u_{2p+1} \leqslant \ell \leqslant u_{2p}$ on déduit :
  $$0 \leqslant u_{2p} - \ell \leqslant u_{2p} - u_{2p+1} \quad \text{soit} \quad 0 \leqslant u_{2p} - \ell \leqslant a_{2p+1}$$
- Si n est impair : $n = 2p + 1$.
  De $u_{2p+1} \leqslant \ell \leqslant u_{2p+2}$ on déduit :
  $$0 \leqslant \ell - u_{2p+1} \leqslant u_{2p+2} - u_{2p+1} \quad \text{soit} \quad 0 \leqslant \ell - u_{2p+1} \leqslant a_{2p+2}$$
- Dans tous les cas, on a donc :
  $$|\ell - u_n| \leqslant a_{n+1}$$

Commentaires

Il s'agit là d'un résultat classique que nous retrouverons en deuxième année lors de l'étude des séries alternées.

Voir l'exemple 3 du cours.

C'est là un résultat important à retenir.

Exercices

Niveau 1

Ex. 1

Étudier les suites réelles $(a_n)_{n\in\mathbb{N}}$ et $(b_n)_{n\in\mathbb{N}}$ définies par $a_0 > 0$, $b_0 > 0$ et :

$$a_{n+1} = \frac{a_n}{a_n^2 + b_n^2}\ ,\quad b_{n+1} = \frac{b_n}{a_n^2 + b_n^2}.$$

On pourra considérer les nombres complexes :

$$x_n = a_n + i\,b_n\,.$$

Ex. 2

Soit $(u_n)_{n\in\mathbb{N}}$ une suite réelle telle que les suites $(u_{2n})_{n\in\mathbb{N}}$, $(u_{2n+1})_{n\in\mathbb{N}}$ et $(u_{3n})_{n\in\mathbb{N}}$ convergent. Montrer que $(u_n)_{n\in\mathbb{N}}$ est convergente.

Ex. 3

Étudier la convergence de la suite (u_n) telle que :

$$u_n = \frac{1}{n!}\sum_{k=1}^{n} k!$$

Ex. 4

Étudier la suite de terme général $u_n = \displaystyle\sum_{k=0}^{n} \frac{1}{C_n^k}$.

Ex. 5

Étudier les suites $(u_n)_{n\in\mathbb{N}^*}$ et $(v_n)_{n\in\mathbb{N}^*}$ définies par :

$$u_n = \prod_{k=1}^{n}\left(1 + \frac{1}{k\cdot k!}\right)\ ,\quad v_n = u_n\left(1 + \frac{1}{n\cdot n!}\right).$$

Niveau 2

Avec solution détaillée

Ex. 6

1) Montrer que pour tout x réel :

$$E\left(\frac{x}{2}\right) + E\left(\frac{x+1}{2}\right) = E(x).$$

2) En déduire $\displaystyle\lim_{p\to+\infty}\sum_{k=0}^{p} E\left(\frac{n+2^k}{2^{k+1}}\right)$ où n est un entier naturel donné.

Ex. 7

On considère une suite réelle (u_n) de limite ℓ.

On définit alors la suite (v_n) par $v_n = \displaystyle\frac{1}{2^n}\sum_{k=0}^{n} C_n^k\, u_k$.

Montrer que la suite (v_n) admet ℓ pour limite.

Ex. 8

Pour tout $x \in \mathbb{R}$ et tout $n \in \mathbb{N}^*$, montrer que :

$$\sum_{k=0}^{n-1} E\left(x + \frac{k}{n}\right) = E(nx).$$

Ex. 9

On considère les suites réelles $(x_n)_{n\in\mathbb{N}}$ et $(y_n)_{n\in\mathbb{N}}$ définies par $x_0 = y_0 = 0$ et :

$$\forall n \in \mathbb{N},\ x_{n+1} = \sqrt{7 - y_n}\ ,\ y_{n+1} = \sqrt{7 + x_n}.$$

1) Montrer que pour tout $n \in \mathbb{N}$, x_n et y_n appartiennent à $[0, 7]$.

2) On suppose (x_n) et (y_n) convergentes, calculer $a = \lim x_n$ et et $b = \lim y_n$.

3) Trouver λ et μ dans $]0, 1[$ tels que $\forall n \in \mathbb{N}$:

$$|x_{n+1} - a| \leqslant \lambda\,|y_n - b|,$$

et $|y_{n+1} - b| \leqslant \mu\,|x_n - a|$.

Conclure.

Avec éléments de solution

Ex. 10

Soit (u_n) une suite de réels telle que :

$$\forall n \in \mathbb{N},\ \frac{1}{2} < u_n < 1.$$

On pose $v_0 = u_0$ et $\forall n \in \mathbb{N}$, $v_n = \dfrac{v_{n-1} + u_n}{1 + u_n v_{n-1}}$

Montrer que la suite (v_n) converge et trouver sa limite.

Ex. 11

Soit $(u_n)_{n\in\mathbb{N}}$ une suite de réels strictement positifs telle que $\forall (m, n) \in \mathbb{N}^{*2}$, $u_{m+n} \leqslant u_m + u_n$. Montrer que $\left(\dfrac{u_n}{n}\right)_{n\in\mathbb{N}^*}$ est convergente de limite $\displaystyle\inf_{n\in\mathbb{N}^*}\frac{u_n}{n}$.

Niveau 3

Avec solution détaillée

Ex. 12

Soit (u_n) une suite de réels positifs telle que :

$$\lim_{n\to+\infty}\left(u_n+\frac{1}{2}u_{2n}\right)=1.$$

Montrer que (u_n) est convergente. Quelle est sa limite ?

Avec éléments de solution

Ex. 13

Trouver :

$$\inf\left\{\sup\{|\sin n\alpha|\,/n\in\mathbb{Z}\}/\ \alpha\in]0,\pi[\right\}.$$

Indications

Ex. 2

Une suite extraite d'une suite convergente est elle-même convergente et elle a la même limite.

Ex. 3

Effectuer un encadrement de u_n-1.

Ex. 4

Encadrer u_n. Pour la majoration, utiliser le plus petit des C_n^k, $2\leqslant k\leqslant n-2$.

Ex. 5

Les suites sont adjacentes.

Ex. 6

1) Distinguer les cas $E(x)$ paire et $E(x)$ impaire.

2) $E\left(\dfrac{n+2^k}{2^{k+1}}\right)$ peut se mettre sous la forme :

$$f(k)-f(k+1).$$

Ex. 7

Étudier le cas où $\ell=0$ puis utiliser la suite $(u_n-\ell)$.

Rappelons que pour tout $p\in\mathbb{N}^*$ fixé, on a :

$$\lim_{n\to+\infty}\frac{n^p}{2^n}=0.$$

Ex. 8

Considérer la fonction $f\ :\ \mathbb{R}\to\mathbb{R}$,

$$t\mapsto\sum_{k=0}^{n-1}E\left(\frac{t+k}{n}\right).$$

Ex. 9

3) $x_{n+1}^2-4=3-y_n$ donne :

$$|x_{n+1}-2|=\frac{|y_n-3|}{x_{n+1}+2}\leqslant\frac{1}{2}|y_n-3|.$$

Ex. 10

Montrer que pour tout n, $0<v_n<1$ et que (v_n) est monotone. Puis montrer par l'absurde que :

$$\lim v_n=1.$$

Ex. 11

Remarquer que l'hypothèse donne $u_{kn}\leqslant ku_n$ donc :

$$\frac{u_{kn}}{kn}\leqslant\frac{u_n}{n}.$$

Pour $n_0\in\mathbb{N}^*$, la division euclidienne de n par n_0 s'écrit $n=pn_0+r$ et on a $0<\dfrac{u_n}{n}\leqslant\dfrac{u_{n_0}}{n_0}+\dfrac{u_r}{n}$.

Ex. 12

Déterminer la limite éventuelle ℓ et introduire la suite (v_n) telle que $v_n=u_n-\ell$. Exprimer v_n en fonction de $v_{2^{p+1}n}$.

Ex. 13

Si $\alpha\in\pi\mathbb{Q}$, la suite $\left(|\sin n\alpha|\right)_{n\in\mathbb{N}}$ prend un nombre fini de valeurs sinon tout point de $[0,1]$ est limite d'une suite extraite.

Solutions des exercices

Niveau 1

Ex. 1

On s'assure tout d'abord, par une récurrence aisée, que, pour tout $n \in \mathbb{N}$, on a $a_n > 0$ et $b_n > 0$.

Les nombres complexes $z_n = a_n + ib_n$ ne sont donc pas nuls.

Le système $\begin{cases} a_{n+1} = \dfrac{a_n}{a_n^2 + b_n^2} \\ b_{n+1} = \dfrac{b_n}{a_n^2 + b_n^2} \end{cases}$ équivaut à $z_{n+1} = \dfrac{z_n}{|z_n|^2}$ ou encore $z_{n+1} = \dfrac{1}{\overline{z_n}}$.

Il s'ensuit $\forall n \in \mathbb{N},\ z_{n+2} = z_n$. Les suites extraites (a_{2n}), (a_{2n+1}), (b_{2n}) et (b_{2n+1}) sont donc constantes.

La suite (a_n) est convergente (car constante) si et seulement si $a_1 = a_0$, c'est-à-dire si et seulement si $a_0^2 + b_0^2 = 1$.
Et dans ce cas les suites (a_n) et (b_n) sont constantes.

Ex. 2

Posons $\ell = \lim u_{2n}$, $\ell' = \lim u_{2n+1}$ et $\ell'' = \lim u_{3n}$.

Pour montrer que (u_n) converge, il suffit de prouver que $\ell = \ell'$.

Considérons alors la suite $(u_{6n})_{n\in\mathbb{N}}$, elle est extraite de $(u_{2n})_{n\in\mathbb{N}}$ donc elle converge vers ℓ, mais elle est aussi extraite de $(u_{3n})_{n\in\mathbb{N}}$ donc elle converge vers ℓ''. On en conclut $\ell = \ell''$.

De même, en observant que la suite $(u_{6n+3})_{n\in\mathbb{N}}$ est extraite de $(u_{2n+1})_{n\in\mathbb{N}}$ et de $(u_{3n})_{n\in\mathbb{N}}$ on obtient $\ell' = \ell''$.

Finalement, on a $\ell = \ell' = \ell''$ donc (u_n) converge.

Ex. 3

On écrit $u_n = 1 + \dfrac{1}{n} + \dfrac{1}{n(n-1)} + \dfrac{1}{n(n-1)(n-2)} + \cdots + \dfrac{1}{n!}$.

En remarquant que, pour tout $k \in [\![1, n-2]\!]$, $\dfrac{1}{n(n-1)\cdots(n-k)} \leqslant \dfrac{1}{n(n-1)}$, il vient :

$$0 \leqslant u_n - 1 \leqslant \frac{1}{n} + \frac{n-2}{n(n-1)} \quad \text{donc } \lim u_n = 1$$

Ex. 4

Avec $u_n = 2 + \displaystyle\sum_{k=1}^{n-1} \frac{1}{C_n^k}$, il est clair que $u_n \geqslant 2$.

De $C_n^p = \dfrac{n-p+1}{p} C_n^{p-1}$, on déduit que $C_n^{p-1} \leqslant C_n^p$ pour $2p \leqslant n+1$ c'est-à-dire $p \leqslant E\left(\dfrac{n+1}{2}\right)$, et comme de plus $C_n^p = C_n^{n-p}$, on a $\min\left\{ C_n^p \,/\, 2 \leqslant p \leqslant n-2 \right\} = C_n^2$.

Ainsi, en écrivant $u_n = 2 + \dfrac{1}{C_n^1} + \dfrac{1}{C_n^{n-1}} + \displaystyle\sum_{k=2}^{n-2} \frac{1}{C_n^k}$ on obtient $u_n \leqslant 2 + \dfrac{2}{n} + \dfrac{2(n-3)}{n(n-1)}$.

En conséquence, on a l'encadrement $2 \leqslant u_n \leqslant 2 + \dfrac{2}{n} + \dfrac{2}{n}\left(\dfrac{1 - 3/n}{1 - 1/n}\right)$ qui prouve clairement que $\lim u_n = 2$.

Ex. 5

Pour $n \geqslant 2$, $\dfrac{u_n}{u_{n-1}} = 1 + \dfrac{1}{n \cdot n!} > 1$: la suite (u_n) est croissante.

Pour étudier la monotonie de la suite (v_n), formons $\dfrac{v_n}{v_{n-1}}$ pour $n \geqslant 1$.

Avec $\dfrac{u_n}{u_{n-1}} = 1 + \dfrac{1}{n \cdot n!}$, on a $\dfrac{v_n}{v_{n-1}} = \dfrac{\left(1 + \dfrac{1}{n \cdot n!}\right)^2}{1 + \dfrac{1}{(n-1)(n-1)!}}$.

Pour comparer à 1 ce quotient de réels positifs, on peut étudier la différence entre le dénominateur et le numérateur :

$$\frac{1}{(n-1)(n-1)!} - \frac{2}{n \cdot n!} - \frac{1}{n^2(n!)^2} = \frac{n \cdot n!(n^2 - 2n + 2) - (n-1)}{n^2(n-1)(n!)^2} \geqslant \frac{n \cdot n! - (n-1)}{n^2(n-1)(n!)^2} > 0$$

On a donc $\dfrac{v_n}{v_{n-1}} < 1$, et la suite (v_n) est décroissante.

Il est clair que $\forall n \in \mathbb{N}^*,\ u_n \leqslant v_n$ car $v_n - u_n = \dfrac{u_n}{n \cdot n!}$.

Pour tout $n \in \mathbb{N}^*$, on a $0 < u_n \leqslant v_n \leqslant v_0$ donc $0 \leqslant v_n - u_n \leqslant \dfrac{v_0}{n \cdot n!}$ et il en résulte $\lim (v_n - u_n) = 0$.

Ainsi les deux suites sont adjacentes donc convergentes avec la même limite.

Ex. 6

1) Posons $n = E(x)$: $n \leqslant x < n + 1$.

Si n est pair : $n = 2p$, on obtient $p \leqslant \dfrac{x}{2} < p + \dfrac{1}{2}$, $p + \dfrac{1}{2} \leqslant \dfrac{x+1}{2} < p + 1$, donc :

$$E\left(\frac{x}{2}\right) = p \ ,\ E\left(\frac{x+1}{2}\right) = p \text{ et } E\left(\frac{x}{2}\right) + E\left(\frac{x+1}{2}\right) = 2p = E(x)$$

Si n est impair : $n = 2p + 1$, on obtient $p + \dfrac{1}{2} \leqslant \dfrac{x}{2} < p + 1$, $p + 1 \leqslant \dfrac{x+1}{2} < p + \dfrac{3}{2}$, donc :

$$E\left(\frac{x}{2}\right) = p \ ,\ E\left(\frac{x+1}{2}\right) = p + 1 \text{ et } E\left(\frac{x}{2}\right) + E\left(\frac{x+1}{2}\right) = 2p + 1 = E(x)$$

2) D'après le **1)**, on a $E\left(\dfrac{n + 2^k}{2^{k+1}}\right) = E\left(\dfrac{n2^{-k} + 1}{2}\right) = E\left(n2^{-k}\right) - E\left(n2^{-(k+1)}\right)$, on en déduit :

$$u_p = \sum_{k=0}^{p} E\left(\frac{n + 2^k}{2^{k+1}}\right) = \sum_{k=0}^{p} E\left(\frac{n}{2^k}\right) - \sum_{k=0}^{p} E\left(\frac{n}{2^{k+1}}\right),$$

soit $u_p = \displaystyle\sum_{k=0}^{p} E\left(\frac{n}{2^k}\right) - \sum_{k=1}^{p+1} E\left(\frac{n}{2^k}\right)$ et après réduction $u_p = E(n) - E\left(\dfrac{n}{2^{p+1}}\right) = n - E\left(\dfrac{n}{2^{p+1}}\right)$.

À partir d'un certain rang p_0, on a $2^{p+1} > n$ donc $u_p = n$.

Ainsi la suite (u_p) est constante à partir de p_0 et on a $\lim\limits_{p \to +\infty} u_p = n$.

Ex. 7

1) Étudions d'abord le cas particulier où $\ell = 0$.

$$\forall \varepsilon > 0,\ \exists n_0 \in \mathbb{N},\ \forall n \in \mathbb{N},\ n \geqslant n_0 \ \Rightarrow \ |u_n| \leqslant \varepsilon$$

En outre la suite (u_n) est bornée (puisque convergente), donc il existe $A \geqslant 0$ tel que $\forall n \in \mathbb{N},\ |u_n| \leqslant A$.

On a, pour tout $n \geqslant n_0$, $|v_n| \leqslant \dfrac{1}{2^n} \displaystyle\sum_{k=0}^{n_0 - 1} \mathrm{C}_n^k |u_k| + \frac{1}{2^n} \sum_{k=n_0}^{n} \mathrm{C}_n^k |u_k|$.

Il s'ensuit : $|v_n| \leqslant \dfrac{A}{2^n}\displaystyle\sum_{k=0}^{n_0-1} \mathrm{C}_n^k + \dfrac{\varepsilon}{2^n}\sum_{k=n_0}^{n} \mathrm{C}_n^k$

Avec $\mathrm{C}_n^k \leqslant n^k$, on a $\displaystyle\sum_{k=0}^{n_0-1} \mathrm{C}_n^k \leqslant \sum_{k=0}^{n_0-1} n^k \leqslant n_0 \cdot n^{n_0}$.

Par ailleurs, il est clair que $\displaystyle\sum_{k=n_0}^{n} \mathrm{C}_n^k \leqslant \sum_{k=0}^{n} \mathrm{C}_n^k = 2^n$. Il s'ensuit $|v_n| \leqslant n_0 A \dfrac{n^{n_0}}{2^n} + \varepsilon$.

Sachant que $\lim \dfrac{n^{n_0}}{2^n} = 0$, il existe $n_1 \in \mathbb{N}$ tel que, $\forall n \geqslant n_1,\ 0 \leqslant \dfrac{n^{n_0}}{2^n} \leqslant \dfrac{\varepsilon}{n_0 A}$.

Posons alors $p = \sup\{n_0, n_1\}$, il vient $\forall n \geqslant p,\ |v_n| \leqslant 2\varepsilon$.

On a ainsi prouvé que $\lim v_n = 0$.

2) Dans le cas général, en posant $w_n = u_n - \ell$, on a $\lim w_n = 0$.

v_n s'écrit $v_n = \dfrac{1}{2^n}\displaystyle\sum_{k=0}^{n} \mathrm{C}_n^k (w_n + \ell)$ et donc :

$$v_n = \frac{\ell}{2^n}\sum_{k=0}^{n} \mathrm{C}_n^k + \frac{1}{2^n}\sum_{k=0}^{n} \mathrm{C}_n^k w_n \quad \text{c'est-à-dire} \quad v_n = \ell + \frac{1}{2^n}\sum_{k=0}^{n} \mathrm{C}_n^k w_n.$$

Avec $\lim w_n = 0$, la première partie donne $\lim \dfrac{1}{2^n}\displaystyle\sum_{k=0}^{n} \mathrm{C}_n^k w_n = 0$ et par suite, $\lim v_n = \ell$.

Ex. 8

Considérons la fonction $f : \mathbb{R} \to \mathbb{R},\ t \mapsto \displaystyle\sum_{k=0}^{n-1} E\left(\frac{t+k}{n}\right)$.

Soit $t \in [0, 1[$. Pour $0 \leqslant k \leqslant n-1$, on a $E\left(\dfrac{t+k}{n}\right) = 0$ et donc $f(t) = 0$.

Pour tout réel t, $f(t+1) = \displaystyle\sum_{k=0}^{n-1} E\left(\frac{t+1+k}{n}\right) = \sum_{k=1}^{n} E\left(\frac{t+k}{n}\right)$,

et il vient alors $f(t+1) = f(t) + E\left(\dfrac{t}{n} + 1\right) - E\left(\dfrac{t}{n}\right) = f(t) + 1$.

De ces deux résultats, on déduit immédiatement que, pour tout réel t, $f(t) = E(t)$.

Il reste à appliquer cette conclusion à $t = nx$ pour obtenir le résultat annoncé.

Ex. 9

1) Supposons que, pour $n \in \mathbb{N}$, x_n et y_n soient dans l'intervalle $[0, 7]$.

Avec $0 \leqslant 7 - y_n \leqslant 7$, il vient $x_{n+1} \in [0, \sqrt{7}] \subset [0, 7]$.

Avec $7 \leqslant 7 + x_n \leqslant 14$, il vient $y_{n+1} \in [\sqrt{7}, \sqrt{14}] \subset [0, 7]$.

Ainsi, compte tenu de $x_0 = y_0 = 0$, on obtient par récurrence que x_n et y_n existent pour tout $n \in \mathbb{N}$, et qu'ils appartiennent à $[0, 7]$.

2) Déterminons les limites éventuelles.

Supposons que les suites (x_n) et (y_n) admettent a et b pour limites respectives.

La première partie montre que a et b sont dans $[0, 7]$. En outre, les relations de récurrence donnent :

$$(1) \qquad \begin{cases} a = \sqrt{7 - b} \\ b = \sqrt{7 + a} \end{cases}$$

De ce système, on déduit $\begin{cases} a^2 = 7 - b \\ b^2 = 7 + a \end{cases}$ et donc **(2)** $\begin{cases} b^2 - a^2 = a + b \\ b^2 = 7 + a \end{cases}$

La première équation se lit aussi $(a+b)(b-a-1) = 0$.

Avec $a \geqslant 0$ et $b \geqslant 0$, $a + b = 0$ implique $a = b = 0$, ce qui ne vérifie pas la seconde équation.

En conséquence, les limites a et b sont solutions du système :

$$\textbf{(3)} \quad \begin{cases} b - a = 1 \\ a^2 + a - 6 = 0 \end{cases}$$

Les racines de $x^2 + x - 6 = 0$ sont -3 et 2. Alors $a \in [0, 7]$ donne $a = 2$ puis $b = 3$.

3) Étudions les suites $(x_n - 2)$ et $(y_n - 3)$.

Avec $x_{n+1}^2 - 4 = 3 - y_n$ et $y_{n+1}^2 - 9 = x_n - 2$, il vient :

$$x_{n+1} - 2 = \frac{3 - y_n}{x_{n+1} + 2} \quad \text{et} \quad y_{n+1} - 3 = \frac{x_n - 2}{y_{n+1} + 3}.$$

On en déduit $|x_{n+1} - 2| \leqslant \frac{1}{2}|y_n - 3|$ et $|y_{n+1} - 3| \leqslant \frac{1}{3}|x_n - 2|$.

Il en résulte que, pour tout $n \in \mathbb{N}$, $|x_{n+2} - 2| \leqslant \frac{1}{6}|x_n - 2|$ et donc :

$$|x_{2n} - 2| \leqslant \frac{1}{6^n}|x_0 - 2| \quad \text{et} \quad |x_{2n+1} - 2| \leqslant \frac{1}{6^n}|x_1 - 2|.$$

On en déduit $\lim x_{2n} = 2$ et $\lim x_{2n+1} = 2$, d'où $\lim x_n = 2$. Alors, $|y_{n+1} - 3| \leqslant \frac{1}{3}|x_n - 2|$ donne $\lim y_n = 3$.

Ex. 10

- Pour tout $n \in \mathbb{N}$, on a $v_n > 0$ et en calculant $1 - v_n = \dfrac{(1 - u_n)(1 - v_{n-1})}{1 + u_n v_{n-1}}$ on obtient par récurrence :
$$\forall n \in \mathbb{N}, 0 < v_n < 1.$$
- On forme $v_n - v_{n-1} = \dfrac{u_n\left(1 - v_{n-1}^2\right)}{1 + u_n v_{n-1}}$: (v_n) est croissante.
- Majorée et croissante, (v_n) est convergente vers ℓ avec $0 \leqslant \ell \leqslant 1$.
- En supposant $0 \leqslant \ell < 1$, il vient $\lim u_n = 0$, ce qui est contraire à l'hypothèse, donc $\ell = 1$.

Ex. 11

Il existe $\ell = \inf\limits_{n \in \mathbb{N}^*} \dfrac{u_n}{n}$ et pour tout $\varepsilon > 0$, il existe $n_0 \in \mathbb{N}$ tel que $\ell \leqslant \dfrac{u_{n_0}}{n_0} \leqslant \ell + \dfrac{\varepsilon}{2}$.

Pour $n \in \mathbb{N}$, on écrit la division euclidienne de n par n_0 : $n = pn_0 + r$, $0 \leqslant r < n_0$, et il vient :

$$0 < \frac{u_n}{n} \leqslant \frac{u_{n_0}}{n_0} + \frac{u_r}{n} \leqslant \ell + \frac{\varepsilon}{2} + \frac{A}{n} \quad \text{avec } A = \sup\left\{u_k \,/\, 0 \leqslant k \leqslant n_0 - 1\right\}.$$

Alors il existe n_1 tel que $n \geqslant n_1 \;\Rightarrow\; \dfrac{A}{n} < \dfrac{\varepsilon}{2} \;\Rightarrow\; 0 < \dfrac{u_n}{n} \leqslant \ell + \varepsilon$.

Ex. 12

En supposant que $\lim u_n = \ell$, on a $\lim\left(u_n + \frac{1}{2}u_{2n}\right) = \frac{3}{2}\ell$ donc $\ell = \frac{2}{3}$.

Posons $v_n = u_n - \frac{2}{3}$, la suite (v_n) vérifie $\lim\left(v_n + \frac{1}{2}v_{2n}\right) = 0$ donc $\lim r_n = 0$ avec $r_n = v_n + \frac{1}{2}v_{2n}$.

Pour tout $p \in \mathbb{N}^*$, on a $v_n - \dfrac{(-1)^{p+1}}{2^{p+1}} v_{2^{p+1}n} = \displaystyle\sum_{k=0}^{p}\left[\frac{(-1)^k}{2^k}v_{2^k n} - \frac{(-1)^{k+1}}{2^{k+1}}v_{2^{k+1}n}\right] = \sum_{k=0}^{p}\frac{(-1)^k}{2^k}\left(v_{2^k n} + \frac{1}{2}v_{2^{k+1}n}\right)$, donc $v_n = \dfrac{(-1)^{p+1}}{2^{p+1}} v_{2^{p+1}n} + \sum_{k=0}^{p} \dfrac{(-1)^k}{2^k} r_{2^k n}$ puis $|v_n| \leqslant \dfrac{1}{2^{p+1}} |v_{2^{p+1}n}| + \sum_{k=0}^{p} \dfrac{1}{2^k} |r_{2^k n}|$ **(1)**

La suite (u_n) étant à termes positifs, on a $\forall n \in \mathbb{N},\ 0 \leqslant u_n \leqslant u_n + \dfrac{1}{2} u_{2n}$.

Or la suite $\left(u_n + \dfrac{1}{2} u_{2n}\right)$ est convergente, donc bornée.

Il s'ensuit que (u_n) est également bornée ainsi que $(v_n) = \left(u_n - \dfrac{2}{3}\right)$.

Soit $A > 0$ tel que $\forall n \in \mathbb{N},\ |v_n| \leqslant A$, avec **(1)** on obtient $\forall n \in \mathbb{N},\ \forall p \in \mathbb{N},\ |v_n| \leqslant \dfrac{A}{2^{p+1}} + \sum_{k=0}^{p} \dfrac{1}{2^k} |r_{2^k n}|$,

puis $\varepsilon > 0$ étant donné, on peut fixer $p \in \mathbb{N}$ tel que $\dfrac{A}{2^{p+1}} \leqslant \dfrac{\varepsilon}{2}$ et il vient :

$$\forall n \in \mathbb{N},\ |v_n| \leqslant \frac{\varepsilon}{2} + \sum_{k=0}^{p} \frac{1}{2^k} |r_{2^k n}| \quad \textbf{(2)}$$

Sachant que $\lim r_n = 0$, à $\varepsilon > 0$ on peut associer $n_0 \in \mathbb{N}$ tel que $n \geqslant n_0 \Rightarrow |r_n| \leqslant \dfrac{\varepsilon}{4}$.

Remarquons que, pour $n \geqslant n_0$, on a $\forall k \in \mathbb{N}, 2^k n \geqslant n_0$, donc $n \geqslant n_0$ et **(2)** donne alors :

$$|v_n| \leqslant \frac{\varepsilon}{2} + \frac{\varepsilon}{4} \sum_{k=0}^{p} \frac{1}{2^k} \quad \text{soit} \quad |v_n| \leqslant \frac{\varepsilon}{2} + \frac{\varepsilon}{4} \frac{1 - 2^{-p-1}}{1 - 2^{-1}} \leqslant \varepsilon$$

Finalement, on a prouvé : $\forall \varepsilon > 0,\ \exists n_0 \in \mathbb{N},\ n \geqslant n_0 \Rightarrow |v_n| \leqslant \varepsilon$ c'est-à-dire $\lim v_n = 0$ et $\lim u_n = \dfrac{2}{3}$.

Ex. 13

Calcul de $M_\alpha = \sup\left\{ |\sin n\alpha| \,/ n \in \mathbb{N} \right\}$.

1) Si $\alpha \notin \pi\mathbb{Q}$, montrons que le sous-groupe $G_\alpha = \left\{ n\alpha + k\pi \,/ (n, k) \in \mathbb{Z}^2 \right\}$ de $(\mathbb{R}, +)$ est dense dans $\mathbb{R}$.

- Pour cela, étant donné un réel strictement positif β, considérons $G_\beta = \mathbb{Z} + \beta\mathbb{Z}$.

  Il est immédiat que G_β est un sous-groupe de $(\mathbb{R}, +)$.

  Montrons que, si le sous-groupe G_β est discret, alors β est rationnel.

  G_β est discret quand il existe $r \in \mathbb{R}$ tel que $G_\beta = r \cdot \mathbb{Z}$.

  β et 1 sont dans G_β car $1 = 1 + 0 \cdot \beta$ et $\beta = 0 + 1 \cdot \beta$.

  Ils sont donc dans $r \cdot \mathbb{Z}$ et il existe u et v entiers tels que $1 = ru$ et $\beta = vr$, d'où on déduit $\beta = \dfrac{v}{u} \in \mathbb{Q}$.

  En conséquence, si β n'est pas rationnel, le sous-groupe G_β n'est pas discret, il est donc dense (théorème 4).

  Il reste à appliquer ce résultat à $\beta = \dfrac{\alpha}{\pi}$.

- On en déduit que tout point de $[0, 1]$ est limite d'une suite extraite de $\left(|\sin n\alpha| \right)_{n \in \mathbb{N}}$ donc que $M_\alpha = 1$.

2) Si $\alpha \in \pi\mathbb{Q}$, on pose $\alpha = \dfrac{p}{q}\pi$, $(p, q) \in \mathbb{N}^*$, p et q premiers entre eux. On a alors $G_\alpha = \dfrac{\pi}{q}\mathbb{Z}$ donc :

$$\left\{ |\sin n\alpha| \,/ n \in \mathbb{Z} \right\} = \left\{ \sin \frac{k\pi}{q},\ k \in [\![0, n-1]\!] \right\}$$

Il en résulte $M_\alpha = 1$ si q est pair $(q \geqslant 2)$, et $M_\alpha = \sin\left(\dfrac{r}{2r+1}\pi\right)$ si q est impair $(q = 2r + 1 \geqslant 3)$.

En conséquence $\inf\left\{ M_\alpha \,/ \alpha \in]0, \pi[\right\} = \inf\left\{ \sin\left(\dfrac{r}{2r+1}\pi\right), r \in \mathbb{N}^* \right\} = \sin\dfrac{\pi}{3} = \dfrac{\sqrt{3}}{2}$.

CHAPITRE

5 Fonctions réelles Limites – Continuité

Dans ce chapitre, les fonctions sont définies sur un intervalle I de $\mathbb{R}$, non vide, non réduit à un point, et sont à valeurs réelles.

Il est usuel de noter $\overset{\circ}{I}$ l'intervalle ouvert de mêmes bornes (réelles ou infinies) que I.

On dit que $\overset{\circ}{I}$ est l'**intérieur** de I. Les points de $\overset{\circ}{I}$, c'est-à-dire les points de I distincts des bornes, sont aussi appelés **points intérieurs** à I. Dire que I est non vide et non réduit à un point équivaut à dire que $\overset{\circ}{I}$ est non vide.

A. Fonctions réelles d'une variable réelle

Étant donné un intervalle I d'intérieur non vide, $\mathbb{R}^I$ est l'ensemble des fonctions de I dans $\mathbb{R}$. ✎ (1)

✎ (1) Les expressions «application de I dans $\mathbb{R}$» et «fonction définie sur I à valeurs dans $\mathbb{R}$» sont synonymes.

1. Structure de $\mathbb{R}^I$

Étant donné f, g dans $\mathbb{R}^I$ et $\lambda \in \mathbb{R}$, on définit les applications de I dans $\mathbb{R}$:

$$f+g \ : \ x \mapsto f(x)+g(x) \qquad \lambda f \ : \ x \mapsto \lambda f(x) \qquad fg \ : \ x \mapsto f(x)g(x)$$

$\mathbb{R}^I$ est un $\mathbb{R}$-espace vectoriel, c'est aussi un anneau commutatif (c'est un exemple de référence, voir Algèbre-Géométrie, chapitre 8).

2. Fonctions et relation d'ordre

Soit f, g dans $\mathbb{R}^I$.

Définition 1

La fonction $|f|$ est définie sur I par $|f| \ : \ x \mapsto |f(x)|$.

Définition 2

Les fonctions $\sup(f, g)$ et $\inf(f, g)$ sont définies par :

$$\sup(f, g) \ : \ x \mapsto \sup\{f(x), g(x)\} \qquad \inf(f, g) \ : \ x \mapsto \inf\{f(x), g(x)\}$$

Définition 3

Soit $f(I) = \{f(x) \ , \ x \in I\}$.
f est dite **majorée** (resp. **minorée**) si $f(I)$ est une partie majorée (resp. minorée) de $\mathbb{R}$.
f est majorée s'il existe $M \in \mathbb{R}$ tel que $\forall x \in I, \ f(x) \leqslant M$.
f est minorée s'il existe $m \in \mathbb{R}$ tel que $\forall x \in I, \ m \leqslant f(x)$.

Notations ✎ (2)

$\exists M \in \mathbb{R}, \ \ \forall x \in I, \ f(x) \leqslant M$ est noté $f \leqslant M$.
$\exists m \in \mathbb{R}, \ \ \forall x \in I, \ f(x) \geqslant m$ est noté $f \geqslant m$.
Si f est majorée, $\sup\limits_I f$ est la borne supérieure de $f(I)$.
Si f est minorée, $\inf\limits_I f$ est la borne inférieure de $f(I)$.

✎ (2) Si la borne supérieure de $f(I)$ est atteinte (c'est-à-dire si $f(I)$ admet un plus grand élément), cette borne est notée $\max_I f$. De même si $f(I)$ a une borne inférieure atteinte, on la note $\min_I f$.

Définition 4

f est dite **bornée** si elle est à la fois majorée et minorée. ✎ (3)

✎ (3) L'ensemble $\mathcal{B}(I,\mathbb{R})$ des fonctions réelles définies sur I et bornées est un sous-espace vectoriel et un sous-anneau de $\mathbb{R}^I$.

Propriété 1

f est bornée si et seulement si $|f|$ est majorée.

3. Monotonie

Définition 5

Soit f un élément de $\mathbb{R}^I$.

f est **croissante** (resp. **strictement croissante**) lorsque :

$$\forall (x, x') \in I^2, \; x < x' \;\Rightarrow\; f(x) \leqslant f(x') \quad (\text{resp. } f(x) < f(x'))$$

f est **décroissante** (resp. **strictement décroissante**) lorsque :

$$\forall (x, x') \in I^2, \; x < x' \;\Rightarrow\; f(x) \geqslant f(x') \quad (\text{resp. } f(x) > f(x'))$$

f est **monotone** (resp. **strictement monotone**) lorsqu'elle est croissante ou décroissante (resp strictement croissante ou strictement décroissante).

Propriété 2

Soit f et g dans $\mathbb{R}^I$. Si elles sont croissantes, alors $f + g$ est croissante.
En outre, si l'une d'elles est strictement croissante, $f + g$ est strictement croissante. ✎ (4)

✎ (4) De même, la somme $f+g$ de deux applications décroissantes est décroissante et si, en outre, l'une d'elles est strictement décroissante, $f+g$ est strictement décroissante.

Propriété 3

Soit f et g dans $\mathbb{R}^I$. Si elles sont positives et croissantes (resp. décroissantes), alors fg est une application croissante (resp. décroissante).

Propriété 4

Soit $f \in \mathbb{R}^I$ et $g \in \mathbb{R}^J$, où J contient $f(I)$:

a) si f et g sont monotones, il en est de même pour $g \circ f$;

b) si f et g sont strictement monotones, il en est de même pour $g \circ f$. ✎ (5)

✎ (5) Si f et g ont le même sens de variation (croissance ou décroissance), leur composée est croissante. Si elles ont des sens de variation différents, leur composée est décroissante.

4. Parité

On suppose que I est un intervalle de centre 0.

Définition 6

$f \in \mathbb{R}^I$ est **paire** (resp. **impaire**) lorsque :

$$\forall x \in I, \; f(-x) = f(x) \quad (\text{resp. } f(-x) = -f(x))$$

Propriété 5

L'ensemble $\mathcal{P}(I)$ et l'ensemble $\mathcal{I}(I)$ des fonctions respectivement paires et impaires sur I sont des sous-espaces vectoriels supplémentaires de $\mathbb{R}^I$: ✎ (6)

$$\mathbb{R}^I = \mathcal{P}(I) \oplus \mathcal{I}(I)$$

✎ (6) Voir enAlgèbre-Géométrie, au chapitre **8**.
La **partie paire** de $f \in \mathbb{R}^I$ est la fonction : $x \mapsto \frac{1}{2}\left(f(x)+f(-x)\right)$
La **partie impaire** de $f \in \mathbb{R}^I$ est la fonction : $x \mapsto \frac{1}{2}\left(f(x)-f(-x)\right)$

5. Périodicité

On considère des fonctions définies sur $D \subset \mathbb{R}$.

Définition 7

$T \in \mathbb{R} \setminus \{0\}$ est une **période** de $f \in \mathbb{R}^D$ lorsque D est stable par la translation $x \mapsto x + T$ et :

$$\forall x \in \mathbb{R}, \; f(x + T) = f(x)$$

f est dite **T-périodique** lorsqu'elle admet T pour période.

Propriété 6

L'ensemble des fonctions T-périodiques sur $\mathbb{R}$ est un sous-espace vectoriel et un sous-anneau de l'ensemble $\mathbb{R}^{\mathbb{R}}$, muni des lois de compositions (internes ou externe) classiques.

6. Fonctions lipschitziennes

Définition 8

Soit $f \in \mathbb{R}^I$ une fonction et $k > 0$. On dit que f est **k-lipschitzienne** lorsque :

$$\forall (x, y) \in I^2, \quad |f(x) - f(y)| \leqslant k\,|x - y|$$

f est dite lipschitzienne sur I si il existe $k > 0$ tel que f soit k-lipschitzienne. ✎ (7)

✎ (7) Noter que si f est k-lipschitzienne sur I, alors, pour tout $k' \geqslant k$, f est k'-lipschitzienne sur I.

Propriété 7

L'ensemble des fonctions lipschitziennes sur I est un sous-espace vectoriel de $\mathbb{R}^I$.

Propriété 8

Si f est k-lipschitzienne sur I et si g est k'-lipschitzienne sur J, avec $f(I) \subset J$, alors $g \circ f$ est kk'-lipschitzienne sur I.

Exemple 1 Soit f et g des fonctions lipschitziennes sur un intervalle I.

a) On suppose f et g bornées sur I. Alors que fg est lipschitzienne sur I.

b) Exemple de fonctions lipschitziennes sur un intervalle et dont le produit ne le soit pas.

a) Quels que soient x et y dans I, $fg(y) - fg(x) = f(y)[g(y) - g(x)] + g(x)[f(y) - f(x)]$.

Il existe $\alpha > 0$ et $\beta > 0$ tels que, pour tout $(x, y) \in I^2$:

$$|f(x) - f(y)| \leqslant \alpha|x - y| \quad \text{et} \quad |g(x) - g(y)| \leqslant \beta\,|x - y|$$

En notant A et B des majorants de $|f|$ et $|g|$ sur I, il vient :

$$|fg(x) - fg(y)| \leqslant (A\ \beta + B\alpha)\,|x - y|,$$

ce qui montre que fg est lipschitzienne sur I.

b) Soit $f = \mathrm{Id}_{\mathbb{R}}$ et $g = f$. Il est immédiat que f est lipschitzienne sur $\mathbb{R}$.

La fonction $f^2 : x \mapsto x^2$ ne l'est pas. Avec $\left|x^2 - y^2\right| = |x + y|\ |x - y|$, pour que f^2 soit lipschitzienne, l'ensemble des $|x + y|$, pour x et y réels quelconques, devrait être majoré.

B. Limite – Continuité

Soit I un intervalle et a un élément de I ou une extrémité de I ✎ (8) et $f \in \mathbb{R}^I$.

✎ (8) Éventuellement $a = +\infty$ ou $a = -\infty$.

Convention

On dit qu'une propriété relative à f est vraie **au voisinage** de a pour exprimer qu'elle est vraie :

- sur l'intersection de I et d'un intervalle ouvert de centre a pour $a \in \mathbb{R}$
- sur l'intersection de I et d'un intervalle ouvert de borne $+\infty$ pour $a = +\infty$
- sur l'intersection de I et d'un intervalle ouvert de borne $-\infty$ pour $a = -\infty$

1. Notion de limite

Définition 9

f admet $b \in \mathbb{R}$ pour limite en a lorsque :

si a est réel : $\forall \varepsilon > 0,\ \exists \alpha > 0,\ \forall x \in I,\ |x - a| \leqslant \alpha \Rightarrow |f(x) - b| \leqslant \varepsilon$

si $a = +\infty$: $\forall \varepsilon > 0,\ \exists A \in \mathbb{R},\ \forall x \in I,\ x \geqslant A \Rightarrow |f(x) - b| \leqslant \varepsilon$

si $a = -\infty$: $\forall \varepsilon > 0,\ \exists A \in \mathbb{R},\ \forall x \in I,\ x \leqslant A \Rightarrow |f(x) - b| \leqslant \varepsilon$

Définition 10

f admet $+\infty$ pour limite en a lorsque : ✎ (9)

si a est réel :	$\forall B \in \mathbb{R}$,	$\exists \alpha > 0$,	$\forall x \in I$,	$\lvert x - a \rvert \leqslant \alpha$	$\Rightarrow$	$f(x) \geqslant B$
si $a = +\infty$:	$\forall B \in \mathbb{R}$,	$\exists A \in \mathbb{R}$,	$\forall x \in I$,	$x \geqslant A$	$\Rightarrow$	$f(x) \geqslant B$
si $a = -\infty$:	$\forall B \in \mathbb{R}$,	$\exists A \in \mathbb{R}$,	$\forall x \in I$,	$x \leqslant A$	$\Rightarrow$	$f(x) \geqslant B$

✎ (9) Dans chacun de ces neuf cas, toute inégalité large peut être remplacée par une inégalité stricte pour une formulation équivalente. On notera que dans le cas des définitions 10 et 11, si a n'est pas élément de I, alors c'est une borne de I.

Définition 11

f admet $-\infty$ pour limite en a lorsque :

si a est réel :	$\forall B \in \mathbb{R}$,	$\exists \alpha > 0$,	$\forall x \in I$,	$\lvert x - a \rvert \leqslant \alpha$	$\Rightarrow$	$f(x) \leqslant B$
si $a = +\infty$:	$\forall B \in \mathbb{R}$,	$\exists A \in \mathbb{R}$,	$\forall x \in I$,	$x \geqslant A$	$\Rightarrow$	$f(x) \leqslant B$
si $a = -\infty$:	$\forall B \in \mathbb{R}$,	$\exists A \in \mathbb{R}$,	$\forall x \in I$,	$x \leqslant A$	$\Rightarrow$	$f(x) \leqslant B$

Propriété 9

Si f admet b et b' pour limites réelles en a (réel, $+\infty$ ou $-\infty$), alors $b = b'$.

☞ Plaçons nous dans le cas où a est dans $\mathbb{R}$. ✎ (10)

Soit $\varepsilon > 0$ fixé quelconque. Comme b et b' sont limites de f en a :

$$\exists\, \alpha > 0,\ \forall x \in I,\ \lvert x - a \rvert \leqslant \alpha \ \Rightarrow\ \lvert f(x) - b \rvert \leqslant \varepsilon$$

$$\exists\, \alpha' > 0,\ \forall x \in I,\ \lvert x - a \rvert \leqslant \alpha' \ \Rightarrow\ \lvert f(x) - b' \rvert \leqslant \varepsilon$$

En posant $\beta = \inf\{\alpha, \alpha'\}$, l'intersection de I et de $[a - \beta, a + \beta]$ est un intervalle non vide.

Soit $c \in I \cap [a - \beta, a + \beta]$. On a alors $\lvert f(c) - b \rvert \leqslant \varepsilon$ et $\lvert f(c) - b' \rvert \leqslant \varepsilon$

On en déduit $\lvert b - b' \rvert \leqslant 2\varepsilon$. Comme ceci est vrai pour tout $\varepsilon > 0$, il vient :

$$\lvert b - b' \rvert = 0 \text{ c'est-à-dire } b = b'$$

✎ (10) Les cas où $a=+\infty$ ou $a=-\infty$ se traitent de façon analogue.

Définition 12

Si $b \in \mathbb{R}$ vérifie la définition 9, on dit que c'est **la limite de f en a**. ✎ (11)

On note alors $b = \lim\limits_{a} f$ ou $b = \lim\limits_{x \to a} f(x)$.

✎ (11) Ceci, dans les trois cas : $a \in \mathbb{R}$, $a=+\infty$ ou $a=-\infty$, c'est-à-dire pour $a \in \overline{\mathbb{R}}$.

Notation 1

Dans le cas de la définition 10 ou 11, on note :

$$\lim_{a} f = +\infty \text{ ou } \lim_{x \to a} f(x) = +\infty$$

$$\lim_{a} f = -\infty \text{ ou } \lim_{x \to a} f(x) = -\infty$$

Propriété 10

Si f admet une limite réelle en a, alors f est bornée au voisinage de a.

En conséquence, si f admet une limite infinie en a, elle n'admet pas de limite finie, et si elle admet une limite finie, elle n'admet pas de limite infinie. ✎ (12)

✎ (12) Ce qui complète la propriété 9.

2. Continuité

2.1 – Définition

Théorème 1

Si a est dans I, la limite éventuelle de f en a est nécessairement $f(a)$. ✎ (13)

☞ Soit b la limite de f en $a \in I$.

Pour tout $\varepsilon > 0$, il existe $\alpha > 0$ tel que, pour tout x dans I, $\lvert x - a \rvert \leqslant \alpha \ \Rightarrow\ \lvert f(x) - b \rvert \leqslant \varepsilon$

En particulier, $\forall \varepsilon > 0$, $\lvert f(a) - b \rvert \leqslant \varepsilon$ ce qui donne $b = f(a)$.

✎ (13) $f \in \mathbb{R}^I$ donc f est définie en a.

Définition 13

Si f admet une limite en $a \in I$, on dit que f est **continue** en a. ✎ (14)

✎ (14) Il est équivalent de dire que : $\lim\limits_{x \to a} f(x) = f(a)$.

2.2 – Caractérisation à l'aide de suites

Propriété 11

f admet b pour limite en a ($b \in \overline{\mathbb{R}}$, $a \in \overline{\mathbb{R}}$) si et seulement si :

pour toute suite (x_n) de points de I, $\lim x_n = a \Rightarrow \lim f(x_n) = b$.

✎ (15) Nous démontrons cette caractérisation dans le cas où a et b sont des réels. La démonstration est analogue dans les autres cas : $a \in \{-\infty, +\infty\}$ ou $b \in \{-\infty, +\infty\}$.

☞ ✎ (15)

a) Condition nécessaire. Soit $b = \lim\limits_a f$ et (x_n) une suite de I qui converge vers a.

$b = \lim\limits_a f$ s'écrit $\forall \varepsilon > 0,\ \exists \alpha > 0,\ \forall x \in I,\ |x - a| \leqslant \alpha \Rightarrow |f(x) - b| \leqslant \varepsilon$.

Puisque $a = \lim x_n$, il existe $p \in \mathbb{N}$ tel que, pour tout $n \geqslant p$, $|x_n - a| \leqslant \alpha$.

En résumé, $\forall \varepsilon > 0,\ \exists p \in \mathbb{N},\ \forall n \geqslant p,\ |f(x_n) - b| \leqslant \varepsilon$, c'est-à-dire que la suite $\big(f(x_n)\big)$ admet b pour limite.

b) Condition suffisante. Supposons que b ne soit pas limite de f en a.

$$\exists\, \varepsilon > 0,\ \forall \alpha > 0,\ \exists x \in I,\ |x - a| \leqslant \alpha \text{ et } |f(x) - b| > \varepsilon.$$

En particulier, pour tout $n \in \mathbb{N}^*$, il existe $x_n \in I$, $|x_n - a| \leqslant \dfrac{1}{n}$ et $|f(x_n) - b| > \varepsilon$.

La suite (x_n) ainsi définie admet a pour limite et, cependant, b n'est pas limite de la suite $\big(f(x_n)\big)$. On a ainsi montré la contraposée de l'implication réciproque.

Corollaire 1

Continuité et limite de suite

Soit $f \in \mathbb{R}^I$. Si (x_n) est une suite d'éléments de I admettant une limite $\ell \in I$ et si f est continue en ℓ, alors la suite $\big(f(x_n)\big)$ converge vers $f(\ell)$.

Corollaire 2

Caractérisation séquentielle de la continuité ✎ (16)

✎ (16) C'est-à-dire caractérisation de la continuité à l'aide des suites.

Soit $f \in \mathbb{R}^I$ et $a \in I$. La fonction f est continue en a si et seulement si pour toute suite (x_n) de points de I convergeant vers a, $\big(f(x_n)\big)$ converge vers $f(a)$.

Exemple 2 Pour que f admette une limite en a, il suffit que, pour toute suite (x_n) de I, de limite a, la suite $\big(f(x_n)\big)$ admette une limite.

Soit (x_n) et (y_n) des suites de I, de limite a. Notons b et c les limites respectives des suites $\big(f(x_n)\big)$ et $\big(f(y_n)\big)$. Construisons la suite (z_n) définie par : $z_{2n} = x_n$ et $z_{2n+1} = y_n$.

C'est une suite de I qui admet a pour limite. La suite $\big(f(z_n)\big)$ admet donc une limite ℓ.

Puisque $\big(f(x_n)\big)$ et $\big(f(y_n)\big)$ sont des suites extraites de $\big(f(z_n)\big)$, il vient : $b = c = \ell$.

Il reste alors à utiliser la condition suffisante de la propriété 11 pour conclure.

Exemple 3 $f : x \mapsto \sin \dfrac{1}{x}$ n'admet pas de limite en 0. ✎ (17)

✎ (17) De même, la fonction $x \mapsto \sin x$ n'admet pas de limite en $+\infty$ ou en $-\infty$.

La fonction proposée est définie sur $\mathbb{R}^*$.

Considérons les suites $(x_n)_{n \in \mathbb{N}^*}$ et $(y_n)_{n \in \mathbb{N}}$, définies par $x_n = \dfrac{1}{n\pi}$ et $y_n = \dfrac{1}{2n\pi + \pi/2}$.

Ce sont des suites convergeant vers 0.

De $\sin x_n = 0$ et $\sin y_n = 1$, on déduit que les suites $(\sin x_n)$ et $(\sin y_n)$ sont convergentes mais de limites différentes. Donc f n'admet pas de limite en 0.

3. Limite ou continuité à gauche ou à droite

✎ (18) L'intérieur de I, noté $\overset{\circ}{I}$, est l'intervalle ouvert de même bornes que I. Les points intérieurs à I sont les points de I distincts des bornes.

Soit I un intervalle d'intérieur ✎ (18) non vide et $a \in \overset{\circ}{I}$. On considère :

$$I_1 =]a, +\infty[\cap I \ ,\ I_2 =]-\infty, a[\cap I \ ,\ I_1' = [a, +\infty[\cap I \text{ et } I_2' =]-\infty, a] \cap I.$$

Définition 14

Soit f une fonction réelle définie sur $I \setminus \{a\}$. On dit que b est la limite à droite (resp. à gauche) en a de f, si la restriction de f à I_1 (resp. à I_2) f admet b pour limite en a.

Notation 2

Lorsqu'elle existe, la limite à droite de f en a est notée :

$$\lim_{\substack{x \to a \\ x > a}} f(x) \quad \text{ou} \quad \lim_{a+} f \quad \text{ou} \quad f(a+)$$

Lorsqu'elle existe, la limite à gauche de f en a est notée :

$$\lim_{\substack{x \to a \\ x < a}} f(x) \quad \text{ou} \quad \lim_{a-} f \quad \text{ou} \quad f(a-)$$

Définition 15

✎ (19) C'est une extension de la notion de limite au cas où f n'est pas seulement étudiée sur un intervalle. Dans ce cas, on dit aussi qu'il s'agit de la limite de f en a suivant $I \setminus \{a\}$.

On dit que f, définie sur $I \setminus \{a\}$, admet une limite en a lorsqu'elle admet une limite à droite et une limite à gauche et que ces deux limites sont égales. ✎ (19) On pose alors :

$$\lim_{x \to a} f(x) = \lim_{\substack{x \to a \\ x > 0}} f(x) = \lim_{\substack{x \to a \\ x < 0}} f(x)$$

Définition 16

Soit f une fonction définie sur I. On dit que f est **continue à droite** (resp. **à gauche**) en a intérieur à I lorsque la restriction de f à I_1' (resp. I_2') est continue en a.

Propriété 12

Une fonction f définie sur I est continue en a intérieur à I si et seulement si elle est continue à droite et à gauche en a.

Exemple 4 La fonction «partie entière» n'admet de limite en aucun $t \in \mathbb{Z}$.

Soit $t \in \mathbb{Z}$. Pour $x \in [t, t+1[$, $E(x) = t$ et $\lim\limits_{\substack{x \to t \\ x > t}} E(x) = t$.

Pour $x \in [t-1, t[$, $E(x) = t - 1$ et $\lim\limits_{\substack{x \to t \\ x < t}} E(x) = t - 1$. Donc E n'admet pas de limite en t.

C. Règles de calcul

✎ (20) Les résultats concernant la comparaison ou les opérations proviennent de ceux établis pour les suites et de la propriété 11.

$f, g, \ldots$ sont des fonctions définies sur un même intervalle I de $\mathbb{R}$. ✎ (20)
a est une borne de I ou un élément de I.

1. Comparaison

Propriété 13

Si $f(x) \leqslant g(x)$ pour tout $x \in I$:

- $\lim\limits_{a} f = +\infty \Rightarrow \lim\limits_{a} g = +\infty$
- $\lim\limits_{a} g = -\infty \Rightarrow \lim\limits_{a} f = -\infty$

Propriété 14

Si $f(x) \leqslant g(x) \leqslant h(x)$ pour tout $x \in I$, $\lim\limits_{a} f = \lim\limits_{a} h = \ell \Rightarrow \lim\limits_{a} g = \ell$.

2. Opérations

On suppose que f et g admettent des limites finies ou infinies en a.

Propriété 15

Addition

Lorsqu'il ne s'agit pas de forme indéterminée dans $\overline{\mathbb{R}}$, $\lim\limits_a (f+g) = \lim\limits_a f + \lim\limits_a g$.

- Si $\lim\limits_a f \in \mathbb{R}$ et $\lim\limits_a g \in \mathbb{R}$ alors $\lim\limits_a (f+g) = \lim\limits_a f + \lim\limits_a g$.
- Si $\lim\limits_a f \in \{-\infty, +\infty\}$ et $\lim\limits_a g \in \mathbb{R}$ alors $\lim\limits_a (f+g) = \lim\limits_a f$.
- Si $\lim\limits_a f = +\infty$ et $\lim\limits_a g = +\infty$ alors $\lim\limits_a (f+g) = +\infty$.
- Si $\lim\limits_a f = -\infty$ et $\lim\limits_a g = -\infty$ alors $\lim\limits_a (f+g) = -\infty$.

Propriété 16

Multiplication

Lorsqu'il ne s'agit pas de forme indéterminée dans $\overline{\mathbb{R}}$, $\lim\limits_a (fg) = \lim\limits_a f \cdot \lim\limits_a g$.

- Si $\lim\limits_a f \in \mathbb{R}$ et $\lim\limits_a g \in \mathbb{R}$ alors $\lim\limits_a (fg) = \lim\limits_a f \cdot \lim\limits_a g$.
- Si $\lim\limits_a f \in \{-\infty, +\infty\}$ et $\lim\limits_a g \in \mathbb{R}_+^*$ alors $\lim\limits_a (fg) = \lim\limits_a f$.
- Si $\lim\limits_a f \in \{-\infty, +\infty\}$ et $\lim\limits_a g \in \mathbb{R}_-^*$ alors $\lim\limits_a (fg) = -\lim\limits_a f$.
- Si $\lim\limits_a f = +\infty$ et $\lim\limits_a g = +\infty$ alors $\lim\limits_a (fg) = +\infty$.
- Si $\lim\limits_a f = -\infty$ et $\lim\limits_a g = -\infty$ alors $\lim\limits_a (fg) = +\infty$.
- Si $\lim\limits_a f = +\infty$ et $\lim\limits_a g = -\infty$ alors $\lim\limits_a (fg) = -\infty$.

Propriété 17

Inverse

On suppose que $0 \notin f(I)$.

a) Si $b = \lim\limits_a f \in \mathbb{R}^*$ alors $\lim\limits_a \dfrac{1}{f} = \dfrac{1}{b}$.

b) Si $\lim\limits_a f \in \{-\infty, +\infty\}$ alors $\lim\limits_a \dfrac{1}{f} = 0$.

c) Si $\lim\limits_a f = 0$ et $f > 0$ sur I alors $\lim\limits_a \dfrac{1}{f} = +\infty$.

d) Si $\lim\limits_a f = 0$ et $f < 0$ sur I alors $\lim\limits_a \dfrac{1}{f} = -\infty$.

Propriété 18

Valeur absolue

a) Si $\lim\limits_a f = b \in \mathbb{R}$ alors $\lim\limits_a |f| = |b|$.

b) Si $\lim\limits_a f = b \in \{-\infty, +\infty\}$ alors $\lim\limits_a |f| = +\infty$.

3. Composition

Soit f une fonction définie sur un intervalle I de $\mathbb{R}$, a un élément de I ou une borne de I, ($a \in \overline{\mathbb{R}}$), et J un intervalle contenant $f(I)$.

Propriété 19

Si f admet une limite b dans $\overline{\mathbb{R}}$ en a ✎ (21) alors b est élément de J ou borne de J.

✎ (21) Nous disons que f admet une limite dans $\overline{\mathbb{R}}$ en a pour traduire que f admet en a une limite réelle ou une limite infinie.

☞ Supposons que b n'appartienne pas à J.

- Si $b = +\infty$ (resp. $-\infty$), alors $f(I)$ est non majoré (resp. non minoré) donc J est un intervalle de borne supérieure $+\infty$ (resp. de borne inférieure $-\infty$) dans $\overline{\mathbb{R}}$.
- Si b est un réel, c'est un majorant ou un minorant de J. Considérons alors une suite (x_n) de points de I convergeant vers a. D'après la propriété 11, la suite $\big(f(x_n)\big)$ de points de J, converge vers b et ceci caractérise que le majorant (resp. minorant) b est borne supérieure (resp. borne inférieure) de J. ✎ (22)

✎ (22) Voir chapitre 4, théorème 11 : caractérisation des bornes supérieures (ou inférieures).

Théorème 2

Soit f et g des fonctions réelles définies respectivement sur des intervalles I et J de $\mathbb{R}$ et a un élément de I ou une borne de I. On suppose que :

(1) f admet une limite b réelle ou infinie en a,

(2) $J \supset f(I)$,

(3) g admet une limite ℓ réelle ou infinie en b.

Alors $g \circ f$ admet ℓ pour limite réelle ou infinie en a.

Remarques

a) D'après la propriété 19, b est élément de J ou borne de J.

b) Il y a vingt-sept cas contenus dans cet énoncé, suivant que a, b et ℓ sont réels ou infinis. Nous démontrons celui où a, b et ℓ sont réels, en particulier parce qu'il contient le cas des fonctions continues en a et b respectivement.

☞ Soit $\varepsilon > 0$ fixé quelconque.

Puisque ℓ est la limite de g en b : $\exists \beta > 0, \ \forall y \in J, \ |y - b| \leqslant \beta \ \Rightarrow \ |g(y) - \ell| \leqslant \varepsilon$.

Puisque b est la limite de f en a : $\exists \alpha > 0, \ \forall x \in I, \ |x - a| \leqslant \alpha \ \Rightarrow \ |f(x) - b| \leqslant \beta$.

Il s'ensuit $\exists \alpha > 0, \ \forall x \in I, \ |x - a| \leqslant \alpha \ \Rightarrow \ \big|g\big(f(x)\big) - \ell\big| \leqslant \varepsilon$.

4. Continuité en un point ✎ (23)

✎ (23) **Méthode :** Les résultats donnés dans ce paragraphe sont des applications de ceux qui concernent les limites.

Propriété 20

Somme ou produit

Si f et g sont des fonctions définies sur $I \subset \mathbb{R}$, et continues en $a \in I$, alors :

- $f + g$ est continue en a
- fg est continue en a.

Propriété 21

Produit par un réel

Si f est une fonction définie sur $I \subset \mathbb{R}$, continue en $a \in I$, et si λ est un réel, alors λf est continue en a.

Propriété 22

Inverse

Si f est une fonction définie sur $I \subset \mathbb{R}$, continue en $a \in I$, et ne s'annulant pas sur I, alors $\dfrac{1}{f}$ est continue en a.

Propriété 23

Valeur absolue

Si f est définie sur $I \subset \mathbb{R}$, continue en $a \in I$, alors $|f| \ : \ x \mapsto |f(x)|$ est continue en a.

Propriété 24

Composée

Si f est une fonction définie sur $I \subset \mathbb{R}$, continue en $a \in I$, et si g est une fonction définie sur $J \supset f(I)$ et continue en $b = f(a)$, alors la fonction $g \circ f$ est continue en a.

5. Continuité sur un intervalle

Définition 17

Soit une fonction f, définie sur un intervalle I de $\mathbb{R}$. On dit que f est **continue sur** I lorsqu'elle est continue en tout point de I.

Propriété 25

Somme ou produit

Si f et g sont des fonctions continues sur I, alors :

- $f + g$ est continue sur I
- fg est continue sur I.

Propriété 26

Produit par un réel

Si f est une fonction continue sur I, et si λ est un réel, alors λf est continue sur I.

Propriété 27

Les fonctions réelles continues sur un intervalle I de $\mathbb{R}$ forment un ensemble noté $\mathcal{C}(I, \mathbb{R})$. C'est un $\mathbb{R}$-espace vectoriel et un anneau commutatif.

Propriété 28

Valeur absolue

Si f est une fonction continue sur I, alors la fonction $|f|$ est continue sur I.

Propriété 29

Inverse

Si f est une fonction continue sur I, et ne s'annulant pas sur I, alors $\dfrac{1}{f}$ est continue sur I.

Propriété 30

Composée

Si f est une fonction continue sur I, et si g est une fonction continue sur $J \supset f(I)$, alors la fonction $g \circ f$ est continue sur I.

Exemple 5

a) Soit f et g des fonctions continues sur $[a, b]$ et $h \ : \ x \mapsto \sup\big(f(x), g(x)\big)$. Montrer que h est continue sur $[a, b]$.

b) Donner un exemple de famille $(f_i)_{i \in \mathbb{N}^*}$ de fonctions continues sur un intervalle $[a, b]$ et telle que la fonction $h \ : \ x \mapsto \sup\{f_i(x), \ i \in \mathbb{N}^*\}$ ne soit pas continue sur $[a, b]$.

a) Il est aisé de vérifier que $h = \dfrac{1}{2}\Big(f + g + |f - g|\Big)$.

La continuité de h est une application des théorèmes généraux sur la continuité.

b) Soit $i \in \mathbb{N}^*$ et $\begin{cases} f_i : & [0,1] \to \mathbb{R} \\ & x \mapsto 1 - x^i \end{cases}$ f_i est continue sur $[0, 1]$.

Pour tout $x \in [0, 1[$, $h(x) = 1$ et $h(1) = 0$. Alors h n'est pas continue sur $[0, 1]$.

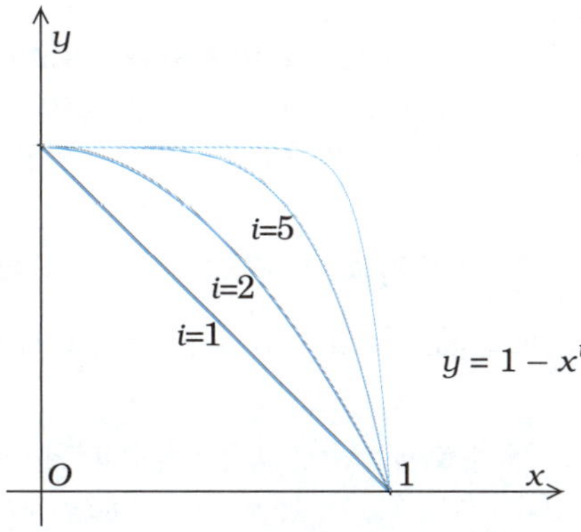

D. Image continue d'un intervalle

La connaissance des démonstrations de cette section n'est pas exigible.

1. Le théorème des valeurs intermédiaires

Théorème 3

Propriété de Cauchy

Soit f une fonction continue sur un intervalle I de $\mathbb{R}$. Si a et b sont des éléments de I tels que $f(a)f(b) < 0$, alors il existe $c \in]a, b[$ tel que $f(c) = 0$.

☞ On peut choisir $a < b$ et, quitte à travailler avec $(-f)$, se placer dans la situation où $f(a) < 0$ et $f(b) > 0$. Considérons $A = \{x \in [a, b] \ / \ f(x) \leqslant 0\}$.

Partie non vide ($a \in A$) et majorée (par b), A admet une borne supérieure c. ✎ (24)

Il existe alors une suite (x_n) de points de A qui converge vers c.

La continuité de f assure la convergence de $\big(f(x_n)\big)$ vers $f(c)$

et on a $f(c) = \lim f(x_n) \leqslant 0$ puisque, pour tout $n \in \mathbb{N}$, $f(x_n) \leqslant 0$.

De $f(c) \leqslant 0$ et $f(b) > 0$, on déduit $c < b$, et, pour tout $x \in]c, b]$, $f(x) > 0$.

Il s'ensuit $\lim\limits_{\substack{x \to c \\ x > c}} f(x) \geqslant 0$ c'est-à-dire $f(c) \geqslant 0$. En conclusion, $f(c) = 0$. ✎ (25)

✎ (24) Remarquer que la définition de c donne : $\forall x \in]c,b]$, $f(x) > 0$ mais que l'on n'a rien de tel pour $x \in [a,c[$.

✎ (25) $c = \sup A$ est la plus grande valeur d'annulation de f sur $[a,b]$.

Théorème 4

Propriété des valeurs intermédiaires

Soit f une fonction continue sur un intervalle I de $\mathbb{R}$. Si a et b sont dans I, pour tout réel t compris entre $f(a)$ et $f(b)$, il existe c compris entre a et b tel que $t = f(c)$.

☞ Soit $t \in]f(a), f(b)[$. La fonction g définie sur I par $g(x) = f(x) - t$, est continue sur I.

Avec $g(a)g(b) = \big(f(a) - t\big)\big(f(b) - t\big) < 0$ et la propriété de Cauchy, il existe $c \in]a, b[$ tel que $g(c) = 0$, c'est-à-dire $f(c) = t$.

Théorème 5

Si f est une fonction continue sur un intervalle I de $\mathbb{R}$, l'ensemble image $f(I)$ est un intervalle.

☞ Soit m et M les bornes inférieure et supérieure de $f(I)$ (dans $\overline{\mathbb{R}}$).
Soit $y \in]m, M[$. Il existe a et b dans I tels que $m \leqslant f(a) < y$ et $y < f(b) \leqslant M$.
La propriété des valeurs intermédiaires assure l'existence de c compris entre a et b tel que :

$$y = f(c)$$

I étant un intervalle, c appartient à I et par suite, $y \in f(I)$.
Il s'ensuit que $]m, M[\subset f(I)$. Par ailleurs, $f(I) \subset [m, M]$ donc $f(I)$ est l'un des intervalles $[m, M]$, $]m, M]$, $[m, M[$ ou $]m, M[$.

2. Image continue d'un segment

Un segment $K = [a, b]$ est un intervalle fermé borné, avec par exemple $a < b$.

Théorème 6

Si f est une fonction réelle continue sur un intervalle $I \subset \mathbb{R}$,
pour tout segment $K \subset I$, $f(K)$ est une partie bornée de $\mathbb{R}$.

☞ Supposons que la partie $f(K)$ ne soit pas majorée.
Alors, pour tout $n \in \mathbb{N}$, $K_n = \{x \in K / f(x) \geqslant n\}$ est non vide et minorée (car elle est incluse dans le segment K) ; il existe donc $x_n = \inf K_n$.
La caractérisation des bornes inférieures ✎ (26) donne l'existence d'une suite $(x_{n,p})_{p \in \mathbb{N}}$ d'éléments de K_n telle que $x_n = \lim\limits_{p \to +\infty} x_{n,p}$.

✎ (26) Voir chapitre **4**, théorème **11**.

En posant alors $K = [a, b]$, on a $\forall p \in \mathbb{N}$, $a \leqslant x_{n,p} \leqslant b$ donc $a \leqslant \lim\limits_{p \to +\infty} x_{n,p} \leqslant b$, c'est-à-dire que $x_n \in K$.
Ainsi la fonction f est continue en x_n et en faisant tendre p vers $+\infty$, l'inégalité $f(x_{n,p}) \geqslant n$ donne $f(x_n) \geqslant n$.
Remarquons maintenant que $K_{n+1} \subset K_n$ donne $x_{n+1} \geqslant x_n$, la suite $(x_n)_{n \in \mathbb{N}}$ est croissante, majorée (par b) donc convergente et $c = \lim\limits_{n \to +\infty} x_n$ appartient à $[a, b]$.
La fonction f étant continue en c, on a alors $f(c) = \lim\limits_{n \to +\infty} f(x_n)$, ce qui donne une contradiction car $f(c)$ est réel et $f(x_n) \geqslant n$ donne $\lim\limits_{n \to +\infty} f(x_n) = +\infty$.

Théorème 7

Si f est une fonction continue sur un segment K de $\mathbb{R}$, alors elle est **bornée** et **atteint ses bornes**.

☞ L'image par f de l'intervalle K est un intervalle (théorème **5**) et, avec le théorème précédent, cette image est un intervalle borné.
Si m et M sont les bornes (réelles) de $f(K)$, on a : $]m, M[\subset f(K) \subset [m, M]$.
Pour tout $n \in \mathbb{N}^*$, il existe $x \in K$ tel que $M - \dfrac{1}{n} \leqslant f(x) \leqslant M$. ✎ (27)

✎ (27) Par définition de la borne supérieure.

L'ensemble $S_n = \left\{ x \in K / M - \dfrac{1}{n} \leqslant f(x) \leqslant M \right\}$ est donc non vide, minoré (car inclus dans le segment K), ce qui assure l'existence de $x_n = \inf S_n$.
Comme dans la preuve du théorème **6**, quel que soit $n \in \mathbb{N}^*$, x_n est élément de S_n donc de K, et $S_{n+1} \subset S_n$ donne que $(x_n)_{\mathbb{N}}$ est croissante donc convergente vers c, élément de K.
La fonction f étant continue en c, on a $f(c) = \lim f(x_n)$, or $M - \dfrac{1}{n} \leqslant f(x_n) \leqslant M$ pour tout $n \in \mathbb{N}^*$ donne $\lim f(x_n) = M$, d'où finalement $f(c) = M$.

Exemple 6 Soit f une fonction continue sur un segment K. On suppose $f > 0$ sur K.

a) Montrer qu'il existe $m > 0$ tel que $f \geqslant m$.

b) Montrer que cette propriété est en défaut si K est un intervalle quelconque.

a) Soit m la borne inférieure de $f(K)$: pour tout $x \in K$, $f(x) \geqslant m$.
Cette borne est atteinte en $a \in K$: $m = f(a)$.
Comme $f > 0$, on a $f(a) > 0$ et donc $f \geqslant m > 0$.

b) ▪ $x \mapsto \frac{1}{x}$ est continue sur $\mathbb{R}_+^*$ et ne prend que des valeurs strictement positives. Il n'existe pas de réel $m > 0$ tel que $\frac{1}{x} \geqslant m$ pour tout $x > 0$ car on a $\inf_{x \in \mathbb{R}_+^*} \frac{1}{x} = 0$.

▪ $x \mapsto \ell n\, x$ est continue et strictement positive sur $]1, 2]$. Il n'existe pas de réel $m > 0$ tel que $\ell n\, x \geqslant m$ pour tout $x \in]1, 2]$ car $\inf_{x \in]1,2]} \ell n\, x = 0$.

E. Fonctions monotones

1. Théorème de la limite monotone

Théorème 8

Soit f une fonction réelle monotone définie sur un intervalle ouvert I de $\mathbb{R}$.

a) En tout $a \in I$, f admet une limite à droite et une limite à gauche (dans $\mathbb{R}$).

b) Lorsque $a = \inf I$, ✎ (28) f admet une limite dans $\overline{\mathbb{R}}$ en a,
▪ si f est croissante, cette limite est $\inf\{f(t) \ / \ t \in I\}$, elle est donc réelle si et seulement si f est minorée ;
▪ si f est décroissante, cette limite est $\sup\{f(t) \ / \ t \in I\}$, elle est donc réelle si et seulement si f est majorée.

c) Lorsque $b = \sup I$ ✎ , f admet une limite dans $\overline{\mathbb{R}}$ en b,
▪ si f est croissante, cette limite est $\sup\{f(t) \ / \ t \in I\}$, elle est donc réelle si et seulement si f est majorée ;
▪ si f est décroissante, cette limite est $\inf\{f(t) \ / \ t \in I\}$. elle est donc réelle si et seulement si f est minorée.

✎ (28) $\inf I$ et $\sup I$ sont des éléments de $\overline{\mathbb{R}}$. De plus, I étant ouvert, $\inf I$ et $\sup I$ n'appartiennent pas à I.

☞ Quitte à travailler avec la fonction $-f$, on peut supposer f croissante.

a) Soit $a \in I$. Considérons $A = \{f(t) \ / \ t \in I, \ t > a\}$. A est non vide et c'est une partie minorée (par $f(a)$ puisque f est croissante).
Soit $\alpha = \inf A$. Pour tout $\varepsilon > 0$, il existe $c \in I$, $c > a$, tel que $\alpha \leqslant f(c) < \alpha + \varepsilon$,
et pour tout $t \in]a, c[$, $\alpha \leqslant f(t) \leqslant f(c) < \alpha + \varepsilon$.
Il s'ensuit que α est la limite à droite en a de f, notée $f(a + 0)$ ou $f(a+)$.
Nous avons en outre montré que $f(a) \leqslant f(a+)$.
On montre de même que f admet une limite à gauche en a (notée $f(a - 0)$ ou $f(a-)$), et $f(a-) \leqslant f(a)$.

b) Soit $a = \inf I$. Supposons f croissante et minorée sur I et considérons $\beta = \inf f(I)$.
Pour tout $\varepsilon > 0$, il existe $c \in I$ tel que $\beta \leqslant f(c) < \beta + \varepsilon$.
Pour tout $t \in]a, c[$, on a alors $\beta \leqslant f(t) \leqslant f(c) < \beta + \varepsilon$, et par suite, $\lim_a f = \beta$.

Supposons f croissante et non minorée.
Pour tout réel A, il existe $c \in I$ tel que $f(c) < A$.
Pour tout $t \in I$ tel que $t < c$, on a alors $f(t) < A$, et par suite, $\lim_a f = -\infty$.

c) La démonstration est analogue à celle du b).

2. Monotonie et continuité

Théorème 9

Soit f une fonction réelle définie et monotone sur un intervalle I de $\mathbb{R}$.
f est continue sur I si et seulement si $f(I)$ est un intervalle.

✎ (29) Théorème 5.

☞ a) L'image d'un intervalle par une fonction continue est un intervalle. ✎ (29)

b) Supposons que $J = f(I)$ est un intervalle. Quitte à travailler avec $-f$, on peut supposer f croissante sur I.

Pour tout $t \in I$: si $t \neq \inf I$, $f(t-) \leqslant f(t)$, si $t \neq \sup I$, $f(t) \leqslant f(t+)$.

f n'est pas continue sur I s'il existe $t \in I$ tel que :

$$t \neq \inf I \text{ et } f(t-) < f(t) \quad \text{ou} \quad t \neq \sup I \text{ et } f(t) < f(t+)$$

Plaçons-nous dans la situation où $t \neq \sup I$ et $f(t) < f(t+)$.

Puisque $t \neq \sup I$, il existe $t' \in I$, $t' > t$, donc $f(I)$ contient $f(t)$ et $f(t')$, et, puisque $f(I)$ est un intervalle, il contient aussi $[f(t), f(t')]$, donc aussi $[f(t), f(t+)]$ car $f(t) < f(t+) \leqslant f(t')$ Or, pour $x \leqslant t$, on a $f(x) \leqslant f(t)$ et, pour $x > t$, on a $f(x) \geqslant f(t+)$ ce qui donne une contradiction. De ce fait, f est nécessairement continue en tout $t \in I$.

3. Fonction réciproque

Propriété 31

Une fonction réelle f monotone, définie sur un intervalle I de $\mathbb{R}$, est injective si et seulement si elle est strictement monotone.

Théorème 10

1) Une fonction réelle f strictement monotone sur un intervalle I de $\mathbb{R}$ induit une bijection φ de I sur $J = f(I)$.

2) Si f est continue sur I, alors J est un intervalle et φ^{-1} est continue sur J. ✎ (30)

✎ (30) Le résultat est en général répertorié sous le nom de théorème des fonctions réciproques.

☞ 1) C'est une conséquence immédiate de la propriété 31.

2) La fonction φ^{-1} est monotone. L'image de son intervalle de définition J est l'intervalle I. Le théorème 9 nous assure alors que φ^{-1} est continue sur J.

Définition 18

Une fonction φ est un **homéomorphisme** de I sur J lorsqu'elle est bijective et continue, et que sa réciproque φ^{-1} est continue.

En conséquence, toute fonction réelle f continue et strictement monotone sur un intervalle I est un homéomorphisme de I sur $f(I)$.

L'essentiel

I. Théorème des valeurs intermédiaires

✔ **Si l'on veut** prouver qu'une équation admet au moins une racine sur un intervalle $[a, b]$,

- **on peut** penser à l'écrire sous la forme $f(x) = \lambda$ avec f continue sur $[a, b]$, puis vérifier que λ est une valeur intermédiaire, c'est-à-dire que :
$$\lambda \in [f(a), f(b)]$$
→ Voir *Mise en œuvre*, exercice 1

II. Théorème des fonctions réciproques

✔ **Si l'on veut** prouver qu'une équation admet une racine et une seule sur un intervalle $[a, b]$,

- **on peut** penser à l'écrire sous la forme $f(x) = \lambda$, vérifier que f est continue, strictement monotone et que $\lambda \in [f(a), f(b)]$.
La racine est alors $f^{-1}(\lambda)$.
→ Voir *Mise en œuvre*, exercice 2

III. Bornes d'une fonction

✔ **Si l'on veut** prouver qu'une fonction $f : I \to \mathbb{R}$ atteint sa borne supérieure (resp. inférieure) sur I,

- **on peut** penser à montrer que f est majorée (resp. minorée), continue sur I et éventuellement (si I n'est pas un segment) qu'il existe un segment $[a, b] \subset I$ tel que :
$$\sup_I f = \sup_{[a,b]} f \quad \text{(resp. } \inf_I f = \inf_{[a,b]} f\text{)}$$
→ Voir *Mise en œuvre*, exercices 3 et 4

IV. Équations fonctionnelles

✔ **Si l'on veut** trouver toutes les fonctions continues sur $\mathbb{R}$ vérifiant une équation fonctionnelle donnée,

- **on peut** penser à calculer $f(x)$ pour x décrivant une partie dense A de $\mathbb{R}$ (par exemple $\mathbb{Q}$). Puis utiliser que :
$$\text{pour tout } x \in \mathbb{R},\ f(x) = \lim_{n\to+\infty} f(x_n)$$
où (x_n) est une suite de points de A convergeant vers x.
→ Voir *Mise en œuvre*, exercice 5

Méthodes

Mise en œuvre

Ex. 1

Soit f une fonction continue sur $[0,1]$ et telle que $f(0)=f(1)$.

Montrer que pour tout entier $n \geqslant 2$, il existe $x_n \in [0,1]$ tel que $f(x_n)=f\left(x_n+\dfrac{1}{n}\right)$.

Indications

$$f(1)-f(0)=\sum_{k=0}^{n-1}\left(f\left(\frac{k+1}{n}\right)-f\left(\frac{k}{n}\right)\right).$$

Solution

Soit g_n la fonction définie sur $\left[0,\dfrac{n-1}{n}\right]$ par $g_n(x)=f(x)-f\left(x+\dfrac{1}{n}\right)$

Supposons que g_n soit strictement négative sur $\left[0,\dfrac{n-1}{n}\right]$, c'est-à-dire :

$$f(x)<f\left(x+\frac{1}{n}\right).$$

On a alors :

$$f(1)=f(0)+\sum_{k=0}^{n-1}\left(f\left(\frac{k}{n}+\frac{1}{n}\right)-f\left(\frac{k}{n}\right)\right)=f(0)-\sum_{k=0}^{n-1}g\left(\frac{k}{n}\right)>f(0)$$

ce qui est en contradiction avec $f(1)=f(0)$.

On montre de même que g_n ne peut pas être strictement positive. Puisqu'elle est continue, g_n s'annule en $x_n \in \left[0,\dfrac{n-1}{n}\right]\subset[0,1]$.

Commentaires

On ramène le problème à celui de l'annulation d'une fonction auxiliaire.

Puisque $\sum_{k=0}^{n-1} g\left(\frac{k}{n}\right)=0$, les $g\left(\frac{k}{n}\right)$, $0\leqslant k\leqslant n-1$, ne peuvent pas être tous strictement négatifs ou tous strictement positifs.

Ex. 2

1) Soit $n\in\mathbb{N}$, $n\geqslant 3$. Montrer qu'il existe un unique réel, que l'on notera x_n, appartenant à $[0,n]$ et racine de l'équation $e^x=x^n \quad (E)$.

2) Montrer que la suite $(x_n)_{n\geqslant 3}$ est convergente et calculer sa limite.

Indications

1) Introduire une équation équivalente de la forme $f(x)=0$.

2) Étudier la monotonie de (x_n) ; f étant strictement croissante, $x<y$ équivaut à $f(x)<f(y)$.

Solution

1) L'équation (E) équivaut à $x^n e^{-x}=1$.

Considérons la fonction $f_n\ :\ [0,n]\to\mathbb{R},\ x\mapsto x^n e^{-x}-1$.

f_n est dérivable sur $[0,n]$ avec $f_n'(x)=x^{n-1}e^{-x}(n-x)$ strictement positif sur $]0,n[$, donc f_n est strictement croissante sur $[0,n]$.

Ainsi f_n est une bijection de $[0,n]$ sur :

$$\left[f_n(0),f_n(n)\right]=\left[-1,n^n e^{-n}-1\right].$$

Avec $n\geqslant 3$, on a $\dfrac{n}{e}>1$ donc $\left(\dfrac{n}{e}\right)^n>1$ et $0\in\left]f_n(0),f_n(n)\right[$, il existe donc x_n unique dans $[0,n]$ tel que $f_n(x_n)=0$.

Commentaires

Les racines de (E) sont les zéros de f. On étudie donc les variations de f.

Ce résultat, vu en Terminale, sera revu au chapitre 6 (théorème des accroissements finis).

f_n est continue et strictement croissante.

On peut écrire $x_n=f_n^{-1}(0)$ et en fait $x_n\in]0,n[$.

2) Étudions la monotonie de $(x_n)_{n\geqslant 3}$.

On remarque d'abord que $f_n(1) = \dfrac{1}{e} - 1$ est négatif donc que $x_n > 1$.
Alors avec $x_n^n e^{-x_n} = 1$, on obtient :

$$f_{n+1}(x_n) = x_n^{n+1}e^{-x_n} - 1 = x_n - 1 > 0 \text{ donc } x_n > x_{n+1}$$

et la suite est strictement décroissante.
Minorée par 1, elle est alors convergente vers $\ell \geqslant 1$.

La relation $e^{x_n} = x_n^n$ donne aussi $x_n = e^{\frac{x_n}{n}}$

donc avec $\lim \dfrac{x_n}{n} = 0$, il vient $\lim x_n = 1$.

Comparer x_n et x_{n+1} revient à comparer $f_{n+1}(x_n)$ et 0.

Par continuité de l'exponentielle.

Ex. 3

1) Soit f une fonction continue sur $[0, +\infty[$ telle que $\lim\limits_{+\infty} f = 0$. Montrer que f est bornée sur $[0, +\infty[$.

2) On suppose que $f(0) = 0$, montrer que les deux bornes $\sup\limits_{[0,+\infty[} f$ et $\inf\limits_{[0,+\infty[} f$ sont atteintes sur $[0, +\infty[$ et que l'une des deux au moins l'est sur $]0, +\infty[$.

Indications

1) Pour x assez grand, on a $|f(x)| \leqslant 1$.

2) Considérer d'abord le cas où f est constante.

Solution

1) Puisque $\lim\limits_{+\infty} f = 0$, il existe $x_0 > 0$ tel que $\forall x \geqslant x_0$, $|f(x)| \leqslant 1$.
Sur $[0, x_0]$, f est continue donc bornée.
Finalement, pour tout $x \in [0, +\infty[$, on a :

$$|f(x)| \leqslant M \text{ où l'on a posé } M = \max\left\{1, \sup_{[0,x_0]} |f(x)|\right\}$$

2) Si f est constante (nulle), les deux bornes sont atteintes en tout point de $[0, +\infty[$. On suppose maintenant f non constante.
Soit $A = \sup\limits_{[0,+\infty[} f$, puisque $f(0) = 0$, on a $A \geqslant 0$,

- si $A = 0$, alors $A = f(0)$,
- si $A > 0$, il existe $x_1 > 0$ tel que $\forall x \geqslant x_1$, $|f(x)| \leqslant \dfrac{A}{2}$ donc :

$$\sup_{[0,+\infty[} f = \sup_{[0,x_1]} f$$

Or, f étant continue sur $[0, x_1]$, il existe $a \in [0, x_1]$ tel que :

$$f(a) = \sup_{[0,x_1]} f = A$$

Le raisonnement est le même pour $B = \inf\limits_{[0,+\infty[} f$, mais on peut l'éviter en écrivant que $B = -\sup\limits_{[0,+\infty[} (-f)$ et en notant que le résultat précédent s'applique pour $-f$.
Enfin, si les deux bornes étaient atteintes en 0, f serait constante ce qui est exclu, donc l'une des deux au moins est atteinte sur $]0, +\infty[$.

Commentaires

Dans les conditions du 1), il se peut qu'une borne ne soit pas atteinte. Par exemple pour $f : x \mapsto e^{-x}$, $\inf\limits_{[0,+\infty[} f = 0$, n'est pas atteinte. Cependant, l'une des deux au moins est atteinte.

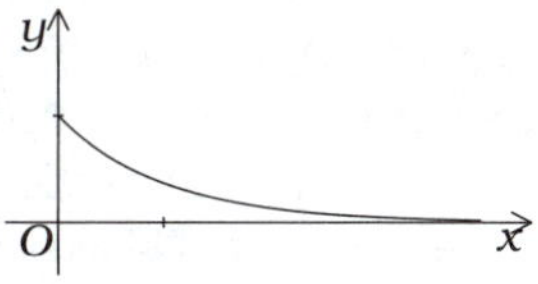

$\sup\limits_{[0,+\infty[} f = \max\left\{\sup\limits_{[0,x_1]} f, \sup\limits_{[x_1,+\infty[} f\right\}$

avec $\sup\limits_{[x,+\infty[} f \leqslant \dfrac{A}{2}$,

cela exige $\sup\limits_{[0,x_1]} f = A$.

Ex. 4

Soit K un segment de $\mathbb{R}$ et une fonction f définie sur K, telle que :

$$f(K) \subset K \text{ et } \forall (x, y) \in K^2,\ x \neq y \ \Rightarrow\ |f(x) - f(y)| < |x - y| \quad \textbf{(1)}$$

Montrer qu'il existe un unique $a \in K$ tel $a = f(a)$: on dit que a est un point fixe de f sur K.

Indications

Observer que si a est point fixe de f sur K alors la fonction $g\ :\ x \mapsto |f(x) - x|$ atteint son minimum en a.

Solution

- Unicité : si a et b sont des points fixes de f, on a $f(a) - f(b) = a - b$. Si $a \neq b$, on aurait $|f(a) - f(b)| < |a - b|$, ce qui fournit une contradiction.
- Existence : soit g la fonction définie sur K par $g(x) = |f(x) - x|$.

f étant continue sur K, g l'est aussi.

K étant un segment, il existe $a \in K$ tel que $g(a) = \inf\limits_{x \in K} g(x)$.

Si $f(a) \neq a$, $\left|f\big(f(a)\big) - f(a)\right| < |f(a) - a|$ en application de **(1)**, c'est-à-dire $g\big(f(a)\big) < g(a)$, contrairement au choix de a réalisant le minimum de g sur K. En conclusion, $f(a) = a$.

Commentaires

Il est clair que si a est point fixe de f sur K alors g atteint son minimum en a. Les points fixes sont a rechercher dans l'ensemble des $a \in K$ tel que $g(a) = 0$.

Ex. 5

1) Trouver les fonctions f continues sur $\mathbb{R}$ telles que $\forall (x, y) \in \mathbb{R}^2,\ f(x + y) = f(x) + f(y)$.

2) En déduire les fonctions g continues sur $\mathbb{R}$ telle que $\forall (x, y) \in \mathbb{R}^2,\ g(x + y) = g(x) + g(y) + xy$.

Indications

1) Montrer que pour tout $r \in \mathbb{Q}$, $f(r) = r f(1)$.

2) Une solution de cette seconde équation est $x \mapsto \dfrac{x^2}{2}$. On se ramène à la première en posant $g(x) = f(x) + \dfrac{x^2}{2}$.

Solution

1) Supposons que $f(x + y) = f(x) + f(y)$ pour tout $(x, y) \in \mathbb{R}^2$.

Avec $x = y$ il vient $f(2x) = 2f(x)$ puis, par une récurrence immédiate : $f(nx) = nf(x)$ pour tout entier $n \geqslant 2$ et c'est vrai pour $n = 1$.

Avec $x = y = 0$, nous obtenons $f(0) = 0$. Puis avec $y = -x$, il vient $f(-x) = -f(x)$ et par suite, $f(nx) = nf(x)$ pour tout entier relatif n.

Pour tout $p \in \mathbb{N}^*$, $p\dfrac{1}{p} = 1$ donne $f\left(\dfrac{1}{p}\right) = \dfrac{1}{p}f(1)$. Alors, pour tout

$r = \dfrac{n}{p} \in \mathbb{Q}$, il vient $f(r) = f\left(n\dfrac{1}{p}\right) = nf\left(\dfrac{1}{p}\right) = \dfrac{n}{p}f(1) = rf(1)$

Tout réel x étant limite d'une suite de rationnels (r_n), la continuité de f en x nous donne :

$$f(x) = \lim_{n \to +\infty} f(r_n) = \lim_{n \to +\infty} r_n f(1) = xf(1).$$

Ainsi f est nécessairement une fonction linéaire sur $\mathbb{R}$.

Réciproquement, il est immédiat que toutes les fonctions linéaires f vérifient $f(x + y) = f(x) + f(y)$.

2) En posant $g(x) = f(x) + \dfrac{x^2}{2}$ une fonction g continue sur $\mathbb{R}$ vérifie :

$$g(x + y) = g(x) + g(y) + xy$$

si et seulement si f vérifie : $f(x + y) = f(x) + f(y)$

Les solutions sont donc les fonctions g définies par :

$$g(x) = \frac{x^2}{2} + \alpha x \text{ où } \alpha \text{ est un réel.}$$

Commentaires

On remarquera que dès que la fonction $f : \mathbb{R} \to \mathbb{R}$ est un morphisme additif, elle possède la propriété de $\mathbb{Q}$-linéarité :

$\forall \lambda \in \mathbb{Q}, \forall x \in \mathbb{R}, f(\lambda x) = \lambda f(x)$.

L'hypothèse de continuité permet de passer de la $\mathbb{Q}$-linéarité à la linéarité :

$\forall \lambda \in \mathbb{R}, \forall x \in \mathbb{R}, f(\lambda x) = \lambda f(x)$.

Avec f continue sur $\mathbb{R}$.

Exercices

Les fonctions sont réelles, d'une variable réelle. Les intervalles de définition sont d'intérieurs non vides.

Niveau 1

Continuité

Ex. 1

Soit une fonction f définie sur $I = [0, 1]$. On suppose qu'en tout $x \in I$, la restriction de f à $I \setminus \{x\}$ a une limite réelle, notée $\varphi(x)$.

Montrer que φ est continue sur I.

Ex. 2

Soit f une fonction continue sur l'intervalle $I = [0, 1]$ et φ la fonction définie sur I par $\varphi(x) = \sup\limits_{t \in [0,x]} f(t)$.

Montrer que φ est croissante et continue.

Théorème des valeurs intermédiaires

Ex. 3

Un marcheur parcourt 6 km en une heure. Montrer qu'il existe un intervalle d'une demi-heure pendant lequel il parcourt exactement 3 km.

Ex. 4

Soit f une application continue sur un segment $[a, b]$, avec $f(a) \neq f(b)$, et u, v des réels strictement positifs.

Montrer qu'il existe $c \in]a, b[$ tel que :

$$uf(a) + vf(b) = (u + v)f(c).$$

Ex. 5

Soit f une application continue et positive sur $\mathbb{R}_+$.

On suppose que $\dfrac{f(x)}{x}$ a une limite $\ell < 1$ en $+\infty$.

Montrer que f admet un point fixe.

Fonctions monotones

Ex. 6

Soit f une application décroissante sur $\mathbb{R}_+^*$ s'annulant en un point $\alpha \in \mathbb{R}_+^*$ et telle que $g \ : \ x \mapsto xf(x)$ est croissante.

Montrer que f est la fonction nulle sur $[\alpha, +\infty[$.

Ex. 7

Soit $(a, b) \in \mathbb{R}^2$ et f une fonction définie sur $[a, b]$.

Montrer que si f est continue et injective, alors elle est monotone.

Fonctions lipschitziennes

Ex. 8

Soit f et g des fonctions définies et bornées sur $[0, 1]$ et soit φ l'application définie sur $\mathbb{R}$ par :

$$\varphi(t) = \sup_{x \in [0,1]} \big(f(x) + tg(x)\big).$$

Montrer que φ est lipschitzienne.

Niveau 2

Avec solution détaillée

Ex. 9

Soit a et b des réels, $a < b$, et f une fonction réelle définie sur $[a, b]$ à valeurs dans $[a, b]$.

1) Montrer que, si f est continue, alors elle admet un point fixe.

2) Même question si f est supposée croissante.

Ex. 10

Soit f une fonction définie sur $\mathbb{R}_+^*$ et bornée sur tout segment de $\mathbb{R}_+^*$. On suppose que $g \ : \ x \mapsto f(x+1) - f(x)$ admet une limite ℓ réelle en $+\infty$. Montrer que la fonction $h \ : \ x \mapsto \dfrac{f(x)}{x}$ admet ℓ pour limite en $+\infty$.

Ex. 11

Trouver les couples de fonctions (f, g) continues sur $\mathbb{R}$ et telles que, pour tout $(x, y) \in \mathbb{R}^2$:

$$\begin{cases} f(x + y) = f(x) + f\big(g(y)\big) \\ g(x + y) = g(x) + g\big(f(y)\big) \end{cases}$$

Avec éléments de solution

Ex. 12

Déterminer les fonctions $f \in \mathcal{C}([0,1])$ telles que :

$$f(0) = f(1) = 0$$

$$\text{et } f(x) = f(y) = 0 \;\Rightarrow\; f\left(\frac{x+y}{2}\right) = 0.$$

On pourra considérer l'ensemble :

$$A = \left\{ \frac{p}{2^n} \Big/ n \in \mathbb{N}^*, p \in [\![0, 2^n]\!] \right\}.$$

Ex. 13

Trouver f bijection de $[0,1]$ dans $[0,1]$ telle que :

$$\forall x \in [0,1],\; f\big(2x - f(x)\big) = x.$$

Ex. 14

Trouver les fonctions réelles continues sur $\mathbb{R}$ admettant pour périodes 1 et $\sqrt{2}$.

Indications

Ex. 2

Si y est assez proche de x : $\sup\limits_{t \in [x,y]} f(t) \leqslant f(x) + \varepsilon$.

Ex. 3

Appliquer le théorème des valeurs intermédiaires.

Ex. 4

Appliquer le théorème des valeurs intermédiaires.

Ex. 5

Un point fixe de f correspond à une valeur d'annulation de $x \mapsto \dfrac{f(x) - x}{x}$.

Ex. 6

Montrer que $\lim\limits_{+\infty} f = 0$.

Ex. 7

Traduire qu'une fonction n'est pas strictement monotone et penser au théorème des valeurs intermédiaires.

Ex. 8

Encadrer $f(x) + t\,g(x) + h\,g(x)$ en utilisant :

$$A = \sup_{x \in [0,1]} |g(x)|.$$

Ex. 9

1) Appliquer le théorème des valeurs intermédiaires.

2) Poser $c = \sup\{x \in [a,b] / f(x) \geqslant x\}$ puis montrer que $f(c) \geqslant c$ et $f(c) \leqslant c$.

Ex. 10

Commencer par se ramener au cas où $\ell = 0$.

Étant donné $A > 0$, pour tout $x > A$, il existe $N \in \mathbb{N}$ tel que $x - N \in [A, A+1[$ et on a :

$$g(x) - g(x-N) = \sum_{k=0}^{N-1} g(x-k) - g(x-k-1).$$

Ex. 11

On suppose que (f, g) est solution.

Montrer alors que $x \mapsto f(x) - f \circ g(x)$ est constante puis que f est affine.

Ex. 12

Montrer que f est nulle sur A et que A est dense dans $[0,1]$.

Ex. 13

La suite (x_n) définie par $x_0 = x$, $x_{n+1} = f(x_n)$ est une progression arithmétique.

Ex. 14

L'ensemble des périodes d'une fonction f est un sous-groupe de $(\mathbb{R}, +)$. S'il contient 1 et $\sqrt{2}$, il contient aussi tout réel de la forme $\left(\sqrt{2} - 1\right)^n$, $n \in \mathbb{N}$.

Solutions des exercices

Niveau 1

Ex. 1

Exprimons que $\varphi(x)$ est limite en x suivant $I \setminus \{x\}$:

$$\forall \varepsilon > 0,\ \exists \alpha > 0,\ \forall t \in I \setminus \{x\},\ |x - t| \leqslant \alpha \ \Rightarrow\ |\varphi(x) - f(t)| \leqslant \varepsilon$$

Soit $y \in I \setminus \{x\}$, avec $|y - x| \leqslant \frac{\alpha}{2}$. Alors, pour tout $t \in I \setminus \{x\}$ tel que $|y - t| \leqslant \frac{\alpha}{2}$, nous avons :

$$|t - x| \leqslant \alpha \quad \text{et donc} \quad |\varphi(x) - f(t)| \leqslant \varepsilon$$

Avec $\lim\limits_{\substack{t \to y \\ t \neq y}} f(t) = \varphi(y)$, il vient $|\varphi(x) - \varphi(y)| \leqslant \varepsilon$ et finalement :

$\forall \varepsilon > 0,\ \exists \alpha > 0,\ \forall y \in I \setminus \{x\}, |y - x| \leqslant \frac{\alpha}{2} \ \Rightarrow\ |\varphi(x) - \varphi(y)| \leqslant \varepsilon$, ce qui exprime la continuité de φ en x.

Ex. 2

- Notons que f est bornée sur I et que $\varphi(x)$ est la borne supérieure de $f([0, x]) \subset f([0, 1]$. Ainsi la fonction φ est définie sur $[0, 1]$. Pour $0 \leqslant x \leqslant y \leqslant 1$, $[0, x] \subset [0, y]$ donne $\varphi(x) \leqslant \varphi(y)$: la fonction φ est croissante.
- Soit $x \in [0, 1]$. Exprimons la continuité de f en x : pour tout $\varepsilon > 0$, il existe $\alpha > 0$ tel que :

$$\forall y \in [0, 1],\ |x - y| \leqslant \alpha \ \Rightarrow\ |f(x) - f(y)| \leqslant \varepsilon$$

Pour $x \leqslant y \leqslant x + \alpha$, et tout $t \in [x, y]$, on a alors $f(t) \leqslant f(x) + \varepsilon \leqslant \varphi(x) + \varepsilon$.

Avec $[0, y] = [0, x] \cup [x, y]$, il vient $f([0, y]) = f([0, x]) \cup f([x, y])$ et donc :

$$\sup f([0, y]) = \sup\big(f([0, x]) \cup f([x, y])\big)$$

c'est-à-dire $\varphi(y) = \sup\big[\sup\big(f([0, x])\big), \sup\big(f([x, y])\big)\big] = \sup\big[\varphi(x), \sup\big(f([x, y])\big)\big]$.

Or, pour tout $t \in [x, y]$, nous avons $f(t) \leqslant \varphi(x) + \varepsilon$, il en résulte $\varphi(y) \leqslant \varphi(x) + \varepsilon$.

De même, pour $x - \alpha \leqslant y \leqslant x$, avec $[0, x] = [0, y] \cup [y, x]$ nous obtenons $\varphi(x) \leqslant \varphi(y) + \varepsilon$.

En conclusion, pour tout y tel que $|x - y| \leqslant \alpha$, nous avons $|\varphi(x) - \varphi(y)| \leqslant \varepsilon$ et la fonction φ est continue sur $[0, 1]$.

Ex. 3

1) Considérons les fonctions $f\ :\ [0, 1] \to \mathbb{R}$ et $g\ :\ \left[0, \frac{1}{2}\right] \to \mathbb{R}$ définies par :

- $f(t)$ est la distance (exprimée en kilomètres) parcourue par le marcheur en t heures,
- $g(t) = f\left(t + \frac{1}{2}\right) - f(t)$ est la distance parcourue pendant la demi-heure $\left[t, t + \frac{1}{2}\right]$.

La fonction f est naturellement continue et il en est de même pour g.

Bien entendu, on a $f(0) = 0$ et $f(1) = 6$.

Avec $g(0) = f\left(\frac{1}{2}\right) - f(0) = f\left(\frac{1}{2}\right)$ et $g\left(\frac{1}{2}\right) = f(1) - f\left(\frac{1}{2}\right) = 6 - f\left(\frac{1}{2}\right)$, il vient $g(0) + g\left(\frac{1}{2}\right) = 6$.

Il s'ensuit $3 = \frac{1}{2}\left(g(0) + g\left(\frac{1}{2}\right)\right)$ et donc $3 \in \left[g(0), g\left(\frac{1}{2}\right)\right]$.

2) Le théorème des valeurs intermédiaires montre qu'il existe $c \in \left[g(0), g\left(\frac{1}{2}\right)\right]$ tel que $g(c) = 3$ c'est-à-dire :

$$f\left(c + \frac{1}{2}\right) - f(c) = 3$$

Pendant la demi-heure $\left[c, c + \frac{1}{2}\right]$, le marcheur a parcouru 3 kilomètres.

Ex. 4

Quitte à travailler avec la fonction $-f$, on peut supposer $f(a) < f(b)$. Posons $g(x) = (u+v)f(x)$.

Avec $f(a) < f(b)$ et $u > 0$, il vient $uf(a) < uf(b)$ et, de même, avec $v > 0$, $vf(a) < vf(b)$.

On en déduit $uf(a) + vf(a) < uf(a) + vf(b) < uf(b) + vf(b)$ c'est-à-dire $g(a) < uf(a) + vf(b) < g(b)$.

Avec g continue sur $[a, b]$, le théorème des valeurs intermédiaires permet alors de conclure à l'existence de $c \in]a, b[$ tel que $uf(a) + vf(b) = (u+v)f(c)$.

Ex. 5

Si $f(0) = 0$, la fonction f admet 0 pour point fixe. On se limite donc ensuite au cas où $f(0) > 0$.

Pour tout $x > 0$, nous avons $\dfrac{f(x) - x}{x} = \dfrac{f(x)}{x} - 1$ et donc :

$$\lim_{x \to 0} \frac{f(x) - x}{x} = +\infty \quad \text{et} \quad \lim_{x \to +\infty} \frac{f(x) - x}{x} = \ell - 1 < 0$$

Le théorème des valeurs intermédiaires donne alors l'existence de $t > 0$ tel que $\dfrac{f(t) - t}{t} = 0$, c'est-à-dire un point fixe de f.

Ex. 6

Nulle en α et décroissante, la fonction f est négative sur $[\alpha, +\infty[$. La fonction g est donc, elle aussi, négative sur $[\alpha, +\infty[$. Comme elle est croissante, elle admet une limite réelle ℓ en $+\infty$.

Comme $f(x) = \dfrac{g(x)}{x}$, il vient $\lim\limits_{x \to +\infty} f(x) = 0$. Avec $f(\alpha) = 0$, $\lim\limits_{x \to +\infty} f(x) = 0$ et f décroissante sur $[\alpha, +\infty[$, nous pouvons conclure que f est la fonction nulle sur $[\alpha, +\infty[$.

Ex. 7

Soit f continue et injective sur $[a, b]$. Si f n'est pas strictement monotone, il existe un triplet (x, y, z) d'éléments de $[a, b]$ tels que $x < y < z$ avec : $\big(f(y) > f(x)$ et $f(z) < f(y)\big)$ ou $\big(f(x) > f(y)$ et $f(z) > f(y)\big)$.

Dans le premier cas :

- si $f(x) < f(z) < f(y)$, le théorème des valeurs intermédiaires donne l'existence de $z' \in]x, y[$ tel que $f(z) = f(z')$, et on a $z' \neq z$ car $z' < y < z$,
- si $f(z) \leqslant f(x)$, pour la même raison, il existe $x' \in [y, z]$ tel que $f(x') = f(x)$ et on a encore $x' \neq x$.

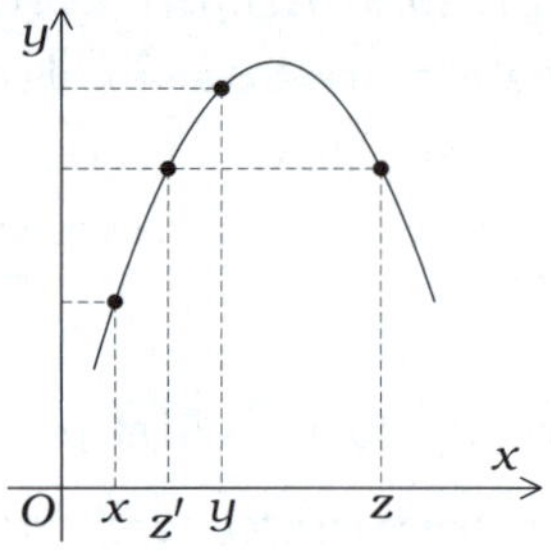

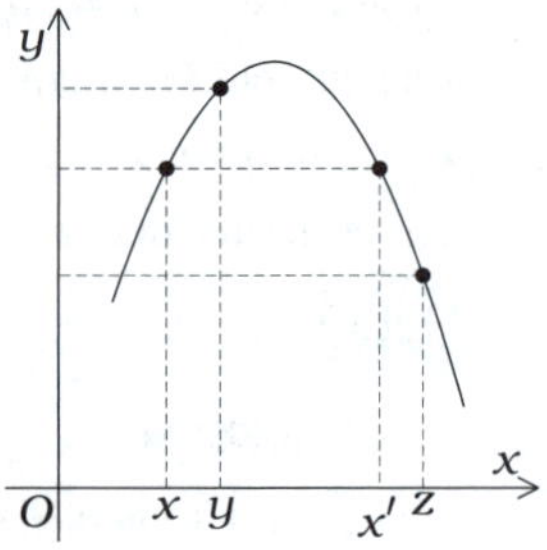

L'injectivité de f est mise en contradiction. L'autre cas se traite de la même manière.

Ex. 8

Pour tout h et tout t réels, nous avons $\varphi(t+h) = \sup\limits_{x \in [0,1]} \big(f(x) + t\,g(x) + h\,g(x)\big)$

Pour tout $(x, t) \in [0, 1] \times \mathbb{R}$, en posant $A = \sup\limits_{x \in [0,1]} |g(x)|$ on a $-|h|\,A \leqslant h\,g(x) \leqslant |h|\,A$ donc :

$$f(x) + t\,g(x) - |h|\,A \leqslant f(x) + t\,g(x) + h\,g(x) \leqslant f(x) + t\,g(x) + |h|\,A$$

Alors $f(x) + t\,g(x) + h\,g(x) \leqslant f(x) + t\,g(x) + |h|\,A \leqslant \varphi(t) + |h|\,A$ donne :

$$\sup_{x \in [0,1]} \big(f(x) + t\,g(x) + h\,g(x)\big) \leqslant \varphi(t) + |h|\,A \quad \text{c'est-à-dire} \quad \varphi(t+h) \leqslant \varphi(t) + |h|\,A$$

De même $f(x) + t\,g(x) - |h|\,A \leqslant f(x) + t\,g(x) + h\,g(x) \leqslant \varphi(t+h)$ donne :

$$\sup_{x \in [0,1]} \big(f(x) + t\,g(x)\big) \leqslant \varphi(t+h) + |h|\,A \quad \text{c'est-à-dire} \quad \varphi(t) \leqslant \varphi(t+h) + |h|\,A$$

Finalement, on a $|\varphi(t+h) - \varphi(t)| \leqslant |h|\,A$ ce qui exprime que φ est lipschitzienne sur $\mathbb{R}$.

Ex. 9

1) Supposons $f : [a,b] \to [a,b]$ continue.

Considérons la fonction réelle g définie sur $[a,b]$ par $g(x) = f(x) - x$.

Elle est continue sur $[a,b]$ et vérifie $g(a) = f(a) - a \geqslant 0$ et $g(b) = f(b) - b \leqslant 0$.

Le théorème des valeurs intermédiaires montre que g s'annule au moins une fois sur $[a,b]$, c'est-à-dire que f admet au moins un point fixe sur $[a,b]$.

2) Il apparaît que si f a des points fixes, le plus grand de ces points est $c = \sup\left\{x \in [a,b] / f(x) \geqslant x\right\}$.

Nous allons donc prouver que ce réel c existe et qu'il est point fixe de f.

L'ensemble $E = \left\{x \in [a,b] / f(x) \geqslant x\right\}$ contient a car $f(a) \in [a,b]$ donc il admet une borne supérieure c en tant que partie majorée non vide de $\mathbb{R}$.

- Montrons que $f(c) \geqslant c$ (1).

Si $c \in E$, on a $f(c) \geqslant c$ par définition de E.

Si $c \notin E$, alors $c \in]a,b]$ et puisqu'elle est croissante, f admet une limite à gauche $f(c-)$ en c avec $f(c-) \leqslant f(c)$.
D'autre part, $c = \sup E$ est limite d'une suite (x_n) de points de E distincts de c, et on a donc :

$$f(c-) - c = \lim_{n \to +\infty} f(x_n) - x_n .$$

Alors $x_n \in E$ donne $f(x_n) - x_n \geqslant 0$ d'où, à la limite, $f(c-) - c \geqslant 0$. Il en résulte $f(c) \geqslant f(c-) \geqslant c$.

- Montrons $f(c) \leqslant (c)$ (2).

Si $c = b$, $f(b) \in [a,b]$ donne $f(c) \leqslant c$.

Si $c < b$, f admet une limite à droite $f(c+)$ en c avec $f(c) \leqslant f(c+)$.

D'autre part, $]c,b] \cap E = \varnothing$ donne $\forall x \in]c,b]$, $f(x) < x$ et on a donc $f(c+) - c = \lim\limits_{x \to c,\, x > c} \big(f(x) - x\big) \leqslant 0$.

Il en résulte $f(c) \leqslant f(c+) \leqslant c$. Les inégalités (1) et (2) donnent $f(c) = c$.

Ex. 10

On a $\lim\limits_{x \to +\infty} \big(f(x+1) - f(x)\big) = \ell$, si et seulement si la fonction g définie par $g(x) = f(x) - \ell x$ vérifie :

$$\lim_{x \to +\infty} \big(g(x+1) - g(x)\big) = 0$$

En outre f est bornée sur un segment $[A, A+1]$ si et seulement si g est bornée sur ce même segment.

En conséquence, de $\lim\limits_{x \to +\infty} \big(f(x+1) - f(x)\big) = \ell$, on déduit que :

pour tout $\varepsilon > 0$, il existe un entier $A > 0$ tel que $\forall x \geqslant A$, $|g(x+1) - g(x)| \leqslant \dfrac{\varepsilon}{2}$

Étant donné $x > A$, il existe $N \in \mathbb{N}$ tel que $x - N \in [A, A+1[$: la condition $A \leqslant x - N < A + 1$ équivaut à $N \leqslant x - A < N + 1$, on a donc $N = E(x - A)$.

En écrivant $g(x) - g(x-N) = \sum\limits_{k=0}^{N-1} g(x-k) - g(x-k-1)$ on obtient :

$$|g(x) - g(x-N)| \leqslant N\frac{\varepsilon}{2} \text{ donc } \left|\frac{g(x)}{x}\right| \leqslant \frac{N}{x}\frac{\varepsilon}{2} + \frac{|g(x-N)|}{x}.$$

Introduisons un majorant M de $|g|$ sur le segment $[A, A+1]$ (on peut noter que ce majorant dépend a priori de N et donc de x) et remarquons que $\dfrac{N}{x} \leqslant 1 - \dfrac{A}{x} < 1$. L'inégalité précédente donne :

$$\forall x > A, \quad \left|\frac{g(x)}{x}\right| \leqslant \frac{\varepsilon}{2} + \frac{M}{x}$$

donc pour tout $x > \sup\left(A, \dfrac{2M}{\varepsilon}\right)$, il vient $\left|\dfrac{g(x)}{x}\right| \leqslant \varepsilon$.

On a ainsi montré que $\lim\limits_{x \to +\infty} \dfrac{g(x)}{x} = 0$ c'est-à-dire $\lim\limits_{x \to +\infty} \dfrac{f(x)}{x} = \ell$.

Ex. 11

1) Analyse. On suppose que (f, g) est solution du problème.

En appliquant $f(x+y) = f(x) + f \circ g(y)$ avec $x = 0$, on obtient $f(y) - f \circ g(y) = f(0)$.

Il s'ensuit $\forall (x, y) \in \mathbb{R}^2, f(x+y) = f(x) + f(y) - f(0)$. Donc en considérant la fonction u définie par $f(x) = u(x) + f(0)$, nous obtenons $\forall (x, y) \in \mathbb{R}^2,\ u(x+y) = u(x) + u(y)$.

Nous avons vu en *Mise en œuvre*, exercice 5, que u est linéaire et donc que f est une fonction affine.

On montre de même que g est affine.

2) Synthèse. Soit f et g des fonctions affines : $f(x) = ax + b$ et $g(x) = cx + d$ pour tout x réel.

$f(x+y) = f(x) + f \circ g(y)$ donne $ay = acy + ad + b$ et

$g(x+y) = g(x) + g \circ f(y)$ donne $cy = acy + cb + d$,

c'est-à-dire $a(c-1) = 0 \quad c(a-1) = 0 \quad ad + b = 0 \quad cb + d = 0$.

Si a ou c est nul, les autres coefficients sont tous nuls. En dehors de ce cas, nous avons :

$$a = c = 1 \quad \text{et} \quad b + d = 0$$

Les solutions sont donc les couples de fonctions définies par $f = g = 0$ ou :

$$\big(f(x) = x + \alpha, g(x) = x - \alpha\big) \quad \text{où } \alpha \text{ est un réel quelconque}$$

Ex. 12

L'ensemble $A = \left\{ \frac{p}{2^n} / n \in \mathbb{N}^*, p \in [\![0, 2^n]\!] \right\}$ est dense dans $[0, 1]$ (voir chapitre 1, Ex. 4 – Mise en œuvre –).

On montre par récurrence sur n que $\forall n \in \mathbb{N}^*, \forall p \in [\![0, 2^n]\!], f\left(\frac{p}{2^n}\right) = 0$.

Tout $x \in [0, 1]$ est limite d'une suite (u_n) de points de A. Donc par continuité de f, $f(x) = \lim f(u_n) = 0$. La seule solution du problème est la fonction nulle.

Ex. 13

La relation proposée est équivalente à $\forall x \in [0, 1], x = \frac{1}{2}\left(f(x) + f^{-1}(x)\right)$.

On considère la suite (x_n) définie par $x_0 = x$ et $\forall n \in \mathbb{N}^*, x_{n+1} = f(x_n)$.

Si f est solution du problème on a $\forall n \in \mathbb{N}^*, x_n = \frac{1}{2}(x_{n+1} + x_{n-1})$.

(x_n) est une progression arithmétique, puisqu'elle est bornée, elle est constante donc $f(x) = x$.

Le problème a une seule solution : l'identité.

Ex. 14

Si 1 et $\sqrt{2}$ sont périodes de f, tout réel de la forme $a + b\sqrt{2}$ avec $(a, b) \in \mathbb{Z}^2$ est encore période de f. On en déduit que, quel que soit $n \in \mathbb{N}$, $(\sqrt{2} - 1)^n$ est période de f. On remarque que $\lim\limits_{n \to +\infty} (\sqrt{2} - 1)^n = 0$.

Pour tout $x \in \mathbb{R}$, on pose $p_n = E\left(\frac{x}{(\sqrt{2} - 1)^n}\right)$, on a $x = \lim\limits_{n \to +\infty} p_n(\sqrt{2} - 1)^n$. f étant continue, il vient $f(x) = \lim\limits_{n \to +\infty} f\left(p_n(\sqrt{2} - 1)^n\right) = f(0)$. La fonction f est donc constante.

CHAPITRE

6

Dérivation des fonctions réelles ou complexes

Comme dans le chapitre précédent les fonctions sont définies sur un intervalle I de $\mathbb{R}$, non vide, non réduit à un point, et sont, sauf dans la section F, à valeurs réelles.

A. Dérivation

1. Définitions

Définition 1

f est **dérivable en un point** a de I lorsque la fonction

$$\varphi_a : I \setminus \{a\} \to \mathbb{R},\ x \mapsto \frac{f(x)-f(a)}{x-a} \qquad \text{admet une limite finie en } a.$$

Cette limite est alors appelée le **nombre dérivé** de f en a, et notée $f'(a)$.

Définition 2

f est dite **dérivable à droite** (resp. **à gauche**) en a intérieur à I quand la restriction de f à $I \cap [a, +\infty[$ (resp. $]-\infty, a]$) est dérivable en a.
On note alors $f'_d(a)$ (resp. $f'_g(a)$) le nombre dérivé en a de cette restriction.

Définition 3

f est **dérivable sur** $A \subset I$, $A \neq \varnothing$, quand elle est dérivable en chaque point de A.

Définition 4

La fonction $\begin{cases} I & \to & \mathbb{R} \\ x & \mapsto & f'(x) \end{cases}$ est notée f'. C'est la **fonction dérivée** de f. ✎ (1)

✎ (1) L'ensemble de définition de f' est inclus dans I. Il est égal à I lorsque f est dérivable sur I. Il est vide quand f n'est dérivable en aucun point de I.

Remarque

La fonction dérivée de f est aussi notée $\dfrac{\mathrm{d}f}{\mathrm{d}x}$.
On peut aussi la noter Df, en considérant l'application $D : f \mapsto f'$.

2. Propriétés

Théorème 1

f est dérivable en $a \in \overset{\circ}{I}$ ✎ (2) si et seulement si elle est dérivable à droite et à gauche en a et :

$$f'_d(a) = f'_g(a).$$

✎ (2) $\overset{\circ}{I}$ désigne l'intérieur de I, c'est-à-dire l'intervalle ouvert de mêmes bornes que I.

☞ Il suffit d'appliquer la définition ✎ (3) d'une limite en a en liaison avec la limite à droite et à gauche pour la fonction $\varphi : x \mapsto \dfrac{f(x)-f(a)}{x-a}$.

✎ (3) Voir chapitre 5, définition 15.

Théorème 2

Les propositions suivantes sont équivalentes :

(1) f est dérivable en $a \in I$;

(2) il existe une fonction φ définie sur I, continue en a, telle que :

$$\forall x \in I,\ f(x) = f(a) + (x-a)\,\varphi(x) \quad \textbf{(i)}$$

(3) il existe une fonction ε définie sur I, continue en a, nulle en a, et un réel A tels que :

$$\forall x \in I,\ f(x) = f(a) + (x-a)A + (x-a)\,\varepsilon(x) \quad \textbf{(ii)}$$

Le nombre dérivé de f en a est alors $f'(a) = \varphi(a) = A$.

✎ (4) Il est clair que (2) $\Longleftrightarrow$ (3).

☞ Montrons **(1)** $\Rightarrow$ **(2)**. ✎ (4)

Si f est dérivable en a, la fonction φ définie par :

$$\varphi(x) = \frac{f(x) - f(a)}{x - a} \text{ sur } I \setminus \{a\} \text{ et } \varphi(a) = f'(a)$$

vérifie **(i)** et par définition de $f'(a)$, φ est continue en a, ce qui prouve **(2)**.

Montrons **(2)** $\Rightarrow$ **(1)**. Supposons qu'il existe φ, définie sur I et continue en a, vérifiant **(i)**.

La continuité de φ en a montre que $x \mapsto \dfrac{f(x) - f(a)}{x - a}$ admet une limite en a et que cette limite est $\varphi(a)$ ce qui prouve **(1)**.

Théorème 3

Si f est dérivable en a, elle est nécessairement continue en a.

☞ On applique la proposition **(2)** du théorème 2.

La continuité en a de la fonction $x \mapsto (x - a)\,\varphi(x)$ montre la continuité en a de f.

Théorème 4

Si f et g sont définies sur I et dérivables en $a \in I$, et si λ est un réel,

a) la **somme** $f + g$ est dérivable en a et $(f+g)'(a) = f'(a) + g'(a)$,

b) le **produit par un réel** λf est dérivable en a et $(\lambda f)'(a) = \lambda f'(a)$,

c) le **produit** fg est dérivable en a et $(fg)'(a) = f'(a)g(a) + f(a)g'(a)$.

☞ Soit φ et ψ, définies sur I et continues en a, telles que :

$$\forall x \in I,\ f(x) = f(a) + (x - a)\,\varphi(x) \text{ et } g(x) = g(a) + (x - a)\,\psi(x)$$

a) $(f+g)(x) = (f+g)(a) + (x-a)(\varphi(x) + \psi(x))$ et la continuité en a de $\varphi + \psi$ montrent que $f + g$ est dérivable en a et que $(f+g)'(a) = f'(a) + g'(a)$.

b) $(\lambda f)(x) = (\lambda f)(a) + (x-a)\big(\lambda\,\varphi(x)\big)$ et la continuité en a de $x \mapsto \lambda\,\varphi(x)$ montrent que λf est dérivable en a et que $(\lambda f)'(a) = \lambda f'(a)$.

c) $f(x)g(x) = f(a)g(a) + (x-a)\big(\varphi(x)g(a) + f(a)\,\psi(x) + (x-a)\,\varphi(x)\,\psi(x)\big)$ et la continuité en a de la fonction $x \mapsto \varphi(x)g(a) + f(a)\,\psi(x) + (x-a)\,\varphi(x)\,\psi(x)$ montrent que fg est dérivable en a et que $(fg)'(a) = f'(a)g(a) + f(a)g'(a)$.

Théorème 5

Inverse

On suppose f définie sur I, ne s'annulant pas sur I et dérivable en $a \in I$.

Alors $\dfrac{1}{f}$ est dérivable en a et $\left(\dfrac{1}{f}\right)'(a) = -\dfrac{f'(a)}{f^2(a)}$

☞ Soit φ, définie sur I et continue en a, telle que $\forall x \in I$, $f(x) = f(a) + (x-a)\,\varphi(x)$.

Il vient $\dfrac{1}{f}(x) - \dfrac{1}{f}(a) = \dfrac{f(a) - f(x)}{f(x)f(a)} = (x-a)\dfrac{-\varphi(x)}{f(x)f(a)}$.

f étant continue en a, avec $f(a) \neq 0$, la fonction ϕ : $\begin{cases} I & \to \mathbb{R} \\ x & \mapsto \dfrac{-\varphi(x)}{f(x)f(a)} \end{cases}$ est continue en a avec $\phi(a) = -\dfrac{\varphi(a)}{f(a)^2} = -\dfrac{f'(a)}{f(a)^2}$.

Ainsi, $\dfrac{1}{f}$ est dérivable en a et $\left(\dfrac{1}{f}\right)'(a) = -\dfrac{f'(a)}{f^2(a)}$.

Théorème 6

Application réciproque

Soit f une bijection continue d'un intervalle I sur un intervalle J. ✎ (5)

Si f est dérivable en a et si $f'(a) \neq 0$, alors f^{-1} est dérivable en $b = f(a)$ et :

$$\left(f^{-1}\right)'(b) = \frac{1}{f'(a)}.$$

✎ (5) **Remarques**

- L'image continue d'un intervalle étant un intervalle, $J=f(I)$ donne que J est un intervalle.
- D'après le théorème des fonction réciproques, chapitre 5, théorème 10, si f est continue et strictement monotone sur l'intervalle I, elle induit une bijection de I sur l'intervalle $J=f(I)$.
- De plus, nous avons vu en complément, chapitre 5, exercice 7, que si f est une bijection continue de l'intervalle I sur $J=f(I)$ alors f est strictement monotone sur I.

☞ Soit φ, définie sur I et continue en a, telle que :

$$\forall x \in I,\ f(x) = f(a) + (x-a)\,\varphi(x)$$

Pour tout $x \neq a$, on a $f(x) \neq f(a)$ et donc $\varphi(x) \neq 0$.

Posons $f(a) = b$. Pour tout $y \in J$, on a :

$$y - b = f\left(f^{-1}(y)\right) - f\left(f^{-1}(b)\right) = \left(f^{-1}(y) - f^{-1}(b)\right)\varphi\left(f^{-1}(y)\right)$$

donc pour $y \in J \setminus \{b\}$, il vient $f^{-1}(y) - f^{-1}(b) = (y-b)\dfrac{1}{\varphi\left(f^{-1}(y)\right)}$.

La continuité de f^{-1} sur J et donc en b, et celle de φ en $a = f^{-1}(b)$ avec de plus $\varphi(a) = f'(a) \neq 0$ montrent la continuité en b de $y \mapsto \dfrac{1}{\varphi\left(f^{-1}(y)\right)}$.

Ainsi, f^{-1} est dérivable en b et $\left(f^{-1}\right)'(b) = \dfrac{1}{\varphi\left(f^{-1}(b)\right)} = \dfrac{1}{\varphi(a)} = \dfrac{1}{f'(a)}$.

Théorème 7

Composition

Soit f dérivable en $a \in I$ et g définie sur un intervalle $J \supset f(I)$.

Si g est en outre dérivable en $b = f(a)$, alors $g \circ f$ est dérivable en a et :

$$(g \circ f)'(a) = f'(a) \times (g' \circ f)(a)$$

☞ Soit φ définie sur I et continue en a, telle que : $\forall x \in I,\ f(x) = f(a) + (x-a)\,\varphi(x)$ et ψ définie sur J et continue en b, telle que : $\forall y \in J,\ g(y) = g(b) + (y-b)\,\psi(y)$.

Il vient donc $g(f(x)) = g(f(a)) + (f(x) - f(a))\,\psi(f(x))$ pour tout $x \in I$

puis $g(f(x)) = g(f(a)) + (x-a)\,\varphi(x)\,\psi(f(x))$ pour tout $x \in I$.

La continuité en a de $x \mapsto \varphi(x)\,\psi(f(x))$ montre que $g \circ f$ est dérivable en a et que :

$$(g \circ f)'(a) = \varphi(a)\,\psi\left(f(a)\right) = f'(a)(g'\left(f(a)\right)$$

B. Accroissements finis

1. Théorème de Rolle

Théorème 8

Soit une fonction f, définie sur un intervalle I de $\mathbb{R}$ et dérivable sur $\overset{\circ}{I}$.

Si f admet un extremum en un point $c \in \overset{\circ}{I}$, alors $f'(c) = 0$. ✎ (6)

✎ (6) Le résultat est en défaut si f atteint un extremum en une borne de I. Exemple : $f : [0,1] \to \mathbb{R}, x \mapsto x$ atteint son maximum au point 1 alors que $f'(1)=1$.

☞ Supposons, par exemple, que f présente un maximum en $c \in \overset{\circ}{I}$.

Les intervalles $I \cap]c, +\infty[$ et $I \cap]-\infty, c[$ sont d'intérieurs non vides.

Pour tout $x < c$, $\dfrac{f(x) - f(c)}{x - c} \geqslant 0$ et pour tout $x > c$, $\dfrac{f(x) - f(c)}{x - c} \leqslant 0$.

On en déduit $f_g'(c) \geqslant 0$ et $f_d'(c) \leqslant 0$. Il s'ensuit que $f'(c) = 0$.

✎ (7) Interprétation géométrique.

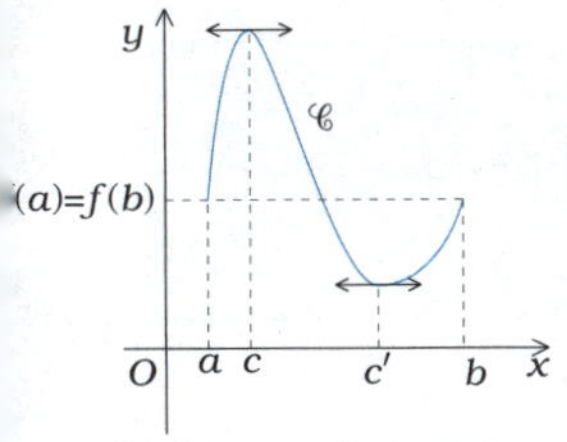

Il existe au moins un point c de $]a,b[$ tel que la tangente en $C\big(c,f(c)\big)$ au graphe $\mathscr{C}$ de f soit horizontale.

Théorème 9

Théorème de Rolle

Soit f une fonction définie sur un segment $[a, b]$ de $\mathbb{R}$. On suppose :

- f continue sur $[a, b]$ et dérivable sur $]a, b[$
- $f(a) = f(b)$.

Alors, il existe $c \in\ ]a, b[$ tel que $f'(c) = 0$. ✎ (7)

☞ Continue sur un intervalle fermé borné, f est bornée et atteint ses bornes.
Si f est constante sur $[a, b]$, sa dérivée s'annule en tout point de $]a, b[$.
Si f n'est pas constante, un extremum est atteint en un point c de $[a, b]$, différent de a et de b puisque $f(a) = f(b)$. Le théorème précédent permet alors de conclure.

Exemple 1 Soit $P \in \mathbb{R}[X]$. Montrer que si P est scindé, alors le polynôme dérivé P' est scindé lui aussi.

Soit $P = \lambda \prod_{k=1}^{p}(X - a_k)^{\alpha_i}$ la décomposition de P. Les a_k sont les racines deux à deux distinctes de P et les $\alpha_i \geqslant 1$ sont les ordres de multiplicité de ces racines. $n = \sum_{k=1}^{p} \alpha_i$ est le degré de P.

Les a_k sont racines d'ordre $\alpha_k - 1$ de P'. Le polynôme $Q = \prod_{k=1}^{p}(X - a_k)^{\alpha_k - 1}$ divise P'.

En rangeant les a_k dans l'ordre croissant, on a $a_1 < a_2 < \ldots < a_p$.

Pour chaque k compris entre 1 et $p - 1$, P' s'annule en $b_k \in\ ]a_k, a_{k+1}[$, en application du théorème de Rolle.

Ainsi P' est divisible par $R = \prod_{k=1}^{p-1}(X - b_k)$ qui est premier avec Q.

P' est donc divisible par QR, qui est de degré $\sum_{k=1}^{p}(\alpha_k - 1) + p - 1 = \sum_{k=1}^{p}\alpha_k - 1$.

QR a donc le même degré que P' et il existe alors $\mu \in \mathbb{R}$ tel que $P = \mu QR$.

QR étant scindé, il en est de même pour P'.

Exemple 2 **Théorème de Rolle sur un intervalle non borné**

Soit f continue sur un intervalle non borné, $[a, +\infty[$ par exemple, et dérivable sur $]a, +\infty[$. On suppose que $f(a) = \lambda$ et $\lim\limits_{+\infty} f = \lambda$.

Montrer qu'il existe $c \in\ ]a, +\infty[$ tel que $f'(c) = 0$.

Quitte à travailler avec $f - \lambda$, on peut se placer dans le cas où $\lambda = 0$.

a) Montrons d'abord que f est bornée sur $[a, +\infty[$.

Il existe $b \in [a, +\infty[$ tel que : $\forall x \in [b, +\infty[$, $|f(x)| \leqslant 1$ (0 est limite de f en $+\infty$).

Il existe $M \geqslant 0$ tel que $\forall x \in [a, b]$, $|f(x)| \leqslant M$ (f est bornée sur $[a, b]$ car continue).

Ainsi f est bornée sur $[a, +\infty[$ ($1 + M$ est un majorant de $|f|$).

b) Si f est constante sur $[a, +\infty[$, sa dérivée est nulle sur $]a, +\infty[$.

c) Si f n'est pas constante, une des bornes $U = \sup\limits_{[a,+\infty[} f$ ou $V = \inf\limits_{[a,+\infty[} f$ n'est pas nulle.

Supposons par exemple $U > 0$ (U est plus grand que $f(a) = 0$).

Il existe $d \in [a, +\infty[$ tel que $\forall x \in [d, +\infty[$, $f(x) \leqslant \dfrac{U}{2}$ car $\lim\limits_{+\infty} f(x) = 0$.

U est donc la borne supérieure de f sur $[a, d]$. Cette borne est atteinte en un point $c \in [a, d]$.

En remarquant que $c \neq a$, on voit que U est atteint en $c \in\ ]a, +\infty[$ et il suffit d'appliquer le théorème 8 pour conclure.

(8) Interprétation géométrique.

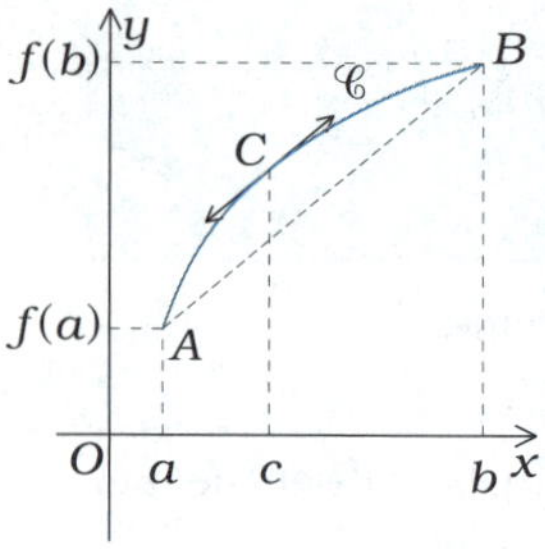

Il existe $c \in]a,b[$ tel que la tangente en $C\left(c,f(c)\right)$ au graphe $\mathscr{C}$ de f soit parallèle à la corde AB $A\left(a,f(a)\right)$ $B\left(b,f(b)\right)$

(9) Au moyen d'une fonction auxiliaire bien choisie, on se ramène au théorème de Rolle. Ici g est la fonction affine dont le graphe est (AB).

(10) Les autres résultats se démontrent de même.

2. Formule des accroissements finis et applications

Théorème 10

Formule des accroissements finis

Soit f une fonction continue sur un segment $[a, b]$ et dérivable sur $]a, b[$: il existe $c \in]a, b[$ tel que $f(b) - f(a) = (b - a)f'(c)$. (8)

Soit g : $[a, b] \to \mathbb{R}$, $x \mapsto f(x) - f(a) - (x - a)\dfrac{f(b) - f(a)}{b - a}$. (9)

On a $g(a) = g(b) = 0$, et comme g est continue sur $[a, b]$ et dérivable sur $]a, b[$, le théorème de Rolle nous assure de l'existence de $c \in]a, b[$ tel que $g'(c) = 0$.

Avec $g'(x) = f'(x) - \dfrac{f(b) - f(a)}{b - a}$, il vient $f'(c) = \dfrac{f(b) - f(a)}{b - a}$.

Théorème 11

Monotonie et signe de la dérivée

Soit f une fonction continue sur un intervalle I et dérivable sur $\mathring{I}$.

a) f est constante sur $I \iff f' = 0$ sur $\mathring{I}$,

b) f est croissante sur $I \iff f' \geqslant 0$ sur $\mathring{I}$,

c) f est décroissante sur $I \iff f' \leqslant 0$ sur $\mathring{I}$.

Montrons la proposition b). (10)

- Si f est croissante sur I, pour tout $a \in \mathring{I}$, on a : $\forall x \in I \setminus \{a\}$, $\dfrac{f(x) - f(a)}{x - a} \geqslant 0$.

On en déduit $f'(a) \geqslant 0$.

- Supposons $f' \geqslant 0$ sur $\mathring{I}$. Étant donné des éléments distincts a et b de I, les hypothèses de la formule des accroissements finis s'appliquent à f sur le segment $[a, b]$ donc il existe $c \in]a, b[$ tel que $\dfrac{f(b) - f(a)}{b - a} = f'(c)$. Comme f' est positive sur $]a, b[$, il vient :

$$\frac{f(b) - f(a)}{b - a} \geqslant 0$$

On a prouvé que f est croissante sur I.

Théorème 12

Soit f une fonction continue sur un intervalle I, dérivable sur $\mathring{I}$ et monotone sur I. Elle est **strictement monotone** sur I si et seulement si l'ensemble des valeurs d'annulation de f' ne contient pas d'intervalle d'intérieur non vide.

Soit une application f monotone, par exemple croissante, sur un intervalle I.

Elle n'est pas strictement monotone si et seulement si il existe a et b distincts ($a < b$) tels que $f(a) = f(b)$. Or, pour tout $t \in [a, b]$, $f(a) \leqslant f(t) \leqslant f(b)$.

Ainsi, f n'est pas strictement monotone si et seulement si il existe un intervalle J ($J = [a, b]$) inclus dans I et d'intérieur non vide ($\mathring{J} =]a, b[$) sur lequel f est constante.

f étant dérivable sur $\mathring{J}$, cela est vrai si et seulement si f' est nulle sur $\mathring{J}$.

Enfin, cette dernière proposition exprime que l'ensemble des valeurs d'annulation de f' contient au moins un intervalle d'intérieur non vide.

3. Inégalité des accroissements finis

Théorème 13

Inégalité des accroissements finis

Considérons des fonctions f et g définies sur un segment $[a, b]$, avec $a < b$. On suppose :

- f et g continues sur $[a, b]$ et dérivables sur $]a, b[$
- $|f'| \leqslant g'$ sur $]a, b[$

On a alors : $|f(b) - f(a)| \leqslant g(b) - g(a)$. ✎ (11)

✎ (11) Si on n'impose pas $a<b$, l'inégalité s'écrit : $|f(b)-f(a)| \leqslant |g(b)-g(a)|$

☞ Avec $f' \leqslant g'$, il vient $(f - g)' \leqslant 0$ et $(f - g)$ est décroissante sur $[a, b]$.

On a donc $f(b) - g(b) \leqslant f(a) - g(a)$, c'est-à-dire $f(b) - f(a) \leqslant g(b) - g(a)$

De même, avec $-f' \leqslant g'$, il vient $(f + g)' \geqslant 0$ et $(f + g)$ est croissante sur $[a, b]$.

On a donc :

$$f(a) + g(a) \leqslant f(b) + g(b), \text{ c'est-à-dire } -\big(f(b) - f(a)\big) \leqslant g(b) - g(a)$$

En conclusion, $|f(b) - f(a)| \leqslant g(b) - g(a)$.

Théorème 14

Dérivabilité des prolongements continus

Soit f une fonction continue sur un segment $[a, b]$ et dérivable sur $]a, b]$.

Si f' admet une limite ℓ en a, alors f est dérivable en a et $f'(a) = \ell$.

☞ $\forall \varepsilon > 0,\ \exists c \in]a, b],\ \forall x \in]a, c],\ |f'(x) - \ell| \leqslant \varepsilon$.

f étant continue sur $[a, c]$ et dérivable sur $]a, c]$ pour tout $x \in]a, c]$, on peut appliquer l'inégalité des accroissements finis, sur $[a, x]$, à la fonction $g : x \mapsto f(x) - \ell x$:

$$\forall x \in [a, c],\ |f(x) - f(a) - \ell(x - a)| \leqslant \varepsilon\, |x - a|$$ ✎ (12)

et donc $\quad \forall \varepsilon > 0,\ \forall x \in]a, c],\ \left| \dfrac{f(x) - f(a)}{x - a} - \ell \right| \leqslant \varepsilon.$

Ainsi, f est dérivable en a et $f'(a) = \ell$.

✎ (12) Si $a<b$, on a $a<x$ pour tout $x \in]a,c]$ donc : $|f(x)-f(a)-\ell(x-a)| \leqslant \varepsilon(x-a)$
Si $a>b$, on a $a>x$ pour tout $x \in]a,c]$ donc : $|f(x)-f(a)-\ell(x-a)| \leqslant \varepsilon(a-x)$

Exemple 3 Montrer que $\left|1 - \dfrac{x^2}{2} - \cos x\right| \leqslant \dfrac{x^4}{24}$ pour tout $x \in \left[0, \dfrac{\pi}{2}\right]$.

Sur $\left[0, \dfrac{\pi}{2}\right]$, $|\cos x| \leqslant 1$.

Par application de l'inégalité des accroissements finis, il vient : $|\sin x| \leqslant x$.

Une utilisation répétée de ce théorème nous donne alors successivement :

$$|1 - \cos x| \leqslant \frac{x^2}{2} \quad \text{puis} \quad |x - \sin x| \leqslant \frac{x^3}{6} \quad \text{et enfin,} \quad \left|1 - \frac{x^2}{2} - \cos x\right| \leqslant \frac{x^4}{24}.$$

Exemple 4 Montrer que, pour tout $x \in [0, +\infty[$, $\left|\ell n(1 + x) - x + \dfrac{x^2}{2}\right| \leqslant \dfrac{x^3}{3}$.

La fonction $f : x \mapsto \ell n(1 + x) - x + \dfrac{x^2}{2}$ est dérivable sur $[0, +\infty[$ avec :

$$f'(x) = \frac{1}{1 + x} - 1 + x \quad \text{soit} \quad f'(x) = \frac{x^2}{1 + x}$$

Compte tenu de $\forall x \in [0, +\infty[,\ |f'(x)| \leqslant x^2$, l'inégalité des accroissements finis donne

$\forall x \in [0, +\infty[,\ |f(x) - f(0)| \leqslant \dfrac{x^3}{3}$ d'où la conclusion.

Exemple 5 Montrer que la fonction $f\ :\ ]0,+\infty[\to\mathbb{R},\ x\mapsto\dfrac{\ell n(1+x)}{x}$ est prolongeable par continuité en 0. Soit F ce prolongement, montrer que F est dérivable en 0.

L'exemple précédent donne l'existence d'une fonction $\varphi\ :\ ]0,+\infty[\to\mathbb{R}$ telle que :

$$\ell n(1+x)=x-\frac{x^2}{2}+x^3\,\varphi(x)\ \text{ avec }\ \forall x\in]0,+\infty[,\ \ |\varphi(x)|\leqslant\frac{1}{3}$$

On a donc $\dfrac{\ell n(1+x)}{x}=1-\dfrac{x}{2}+x^2\,\varphi(x)$ et $\lim\limits_{x\to0}f(x)=1.$

On obtient un prolongement continu de f en posant $F(0)=1$.

F est dérivable sur $]0,+\infty[$ avec $F'(x)=\dfrac{1}{x(1+x)}-\dfrac{\ell n(1+x)}{x^2}$ soit :

$$F'(x)=\frac{x-(1+x)\,\ell n(1+x)}{x^2(1+x)}=\frac{-\frac{1}{2}+\frac{x}{2}-x(1+x)\,\varphi(x)}{1+x}$$

Il en résulte $\lim\limits_{x\to0}F'(x)=-\dfrac{1}{2}$ et d'après le théorème **14**, F est dérivable en 0 avec :

$$F'(0)=-\frac{1}{2}.$$ ✎ (13)

✎ (13)**Remarque**
On pourrait prouver cette dérivabilité en formant : $\frac{F(x)-F(0)}{x}=-\frac{1}{2}+x\varphi(x)$
Cependant la méthode utilisant le théorème 14 donne un résultat plus fort car on obtient que f' est continue en 0.

Exemple 6 Le théorème **14** nous donne une condition suffisante de dérivabilité de f en a. Donnons un exemple qui prouve qu'elle n'est pas nécessaire.

Dans les hypothèses de ce théorème, la fonction f' est continue en a.

Montrer que $\begin{cases} g\ :\quad [0,+\infty[\ \to\ \mathbb{R} \\ \qquad\quad x\ \mapsto\ x^2\sin\dfrac{1}{x}\ \text{ pour } x>0,\ \text{ et }\ g(0)=0\end{cases}$

est dérivable en 0 mais que g' n'est pas continue en 0.

Avec $\dfrac{g(x)}{x}=x\sin\dfrac{1}{x}$, on voit que g est dérivable en 0 et que $g'(0)=0$.

Pour tout $x>0$, $g'(x)=2x\sin\dfrac{1}{x}-\cos\dfrac{1}{x}$.

$\left(x\mapsto 2x\sin\dfrac{1}{x}\right)$ admet 0 pour limite en 0, mais $\left(x\mapsto\cos\dfrac{1}{x}\right)$ n'admet pas de limite en 0.

g' n'admet donc pas de limite en 0 et n'est alors pas continue en 0.

4. Accroissements finis généralisés

Exemple 7 **Formule des accroissements finis généralisés** ✎ (14)

Soit f et g des fonctions continues sur un segment $[a,b]$ et dérivables sur $]a,b[$.

Montrer qu'il existe $c\in\ ]a,b[$ tel que $\big(f(b)-f(a)\big)g'(c)=\big(g(b)-g(a)\big)f'(c)$.

La fonction $h\ :\ x\mapsto\big(g(b)-g(a)\big)f(x)-\big(f(b)-f(a)\big)g(x)$ est continue sur $[a,b]$ et dérivable sur $]a,b[$. On vérifie que $h(a)=h(b)=f(a)g(b)-f(b)g(a)$.

Le théorème de Rolle nous assure de l'existence de $c\in\ ]a,b[$ tel que $h'(c)=0$.

$h'(x)=\big(g(b)-g(a)\big)f'(x)-\big(f(b)-f(a)\big)g'(x)$ permet alors de conclure.

Remarque

Si g' ne s'annule pas sur $]a,b[$, on a $g'(c)\neq0$.

Le théorème de Rolle donne $g(b)-g(a)=0\ \Rightarrow\ \exists c\in]a,b[,\ g'(c)=0$

donc, par contraposée $0\notin g'\big(]a,b[\big)\ \Rightarrow\ g(b)-g(a)\neq0$.

La formule des accroissements finis généralisés se lit alors :

$$\text{il existe } c\in\ ]a,b[\ \text{ tel que }\ \frac{f(b)-f(a)}{g(b)-g(a)}=\frac{f'(c)}{g'(c)}$$

✎ (14)Les résultats présentés dans ce paragraphe sous forme d'exemples sont très classiques mais n'apparaissent cependant pas dans le libellé du programme, ils sont donnés à titre complémentaire.

Exemple 8 Règle de L'Hôpital

On considère des fonctions f et g dérivables sur un intervalle I et un point $a \in \overset{\circ}{I}$. On suppose que g' ne s'annule pas sur $I \setminus \{a\}$ et que $\frac{f'}{g'}$ admet une limite ℓ en a.

Montrer que $\frac{f - f(a)}{g - g(a)}$ admet ℓ pour limite en a.

Pour tout $x \in I \setminus \{a\}$, on est, pour le segment $[a, x]$, dans les hypothèses d'application de la formule des accroissements finis généralisés : il existe $c \in]a, x[$ tel que $\frac{f(x) - f(a)}{g(x) - g(a)} = \frac{f'(c)}{g'(c)}$.

En outre, $\forall \varepsilon > 0,\ \exists \alpha > 0,\ \forall t \in]a - \alpha, a + \alpha[\setminus \{a\},\ \left|\frac{f'(t)}{g'(t)} - \ell\right| \leqslant \varepsilon.$

Pour tout $x \in]a - \alpha, a + \alpha[\setminus \{a\}$, le réel c qui intervient dans la formule précédente est encore dans $]a - \alpha, a + \alpha[\setminus \{a\}$ ✎ (15) et donc $\left|\frac{f'(c)}{g'(c)} - \ell\right| \leqslant \varepsilon.$

✎ (15) Il est important de s'assurer que c est différent de a.

On en déduit alors : $\forall \varepsilon > 0,\ \exists \alpha > 0,\ \forall x \in]a - \alpha, a + \alpha[\setminus \{a\},\ \left|\frac{f(x) - f(a)}{g(x) - f(a)} - \ell\right| \leqslant \varepsilon$

c'est-à-dire : $\lim\limits_{x \to a} \frac{f(x) - f(a)}{g(x) - g(a)} = \ell.$

Exemple 9 Étudier la limite en 0 de $h : x \mapsto \frac{\sqrt{1+x} - \sqrt{1-x}}{\ell n(1+x) - \ell n(1-x)}$

La fonction h est définie sur $]-1, 1[$. Posons :

$$f : x \mapsto \sqrt{1+x} - \sqrt{1-x} \text{ et } g : x \mapsto \big(\ell n(1+x) - \ell n(1-x)\big)$$

f et g sont dérivables sur $]-1, 1[$ et $f(0) = g(0) = 0$.

$$f'(x) = \frac{1}{2}\left(\frac{1}{\sqrt{1+x}} + \frac{1}{\sqrt{1-x}}\right) \quad \text{et} \quad g'(x) = \frac{2}{1-x^2}$$

g' ne s'annulant pas sur $]-1, 1[$, nous sommes dans les conditions d'application de la règle de L'Hôpital. Avec $\lim\limits_{0} \frac{f'}{g'} = \frac{1}{2}$ il vient $\lim\limits_{0} \frac{f}{g} = \frac{1}{2}$. ✎ (16)

✎ (16) Remarquons que dans cet exemple, pour $\frac{f'}{g'}$, il n'y a même plus d'indétermination.

C. Dérivées successives

I est toujours un intervalle de $\mathbb{R}$, non vide, non réduit à un point.

1. Définitions et notations

Soit $f \in \mathbb{R}^I$.

Définition 5

On définit par récurrence la **dérivée** $n^{\text{ème}}$ de f, notée $f^{(n)}$, par :

- $f^{(0)} = f$
- pour tout $n \in \mathbb{N}$, $f^{(n+1)} = \left(f^{(n)}\right)'$.

Définition 6

f est **de classe** $\mathcal{D}^n$, $n \in \mathbb{N}^*$, sur I quand l'ensemble de définition de $f^{(n)}$ est I. ✎ (17)

✎ (17) Cette définition exprime que :
- f est dérivable sur I,
- pour tout $p \in [\![0, n-1]\!]$, $f^{(p)}$ est définie sur I,
- et $f^{(n-1)}$ est dérivable sur I.

✎ (18) Démonstration par récurrence sur q.

Propriété 1

Si f est de classe $\mathcal{D}^n$ sur I, pour tout $(p, q) \in \mathbb{N}^2$ tel que $p + q \leqslant n$, on a :

$$f^{(p+q)} = \left(f^{(p)}\right)^{(q)} \quad ✎ (18)$$

Définition 7

Soit $n \in \mathbb{N}^*$. On dit que f est **de classe** $\mathcal{C}^n$ sur I quand elle est de classe $\mathcal{D}^n$ sur I et que $f^{(n)}$ est continue sur I.

Compte tenu de $f^{(0)} = f$, on dit que f est de classe $\mathcal{C}^0$ sur I lorsqu'elle est continue sur i.

Remarque

Notons que, si f est de classe $\mathcal{D}^n$ $(n \geqslant 1)$ sur I, $f^{(n-1)}$ est nécessairement continue sur I et donc que, pour tout entier p compris entre 0 et $n-1$, $f^{(p)}$ est continue sur I.

Définition 8

On dit que f est **de classe** $\mathcal{C}^\infty$ sur I lorsque, pour tout $n \in \mathbb{N}$, f est de classe $\mathcal{C}^n$ sur I.

Notation 1

$\mathcal{D}^n(I)$ est l'ensemble des fonctions de classe $\mathcal{D}^n$ sur I, $(n \geqslant 1)$. $\mathcal{D}^1(I)$ est aussi noté $\mathcal{D}(I)$. ✎ (19)

$\mathcal{C}^n(I)$ est l'ensemble des fonctions de classe $\mathcal{C}^n$ sur I, $(n \geqslant 0)$. $\mathcal{C}^0(I)$ est aussi noté $\mathcal{C}(I)$.

$\mathcal{C}^\infty(I)$ est l'ensemble des fonctions de classe $\mathcal{C}^\infty$ sur I.

✎ (19) Dans ce chapitre, sauf dans la section F, les fonctions sont à valeurs dans $\mathbb{R}$. Lorsqu'on sera amené à étudier d'autres fonctions, à valeurs dans $\mathbb{C}$ par exemple, il faudra que la notation rende compte de l'ensemble d'arrivée. On écrira par exemple : $\mathcal{C}^n(I,\mathbb{R})$, $\mathcal{C}^n(I,\mathbb{C})$ $\mathcal{C}^\infty(I,\mathbb{R})$, $\mathcal{C}^\infty(I,\mathbb{C})$.

2. Propriétés

Théorème 15

Espaces vectoriels $\mathcal{C}^n(I)$, $\mathcal{D}^n(I)$

Soit $n \in \mathbb{N}^*$, $\mathcal{D}^n(I)$ est un sous espace vectoriel de $\mathbb{R}^I$.

Soit $n \in \mathbb{N}^*$, $\mathcal{C}^n(I)$ est un sous espace vectoriel de $\mathbb{R}^I$. ✎ (20)

✎ (20) Noter les inclusions : $\mathcal{C}^n(I) \subset \mathcal{D}^n(I) \subset \mathcal{C}^{n-1}(I) \subset \mathcal{D}^{n-1}(I)$ $\mathcal{C}^1(I) \subset \mathcal{D}^1(I) \subset \mathcal{C}^0(I)$

☞ Quels que soient f, g de classe $\mathcal{D}^n$ (resp. $\mathcal{C}^n$) sur I et λ réel, $f+g$ et λf sont de classe $\mathcal{D}^n$ (resp. $\mathcal{C}^n$) sur I.

Théorème 16

Classe d'un produit

Étant donné f et g de classe $\mathcal{D}^n$ (resp. $\mathcal{C}^n$) sur I et $n \in \mathbb{N}$,

fg est de classe $\mathcal{D}^n$ (resp. $\mathcal{C}^n$) sur I

☞ a) Si f et g sont dérivables sur I, il en est de même pour leur produit fg (théorème 4).

Supposons que, pour n entier, le produit de deux fonctions de classe $\mathcal{D}^n$ sur I soit aussi de classe $\mathcal{D}^n$ sur I, et considérons des fonctions f et g de classe $\mathcal{D}^{n+1}$ sur I.

Les fonctions f' et g' sont de classe $\mathcal{D}^n$ sur I, ainsi que les fonctions f et g.

L'hypothèse de récurrence ✎ (21) nous montrent que $f'g + fg'$ est de classe $\mathcal{D}^n$ sur I.

Puisque $f'g + fg'$ est la dérivée de fg, il s'ensuit que fg est de classe $\mathcal{D}^{n+1}$ sur I.

b) Une démonstration analogue (en remplaçant $\mathcal{D}^n$ par $\mathcal{C}^n$) montre, par récurrence, que le produit de fonctions de classe $\mathcal{C}^n$ sur I est de classe $\mathcal{C}^n$ sur I.

✎ (21) Et le théorème 15.

Théorème 17

Formule de Leibniz

Étant donné des fonctions f et g de classe $\mathcal{D}^n$ sur I et un entier naturel n :

$$(fg)^{(n)} = \sum_{p=0}^{n} \mathrm{C}_n^p f^{(p)} g^{(n-p)}$$

✎ (22) Pour $n=0$, la formule se lit : $(fg)^{(0)}=f^{(0)}g^{(0)}$ ce qui est vrai d'après la convention $f^{(0)}=f$.

☞ Démontrons cette règle par récurrence sur n.

Nous savons que $(fg)' = f'g + fg'$. ✎ (22)

Supposons que, pour tout u, v de classe $\mathcal{D}^n$ sur I, $(uv)^{(n)} = \sum_{p=0}^{n} C_n^p u^{(p)} v^{(n-p)}$.

Considérons f et g de classe $\mathcal{D}^{n+1}$ sur I. Nous savons que fg est encore de classe $\mathcal{D}^{n+1}$ sur I et que $(fg)^{(n+1)} = \left(f^{(n)}\right)'$. L'hypothèse de récurrence nous donne :

$$(fg)^{(n)} = \sum_{p=0}^{n} C_n^k f^{(k)} g^{(n-k)}$$

On en déduit $(fg)^{(n+1)} = \sum_{p=0}^{n} C_n^p f^{(p+1)} g^{(n-p)} + \sum_{p=0}^{n} C_n^p f^{(p)} g^{(n-p+1)}$, soit :

$$(fg)^{(n+1)} = f^{(n+1)}g + \sum_{p=1}^{n} C_n^{p-1} f^{(p)} g^{(n+1-p)} + \sum_{p=1}^{n} C_n^p f^{(p)} g^{(n+1-p)} + fg^{(n+1)}$$

Avec $C_n^{p-1} + C_n^p = C_{n+1}^p$, il vient : $(fg)^{(n+1)} = f^{(n+1)}g + \sum_{p=1}^{n} C_{n+1}^p f^{(p)} g^{(n+1-p)} + fg^{(n+1)}$,

c'est-à-dire $(fg)^{(n+1)} = \sum_{p=0}^{n+1} C_{n+1}^p f^{(p)} g^{(n+1-p)}$. La propriété est récurrente.

Théorème 18

Composée de fonctions de classe $\mathcal{C}^n$

Soit f et g toutes deux de classe $\mathcal{C}^n$ sur I et J respectivement, avec $f(I) \subset J$.

Alors, $g \circ f$ est de classe $\mathcal{C}^n$ sur I.

☞ Cette propriété est vraie quand $n = 0$ ou $n = 1$.

Supposons que la composée de fonctions de classe $\mathcal{C}^n$ soit encore de classe $\mathcal{C}^n$ sur I et considérons des fonctions f et g de classe $\mathcal{C}^{n+1}$ sur I et J respectivement.

Nous avons $(g \circ f)' = (g' \circ f).f'$. Comme g' et f sont de classe $\mathcal{C}^n$, l'hypothèse de récurrence nous montre que $(g' \circ f)$ est de classe $\mathcal{C}^n$ sur I.

f' étant aussi de classe $\mathcal{C}^n$ sur I, le théorème 16 nous montre que $(g' \circ f).f'$ est de classe $\mathcal{C}^n$ sur I. Ainsi, $g \circ f$ est de classe $\mathcal{C}^{n+1}$ sur I, ce qui prouve que la propriété est récurrente.

Exemple 10 Calculer la dérivée $n^{\text{ème}}$ de $f : x \mapsto (x^2+1)e^{2x}$.

Les fonctions $u : x \mapsto (x^2+1)$ et $v : x \mapsto e^{2x}$ sont de classe $\mathcal{C}^\infty$ sur $\mathbb{R}$.

La formule de Leibniz nous permet de calculer $(uv)^{(n)}$.

$u'(x) = 2x$, $u''(x) = 2$ et $u^{(k)}(x) = 0$ pour tout entier $k \geqslant 3$.

Pour tout $k \in \mathbb{N}$, $v^{(k)}(x) = 2^k e^{2x}$. Il vient alors :

$$f^{(n)}(x) = \left((x^2+1)2^n + 2nx2^{n-1} + n(n-1)2^{n-2}\right)e^{2x} \quad \text{pour tout entier } n$$

c'est-à-dire $f^{(n)}(x) = 2^{n-2}e^{2x}\left(4(x^2+1) + 4nx + n(n-1)\right)$.

D. Formules de Taylor

(23) Les théorèmes 19 et 20 s'obtiennent en conséquence de la formule de Taylor avec reste intégral qui sera démontrée dans le chapitre 9.

1. Formules de Taylor–Lagrange (23)

Théorème 19

Inégalité de Taylor-Lagrange

Si f est une fonction de classe $\mathcal{C}^{n+1}$ sur un segment $[a, b]$, on a :

$$\left| f(b) - \sum_{k=0}^{n} \frac{(b-a)^k}{k!} f^{(k)}(a) \right| \leqslant \frac{|b-a|^{n+1}}{(n+1)!} M_{n+1}$$

où on a posé $M_{n+1} = \sup_{x \in [a,b]} \left| f^{(n+1)}(x) \right|$.

Théorème 20

Égalité de Taylor-Lagrange

Si f est de classe $\mathcal{C}^{n+1}$ sur un segment $[a, b]$, alors il existe $c \in [a, b]$ (24) tel que :

$$f(b) = \sum_{k=0}^{n} \frac{(b-a)^k}{k!} f^{(k)}(a) + \frac{(b-a)^{n+1}}{(n+1)!} f^{(n+1)}(c).$$

(24) En fait, comme il est démontré dans l'exemple 11 qui suit, on peut affirmer l'existence de c dans $]a,b[$ vérifiant l'égalité de Taylor-Lagrange.

Exemple 11 Prouvons, à titre de complément, que la formule de Taylor-lagrange reste vraie en supposant simplement que f est de classe $\mathcal{C}^n$ sur $[a, b]$ et de classe $\mathcal{D}^{n+1}$ sur $]a, b[$ et que, de plus, on peut affirmer que le réel c appartient à $]a, b[$.

Étant donné un réel A, considérons la fonction :

$$g : x \mapsto \sum_{k=0}^{n} \frac{(b-x)^k}{k!} f^{(k)}(x) + \frac{(b-x)^{n+1}}{(n+1)!} A$$

On a $g(b) = f(b)$ et on peut choisir A pour que $g(a) = f(b)$, puisque $b - a \neq 0$.

g est continue sur $[a, b]$ et dérivable sur $]a, b[$.

Appliquons alors le théorème de Rolle : il existe $c \in]a, b[$ tel que $g'(c) = 0$.

Avec $g'(x) = \sum_{k=0}^{n} \frac{(b-x)^k}{k!} f^{(k+1)}(x) - \sum_{k=1}^{n} \frac{(b-x)^{k-1}}{(k-1)!} f^{(k)}(x) - \frac{(b-x)^n}{n!} A$, il vient

$g'(x) = \frac{(b-x)^n}{n!} \left(f^{(n+1)}(x) - A \right)$ et $g(c) = 0$ donne $A = f^{(n+1)}(c)$, car $b - c \neq 0$. (25)

(25) En remplaçant A par $f^{(n+1)}(c)$ dans $f(b)=g(a)$, on obtient l'égalité de Taylor-Lagrange.

Corollaire 1

Soit f une fonction de classe $\mathcal{C}^{n+1}$ sur un intervalle I. Alors, quels que soient les réels x et h tels que $x \in I$ et $x + h \in I$, il existe $\theta \in [0, 1]$ tel que :

$$f(x+h) = \sum_{k=0}^{n} \frac{h^k}{k!} f^{(k)}(x) + \frac{h^{n+1}}{(n+1)!} f^{(n+1)}(x + \theta h)$$

Corollaire 2

Formule de Mac Laurin

Si f est de classe $\mathcal{C}^{n+1}$ sur $[0, x]$, il existe $\theta \in [0, 1]$ tel que :

$$f(x) = \sum_{k=0}^{n} \frac{x^k}{k!} f^k(0) + \frac{h^{n+1}}{(n+1)!} f^{(n+1)}(\theta x)$$ (26)

(26) Comme précédemment, on peut prouver qu'il existe $\theta \in]0,1[$ vérifiant ces deux formules.

2. Formule de Taylor-Young

Théorème 21

Soit f une fonction de classe $\mathcal{C}^n$ sur un intervalle I.
Pour tout $a \in I$, il existe une fonction $\varepsilon\ :\ I \to \mathbb{R}$ continue sur I telle que :

$$f(x) = \sum_{k=0}^{n} \frac{(x-a)^k}{k!} f^{(k)}(a) + (x-a)^n\, \varepsilon(x) \ \text{ et } \ \lim_{x\to a} \varepsilon(x) = 0. \ \text{✎ (27)}$$

✎ (27) ε étant continue sur I, on peut remplacer la condition $\lim_{x\to a} \varepsilon(x)=0$ par $\varepsilon(a)=0$.

☞ Considérons la fonction ε définie sur I par :

$$\varepsilon(a) = 0 \ \text{ et } \ \forall x \in I \setminus \{a\}, \varepsilon(x) = \frac{1}{(x-a)^n}\left(f(x) - \sum_{k=0}^{n} \frac{(x-a)^k}{k!} f^k(a)\right)$$

Cette fonction ε est clairement continue sur I sauf peut-être en a.

La fonction $g\ :\ x \mapsto f(x) - \sum_{k=0}^{n} \frac{(x-a)^k}{k!} f^{(k)}(a)$ est de classe $\mathcal{C}^n$ sur I avec :

$$g(a) = g'(a) = \ \ldots \ = g^{(n)}(a) = 0$$

donc l'inégalité de Taylor-Lagrange donne :

$$\forall x \in I, \ \ |g(x)| \leqslant \frac{|x-a|^n}{n!} \sup_{t\in[a,x]} \left|g^{(n)}(t)\right|$$

donc $\forall x \in I \setminus \{a\}, \ \ |\varepsilon(x)| \leqslant \dfrac{1}{n!} \sup_{t\in[a,x]} \left|g^{(n)}(t)\right|.$

La continuité de $g^{(n)}$ avec $g^{(n)}(a) = 0$ donne :

$$\forall \alpha > 0, \ \exists \beta > 0, \ \forall t \in I, \ |t-a| \leqslant \beta \ \Rightarrow \ \left|g^{(n)}(t)\right| \leqslant \alpha\, n!$$

donc $\quad \forall x \in I, \ |x-a| \leqslant \beta \ \Rightarrow \ \sup_{t\in[a,x]} \left|g^{(n)}(t)\right| \leqslant \alpha\, n!\,.$

Ainsi, $\forall \alpha > 0, \ \exists \beta > 0, \ \forall x \in I \setminus \{a\}, \ |x-a| \leqslant \beta \ \Rightarrow \ |\varepsilon(x)| \leqslant \alpha.$

Ce qui prouve que $\lim_{x\to a} \varepsilon(x) = 0$ donc que ε est continue en a.

E. Convexité

Dans ce paragraphe, f désigne une fonction numérique définie sur un intervalle I d'intérieur non vide, et $\mathscr{C}$ est sa courbe représentative dans un repère du plan.

1. Définitions

Définition 9

Une partie Γ de $\mathbb{R}^2$ est dite **convexe** lorsque, quels que soient $(A, B) \in \Gamma^2$, elle contient le segment $[AB]$.

✎ (28)

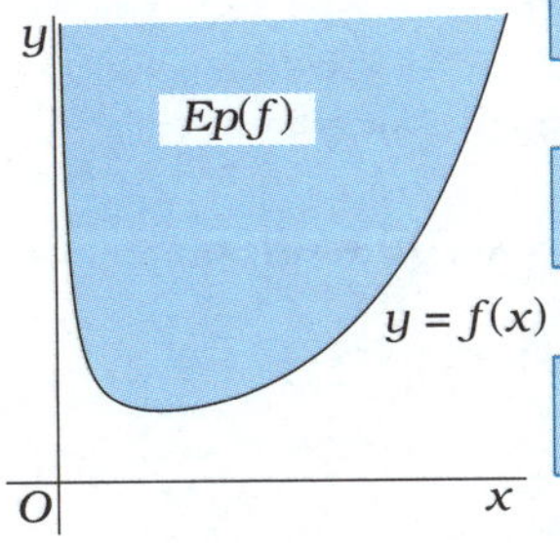

Définition 10

L'**épigraphe** ✎ (28) de f est l'ensemble $\{(x, y) \in I \times \mathbb{R} \ / \ y \geqslant f(x)\}$. On le note $\mathrm{Ep}(f)$.

Définition 11

On dit que f est une **fonction convexe** lorsque son épigraphe est une partie convexe de $\mathbb{R}^2$.

Définition 12

f est une **fonction concave** lorsque $(-f)$ est convexe.

2. Caractérisations

Propriété 2

f est convexe si et seulement si, quels que soient $(x_1, x_2) \in I^2$ et $\lambda \in [0, 1]$,

$$f(\lambda x_1 + (1-\lambda)x_2) \leqslant \lambda f(x_1) + (1-\lambda)f(x_2)$$ ✎ [29]

✎ [29] Cela s'exprime en disant que «tout arc de $\mathscr{C}$ est sous sa corde».

☞ a) Supposons f convexe.

Soit $M_1(x_1, f(x_1))$ et $M_2(x_2, f(x_2))$. Ce sont des points de $\mathrm{Ep}(f)$. Par suite, $[M_1, M_2]$ est inclus dans $\mathrm{Ep}(f)$.

Pour tout réel $\lambda \in [0, 1]$, $M\big(\lambda x_1 + (1-\lambda)x_2, \lambda f(x_1) + (1-\lambda)f(x_2)\big)$, barycentre de $\big((M_1, \lambda), (M_2, 1-\lambda)\big)$ appartient à $[M_1, M_2]$, donc à $\mathrm{Ep}(f)$,

et il s'ensuit $f\Big(\lambda x_1 + (1-\lambda)x_2\Big) \leqslant \lambda f(x_1) + (1-\lambda)f(x_2)$.

b) Réciproquement : soit $M'_1(x_1, y_1)$ et $M'_2(x_2, y_2)$ dans $\mathrm{Ep}(f)$: $f(x_1) \leqslant y_1$ et $f(x_2) \leqslant y_2$,
et soit $M'(x, y) \in [M'_1, M'_2]$.
Il existe $\lambda \in [0, 1]$ tel que :

$$\begin{cases} x = \lambda x_1 + (1-\lambda)x_2 \\ y = \lambda y_1 + (1-\lambda)y_2 \end{cases}$$

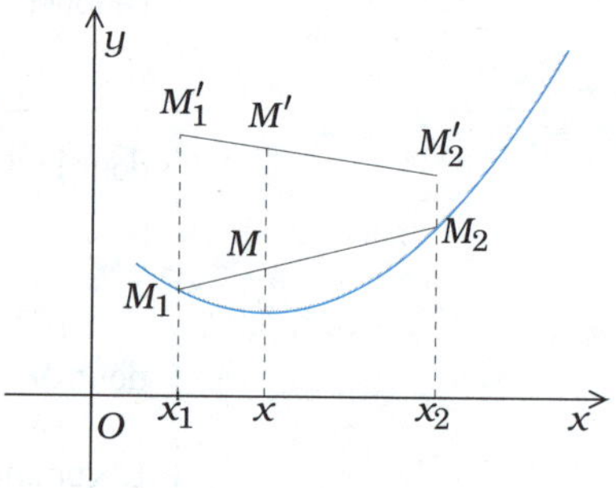

On a $y \geqslant \lambda f(x_1) + (1-\lambda)f(x_2)$. Or $\lambda f(x_1) + (1-\lambda)f(x_2) \geqslant f\Big(\lambda x_1 + (1-\lambda)x_2\Big) = f(x)$.

Ainsi, $y \geqslant f(x)$ et M' appartient à $\mathrm{Ep}(f)$.

Remarque

Étant donné $(a, b) \in I^2$, $a \neq b$, considérons les points $A(a, f(a))$ et $B(b, f(b))$. La droite (AB) a une équation de la forme $y = d(x)$. Alors f est convexe sur I si et seulement si quel que soit $(a, b) \in I^2$, $a \neq b$, pour tout $x \in [a, b]$, $f(x) \leqslant d(x)$.

Exemple 12 On suppose f convexe sur I. Etant donné $x_1, x_2, \ldots, x_n$ dans I et $\lambda_1, \lambda_2, \ldots, \lambda_n$ des réels strictement positifs de somme égale à 1, montrer que : $f\left(\sum_{i=1}^{n} \lambda_i x_i\right) \leqslant \sum_{i=1}^{n} \lambda_i f(x_i)$

La propriété est vraie quand $n = 1$ ou $n = 2$, c'est la propriété 2 précédente.
Supposons-la vraie au rang $n - 1 \geqslant 1$ et considérons :

$$\sum_{i=1}^{n} \lambda_i x_i \text{ avec } \sum_{i=1}^{n} \lambda_i = 1 \text{ et } \lambda_i > 0 \text{ pour tout } i$$

Définissons y par $\displaystyle\sum_{i=1}^{n-1} \lambda_i x_i = \left(\sum_{i=1}^{n-1} \lambda_i\right) y$ et posons $\displaystyle\lambda_0 = \sum_{i=1}^{n-1} \lambda_i$.

Il vient alors $f\left(\displaystyle\sum_{i=1}^{n} \lambda_i x_i\right) = f(\lambda_0 y + \lambda_n x_n)$ avec $\lambda_0 + \lambda_n = 1$, $\lambda_0 > 0$, $\lambda_n > 0$.

En appliquant la propriété à l'ordre 2, on obtient : $f(\lambda_0 y + \lambda_n x_n) \leqslant \lambda_0 f(y) + \lambda_n f(x_n)$
et l'hypothèse de récurrence donne :

$$f(y) = f\left(\sum_{i=1}^{n-1} \frac{\lambda_i}{\lambda_0} x_i\right) \leqslant \sum_{i=1}^{n-1} \frac{\lambda_i}{\lambda_0} f(x_i)$$

d'où finalement $f\left(\displaystyle\sum_{i=1}^{n} \lambda_i x_i\right) \leqslant \displaystyle\sum_{i=1}^{n} \lambda_i f(x_i)$.

Propriété 3

f est convexe si et seulement si, pour tout $a \in I$, la fonction $p_a : x \mapsto \dfrac{f(x)-f(a)}{x-a}$ est croissante sur $I \setminus \{a\}$.

✎ (30)

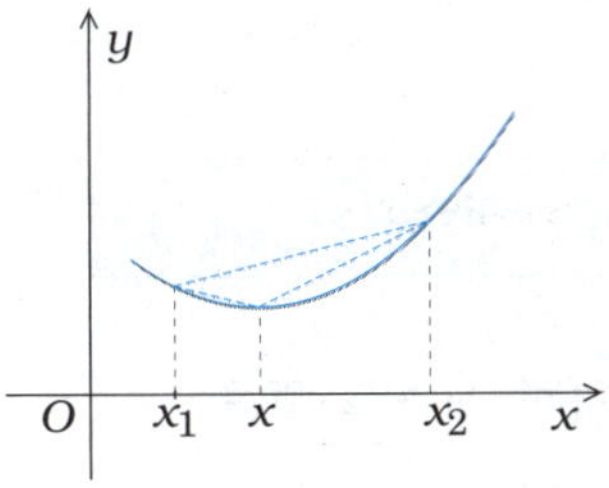

☞ a) Supposons f convexe.

Soit $x_1 < x_2$ des éléments de I et $x \in]x_1, x_2[$. ✎ (30)

Il existe $\lambda \in]0,1[$ tel que $x = \lambda x_1 + (1-\lambda)x_2$, et on a $f(x) \leqslant \lambda f(x_1) + (1-\lambda)f(x_2)$.

Il vient $x - x_1 = (1-\lambda)(x_2 - x_1) > 0$ et $f(x) - f(x_1) \leqslant (1-\lambda)(f(x_2) - f(x_1))$ d'où :

$$(1) : \quad \frac{f(x)-f(x_1)}{x-x_1} \leqslant \frac{f(x_2)-f(x_1)}{x_2-x_1}$$

De même, $x_2 - x = \lambda(x_2 - x_1) > 0$ et $f(x_2) - f(x) \geqslant \lambda\big(f(x_2) - f(x_1)\big)$ donne :

$$(2) : \quad \frac{f(x_2)-f(x_1)}{x_2-x_1} \leqslant \frac{f(x_2)-f(x)}{x_2-x}$$

Si $a < t < t'$, on applique (1) avec $x_1 = a,\ x = t,\ x_2 = t'$, il vient $p_a(t) \leqslant p_a(t')$.

Si $t < t' < a$, avec (2) et $x_1 = t,\ x = t',\ x_2 = a$, on obtient $p_a(t) \leqslant p_a(t')$.

Si $t < a < t'$, on pose $x_1 = t,\ x = a,\ x_2 = t'$.

Avec (1), il vient : $\dfrac{f(a)-f(t)}{a-t} \leqslant \dfrac{f(t')-f(t)}{t'-t}$

et avec (2), il vient : $\dfrac{f(t')-f(t)}{t'-t} \leqslant \dfrac{f(t')-f(a)}{t'-a}$ et la transitivité donne $p_a(t) \leqslant p_a(t')$.

En conclusion, p_a est croissante.

b) Supposons que, pour tout $a \in I$, la fonction p_a est croissante.

Quels que soient x_1 et x_2 dans I, avec $x_1 < x_2$, et $x \in]x_1, x_2[$, il existe $\lambda \in]0,1[$ tel que :

$$x = \lambda x_1 + (1-\lambda)x_2$$

La croissance de p_{x_1} nous donne (1) et donc : $f(x) \leqslant f(x_1) + \dfrac{x-x_1}{x_2-x_1}\Big(f(x_2) - f(x_1)\Big)$

Puisque $x - x_1 = (1-\lambda)(x_2 - x_1)$, on obtient $f(x) \leqslant \lambda f(x_1) + (1-\lambda)f(x_2)$.

f est donc convexe.

Exemple 13 Soit f une fonction convexe sur $]0,+\infty[$, croissante et non constante.
Montrer que f admet $+\infty$ pour limite en $+\infty$.

La fonction $p : x \mapsto \dfrac{f(x)-f(1)}{x-1}$ est croissante sur $]0,+\infty[\setminus \{1\}$.

Puisque f n'est pas constante, il existe $a > 0$ pour lequel $f(a) \neq f(1)$ et f étant croissante, on a $\dfrac{f(x)-f(1)}{x-1} \geqslant 0$ pour tout $x \neq 1$ d'où finalement $p(a) > 0$.

Alors, pour $x > \sup(1, a)$, on a $p(x) \geqslant p(a)$ et $x - 1 > 0$, d'où $f(x) \geqslant (x-1)p(a) + f(1)$ et $p(a) > 0$ donne $\lim\limits_{x \to +\infty} f(x) = +\infty$.

3. Fonctions convexes dérivables ✎ (31)

✎ (31) Le but de ce paragraphe est de caractériser les fonctions convexes parmi l'ensemble des fonctions réelles dérivables sur I.

Propriété 4

Soit f convexe et dérivable sur I et a un point de $\overset{\circ}{I}$.

a) Pour tout $x \in I$ tel que $x < a$, on a $p_a(x) \leqslant f'(a)$. ✎ (32)

b) Pour tout $x \in I$ tel que $x > a$, on a $p_a(x) \geqslant f'(a)$.

✎ (32) Comme dans la propriété 3, p_a est la fonction : $x \mapsto \dfrac{f(x)-f(a)}{x-a}$

☞ Il suffit d'appliquer le théorème de la limite monotone à la fonction p_a. ✎ (33)

✎ (33) Voir la figure page suivante.

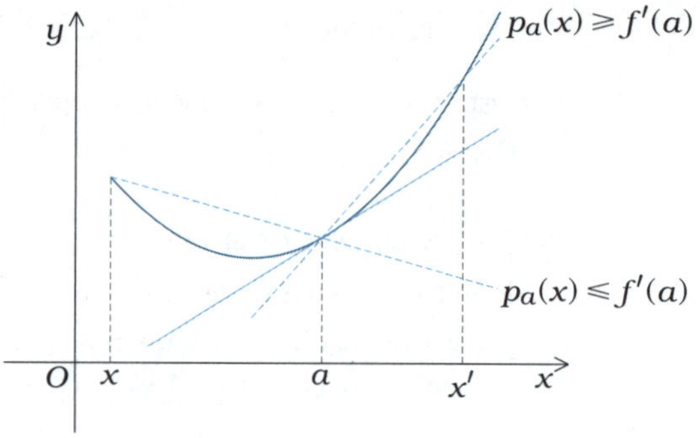

Théorème 22

Soit f dérivable sur I. Alors f est convexe si et seulement si f' est croissante sur I.

☞ a) Supposons f dérivable et convexe sur I.

En utilisant la propriété précédente, pour tout x_1 et x_2 dans I tels que $x_1 < x_2$, on a :

$$f'(x_1) \leqslant p_{x_1}(x_2) \quad \text{et} \quad p_{x_2}(x_1) \leqslant f'(x_2)$$

Comme $p_{x_1}(x_2) = p_{x_2}(x_1)$, il vient $f'(x_1) \leqslant f'(x_2)$. Ce qui montre que f' est croissante.

b) Supposons f dérivable et f' croissante.

Quels que soient x_1, x_2 dans I, et $\lambda \in]0, 1[$, posons $x = \lambda x_1 + (1-\lambda)x_2$. On a alors $x_1 < x < x_2$ et il existe $c_1 \in]x_1, x[$ et $c_2 \in]x, x_2[$ tels que :

$$f(x) - f(x_1) = (x - x_1)f'(c_1) \quad \text{et} \quad f(x_2) - f(x) = (x_2 - x)f'(c_2)$$

Alors $c_1 < c_2$ donne $f'(c_1) \leqslant f'(c_2)$ et il vient : $\dfrac{f(x) - f(x_1)}{x - x_1} \leqslant \dfrac{f(x_2) - f(x)}{x_2 - x}$.

Avec $x = \lambda x_1 + (1-\lambda)x_2$, on obtient $x - x_1 = (1-\lambda)(x_2 - x_1)$ et $x_2 - x = \lambda(x_2 - x_1)$.

Il vient alors : $f\big(\lambda x_1 + (1-\lambda)x_2\big) \leqslant \lambda f(x_1) + (1-\lambda)f(x_2)$.

Ceci étant vrai pour tout couple (x_1, x_2) et tout $\lambda \in]0, 1[$, la fonction f est convexe.

Corollaire

Soit f deux fois dérivable sur I :

a) si f'' est positive sur I, alors f est convexe,

b) si f'' est négative sur I, alors f est concave.

Exemple 14 La fonction exponentielle est convexe sur $\mathbb{R}$.

La fonction ℓn est concave sur $\mathbb{R}_+^*$.

La fonction sinus est concave sur $\left[0, \dfrac{\pi}{2}\right]$.

Théorème 23

Soit f dérivable sur I. Alors f est convexe si et seulement si sa courbe représentative $\mathscr{C}$ est au dessus de toutes ses tangentes.

☞ a) Supposons f dérivable et convexe et considérons un élément $a \in I$.

Pour $x < a$, $p_a(x) \leqslant f'(a)$ se lit :

$$\frac{f(x) - f(a)}{x - a} \leqslant f'(a),$$

d'où $f(x) \geqslant f(a) + (x - a)f'(a)$.

Pour $x > a$, $p_a(x) \geqslant f'(a)$ se lit :

$$\frac{f(x) - f(a)}{x - a} \geqslant f'(a),$$

d'où $f(x) \geqslant f(a) + (x - a)f'(a)$.

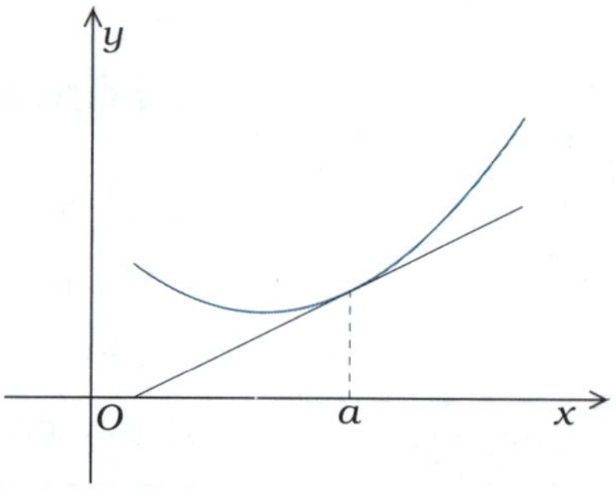

On conclut en notant que la tangente en a admet pour équation $y = f(a) + (x - a)f'(a)$.

b) Supposons f dérivable et que, quels que soient a et x dans I :

$$f(x) \geqslant f(a) + (x - a)f'(a)$$

Quels que soient a et b dans I, pour tout $x \in I$, on a :

$$f(x) \geqslant f(a) + (x - a)f'(a) \quad \text{et} \quad f(x) \geqslant f(b) + (x - b)f'(b)$$

En particulier, $f(b) \geqslant f(a) + (b - a)f'(a)$ et $f(a) \geqslant f(b) + (a - b)f'(b)$.

En ajoutant membre à membre, on obtient $(b - a)(f'(b) - f'(a)) \geqslant 0$, ce qui montre que f' est croissante.

✎ (34)

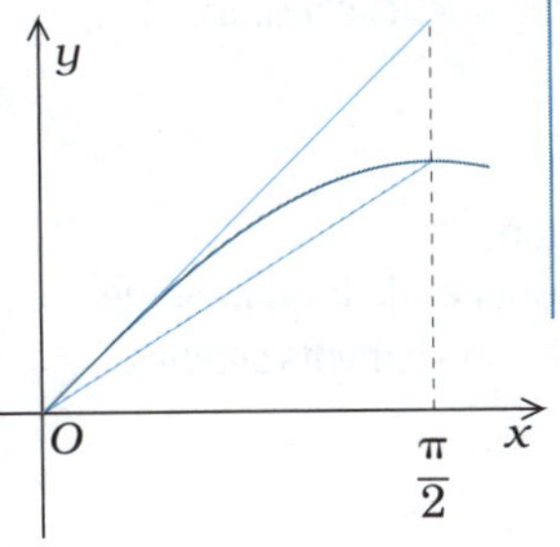

Exemple 15 Montrer que, pour tout $x \in \left[0, \frac{\pi}{2}\right]$, $\frac{2}{\pi}x \leqslant \sin x \leqslant x$. ✎ (34)

La fonction sinus est concave sur $\left[0, \frac{\pi}{2}\right]$. Elle est donc au-dessus de la corde joignant $(0, 0)$ à $\left(\frac{\pi}{2}, 1\right)$, d'équation $y = \frac{2}{\pi}x$. Elle est également en dessous de la tangente en $(0, 0)$ d'équation $y = x$, ce qui montre l'encadrement proposé pour $\sin x$.

F. Extension aux fonctions complexes

Dans cette section, les fonctions étudiées sont à valeurs complexes et définies sur un intervalle I de $\mathbb{R}$, d'intérieur non vide.

Les notions de continuité et dérivabilité des fonctions à valeurs dans $\mathbb{C}$ ont été présentées dans les chapitres 1 et 3.

Propriété 5

Inégalité des accroissements finis

Soit $f \in \mathcal{C}^1(I, \mathbb{C})$ et a, b dans I, avec $a \leqslant b$.

Si $m \leqslant |f'| \leqslant M$, alors $(b - a)m \leqslant |f(b) - f(a)| \leqslant (b - a)M$. ✎ (35)

✎ (35) On obtiendra cette formule dans le chapitre 9, en conséquence de :

$$f(b) - f(a) = \int_a^b f'(t)\mathrm{d}t$$

Remarque

Il n'y a pas, dans le cadre des fonctions complexes, d'égalité des accroissements finis.

Considérons, par exemple, la fonction $f : \mathbb{R} \to \mathbb{C}, x \mapsto \cos x + i \sin x$.

f est de classe $\mathcal{C}^1$ sur $\mathbb{R}$ avec $\forall x \in \mathbb{R}, f'(x) = i f(x)$ donc $|f'(x)| = 1$. On a alors $f(2\pi) - f(0) = 0$ et pour tout $c \in [\![0, 2\pi]\!], 2\pi f'(c) \neq 0$.

Propriété 6

Formule de Taylor-Young

Soit f de classe $\mathcal{C}^n$ sur I, $a \in I$, et J l'intervalle $I - a = \{x - a / x \in I\}$.

Il existe une fonction $\varepsilon : J \to \mathbb{C}$ continue sur J telle que :

$$\forall h \in J,\ f(a+h) = f(a) + hf'(a) + \frac{h^2}{2}f''(a) + \dots + \frac{h^n}{n!}f^{(n)}(a) + h^n\,\varepsilon(h)\ , \quad \lim_{h \to 0} \varepsilon(h) = 0.$$

Il suffit d'appliquer la formule de Taylor-Young aux parties réelle et imaginaire de f.

Comme dans le chapitre 2, l'identification de $\mathbb{R}^2$ et $\mathbb{C}$ permet d'étendre les notions précédentes aux fonctions à valeurs dans $\mathbb{R}^2$.

Méthodes

L'essentiel

I. Dérivabilité

✔ **Si l'on veut** montrer qu'une fonction f est dérivable en un point a,

- **on peut** revenir à la définition
  - en étudiant $\lim\limits_{x \to a} \dfrac{f(x) - f(a)}{x - a}$,
  - ou en montrant l'existence de λ réel et ε fonction réelle tels que :
  $$f(a+h) = f(a) + \lambda h + h\ \varepsilon(h)\ ,\ \lim_{h \to 0} \varepsilon(h) = 0$$
- **on peut** utiliser le théorème de dérivabilité des prolongements continus.
  → Voir *Mise en œuvre*, exercice 1

II. Dérivées successives

✔ **Si l'on veut** calculer les dérivées successives d'une fonction f,

- **on peut** penser à linéariser en utilisant les formules usuelles de trigonométrie ou la décomposition des fractions rationnelles en éléments simples,
- **on peut** penser à la formule de Leibniz.
  → Voir *Mise en œuvre*, exercices 2 et 3

III. Théorème de Rolle

✔ **Si l'on veut** prouver qu'une fonction f s'annule (une fois au moins) sur un intervalle $]a, b[$,

- **on peut** interpréter f comme dérivée d'une fonction F
  - et vérifier que F satisfait aux hypothèses du théorème de Rolle,
  - ou montrer que F atteint un extremum en un point de $]a, b[$.
  → Voir *Mise en œuvre*, exercice 4

IV. Accroissements finis

✔ **Si l'on veut** prouver une propriété de f avec des hypothèses sur f',

- **on peut** penser à relier f et f' avec la formule des accroissements finis
  → Voir *Mise en œuvre*, exercice 5

Remarque : lorsque f' est continue, il est préférable d'écrire :

$$f(x) = f(a) + \int_a^x f'(t)\mathrm{d}t \quad \text{(voir chapitre 9)}$$

V. Majorations – Minorations

✔ **Si l'on veut** prouver une inégalité globale,

- **on peut** essayer de se ramener à $f(x) \geqslant 0$, $x \in I$ et étudier les variations de la fonction f sur l'intervalle I
  → Voir *Mise en œuvre*, exercice 6
- **on peut** essayer de se ramener à $f(x) \geqslant (x-a)f'(a) + f(a)$, $x \in I$, et conclure avec la convexité de f sur l'intervalle I
  → Voir *Mise en œuvre*, exercice 7
- **on peut** essayer de se ramener à $f\big(tx + (1-t)y\big) \leqslant tf(x) + (1-t)f(y)$, $t \in [0, 1]$, ou plus généralement à :
  $$f\left(\sum_{i=1}^{n} t_i x_i\right) \leqslant \sum_{i=1}^{n} t_i f(x_i),\ t_i \in [0, 1],\ \sum_{i=1}^{n} t_i = 1$$
  et conclure avec la convexité de f
  → Voir *Mise en œuvre*, exercice 8
- **on peut** essayer de se ramener à $f(x) - \displaystyle\sum_{k=0}^{n} \frac{(x-a)^k}{k!} f^{(k)}(a) \geqslant 0$, $x \in I$, et conclure avec la formule de Taylor-Lagrange ou l'inégalité de Taylor-Lagrange
  → Voir *Mise en œuvre*, exercice 9

Mise en œuvre

Ex. 1

On considère la fonction f définie sur $\mathbb{R}$ par :

$$f(0) = 0 \quad , \quad f(x) = e^{-\frac{1}{x^2}} \text{ si } x \neq 0$$

Montrer que f est de classe $\mathcal{C}^\infty$ sur $\mathbb{R}$ et que, quel que soit $n \in \mathbb{N}$, $f^{(n)}(0) = 0$.

Indications

En utilisant le théorème de dérivation des prolongements continus, prouver par récurrence que pour tout $n \in \mathbb{N}$, f est de classe $\mathcal{C}^n$ sur $\mathbb{R}$ avec $f^{(n)}(0) = 0$ et $\forall x \in \mathbb{R}^*$, $f^{(n)}(x) = \frac{P_n(x)}{x^{3n}} e^{-\frac{1}{x^2}}$ où P_n est un polynôme.

Solution

Sur $\mathbb{R}_+^*$ et sur $\mathbb{R}_-^*$, f est de classe $\mathcal{C}^\infty$ en tant que composée de fonctions de classe $\mathcal{C}^\infty$. Le problème revient donc à montrer que $\forall n \in \mathbb{N}$, $f^{(n)}(0)$ existe avec $f^{(n)}(0) = 0$ et $f^{(n)}(0) = \lim\limits_{x \to 0} f^{(n)}(x)$.

La fonction f est continue sur $\mathbb{R}$ de classe $\mathcal{C}^1$ sur $\mathbb{R}_+^*$ et $\mathbb{R}_-^*$ avec :

$$\text{pour tout } x \neq 0,\ f'(x) = \frac{2}{x^3} e^{-\frac{1}{x^2}}$$

On a alors $\lim\limits_{x \to 0} f'(x) = 0$ ce qui assure que f est dérivable en 0 avec $f'(0) = 0$ donc aussi que f est de classe $\mathcal{C}^1$ sur $\mathbb{R}$.

Posons donc l'hypothèse de récurrence suivante :

($\mathbf{H}_n$) f est de classe $\mathcal{C}^n$ sur $\mathbb{R}$ avec $f^{(n)}(0) = 0$ et $\forall x \in \mathbb{R}^*$:

$$f^{(n)}(x) = \frac{P_n(x)}{x^{3n}} e^{-\frac{1}{x^2}} \text{ où } P_n \text{ est un polynôme.}$$

En supposant **($\mathbf{H}_n$)** vraie, la fonction $f^{(n)}$ est continue sur $\mathbb{R}$ et de classe $\mathcal{C}^1$ sur $\mathbb{R}_+^*$ et $\mathbb{R}_-^*$ avec pour tout $x \neq 0$:

$$f^{(n+1)}(x) = \frac{x^3 P_n'(x) + (2 - 3nx^2)P_n(x)}{x^{3n+3}} e^{-\frac{1}{x^2}}$$

c'est-à-dire $f^{(n+1)}(x) = \frac{P_{n+1}(x)}{x^{3n+3}} e^{-\frac{1}{x^2}}$ où P_{n+1} est encore un polynôme.

Comme précédemment, on a $\lim\limits_{x \to 0} \frac{1}{x^{3n+3}} e^{-\frac{1}{x^2}} = 0$, donc puisque P_{n+1} est continue en 0, il vient $\lim\limits_{x \to 0} f^{(n+1)}(x) = 0$. Ceci assure que $f^{(n)}$ est dérivable en 0 avec $f^{(n+1)}(0) = 0$ donc aussi que $f^{(n+1)}$ est continue sur $\mathbb{R}$. On a ainsi montré que **($\mathbf{H}_n$)** $\Rightarrow$ **($\mathbf{H}_{n+1}$)**.

Puisque **($\mathbf{H}_0$)** et **($\mathbf{H}_1$)** sont vraies, on en déduit que **($\mathbf{H}_n$)** est vraie quel que soit $n \in \mathbb{N}$.

f est donc bien de classe $\mathcal{C}^\infty$ sur $\mathbb{R}$ avec $\forall n \in \mathbb{N}$, $f^{(n)}(0) = 0$.

Commentaires

On se trouve très exactement dans le cadre d'application du théorème de dérivation des prolongements continus.

En posant $t = \frac{1}{x^2}$,

pour $x > 0$ on a $f'(x) = 2t^{\frac{3}{2}} e^{-t}$

et pour $x < 0$, $f'(x) = -2t^{\frac{3}{2}} e^{-t}$

et les règles de comparaison des fonctions puissances et exponentielles donnent :

$$\lim_{t \to +\infty} t^{\frac{3}{2}} e^{-t} = 0.$$

Pour $x > 0$

$$\frac{1}{x^{3n+3}} e^{-\frac{1}{x^2}} = t^{\frac{3n+3}{2}} e^{-t}$$

et pour $x < 0$

$$\frac{1}{x^{3n+3}} e^{-\frac{1}{x^2}} = (-1)^{3(n+1)} t^{\frac{3n+3}{2}} e^{-t}$$

Ex. 2

Calculer les dérivées $n^{\text{ème}}$ de : **1)** $f : \mathbb{R} \to \mathbb{R},\ x \mapsto \dfrac{2x}{1+x^2}$, **2)** $g : \mathbb{R} \to \mathbb{R},\ x \mapsto \cos^3 x$.

Indications

Pour **1)**, réduire en éléments simples dans $\mathbb{C}$. Pour **2)**, linéariser.

Solution

1) On a $\forall x \in \mathbb{R},\ f(x) = \dfrac{1}{x+i} + \dfrac{1}{x-i}$.

Posons $f_1 : x \mapsto \dfrac{1}{x+i}$ et $f_2 : x \mapsto \dfrac{1}{x-i}$: $f_2 = \overline{f_1}$.
Les règles de dérivation des fonctions complexes donnent :

$$\forall n \in \mathbb{N}^*,\ f^{(n)}(x) = \frac{(-1)^n n!}{(x+i)^{n+1}} \ ,\ f_2^{(n)}(x) = \overline{f_1^{(n)}(x)}$$

donc
$$f^{(n)}(x) = 2n!(-1)^n \operatorname{Re}\left(\frac{1}{(x+i)^{n+1}}\right) = \frac{2(n!)(-1)^n}{(x^2+1)^{n+1}} \sum_{0 \leqslant 2k \leqslant n+1} C_{n+1}^{2k}\, x^{n+1-2k}$$

2) On a $\forall x \in \mathbb{R},\ \cos^3 x = \dfrac{1}{4}\cos 3x + \dfrac{3}{4}\cos x$

donc $f^{(n)}(x) = \dfrac{3^n}{4}\cos\left(3x + n\dfrac{\pi}{2}\right) + \dfrac{3}{4}\cos\left(x + n\dfrac{\pi}{2}\right)$

Commentaires

La fraction $F = \dfrac{2X}{X^2+1}$ est de la forme $\dfrac{P'}{P}$ avec $P = X^2+1$. Les pôles de F étant i et $-i$, la décomposition s'écrit :

$$F = \frac{1}{X+i} + \frac{1}{X-i}$$
$$\frac{1}{(x+i)^{n+1}} = \frac{(x-i)^{n+1}}{(x^2+1)^{n+1}} = \frac{1}{(x^2+1)^{n+1}} \sum_{k=0}^{n+1} (-1)^k C_{n+1}^k\, i^k x^{n+1-k}.$$

$\cos 3x = 4\cos^3 x - 3\cos x$ est une formule connue.

La dérivée $n^{\text{ème}}$ de $x \to \cos(\lambda x)$ est $x \to \lambda^n \cos\left(\lambda x + n\dfrac{\pi}{2}\right)$.

Ex. 3

Calculer la dérivée $n^{\text{ème}}$ de la fonction ℓn. En déduire la dérivée $n^{\text{ème}}$ de $f_n : x \mapsto x^{n-1}\, \ell n\, x$.

Indications

Calculer f_1', f_2'', f_3''' ce qui permet de conjecturer l'expression de $f_n^{(n)}$.

Solution

- La dérivée $n^{\text{ème}}$ sur $\mathbb{R} \setminus \{0\}$ de $x \mapsto \dfrac{1}{x}$ est $x \mapsto \dfrac{(-1)^n n!}{x^{n+1}}$.

La dérivée $n^{\text{ème}}$ de $x \mapsto \ell n\, x$ sur $]0, +\infty[$, est donc :

$$x \mapsto \frac{(-1)^{n-1}(n-1)!}{x^n}$$

- Sur $]0, +\infty[$, $f_1(x) = \ell n\, x$ et donc $f_1'(x) = \dfrac{1}{x}$.

Avec $f_2(x) = x\, \ell n\, x$, on obtient $f_2'(x) = 1 + \ell n\, x$ puis $f_2''(x) = \dfrac{1}{x}$.
Avec $f_3(x) = x^2\, \ell n\, x$, on obtient $f_3'(x) = x + 2x\, \ell n\, x$

puis $f_3''(x) = 3 + 2\, \ell n\, x$ et enfin $f_3'''(x) = \dfrac{2}{x}$.

Supposons que $f_n^{(n)}(x) = \dfrac{(n-1)!}{x}$ et formons $f_{n+1}^{(n+1)}$.

On remarque que $\forall x \in]0, +\infty[,\ f_{n+1}(x) = x f_n(x)$.

La formule de Leibniz donne $f_{n+1}^{(n+1)}(x) = x f_n^{(n+1)}(x) + (n+1) f_n^{(n)}(x)$
puis avec l'hypothèse de récurrence :

$$f_{n+1}^{(n+1)}(x) = -x\frac{(n-1)!}{x^2} + (n+1)\frac{(n-1)!}{x} = \frac{n!}{x}$$

La formule annoncée en résulte donc par récurrence.

Commentaires

À ce stade, il est raisonnable d'espérer que $f_n^{(n)}(x) = \dfrac{(n-1)!}{x}$.

Pour initier un procédé récurrent, il faut relier f_{n+1} et f_n.

Ex. 4

La propriété de Darboux

1) Soit f une fonction dérivable sur un segment $[a, b]$ de $\mathbb{R}$.
Montrer que, si $f'(a)f'(b) < 0$, il existe $c \in]a, b[$ tel que $f'(c) = 0$.

2) En déduire que si une fonction f est dérivable sur un intervalle I de $\mathbb{R}$, alors sa dérivée possède la propriété des valeurs intermédiaires.

Indications

1) On peut se ramener au cas où $f'(a) < 0$ et $f'(b) > 0$.
Montrer alors que le minimum de f sur $[a, b]$ n'est atteint ni en a, ni en b.

Solution

1) On peut supposer $a < b$ et, quitte à travailler avec $(-f)$, que :

$$f'(a) < 0, f'(b) > 0$$

f est continue sur $[a, b]$ et atteint donc son minimum en $c \in [a, b]$.

Puisque $\lim\limits_{\substack{x \to a \\ x > a}} \dfrac{f(x) - f(a)}{x - a} < 0$, il existe $x_1 > a$ tel que :

$$\frac{f(x_1) - f(a)}{x_1 - a} < 0$$

On en déduit $f(x_1) < f(a)$ et ainsi $c \neq a$.

Puisque $\lim\limits_{\substack{x \to b \\ x < b}} \dfrac{f(x) - f(b)}{x - b} > 0$, il existe $x_2 < b$ tel que :

$$\frac{f(x_2) - f(b)}{x_2 - b} > 0$$

On en déduit $f(x_2) < f(b)$ et ainsi $c \neq b$.

Le minimum de f est donc atteint en un point $c \in]a, b[$ et $f'(c) = 0$.

2) Soit u et v dans $f'(I)$, avec $u < v$. Il existe a et b dans I tels que $u = f'(a)$ et $v = f'(b)$.

Considérons $w \in]u, v[$ et la fonction $g : x \mapsto f(x) - wx$.

Avec $g'(a) = f'(a) - w$ et $g'(b) = f'(b) - w$, il vient $g'(a)g'(b) < 0$.

On en déduit qu'il existe $c \in]a, b[$ tel que $g'(c) = 0$, soit $f'(c) = w$.

Commentaires

Dans le cas où $f'(a)>0, f'(b)<0$, on pourrait prouver que le maximum de f est atteint en un point de $]a,b[$.

Ce résultat met en évidence que la continuité est un conditon suffisante mais non nécessaire pour qu'une fonction vérifie le théorème des valeurs intermédiaires sur un intervalle.

Ex. 5

Soit une fonction réelle f dérivable sur un intervalle $[a, +\infty[$.

On suppose que $f + f'$ admet une limite $\ell \in \mathbb{R}$ en $+\infty$. Montrer que f admet ℓ pour limite en $+\infty$.

Indications

On peut d'abord se ramener au cas où $\ell = 0$ en posant $g = f - \ell$.

Remarquer que $x \mapsto \big(g(x) + g'(x)\big)e^x$ est la dérivée de $x \mapsto g(x)e^x$.

Solution

En posant $g = f - \ell$, on est ramené à montrer que :

$$\lim_{+\infty}(g + g') = 0 \quad \Rightarrow \quad \lim_{+\infty} g = 0$$

L'hypothèse : $\forall \varepsilon > 0,\ \exists b \in [a, +\infty[,\ \forall x \geqslant b,\ \left|g(x) + g'(x)\right| \leqslant \varepsilon$,

équivaut à $\forall \varepsilon > 0,\ \exists b \in [a, +\infty[,\ \forall x \geqslant b,\ \left|\big(g(x) + g'(x)\big)e^x\right| \leqslant \varepsilon e^x$.

Or $x \mapsto (g(x) + g'(x))e^x$ est la dérivée de $h : x \mapsto g(x)e^x$.

Commentaires

Noter l'utilisation du facteur e^x qui permet de faire apparaître la dérivée d'une fonction liée simplement à g. On dit que e^x est un facteur intégrant.

Nous avons vu cette technique lors de la résolution des équations différentielles.

L'inégalité des accroissements finis nous donne alors :

$$\forall x \geqslant b,\ \left|g(x)e^x - g(b)e^b\right| \leqslant \varepsilon(e^x - e^b)$$

On en déduit $|g(x)|\, e^x \leqslant |g(b)|\, e^b + \varepsilon(e^x - e^b)$,
puis $|g(x)| \leqslant |g(b)|\, e^{b-x} + \varepsilon(1 - e^{b-x}) \leqslant \varepsilon + |g(b)|\, e^{b-x}$.
Comme $\lim\limits_{x\to+\infty} |g(b)|\, e^{b-x} = 0$, il existe $c \in \mathbb{R}$ tel que, pour tout $x \geqslant c$:

$$|g(b)|\, e^{b-x} \leqslant \varepsilon$$

En conclusion, $\forall \varepsilon > 0, \forall x \geqslant \sup\{b, c\}, |g(x)| \leqslant 2\varepsilon$, c'est-à-dire $\lim\limits_{+\infty} g = 0$.

Il en résulte $\lim\limits_{+\infty} f = \ell$.

On a donc aussi $\lim\limits_{+\infty} f' = \lim\limits_{+\infty} g' = 0$.

Ex. 6

Donner deux méthodes différentes pour montrer que, quel que soit x réel, $e^x \geqslant 2e^{\frac{x}{2}} - 1$.

Indications

En écrivant $\dfrac{1+e^x}{2} \geqslant e^{\frac{x}{2}}$ on reconnaît une inégalité de convexité.

Solution

Première méthode.

Étude des variations de $f\ :\ x \mapsto e^x - 2e^{\frac{x}{2}} + 1$, f est dérivable sur $\mathbb{R}$ avec :

$$f'(x) = e^x - e^{\frac{x}{2}} = e^{\frac{x}{2}}\left(e^{\frac{x}{2}} - 1\right),$$

elle est donc décroissante sur $]-\infty, 0]$ et croissante sur $[0, +\infty[$. Ainsi f atteint son minimum en 0, et on a :

$$\forall x \in \mathbb{R}, f(x) \geqslant f(0), \text{ c'est-à-dire } e^x - 2e^{\frac{x}{2}} + 1 \geqslant 0.$$

Deuxième méthode.

L'inégalité proposée se lit $\dfrac{1+e^x}{2} \geqslant e^{\frac{x}{2}}$, elle est donc conséquence de la convexité sur $\mathbb{R}$ de la fonction exponentielle.

Commentaires

Sur les intervalles $]-\infty,0]$ et $[0,+\infty[$, f est strictement monotone. Elle atteint donc en 0 un minimum strict, c'est-à-dire que pour tout $x \in \mathbb{R}^*$, on a $e^x > 2e^{\frac{x}{2}} - 1$.
L'égalité n'a lieu que pour $x=0$.

Ex. 7

Soit $n \in \mathbb{N}^*$, montrer que pour tout $x \in [0, +\infty[$, $x^{n+1} - (n+1)x + n \geqslant 0$.

Indications

La fonction $x \mapsto x^{n+1}$ est convexe sur $[0, +\infty[$.

Solution

Considérons la fonction $f\ :\ [0, +\infty[\to \mathbb{R}, x \mapsto x^{n+1}$.
Pour tout $x \in [0, +\infty[$, on a :

$$f''(x) = n(n+1)x^{n-1}$$

donc $f''(x) \geqslant 0$ et f est convexe.
La fonction affine tangente au point 1 est $x \mapsto (n+1)x - n$.
On a donc $\forall x \in [0, +\infty[, x^{n+1} \geqslant (n+1)x - n$.

Commentaires

On peut remarquer que f est strictement convexe. En conséquence, l'inégalité est stricte pour tout $x \in [0,1[\cup]1,+\infty[$.

Ex. 8

Soit $x_1, x_2, \ldots, x_n$ des réels strictement positifs.

La moyenne arithmétique de ces réels est $a = \dfrac{1}{n}\sum_{i=1}^{n} x_i$, la moyenne géométrique est $g = \sqrt[n]{\prod_{i=1}^{n} x_i}$,

et enfin la moyenne harmonique est h avec $\dfrac{1}{h} = \dfrac{1}{n}\sum_{i=1}^{n}\dfrac{1}{x_i}$.

Montrer que $h \leqslant g \leqslant a$.

Indications

Commencer par $g \leqslant a$ en considérant $\ell n\, g$ et $\ell n\, a$.

Solution

La fonction ℓn étant croissante, $g \leqslant a$ est équivalent à $\ell n\, g \leqslant \ell n\, a$.

Formons $\ell n\, g = \dfrac{1}{n}\sum_{i=1}^{n} \ell n\, x_i$, la fonction ℓn étant concave, on a :

$$\frac{1}{n}\sum_{i=1}^{n} \ell n\, x_i \leqslant \ell n\left(\frac{1}{n}\sum_{i=1}^{n} x_i\right), \text{ c'est-à-dire } \ell n\, g \leqslant \ell n\, a$$

D'où la conclusion.

On applique ensuite l'inégalité précédente à la famille $\left(\dfrac{1}{x_i}\right)_{1\leqslant i\leqslant n}$ pour obtenir $\sqrt[n]{\prod_{i=1}^{n}\dfrac{1}{x_i}} \leqslant \dfrac{1}{n}\sum_{i=1}^{n}\dfrac{1}{x_i}$ c'est-à-dire $\dfrac{1}{g} \leqslant \dfrac{1}{h}$ et il en résulte $h \leqslant g$.

Commentaires

Les x_i sont strictement positifs ce qui assure l'existence de $\ell n\, x_i$.

C'est $-\ell n$ qui est convexe.

On peut remarquer que cette première inégalité $g \leqslant a$, reste vraie avec des x_i positifs ou nuls. En effet, dès que l'un est nul, on a $g=0$ et donc $g \leqslant a$.

Ex. 9

Montrer que, pour tout $x \in [0, +\infty[$, $1 - \dfrac{x}{3} + \dfrac{2}{9}x^2 - \dfrac{14}{81}x^3 \leqslant \dfrac{1}{\sqrt[3]{1+x}} \leqslant 1 - \dfrac{x}{3} + \dfrac{2}{9}x^2$

Indications

Appliquer la formule de Taylor-Lagrange sur $[0, x]$.

Solution

Posons $f : x \mapsto (1+x)^{-\frac{1}{3}}$. Pour tout $x \in]-1, +\infty[$, on a :

$$f'(x) = -\frac{1}{3}(1+x)^{-\frac{4}{3}}, \quad f''(x) = \frac{4}{9}(1+x)^{-\frac{7}{3}}$$

$$f^{(3)}(x) = -\frac{28}{27}(1+x)^{-\frac{10}{3}}, \quad f^{(4)}(x) = \frac{280}{81}(1+x)^{-\frac{13}{3}}$$

Pour $x \in]0, +\infty[$, f est de classe $\mathcal{C}^\infty$ sur $[0, x]$ et la formule de Taylor-Lagrange donne à l'ordre 3 :

$$(1+x)^{-\frac{1}{3}} = 1 - \frac{x}{3} + \frac{2}{9}x^2 - \frac{14}{81}x^3(1+\theta x)^{-\frac{10}{3}} \quad \text{avec } \theta \in [0, 1]$$

on en déduit $(1+x)^{-\frac{1}{3}} \leqslant 1 - \dfrac{x}{3} + \dfrac{2}{9}x^2$.

De même, à l'ordre 4 :

$$(1+x)^{-\frac{1}{3}} = 1 - \frac{x}{3} + \frac{2}{9}x^2 - \frac{14}{81}x^3 + \frac{35}{243}x^4(1+\theta' x)^{-\frac{13}{3}} \quad \text{avec } \theta' \in [0, 1]$$

et on en déduit $(1+x)^{-\frac{1}{3}} \geqslant 1 - \dfrac{x}{3} + \dfrac{2}{9}x^2 - \dfrac{14}{81}x^3$.

Commentaires

Le reste :

$$-\frac{14}{81}x^3(1+\theta x)^{-\frac{10}{3}}$$

est négatif.

Le reste :

$$\frac{35}{243}x^3(1+\theta' x)^{-\frac{13}{3}}$$

est positif.

Exercices

Les fonctions sont réelles d'une variable réelle. Les intervalles de définition sont d'intérieurs non vides.

Niveau 1

Dérivabilité

Ex. 1

Soit une fonction f définie sur $]-1,1[$, dérivable en 0, et des suites (a_n), (b_n) convergeant vers 0 telles que, pour tout $n \in \mathbb{N}$, $-1 < a_n < 0 < b_n < 1$. Montrer que la suite $\left(\dfrac{f(b_n)-f(a_n)}{b_n-a_n}\right)_{n\in\mathbb{N}}$ converge vers $f'(0)$.

Dérivées successives

Ex. 2

Soit f une fonction dérivable à d'ordre $n \in \mathbb{N}$ sur un intervalle I.

1) Calculer la dérivée $n^{\text{ème}}$ de la fonction :

$$g_n \ : \ x \mapsto x^{n-1} f\left(\frac{1}{x}\right).$$

2) Exemples :

$$x \mapsto x^{n-1} e^{\frac{1}{x}} \text{ et } x \mapsto x^{n-1} \ell n\left(1+\frac{1}{x}\right).$$

Théorème de Rolle

Ex. 3

Soit $a > 0$ et une fonction f de classe $\mathcal{C}^1$ sur $[0, a]$ telle que $f(0) = f'(0) = 0$ et $f(a)f'(a) < 0$.

Montrer que f' s'annule sur $]0, a[$.

Ex. 4

Soit f une application de classe $\mathcal{C}^2$ sur $[a, b]$ et telle que $f(a) = f'(a)$, $f(b) = f'(b)$. Montrer qu'il existe un réel $c \in]a, b[$ tel que $f''(c) = f(c)$.

Taylor-Young

Ex. 5

Soit f une application de classe $\mathcal{C}^3$ sur un intervalle I et soit $a \in \overset{\circ}{I}$. Calculer la limite, quand h tend vers 0, de :

$$\frac{1}{h^3}\big(f(a+3h) - 3f(a+2h) + 3f(a+h) - f(a)\big).$$

Convexité

Ex. 6

1) Étant donné f convexe sur $\mathbb{R}$ et g convexe croissante sur $\mathbb{R}$, montrer que $g \circ f$ est convexe.

2) Soit f une fonction définie sur $\mathbb{R}$ et à valeurs dans $\mathbb{R}_+^*$. Montrer que si $\ell n \circ f$ est convexe, alors f est convexe.

Ex. 7

1) Soit f une application convexe et majorée sur $\mathbb{R}$. Montrer que f est constante.

2) Donner un exemple de fonction convexe et majorée sur $]0, +\infty[$ et qui ne soit pas constante.

Ex. 8

Soit f une fonction convexe sur $]0, +\infty[$.

1) Montrer que $x \mapsto \dfrac{f(x)}{x}$ admet une limite (réelle ou $+\infty$) en $+\infty$.

2) Montrer que, si cette limite est un réel ℓ, alors $x \mapsto f(x) - \ell x$ admet en $+\infty$ une limite (réelle ou $-\infty$).

Majorations Minorations

Ex. 9

Montrer que pour tout $(a, b) \in \mathbb{R}^2$ tel que $0 < b \leqslant a$, on a $\dfrac{a-b}{a} \leqslant \ell n\,\dfrac{a}{b} \leqslant \dfrac{a-b}{b}$.

Ex. 10

Soit $x \in]1, +\infty[$ et $n \in \mathbb{N}^*$. Montrer que :

$$x^n - 1 \geqslant n\left(x^{\frac{n+1}{2}} - x^{\frac{n-1}{2}}\right).$$

Ex. 11

Montrer que pour $x \in \left[0, \dfrac{\pi}{2}\right[$, $\tan x \geqslant x + \dfrac{x^3}{3}$.

Niveau 2

Avec solution détaillée

Ex. 12

Soit f une fonction dérivable sur $[0, 1]$, strictement positive sur $]0, 1[$ et nulle en 0. Étant donné α et β dans $]0, +\infty[$, montrer qu'il existe $c \in]0, 1[$ tel que :

$$\alpha\frac{f'(c)}{f(c)} = \beta\frac{f'(1-c)}{f(1-c)}.$$

Ex. 13

1) Soit f une application dérivable sur un intervalle I et à dérivée bornée sur I. Montrer que f est lipschitzienne.

2) Donner un exemple de fonction dérivable sur $[0, 1]$ et non lipschitzienne.

Ex. 14

Soit f une application deux fois dérivable sur $[a, +\infty[$, admettant une limite réelle en $+\infty$ et telle que f'' soit bornée au voisinage de $+\infty$.

Montrer que f' admet 0 pour limite en $+\infty$.

Ex. 15

Soit f une application de classe $\mathcal{C}^2$ admettant des limites réelles en $+\infty$ et en $-\infty$. Montrer que f'' s'annule.

Avec éléments de solution

Ex. 16

Montrer que le polynôme P_n défini par :

$$P_n(x) = \frac{d^n}{dx^n}\left((x^2-1)^n\right)$$

admet n racines distinctes dans $]-1, 1[$.

Ex. 17

Soit f une fonction dérivable sur un intervalle fermé borné $[a, b]$. On suppose que $f(a) = 0$ et qu'il existe un réel α tel que, pour tout x de $[a, b]$, $|f'(x)| \leqslant \alpha\,|f(x)|$

Montrer que f est nulle sur $[a, b]$.

Niveau 3

Avec solution détaillée

Ex. 18

Soit f une application de classe $\mathcal{C}^1$ sur $[a, b]$ et deux fois dérivable sur $]a, b[$. Montrer qu'il existe $c \in]a, b[$ tel que : $\dfrac{f(a)+f(b)}{2} = f\left(\dfrac{a+b}{2}\right) + \dfrac{(b-a)^2}{8}f''(c).$

Ex. 19

Soit f une fonction de classe $\mathcal{C}^2$ sur un intervalle $[a, b]$ et trois fois dérivable sur $]a, b[$.

Montrer qu'il existe $c \in]a, b[$ tel que :

$$f(b) = f(a) + (b-a)\frac{f'(a)+f'(b)}{2} - \frac{(b-a)^3}{12}f'''(c).$$

Ex. 20

Soit f une application deux fois dérivable et bornée sur $\mathbb{R}$, et à dérivée seconde bornée. Montrer que f' est bornée et que, en notant $M_i = \sup\limits_{x\in\mathbb{R}} \left|f^{(i)}(x)\right|$ pour $i \in \{0, 1, 2\}$, on a $M_1 \leqslant \sqrt{2M_0M_2}$.

Avec éléments de solution

Ex. 21

Soit $f : [0, +\infty[\to \mathbb{R}$, positive, bornée, deux fois dérivable. On suppose qu'il existe $\alpha > 0$ tel que $\alpha f \leqslant f''$.

Montrer que :

1) f est décroissante,

2) $\lim\limits_{+\infty} f = \lim\limits_{+\infty} f' = 0$,

3) $\forall x \in [0, +\infty[, f(x) \leqslant f(0)e^{-x\sqrt{\alpha}}$.

Ex. 22

Soit $f \in \mathcal{C}\left([a, b], \mathbb{R}\right)$ telle que :

$$\forall (x, y) \in [a, b]^2, f\left(\frac{x+y}{2}\right) \leqslant \frac{1}{2}\left(f(x)+f(y)\right).$$

Montrer que f est convexe.

Indications

Ex. 1

$f(x) = f(0) + xf'(0) + x\,\varepsilon(x)$ avec $\lim_{x\to 0} \varepsilon(x) = 0$.

Ex. 2

Montrer par récurrence que :

$$g_n^{(n)}(x) = \frac{(-1)^n}{x^{n+1}} f^{(n)}\left(\frac{1}{x}\right)$$

Voir Ex. 3 – Mise en œuvre –.

Ex. 3

Si $f(a) > 0$ et si f' ne s'annule pas, on obtient une contradiction.

Ex. 4

Utiliser la fonction $x \mapsto \big(f'(x) - f(x)\big)e^x$.

Ex. 5

Appliquer la formule de Taylor-Young pour exprimer $f(a+3h)$, $f(a+2h)$, $f(a+h)$.

Ex. 6

1) Exprimer la convexité de f puis utiliser la croissance de g puis la convexité de g.

2) Penser à l'exponentielle.

Ex. 7

Utiliser la croissance de $\tau_a : t \mapsto \dfrac{f(t) - f(a)}{t - a}$ et sa limite en $+\infty$. Noter que $x \mapsto f(-x)$ est convexe elle aussi.

Ex. 8

1) Utiliser la croissance de la fonction :

$$x \mapsto \frac{f(x) - f(1)}{x - 1}$$

et le théorème de la limite monotone.

2) Montrer la décroissance de la fonction :

$$x \mapsto f(x) - \ell x.$$

Ex. 9

Reconnaître des inégalités de convexité.

Ex. 10

Poser $t = \sqrt{x}$ et utiliser $\dfrac{t^{2n} - 1}{t^2 - 1} = \displaystyle\sum_{k=0}^{n-1} t^{2k}$ puis la comparaison des moyennes arithmétique et géométrique d'une famille finie de réels positifs (voir Ex. 8 – Mise en œuvre –).

Ex. 11

Appliquer la formule de Taylor.

Ex. 12

Utiliser la fonction $x \mapsto \big(f(x)\big)^\alpha \big(f(1-x)\big)^\beta$.

Ex. 13

Utiliser les accroissements finis.

Choisir un contre-exemple du type $x \mapsto x^\alpha \sin \dfrac{1}{x}$.

Ex. 14

Pour tout $h > 0$, on a $\lim_{x\to+\infty} \big(f(x+h) - f(x)\big) = 0$. Appliquer le théorème des accroissements finis à f et à f'.

Ex. 15

Si f'' ne s'annule pas, elle est de signe constant. On peut se ramener au cas $f'' > 0$ et on obtient une contradiction.

Ex. 16

Soit $P(X) = (X^2 - 1)^n$. Appliquer le théorème de Rolle à $P, P', \ldots, P^{(n-1)}$.

Ex. 17

Commencer par le cas où f est positive sur $[a, b]$. Puis utiliser $F = f^2$.

Ex. 18

Appliquer le théorème de Rolle à g :

$$x \mapsto \frac{f(a) + f(x)}{2} - f\left(\frac{a+x}{2}\right) - \frac{(x-a)^2}{8}A$$

où A est choisi tel que $g(b) = 0$ puis la formule des accroissements finis à f'.

Ex. 19

Introduire une fonction auxiliaire g telle que :

$$g(x) = f(x) - f(a) - (x-a)\frac{f'(a) + f'(x)}{2} + A(x-a)^3$$

où A est réel tel que $g(b) = 0$ puis appliquer deux fois le théorème de Rolle.

Ex. 20

Avec $y > 0$, utiliser Taylor-Lagrange sur $[x, x+y]$ et sur $[x, x-y]$ pour majorer $|f'(x)|$, puis montrer que :

pour tout $y > 0$ et tout $x \geqslant a$, $|f'(x)| \leqslant \dfrac{M_0}{y} + \dfrac{yM_2}{2}$

où on a posé :

$$M_0 = \sup_{u\in\mathbb{R}} |f(u)| \text{ et } M_2 = \sup_{u\in\mathbb{R}} |f''(u)|.$$

Ex. 21

1) f' est croissante et majorée par 0.

2) f' a une limite ℓ en $+\infty$ avec $\ell \leqslant 0$.

En supposant $\ell < 0$, on obtient une contradiction.

3) $g(x) = f(x)e^{x\sqrt{\alpha}}$. Remarquer que $g'(x)$ est de même signe que $h(x) = \big(f'(x) + \sqrt{\alpha}f(x)\big)\, e^{-x\sqrt{\alpha}}$.

Ex. 22

L'ensemble $E = \left\{\dfrac{k}{2^n} / 0 \leqslant k \leqslant 2^n, n \in \mathbb{N}\right\}$ est dense dans $[0, 1]$.

Solutions des exercices

Niveau 1

Ex. 1

f étant dérivable en 0, il existe $\varepsilon\ :\ ]-1,1[\mapsto\mathbb{R}$, continue en 0, avec $\varepsilon(0)=0$, telle que :

$$f(x)=f(0)+xf'(0)+x\,\varepsilon\,(x)$$

Alors, $\dfrac{f(b_n)-f(a_n)}{b_n-a_n}=f'(0)+\dfrac{b_n}{b_n-a_n}\,\varepsilon\,(b_n)-\dfrac{a_n}{b_n-a_n}\,\varepsilon\,(a_n).$

Nous avons en outre $0<b_n<b_n-a_n$ et $a_n-b_n<a_n<0$ donc :

$$\text{quel que soit } n\in\mathbb{N},\quad \left|\frac{b_n}{b_n-a_n}\right|<1 \text{ et } \left|\frac{a_n}{b_n-a_n}\right|<1$$

Il en résulte $\displaystyle\lim_{n\to+\infty}\frac{b_n}{b_n-a_n}\,\varepsilon\,(b_n)=0$ et $\displaystyle\lim_{n\to+\infty}\frac{a_n}{b_n-a_n}\,\varepsilon\,(a_n)=0$

et finalement, $\displaystyle\lim_{n\to+\infty}\frac{f(b_n)-f(a_n)}{b_n-a_n}=f'(0).$

Ex. 2

1) Nous nous plaçons en x tel que $\dfrac{1}{x}\in I$. Les théorèmes généraux montrent que, si f admet une dérivée d'ordre n, les fonctions g_k, pour $k\in[\![0,n]\!]$ sont dérivables en x jusqu'à l'ordre n.

Pour $n=0$, nous avons $g_0^{(0)}(x)=g_0(x)=\dfrac{1}{x}f\left(\dfrac{1}{x}\right)$.

Montrons, par récurrence, que $g_n^{(n)}(x)=\dfrac{(-1)^n}{x^{n+1}}f^{(n)}\left(\dfrac{1}{x}\right)$.

Pour $n>0$, nous avons $g_n(x)=xg_{n-1}(x)$ et la formule de Leibniz donne : $g_n^{(n)}(x)=xg_{n-1}^{(n)}(x)+ng_{n-1}^{(n-1)}(x)$

L'hypothèse de récurrence étant $g_{n-1}^{(n-1)}(x)=\dfrac{(-1)^{n-1}}{x^n}f^{(n-1)}\left(\dfrac{1}{x}\right)$, on en déduit :

$$g_n^{(n)}(x)=x\left[n\frac{(-1)^n}{x^{n+1}}f^{(n-1)}\left(\frac{1}{x}\right)+\frac{(-1)^n}{x^{n+2}}f^{(n)}\left(\frac{1}{x}\right)\right]+n\frac{(-1)^{n-1}}{x^n}f^{(n-1)}\left(\frac{1}{x}\right)$$

d'où il vient $g_n^{(n)}(x)=\dfrac{(-1)^n}{x^{n+1}}f^{(n)}\left(\dfrac{1}{x}\right)$ ce qui prouve que la propriété est récurrente.

2) a) La fonction $f\ :\ x\mapsto e^x$ est de classe $\mathcal{C}^\infty$ sur $\mathbb{R}$. La fonction $g_n\ :\ x\mapsto x^{n-1}f\left(\dfrac{1}{x}\right)$ est de classe $\mathcal{C}^\infty$ sur $\mathbb{R}^*$.

Avec $f^{(n)}(x)=e^x$, il vient $f^{(n)}\left(\dfrac{1}{x}\right)=e^{\frac{1}{x}}$ et $g^{(n)}(x)=\dfrac{(-1)^n}{x^{n+1}}e^{\frac{1}{x}}$.

b) La fonction $f\ :\ x\mapsto \ell n(1+x)$ est de classe $\mathcal{C}^\infty$ sur $]-1,+\infty[$.

La fonction $g_n\ :\ x\mapsto x^{n-1}\,\ell n\left(1+\dfrac{1}{x}\right)$ est de classe $\mathcal{C}^\infty$ sur $]-\infty,-1[$ et sur $]0,+\infty[$.

Pour $n\in\mathbb{N}^*$, nous avons $f^{(n)}(x)=\dfrac{(-1)^{n-1}(n-1)!}{(1+x)^n}$. Il vient alors $g_n^{(n)}(x)=-\dfrac{(n-1)!}{x(x+1)^n}$.

Ex. 3

Quitte à travailler avec la fonction $-f$, nous pouvons supposer $f(a)>0$ et donc $f'(a)<0$.

Si f' ne s'annule pas sur $]0,a]$, puisqu'elle est continue, elle reste strictement négative sur cet intervalle et la fonction f est donc strictement décroissante sur $[0,a]$. Avec $f(0)=0$, nous avons alors $f(a)<0$. En conséquence, $f(a)>0$ nécessite que f' s'annule sur $]0,a]$ et en fait sur $]0,a[$ puisque par hypothèse on a $f'(a)\neq 0$.

Ex. 4

La fonction g définie sur $[a, b]$ par $g(x) = \big(f'(x) - f(x)\big)e^x$ est dérivable sur $[a, b]$ et $g'(x) = \big(f''(x) - f(x)\big)e^x$.

Il reste à remarquer que $g(a) = g(b) = 0$ pour appliquer le théorème de Rolle : il existe $c \in\ ]a, b[$ tel que $g'(c) = 0$.
c vérifie alors $f''(c) = f(c)$.

Ex. 5

La formule de Taylor-Young nous dit que chacune des expressions suivantes admet 0 pour limite quand h tend vers 0 :

$$\varphi_1(h) = \frac{1}{h^3}\left(f(a+3h) - f(a) - 3hf'(a) - \frac{9h^2}{2}f''(a) - \frac{27h^3}{6}f'''(a)\right)$$

$$\varphi_2(h) = \frac{1}{h^3}\left(f(a+2h) - f(a) - 2hf'(a) - \frac{4h^2}{2}f''(a) - \frac{8h^3}{6}f'''(a)\right)$$

$$\varphi_2(h) = \frac{1}{h^3}\left(f(a+h) - f(a) - hf'(a) - \frac{h^2}{2}f''(a) - \frac{h^3}{6}f'''(a)\right)$$

Nous avons donc $\lim\limits_{h\to 0}\big(\varphi_1(h) - 3\,\varphi_2(h) + 3\,\varphi_3(h)\big) = 0$

c'est-à-dire $\lim\limits_{h\to 0}\dfrac{1}{h^3}\big(f(a+3h) - 3f(a+2h) + 3f(a+h) - f(a) - h^3f'''(a)\big) = 0$

et enfin $\lim\limits_{h\to 0}\dfrac{1}{h^3}\big(f(a+3h) - 3f(a+2h) + 3f(a+h) - f(a)\big) = f'''(a)$

Ex. 6

1) Soit x, y des réels et $\lambda \in [0, 1]$. La convexité de f permet d'écrire $f(\lambda x + (1-\lambda)y) \leqslant \lambda f(x) + (1-\lambda)f(y)$.
La croissance de g nous donne alors $g\circ f(\lambda x + (1-\lambda)y) \leqslant g\big(\lambda f(x) + (1-\lambda)f(y)\big)$.
Avec la convexité de g, nous avons $g\big(\lambda f(x) + (1-\lambda)f(y)\big) \leqslant \lambda g\circ f(x) + (1-\lambda)g\circ f(y)$.
Ainsi $g\circ f(\lambda x + (1-\lambda)y) \leqslant \lambda g\circ f(x) + (1-\lambda)g\circ f(y)$ et $g\circ f$ est convexe.

2) La fonction exponentielle est convexe et croissante sur $\mathbb{R}$. La première question montre que, si $\ell n \circ f$ est convexe, alors $\exp \circ (\ell n \circ f)$ est convexe, c'est-à-dire que f est convexe.

Ex. 7

1) a) La convexité de f sur $\mathbb{R}$ nous donne que, pour tout $a \in \mathbb{R}$, la fonction $\tau_a\ :]a, +\infty[\to \mathbb{R}, x \mapsto \dfrac{f(x) - f(a)}{x - a}$ est croissante. Elle admet donc une limite (réelle ou $+\infty$) en $+\infty$. Si f est majorée sur $\mathbb{R}$, on a $\lim\limits_{x\to+\infty}\dfrac{f(x) - f(a)}{x - a} = 0$.
Par suite, pour tout $x \geqslant a$, $\tau_a(x) \leqslant 0$ donc $f(x) \leqslant f(a)$. La fonction f est décroissante.
b) La fonction $g\ :\ x \mapsto f(-x)$ est elle aussi convexe et majorée. Elle est donc décroissante et la fonction f est croissante.
c) En conclusion, croissante et décroissante sur $\mathbb{R}$, f est constante.

2) La fonction $x \mapsto -\ell n(1+x)$ est convexe, majorée et non constante sur $]0, +\infty[$.

Ex. 8

1) La convexité de la fonction f sur $]0, +\infty[$ nous donne la croissance de $\tau_1\ :]1, +\infty[\to \mathbb{R}, x \mapsto \dfrac{f(x) - f(1)}{x - 1}$
τ_1 admet donc une limite ℓ en $+\infty$ (réelle ou $+\infty$).
Pour tout $x > 1$, $\dfrac{f(x)}{x} = \dfrac{f(x) - f(1)}{x - 1}\dfrac{x - 1}{x} + \dfrac{f(1)}{x}$ montre que $\lim\limits_{x\to+\infty}\dfrac{f(x)}{x} = \ell$.

2) Soit x et y réels tels que $0 < x < y$.
Comme vu dans la première question, l'application $\tau_x\ :]x, +\infty[\to \mathbb{R}, t \mapsto \dfrac{f(t) - f(x)}{t - x}$ est croissante et admet ℓ pour limite en $+\infty$. Il s'ensuit $\dfrac{f(y) - f(x)}{y - x} \leqslant \ell$ d'où $f(y) - \ell y \leqslant f(x) - \ell x$.
Ainsi $g\ :\ x \mapsto f(x) - \ell x$ est décroissante et admet donc en $+\infty$ une limite (réelle ou $-\infty$).

Ex. 9

La fonction ℓn étant concave, on a $\forall x \in]-1,+\infty[, \ell n(1+x) \leqslant x$ donc $\forall x \in]0,+\infty[, \ell n\, x \leqslant x-1$

On en déduit $\ell n \dfrac{a}{b} \leqslant \dfrac{a}{b} - 1$ c'est-à-dire $\ell n \dfrac{a}{b} \leqslant \dfrac{a-b}{b}$

et de même $\ell n \dfrac{b}{a} \leqslant \dfrac{b}{a} - 1$ soit $\ell n \dfrac{b}{a} \leqslant \dfrac{b-a}{a}$ ou encore $\ell n \dfrac{a}{b} \geqslant \dfrac{a-b}{a}$.

Ex. 10

En posant $t = \sqrt{x}$, $x^n - 1 \geqslant n(x^{\frac{n+1}{2}} - x^{\frac{n-1}{2}})$ équivaut à $\dfrac{1}{n}\dfrac{t^{2n}-1}{t^2-1} \geqslant t^{n-1}$.

Or $\dfrac{t^{2n}-1}{t^2-1} = \displaystyle\sum_{k=0}^{n-1} t^{2k}$ et $\dfrac{1}{n}\dfrac{t^{2n}-1}{t^2-1}$ est la moyenne arithmétique A des t^{2k}, $k \in [\![0, n-1]\!]$.

G désignant leur moyenne géométrique, on a $A \geqslant G$ (voir Ex. 8 – Mise en œuvre –, c'est-à-dire :

$$\frac{1}{n}\frac{t^{2n}-1}{t^2-1} \geqslant \sqrt[n]{1.t^2\ldots t^{2(n-1)}}$$

On conclut avec $1 \cdot t^2 \ldots t^{2(n-1)} = t^{n(n-1)}$ et $\sqrt[n]{1 \cdot t^2 \ldots t^{2(n-1)}} = t^{n-1}$.

Ex. 11

Soit f : $\left[0, \dfrac{\pi}{2}\right[\to \mathbb{R}, x \mapsto \tan x$. f est de classe $\mathcal{C}^\infty$ sur $\left[0, \dfrac{\pi}{2}\right[$ avec :

$$f'(x) = 1 + \tan^2 x \ , \ f''(x) = 2\tan x\left(1+\tan^2 x\right) \ , \ f'''(x) = 2\left(1+\tan^2 x\right)\left(1+3\tan^2 x\right)$$

D'après la formule de Taylor-Lagrange, pour tout $x \in \left[0, \dfrac{\pi}{2}\right[$, il existe $\theta \in [0,1]$ tel que :

$$\tan x = x + \frac{x^3}{3}\left(1+\tan^2 \theta x\right)\left(1+3\tan^2 \theta x\right)$$

et il est clair que $\left(1+\tan^2 \theta x\right)\left(1+3\tan^2 \theta x\right) \geqslant 1$ donc que, pour $x \geqslant 0$, $\tan x \geqslant x + \dfrac{x^3}{3}$.

Niveau 2

Ex. 12

La fonction g définie sur $[0,1]$ par $g(x) = \left(f(x)\right)^\alpha \left(f(1-x)\right)^\beta$ est continue sur $[0,1]$ et dérivable sur $]0,1[$.

En remarquant que $g(0) = g(1) = 0$, le théorème de Rolle donne l'existence de $c \in]0,1[$ tel que $g'(c) = 0$.

Sur $]0,1[$, nous avons $g(x) \neq 0$ et donc $\dfrac{g'(x)}{g(x)} = \alpha\dfrac{f'(x)}{f(x)} - \beta\dfrac{f'(1-x)}{f(1-x)}$.

Ainsi $g'(c) = 0$ donne $\alpha\dfrac{f'(c)}{f(c)} = \beta\dfrac{f'(1-c)}{f(1-c)}$.

Ex. 13

1) Soit $M = \sup\limits_{t \in I} |f'(t)|$. Pour tout couple (u, v) de points de I, en appliquant l'inégalité des accroissements finis sur $[u, v]$, nous obtenons $|f(u) - f(v)| \leqslant M|u - v|$.

2) La fonction f définie sur $[0,1]$ par $f(x) = x^{\frac{3}{2}} \sin\dfrac{1}{x}$ pour $x \in]0,1]$ et $f(0) = 0$ est continue sur $[0,1]$ et dérivable sur $]0,1]$.

Avec $\dfrac{f(x)-f(0)}{x} = \sqrt{x}\sin\dfrac{1}{x}$, il vient $\lim\limits_{x\to 0}\dfrac{f(x)-f(0)}{x} = 0$ puisque la fonction sinus est bornée. Donc, f est dérivable sur $[0,1]$. Remarquons que, pour $x > 0$, $f'(x) = \dfrac{3}{2}\sqrt{x}\sin\dfrac{1}{x} - \dfrac{1}{\sqrt{x}}\cos\dfrac{1}{x}$ et que f' est donc continue sur $]0,1]$ mais ne l'est pas en 0.

Pour $n \in \mathbb{N}^*$, nous avons $f'\left(\dfrac{1}{n\pi}\right) = (-1)^{n+1}\sqrt{n\pi}$ et la fonction f' n'est pas bornée sur $[0,1]$.

La continuité de f' en $u_n = \dfrac{1}{(2n+1)\pi}$ donne l'existence de $\alpha > 0$ tel que :

$$f'(x) \geqslant \sqrt{(2n+1)\pi} - 1 \quad \text{pour} \quad \left|x - \frac{1}{(2n+1)\pi}\right| \leqslant \alpha$$

En prenant $v_n \in [0,1]$ tel que $0 < v_n - u_n \leqslant \alpha$, il existe $c_n \in \,]u_n, v_n[$, donc $\left|c_n - \dfrac{1}{(2n+1)\pi}\right| \leqslant \alpha$, tel que :

$$f(v_n) - f(u_n) = (v_n - u_n)f'(c_n) \quad \text{et donc} \quad f(v_n) - f(u_n) \geqslant (v_n - u_n)(\sqrt{(2n+1)\pi} - 1)$$

ce qui prouve que l'ensemble $\left\{\left|\dfrac{f(x) - f(y)}{x - y}\right| \;/\; (x, y) \in [0,1]^2,\ x \neq y\right\}$ n'est pas majoré et donc que f n'est pas lipschitzienne.

Ex. 14

Étant donné $x \geqslant a$ et $h > 0$, il existe $c \in \,]x, x+h[$ tel que $f(x+h) - f(x) = hf'(c)$.
Puisque $\lim\limits_{x \to +\infty} \big(f(x+h) - f(x)\big) = 0$, pour tout $\varepsilon > 0$, il existe X_h tel que, pour tout $x \geqslant X_h$, $|f(x+h) - f(x)| \leqslant \varepsilon h$ et on a alors $|f'(c)| \leqslant \varepsilon$. Par hypothèse, il existe $A \geqslant a$ et $M \geqslant 0$ tel que $\forall x \geqslant A$, $|f''(x)| \leqslant M$.

Pour $\varepsilon > 0$, choisissons h tel que $0 < h < \dfrac{\varepsilon}{M}$. Pour tout $x \geqslant X_h$, il existe $c \in \,]x, x+h[$ tel que $|f'(c)| \leqslant \varepsilon$.

Appliquons la formule des accroissements finis à f' sur le segment $[x, c]$: il existe $d \in \,]x, c[$ tel que $f'(c) - f'(x) = (c - x)f''(d)$. En imposant de plus $x \geqslant A$, donc $x \geqslant \max\left(X_k, A\right)$, il s'ensuit :

$$|f'(x)| \leqslant |f'(c)| + (c - x)\,|f''(d)| \leqslant |f'(c)| + h\,|f''(d)| \quad \text{et donc} \quad |f'(x)| \leqslant 2\varepsilon$$

Ce qui prouve que $\lim\limits_{+\infty} f' = 0$.

Ex. 15

Puisqu'elle est continue, si f'' ne s'annule pas sur $\mathbb{R}$, alors elle garde un signe constant. Quitte à travailler avec la fonction $-f$, on peut supposer $f'' > 0$ sur $\mathbb{R}$. La fonction f' est alors strictement croissante. Elle admet donc une limite ℓ en $+\infty$: $\ell \in \mathbb{R}$ ou $\ell = +\infty$. Elle admet aussi une limite ℓ' en $-\infty$: $\ell' \in \mathbb{R}$ ou $\ell' = -\infty$.

Si $\ell > 0$, il existe un intervalle $[a, +\infty[$ sur lequel $f' > \dfrac{\ell}{2}$. On en déduit, avec le théorème accroissements finis, $f(x) - f(a) \geqslant (x - a)\dfrac{\ell}{2}$ pour tout $x \geqslant a$. Il s'ensuit $\lim\limits_{+\infty} f = +\infty$, contrairement à l'hypothèse.

De même, si $\ell < 0$, alors $\lim\limits_{+\infty} f = -\infty$, ce qui est aussi contraire à l'hypothèse.

Ainsi, $\lim\limits_{+\infty} f' = 0$. On montre de même que $\lim\limits_{-\infty} f' = 0$, ce qui est en contradiction avec le fait que f' est strictement croissante. En conclusion, f'' s'annule au moins une fois.

Ex. 16

Soit $P(X) = \left(X^2 - 1\right)^n$. 1 et -1 sont racines de $P, P', \ldots, P^{(n-1)}$. D'après le théorème de Rolle, P' s'annule en $\alpha_{1,1}$ avec $-1 < \alpha_{1,1} < 1$, P'' s'annule en $\alpha_{2,1}$ et $\alpha_{2,2}$ avec $-1 < \alpha_{2,1} < \alpha_{2,2} < 1$, et pour tout $k \in [\![1, n-1]\!]$, $P^{(k)}$ s'annule en $\alpha_{k,1}, \alpha_{k,2}, \ldots, \alpha_{k,k}$ avec $-1 < \alpha_{k,1} < \alpha_{k,2} < \cdots < \alpha_{k,k} < 1$ (faire une démonstration par récurrence).

En appliquant de nouveau le théorème de Rolle à $P^{(n-1)}$ sur chaque intervalle :

$$[-1, \alpha_{n-1,1}], [\alpha_{n-1,1}, \alpha_{n-1,2}], \ldots, [\alpha_{n-1,n-2}, \alpha_{n-1,n-1}], [\alpha_{n-1,n-1}, 1]$$

on met en évidence que P_n admet une racine sur chacun des intervalles :

$$]-1, \alpha_{n-1,1}[,]\alpha_{n-1,1}, \alpha_{n-1,2}[, \ldots,]\alpha_{n-1,n-1}, 1[$$

ce qui fait n racines distinctes dans $]-1, 1[$. Comme $\deg P_n = n$, il n'y a pas d'autre racine.

Ex. 17

Si f est positive sur $[a, b]$, l'hypothèse donne $\forall x \in [a, b], f'(x) \leqslant \alpha f(x)$.
La fonction $\varphi : x \mapsto f(x)e^{-\alpha x}$ est décroissante sur $[a, b]$, positive et nulle en a, donc elle est identiquement nulle et de même pour f. Dans le cas général, $F = f^2$ est positive, dérivable sur $[a, b]$ et telle $\forall x \in [a, b]$, $|F'(x)| \leqslant \frac{\alpha}{2}F(x)$, elle est donc nulle sur $[a, b]$.

Niveau 3

Ex. 18

Considérons la fonction g définie sur $[a, b]$ par $g(x) = \dfrac{f(x)+f(a)}{2} - f\left(\dfrac{x+a}{2}\right) - \dfrac{A}{8}(x-a)^2$, où A est déterminé par $g(b) = 0$. g est dérivable sur $[a, b]$ et $g(a) = 0$.
Le théorème de Rolle nous donne l'existence de $d \in]a, b[$ tel que $g'(d) = 0$.

Nous avons, pour tout $x \in [a, b]$, $g'(x) = \dfrac{1}{2}f'(x) - \dfrac{1}{2}f'\left(\dfrac{x+a}{2}\right) - \dfrac{A}{4}(x-a)$,

d'où :
$$f'(d) - f'\left(\frac{d+a}{2}\right) = \frac{A}{2}(d-a)$$

La formule des accroissements finis appliquée à f' nous donne l'existence de $c \in \left]\dfrac{d+a}{2}, d\right[$ tel que :
$$f'(d) - f'\left(\frac{d+a}{2}\right) = \frac{d-a}{2}f''(c)$$

Puisque $d - a \neq 0$, il s'ensuit $A = f''(c)$. Le fait que $g(b) = 0$ s'exprime alors par :
$$\frac{f(b)+f(a)}{2} = f\left(\frac{b+a}{2}\right) + \frac{(b-a)^2}{8}f''(c)$$

Ex. 19

Soit g la fonction définie sur $[a, b]$ par $g(x) = f(x) - f(a) - (x-a)\dfrac{f'(a)+f'(x)}{2} + A(x-a)^3$, où A est le réel défini par $g(b) = 0$, donc $f(b) = f(a) + (b-a)\dfrac{f'(a)+f'(b)}{2} - A(b-a)^3$

g est de classe $\mathcal{C}^1$ sur $[a, b]$ et deux fois dérivable sur $]a, b[$.
Puisque $g(a) = g(b)$, nous sommes en mesure d'appliquer le théorème de Rolle : il existe $c_1 \in]a, b[$ tel que $g'(c_1) = 0$.

Nous avons $g'(x) = \dfrac{f'(x) - f'(a)}{2} - \dfrac{x-a}{2}f''(x) + 3A(x-a)^2$.

g' est continue sur $[a, c_1]$, dérivable sur $]a, c_1[$. Comme $g'(a) = g'(c_1) = 0$, nous utilisons à nouveau le théorème de Rolle : il existe $c \in]a, c_1[$ tel que $g''(c) = 0$.

Avec $g''(x) = 6A(x-a) - \dfrac{x-a}{2}f'''(x)$, $g''(c) = 0$ et $c - a \neq 0$ donne $A = \dfrac{1}{12}f'''(c)$,

d'où $f(b) = f(a) + (b-a)\dfrac{f'(a)+f'(b)}{2} - \dfrac{(b-a)^3}{12}f'''(c)$.

Ex. 20

1) Le résultat est immédiat si f est constante sur $\mathbb{R}$.

Notons aussi que si f'' est la fonction nulle, la fonction f est affine : $f(x) = ax + b$, avec $(a, b) \in \mathbb{R}^2$, et f n'est bornée que si $a = 0$. On peut donc supposer dans la suite que f'' n'est pas la fonction nulle.

2) Soit x réel et $y > 0$. La formule de Taylor-Lagrange nous donne l'existence de t et t' dans $[0, 1]$ tels que :

$$f(x+y) = f(x) + yf'(x) + \frac{y^2}{2}f''(x+ty) \text{ et } f(x-y) = f(x) - yf'(x) + \frac{y^2}{2}f''(x-t'y)$$

Il vient alors $f'(x) = \dfrac{1}{2y}[f(x+y) - f(x-y)] - \dfrac{y}{4}[f''(x+ty) - f''(x-t'y)]$,

puis $\left|f'(x)\right| \leqslant \dfrac{1}{2y}\left(|f(x+y)| + |f(x-y)|\right) + \dfrac{y}{4}\left|f''(x+ty)\right| + \left|f''(x-t'y)\right|$

En notant $M_0 = \sup\limits_{u\in\mathbb{R}} |f(u)|$ et $M_2 = \sup\limits_{u\in\mathbb{R}} \left|f''(u)\right|$, on obtient $\forall y \in]0, +\infty[,\ \left|f'(x)\right| \leqslant \dfrac{M_0}{y} + \dfrac{yM_2}{2}$.

3) La fonction $y \mapsto \dfrac{M_0}{y} + \dfrac{yM_2}{2}$ admet, sur $\mathbb{R}_+^*$, son minimum en $\sqrt{\dfrac{2M_0}{M_2}}$.

Il s'ensuit, pour tout $x \in \mathbb{R}$, $\left|f'(x)\right| \leqslant \sqrt{2M_0M_2}$ et $M_1 = \sup\limits_{x\in\mathbb{R}} \left|f'(x)\right|$ vérifie $M_1 \leqslant \sqrt{2M_0M_2}$.

Ex. 21

1) Par hypothèse, f'' est positive donc f' est croissante.

En supposant qu'il existe $x_0 \geqslant 0$ tel que $f'(x_0) > 0$, le théorème des accroissements finis donne $\forall x \in [x_0, +\infty[$, $f(x) \geqslant f(x_0) + (x - x_0)f'(x_0)$. C'est contradictoire avec le fait que f soit bornée.

On a donc $\forall x \in [0, +\infty[, f'(x) \leqslant 0$ et f est décroissante.

2) Croissante et majorée par 0, f' a une limite réelle ℓ en $+\infty$ avec $\ell \leqslant 0$.

Comme en **1)**, en supposant $\ell < 0$, on arrive à une contradiction ($\lim\limits_{+\infty} f = -\infty$) donc $\ell = 0$.

Décroissante et minorée par 0, f a une limite m en $+\infty$ avec $m \geqslant 0$.

En supposant $m > 0$, on obtient $f'' \geqslant \alpha\, m$ puis $\lim\limits_{+\infty} f' = +\infty$ ce qui est contradictoire, donc $m = 0$.

3) Avec $g(x) = f(x)e^{x\sqrt{\alpha}}$, on a $g'(x) = \left(f'(x) + \sqrt{\alpha}f(x)\right)e^{x\sqrt{\alpha}}$.

On pose $h(x) = \left(f'(x) + \sqrt{\alpha}f(x)\right)e^{-x\sqrt{\alpha}}$ alors $h'(x) = \left(f''(x) - \alpha f(x)\right)e^{-x\sqrt{\alpha}}$.

h est croissante de limite 0 en $+\infty$, donc elle est négative, et g est décroissante.

La conclusion résulte de $g(x) \leqslant g(0)$.

Ex. 22

Soient x, y deux points distincts de $[a, b]$, il s'agit de montrer que :

$$\forall t \in [0, 1], f\left(tx + (1-t)y\right) \leqslant tf(x) + (1-t)f(y) \quad (1)$$

Introduisons l'ensemble $E = \left\{\dfrac{k}{2^n} \;/\; 0 \leqslant k \leqslant 2^n, n \in \mathbb{N}\right\}$ dense dans $[0, 1]$.

On déduit de l'hypothèse que **(1)** est vraie pour tout $t \in E$ (procéder par récurrence sur n en remarquant d'une part que $\dfrac{2k}{2^{n+1}} = \dfrac{k}{2^n}$ et d'autre part que $\dfrac{2k+1}{2^{n+1}}x + \left(1 - \dfrac{2k+1}{2^{n+1}}\right)y = \dfrac{1}{2}\left[\left(\dfrac{k}{2^n}x + \left(1 - \dfrac{k}{2^n}\right)y\right) + \left(\dfrac{k+1}{2^n}x + \left(1 - \dfrac{k+1}{2^n}\right)y\right)\right]$).

La continuité de $t \mapsto f\left(tx + (1-t)y\right) - tf(x) - (1-t)f(y)$ permet d'en déduire que **(1)** est vraie pour tout $t \in [0, 1]$.

CHAPITRE 7

Suites
Étude pratique

A. Suites complexes

1. Définition – Convergence

(1) La suite $z : \mathbb{N} \to \mathbb{C}$ est notée $(z_n)_{n\in\mathbb{N}}$ ou $(z_n)_{\mathbb{N}}$ ou (z_n)

(2) La suite $z : [\![n_0, +\infty [\![\to \mathbb{C}$ est notée $(z_n)_{n\geqslant n_0}$

(3) (x_n) est la suite des parties réelles de (z_n) et (y_n) est la suite des parties imaginaires.

(4) Ce qui revient donc à dire que la suite réelle $(|z_n-\ell|)_{\mathbb{N}}$ converge vers 0.

(5) Si (z_n) converge vers ℓ, on note $\lim z_n = \ell$ ou $\lim\limits_{n\to+\infty} z_n = \ell$.

(6) Il suffit en effet de reprendre les démonstrations en remplaçant $\mathbb{R}$ par $\mathbb{C}$ et «valeur absolue» par «module» ; la notation commune «$|\ |$» rend toute transcription inutile.

Définition 1

Une **suite complexe** est une application de $\mathbb{N}$ dans $\mathbb{C}$. (1)

Une suite définie à partir de $n_0 \in \mathbb{N}$ est une application de $[\![n_0, +\infty [\![$ dans $\mathbb{C}$. (2)

Étant donné une suite complexe $(z_n)_{n\geqslant n_0}$, on lui associe les suites réelles $(x_n)_{n\geqslant n_0}$ et $(y_n)_{n\geqslant n_0}$ définies par $\forall n \in [\![n_0, +\infty [\![,\ x_n = \mathrm{Re}\, z_n,\ y_n = \mathrm{Im}\, z_n$. (3)

Définition 2

On dit qu'une suite complexe (z_n) est bornée lorsque la suite réelle $(|z_n|)$ est bornée.

Définition 3

On dit qu'une suite complexe $(z_n)_{\mathbb{N}}$ converge vers $\ell \in \mathbb{C}$, ou que ℓ est limite de (z_n), lorsque :

$$\forall \varepsilon > 0,\ \exists p \in \mathbb{N},\ \forall n \in \mathbb{N},\ n \geqslant p \Rightarrow |z_n - \ell| \leqslant \varepsilon. \quad (4)$$

Propriété 1

Une suite complexe $(z_n)_{\mathbb{N}}$ converge vers $\ell \in \mathbb{C}$ si et seulement si les suites réelles $(\mathrm{Re}\, z_n)$ et $(\mathrm{Im}\, z_n)$ convergent respectivement vers $\mathrm{Re}\,\ell$ et $\mathrm{Im}\,\ell$.

☞ Posons $x_n = \mathrm{Re}\, z_n,\ y_n = \mathrm{Im}\, z_n,\ \alpha = \mathrm{Re}\,\ell$ et $\beta = \mathrm{Im}\,\ell$.
La conclusion résulte immédiatement de $|z_n - \ell|^2 = |x_n - \alpha|^2 + |y_n - \beta|^2$.

Corollaire

Une suite complexe admet au plus une limite. (5)

Une suite complexe convergente est bornée.

2. Opérations sur les suites complexes

Pour les définitions des opérations sur les suites, se reporter à la section C du chapitre 4.

Les résultats concernant les opérations sur les limites de suites complexes sont les mêmes que pour les suites réelles. (6)

B. Suites récurrentes réelles

1. Définition

Définition 4

Soit f une fonction réelle définie sur une partie D de $\mathbb{R}$.

On considère un intervalle $I \subset D$, stable par f : $(f(I) \subset I)$ et $a \in I$.

On construit alors la suite (u_n) définie par $u_0 = a$ et $\forall n \in \mathbb{N},\ u_{n+1} = f(u_n)$.

Une telle suite (u_n) ainsi définie est appelée une **suite récurrente**.

Dans les paragraphes 2 et 3 suivants, on considère une suite (u_n) ainsi définie.

2. Sens de variation

Propriété 2

Si f est croissante sur I, alors la suite (u_n) est monotone :

- croissante si $f(u_0) \geqslant u_0$,
- décroissante si $f(u_0) \leqslant u_0$.

☞ Puisque f est croissante, $u_{n+2} - u_{n+1} = f(u_{n+1}) - f(u_n)$ est de même signe que $u_{n+1} - u_n$ et par récurrence, il vient que pour $n \in \mathbb{N}$, $u_{n+1} - u_n$ est de même signe de $u_1 - u_0$.

Propriété 3

Si f est décroissante sur I, les suites extraites (u_{2n}) et (u_{2n+1}) sont monotones. ✎ (7)

✎ (7) $u_{n+1} - u_n$ est alternativement positif ou négatif. Puisque $u_3 - u_1 = f(u_2) - f(u_0)$ et que f est décroissante, $u_2 - u_0$ et $u_3 - u_1$ sont de signes opposés. Les suites (u_{2n}) et (u_{2n+1}) ont donc des sens de variation contraires.

☞ Posons $g = f \circ f$. Cette application g est croissante sur I.
Considérons les suites (v_n) et (w_n) définies par $v_n = u_{2n}$ et $w_n = u_{2n+1}$, elles vérifient :

$$v_{n+1} = g(v_n) \quad \text{et} \quad w_{n+1} = g(w_n).$$

La propriété 2 montre que chacune de ces deux suites est monotone.

3. Convergence

Propriété 4

Si I est borné et si f est croissante, quel que soit $u_0 \in I$, la suite (u_n) est convergente.

☞ La suite (u_n) est en effet monotone et bornée. ✎ (8)

✎ (8) I stable par f et I borné donne que (u_n) est bornée.

Remarquons que la limite ℓ de (u_n) est alors un élément de I ou une borne de I.

Propriété 5

Si f est continue sur I et si (u_n) converge vers $\ell \in I$ alors on a $f(\ell) = \ell$.

☞ Si (u_n) converge vers $\ell \in I$, f est continue en ℓ et le théorème de caractérisation séquentielle de la continuité montre que la suite $\big(f(u_n)\big)$ converge vers $f(\ell)$.
Alors $u_{n+1} = f(u_n)$ (pour tout $n \in \mathbb{N}$) donne $\ell = f(\ell)$.

Définition 5

On appelle **point fixe** ✎ (9) de f tout réel x de I tel que $f(x) = x$.

✎ (9) Si u_0 est un point fixe de f alors la suite (u_n) est constante.

La limite de (u_n), si elle existe, est donc à rechercher dans l'ensemble formé par les points fixes de f (sur I) et les bornes de I.

Exemple 1 Étudier la suite réelle (u_n) définie par $u_0 \in \mathbb{R}$ et $u_{n+1} = \dfrac{u_n^3 + 6u_n}{3u_n^2 + 2}$.

a) La fonction $f : x \mapsto \dfrac{x^3 + 6x}{3x^2 + 2}$ est de classe $\mathcal{C}^\infty$ sur $\mathbb{R}$ et impaire.

Il suffit d'étudier f sur $[0, +\infty[$.

$f'(x) = 3\dfrac{(x^2 - 2)^2}{(3x^2 + 2)^2}$ permet de constater que f est croissante sur $\mathbb{R}$ et donc sur $\mathbb{R}_+$.

$f(x) - x = 2\dfrac{x(2 - x^2)}{3x^2 + 2}$ montre que f admet 0 et $\sqrt{2}$ pour points fixes sur $\mathbb{R}_+$

Si u_0 est égal à 0 ou $\sqrt{2}$, la suite (u_n) est constante.

b) On a $f([0,\sqrt{2}]) = [0,\sqrt{2}]$ et $f(x) - x > 0$ sur $]0,\sqrt{2}[$.
Pour $u_0 \in]0,\sqrt{2}[$, la suite (u_n) est strictement croissante et majorée par $\sqrt{2}$, elle converge donc vers $\ell \in [u_0, \sqrt{2}]$ et puisque f est continue sur $[u_0, \sqrt{2}]$, ℓ est un point fixe de f. La seule possibilité est $\ell = \sqrt{2}$.

c) On a $f([\sqrt{2}, +\infty[) = [\sqrt{2}, +\infty[$ et $f(x) - x < 0$ sur $]\sqrt{2}, +\infty[$.
Pour $u_0 > \sqrt{2}$, la suite (u_n) est strictement décroissante et minorée par $\sqrt{2}$, elle converge donc vers $\ell' \in [\sqrt{2}, u_0]$, et puisque f est continue sur $[\sqrt{2}, u_0]$, ℓ' est un point fixe de f. La seule possibilité est $\ell' = \sqrt{2}$.

d) Pour $u_0 \leqslant 0$, (u_n) est l'opposée de la suite définie par $-u_0$.

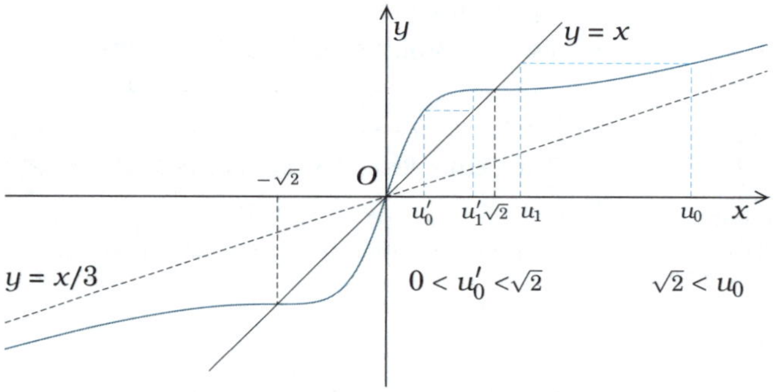

En conclusion :

- si $u_0 = 0$, (u_n) est de limite 0,
- si $u_0 > 0$, (u_n) converge vers $\sqrt{2}$,
- si $u_0 < 0$, (u_n) converge vers $-\sqrt{2}$.

C. Récurrence homographique

1. Suites arithmético-géométriques ✎ (10)

✎ (10) Dans cette partie, on considère des suites complexes.

Définition 6

Une suite (u_n) est **arithmétique** lorsqu'il existe $b \in \mathbb{C}$ tel que, pour tout $n \in \mathbb{N}$, $u_{n+1} = u_n + b$.
b en est la **raison**.

Définition 7

Une suite (u_n) est **géométrique** lorsqu'il existe $a \in \mathbb{C}$ tel que pour tout $n \in \mathbb{N}$, $u_{n+1} = au_n$.
a en est la **raison**.

Définition 8

Une suite (u_n) est **arithmético-géométrique** lorsqu'il existe a et b dans $\mathbb{C}$ tels que :

$$\forall n \in \mathbb{N},\ u_{n+1} = au_n + b$$

Propriété 6

Étant donné une suite arithmétique (u_n) de raison b,

a) $\forall n \in \mathbb{N},\ u_n = u_0 + nb$,

b) $\displaystyle\sum_{k=0}^{n-1} u_k = \frac{n}{2}(u_0 + u_{n-1}) = nu_0 + \frac{n(n-1)}{2}b$,

c) (u_n) est convergente si et seulement si elle est constante : $b = 0$.

Propriété 7

Étant donné une suite géométrique (u_n) de raison a,

a) $\forall n \in \mathbb{N},\ u_n = a^n u_0$,

b) si $a \neq 1$, $\displaystyle\sum_{k=0}^{n-1} u_k = u_0 \frac{1-a^n}{1-a}$ et, si $a = 1$, $\displaystyle\sum_{k=0}^{n-1} u_k = n u_0$.

Propriété 8

Une suite géométrique (u_n) de raison a converge si et seulement si :

$$|a| < 1 \text{ ou } a = 1 \text{ ou } u_0 = 0. \quad ✎ (11)$$

Pour $|a| < 1$, $\lim u_n = 0$ et $\lim \left(\displaystyle\sum_{k=0}^{n-1} u_k\right) = \dfrac{u_0}{1-a}$.

✎ (11) Pour a=1 ou u_0=0, (u_n) est constante.

Propriété 9

Soit (u_n) une suite arithmético-géométrique : $u_{n+1} = a u_n + b$.

a) Si $a = 1$ ou $b = 0$, c'est une suite arithmétique ou une suite géométrique.

b) Si $a \neq 1$, la suite (v_n), définie par $v_n = u_n - \dfrac{b}{1-a}$, est géométrique de raison a.

Quand $a \neq 1$, en posant $c = \dfrac{b}{1-a}$, $u_n = a^n(u_0 - c) + c$.

<u>Exemples</u>

- Avec $u_0 = 0$ et $u_{n+1} = 3u_n + 2$, on a $u_n = 3^n - 1$.
- Avec $u_0 = 0$ et $u_{n+1} = \dfrac{1}{3} u_n + 2$, on a $u_n = 3 - \dfrac{1}{3^{n-1}}$. Sa limite est 3.

2. Suites homographiques

Étant donné $(a, b, c, d) \in \mathbb{C}^4$, on considère une suite (u_n) telle que $u_{n+1} = \dfrac{a u_n + b}{c u_n + d}$.

Si $c = 0$ (et $d \neq 0$), c'est une suite arithmético-géométrique.

Si $c \neq 0$ et $ad - bc = 0$, c'est la suite constante $\dfrac{a}{c}$.

Définition 9

Une suite $(u_n) \in \mathbb{C}^{\mathbb{N}}$ est dite **homographique** lorsqu'il existe des constantes complexes a, b, c et d telles que :

- $c \neq 0$,
- $ad - bc \neq 0$,
- $\forall n \in \mathbb{N},\ u_{n+1} = \dfrac{a u_n + b}{c u_n + d}$.

Remarques

- Quand une telle suite est définie, $u_n \neq -\dfrac{d}{c}$ pour tout $n \in \mathbb{N}$.
- L'équation (1) $x = \dfrac{ax + b}{cx + d}$ équivaut à (2) $cx^2 + (d - a)x - b = 0$ car $-\dfrac{d}{c}$ n'est pas racine de (2) lorsque $ad - bc \neq 0$. ✎ (12)

✎ (12) Notons $\frac{a}{c}$ n'est pas racine de (2) lorsque $ad - bc \neq 0$.

Propriété 10

Si α est racine de l'équation $x = \dfrac{ax + b}{cx + d}$, et s'il existe $p \in \mathbb{N}$ tel que $u_p = \alpha$, alors la suite (u_n) est constante.

☞ Montrons que $u_p = \alpha$ équivaut à $u_{p+1} = \alpha$.

a) Si $u_p = \alpha$, $u_{p+1} = \dfrac{a\,\alpha + b}{c\,\alpha + d} = \alpha$.

b) Si $u_{p+1} = \alpha$, de $\alpha = \dfrac{au_p + b}{cu_p + d}$, on déduit $u_p = \dfrac{b - d\alpha}{c\,\alpha - a}$.

Or $c\,\alpha^2 + (d - a)\,\alpha - b = 0$ se lit aussi $\alpha(c\,\alpha - a) = b - d\alpha$ et donc $u_p = \alpha$.

Propriété 11

Si l'équation $x = \dfrac{ax + b}{cx + d}$ a deux racines distinctes α et β,

la suite (v_n) définie par $v_n = \dfrac{u_n - \alpha}{u_n - \beta}$ est une suite géométrique.

☞ Nous pouvons nous placer dans le cas où la suite (u_n) n'est pas constante.

De $v_{n+1} = \dfrac{\dfrac{au_n + b}{cu_n + d} - \dfrac{a\,\alpha + b}{c\,\alpha + d}}{\dfrac{au_n + b}{cu_n + d} - \dfrac{a\,\beta + b}{c\,\beta + d}}$, on déduit $v_{n+1} = \dfrac{c\,\beta + d}{c\,\alpha + d} v_n$.

Propriété 12

Si l'équation $x = \dfrac{ax + b}{cx + d}$ a une racine double α,

la suite (v_n) définie par $v_n = \dfrac{1}{u_n - \alpha}$ est une suite arithmétique.

☞ Nous pouvons nous placer dans le cas où la suite (u_n) n'est pas constante.

Notons que $\alpha = \dfrac{a - d}{2c}$, et $(a - d)^2 + 4bc = 0$.

Nous avons aussi $(a + d)^2 = 4(ad - bc)$ et $c\,\alpha + d = \dfrac{a + d}{2}$.

$v_{n+1} = \dfrac{1}{u_{n+1} - \alpha} = \dfrac{1}{\dfrac{au_n + b}{cu_n + d} - \dfrac{a\,\alpha + b}{c\,\alpha + d}}$ donne :

$$v_{n+1} = \frac{(cu_n + d)(c\,\alpha + d)}{(ad - bc)(u_n - \alpha)} = \frac{2(cu_n + d)}{(a + d)(u_n - \alpha)}$$

soit $v_{n+1} = 2\dfrac{c(u_n - \alpha) + (c\,\alpha + d)}{(a + d)(u_n - \alpha)}$ d'où il vient $v_{n+1} = \dfrac{2c}{a + d} + \dfrac{1}{u_n - \alpha} = \dfrac{2c}{a + d} + v_n$.

Propriété 13

Lorsque $x = \dfrac{ax + b}{cx + d}$ admet deux racines distinctes et lorsque $u_0 \neq \beta$, la relation $u_{n+1} = \dfrac{au_n + b}{cu_n + d}$ définit une suite si et seulement si, en posant $v_0 = \dfrac{u_0 - \alpha}{u_0 - \beta}$ et $\lambda = \dfrac{c\,\beta + d}{c\,\alpha + d}$, on a :

$$v_0 \notin \left\{ \frac{1}{\lambda^{k+1}} \ / \ k \in \mathbb{N} \right\}.$$ ✎ (13)

✎ (13) La relation $u_{n+1} = \frac{au_n + b}{cu_n + d}$ définit une suite, à partir de u_0, si et seulement si $u_n \neq -\frac{d}{c}$ pour tout $n \in \mathbb{N}$.
Les premiers termes u_0 à écarter sont donc ceux pour lesquels il existe k vérifiant : pour $n < k$, $u_n \neq -\frac{d}{c}$ et $u_k = -\frac{d}{c}$, v_n est alors défini pour tout $n \leq k$.

☞ Supposons $u_k = -\dfrac{d}{c}$ Avec $v_k = \dfrac{u_k - \alpha}{u_k - \beta}$ il vient $v_k = \dfrac{(-d/c) - \alpha}{(-d/c) - \beta} = \dfrac{c\,\alpha + d}{c\,\beta + d} = \dfrac{1}{\lambda}$.

Comme $v_k = \lambda^k v_0$, il vient $v_0 = \dfrac{1}{\lambda^{k+1}}$.

Propriété 14

Lorsque $\dfrac{ax+b}{cx+d}$ admet une racine double et lorsque $u_0 \neq \alpha$, la relation $u_{n+1} = \dfrac{au_n+b}{cu_n+d}$ définit une suite si et seulement si, en posant $v_0 = \dfrac{1}{u_0-\alpha}$ et $\lambda = \dfrac{2c}{a+d}$, on a :

$$v_0 \notin \{-(k+1)\lambda \ / \ k \in \mathbb{N}\}$$

☞ Supposons $u_k = -\dfrac{d}{c}$.

Avec $v_k = \dfrac{1}{u_k-\alpha}$ il vient $v_k = \dfrac{1}{(-d/c)-\alpha} = -\dfrac{c}{c\alpha+d} = -\dfrac{2c}{a+d} = -\lambda$.

Comme $v_k = v_0 + k\lambda$, il vient $v_0 = -(k+1)\lambda$.

Exemple 2 Étudier les suites (u_n) telles que, pour tout $n \in \mathbb{N}$, $u_{n+1} = \dfrac{4u_n+2}{u_n+5}$.

La fonction $f : x \mapsto \dfrac{4x+2}{x+5}$ est définie sur $\mathbb{R} \setminus \{-5\}$. Ses points fixes sont 1 et -2.

Posons $v_n = \dfrac{u_n-1}{u_n+2}$. La suite (v_n) est géométrique, de raison $\dfrac{1}{2}$.

On en déduit $u_n = \dfrac{2^n+2v_0}{2^n-v_0}$, puis $\lim u_n = 1$.

(u_n) est définie quand $v_0 \notin \{2^{k+1} \ / \ k \in \mathbb{N}\}$, soit $u_0 \notin \left\{\dfrac{1+2^{k+2}}{1-2^{k+1}}, \ k \in \mathbb{N}\right\}$.

Exemple 3 Étudier les suites (u_n) telles que $u_{n+1} = \dfrac{7u_n-12}{3u_n-5}$.

La fonction $f : x \mapsto \dfrac{7x-12}{3x-5}$ est définie sur $\mathbb{R} \setminus \left\{\dfrac{5}{3}\right\}$. Elle admet 2 pour unique point fixe.

Posons $v_n = \dfrac{1}{u_n-2}$. La suite (v_n) est arithmétique, de raison 3.

On en déduit $u_n = 2 + \dfrac{1}{3n+v_0}$, puis $\lim u_n = 2$.

(u_n) est définie quand $v_0 \notin \{-3(k+1) \ / \ k \in \mathbb{N}\}$, soit $u_0 \notin \left\{\dfrac{6k+5}{3(k+1)}, \ k \in \mathbb{N}\right\}$.

D. Sommes de Cesaro

Définition 10

Étant donné une suite (x_n) réelle ou complexe, la suite (s_n) définie par $s_n = \dfrac{1}{n}\sum_{k=0}^{n-1} x_k$ est appelée la suite des **sommes de Cesaro** associée à (x_n).

Propriété 15

Si la suite (x_n) converge vers ℓ, il en est de même pour la suite (s_n).

☞ Soit (y_n) et (t_n) les suites définies par $y_n = x_n - \ell$ et $t_n = s_n - \ell$.

Comme $t_n = \left(\dfrac{1}{n}\sum_{k=0}^{n-1} x_n\right) - \ell = \dfrac{1}{n}\sum_{k=0}^{n-1}(x_n - \ell)$, (t_n) est la suite des sommes de Cesaro associée à (y_n). On est ainsi ramené à prouver que si une suite (y_n) converge vers 0, alors la suite de ses sommes de Cesaro converge vers 0.

L'hypothèse donne : $\forall \alpha > 0,\ \exists p \in \mathbb{N},\ n \geqslant p \ \Rightarrow\ |y_n| \leqslant \alpha.$

Comme, pour tout $n \geqslant p$, $\quad t_n = \dfrac{1}{n}\sum_{k=0}^{p-1} y_k + \dfrac{1}{n}\sum_{k=p}^{n-1} y_k$, il vient :

$$|t_n| \leqslant \frac{1}{n}\left|\sum_{k=0}^{p-1} y_k\right| + \frac{1}{n}\sum_{k=p}^{n-1} |y_k|$$

En posant $A = \left|\sum_{k=0}^{p-1} y_k\right|$, il vient $|t_n| \leqslant \dfrac{A}{n} + \dfrac{n-p}{n}\alpha$ et donc : $|t_n| \leqslant \dfrac{A}{n} + \alpha.$

Il existe $q \in \mathbb{N}$ tel que, pour tout $n \geqslant q$, $0 \leqslant \dfrac{A}{n} \leqslant \alpha.$

En conclusion, $\forall \alpha > 0, \forall n \geqslant \sup\{p+1, q\},\ |t_n| \leqslant 2\alpha$, et (t_n) converge vers 0.

Exemple 4 Soit (a_n) une suite de réels strictement positifs telle que $\left(\dfrac{a_{n+1}}{a_n}\right)$ converge vers $\ell > 0$.

Montrer que la suite $\left(\sqrt[n]{a_n}\right)$ converge vers ℓ.

Posons $v_n = \ell n \dfrac{a_{n+1}}{a_n}$. La suite (v_n) converge vers $\ell n\, \ell$.

La suite $(s_n) = \left(\dfrac{1}{n}\sum_{k=0}^{n-1} v_k\right)$ converge alors vers $\ell n\,\ell$. Comme $\sum_{k=0}^{n-1} v_k = \ell n\, a_n - \ell n\, a_0$,

la suite de terme général $\dfrac{1}{n}(\ell n\, a_n - \ell n\, a_0)$ converge vers $\ell n\,\ell$ et il vient alors $\lim \sqrt[n]{a_n} = \ell$.

Exemple 5 On se propose d'étendre la propriété de Cesaro au cas des suites réelles de «limite» infinie.

Étant donné une suite réelle $(u_n)_{n\in\mathbb{N}^*}$, on pose $v_n = \dfrac{1}{n}\sum_{k=1}^{n} u_k$.

a) On suppose que $\lim u_n = +\infty$. Montrer que (v_n) admet $+\infty$ pour limite.

b) Soit maintenant une suite réelle (u_n) telle que $\lim(u_{n+1} - u_n) = +\infty$. Montrer que $\left(\dfrac{u_n}{n}\right)$ admet $+\infty$ pour limite.

a) Pour tout $A \in \mathbb{R}$, il existe $p \in \mathbb{N}^*$ tel que $\forall n \geqslant p,\ u_n \geqslant A.$

Pour tout $n > p$, $v_n = \dfrac{1}{n}\sum_{k=1}^{p} u_k + \dfrac{1}{n}\sum_{k=p+1}^{n} u_k.$

En posant $M = \sum_{k=1}^{p} u_k$, il vient $v_n \geqslant \dfrac{M}{n} + \dfrac{n-p}{n}A = \dfrac{M-pA}{n} + A.$

Puisque $\lim\limits_{n\to+\infty} \dfrac{M-pA}{n} = 0$, il existe q tel que, $\forall n \geqslant q$, $\dfrac{M-pA}{n} \geqslant -1.$

Ainsi, $\forall A \in \mathbb{R}, \exists N = \sup(p,q), \forall n > N, v_n \geqslant A - 1$, ce qui prouve que $\lim v_n = +\infty$.

b) Avec la question précédente, on a $\lim \dfrac{1}{n-1}\sum_{k=1}^{n-1}(u_{k+1} - u_k) = +\infty.$

Or $\sum_{k=1}^{n-1}(u_{k+1} - u_k) = u_n - u_1$.

Il vient alors immédiatement $\lim \dfrac{u_n}{n-1} = +\infty$ puis $\lim \dfrac{u_n}{n} = +\infty.$

E. Suites récurrentes linéaires

On se place dans le contexte de suites dans un corps $\mathbb{K}$ qui est $\mathbb{R}$ ou $\mathbb{C}$. Les éléments de $\mathbb{K}$ sont appelés des scalaires.

1. Définition

Définition 11

Une suite $(u_n) \in \mathbb{K}^{\mathbb{N}}$ est dite **récurrente linéaire d'ordre 2** lorsqu'il existe des scalaires a et $b \neq 0$ tels que $\forall n \in \mathbb{N},\ \ u_{n+2} = au_{n+1} + bu_n$. ✎ (14)

✎ (14) Dans le cas $b=0$, on aurait une suite géométrique.
Si $a=0$, les deux suites définies par $u_{2n+2}=b\,u_{2n}$ (et u_0) et $u_{2n+1}=b\,u_{2n-1}$ (et u_1) sont géométriques. Mais ce cas s'intègre dans l'étude qui suit.

Théorème 1

Étant donné a et b avec $b \neq 0$, l'ensemble $\mathscr{L}$ des suites (u_n) telles que :

$$\forall n \in \mathbb{N},\ \ u_{n+2} = au_{n+1} + bu_n$$

est un $\mathbb{K}$-espace vectoriel de dimension 2.

☞ La suite nulle est dans $\mathscr{L}$ donc $\mathscr{L}$ est non vide.. La somme de deux éléments de $\mathscr{L}$ et le produit d'un élément de $\mathscr{L}$ par un scalaire sont manifestement des éléments de $\mathscr{L}$. Ainsi, $\mathscr{L}$ est un $\mathbb{K}$-espace vectoriel, comme sous-espace du $\mathbb{K}$-espace vectoriel $\mathbb{K}^{\mathbb{N}}$.

L'application $\left\{\begin{array}{llll} \varphi : & \mathbb{K}^2 & \to & \mathscr{L} \\ & (u_0, u_1) & \mapsto & (u_n) \end{array}\right.$ est une bijection (un élément de $\mathscr{L}$ est caractérisé par ses deux premiers termes).

φ est en outre linéaire : c'est donc un isomorphisme de $\mathbb{K}$-espaces vectoriels. Comme $\mathbb{K}^2$ est de dimension 2, il en est de même pour $\mathscr{L}$.

2. Étude de $\mathscr{L}$

Propriété 16

Une suite géométrique (r^n), de raison r non nulle, est dans $\mathscr{L}$ si et seulement si r est solution de l'équation $r^2 - ar - b = 0$ **(E)** appelée **équation caractéristique** de $\mathscr{L}$. ✎ (15)

✎ (15) Dans $\mathbb{C}$, cette équation admet des racines non nulles puisque $b \neq 0$.

☞ $r^{n+2} - ar^{n+1} - br^n = 0$ pour tout n équivaut à $r^2 - ar - b = 0$ lorsqu'on se limite à $r \neq 0$

Propriété 17

Si **(E)** a deux racines distinctes α et β, une base de $\mathscr{L}$ est formée des suites (α^n) et (β^n).

☞ Ces suites sont dans $\mathscr{L}$. Ce sont les images par φ (voir théorème 1) des éléments $(1, \alpha)$ et $(1, \beta)$ de $\mathbb{K}^2$. Ces deux vecteurs sont indépendants puisque $\beta - \alpha \neq 0$.

Remarque

Dans ce cas, étant donné une suite (u_n), élément de $\mathscr{L}$, les scalaires λ et μ tels que $(u_n) = \lambda(\alpha^n) + \mu(\beta^n)$ sont déterminés par $\left\{\begin{array}{l} \lambda + \mu = u_0 \\ \lambda\,\alpha + \mu\,\beta = u_1 \end{array}\right.$ ✎ (16)

✎ (16) En effet : $(u_n) = \lambda(\alpha^n) + \mu(\beta^n)$ équivaut à : $\varphi^{-1}((u_n)) = \varphi^{-1}(\lambda(\alpha^n) + \mu(\beta^n))$.

Propriété 18

Si **(E)** a une racine double α, une base de $\mathscr{L}$ est formée des suites (α^n) et $(n\alpha^n)$.

☞ Ces suites sont dans $\mathscr{L}$. Ce sont les images par φ (voir théorème 1) des éléments $(1, \alpha)$ et $(0, \alpha)$ de $\mathbb{K}^2$. Ces deux vecteurs sont indépendants puisque $\alpha \neq 0$.

Remarque

Dans ce cas, étant donné une suite (u_n), élément de $\mathscr{L}$, les scalaires λ et μ tels que $(u_n) = \lambda(\alpha^n) + \mu(n\alpha^n)$ sont déterminés par $\begin{cases} \lambda = u_0 \\ \lambda\,\alpha + \mu\,\alpha = u_1 \end{cases}$

3. Cas particulier des suites réelles

On examine le cas où a et b sont réels et on recherche les éléments de $\mathscr{L}$ à termes réels. Si l'équation **(E)** a ses racines réelles, la donnée de u_0 et u_1 réels montre que les suites $\lambda(\alpha^n) + \mu(\beta^n)$ ou $\lambda(\alpha^n) + \mu(n\alpha^n)$ sont réelles quel que soit $(\lambda, \mu) \in \mathbb{R}^2$.

Il reste à examiner le cas où les racines de **(E)** sont conjuguées.

Propriété 19

On suppose que l'équation **(E)** a deux racines conjuguées non réelles α et $\overline{\alpha}$.

Posons $|\alpha| = r$ et $\arg\alpha = \theta$. Les suites appartenant à $\mathscr{L} \cap \mathbb{R}^{\mathbb{N}}$ sont :

$$\lambda(r^n \cos n\theta) + \mu(r^n \sin n\theta) \quad \text{avec } (\lambda, \mu) \in \mathbb{R}^2.$$

☞ Le $\mathbb{R}$-espace vectoriel des suites vérifiant $u_{n+2} = au_{n+1} + bu_n$ est de dimension 2.
Les suites $(r^n \cos n\theta)$ et $(r^n \sin n\theta)$ sont les images par φ des éléments $(1, r\cos\theta)$ et $(0, r\sin\theta)$. Le déterminant de ces éléments dans la base canonique de $\mathbb{R}^2$ est $r\sin\theta$.
Il est non nul car $r \neq 0$ (puisque $\alpha \neq 0$) et $\theta \not\equiv 0 \mod \pi$ (puisque $\alpha \notin \mathbb{R}$).

Exemple 6 Étudier la suite réelle (u_n) définie par $u_0 = -1$, $u_1 = 1$ et $u_{n+2} = \frac{3}{2}u_{n+1} - \frac{1}{2}u_n$.

L'équation caractéristique $x^2 - \frac{3}{2}x + \frac{1}{2} = 0$ admet 1 et $\frac{1}{2}$ pour racines.

Il existe λ et μ tels que, pour tout $n \in \mathbb{N}$, $u_n = \lambda + \frac{\mu}{2^n}$.

λ et μ sont définis par $\begin{cases} \lambda + \mu = -1 \\ \lambda + \frac{\mu}{2} = 1 \end{cases}$ c'est-à-dire $\lambda = 3$ et $\mu = -4$ et $u_n = 3 - \frac{1}{2^{n-2}}$.

Exemple 7 Étudier la suite réelle (u_n) définie par $u_0 = 1$, $u_1 = 9$ et $u_{n+2} = u_{n+1} - \frac{1}{4}u_n$.

L'équation caractéristique $x^2 - x + \frac{1}{4} = 0$ admet $\frac{1}{2}$ pour racine double.

Il existe λ et μ tels que, pour tout $n \in \mathbb{N}$, $u_n = (\lambda + \mu n)\frac{1}{2^n}$.

λ et μ sont définis par $\begin{cases} \lambda = 1 \\ (\lambda + \mu)\frac{1}{2} = 9 \end{cases}$ c'est-à-dire $\lambda = 1$ et $\mu = 17$.

Pour tout n, $u_n = (17n + 1)\frac{1}{2^n}$.

4. Suites récurrentes affines

Définition 12

Une suite $(u_n) \in \mathbb{K}^{\mathbb{N}}$ est dite **récurrente affine** d'ordre 2 lorsqu'il existe $(a, b) \in \mathbb{K}^2$, avec $b \neq 0$, et une suite $(c_n) \in \mathbb{K}^{\mathbb{N}}$ ✎ (17) tels que $\forall n \in \mathbb{N},\ u_{n+2} = au_{n+1} + bu_n + c_n$.

✎ (17) Lorsque $(c_n)_{\mathbb{N}}$ est la suite nulle, on retrouve des suites récurrentes linéaires.

Étant donné $(a, b) \in \mathbb{K}^2$, avec $b \neq 0$, et $(c_n) \in \mathbb{K}^{\mathbb{N}}$, notons $\mathscr{A}$ l'ensemble des suites (u_n) qui vérifient $\forall n \in \mathbb{N},\ u_{n+2} = au_{n+1} + bu_n + c_n$.

On note encore $\mathscr{L}$ l'ensemble des suites (u_n) telles que $\forall n \in \mathbb{N},\ u_{n+2} = au_{n+1} + bu_n$.

Propriété 20

Si une suite (v_n) est élément de $\mathscr{A}$, une suite (u_n) appartient à $\mathscr{A}$ si et seulement si $(u_n - v_n)$ appartient à $\mathscr{L}$. ✎ (18) $\mathscr{A}$ est donc un sous-espace affine de $\mathbb{K}^{\mathbb{N}}$ dont la direction est $\mathscr{L}$.

✎ (18) Les éléments de $\mathscr{L}$ ayant été déterminés, il suffit de trouver un élément de $\mathscr{A}$ pour en déduire tous les autres.

Propriété 21

Étude du cas où (c_n) est constante : $\forall n \in \mathbb{N},\quad c_n = c$.

Si $a + b \neq 1$, $\mathscr{A}$ contient la suite constante, de valeur $\dfrac{c}{1 - a - b}$.

Si $a + b = 1$, $a \neq 2$, $\mathscr{A}$ contient la suite arithmétique $(n\alpha)$, $\alpha = \dfrac{c}{2 - a}$.

Si $a = 2$, $b = -1$, $\mathscr{A}$ contient la suite $\left(c\dfrac{n^2}{2}\right)$.

Propriété 22

Étude du cas où (c_n) est la suite telle que $\forall n \in \mathbb{N}, c_n = n^p$, avec p fixé dans $\mathbb{N}^*$.

$\mathscr{A}$ contient une suite de la forme $\big(P(n)\big)$ où P est un polynôme avec :

- si $a + b \neq 1$: $\deg P = p$,
- si $a + b = 1, a \neq 2$: $\deg P = p + 1$,
- si $a = 2$, $b = -1$: $\deg P = p + 2$. ✎ (19)

✎ (19) Soit $P = \sum_{k=0}^{d} \alpha_k X^k$ avec $d = p, p+1$ ou $p+2$ selon le cas, et en écrivant que $\big(P(n)\big)$ appartient à $\mathscr{A}$, on obtient un système échelonné aux inconnues $\alpha_d, \alpha_{d-1}, \dots, \alpha_0$ dont les coefficients diagonaux sont $1-a-b$ dans le premier cas, $(2-a)(j+1)$, $j \in [\![0,p]\!]$ dans le deuxième, $(j+2)(j+1)$, $j \in [\![0,p]\!]$ dans le troisième.
Dans le deuxième cas, α_0 reste arbitraire dans le troisième α_0 et α_1 restent arbitraires.

Propriété 23

Principe de superposition des solutions ✎ (20)

Les scalaires a et b étant donnés avec $b \neq 0$, on considère deux suites (c_n) et (c'_n) de $\mathbb{K}^{\mathbb{N}}$ auxquelles sont associées les espaces affines $\mathscr{A}$ et $\mathscr{A}'$.

Alors si $(u_n) \in \mathscr{A}$ et si $(v_n) \in \mathscr{A}'$, la suite $(w_n) = (u_n) + (v_n)$ vérifie :

$$\forall n \in \mathbb{N},\quad w_{n+2} = a\, w_{n+1} + b\, w_n + c_n + c'_n$$

c'est-à-dire qu'elle appartient à l'espace $\mathscr{A}''$ associé à la suite $(c_n) + (c'_n)$.

✎ (20) On pourra rapprocher utilement ces résultats avec ceux qui ont été vus (chapitre 2) lors de l'étude des équations différentielles.

Exemple 8 Déterminer la suite réelle (u_n) vérifiant :

$$u_0 = 1\ ,\quad u_1 = \frac{7}{6}\ \text{ et }\ \forall n \in \mathbb{N}^*,\ u_{n+1} - 2u_n + u_{n-1} = n + 2$$

Les suites vérifiant $\forall n \in \mathbb{N}^*,\ u_{n+1} - 2u_n + u_{n-1} = 0$ sont $(\lambda n + \mu)_{n \in \mathbb{N}}$ avec $(\lambda, \mu) \in \mathbb{R}^2$.

D'après la propriété 21, la suite $(n^2)_{n \in \mathbb{N}}$ vérifie :

$$\forall n \in \mathbb{N}^*,\quad u_{n+1} - 2u_n + u_{n-1} = 2$$

D'après la propriété 22, il existe une suite de la forme $(\alpha n^3 + \beta n^2)_{n \in \mathbb{N}}$ vérifiant :

$$\forall n \in \mathbb{N}^*,\quad u_{n+1} - 2u_n + u_{n-1} = n$$

Par identification, on trouve $\alpha = \dfrac{1}{6}$, $\beta = 0$.

Ainsi, d'après les propriétés 20 et 23, la suite cherchée est de la forme $\left(\dfrac{n^3}{6} + n^2 + \lambda n + \mu\right)_{n \in \mathbb{N}}$

Avec $u_0 = 1$, il vient $\mu = 1$ et $u_1 = \dfrac{7}{6}$ donne $\lambda = -1$. Finalement, on a $u_n = \dfrac{n^3}{6} + n^2 - n + 1$.

F. Comparaison de suites

On considère des suites (x_n), (y_n), ... de $\mathbb{K}$, où $\mathbb{K}$ est $\mathbb{R}$ ou $\mathbb{C}$. Les scalaires sont des éléments de $\mathbb{R}$ ou de $\mathbb{C}$ suivant le contexte. ✎ (21)

✎ (21) Dans la pratique, la comparaison des suites (x_n) et (y_n) n'est essentiellement utilisée que si l'une d'elles, (y_n) par exemple, est inversible, c'est-à-dire $y_n \neq 0$ pour tout n. Il sera donc intéressant de préciser ce que deviennent ces relations lorsqu'on se place dans ce cadre.

1. Relation de domination

Définition 13

Une suite (x_n) est **dominée par** une suite (y_n) quand :

$$\exists\ \lambda \in \mathbb{R}_+^*,\ \exists p \in \mathbb{N},\ \forall n \geqslant p,\ |x_n| \leqslant \lambda\,|y_n|$$

Notation 1

On note alors $x_n = \mathcal{O}(y_n)$. ✎ (22)

✎ (22) Cette relation se lit : x_n égale grand $\mathcal{O}$ de y_n. Exemples : si $u_n \to +\infty$, $\dfrac{u_n}{\sqrt{u_n^2+1}} = \mathcal{O}(1)$, $\dfrac{2u_n^2+1}{u_n\sqrt{u_n+1}} = \mathcal{O}\left(\sqrt{u_n}\right)$

Remarques

- $x_n = \mathcal{O}(1)$ signifie que (x_n) est bornée.
- $x_n = \mathcal{O}(0)$ signifie que la suite est presque nulle.

Théorème 2

Étant donné deux suites (x_n) et (y_n), on a $x_n = \mathcal{O}(y_n)$ si et seulement si il existe une suite (u_n) bornée et $p \in \mathbb{N}$ tel que, pour tout $n \geqslant p$, $x_n = u_n y_n$.

☞ ▪ Si $x_n = \mathcal{O}(y_n)$, il existe $\lambda \in \mathbb{R}_+^*$ et $p \in \mathbb{N}$ tel que, pour tout $n \geqslant p$, $|x_n| \leqslant \lambda\,|y_n|$.

Définissons alors (u_n) par $u_n = 0$ si $y_n = 0$, $u_n = \dfrac{x_n}{y_n}$ si $y_n \neq 0$, on a bien pour tout $n \geqslant p$, $x_n = u_n y_n$ et il vient $|u_n y_n| \leqslant \lambda\,|y_n|$.

Si $y_n \neq 0$, on en déduit $|u_n| \leqslant \lambda$ et si $y_n = 0$, on a $u_n = 0$ donc encore $|u_n| \leqslant \lambda$.

En conséquence, $\forall n \in \mathbb{N}, |u_n| \leqslant \sup\left\{|u_0|, \ldots, \left|u_{p-1}\right|, \lambda\right\}$: (u_n) est bornée.

▪ S'il existe (u_n) bornée et $p \in \mathbb{N}$ tel que, pour tout $n \geqslant p$, $x_n = u_n y_n$, en posant $\lambda = \sup\limits_{n \in \mathbb{N}} |u_n|$ on a bien pour tout $n \geqslant p$, $|x_n| \leqslant \lambda\,|y_n|$.

Corollaire

Si (y_n) est inversible, $x_n = \mathcal{O}(y_n)$ équivaut à $\left(\dfrac{x_n}{y_n}\right)$ est bornée, c'est-à-dire à $\dfrac{x_n}{y_n} = \mathcal{O}(1)$.

Propriété 24

Transitivité

$x_n = \mathcal{O}(y_n)$ et $y_n = \mathcal{O}(z_n)$ implique $x_n = \mathcal{O}(z_n)$.

☞ $|x_n| \leqslant \lambda\,|y_n|$ pour $n \geqslant p$ et $|y_n| \leqslant \mu\,|z_n|$ pour $n \geqslant q$ donne $|x_n| \leqslant \lambda\mu\,|z_n|$ pour $n \geqslant \sup(p, q)$.

Propriété 25

Somme et produit par un scalaire

a) $x_n = \mathcal{O}(z_n)$ et $y_n = \mathcal{O}(z_n)$ implique $x_n + y_n = \mathcal{O}(z_n)$ ✎ (23)

b) $x_n = \mathcal{O}(z_n)$ et $\alpha \in \mathbb{K}$ implique $\alpha x_n = \mathcal{O}(z_n)$.

✎ (23) Dans cette propriété concernant la somme de deux suites, il faut souligner qu'on se place dans le cas où les suites (x_n) et (y_n) sont dominées par une **même** suite (z_n).

☞ a) $|x_n| \leqslant \lambda\,|z_n|$ pour tout $n \geqslant p$ et $|y_n| \leqslant \mu\,|z_n|$ pour $n \geqslant q$ donne :

$$|x_n + y_n| \leqslant (\lambda + \mu)\,|z_n| \text{ pour } n \geqslant \sup(p, q)$$

b) $|x_n| \leqslant \lambda\,|z_n|$ pour tout $n \geqslant p$ donne $|\alpha x_n| \leqslant \left(|\alpha| + \lambda\right)|z_n|$ pour $n \geqslant p$. ✎ (24)

✎ (24) Pour $\alpha \neq 0$, il suffit d'écrire $|\alpha x_n| \leqslant (|\alpha|\lambda)|z_n|$.

Propriété 26

Produit

$x_n = \mathcal{O}(u_n)$ et $y_n = \mathcal{O}(v_n)$ implique $x_n y_n = \mathcal{O}(u_n v_n)$

☞ $|x_n| \leqslant \lambda\, |u_n|$ pour $n \geqslant p$ et $|y_n| \leqslant \mu\, |v_n|$ pour $n \geqslant q$ donne :

$$|x_n y_n| \leqslant \lambda\, \mu\, |u_n v_n| \text{ pour } n \geqslant \sup(p, q)$$

Propriété 27

Limite nulle

Si $x_n = \mathcal{O}(y_n)$ et $\lim y_n = 0$, alors (x_n) converge vers 0.

☞ $|x_n| \leqslant \lambda\, |y_n|$ pour $n \geqslant p$ avec $\lim y_n = 0$ donne $\lim x_n = 0$.

2. Relation de prépondérance

Définition 14

Une suite (x_n) est **négligeable devant** une suite (y_n) quand :

$$\forall\, \varepsilon \in \mathbb{R}_+^*,\ \exists p \in \mathbb{N},\ \forall n \geqslant p,\ |x_n| \leqslant \varepsilon\, |y_n|$$

Notation 2

On note alors $x_n = o(y_n)$. ✎ (25)

✎ (25) Cette relation se lit :
x_n égale petit o de y_n.
Exemples :
si $u_n \to +\infty$, $\ell n\, u_n = o(u_n)$, $u_n^{99} = o\left(e^{u_n}\right)$
si $u_n \to 0$, $u_n > 0$, $\ell n\, u_n = o\left(\frac{1}{u_n}\right)$

Remarques

- Si $x_n = o(y_n)$, alors $x_n = \mathcal{O}(y_n)$.
- $x_n = o(1)$ signifie que (x_n) converge vers 0.

Théorème 3

Étant donné deux suites (x_n) et (y_n), on a $x_n = o(y_n)$ si et seulement si il existe une suite (u_n) de limite nulle et $p \in \mathbb{N}$ tel que pour tout $n \geqslant p$, $x_n = u_n y_n$.

☞ Si $x_n = o(y_n)$ alors on a $x_n = \mathcal{O}(y_n)$ et on peut construire (u_n), comme dans la démonstration du théorème 2, telle que, pour tout $n \geqslant p$, $x_n = u_n y_n$.
Pour tout $\varepsilon > 0$, il existe $q \geqslant p$ tel que pour tout $n \geqslant q$, $|x_n| \leqslant \varepsilon\, |y_n|$ d'où on déduit :

$$|u_n y_n| \leqslant \varepsilon\, |y_n|.$$

Si $|y_n| \neq 0$, il vient $|u_n| \leqslant \varepsilon$ et, si $y_n = 0$, on a $u_n = 0$ donc encore $|u_n| \leqslant \varepsilon$. En conséquence, on a $\lim u_n = 0$.
S'il existe (u_n) telle que $\lim u_n = 0$ et $p \in \mathbb{N}$ tel que pour tout $n \geqslant p$, $x_n = u_n y_n$, alors à tout $\varepsilon > 0$, on peut associer $q \geqslant p$ tel que pour tout $n \geqslant q$, $|u_n| \leqslant \varepsilon$ donc $|x_n| \leqslant \varepsilon\, |y_n|$, ce qui prouve que $x_n = o(y_n)$.

Corollaire

Si (y_n) est inversible, $x_n = o(y_n)$ équivaut à $\lim \dfrac{x_n}{y_n} = 0$.

Propriété 28

Transitivité mixte

a) Si $x_n = \mathcal{O}(y_n)$ et $y_n = o(z_n)$, alors $x_n = o(z_n)$.

b) Si $x_n = o(y_n)$ et $y_n = \mathcal{O}(z_n)$, alors $x_n = o(z_n)$.

☞ a) $x_n = u_n y_n$ avec (u_n) bornée et $y_n = v_n z_n$ avec $\lim v_n = 0$ donne :

$$x_n = u_n v_n z_n \text{ avec } \lim(u_n v_n) = 0$$

b) Même démonstration en échangeant les rôles de (x_n) et (y_n).

Propriété 29

Somme et produit par un réel

a) $x_n = o(z_n)$ et $y_n = o(z_n)$ implique $x_n + y_n = o(z_n)$. ✎ [26]

b) $x_n = o(z_n)$ et $\alpha \in \mathbb{K}$ implique $\alpha x_n = o(z_n)$.

✎ [26] Dans cette propriété concernant la somme de deux suites, il faut souligner qu'on se place dans le cas où les suites (x_n) et (y_n) sont négligeables devant une **même** suite (z_n).

☞ a) $x_n = u_n z_n$ et $y_n = v_n z_n$ avec $\lim u_n = \lim v_n = 0$ donne :

$$x_n + y_n = (u_n + v_n)z_n \text{ avec } \lim(u_n + v_n) = 0$$

b) $x_n = u_n z_n$ avec $\lim u_n = 0$ donne $\alpha x_n = \alpha u_n z_n$ avec $\lim \alpha u_n = 0$.

Propriété 30

Produit

$x_n = o(u_n)$ et $y_n = \mathcal{O}(v_n)$ implique $x_n y_n = o(u_n v_n)$

☞ $x_n = r_n u_n$ avec $\lim r_n = 0$ et $y_n = t_n v_n$ avec (t_n) bornée donne :

$$x_n y_n = r_n t_n\, u_n v_n \text{ avec } \lim r_n t_n = 0$$

3. Relation d'équivalence

Définition 15

On dit que (x_n) est **équivalente** à (y_n) lorsque $x_n - y_n = o(y_n)$.

Notation 3

On note alors $x_n \sim y_n$.

Remarques

- Étant donné $a \neq 0$, $x_n \sim a$ équivaut à $\lim x_n = a$.
- $x_n \sim 0$ signifie que (x_n) est presque nulle.

Théorème 4

Étant donné deux suites (x_n) et (y_n), on a $x_n \sim y_n$ si et seulement si il existe une suite (u_n) de limite nulle et $p \in \mathbb{N}$ tel que pour tout $n \geqslant p$, $x_n = y_n(1 + u_n)$. ✎ [27]

✎ [27] Cela revient à dire qu'il existe une suite (v_n) telle que $\lim v_n=1$ et $\forall n \geqslant p,\ x_n = y_n v_n$

☞ Il suffit d'appliquer le théorème 3.

Corollaire

Dans le cas où (y_n) est inversible, $x_n \sim y_n$ équivaut à $\lim \dfrac{x_n}{y_n} = 1$.

Propriété 31

La relation $\sim$ est une relation d'équivalence sur $\mathbb{K}^{\mathbb{N}}$.

☞
- Il est clair que la relation $\sim$ est réflexive.
- Si $x_n \sim y_n$ alors $x_n = v_n y_n$ avec $\lim v_n = 1$ donc $y_n = \dfrac{1}{v_n} x_n$ avec $\lim \dfrac{1}{v_n} = 1$, ce qui prouve que $y_n \sim x_n$: la relation $\sim$ est symétrique.
- Si $x_n \sim y_n$ et $y_n \sim z_n$, alors $x_n = u_n y_n$, $y_n = v_n z_n$ avec $\lim u_n = \lim v_n = 1$, donc $x_n = u_n v_n z_n$ avec $\lim u_n v_n = 1$, ce qui prouve que $x_n \sim z_n$: la relation $\sim$ est transitive.

Propriété 32

Limites

Si $x_n \sim y_n$ et $\lim y_n = a \in \overline{\mathbb{R}}$, alors (x_n) converge vers a.

Propriété 33

Inverse

Si (x_n) et (y_n) sont inversibles et si $x_n \sim y_n$, alors $\dfrac{1}{x_n} \sim \dfrac{1}{y_n}$.

Propriété 34

Produit

Si $x_n \sim u_n$ et $y_n \sim v_n$, alors $x_n y_n \sim u_n v_n$. ✎ (28)

✎ (28) La relation $\sim$ est compatible avec le produit mais elle ne **l'est pas** avec la somme.
Exemple : avec $x_n = n + \sqrt{n}$, $y_n = \frac{1}{n} - n$, on a $x_n \sim n$, $y_n \sim -n$ mais **on n'a pas** $x_n + y_n \sim 0$.

Propriété 35

Avec des puissances

Si (x_n) et (y_n) sont strictement positives, pour tout réel α :

$$x_n \sim y_n \quad \Rightarrow \quad x_n^{\alpha} \sim y_n^{\alpha}$$

☞ Si une suite (φ_n) converge vers 1, il en est de même pour (φ_n^{α}).

Propriété 36

Avec l'exponentielle

$e^{x_n} \sim e^{y_n} \iff \lim(x_n - y_n) = 0$. ✎ (29)

✎ (29) Il faut remarquer que l'équivalence de (x_n) et (y_n) **ne donne pas** l'équivalence de e^{x_n} et e^{y_n}.
Exemple : avec $x_n = n^2 + n$, $y_n = n^2$, on a $x_n \sim y_n$ mais $\lim \frac{e^{x_n}}{e^{y_n}} = +\infty$.

☞ $e^{x_n} \sim e^{y_n}$ équivaut à $\lim \dfrac{e^{x_n}}{e^{y_n}} = 1$, c'est-à-dire $\lim e^{x_n - y_n} = 1$, ce qui équivaut à :

$$\lim(x_n - y_n) = 0$$

Propriété 37

Avec le logarithme

Si (x_n) et (y_n) sont strictement positives :

$$\left[x_n \sim y_n \text{ et } \lim y_n = \ell \in \overline{\mathbb{R}} \setminus \{1\}\right] \quad \Rightarrow \quad \ln x_n \sim \ln y_n$$ ✎ (30)

✎ (30) Dans la pratique, ce résultat présente un réel intérêt pour $\ell = 0$ ou $\ell = +\infty$.

☞ Puisque (y_n) admet une limite $\ell \neq 1$, il existe $p \in \mathbb{N}$ tel que $\forall n \geqslant p$, $y_n \neq 1$.

Pour tout $n \geqslant p$, $\dfrac{\ln x_n}{\ln y_n} = 1 + \dfrac{\ln \frac{x_n}{y_n}}{\ln y_n}$. Avec $\lim \dfrac{x_n}{y_n} = 1$, il vient $\lim \ln \dfrac{x_n}{y_n} = 0$.

Puisque $\lim \ln y_n = \ln \ell \neq 0$, il vient $\lim \dfrac{\ln x_n}{\ln y_n} = 1$.

G. Comparaison des suites de référence

Les suites de référence classiques sont (n^{α}), (a^n) avec $a > 1$, $(n!)$, (n^n) et $(\ln n)^{\beta}$.

Propriété 38

Si (u_n) est une suite de réels telle que $\forall n \in \mathbb{N}$, $u_n > 0$ et $\lim \dfrac{u_{n+1}}{u_n} < 1$, ✎ (31) on a :

$$\lim u_n = 0.$$

✎ (31) Cet énoncé suppose que $\left(\frac{u_{n+1}}{u_n}\right)$ converge et que $\lim \frac{u_{n+1}}{u_n} \in [0,1[$.

☞ Soit $\ell = \lim \frac{u_{n+1}}{u_n}$ et $r \in]\ell, 1[$. Il existe $p \in \mathbb{N}$ tel que $\forall n \geqslant p$, $\frac{u_{n+1}}{u_n} \leqslant r$.
Il s'ensuit $u_{n+1} \leqslant r^{n+1-p} u_p$ puis $\lim u_n = 0$.

Propriété 39

Avec $a > 1$, $n^{\alpha} = o\left(a^n\right)$.

☞ Posons $u_n = \frac{n^{\alpha}}{a^n}$. On en déduit que $\frac{u_{n+1}}{u_n} = \frac{1}{a}\left(1 + \frac{1}{n}\right)^{\alpha}$ converge vers $\frac{1}{a}$.

Comme $0 \leqslant \frac{1}{a} < 1$, on conclut, avec la propriété 38, que $\lim u_n = 0$.

Propriété 40

$n! = o\left(n^n\right)$.

☞ Posons $u_n = \frac{n!}{n^n}$. Avec $\frac{u_{n+1}}{u_n} = \left(\frac{n}{n+1}\right)^n = \left(1 + \frac{1}{n}\right)^{-n}$, il vient $\lim \frac{u_{n+1}}{u_n} = \frac{1}{e} < 1$.

On conclut alors avec la propriété 38 que $\lim u_n = 0$.

Propriété 41

$a^n = o\left(n!\right)$.

☞ Posons $u_n = \frac{a^n}{n!}$. Avec $\frac{u_{n+1}}{u_n} = \frac{a}{n+1}$, il vient $\lim \frac{u_{n+1}}{u_n} = 0$.
On conclut alors comme ci-dessus.

Propriété 42

Avec $\alpha > 0$ et $\beta > 0$, $(\ell n\, n)^{\beta} = o\left(n^{\alpha}\right)$.

☞ Posons $u_n = \frac{(\ell n\, n)^{\beta}}{n^{\alpha}}$. Nous avons $u_n = \left(\frac{\beta}{\alpha}\,\frac{\ell n\left(n^{\alpha/\beta}\right)}{n^{\alpha/\beta}}\right)^{\beta}$.

En utilisant $\lim\limits_{x \to +\infty} \frac{\ell n\, x}{x} = 0$, il vient $\lim u_n = 0$.

Exemple 9 Montrer que $\sum\limits_{k=0}^{n} e^{k^2} \sim e^{n^2}$.

Notons $u_n = \sum\limits_{k=0}^{n} e^{k^2}$. Pour tout $k \in [\![0, n-1]\!]$, on a $k^2 - n^2 \leqslant -n$.

Il s'ensuit $e^{k^2 - n^2} \leqslant e^{-n}$ puis $0 \leqslant u_n e^{-n^2} - 1 = \sum\limits_{k=0}^{n-1} e^{k^2 - n^2} \leqslant n e^{-n}$.

Avec $\lim n e^{-n} = 0$ il vient $\lim u_n e^{-n^2} = 1$ c'est-à-dire $u_n \sim e^{n^2}$.

L'essentiel

I. Plan d'étude d'une suite récurrente : $u_{n+1} = f(u_n)$

a) Étudier la fonction f

b) Étudier la fonction $g : x \mapsto f(x) - x$ de façon à préciser :

- les points fixes de f,
- le signe de $f(x) - x$,
- les intervalles stables par f.

c) Une interprétation graphique peut permettre de visualiser le comportement de la suite.

d) Pour achever l'étude :

- si f est croissante sur un intervalle stable I contenant u_{n_0}, alors (u_n) est monotone et le théorème de convergence des suites monotones permettra de conclure.

→ Voir *Cours*, exemple 1

- si f est décroissante sur un intervalle stable I contenant u_{n_0}

– on peut étudier les deux suites $\left(u_{2n}\right)$ et $\left(u_{2n+1}\right)$ qui sont monotones, de sens de variation opposés, et comparer leurs limites éventuelles. La suite (u_n) sera convergente si et seulement si $\left(u_{2n}\right)$ et $\left(u_{2n+1}\right)$ sont adjacentes.

→ Voir *Mise en œuvre*, exercice 1

– pour montrer directement que (u_n) converge vers un point fixe ℓ, on peut essayer de majorer $|u_{n+1} - \ell| = |f(u_n) - f(\ell)|$ avec l'inégalité des accroissements finis.

→ Voir *Mise en œuvre*, exercice 2

– pour montrer que (u_n) ne converge pas vers ℓ, point fixe de f, on peut de même évaluer $|u_{n+1} - \ell| = |f(u_n) - f(\ell)|$ au moyen de la formule des accroissements finis.

→ Voir *Mise en œuvre*, exercice 1

II. Suites récurrentes linéaires ou affines

✔ **Si l'on veut** étudier une suite récurrente $u_{n+2} = f\left(u_n, u_{n+1}\right)$

- **on peut** penser à introduire une suite auxiliaire qui permet de se ramener à une récurrence linéaire ou affine.

  → Voir *Mise en œuvre*, exercice 3

III. Le théorème de Cesaro

✔ **Si l'on veut** déterminer un équivalent simple du terme général d'une suite récurrente à termes strictement positifs, de limite 0 en $+\infty$

- **on peut** si l'on connaît un réel α tel que $u_{n+1}^{\alpha} - u_n^{\alpha}$ ait une limite finie non nulle λ, appliquer le théorème de Cesaro pour obtenir $\lim \dfrac{u_n^{\alpha}}{n} = \lambda$ et donc $u_n \sim (\lambda n)^{\frac{1}{\alpha}}$.

  → Voir *Mise en œuvre*, exercice 4

Mise en œuvre

Ex. 1

Étudier la suite réelle $(u_n)_{n\in\mathbb{N}}$ définie par $u_0 > 0$ et $\forall n \in \mathbb{N},\ u_{n+1} = \dfrac{e^{-u_n}}{u_n}$.

Indications

Un seul point fixe α caractérisé par $e^{-\alpha} = \alpha^2$. De $|f'(\alpha)| > 1$, on déduit que $(u_n)_{\mathbb{N}}$ ne peut pas converger vers α.

Solution

Il s'agit d'une suite récurrente associée à la fonction :

$$f\ :\ ]0,+\infty[\to]0,+\infty[,\ x \mapsto \frac{e^{-x}}{x}$$

f est continue et décroissante. La fonction $g\ :\ x \mapsto f(x) - x$ est également décroissante, et a pour image $\mathbb{R}$. Elle s'annule en un point unique α défini par $e^{-\alpha} = \alpha^2$, avec $\frac{1}{2} < \alpha < 1$.

Les suites extraites (u_{2n}) et (u_{2n+1}) sont associées à la fonction $f \circ f$ qui est croissante. Ces suites extraites sont donc monotones, de sens de variation contraires, donnés par le signe de $f \circ f(x) - x$.

Notons que $f \circ f(x) - x = \dfrac{e^{-f(x)}}{f(x)} - x = x\left(e^{x-f(x)} - 1\right)$.

Tableau résumé :

x	0		α		$+\infty$
$f(x)$	$+\infty$	↘	α	↘	0
$f(x) - x$		$+$	0	$-$	
$f \circ f(x) - x$		$-$	0	$+$	

Représentation graphique

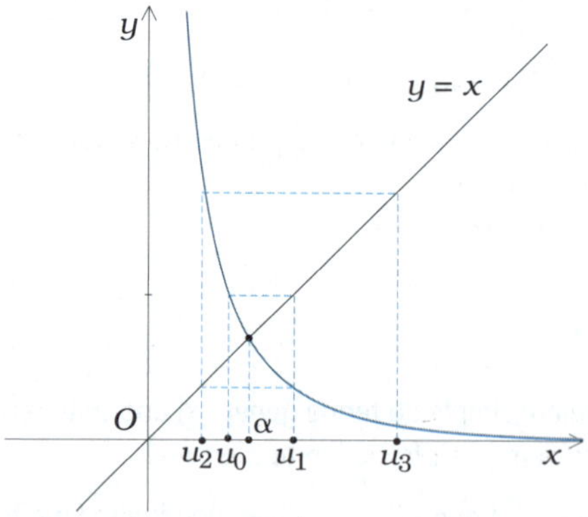

Montrons que si $u_0 \neq \alpha$, $(u_n)_{\mathbb{N}}$ diverge.

Notons d'abord que $u_0 \neq \alpha$ équivaut à $f(u_0) \neq f(\alpha)$ c'est-à-dire $u_1 \neq \alpha$ et par récurrence $\forall n \in \mathbb{N}$, $u_0 \neq \alpha$ équivaut à $u_n \neq \alpha$.

L'une des deux suites (u_{2n}) et (u_{2n+1}) est à valeurs dans $]0,\alpha[$ et l'autre dans $]\alpha,+\infty[$ donc si (u_n) converge, ce ne peut être que vers le point fixe α.

Or en remarquant que $f'(x) = -\dfrac{e^{-x}}{x} - \dfrac{e^{-x}}{x^2}$ donne $f'(\alpha) = -1 - \alpha$,

Commentaires

Il est clair que $u_0>0$ donne $u_n>0$ pour tout n et on se limite donc à l'intervalle $]0,+\infty[$.

C'est un produit de fonctions positives décroissantes. Il n'est pas utile de calculer f'.

g est un homéomorphisme de $\mathbb{R}_+^*$ sur $\mathbb{R}$.

$g\left(\frac{1}{2}\right) \approx 0{,}71$

$g(1) \approx -0{,}63$.

Donc le signe de $f \circ f(x) - x$ est celui de $x - f(x)$ et α est aussi l'unique point fixe de $f \circ f$.

Le croquis doit être assez précis pour observer que u_n s'écarte de α.

f est bijective de $\mathbb{R}_+^*$ sur lui-même.

Les deux intervalles $]0,\alpha[$ et $]\alpha,+\infty[$ sont stables par f^2.

il existe $\lambda \in \mathbb{R}$ tel que $f'(\alpha) < \lambda < -1$.
La fonction f' étant continue en α, il existe $\eta > 0$ tel que :

$$\forall x \in [\alpha - \eta, \alpha + \eta], f'(x) \leqslant \lambda$$

Si (u_n) converge vers α, il existe $n_0 \in \mathbb{N}$ tel que, pour tout $n \geqslant n_0$, $|u_n - \alpha| \leqslant \eta$. Donc, pour tout $n \geqslant n_0$, la formule des accroissements finis donne : $|u_{n+1} - \alpha| = |f(u_n) - f(\alpha)| = |u_n - \alpha| \, |f'(c_n)|$, $c_n \in]\alpha, u_n[$ puis $|u_{n+1} - \alpha| \geqslant |u_n - \alpha| \, |\lambda|$, il en résulte $|u_n - \alpha| \geqslant |\lambda|^{n-n_0} \, |u_{n_0} - \alpha|$
Puisque $|u_{n_0} - \alpha| > 0$ et $|\lambda| > 1$ on déduit de cette inégalité que $\lim\limits_{n \to +\infty} |u_n - \alpha| = +\infty$, ce qui est évidemment contradictoire.

Donc $|f'(\alpha)| > |\lambda| > 1$.
À $\varepsilon = |f'(\alpha)| - |\lambda| > 0$ on peut associer $\eta > 0$ tel que :
$|x - \alpha| \leqslant \eta \Rightarrow |f'(x) - f'(\alpha)| \leqslant \varepsilon$ donc
$|x - \alpha| \leqslant \eta \Rightarrow f'(x) \leqslant f'(\alpha) + \varepsilon = \lambda$.

Car $c_n \in [\alpha - \eta, \alpha + \eta]$

On dit que α est un point **répulsif**.

Précisons maintenant le comportement des suites (u_{2n}) et (u_{2n+1}).

- **Premier cas** : $0 < u_0 < \alpha$, alors $u_1 > \alpha$.

$u_2 - u_0 = f \circ f(u_0) - u_0 < 0$, $u_3 - u_1 = f \circ f(u_1) - u_1 > 0$.
La suite (u_{2n}) est strictement décroissante et minorée par 0. Elle est donc convergente et sa limite ℓ est dans $[0, u_0]$.
Pour $\ell \in]0, u_0]$, ℓ est point fixe de $f \circ f$. Or $f \circ f$ n'a pas de point fixe sur $]0, u_0]$, en conséquence $\ell = 0$.

$f \circ f$ est continue sur $]0, u_0]$.

La suite (u_{2n+1}) est croissante. Si elle converge, sa limite ℓ' est dans $[u_1, +\infty[$ et c'est un point fixe de $f \circ f$. Comme $f \circ f$ n'a pas de point fixe sur $[u_1, +\infty[$, il vient $\lim u_{2n+1} = +\infty$.

$f \circ f$ est continue sur $]u_1, +\infty]$.

- **Deuxième cas** : $u_0 = \alpha$, la suite (u_n) est constante, égale à α.
- **Troisième cas** : $u_0 > \alpha$, alors $0 < u_1 < \alpha$.

On retrouve le premier cas, avec la suite (v_n) définie par $v_n = u_{n+1}$.

Ex. 2

Étudier la suite $(u_n)_{\mathbb{N}}$ définie par $u_0 \in \mathbb{R}$ et $\forall n \in \mathbb{N}$, $u_{n+1} = \dfrac{\pi}{3\sqrt{3}} \cos u_n$.

Indications

Pour tout u_0, on a $\forall n \geqslant 2$, $u_n \in \left[0, \dfrac{\pi}{2}\right]$, on peut se limiter à $u_0 \in \left[0, \dfrac{\pi}{2}\right]$.

Solution

L'étude de :

$$f : x \mapsto \frac{\pi}{3\sqrt{3}} \cos x$$

et de :

$$g : x \mapsto \frac{\pi}{3\sqrt{3}} \cos x - x$$

ne présentant ici aucune difficulté, donnons simplement l'interprétation graphique.

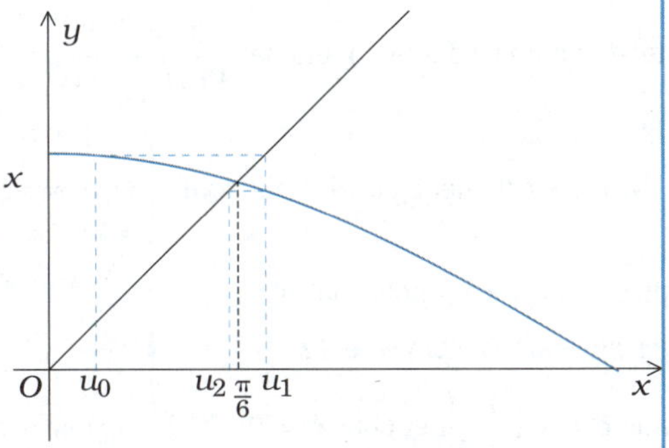

Remarquons que $f'(x) = -\dfrac{\pi}{3\sqrt{3}} \sin x$ donne $\forall x \in \mathbb{R}, |f'(x)| \leqslant \dfrac{\pi}{3\sqrt{3}}$ donc, avec l'inégalité des accroissements finis, il vient :

$$\forall n \in \mathbb{N}, \left|u_{n+1} - \frac{\pi}{6}\right| = \left|f(u_n) - f\left(\frac{\pi}{6}\right)\right| \leqslant \frac{\pi}{3\sqrt{3}} \left|u_n - \frac{\pi}{6}\right|$$

puis par une récurrence immédiate :

$$\forall n \in \mathbb{N}, \left|u_n - \frac{\pi}{6}\right| \leqslant \left(\frac{\pi}{3\sqrt{3}}\right)^n \left|u_0 - \frac{\pi}{6}\right|$$

De $\dfrac{\pi}{3\sqrt{3}} < 1$, on déduit alors $\lim u_n = \dfrac{\pi}{6}$.

Commentaires

Pour tout $u_0 \in \mathbb{R}$, on a :

$$-\frac{\pi}{2} < u_1 < \frac{\pi}{2}$$

puis $0 < u_2 < \frac{\pi}{2}$

et $\left]0, \frac{\pi}{2}\right[$ étant stable par f, il vient :

$$\forall n \geqslant 2, u_n \in \left]0, \frac{\pi}{2}\right[$$

$\frac{\pi}{6}$ est l'unique point fixe de f.

On dit que le point $\frac{\pi}{6}$ est **attractif**.

Ex. 3

Étudier la suite (u_n) définie par $u_0 = 1$, $u_1 = 2$ et $6u_n u_{n+1} - 5u_n u_{n+2} + u_{n+1}u_{n+2} = 0$.

Indications

Commencer par prouver que pour tout $n \in \mathbb{N}$, $u_n \neq 0$. Puis introduire la suite $(v_n) = \left(\dfrac{1}{u_n}\right)$.

Solution

- Montrons tout d'abord que $u_n \neq 0$ pour tout $n \in \mathbb{N}$. C'est en effet vrai pour les premiers termes et si c'est le cas jusqu'au rang $n+1$, l'égalité $u_{n+2}(5u_n - u_{n+1}) = 6u_n u_{n+1}$ montre qu'il en est de même au rang $n+2$. On obtient donc le résultat par récurrence.
- En divisant par $u_n u_{n+1} u_{n+2}$ et en posant $v_n = \dfrac{1}{u_n}$ on est ramené à l'étude de la suite (v_n) définie par :

$$v_0 = 1 \ , \ v_1 = \frac{1}{2} \ \text{ et } \ 6v_{n+2} - 5v_{n+1} + v_n = 0$$

L'équation caractéristique $6x^2 - 5x + 1 = 0$ admet $\dfrac{1}{2}$ et $\dfrac{1}{3}$ pour racines.

Il existe λ et μ tels que, pour tout $n \in \mathbb{N}$, $v_n = \dfrac{\lambda}{2^n} + \dfrac{\mu}{3^n}$.

λ et μ sont définis par $\lambda + \mu = 1$ et $\dfrac{\lambda}{2} + \dfrac{\mu}{3} = \dfrac{1}{2}$ ce qui donne $\lambda = 1$ et $\mu = 0$. On a donc, pour tout n, $v_n = \dfrac{1}{2^n}$ et par suite, pour tout n, $u_n = 2^n$.

Commentaires

Le raisonnement par récurrence est évidemment à privilégier dans l'étude des propriétés de ce type de suite.

Remarquons que pour initialiser la récurrence, il faut ici vérifier que les deux premiers termes u_0 et u_1 sont non nuls.

Ex. 4

1) Étudier la suite réelle (u_n) définie par $u_0 = 1$ et $u_{n+1} = u_n \dfrac{1 + 2u_n}{1 + 3u_n}$.

2) Trouver un équivalent de u_n.

Indications

Pour le **1)**, la suite est décroissante et minorée. Pour le **2)**, étudier $\dfrac{1}{u_{n+1}} - \dfrac{1}{u_n}$.

Solution

1) Il est immédiat de vérifier que u_n est strictement positif pour tout $n \in \mathbb{N}$.

Il s'ensuit $\quad 0 < \dfrac{1 + 2u_n}{1 + 3u_n} < 1 \quad$ puis $\quad u_{n+1} < u_n$ pour tout n.

Décroissante et minorée (par 0), la suite (u_n) est convergente.

Sa limite appartient à $[0, 1]$ et vérifie $\ell = \ell \dfrac{1 + 2\ell}{1 + 3\ell}$ et donc $\ell = 0$.

2) De $\dfrac{u_n}{u_{n+1}} = 1 + \dfrac{u_n}{1 + 2u_n}$ on déduit $\dfrac{1}{u_{n+1}} - \dfrac{1}{u_n} = \dfrac{1}{1 + 2u_n}$,

donc la suite (v_n) définie par $v_n = \dfrac{1}{u_{n+1}} - \dfrac{1}{u_n}$ admet 1 pour limite.

On en déduit que $\displaystyle \lim_{n \to +\infty} \frac{1}{n} \sum_{k=0}^{n-1} v_k = 1$.

Avec $\displaystyle \sum_{k=0}^{n-1} v_k = \frac{1}{u_n} - 1$ il vient $\dfrac{1}{u_n} \sim n$ soit $u_n \sim \dfrac{1}{n}$.

Commentaires

Cette remarque rend inutile l'étude complète de la fonction $f : x \mapsto x\frac{1+2x}{1+3x}$ de même que l'interprétation graphique.

Car f est continue sur $[0,1]$ donc continue en ℓ.

C'est le théorème de Cesaro.

Exercices

Niveau 1

Suites récurrentes $u_{n+1} = f(u_n)$

Ex. 1

Étudier la suite réelle définie par :

$$u_0 = \frac{1}{2} \text{ et } u_{n+1} = \frac{3}{16} + u_n^2.$$

Ex. 2

Étudier la suite (u_n) définie par :

$$u_0 \in]1, +\infty[\text{ et } u_{n+1} = \sqrt{\frac{1}{2}(u_n^2 + 7u_n)} - 1.$$

Ex. 3

Étudier les suites réelles (u_n) définies par :

$$u_{n+1} = \ell n(1 + 2u_n).$$

Récurrence linéaire ou affine

Ex. 4

Étudier la suite de réels (u_n) définie par la donnée de $u_0 > 0$, $u_1 > 0$, $k > 0$, et :

(1) $u_n u_{n+2} = k u_{n+1}^3$ pour tout $n \in \mathbb{N}$.

Ex. 5

Étudier les suites (u_n) qui vérifient :

$$\forall n \in \mathbb{N}, \ u_{n+2} - 4u_{n+1} + 4u_n = 2^n \quad (1).$$

Théorème de Cesaro

Ex. 6

Étant donné $a > 0$, on considère une fonction f strictement positive sur $[0, a]$ et telle que :

$$\lim_{x \to 0} \frac{f(x)}{x} = \ell \geqslant 0$$

Montrer que la suite de terme général :

$$\sqrt[n]{n! f(a) f\left(\frac{a}{2}\right) \ldots f\left(\frac{a}{n}\right)}$$

admet $a\ell$ pour limite.

Ex. 7

Soit (u_n) la suite réelle définie par :

$$u_0 > 0 \text{ et } u_{n+1} = \sqrt{\sum_{k=0}^{n} u_k}.$$

1) Montrer que $\lim u_n = +\infty$.

2) En considérant $u_{n+1} - u_n$, prouver que $u_n \sim \frac{n}{2}$.

Niveau 2

Avec solution détaillée

Ex. 8

Soit la suite réelle (u_n) définie par :

$$u_0 = 1 \ , \ u_1 = 0 \text{ et } u_{n+2} = (n+1)(u_{n+1} + u_n).$$

Calculer u_n en fonction de n.

Ex. 9

Soit (s_n) une suite de réels de limite 0 et telle que :

$$s_n + s_{n+1} \sim \frac{1}{n}.$$

1) On suppose que (s_n) est décroissante, montrer que $s_n \sim \frac{1}{2n}$.

2) En considérant la suite $\left(\frac{1}{2n} + \frac{(-1)^n}{\sqrt{n}}\right)_{n \geqslant 1}$, prouver que ce résultat est en défaut si (s_n) n'est pas décroissante.

Ex. 10

On considère une suite (a_n) de réels positifs ou nuls, avec $a_0 > 0$ et $a_1 > 0$.

Pour tout $n \in \mathbb{N}^*$, on pose $P_n(x) = -a_0 + \sum_{k=1}^{n} a_k x^k$.

1) Montrer que P_n admet une et une seule racine strictement positive. On notera u_n cette racine.

2) Montrer que la suite (u_n) est convergente.

Dans le cas particulier où la suite (a_n) est définie par $a_n = n + 1$, calculer la limite de (u_n).

Ex. 11

1) Étant donné $n \in \mathbb{N}^*$, montrer que le polynôme P_n défini par :

$$P_n(x) = x^n + x - 1$$

a une unique racine dans l'intervalle $]0, 1[$.

On notera α_n cette racine.

2) Étudier la suite (α_n).

Ex. 12

Soit (u_n) la suite réelle définie par :

$$u_0 \in \left]0, \frac{1}{2}\right[\text{ et } u_{n+1} = (1 - u_n)u_n.$$

1) Étudier la suite (u_n) et montrer que :

$$\text{pour tout } n \in \mathbb{N},\ u_n < \frac{1}{n+1}.$$

2) En considérant la suite $\left(\frac{1}{u_{n+1}} - \frac{1}{u_n}\right)$, trouver un équivalent de u_n.

Avec éléments de solution

Ex. 13

À $(x_n)_{\mathbb{N}}$ suite de réels positifs, on associe $(y_n)_{\mathbb{N}}$ par :

$$y_n = \sqrt{x_0 + \sqrt{x_1 + \sqrt{\cdots + \sqrt{x_n}}}}$$

($n + 1$ radicaux emboités).

1) Étudier $(y_n)_{\mathbb{N}}$ lorsque $(x_n)_{\mathbb{N}}$ est la suite constante de valeur 1.

2) Étudier $(y_n)_{\mathbb{N}}$ lorsque $(x_n)_{\mathbb{N}}$ est définie par :

$$\forall n \in \mathbb{N}, x_n = a^{2^{n+1}} \quad (a > 0 \text{ est donné})$$

3) Montrer que $(y_n)_{\mathbb{N}}$ converge dans chacun des cas suivants :

a) $x_n = n$ b) $x_n = n!$ c) $x_n = n^n$.

Ex. 14

1) Montrer que, pour tout $(x, y, z) \in \mathbb{R}_+^3$:

$$(x + y + z)^3 \geqslant 27xyz \quad (1).$$

2) On considère les suites réelles $(u_n)_{\mathbb{N}}$, $(v_n)_{\mathbb{N}}$ et $(w_n)_{\mathbb{N}}$ définies par $u_0 > v_0 > w_0 > 0$ et les relations de récurrence :

$$u_{n+1} = \frac{1}{3}\left(u_n + v_n + w_n\right), \quad v_{n+1} = \sqrt[3]{u_n v_n w_n}$$

$$\frac{1}{w_{n+1}} = \frac{1}{3}\left(\frac{1}{u_n} + \frac{1}{v_n} + \frac{1}{w_n}\right).$$

a) Pour tout $n \in \mathbb{N}$, comparer u_n, v_n et w_n.

b) Montrer que les trois suites convergent.

Indications

Ex. 2

Suite récurrente $u_{n+1} = f(u_n)$.

Ex. 3

Suite récurrente $u_{n+1} = f(u_n)$.

Ex. 4

Vérifier que $u_n > 0$ pour tout n et poser $v_n = \ell n\, u_n$.

Ex. 5

Poser $v_n = 2^{-n} u_n$.

Ex. 6

Passer au logarithme et utiliser Cesaro.

Ex. 7

1) Vérifier que $u_{n+1} = \sqrt{u_n + u_n^2}$.

2) Utiliser Cesaro.

Ex. 8

Montrer que $u_n - n u_{n-1} = (-1)^n$

puis utiliser $\dfrac{u_n}{n!} - \dfrac{u_{n-1}}{(n-1)!}$

Ex. 9

1) Encadrer $s_n + s_{n+1}$.

2) Un autre contre-exemple est fourni par la suite :

$$\left(s_n\right) : \frac{1}{2n}, \quad s_{2n+1} = e^{-n}.$$

Ex. 10

1) P_n définit une bijection de $[0, +\infty[$ sur $[-a_0, +\infty[$.

2) (a_n) est monotone.

$$(n+1)x^n + nx^{n-1} + \ldots + 2x = \frac{d}{dx}\left(x^{n+1} + x^n + \ldots + x^2\right)$$

Ex. 11

Établir que α_n est caractérisé par :

$$n\, \ell n\, \alpha_n = \ell n\left(1 - \alpha_n\right)$$

puis étudier la fonction :

$$f\ :]0,1[\to \mathbb{R}, t \mapsto \frac{\ell n(1-t)}{\ell n\, t}.$$

Ex. 12

1) Montrer $u_n < \dfrac{1}{n+1}$ par récurrence en utilisant la croissance stricte sur $\left[0, \dfrac{1}{2}\right]$ de $x \mapsto x(1-x)$.

2) Utiliser Cesaro.

Ex. 13

1) (y_n) est une suite récurrente.

2) On se ramène au premier cas.

3) Opérer par majoration en utilisant le 2).

Ex. 14

1) On utilise la concavité de ℓn.

2) a) $u_n > v_n > w_n$.

b) Prouver que (u_n) et (w_n) sont adjacentes.

Solutions des exercices

Niveau 1

Ex. 1

La fonction $f\ :\ x \mapsto x^2 + \dfrac{3}{16}$ est de classe $\mathcal{C}^\infty$ sur $\mathbb{R}$, paire et croissante sur $\mathbb{R}_+$. Ses points fixes sont $\dfrac{1}{4}$ et $\dfrac{3}{4}$.
L'intervalle $\left[\dfrac{1}{4}, \dfrac{3}{4}\right]$ est stable par f et $u_0 \in \left[\dfrac{1}{4}, \dfrac{3}{4}\right]$, donc $\forall n \in \mathbb{N},\ \ u_n \in \left[\dfrac{1}{4}, \dfrac{3}{4}\right]$. Puisque f est croissante sur $\left[\dfrac{1}{4}, \dfrac{3}{4}\right]$, la suite u_n est monotone. Avec $u_1 = \dfrac{7}{16}$, il vient $u_1 - u_0 < 0$ et (u_n) est décroissante. Décroissante et minorée, la suite (u_n) admet une limite $\ell \in \left[\dfrac{1}{4}, \dfrac{3}{4}\right]$. Puisque f est continue sur $\left[\dfrac{1}{4}, \dfrac{3}{4}\right]$, ℓ est point fixe de f.
Enfin, $u_0 < \dfrac{3}{4}$ donne $\dfrac{1}{4} \leqslant \ell \leqslant u_0 < \dfrac{3}{4}$ donc $\ell = \dfrac{1}{4}$.

Ex. 2

La fonction $f\ :\ x \mapsto \sqrt{\dfrac{1}{2}\left(x^2 + 7x\right)} - 1$ est continue et strictement croissante sur $[1, +\infty[$. Remarquons que $[1, +\infty[$ est stable par f. La suite (u_n) définie par $u_0 > 1$ et $u_{n+1} = f(u_n)$ est donc monotone.

Nous avons, pour tout $x \in [1, +\infty[$, $f(x) - x = -\dfrac{1}{2}\ \dfrac{x^2 - 3x + 2}{x + 1 + \sqrt{\dfrac{1}{2}(x^2 + 7x)}}$.

Les points fixes de f sont caractérisés par $x^2 - 3x + 2 = 0$. Ce sont donc 1 et 2. On remarque que $]1, 2[$ est stable par f et que $f(x) - x > 0$ sur $]1, 2[$. Ainsi, pour $u_0 \in]1, 2[$, (u_n) est croissante, majorée donc convergente vers $\ell \in [1, 2]$. Puisque f est continue sur $[1, 2]$, ℓ est un point fixe de f. Avec $\ell \geqslant u_0 > 1$, on en déduit $\ell = 2$.
De même $]2, +\infty[$ est stable par f et $f(x) - x < 0$ sur $]2, +\infty[$. Ainsi, pour $u_0 \in]2, +\infty[$, (u_n) est décroissante, minorée, donc convergente vers $\ell' \in [2, +\infty[$. La fonction f étant continue sur $[2, +\infty[$, ℓ' est un point fixe et donc $\ell' = 2$. Pour $u_0 = 2$, la suite est constante. En conclusion, quel que soit $u_0 > 1$, on a $\lim u_n = 2$.

Ex. 3

1) La fonction $f\ :\ x \mapsto \ell n(1 + 2x)$ est définie et de classe $\mathcal{C}^\infty$ sur $\left] -\dfrac{1}{2}, +\infty\right[$. Elle est croissante donc, si elle existe, la suite définie par $u_{n+1} = f(u_n)$ est monotone. Pour les points fixes de f, étudions la fonction g définie par $g(x) = f(x) - x$. $g'(x) = \dfrac{1 - 2x}{1 + 2x}$ donne g croissante sur $\left] -\dfrac{1}{2}, \dfrac{1}{2}\right]$ et décroissante sur $\left[\dfrac{1}{2}, +\infty\right[$.

En outre, $\lim\limits_{x \to +\infty} g(x) = \lim\limits_{x \to -\frac{1}{2}} g(x) = -\infty$ et $g\left(\dfrac{1}{2}\right) = \ell n\, 2 - \dfrac{1}{2} > 0$ est le maximum de g.

Outre le point fixe apparent 0, la fonction f admet un deuxième point fixe $c > \dfrac{1}{2}$.
Les cas où $u_0 = 0$ et $u_0 = c$ donnent (u_n) constante.

2) a) **Premier cas** : $u_0 \in]0, c[$. Pour tout n, u_n appartient à l'intervalle $[0, c]$ stable par f.
$f(x) - x \geqslant 0$ sur $[0, c]$ montre que la suite majorée (u_n) est croissante, et donc convergente.
On a alors $u_0 \leqslant \lim u_n \leqslant c$ donc f est continue au point $\ell = \lim u_n$, ce qui entraîne que ℓ est un point fixe de ℓ et la seule possiblité est $\ell = c$.

b) **Deuxième cas** : $u_0 > c$. Pour tout n, u_n appartient à l'intervalle $[c, +\infty[$ stable par f.
$f(x) - x \leqslant 0$ sur $[c, +\infty[$ montre que la suite minorée (u_n) est décroissante, et donc convergente.
On a alors $\lim u_n \geqslant c$. Comme précédemment, f est continue en $\ell = \lim u_n$, ℓ est donc un point fixe de f et la seule possibilité est $\ell = c$.

c) **Troisième cas** : $-\dfrac{1}{2} < u_0 < 0$. $f(u_0)$ appartient à $]-\infty, 0[$ et nous ne savons pas si u_1 appartient à l'ensemble de définition de f. Montrons qu'il existe $p \in \mathbb{N}$ tel que $u_p \leqslant -\dfrac{1}{2}$, on aura ainsi prouvé que la suite (u_n) ne comporte qu'un nombre fini de termes.

Si la suite était minorée par $-\dfrac{1}{2}$, elle serait décroissante minorée donc convergente avec $-\dfrac{1}{2} \leqslant \lim u_n \leqslant u_0$.

Pour $\lim u_n \in \left]-\dfrac{1}{2}, u_0\right]$, f serait continue en $\ell = \lim u_n$ donc ℓ serait point fixe de f. C'est impossible car les seuls points fixes sont 0 et c.

Pour $\lim u_n = -\dfrac{1}{2}$, on aurait $\lim u_{n+1} = -\dfrac{1}{2}$ et $\lim \ell n(1+2u_n) = -\infty$ ce qui est évidemment contradictoire.

En conséquence, il existe $p \in \mathbb{N}$ tel que $u_p \leqslant -\dfrac{1}{2}$.

Ex. 4

- Remarquons que $u_n > 0$, pour tout $n \in \mathbb{N}$. Posons alors $v_n = \ell n\, u_n$.

$u_n\, u_{n+2} = k u_{n+1}^3$ équivaut à $v_{n+2} = 3v_{n+1} - v_n + \ell n\, k$ (2).

- La suite constante $(-\ell n\, k)$ vérifie (2). Formons alors la suite (t_n) où $t_n = v_n + \ell n\, k$.

(t_n) vérifie (3) : $t_{n+2} = 3t_{n+1} - t_n$ pour tout $n \in \mathbb{N}$.

L'équation caractéristique de (3) admet $r_1 = \dfrac{3+\sqrt{5}}{2}$ et $r_2 = \dfrac{3-\sqrt{5}}{2}$ pour racines.

La suite (t_n) est de la forme $t_n = \lambda r_1^n + \mu r_2^n$ avec $t_0 = v_0 + \ell n\, k = \ell n(ku_0)$ et $t_1 = \ell n(ku_1)$.

λ et μ sont définis par $\lambda + \mu = t_0$ et $\lambda r_1 + \mu r_2 = t_1$ donc $\lambda = \dfrac{r_2 t_0 - t_1}{r_2 - r_1}$, $\mu = \dfrac{t_1 - r_1 t_0}{r_2 - r_1}$.

Ex. 5

- En posant $v_n = \dfrac{u_n}{2^n}$, la relation **(1)** s'écrit $v_{n+2} = 2v_{n+1} - v_n + \dfrac{1}{4}$ (2).

Étudier (u_n) revient à étudier (v_n) qui est une suite récurrente affine d'ordre 2.

- La suite $\dfrac{n^2}{8}$ vérifie (2), en application de la propriété 21.

Les suites (w_n) vérifiant $w_{n+2} = 2w_{n+1} - w_n$ (3) sont les suites arithmétiques $(\lambda + \mu n)$.

Les suites (v_n) qui vérifient (2) sont donc définies par $v_n = \dfrac{n^2}{8} + v_0 + n\left(v_1 - v_0 - \dfrac{1}{8}\right)$

et les suites (u_n) vérifiant (1) sont définies par $u_n = 2^n\left[u_0 + n\left(\dfrac{u_1}{2} - u_0 - \dfrac{1}{8}\right) + \dfrac{n^2}{8}\right]$.

Ex. 6

En posant $u_n = \sqrt[n]{n!\, f(a) f\left(\dfrac{a}{2}\right) \cdots f\left(\dfrac{a}{n}\right)}$ nous avons $\ell n\, u_n = \dfrac{1}{n}\displaystyle\sum_{k=1}^{n} \ell n\left(kf\left(\dfrac{a}{k}\right)\right)$.

$\displaystyle\lim_{x \to 0} \dfrac{f(x)}{x} = \ell$ nous donne que la suite $\left(nf\left(\dfrac{a}{n}\right)\right)$ converge vers $a\ell$ puisque $nf\left(\dfrac{a}{n}\right) = a\dfrac{f(a/n)}{a/n}$.

Il vient alors $\lim \ell n\left(nf\left(\dfrac{a}{n}\right)\right) = \ell n(a\ell)$.

Le théorème des sommes de Cesaro nous donne enfin $\lim \ell n\, u_n = \ell n(a\ell)$, puis $\lim u_n = a\ell$.

Ex. 7

1) Pour $n > 0$, $u_{n+1} = \sqrt{u_n + \sum_{k=0}^{n-1} u_k}$ nous donne $u_{n+1} = \sqrt{u_n + u_n^2}$.

Il vient aussi $u_{n+1} > u_n$ et la suite (u_n) croît sur $\mathbb{N}^*$. $x \mapsto \sqrt{x + x^2}$ étant continue sur $\mathbb{R}_+$, la limite réelle éventuelle de (u_n) est un point fixe de f. Or f admet 0 pour seul point fixe et, puisque $u_0 > 0$, la suite croissante (u_n) ne peut avoir 0 pour limite. Ainsi, $\lim u_n = +\infty$.

2) Formons $u_{n+1} - u_n = \dfrac{u_n}{\sqrt{u_n + u_n^2} + u_n} = \dfrac{1}{1 + \sqrt{1 + (1/u_n)}}$.

Avec $\lim u_n = +\infty$, il vient $\lim \left(u_{n+1} - u_n\right) = \dfrac{1}{2}$.

On en déduit (sommes de Cesaro) que $\lim \dfrac{1}{n} \sum_{k=0}^{n-1} (u_{k+1} - u_k) = \dfrac{1}{2}$ et donc $\lim \dfrac{u_n}{n} = \dfrac{1}{2}$, d'où $u_n \sim \dfrac{n}{2}$.

Niveau 2

Ex. 8

Pour tout $n \in \mathbb{N}^*$, nous avons $u_{n+1} - (n+1)u_n = -(u_n - nu_{n-1})$.
La suite $(v_n)_{n \in \mathbb{N}^*}$ définie par $v_n = u_n - nu_{n-1}$, de premier terme $v_1 = -1$, est géométrique de raison -1. Ainsi, $v_n = (-1)^n$ et $u_n - nu_{n-1} = (-1)^n$ pour tout $n \in \mathbb{N}^*$, d'où $\dfrac{u_n}{n!} - \dfrac{u_{n-1}}{(n-1)!} = \dfrac{(-1)^n}{n!}$.

En sommant, il vient $\dfrac{u_n}{n!} - u_0 = \sum_{k=1}^{n} \dfrac{(-1)^k}{k!}$ soit $\dfrac{u_n}{n!} = \sum_{k=0}^{n} \dfrac{(-1)^k}{k!}$.

$(*)$ Nous verrons au chapitre suivant que $\left(\sum_{k=0}^{n} \dfrac{(-1)^k}{k!}\right)$ admet $\dfrac{1}{e}$ pour limite. Il s'ensuit $u_n \sim \dfrac{n!}{e}$.

Ex. 9

1) Supposons la suite (s_n) décroissante. Avec $\lim s_n = 0$, il vient $s_n \geqslant 0$ pour tout n.

Posons $a_n = n(s_{n+1} + s_n)$. L'hypothèse $s_{n+1} + s_n \sim \dfrac{1}{n}$ nous donne $\lim a_n = 1$.

La décroissance de (s_n) nous donne $a_n \leqslant 2ns_n$ et $a_{n-1} \geqslant 2(n-1)s_n$.

Il s'ensuit $a_n \leqslant 2ns_n \leqslant \dfrac{n}{n-1} a_{n-1}$ puis $\lim 2ns_n = 1$. En conclusion, $s_n \sim \dfrac{1}{2n}$.

2) Montrons qu'il n'en est plus de même si (s_n) n'est pas décroissante.

Soit $s_n = \dfrac{1}{2n} + \dfrac{(-1)^n}{\sqrt{n}}$. Nous avons $s_n \sim \dfrac{(-1)^n}{\sqrt{n}}$.

Formons $s_n + s_{n+1} = (-1)^n \left(\dfrac{1}{\sqrt{n}} - \dfrac{1}{\sqrt{n+1}}\right) + \dfrac{1}{2n} + \dfrac{1}{2(n+1)}$

soit $s_n + s_{n+1} = \dfrac{(-1)^n}{\sqrt{n(n+1)}\left(\sqrt{n} + \sqrt{n+1}\right)} + \dfrac{1}{2n} + \dfrac{1}{2(n+1)}$

On en déduit $\lim n(s_n + s_{n+1}) = 1$ donc $s_n + s_{n+1} \sim \dfrac{1}{n}$.

Ex. 10

1) Pour tout x réel, on a $P_n'(x) = a_1 + \sum_{k=2}^{n} k a_k x^{k-1}$.

Tous les termes de la suite (a_n) étant positifs, avec $a_1 > 0$, il vient $\forall x \geqslant 0,\ P_n'(x) > 0$. La fonction polynôme P_n est donc strictement croissante sur $[0, +\infty[$. Avec $P_n(0) = -a_0 < 0$ et $\lim_{x \to +\infty} P_n(x) = +\infty$ (puisque, pour $x \geqslant 0,\ P_n(x) \geqslant a_1 x - a_0$) il vient que P_n réalise une bijection de $[0, +\infty[$ sur $[-a_0, +\infty[$ et il s'ensuit que P_n admet une unique racine strictement positive.

2) Remarquons que $P_{n+1}(x) = a_{n+1}x^{n+1} + P_n(x)$.

On a donc $P_{n+1}(u_n) = a_{n+1}u_n^{n+1} + P_n(u_n) = a_{n+1}u_n^{n+1} \geqslant 0$. Comme P_{n+1} est une bijection strictement croissante sur $\mathbb{R}_+$, de $P_{n+1}(u_{n+1}) = 0$ et $P_{n+1}(u_n) \geqslant 0$, on déduit $u_{n+1} \leqslant u_n$ et la suite (u_n) est décroissante. Cette suite étant en outre minorée par 0, on en déduit qu'elle est convergente.

3) Étudions le cas particulier où $a_n = n + 1$ pour tout $n \in \mathbb{N}$. On a alors $P_1(x) = 2x - 1$ et donc $u_1 = \frac{1}{2}$.

Pour $n \geqslant 2$, $P_n(x) = -1 + \sum_{k=1}^{n}(k+1)x^k = -1 + \frac{d}{dx}\left(\sum_{k=1}^{n} x^{k+1}\right)$.

Il s'ensuit que, pour tout $x \neq 1$, $P_n(x) = \frac{d}{dx}\left(\frac{x^2 - x^{n+2}}{1-x}\right) - 1$. On a donc, pour tout $x \geqslant 0$, $x \neq 1$:

$$P_n(x) = \frac{4x - 2x^2 - 1 - (n+2)x^{n+1} + (n+1)x^{n+2}}{(1-x)^2}$$

La suite (u_n) étant décroissante, avec $u_1 = \frac{1}{2}$, il vient $\forall n \geqslant 1,\ 0 \leqslant u_n \leqslant \frac{1}{2}$. Il en résulte que $0 \leqslant (n+2)u_n^{n+1} \leqslant \frac{n+2}{2^{n+1}}$ et donc $\lim (n+2)u_n^{n+1} = 0$. On montre de même que $\lim(n+1)u_n^{n+2} = 0$. La relation $P_n(u_n) = 0$ donne $4u_n - 2u_n^2 - 1 - (n+2)u_n^{n+1} + (n+1)u_n^{n+2} = 0$. En notant ℓ la limite de (u_n), il vient que ℓ vérifie $4\ell - 2\ell^2 - 1 = 0$. Comme ℓ est dans $\left[0, \frac{1}{2}\right]$, on a finalement $\ell = \frac{1}{2}(2 - \sqrt{2})$.

Ex. 11

1) La fonction $P_n : [0, +\infty[\to \mathbb{R}, x \mapsto x^n + x - 1$ est continue et strictement croissante.
Avec $P_n(0) = -1$ et $P_n(1) = 1$, il vient que P_n admet une racine unique α_n et que $\alpha_n \in]0, 1[$.

2) On a $\alpha_n^n + \alpha_n - 1 = 0$ et donc $n \ln \alpha_n = \ln(1 - \alpha_n)$.

Étudions alors la fonction $f :]0, 1[\to \mathbb{R}, t \mapsto \frac{\ln(1-t)}{\ln t}$.

Les deux fonctions $t \mapsto \ln(1-t)$ et $t \mapsto \frac{1}{\ln t}$ sont négatives et strictement décroissantes sur $]0, 1[$. Leur produit est donc une fonction positive et strictement croissante.
On a par ailleurs $\lim_0 f = 0$ et $\lim_1 f = +\infty$. f réalise donc une bijection de $]0, 1[$ sur $]0, +\infty[$.

Alors $n = f(\alpha_n)$ s'écrit $\alpha_n = f^{-1}(n)$ et il reste à remarquer que f^{-1} est strictement croissante et de limite 1 en $+\infty$ pour obtenir que (α_n) est strictement croissante et de limite 1.

Ex. 12

1) a) La fonction polynôme $f : x \mapsto x(1-x)$ vérifie $f\left(\left[0, \frac{1}{2}\right]\right) = \left[0, \frac{1}{4}\right] \subset \left[0, \frac{1}{2}\right]$. Elle est croissante sur $\left[0, \frac{1}{2}\right]$ et strictement positive sur $\left]0, \frac{1}{2}\right]$.

On en déduit $0 < u_n \leqslant \frac{1}{2}$ pour tout n. Avec $u_{n+1} - u_n = -u_n^2$, on voit que (u_n) est strictement décroissante.

Le seul point fixe de f dans $\left[0, \frac{1}{2}\right]$ étant 0, et f étant continue sur $\left[0, \frac{1}{2}\right]$, la suite (u_n) converge vers 0.

b) Montrons par récurrence que, pour tout $n \in \mathbb{N}$, $u_n < \frac{1}{n+1}$. C'est vrai pour u_0 : $u_0 < \frac{1}{2} < 1$.

Si $u_n < \frac{1}{n+1}$, la croissance stricte de f sur $\left]0, \frac{1}{2}\right[$ nous donne $u_{n+1} < \frac{1}{n+1}\left(1 - \frac{1}{n+1}\right)$

c'est-à-dire $u_{n+1} < \frac{n}{(n+1)^2}$. Il reste à constater que $\frac{n}{(n+1)^2} < \frac{1}{n+2}$ pour conclure.

2) On a $\frac{1}{u_{n+1}} - \frac{1}{u_n} = \frac{1}{1-u_n}$.

La suite de terme général $w_n = \frac{1}{u_{n+1}} - \frac{1}{u_n}$ converge donc vers 1. Le théorème de Cesaro nous donne alors $\lim \frac{1}{n}\sum_{k=0}^{n-1} w_k = 1$, et avec $\frac{1}{n}\sum_{k=0}^{n-1} w_k = \frac{1}{n}\left(\frac{1}{u_n} - \frac{1}{u_0}\right)$, il vient $\lim \frac{1}{nu_n} = 1$ donc $u_n \sim \frac{1}{n}$.

Ex. 13

1) La suite $(y_n)_{\mathbb{N}}$ vérifie $\forall n \in \mathbb{N}, y_{n+1} = \sqrt{1+y_n}$. On en déduit que $(y_n)_{\mathbb{N}}$ est croissante, convergente vers $\frac{1+\sqrt{5}}{2}$.

2) Avec $\sqrt{a^{2^{n+1}}} = a^{2^n}$, il vient finalement $y_n = a\sqrt{1+\sqrt{1+\sqrt{1+\cdots+\sqrt{1}}}}$

donc $(y_n)_{\mathbb{N}}$ converge vers $a\frac{1+\sqrt{5}}{2}$.

3) $(y_n)_{\mathbb{N}}$ est croissante, pour prouver qu'elle converge il suffit de prouver qu'elle est majorée par une suite convergente. Dans chacun des trois cas : $x_n = n$, $x_n = n!$ ou $x_n = n^n$, on établit par récurrence que $\forall n \in \mathbb{N}, x_n \leqslant 2^{2^{n+1}}$. Donc la suite $(y_n)_{\mathbb{N}}$ associée à $(x_n)_{\mathbb{N}}$ est majorée par $(y'_n)_{\mathbb{N}}$ associée à $\left(2^{2^{n+1}}\right)_{\mathbb{N}}$ et $(y'_n)_{\mathbb{N}}$ est convergente d'après 2).

Ex. 14

1) Si l'un des trois nombres x, y, z est nul, l'inégalité (1) est évidente.

Si x, y, z sont strictement positifs, (1) équivaut à $\ell n\left(\frac{x+y+z}{3}\right) \geqslant \frac{1}{3}(\ell n\, x + \ell n\, y + \ell n\, y)$ (2) qui est vraie par concavité de ℓn. Plus précisément, ℓn étant strictement concave, (1) est une inégalité stricte dès que x, y, z ne sont pas confondus.

2) Il est clair que l'on a pour tout $n \in \mathbb{N}$, $u_n > 0$, $v_n > 0$, $w_n > 0$.

a) Avec l'inégalité (1), on obtient par récurrence $\forall n \in \mathbb{N}, 0 < w_n < v_n < u_n$.

b) Le a) donne $u_{n+1} - u_n < 0$ et $\frac{1}{w_{n+1}} - \frac{1}{w_n} < 0$ donc $(u_n)_{\mathbb{N}}$ est décroissante et $(w_n)_{\mathbb{N}}$ est croissante.

Avec $u_{n+1} - w_{n+1} \leqslant u_{n+1} - w_n \leqslant \frac{1}{3}(u_n + v_n - 2w_n) \leqslant \frac{2}{3}(u_n - w_n)$, on obtient que :

$$0 < u_n - w_n \leqslant \left(\frac{2}{3}\right)^n (u_0 - w_0)$$

Donc $(u_n)_{\mathbb{N}}$ et $(w_n)_{\mathbb{N}}$ sont adjacentes et avec a), il en résulte que les trois suites convergent vers la même limite.

CHAPITRE

8 Étude locale des fonctions Développements limités

A. Comparaison au voisinage d'un point

1. Notations

On désigne par I un intervalle de $\mathbb{R}$ non vide non réduit à un point et a un élément de I ou une borne de I. On considère des fonctions f, g ... réelles définies sur I. ✎ (1)

L'expression «au voisinage de a» exprime que la propriété concerne l'intersection de I et

- d'un intervalle de centre a si a est un réel ;
- d'une demi-droite $]A, +\infty[$ ou $]-\infty, A[$, si $a = +\infty$ ou $a = -\infty$.

✎ (1) En remplaçant I par $I^* = I \setminus \{a\}$, les notions de cette section s'étendent au cas des fonctions définies sur I, sauf peut-être en a. De même, elles s'étendent sans aucun changement aux fonctions à valeurs complexes.

2. Définitions

Définition 1

f est **dominée** par g au voisinage de a, et on note :

$$f = \mathcal{O}_a(g) \quad \text{ou} \quad f = \mathcal{O}(g),\ (x \to a,\ x \in I)$$ ✎ (2)

lorsque au voisinage de a, $\exists \lambda > 0$, $|f(x)| \leqslant \lambda\,|g(x)|$

Définition 2

f est **négligeable** devant g (ou g est **prépondérante** devant f) au voisinage de a, et on note $f = o_a(g)$ ou $f = o(g)$, $(x \to a,\ x \in I)$ lorsque :

$$\forall \varepsilon > 0, \quad \text{au voisinage de } a, \quad |f(x)| \leqslant \varepsilon\,|g(x)|$$

Définition 3

f est **équivalente à** g au voisinage de a et on note $f \underset{a}{\sim} g$ ou $f \sim g$, $(x \to a,\ x \in I)$ lorsque :

$$f - g = o_a(g)$$

✎ (2) Lorsqu'il n'y a pas d'ambiguïté sur a, on note : $f = \mathcal{O}(g)$, $f = o(g)$ ou $f \sim g$ au lieu de $f = \mathcal{O}_a(g)$, $f = o_a(g)$ ou $f \underset{a}{\sim} g$.

Dans la pratique, on note souvent (abusivement) $f(x) = \mathcal{O}\big(g(x)\big)$ ou $f(x) = o\big(g(x)\big)$ ou $f(x) \sim g(x)$.

3. Propriétés ✎ (3)

✎ (3) Les comparaisons de suites ont été étudiées au chapitre 7.
Les propriétés des relations de comparaison de fonctions au voisinage d'un point sont données sans démonstrations lorsqu'une propriété analogue a été établie pour les suites.

3.1 – Domination au voisinage d'un point a

Propriété 1

a) Si g ne s'annule pas sur I, $f = \mathcal{O}(g)$ équivaut à $\dfrac{f}{g}$ est bornée au voisinage de a.

b) $f = \mathcal{O}(1)$ équivaut à f est bornée au voisinage de a.

Propriété 2

$f = \mathcal{O}(g)$ équivaut à : au voisinage de a, il existe une fonction λ bornée telle que

$$f(x) = \lambda(x) g(x)$$

Propriété 3

a) Étant donné les fonctions f_1, f_2, g,

$$\big[f_1 = \mathcal{O}(g) \quad \text{et} \quad f_2 = \mathcal{O}(g)\big] \;\Rightarrow\; f_1 + f_2 = \mathcal{O}(g)$$

b) La relation $\mathcal{O}$ est transitive. Étant donné f, g et h,

$$\big[f = \mathcal{O}(g) \quad \text{et} \quad g = \mathcal{O}(h)\big] \;\Rightarrow\; f = \mathcal{O}(h)$$

c) La relation $\mathcal{O}$ est compatible avec le produit : étant donné f_1, f_2, g_1 et g_2,

$$\big[f_1 = \mathcal{O}(g_1) \quad \text{et} \quad f_2 = \mathcal{O}(g_2)\big] \;\Rightarrow\; f_1 f_2 = \mathcal{O}\big(g_1 g_2\big)$$

Propriété 4

Soit a et b dans $\overline{\mathbb{R}}$. Si f_1 et f_2 sont des fonctions définies sur I telles que $f_1 = \mathcal{O}_a(f_2)$ et si g est une fonction définie sur I telle que $g(J) \subset I$ ✎ (4) et $\lim\limits_b g = a$ alors :

$$f_1 \circ g = \mathcal{O}_b(f_2 \circ g)$$

✎ (4) I et J sont deux intervalles de $\mathbb{R}$, a appartient à I ou est une borne de I. b appartient à J ou est une borne de J.

☞ Considérons le cas où a et b sont réels. ✎ (5)

$f_1 = \mathcal{O}_a(f_2)$: il existe $\alpha > 0$ et $\lambda > 0$ tels que : $\forall x \in I \cap]a-\alpha, a+\alpha[, \ |f_1(x)| \leqslant \lambda |f_2(x)|$

$\lim\limits_b g = a$: il existe $\beta > 0$ tel que : $\forall x \in J \cap]b-\beta, b+\beta[, \ |g(x) - a| \leqslant \alpha$.

Puisque $g(J) \subset I$, on a $\forall x \in J \cap]b-\beta, b+\beta[, \ g(x) \in I \cap]a-\alpha, a+\alpha[$ donc :

$$|f_1(g(x))| \leqslant \lambda |f_2(g(x))|$$

✎ (5) Les autres cas se démontrent de même en remplaçant $]a-\alpha,a+\alpha[$ par $]\alpha,+\infty[$ (resp. $]-\infty,\alpha[$) si $a=+\infty$ (resp. $a=-\infty$) et $]b-\beta,b+\beta[$ par $]\beta,+\infty[$ (resp. $]-\infty,\beta[$ si $b=+\infty$ (resp. $b=-\infty$).

3.2 – Prépondérance au voisinage d'un point a

Propriété 5

a) Si $f = o(g)$, alors $f = \mathcal{O}(g)$.

b) Si g ne s'annule pas sur I, $f = o(g)$ équivaut à : $\lim\limits_a \frac{f}{g} = 0$.

c) $f = o(1)$ équivaut à : $\lim\limits_a f = 0$.

Propriété 6

$f = o(g)$ équivaut à : au voisinage de a, il existe une fonction φ de limite 0 en a telle que :

$$f(x) = \varphi(x)g(x).$$

Propriété 7

a) Étant donné les fonctions f_1, f_2 et g,

$$[f_1 = o(g) \quad \text{et} \quad f_2 = o(g)] \Rightarrow f_1 + f_2 = o(g)$$

b) Étant donné les fonctions f, g et h,

$$[f = o(g) \text{ et } g = \mathcal{O}(h)] \Rightarrow f = o(h)$$
$$[f = \mathcal{O}(g) \text{ et } g = o(h)] \Rightarrow f = o(h)$$

c) Étant donné f_1, f_2, g_1 et g_2,

$$[f_1 = o(g_1) \text{ et } f_2 = \mathcal{O}(g_2)] \Rightarrow f_1 f_2 = o(g_1 g_2)$$
$$[f_1 = o(g_1) \text{ et } f_2 = o(g_2)] \Rightarrow f_1 f_2 = o(g_1 g_2)$$

Propriété 8

Soit a et b dans $\overline{\mathbb{R}}$. Si f_1 et f_2 sont des fonctions définies sur I telles que $f_1 = o_a(f_2)$ et si g est une fonction définie sur J telle que $g(J) \subset I$ et $\lim\limits_b g = a$, alors :

$$f_1 \circ g = o_b(f_2 \circ g)$$

☞ Considérons le cas où $a = +\infty$, $b = -\infty$. ✎ (6)

$f_1 = o_a(f_2)$: pour tout $\varepsilon > 0$, il existe $\alpha > 0$ tel que : $\forall x \in]\alpha, +\infty[, \ |f_1(x)| \leqslant \varepsilon |f_2(x)|$

$\lim\limits_{-\infty} g = +\infty$: il existe $\beta < 0$ tel que $\forall x \in]-\infty, \beta[, \ g(x) > \alpha$ donc :

$$\forall x \in]-\infty, \beta[, \ |f_1(g(x))| \leqslant \varepsilon |f_2(g(x))|$$

✎ (6) Les autres cas se prouvent de façon analogue : voir propriété 4.

Exemple 1 Au voisinage de $+\infty$,

a) $\forall \alpha, \forall r > 1, \quad x^\alpha = o(r^x)$; b) $\forall(\alpha, \beta), \ \alpha < \beta \Rightarrow x^\alpha = o(x^\beta)$;

c) $\forall \alpha > 0, \quad \ell n\, x = o(x^\alpha)$?

Au voisinage de 0,

a) $\forall \alpha > 0, \quad \ell n\, x = o\left(\frac{1}{x^\alpha}\right)$; b) $\forall(\alpha, \beta), \ \alpha < \beta \Rightarrow x^\beta = o(x^\alpha)$.

3.3 – Équivalence au voisinage d'un point a

Propriété 9

a) Si $f \sim g$, alors $f = \mathcal{O}(g)$ et $g = \mathcal{O}(f)$.

b) La relation « $\underset{a}{\sim}$ » est une relation d'équivalence sur l'ensemble des fonctions définies au voisinage de a.

Propriété 10

$f \sim g$ équivaut à : au voisinage de a, il existe une fonction φ telle que

$$\varphi = o(1) \text{ et } f = (1+\varphi)g$$

Propriété 11

a) Si g ne s'annule pas sur I, $f \sim g \iff \lim\limits_{a} \dfrac{f}{g} = 1$.

b) $\left[f \sim g \text{ et } \lim\limits_{a} g = \ell\right] \Rightarrow \lim\limits_{a} f = \ell$.

c) Si $f \underset{a}{\sim} g$ alors $f(x)$ et $g(x)$ sont de même signe au voisinage de a.

Propriété 12

La relation «$\sim$» est compatible avec le produit :

$$\left[f_1 \sim g_1 \text{ et } f_2 \sim g_2\right] \Rightarrow f_1 f_2 \sim g_1 g_2$$

Propriété 13

La relation «$\sim$» est compatible avec l'inverse : si f et g ne s'annulent pas au voisinage de a ;

$$f \sim g \Rightarrow \frac{1}{f} \sim \frac{1}{g}$$

Propriété 14

Avec l'exponentielle

$$e^f \sim e^g \iff g = f + o(1)$$

Propriété 15

Avec le logarithme

Si f et g sont strictement positives au voisinage de a :

$$\left[f \sim g \text{ et } \lim_{a} g = \ell \in \overline{\mathbb{R}} \setminus \{1\}\right] \Rightarrow \ell n f \sim \ell n g \text{ ✎ (7)}$$

✎ (7) Cette propriété n'est utile en pratique que pour $\ell = 0$ ou pour $\ell = +\infty$.

Propriété 16

Avec des puissances

Si f et g sont strictement positives au voisinage de a :

$$\left[f \sim g,\ \alpha \in \mathbb{R}\right] \Rightarrow f^\alpha \sim g^\alpha$$

Propriété 17

Soit a et b dans $\overline{\mathbb{R}}$. Si f_1 et f_2 sont des fonctions définies sur I telles que $f_1 \underset{a}{\sim} f_2$ et si g est une fonction définie sur J telle que $g(J) \subset I$ et $\lim\limits_{b} g = a$, alors :

$$f_1 \circ g \underset{b}{\sim} f_2 \circ g$$

☞ Avec la propriété 8, $f_1 - f_2 = o_a(f_2)$ donne :

$$f_1 \circ g - f_2 \circ g = o_b(f_2 \circ g)$$

Exemple 2 Au voisinage de 0,

a) $\sin x \sim x$, $\tan x \sim x$, $\operatorname{sh} x \sim x$, $\operatorname{th} x \sim x$, $e^x - 1 \sim x$.

b) $\operatorname{Arcsin} x \sim x$, $\operatorname{Arctan} x \sim x$, $\ell n(1+x) \sim x$.

c) $1 - \cos x \sim \dfrac{x^2}{2}$, $\operatorname{ch} x - 1 \sim \dfrac{x^2}{2}$, $(1+x)^\alpha - 1 \sim \alpha x$.

Exemple 3 Au voisinage de $+\infty$, $\ell n(x + \sqrt{x^2-1}) \sim \ell n\, x$ et $\ell n(x + \sqrt{x^2+1}) \sim \ell n\, x$.

Montrons la première équivalence. La démonstration s'adapte sans peine à l'autre.

On a $\lim\limits_{x \to +\infty} \dfrac{x + \sqrt{x^2-1}}{2x} = 1$. Ainsi, $x + \sqrt{x^2-1} \sim 2x$, et donc (propriété **15**) :

$$\ell n(x + \sqrt{x^2-1}) \sim \ell n\, x + \ell n\, 2.$$

Or $\ell n\, 2 = o(\ell n\, x)$, donc $\ell n\, 2 + \ell n\, x \sim \ell n\, x$, et par transitivité, $\ell n(x + \sqrt{x^2-1}) \sim \ell n\, x$.

Exemple 4 Quelques pièges à éviter

d) On peut avoir $f_1 = \mathcal{O}(g_1)$ et $f_2 = \mathcal{O}(g_2)$ sans lien du même type entre $f_1 + f_2$ et $g_1 + g_2$.
Si $f = \mathcal{O}(g)$, alors $f = \mathcal{O}(-g)$. Si f n'est pas nulle au voisinage de a, $2f$ n'est pas dominée par la somme de g et de $(-g)$.

e) De même, $f_1 = o(g_1)$ et $f_2 = o(g_2)$ ne permet pas de dire que $f_1 + f_2$ est un $o(g_1 + g_2)$.
$f = o(g)$ entraîne $f = o(-g)$ et, à moins d'être nulle au voisinage de a, $2f$ n'est pas négligeable devant $g - g$.

f) Il n'y a rien non plus à propos de somme d'équivalents.
Au voisinage de 0, nous avons $1 + x \sim 1$ et $-1 \sim -1$. Et la somme $(1+x) + (-1)$ n'est pas équivalente à $1 + (-1)$.

Exemple 5 Supposons $f_1 \sim g_1$ et $f_2 \sim g_2$. Si g_1 et g_2 sont **strictement positives**, alors :

$$f_1 + f_2 \sim g_1 + g_2$$

Il existe φ_1 et φ_2 fonctions de limites 0 en a, telles que :

$$f_1 = (1+\varphi_1)g_1 \quad \text{et} \quad f_2 = (1+\varphi_2)g_2$$

Nous avons $f_1 + f_2 = (g_1 + g_2)\left(1 + \varphi_1 \dfrac{g_1}{g_1+g_2} + \varphi_2 \dfrac{g_2}{g_1+g_2}\right)$.

Posons $\varphi = \varphi_1 \dfrac{g_1}{g_1+g_2} + \varphi_2 \dfrac{g_2}{g_1+g_2}$.

En utilisant $g_1 > 0$ et $g_2 > 0$, il vient $|\varphi| \leqslant |\varphi_1| \dfrac{g_1}{g_1+g_2} + |\varphi_2| \dfrac{g_2}{g_1+g_2}$ et donc :

$$|\varphi| \leqslant |\varphi_1| + |\varphi_2|$$

ce qui montre que $\lim\limits_{a} \varphi = 0$ et donc que $f_1 + f_2 \sim g_1 + g_2$.

4. Recherche de limites

L'équivalence de fonctions est un moyen efficace pour le calcul de limites, en particulier dans le cas de forme indéterminée du style $\dfrac{0}{0}$, $\dfrac{\infty}{\infty}$ ou $0 \times \infty$. Dans le cas de somme (ou de différence), il faudra factoriser puisqu'il n'y a pas de règle systématique concernant l'équivalent d'une somme. On pourra utiliser la propriété suivante :

Propriété 18

Si u est une fonction de limite 0 en a,

$$\ell n(1 + u(x)) \underset{a}{\sim} u(x) \qquad e^{u(x)} - 1 \underset{a}{\sim} u(x)$$

☞ C'est un corollaire de la propriété 17.
$\ell n(1+x) \underset{0}{\sim} x$ et $e^x - 1 \underset{0}{\sim} x$ avec $\lim\limits_{x \to a} u(x) = 0$ donnent :

$$\ell n\left(1 + u(x)\right) \underset{a}{\sim} u(x) \quad \text{et} \quad e^{u(x)} - 1 \underset{a}{\sim} u(x)$$

Exemple 6 Calculer la limite en 0 de $f(x) = \dfrac{x^{x^x}\ell n\, x}{x^x - 1}$.

a) Posons $v(x) = x^x = \exp(x\,\ell n\, x)$. Avec $\lim\limits_{x\to 0} x\,\ell n\, x = 0$, il vient $\lim\limits_{x\to 0} v(x) = 1$.

b) Avec $\ell n\, x = \dfrac{1}{x}\,\ell n\, x^x$, nous avons $f(x) = \dfrac{x^{v(x)-1}\,\ell n\big(v(x)\big)}{v(x) - 1}$.

De $\dfrac{\ell n\big(v(x)\big)}{v(x) - 1} \sim 1$, on déduit $f(x) \sim x^{v(x)-1}$ soit $f(x) \sim \exp\big[\big(v(x) - 1\big)\,\ell n\, x\big]$.

c) Avec $v(x) - 1 = e^{x\,\ell n\, x} - 1$ et $\lim\limits_{x\to 0} x\,\ell n\, x = 0$, il vient :

$$v(x) - 1 \sim x\,\ell n\, x \quad \text{et} \quad (v(x) - 1)\,\ell n\, x \sim x\,\ell n^2\, x$$

Ainsi, $\lim\limits_{x\to 0}(v(x) - 1)\,\ell n\, x = 0$ puis $\lim\limits_{x\to 0} x^{v(x)-1} = 1$ et, en conclusion :

$$\lim_{x\to 0} f(x) = 1$$

Exemple 7 Calculer la limite en $\dfrac{1}{2}$ de $(2x^2 - 3x + 1)\tan \pi x$.

Posons $h = x - \dfrac{1}{2}$. Il vient $\tan \pi x = \tan \pi(h + \dfrac{1}{2}) = -\dfrac{1}{\tan \pi h}$.

Ainsi, $\tan \pi x \sim -\dfrac{1}{\pi\, h}$ quand x tend vers $\dfrac{1}{2}$.

Avec $2x^2 - 3x + 1 = (x - 1)(2x - 1) = 2h(h - \dfrac{1}{2})$, il vient $2x^2 - 3x + 1 \sim -h$.

On en déduit $(2x^2 - 3x + 1)\tan \pi x \sim \dfrac{1}{\pi}$.

B. Développements limités

1. Définitions

Soit I un intervalle et $x_0 \in I$. On considère une fonction f définie sur $I^* = I \setminus \{x_0\}$.

Définition 4

On dit que f admet un **développement limité** polynomial ✎ (8) à l'ordre $n \in \mathbb{N}$ en x_0 s'il existe un polynôme A_n de degré $\leqslant n$, $A_n = \sum\limits_{k=0}^{n} a_k X^k$, tel que :

$$f(x) - A_n(x - x_0) = o\big((x - x_0)^n\big), \text{ quand } x \text{ tend vers } x_0$$

✎ (8) On dira plus simplement développement limité au lieu de développement limité polynomial.

Définition 5

On dit que f admet un **développement limité** polynomial **au sens fort** à l'ordre $n \in \mathbb{N}$ en x_0 s'il existe un polynôme A_n de degré $\leqslant n$, $A_n = \sum\limits_{k=0}^{n} a_k X^k$, tel que :

$$f(x) - A_n\big(x - x_0\big) = \mathcal{O}\left((x - x_0)^{n+1}\right), \text{ quand } x \text{ tend vers } x_0$$

Remarques

1) Si I^* est de la forme $]x_0, x_0+\alpha[$ (resp. $]x_0-\alpha, x_0[$) avec $\alpha > 0$, on parlera du développement limité à l'ordre n à droite (resp. à gauche) de x_0.

2) Le changement de variable défini par $x = x_0 + h$, $f(x) = f(x_0 + h) = g(h)$, permet de ramener l'étude de f au voisinage de x_0 à celle de g au voisinage de 0. ✎ (9) Pratiquement, on n'étudie que les développements limités au voisinage de 0.

✎ (9) f admet un développement limité d'ordre n en x_0 si et seulement si g admet un développement limité d'ordre n en 0.

3) Le fait que $f(x) - A_n(x) = \mathcal{O}\left((x - x_0)^{n+1}\right)$ implique $f(x) - A_n(x) = o\big((x - x_0)^n\big)$ assure que l'existence d'un développement limité au sens fort à l'ordre n donne celle d'un développement limité à l'ordre n.

Définition 6

Quand I n'est pas majoré (resp. minoré), on dit que f admet un développement limité en $+\infty$ (resp. en $-\infty$) s'il existe un polynôme A_n de degré $\leqslant n$, $A_n = \sum_{k=0}^{n} a_k X^k$, tel que :

$$f(x) - A_n\left(\frac{1}{x}\right) = o\left(\frac{1}{x^n}\right) \text{ quand } x \text{ tend vers } +\infty \text{ (resp. } -\infty)$$

Remarques

1) Au voisinage de $+\infty$ (resp. $-\infty$), le changement de variable défini par $x = \frac{1}{h}$:

$$f(x) = f\left(\frac{1}{h}\right) = g(h),$$

permet de ramener l'étude de f en $+\infty$ (resp. $-\infty$) à celle de g à droite (resp. à gauche) de 0.

2) On définit, comme en 0, un développement limité au sens fort en $+\infty$ ou en $-\infty$ par :

$$A_n(x) = \sum_{k=0}^{n} a_k x^k \quad , \quad f(x) - A_n\left(\frac{1}{x}\right) = \mathcal{O}\left(\frac{1}{x^{n+1}}\right)$$

Notation 1

On note $DL_n(x_0, I)$ ✎ (10) l'ensemble des fonctions définies sur I^* et admettant un développement limité à l'ordre n en x_0.

✎ (10) Quand il n'y a pas d'ambiguïté, on note plus brièvement : $DL_n(x_0)$ ou DL_n.

2. Propriétés

Théorème 1

Unicité du développement limité d'ordre n

Étant donné A_n et B_n dans $\mathbb{R}[X]$, $A_n(x) = \sum_{k=0}^{n} a_k x^k$ et $B_n(x) = \sum_{k=0}^{n} b_k x^k$, s'ils vérifiant :

$$f(x) - A_n(x) = o\left(x^n\right) \text{ et } f(x) - B_n(x) = o\left(x^n\right),$$

alors $A_n = B_n$.

☞ $f(x) - A_n(x) = o\left(x^n\right)$ et $f(x) - B_n(x) = o\left(x^n\right)$ donnent $A_n - B_n = o\left(x^n\right)$.

Posons $d_k = a_k - b_k$, nous sommes ramenés à montrer que :

$$\sum_{k=0}^{n} d_k x^k = o\left(x^n\right) \Rightarrow \forall k \in [\![0, n]\!],\ d_k = 0$$

Supposons qu'il existe $k \in [\![0, n]\!]$ tel que $d_k \neq 0$ et posons $p = \inf\{k \ / \ d_k \neq 0\}$.

Il vient alors $\sum_{k=p}^{n} d_k x^k = o\left(x^n\right)$ d'où encore $d_p + \sum_{k=p+1}^{n} d_k x^{k-p} = o\left(x^{n-p}\right)$.

Il s'ensuit $d_p = 0$, ce qui démontre le résultat par l'absurde ✎ (11)

✎ (11) On montre ici que si A et B sont des polynômes de degrés inférieurs ou égaux à n et si $A-B=o(x^n)$, alors $A=B$.

Définition 7

Étant donné f définie sur I^* et une fonction polynôme $A_n(x) = \sum_{k=0}^{n} a_k x^k$ telle que :

$$f(x) - A_n(x) = o\left(x^n\right)$$

A_n est appelée la **partie régulière d'ordre n** en 0 de la fonction f. ✎ (12)

✎ (12) On dit abusivement que $A_n(x)+o\left(x^n\right)$ est le développement limité d'ordre n en 0 de $f(x)$.

Propriété 19

Troncature d'un développement limité

Si $A_n(x) = \sum_{k=0}^{n} a_k x^k$ est la partie régulière d'ordre n en 0 de f, alors, pour tout entier p appartenant à $[\![0, n]\!]$, $\sum_{k=0}^{p} a_k x^k$ est la partie régulière d'ordre p de f en 0.

☞ Pour tout $k > p$, on a $x^k = o(x^p)$ donc si $f(x) = \sum_{k=0}^{n} a_k x^k + o(x^n)$, alors pour tout $p \leqslant n$:

$$f(x) = \sum_{k=0}^{p} a_k x^k + o(x^p)$$

Propriété 20

Développement limité d'une fonction paire ou impaire ✎ (13)

On suppose que f admet un développement limité à l'ordre n en 0, de partie régulière A_n.

a) Si f est paire, le polynôme A_n est pair.

b) Si f est impaire, le polynôme A_n est impair.

✎ (13) On suppose que l'intervalle I est symétrique par rapport pn0.

☞ Supposons par exemple que f est paire.

Avec $f(x) = A_n(x) + o(x^n)$, il vient $f(-x) = A_n(-x) + o(x^n)$.

$A_n(x)$ et $A_n(-x)$ sont de degrés inférieurs ou égaux à n et $A_n(x) - A_n(-x) = o(x^n)$.

On en déduit : ✎ (14) $\forall x \in I,\ A_n(x) = A_n(-x)$.

✎ (14) Voir le théorème 1.

Propriété 21

Limite ou continuité d'une fonction admettant un développement limité

Soit $f \in DL_n(0, I)$, avec $n \geqslant 0$, et $A_n(x) = \sum_{k=0}^{n} a_k x^k$ sa partie régulière d'ordre n.

Alors f admet a_0 pour limite en 0.

☞ Cela provient de ce que, par troncature, $f(x) = a_0 + o(1)$.

Propriété 22

Dérivabilité d'une fonction admettant un développement limité

Soit $f \in DL_n(0, I)$ avec $n \geqslant 1$, ✎ (15) $A_n(x) = \sum_{k=0}^{n} a_k x^k$ sa partie régulière d'ordre n et g le prolongement par continuité de f en 0.

Alors g est dérivable en 0 et $g'(0) = a_1$.

✎ (15) Cette propriété et la précédente sont particulièrement utiles pour l'étude d'une fonction aux bornes des intervalles inclus dans son ensemble de définition.

☞ Le prolongement par continuité de f en 0 découle de la propriété précédente, avec $g(0) = a_0$.

Par troncature, il vient $g(x) = g(0) + a_1 x + o(x)$ d'où $\lim_{x \to 0} \frac{g(x) - g(0)}{x} = a_1$.

Exemple 8 La propriété 22 ne se généralise pas aux dérivées d'ordres supérieurs comme le montre l'exemple de la fonction $f\ :\ x \mapsto x^3 \sin \frac{1}{x}$

$f(x) = \mathcal{O}(x^3)$ donne que f admet en 0 un développement limité à l'ordre 2, dont la partie régulière est le polynôme nul.

f admet donc un prolongement g continu en 0, avec $g(0) = 0$ et $g'(0) = 0$.

Pour tout $x \neq 0$, $g'(x) = f'(x) = 3x^2 \sin \dfrac{1}{x} - x \cos \dfrac{1}{x}$.

Ainsi, $g'(x) = \mathcal{O}(x)$ et $g' \in DL_0(0)$, de partie régulière 0 à l'ordre 0.

Mais $\dfrac{g'(x) - g'(0)}{x} = 3x \sin \dfrac{1}{x} - \cos \dfrac{1}{x}$ n'admet pas de limite en 0.

Il s'ensuit que g admet un développement limité à l'ordre 2 en 0 mais qu'elle n'admet pas de dérivée d'ordre 2 en 0.

3. Développements limités des fonctions usuelles

3.1 – Méthode et dérivées successives usuelles

Les fonctions usuelles sont de classe $\mathcal{C}^\infty$.

La formule de Taylor-Young permet alors d'obtenir un développement limité à tout ordre :

Propriété 23

Si f est de classe $\mathcal{C}^n$ sur I, et si $a \in I$,

$$f(x) = \sum_{k=0}^{n} \frac{(x-a)^k}{k!} f^{(k)}(a) + o\big((x-a)^n\big)$$

Remarque

En supposant f de classe $\mathcal{C}^{n+1}$ sur I, on a :

$$f(x) = \sum_{k=0}^{n} \frac{(x-a)^k}{k!} f^{(k)}(a) + \mathcal{O}\Big((x-a)^{n+1}\Big)$$

ce qui nous donne des développements limités au sens fort à tout ordre pour les fonctions de classe $\mathcal{C}^\infty$.

Dérivées successives des fonctions usuelles

$f(x)$	$f^{(k)}(x)$	$f^{(k)}(0)$
e^x	e^x	1
$\sin x$	$\sin\left(x + k\dfrac{\pi}{2}\right)$	$\sin k\dfrac{\pi}{2}$
$\cos x$	$\cos\left(x + k\dfrac{\pi}{2}\right)$	$\cos k\dfrac{\pi}{2}$
$\operatorname{sh} x$	k pair : $\operatorname{sh} x$, k impair : $\operatorname{ch} x$	k pair : 0, k impair : 1
$\operatorname{ch} x$	k pair : $\operatorname{ch} x$, k impair : $\operatorname{ch} x$	k pair : 1, k impair : 0
$\ell n(1+x)$	$(-1)^{k-1}(k-1)!\,(1+x)^{-k}$	$(-1)^{k-1}(k-1)!$
$(1+x)^\alpha$	$\alpha(\alpha-1)\dots(\alpha-k+1)\,(1+x)^{\alpha-k}$	$\alpha(\alpha-1)\dots(\alpha-k+1)$ ✎ (16)

✎ (16) α réel quelconque

3.2 – Développements limités usuels

Le tableau suivant donne, pour chaque fonction, son développement limité en 0 et son développement limité au sens fort en 0 à l'ordre indiqué par le reste.

Ce qui concerne $\frac{1}{1-x}$ et $\frac{1}{1+x}$ découle des formules relatives aux suites géométriques.

Si $x \neq 1$: $\frac{1}{1-x} = \sum_{k=0}^{n} x^k + \frac{x^{n+1}}{1-x}$ et si $x \neq -1$: $\frac{1}{1+x} = \sum_{k=0}^{n} (-1)^k x^k + (-1)^{n+1} \frac{x^{n+1}}{1+x}$

$$e^x = 1 + x + \frac{x^2}{2!} + \cdots + \frac{x^n}{n!} + \begin{cases} o(x^n) \\ \mathcal{O}(x^{n+1}) \end{cases}$$

$$\operatorname{ch} x = 1 + \frac{x^2}{2} + \frac{x^4}{24} + \cdots + \frac{x^{2n}}{(2n)!} + \begin{cases} o(x^{2n+1}) \\ \mathcal{O}(x^{2n+2}) \end{cases}$$

$$\operatorname{sh} x = x + \frac{x^3}{6} + \frac{x^5}{120} + \cdots + \frac{x^{2n+1}}{(2n+1)!} + \begin{cases} o(x^{2n+2}) \\ \mathcal{O}(x^{2n+3}) \end{cases}$$

$$\cos x = 1 - \frac{x^2}{2} + \frac{x^4}{24} - \cdots + (-1)^n \frac{x^{2n}}{(2n)!} + \begin{cases} o(x^{2n+1}) \\ \mathcal{O}(x^{2n+2}) \end{cases}$$

$$\sin x = x - \frac{x^3}{6} + \frac{x^5}{120} - \cdots + (-1)^n \frac{x^{2n+1}}{(2n+1)!} + \begin{cases} o(x^{2n+2}) \\ \mathcal{O}(x^{2n+3}) \end{cases}$$

$$(1+x)^\alpha = 1 + \alpha x + \cdots + \alpha(\alpha-1)\cdots(\alpha-n+1)\frac{x^n}{n!} + \begin{cases} o(x^n) \\ \mathcal{O}(x^{n+1}) \end{cases}$$

$$\frac{1}{1-x} = 1 + x + x^2 + \cdots + x^n + \begin{cases} o(x^n) \\ \mathcal{O}(x^{n+1}) \end{cases}$$

$$\frac{1}{1+x} = 1 - x + x^2 + \cdots + (-1)^n x^n + \begin{cases} o(x^n) \\ \mathcal{O}(x^{n+1}) \end{cases}$$

Exemple 9 Le développement limité à l'ordre n de $\frac{1}{\sqrt{1-x}}$ s'obtient à partir de celui de $x \mapsto (1-x)^\alpha$ en prenant $\alpha = -\frac{1}{2}$.

On obtient : $$\frac{1}{\sqrt{1-x}} = 1 + \frac{x}{2} + \frac{3x^2}{8} + \cdots + \frac{1\cdot 3 \cdots (2n-1)}{2\cdot 4 \cdots (2n)} x^n + \mathcal{O}(x^{n+1})$$

Remarque : $$\frac{1\cdot 3 \cdots (2k-1)}{2\cdot 4 \cdots (2k)} = \frac{1\cdot 2\cdot 3 \cdots (2k-1)(2k)}{(2\cdot 4\cdot 6 \cdots (2k))^2} = \frac{(2k)!}{2^{2k}(k!)^2}$$

3.3 – Primitives

Théorème 2

Soit $f \in DL_n(0)$ une fonction continue sur I (contenant 0), et une primitive F de f sur I.
Alors F admet en 0 un développement limité à l'ordre $n+1$.
Si A_n est la partie régulière d'ordre n de f, la partie régulière d'ordre $n+1$ de F est la primitive de A_n qui prend la valeur $F(0)$ en 0.

☞ Soit $A(x) = \sum_{k=0}^{n} a_k x^k$ la partie régulière d'ordre n de f en 0.

Considérons B tel que $B(x) = F(0) + \sum_{k=0}^{n} \frac{a_k}{k+1} x^{k+1} = F(0) + \sum_{k=1}^{n+1} \frac{a_{k-1}}{k} x^k$.

Nous avons $B' = A$ et $B(0) = F(0)$.

Avec $f(x) = A(x) + o(x^n)$, on obtient :

$$\forall \varepsilon > 0, \exists \alpha > 0, \forall x \in I \cap]-\alpha, \alpha[\,,\ |f(x) - A(x)| < \varepsilon\,|x^n|$$

d'où, par l'inégalité des accroissements finis :

$$\forall x \in I \cap]-\alpha, \alpha[\,,\ \left|F(x) - F(0) - \left(B(x) - B(0)\right)\right| < \frac{\varepsilon}{n+1}\,|x^{n+1}|$$

c'est-à-dire $\forall x \in I \cap]-\alpha, \alpha[\,,\ |F(x) - B(x)| < \dfrac{\varepsilon}{n+1}\,|x^{n+1}|$, et donc

$$F(x) - B(x) = o(x^{n+1}).$$ ✎ (17)

✎ (17) De même, si $f(x)=A(x)+\mathcal{O}(x^{n+1})$ alors $F(x)=B(x)+\mathcal{O}(x^{n+2})$.

Application à des développements usuels ✎ (18)

$$-\ell n(1-x) = x + \frac{x^2}{2} + \dots + \frac{x^n}{n} + \begin{cases} o(x^n) \\ \mathcal{O}(x^{n+1}) \end{cases}$$

$$\ell n(1+x) = x - \frac{x^2}{2} + \dots + (-1)^{n+1}\frac{x^n}{n} + \begin{cases} o(x^n) \\ \mathcal{O}(x^{n+1}) \end{cases}$$

$$\operatorname{Arctan} x = x - \frac{x^3}{3} + \dots + (-1)^n \frac{x^{2n+1}}{2n+1} + \begin{cases} o(x^{2n+2}) \\ \mathcal{O}(x^{2n+3}) \end{cases}$$

✎ (18) La dérivée de chaque fonction a un développement connu. Pour $\operatorname{Arctan} x$, on commence par établir un développement de $\frac{1}{1+x^2}$ à partir de celui de $\frac{1}{1+x}$.

Exemple 10 Un développement limité de $\operatorname{Arcsin} x$ s'obtient, par application du théorème 2, à partir d'un développement limité de : $\dfrac{1}{\sqrt{1-x^2}}$.

D'après l'exemple 9, on a : $\dfrac{1}{\sqrt{1-x^2}} = \displaystyle\sum_{k=0}^{n} \frac{(2k)!}{2^{2k}(k!)^2} x^{2k} + \mathcal{O}(x^{2n+2})$,

donc avec le théorème 2 : $\operatorname{Arcsin} x = \displaystyle\sum_{k=0}^{n} \frac{(2k)!}{2^{2k}(k!)^2} \frac{x^{2k+1}}{2k+1} + \mathcal{O}(x^{2n+3})$.

4. Règles de calcul

4.1 – Linéarité

Théorème 3

Soit f et g dans $DL_n(0, I)$, A et B leurs parties régulières d'ordre n, et $\lambda \in \mathbb{R}$.

a) $f + g \in DL_n(0, I)$ et sa partie régulière d'ordre n est $A + B$.

b) $\lambda f \in DL_n(0, I)$ et sa partie régulière d'ordre n est λA.

☞ Avec $f(x) - A(x) = o(x^n)$ et $g(x) - B(x) = o(x^n)$, on obtient :

$$f(x) + g(x) - A(x) - B(x) = o(x^n),$$ en appliquant la propriété 7.a)

Et $f(x) - A(x) = o(x^n)$ donne $\lambda f(x) - \lambda A(x) = o(x^n)$. ✎ (19)

✎ (19) On vérifie de même que si $f(x)=A(x)+\mathcal{O}(x^{n+1})$ et $g(x)=B(x)+\mathcal{O}(x^{n+1})$ alors :
$f(x)+g(x)= A(x)+B(x)+\mathcal{O}(x^{n+1})$
$\lambda f(x)=\lambda B(x)+\mathcal{O}(x^{n+1})$.

Exemple 11 À partir des développements limités en 0 de e^x et e^{-x}, on retrouve ceux de $\operatorname{ch} x$ et $\operatorname{sh} x$.

a) Avec $e^x = \displaystyle\sum_{k=0}^{2n+1} \frac{x^k}{k!} + \mathcal{O}(x^{2n+2})$ $\quad e^{-x} = \displaystyle\sum_{k=0}^{2n+1} (-1)^k \frac{x^k}{k!} + \mathcal{O}(x^{2n+2})$,

et $\operatorname{ch} x = \dfrac{1}{2}(e^x + e^{-x})$, il vient : $\operatorname{ch} x = \displaystyle\sum_{k=0}^{n} \frac{x^{2k}}{(2k)!} + \mathcal{O}(x^{2n+2})$.

b) De même, $\operatorname{sh} x = \dfrac{1}{2}(e^x - e^{-x})$ donne : $\operatorname{sh} x = \displaystyle\sum_{k=0}^{n} \frac{x^{2k+1}}{(2k+1)!} + \mathcal{O}(x^{2n+3})$.

4.2 – Produit

Théorème 4

Soit f et g dans $DL_n(0, I)$, A et B leurs parties régulières d'ordre n. Alors $fg \in DL_n(0, I)$, et sa partie régulière d'ordre n s'obtient en formant le produit AB et en ne retenant que les termes de degré inférieur ou égal à n.

☞ Il existe des fonctions α et β, de limites nulles en 0, telles que :

$$f(x) = A(x) + \alpha(x)x^n \quad \text{et} \quad g(x) = B(x) + \beta(x)x^n$$

Soit les polynômes C et Q tels que $\deg C \leqslant n$ et $AB = C + x^{n+1}Q$. On obtient :

$$f(x)g(x) = C(x) + x^n\left[\alpha(x)B(x) + \beta(x)A(x) + \alpha(x)\,\beta\,(x)x^n + xQ(x)\right]$$

Comme $\lim\limits_{x \to 0}\left(\alpha(x)B(x) + \beta(x)A(x) + \alpha(x)\,\beta\,(x)x^n + xQ(x)\right) = 0$, on a :

$$f(x)\,g(x) = C(x) + o\left(x^n\right)$$ ✎ [20]

✎ [20] On vérifie de même que, si $f(x)=A(x)+\mathcal{O}\left(x^{n+1}\right)$ et $g(x)=B(x)+\mathcal{O}\left(x^{n+1}\right)$, alors : $f(x)\,g(x)=C(x)+\mathcal{O}\left(x^{n+1}\right)$

Exemple 12 Calculer le développement limité à l'ordre 3 en 0 de $\dfrac{e^x}{\sqrt{1+x}}$.

Nous connaissons les développements limités à l'ordre 3 en 0 de :

$$e^x \quad \text{et} \quad \frac{1}{\sqrt{1+x}} = (1+x)^{-\frac{1}{2}}$$

$$e^x = 1 + x + \frac{x^2}{2} + \frac{x^3}{6} + o\left(x^3\right) \quad \text{et} \quad \frac{1}{\sqrt{1+x}} = 1 - \frac{1}{2}x + \frac{3}{8}x^2 - \frac{5}{16}x^3 + o\left(x^3\right).$$

$$\left(1 + x + \frac{x^2}{2} + \frac{x^3}{6}\right)\left(1 - \frac{1}{2}x + \frac{3}{8}x^2 - \frac{5}{16}x^3\right) = 1 + \frac{1}{2}x + \frac{3}{8}x^2 - \frac{1}{48}x^3 + o\left(x^3\right)$$

En conclusion, $\dfrac{e^x}{\sqrt{1+x}} = 1 + \dfrac{1}{2}x + \dfrac{3}{8}x^2 - \dfrac{1}{48}x^3 + o\left(x^3\right)$.

Définition 8

Étant donné un polynôme non nul $A \in \mathbb{R}[X]$, $A = \sum\limits_{k \in \mathbb{N}} a_k X^k$, la **valuation** de A, notée $\operatorname{val} A$ est l'entier $p = \inf\{k \in \mathbb{N},\ a_k \neq 0\}$.

Lorsque la partie régulière A d'ordre n d'une fonction $f \in DL_n(0, I)$ est non nulle, la valuation de A est encore appelée la valuation de f et notée $\operatorname{val} f$.

Théorème 5

Si $\operatorname{val} f = p$ et $\operatorname{val} g = q$, la partie régulière d'ordre n de fg s'obtient en multipliant les parties régulières de f et g aux ordres respectifs $n - q$ et $n - p$, en ne retenant que les termes de degré au plus égal à n. ✎ [21]

✎ [21] Cette propriété a pour objectif de permettre des «économies» lors du calcul du développement limité d'ordre n d'un produit.

☞ a) Supposons $p + q \leqslant n$.

Soit $f(x) = a_p x^p + \ldots + a_{n-q}x^{n-q} + \alpha(x)x^{n-q}$ et

$g(x) = b_q x^q + \ldots + b_{n-p}x^{n-p} + \beta(x)x^{n-p}$, avec $\lim\limits_0 \alpha = \lim\limits_0 \beta = 0$.

Soit A et B les polynômes définis par :

$$a_p x^p + \cdots + a_{n-q}x^{n-q} = x^p A(x), \quad b_q x^q + \cdots + b_{n-p}x^{n-p} = x^q B(x)$$

Il vient : $f(x)g(x) = x^p x^q A(x)B(x) + x^n\left[A(x)\,\beta\,(x) + B(x)\,\alpha\,(x) + x^{n-p-q}\,\alpha\,(x)\,\beta\,(x)\right]$.

Soit C et Q les polynômes définis par $x^p x^q A(x)B(x) = x^p x^q C(x) + x^{n+1}Q(x)$ avec $\deg C \leqslant n - p - q$. On obtient :

$f(x)g(x) = x^p x^q C(x) + x^n\left[xQ(x) + A(x)\,\beta\,(x) + B(x)\,\alpha\,(x) + x^{n-p-q}\,\alpha\,(x)\,\beta\,(x)\right]$.

Comme $\lim\limits_{x \to 0}\left[xQ(x) + A(x)\,\beta\,(x) + B(x)\,\alpha\,(x) + x^{n-p-q}\,\alpha\,(x)\,\beta\,(x)\right] = 0$,

la partie régulière d'ordre n de fg est $x^p x^q C(x)$.

b) Si $p + q > n$, il est immédiat que $f(x)g(x) = o\left(x^n\right)$.

Exemple 13 Donner le développement limité à l'ordre 4 en 0 de $f \ : \ x \mapsto \ell n^2(1+x)$.

Puisque $\ell n(1+x) \sim x$, nous avons $\mathrm{val} f = 1$. Il suffit de connaitre le développement limité à l'ordre 3 de $\ell n(1+x)$ pour calculer celui de $\ell n^2(1+x)$ à l'ordre 4.

Soit $A(x) = x - \dfrac{x^2}{2} + \dfrac{x^3}{3}$ la partie régulière d'ordre 3 en 0 de $\ell n(1+x)$.

La partie régulière d'ordre 4 en 0 de $\ell n^2(1+x)$ s'obtient en ne retenant que les termes de degré inférieur ou égal à 4 de $\quad x^2\left(1 - \dfrac{x}{2} + \dfrac{x^2}{3}\right)^2$.

Il vient ainsi : $\quad \ell n^2(1+x) = x^2 - x^3 + \dfrac{11}{12}x^4 + o(x^4)$.

Exemple 14 ✎ [22]

✎ [22] Dans cet exemple, nous déterminons un développement limité de $\tan x$ en combinant les règles de calcul relatives aux produits et aux primitives.

Écrire le développement à l'ordre 2 en 0 de $\tan x$ et en déduire le développement à l'ordre 3 en 0 de $1 + \tan^2 x$, puis celui de $\tan x$ à l'ordre 4.

En réitérant le procédé, calculer le développement à l'ordre 8 en 0 de $\tan x$.

Remarquons que la fonction $\tan x$ est impaire. Ses développements aux ordres 7 et 8 ont la même partie régulière.

Il est immédiat que $\tan x = x + o(x^2)$.

Nous en déduisons $\tan^2 x = x^2 + o(x^3)$, grâce à la valuation 1, puis :

$$1 + \tan^2 x = 1 + x^2 + o(x^3).$$

tan étant la primitive de $1 + \tan^2$ qui prend la valeur 0 en 0, nous en déduisons :

$$\tan x = x + \frac{x^3}{3} + o(x^4)$$

Réitérons cette méthode pour obtenir, à chaque fois, le développement à l'ordre supérieur.

$\tan^2 x = x^2 + \dfrac{2}{3}x^4 + o(x^5)$ d'où $1 + \tan^2 x = 1 + x^2 + \dfrac{2}{3}x^4 + o(x^5)$ puis :

$$\tan x = x + \frac{1}{3}x^3 + \frac{2}{15}x^5 + o(x^6).$$

$\tan^2 x = x^2 + \dfrac{2}{3}x^4 + \dfrac{17}{45}x^6 + o(x^7)$ d'où :

$$1 + \tan^2 x = 1 + x^2 + \frac{2}{3}x^4 + \frac{17}{45}x^6 + o(x^7)$$ ✎ [23]

✎ [23] Cette méthode permet de calculer le développement d'ordre $n+2$ à partir de celui d'ordre n.

Il vient alors $\quad \tan x = x + \dfrac{1}{3}x^3 + \dfrac{2}{15}x^5 + \dfrac{17}{315}x^7 + o(x^8)$.

Exemple 15 Développement à l'ordre 8 en 0 de $\mathrm{th}\, x$.

On procède comme pour $\tan x$, en utilisant $\mathrm{th}'\, x = 1 - \mathrm{th}^2\, x$.

$\mathrm{th}\, x = x - \dfrac{1}{3}x^3 + \dfrac{2}{15}x^5 - \dfrac{17}{315}x^7 + o(x^8)$.

On pourra noter les développements ainsi obtenus :

$\tan x$	$x + \dfrac{x^3}{3} + \dfrac{2x^5}{15} + \dfrac{17x^7}{315} + \mathcal{O}(x^9)$
$\mathrm{th}\, x$	$x - \dfrac{x^3}{3} + \dfrac{2x^5}{15} - \dfrac{17x^7}{315} + \mathcal{O}(x^9)$

4.3 – Composition

Propriété 24

Soit u et v des fonctions définies et bornées au voisinage de 0 et vérifiant :

$$u(x) - v(x) = o\left(x^n\right)$$

Alors, pour tout polynôme P, $P\left(u(x)\right) - P\left(v(x)\right) = o\left(x^n\right)$.

☞ Avec la propriété 7, il suffit de vérifier cela lorsque P est un monôme : $P(x) = x^p$.
Nous avons $u^p - v^p = (u - v)w$, où $w = u^{p-1} + u^{p-2}v + \ldots + uv^{p-2} + v^{p-1}$.
w étant bornée au voisinage de 0, avec $u(x) - v(x) = o\left(x^n\right)$, il vient :

$$u(x)^p - v(x)^p = o\left(x^n\right)$$

Propriété 25

Soit u et v des fonctions bornées au voisinage de 0 et vérifiant $u(x) - v(x) = o\left(x^n\right)$.
Pour tout $p \in \mathbb{N}^*$ et pour toute fonction g telle que $g(x) = \mathcal{O}(x^p)$:

$$u\left(g(x)\right) - v\left(g(x)\right) = o\left(x^{np}\right) \text{ ✎ (24)}$$

✎ (24) $g=\mathcal{O}\left(x^p\right)$ avec $p\geqslant 1$ donne $\lim\limits_{0} g=0$.

☞ Il existe une fonction α de limite 0 en 0 telle que $u(x) - v(x) = x^n\,\alpha\,(x)$.
Il existe une fonction β définie et bornée au voisinage de 0 telle que $g(x) = x^p\,\beta\,(x)$.
On en déduit $u\left[g(x)\right] - v\left[g(x)\right] = x^{np}\,\beta^n\,(x)\,\alpha\,\left(x^p\,\beta\,(x)\right)$.
Nous avons $\lim\limits_{x\to 0} \alpha\left(x^p\,\beta\,(x)\right) = 0$ et $\beta^n(x)$ est bornée au voisinage de 0.
Il s'ensuit $u\left[g(x)\right] - v\left[g(x)\right] = o\left(x^{np}\right)$.

Théorème 6

Soit $f \in DL_{np}(0, I)$ et $g \in DL_n(0, J)$, avec $g(J^*) \subset I^*$, n et p entiers naturels tels que $p \geqslant 1$.

a) On suppose de plus que $f(x) = \mathcal{O}\left(x^p\right)$. Alors $g \circ f \in DL_{np}(0, I)$.

b) Si A et B sont les parties régulières d'ordre np pour f et d'ordre n pour g, la partie régulière d'ordre np de $g \circ f$ s'obtient en ne retenant du polynôme $B \circ A$ que les termes de degré inférieur ou égal à np.

✎ (25) $f(x)=\mathcal{O}\left(x^p\right)$ donne $\mathrm{val}\,f\geqslant p\geqslant 1$ d'où $\lim\limits_{0} f=0$.

✎ (26) D'après la propriété 25.

✎ (27) D'après la propriété 24.

☞ Nous avons $f(x) - A(x) = o\left(x^{np}\right)$, $g(x) - B(x) = o\left(x^n\right)$ et $\mathrm{val}\,f \geqslant p$. ✎ (25)
Avec $g(x) - B(x) = o\left(x^n\right)$ et $f(x) = \mathcal{O}(x^p)$, il vient $g \circ f(x) - B \circ f(x) = o\left(x^{np}\right)$. ✎ (26)
Puisque $f(x) - A(x) = o\left(x^{np}\right)$, nous avons $B \circ f(x) - B \circ A(x) = o\left(x^{np}\right)$. ✎ (27)
Il s'ensuit $g \circ f(x) - B \circ A(x) = o\left(x^{np}\right)$.
Soit C et Q les polynômes définis par $B \circ A(x) = C(x) + x^{np+1}Q(x)$ et $\deg C \leqslant np$.
Avec $B \circ A(x) - C(x) = o\left(x^{np}\right)$, on obtient en final : $g \circ f(x) - C(x) = o\left(x^{np}\right)$.

Méthode pratique

Au voisinage de 0, $g(u) = b_0 + b_1 u + \cdots + b_n u^n + o\left(u^n\right)$.
$\mathrm{val}\,f \geqslant 1$ donne $\lim\limits_{x\to 0} f(x) = 0$ et on peut remplacer u par $f(x)$ dans la formule précédente.
Avec $o\left(f(x)^n\right) = o\left(x^{np}\right)$, il vient : $g\left(f(x)\right) = b_0 + b_1 f(x) + \cdots + b_n f(x)^n + o\left(x^{np}\right)$.
Il reste à ne retenir que les termes de degré $\leqslant np$ dans les puissances $f(x)^k$.

Remarque

- Si $f(x) = \mathcal{O}(x^p)$, avec $p \geqslant 2$, $f(x) - A(x) = \mathcal{O}\left(x^{np+2}\right)$ et $g(x) - B(x) = \mathcal{O}\left(x^{n+1}\right)$, on a :

$$g \circ f(x) - B \circ A(x) = \mathcal{O}\left(x^{np+2}\right)$$

Ceci permet des « économies » lors de la recherche d'un développement limité de $g \circ f$.

- Lors de la recherche de développement limité de produits ou de composées de fonctions f, g, il faut s'attacher à l'analyse des ordres auxquels il est utile de développer f et g.

Exemple 16 Calculer de deux façons différentes le développement limité à l'ordre 7 en 0 de $\ell n(\cos x)$.

a) La dérivée de $x \mapsto \ell n(\cos x)$ est $x \mapsto -\tan x$ et $\tan x = x + \dfrac{x^3}{3} + \dfrac{2x^5}{15} + o(x^6)$.

En prenant la primitive nulle en 0, il vient :

$$\ell n(\cos x) = -\frac{x^2}{2} - \frac{x^4}{12} - \frac{x^6}{45} + o(x^7)$$

b) On obtient un développement limité de $\ell n(\cos x) = \ell n[1 - (1 - \cos x)]$ avec des développements de $\ell n(1 - x)$ et de $(1 - \cos x)$.

$\ell n(\cos x)$ étant paire, sa partie régulière d'ordre 7 est la même qu'à l'ordre 6.

$(1 - \cos x)$ étant de valuation 2, il suffit d'avoir le développement à l'ordre 6 de $(1 - \cos x)$ et à l'ordre 3 pour $\ell n(1 - x)$.

$\ell n(1 - x) = -x - \dfrac{x^2}{2} - \dfrac{x^3}{3} + o(x^3)$ et $1 - \cos x = \dfrac{x^2}{2} - \dfrac{x^4}{24} + \dfrac{x^6}{720} + o(x^6)$.

Formons le composé $B \circ A$ des polynômes :

$$B = -x - \frac{x^2}{2} - \frac{x^3}{3} \quad \text{et} \quad A = \frac{x^2}{2} - \frac{x^4}{24} + \frac{x^6}{720}$$

pour obtenir la partie régulière du développement limité à l'ordre 6 de $\ell n(\cos x)$.

$$B \circ A(x) = -\left(\frac{x^2}{2} - \frac{x^4}{24} + \frac{x^6}{720}\right) - \frac{1}{2}\left(\frac{x^2}{2} - \frac{x^4}{24} + \frac{x^6}{720}\right)^2 - \frac{1}{3}\left(\frac{x^2}{2} - \frac{x^4}{24} + \frac{x^6}{720}\right)^3$$

$$B \circ A(x) = -\left(\frac{x^2}{2} - \frac{x^4}{24} + \frac{x^6}{720}\right) - \frac{x^4}{8}\left(1 - \frac{x^2}{12} + \frac{x^4}{360}\right)^2 - \frac{x^6}{24}\left(1 - \frac{x^2}{12} + \frac{x^4}{360}\right)^3$$

Il s'ensuit : $\ell n(\cos x) = -\dfrac{x^2}{2} - \dfrac{x^4}{12} - \dfrac{x^6}{45} + o(x^6)$.

5. Inverse et quotient

Théorème 7

Soit f une fonction qui admet un développement limité à l'ordre n en 0 et telle que $\lim_0 f \neq 0$.

Alors $\dfrac{1}{f}$ admet un développement limité à l'ordre n en 0.

☞ La fonction f s'écrit $f(x) = a(1 - u(x))$, avec $a \neq 0$ et $\lim_0 u = 0$.

La fonction u admet un développement limité à l'ordre n avec $\operatorname{val} u \geqslant 1$.

Il suffit alors d'utiliser le théorème d'existence du développement limité d'une fonction composée aux fonctions u et $x \mapsto \dfrac{1}{a}\dfrac{1}{1-x}$.

Corollaire 1

Soit f et g dans $DL_n(0, I)$. On suppose en outre que g ne s'annule pas sur I^* et que $g(0) \neq 0$.

Alors $\dfrac{f}{g}$ admet un développement limité à l'ordre n en 0.

☞ Avec $\dfrac{f}{g} = f\dfrac{1}{g}$, on utilise la propriété ci-dessus et le développement limité d'un produit.

Corollaire 2

Soit f et g dans $DL_n(O, I)$. On suppose en outre que g ne s'annule pas sur I^* et que la valuation p de g est inférieure ou égale à la valuation de f avec $p \leqslant n$.

Alors $\dfrac{f}{g}$ admet un développement limité d'ordre $n - p$ en 0.

☞ En posant $f_1(x) = \dfrac{f(x)}{x^p}$, $g_1(x) = \dfrac{g(x)}{x^p}$, f_1 et g_1 sont dans $DL_{n-p}(0, I)$ et on a sur I^*, $\dfrac{f}{g} = \dfrac{f_1}{g_1}$ avec $\lim_0 g_1 \neq 0$ ce qui ramène donc au cas précédent.

Exemple 17 Calculer le développement limité à l'ordre 7 en 0 de $f\ :\ x \mapsto \dfrac{1}{\cos x}$.

f étant paire, son développement limité à l'ordre 7 a la même partie régulière qu'à l'ordre 6.

$\cos x$ est de valuation 0 : $\cos x = 1 - u(x)$, avec $u(x) = \dfrac{x^2}{2} - \dfrac{x^4}{24} + \dfrac{x^6}{720} + o(x^7)$.

Le développement limité à l'ordre 6 en 0 de $\dfrac{1}{\cos x}$ est le même que celui de $\dfrac{1}{1-u(x)}$.
Comme $u(x)$ est de valuation 2, il suffit d'utiliser le développement limité à l'ordre 3 en 0 de $\dfrac{1}{1-x}$. Avec $\dfrac{1}{1-x} = 1 + x + x^2 + x^3 + o(x^3)$, on a :

$$\frac{1}{1-u(x)} = 1 + u(x) + \left(u(x)\right)^2 + \left(u(x)\right)^3 + o(x^6).$$

Il vient ainsi :

$$\frac{1}{1-u(x)} = 1 + \frac{x^2}{2} + \frac{5}{24}x^4 + \frac{61}{720}x^6 + o(x^6), \text{ soit } \frac{1}{\cos x} = 1 + \frac{x^2}{2} + \frac{5}{24}x^4 + \frac{61}{720}x^6 + o(x^7).$$

Exemple 18 Calculer le développement limité à l'ordre 5 de $g\ :\ x \mapsto \dfrac{x\,\ell n\left(1+x^2\right)}{1-\cos x}$.

La valuation de $x\,\ell n\left(1+x^2\right)$ est 3 et celle de $1 - \cos x$ est 2 : on est dans les conditions du corollaire **2**. On commence par développer le numérateur et le dénominateur à l'ordre 7.

Avec $x\,\ell n(\left(1+x^2\right) = x^3 - \dfrac{x^5}{2} + \dfrac{x^7}{3} + o(x^7)$ et $1 - \cos x = \dfrac{x^2}{2} - \dfrac{x^4}{24} + \dfrac{x^6}{720} + o(x^7)$,

il vient, pour $x \neq 0$, $g(x) = \dfrac{2x - x^3 + \dfrac{2}{3}x^5 + o(x^5)}{1 - \dfrac{x^2}{12} + \dfrac{x^4}{360} + o(x^5)}$.

Posons $u(x) = \dfrac{x^2}{12} - \dfrac{x^4}{360} + o(x^5)$. Avec $\operatorname{val} u = 2$, pour développer $\dfrac{1}{1-u(x)}$ à l'ordre 5,

il suffit de composer le développement d'ordre 2 de $\dfrac{1}{1-x}$ avec celui de u :

$$\begin{aligned}\frac{1}{1-u(x)} &= 1 + \left(\frac{x^2}{12} - \frac{x^4}{360}\right) + \left(\frac{x^2}{12} - \frac{x^4}{360}\right)^2 + o(x^5)\\ &= 1 + \frac{x^2}{12} + \frac{x^4}{240} + o(x^5)\end{aligned}$$

Il reste à faire le produit : $g(x) = 2x - \dfrac{5}{6}x^3 + \dfrac{71}{120}x^5 + o(x^5)$.

C. Développements limités généralisés

1. Définition

Soit f une fonction réelle définie au voisinage de 0.

Définition 9

Soit $p \in \mathbb{N}^*$ et $n \in \mathbb{N}$; on dit que f admet un **développement limité généralisé** à l'ordre $n - p$ en 0 quand $x \mapsto x^p f(x)$ admet un développement limité (polynomial) à l'ordre n en 0.

Il existe alors un polynôme $P(x) = a_0 + a_1 x + \ldots + a_n x^n$ tel que : $x^p f(x) = P(x) + o(x^n)$.

On peut alors écrire : $f(x) = \dfrac{1}{x^p}\left(a_0 + a_1 x + \ldots + a_n x^n + o(x^n)\right)$.

Remarque

Certaines fonctions n'admettent pas de développement limité généralisé. C'est le cas de $\ell n\, x$ en 0 ou en $+\infty$, ou e^x en $+\infty$ ...

Exemple 19 Calculer le développement généralisé à l'ordre 3 en 0 de $\frac{1}{\tan x}$.

En formant $\frac{x}{\tan x} = \frac{x\cos x}{\sin x}$, nous pouvons utiliser les développements limités à l'ordre 4 en 0 de $x\cos x$ et $\sin x$.

De $\frac{x\cos x}{\sin x} = \frac{1 - \frac{x^2}{2} + \frac{x^4}{24} + o\left(x^4\right)}{1 - \frac{x^2}{6} + \frac{x^4}{120} + o\left(x^4\right)}$, on déduit $\frac{x}{\tan x} = 1 - \frac{x^2}{3} - \frac{x^4}{45} + o\left(x^4\right)$

et enfin : $\frac{1}{\tan x} = \frac{1}{x} - \frac{x}{3} - \frac{x^3}{45} + o\left(x^3\right)$.

2. Notion de développements asymptotiques

Considérons la fonction $f\ :\ \mathbb{R}_+ \to \mathbb{R}$ définie par : $f(x) = \sqrt{x + \sqrt{x}} - \sqrt{x}$.

On se propose de développer f au voisinage de $+\infty$.

On a $f(x) = g\left(\frac{1}{\sqrt{x}}\right)$ avec $g(u) = \frac{1}{u}\left(\sqrt{1+u} - 1\right)$.

Écrivons le développement limité d'ordre 2 de g en 0 :

$$\sqrt{1+u} = 1 + \frac{u}{2} - \frac{u^2}{8} + \frac{u^3}{16} + o\left(u^3\right) \quad \text{donne} \quad g(u) = \frac{1}{2} - \frac{u}{8} + \frac{u^2}{16} + o\left(u^2\right).$$

On en déduit qu'au voisinage de $+\infty$: $f(x) = \frac{1}{2} - \frac{1}{8\sqrt{x}} + \frac{1}{16x} + o\left(\frac{1}{x}\right)$.

Pour distinguer ce type de développement d'un développement polynomial ou généralisé, on dit que c'est un **développement asymptotique** de $f(x)$ en $+\infty$ à la précision $o\left(\frac{1}{x}\right)$.

Exemple 20 Soit la fonction f définie par $f(x) = \ell n\,|\sin x|$. Montrer que $f(x) - \ell n\,|x|$ admet un développement limité à l'ordre 4 en 0, puis en déduire un développement asymptotique de f.

Sur $\left]-\frac{\pi}{2}, \frac{\pi}{2}\right[$, $\ell n\,|\sin x| = \ell n\,\frac{\sin x}{x} + \ell n\,|x|$.

$\frac{\sin x}{x} = 1 - \frac{x^2}{6} + \frac{x^4}{120} + o\left(x^4\right)$ et $\ell n(1-u) = -u - \frac{u^2}{2} + o\left(u^2\right)$ donne :

$$\ell n\,\frac{\sin x}{x} = -\frac{x^2}{6} - \frac{x^4}{180} + o\left(x^4\right) \quad \text{d'où} \quad f(x) - \ell n\,|x| = -\frac{x^2}{6} - \frac{x^4}{180} + o\left(x^4\right).$$

$f(x) = \ell n\,|x| - \frac{x^2}{6} - \frac{x^4}{180} + o\left(x^4\right)$ est un développement asymptotique de f en 0 à la **précision** $o\left(x^4\right)$.

D. Représentation graphique d'une fonction

Soit f une fonction d'un intervalle I dans $\mathbb{R}$ et $\mathscr{C}$ sa courbe représentative dans un repère $(O, \vec{i}, \vec{j})$.

1. Prolongement en un point

Soit x_0 une borne de I, $x_0 \notin I$. Si f admet en x_0 une limite $y_0 \in \mathbb{R}$, on définit le prolongement continu $\overline{f}$ de f en x_0 en posant $\overline{f}(x_0) = y_0$. On note encore $\mathscr{C}$ la courbe représentative de $\overline{f}$.

Il se pose alors la question de la dérivabilité de $\overline{f}$ en x_0 et, s'il y a lieu, de préciser la position de la courbe $\mathscr{C}$ par rapport à la tangente en (x_0, y_0) à $\mathscr{C}$.

(28) C'est-à-dire que les a_k, $0 \leqslant k \leqslant n$, sont non tous nuls.

Définition 10

Soit $f \in DL_n(x_0)$, de partie régulière $A_n = \sum_{k=0}^{n} a_k(x-x_0)^k$ supposée non nulle. (28)
On pose val $A_n = p \in [\![0, n]\!]$, alors : $a_p(x-x_0)^p$ est la **partie principale** de f en x_0.

Propriété 26

Dans les conditions de la définition ci-dessus, $f(x) \underset{x_0}{\sim} a_p(x-x_0)^p$.

Règle 1

Soit $f \in DL_1(x_0)$: $f(x) = a_0 + a_1(x-x_0) + o(x-x_0)$.
Alors f se prolonge par continuité en x_0 par $\overline{f}$ telle que : $\overline{f}(x_0) = a_0$.
La tangente T_{x_0} à $\mathscr{C}$ en (x_0, a_0) a pour équation $y = a_0 + a_1(x-x_0)$.

☞ Voir les propriétés 21 et 22.

Règle 2

Si f admet un développement limité à un ordre $n \geqslant 2$, $f(x) = \sum_{k=0}^{n} a_p(x-x_0)^k$, et si l'ensemble $\{k \in [\![2, n]\!] \ / \ a_k \neq 0\}$ est non vide, alors il admet un plus petit élément p, et la position de $\mathscr{C}$ par rapport à T_{x_0} est déterminée par le signe de $a_p(x-x_0)^p$.

☞ Si p est pair, le point (x_0, a_0) est un point ordinaire. Suivant que a_p est positif ou négatif, $\mathscr{C}$ est au-dessus ou en dessous de T_{x_0}.
Si p est impair, le point (x_0, a_0) est un point d'inflexion.

Exemple 21 Étudier la fonction $f : x \mapsto \dfrac{2x \ln x}{x-1}$ au voisinage de 1.

Posons $x = 1 + h$. Nous avons $f(1+h) = \dfrac{2}{h}(1+h)\ln(1+h)$.

Avec $\ln(1+h) = h - \dfrac{h^2}{2} + \dfrac{h^3}{3} + o(h^3)$, il vient $(1+h)\ln(1+h) = h + \dfrac{h^2}{2} - \dfrac{h^3}{6} + o(h^3)$

puis $f(1+h) = 2 + h - \dfrac{h^2}{3} + o(h^2)$, c'est-à-dire $f(x) = 2 + (x-1) - \dfrac{(x-1)^2}{3} + o((x-1)^2)$.

La fonction f se prolonge par continuité en 1 en $\overline{f}$ telle que $\overline{f}(1) = 2$.
La tangente T au point $(1, 2)$ à la courbe représentative de $\overline{f}$ a pour équation $y = x + 1$ et, au voisinage de 1, cette courbe est en dessous de T.

(29) L'objet de ce paragraphe est de voir comment les développements limités permettent l'étude des branches infinies.

2. Recherche d'asymptotes (29)

2.1 – Asymptote «oblique» ou «horizontale»

On se place dans le cas où f est définie au voisinage de $+\infty$ ou de $-\infty$.

Règle 3

Si $f(x) = \alpha x + \beta + \dfrac{a_p}{x^p} + o\left(\dfrac{1}{x^p}\right)$, avec $p \in \mathbb{N}^*$ et $a_p \neq 0$, la droite d'équation $y = \alpha x + \beta$ est asymptote à $\mathscr{C}$ en $+\infty$ ou en $-\infty$.

- En $+\infty$, la courbe est au-dessus de son asymptote $y = \alpha x + \beta$ lorsque $a_p > 0$, et en dessous lorsque $a_p < 0$.
- En $-\infty$, la courbe est au-dessus ou en dessous de $y = \alpha x + \beta$ selon que $\dfrac{a_p}{x^p}$ est positif ou négatif ; cela dépend du signe de a_p et de la parité de p.

2.2 – Extension : courbe asymptote

On considère toujours le cas où f est définie au voisinage de $+\infty$ ou de $-\infty$.

S'il existe une fonction g définie au voisinage de $+\infty$ ou de $-\infty$ en même temps que f et telle que :

$$f(x) = g(x) + \frac{a_p}{x^p} + o\left(\frac{1}{x^p}\right) \quad \text{avec } p \in \mathbb{N}^* \text{ et } a_p \neq 0$$

la courbe $\mathscr{C}'$ représentative de g est asymptote à $\mathscr{C}$ en $+\infty$ ou en $-\infty$.

Exemple 22 Étudier les branches infinies de la courbe $\mathscr{C}$ représentant $f(x) = x \operatorname{Arctan} \dfrac{x}{x-1}$.

Notons que $\lim\limits_{1+} f = \dfrac{\pi}{2}$ et $\lim\limits_{1-} f = -\dfrac{\pi}{2}$.

En $+\infty$ et en $-\infty$, on a $f(x) \sim x\,\dfrac{\pi}{4}$. Il n'y a que deux branches infinies à étudier.

Posons $u = \dfrac{1}{x}$. Il vient $f(x) = f\left(\dfrac{1}{u}\right) = \dfrac{1}{u} \operatorname{Arctan} \dfrac{1}{1-u}$.

$g'(u) = \dfrac{1}{2 - 2u + u^2} = \dfrac{1}{2}(1 + u + o(u))$ donne $g(u) = \dfrac{\pi}{4} + \dfrac{u}{2} + \dfrac{u^2}{4} + o(u^2)$, et donc :

$$f\left(\frac{1}{u}\right) = \frac{\pi}{4u} + \frac{1}{2} + \frac{u}{4} + o(u)$$

c'est-à-dire : $\quad f(x) = \dfrac{\pi}{4}x + \dfrac{1}{2} + \dfrac{1}{4x} + o\left(\dfrac{1}{x}\right)$ au voisinage de $+\infty$ et de $-\infty$.

La droite Δ d'équation $y = \dfrac{\pi}{4}x + \dfrac{1}{2}$ est asymptote à $\mathscr{C}$. La courbe est au-dessus de cette droite au voisinage de $+\infty$, et en dessous au voisinage de $-\infty$.

Exemple 23 Étudier les branches infinies de la courbe $\mathscr{C}$ représentant $f : x \mapsto \ell n(x^2 + 1) - \dfrac{1}{x}$.

a) Au voisinage de 0, $f(x) \sim -\dfrac{1}{x}$ permet de dire que $D(x = 0)$ est asymptote à $\mathscr{C}$.

b) Pour l'étude en $+\infty$ ou en $-\infty$, posons $u = \dfrac{1}{x}$.

Avec $f(x) = f\left(\dfrac{1}{u}\right) = \ell n(1 + u^2) - 2\,\ell n\,|u| - u$, on obtient :

$$f\left(\frac{1}{u}\right) = -2\,\ell n\,|u| - u + o(u) \quad \text{c'est-à-dire} \quad f(x) = 2\,\ell n\,|x| - \frac{1}{x} + o\left(\frac{1}{x}\right).$$

En $+\infty$, la courbe $\mathscr{C}'$, représentant $x \mapsto 2\,\ell n\,x$, est asymptote à $\mathscr{C}$ et au dessus de $\mathscr{C}$

En $-\infty$, la courbe $\mathscr{C}''$, représentant $x \mapsto 2\,\ell n(-x)$, est asymptote à $\mathscr{C}$ et en dessous de $\mathscr{C}$.

3. Branches infinies de courbes paramétrées

(30) Sous forme cartésienne ou sous forme polaire.

Les courbes paramétrées (30) ont été étudiées au chapitre 3.

La formule de Taylor-Young a été vue au chapitre 6 : elle a permis de traiter de nombreux exemples.

Lorsque le calcul des dérivées successives s'avère trop compliqué, l'usage de développements limités sera le plus souvent très efficace.

C'est en général la position de la courbe par rapport à une asymptote qui est délicate.

Des exemples sont proposés dans la rubrique «Mise en œuvre».

Méthodes

L'essentiel

I. Calculs de développements limités

✔ **Si l'on veut** calculer un développement limité en a,

- **on peut**
  - commencer par se ramener à un développement en 0 en posant $t = x - a$ si $a \in \mathbb{R}$ ou $t = \dfrac{1}{x}$ si $a \in \{-\infty, +\infty\}$;
  - utiliser une combinaison linéaire de développements usuels ou un produit de développements usuels ;
  - penser à développer la dérivée de la fonction proposée ;
  - penser à utiliser une composition de développements usuels ;
  - en présence d'un quotient, l'écrire sous la forme $\dfrac{g(x)}{1-u(x)}$ avec $\lim\limits_{a} u = 0$ et calculer le développement de $\dfrac{1}{1-u(x)}$ par composition des développements de $\dfrac{1}{1-x}$ en 0 et $u(x)$ en a ;

  → Voir *Mise en œuvre*, exercices 1 et 2
- **on peut** prouver que ce développement existe en invoquant la formule de Taylor-Young, puis opérer par identification.

  → Voir *Mise en œuvre*, exercice 3

II. Calculs de limites

✔ **Si l'on veut** calculer une limite : $\lim\limits_{x \to a} f(x)$,

- **on peut** écrire $f(x)$ sous forme de produit ou quotient de fonctions pour lesquelles on dispose d'équivalents exprimés au moyen des fonctions usuelles ;

  → Voir *Mise en œuvre*, exercices 4 et 5
- **on peut** pour déterminer les équivalents précédents, utiliser des développements limités ou généralisés.

  → Voir *Mise en œuvre*, exercice 6

III. Branches infinies

✔ **Si l'on veut** étudier la branche infinie d'une fonction f en $+\infty$ (ou $-\infty$,)

- **on peut** effectuer un développement généralisé de f en $+\infty$ (ou $-\infty$).

  → Voir *Mise en œuvre*, exercice 7

✔ **Si l'on veut** étudier les branches infinies d'une courbe paramétrée,

- **on peut** préciser une asymptote et la position de la courbe par rapport à une asymptote quand t tend vers t_0 à l'aide de développement limité.

  → Voir *Mise en œuvre*, exercices 8 et 9

Mise en œuvre

Ex. 1

Former le développement limité à l'ordre 5 en 0, à droite et à gauche, de $f : x \mapsto \sqrt{1-\sqrt{1-x^2}}$.

Indications

$f(x)$ s'écrit $\frac{|x|}{\sqrt{2}}\sqrt{1+u(x)}$ avec $\lim_0 u = 0$, on compose le développement de $x \mapsto \sqrt{1+x}$ avec celui de u.

Solution

La fonction g définie par $g(x) = 1-\sqrt{1-x^2}$ est définie sur $[-1,1]$ et paire. En outre, $g([-1,1]) = [0,1]$.
La fonction f est donc définie sur $[-1,1]$.

Avec $1-\sqrt{1-x^2} = \frac{x^2}{2} + \frac{x^4}{8} + \frac{x^6}{16} + o(x^7)$, il vient :

$$f(x) = \frac{|x|}{\sqrt{2}}\sqrt{1+\frac{x^2}{4}+\frac{x^4}{8}+o(x^5)}.$$

En utilisant le développement d'ordre 2 de $\sqrt{1+x}$, on en déduit :

$$\begin{aligned}\sqrt{1+\frac{x^2}{4}+\frac{x^4}{8}+o(x^5)} &= 1+\frac{1}{2}\left(\frac{x^2}{4}+\frac{x^4}{8}\right)-\frac{1}{8}\left(\frac{x^2}{4}+\frac{x^4}{8}\right)^2+o(x^5)\\ &= 1+\frac{x^2}{8}+\frac{7}{128}x^4+o(x^5)\end{aligned}$$

On obtient ainsi les développements limités de f à l'ordre 6 en 0:

$$x \geqslant 0 : f(x) = \frac{x}{\sqrt{2}} + \frac{x^3}{8\sqrt{2}} + \frac{7x^5}{128\sqrt{2}} + o(x^6)$$

$$x \leqslant 0 : f(x) = -\frac{x}{\sqrt{2}} - \frac{x^3}{8\sqrt{2}} - \frac{7x^5}{128\sqrt{2}} + o(x^6)$$

Commentaires

Posons $u(x)=\frac{x^2}{4}+\frac{x^4}{8}+o(x^5)$, u est de valuation 2, pour obtenir le développement de $\sqrt{1+u(x)}$ à l'ordre 5, il suffit de considérer le développement de $\sqrt{1+x}$ à l'ordre 2 : $\sqrt{1+x}=1+\frac{x}{2}-\frac{x^2}{8}+o(x^2)$.

À droite et à gauche de 0.

Ex. 2

Calculer le développement limité à l'ordre 2 en 0 de $u(x) = \dfrac{e^x - \cos x - x}{x - \ell n(1+x)}$.

Indications

Quotient de développements limités. On développe $e^x - \cos x - x$ à l'ordre 4 et $x - \ell n(1+x)$ à l'ordre 2.

Solution

$x - \ell n(1+x)$ est de valuation 2 en 0 : $x - \ell n(1+x) = \frac{x^2}{2} + o(x^2)$.

Nous avons besoin des développements limités à l'ordre 4 de $e^x - \cos x - x$ et $x - \ell n(1+x)$.

Commentaires

Il faut commencer par s'assurer que la valuation du dénominateur est inférieure ou égale à celle du numérateur.

$$e^x - \cos x - x = x^2 + \frac{x^3}{6} + o(x^4)$$

$$x - \ell n(1+x) = \frac{x^2}{2} - \frac{x^3}{3} + \frac{x^4}{4} + o(x^4).$$

Ainsi, pour $x \neq 0$, $u(x) = 2\dfrac{1 + \frac{x}{6} + o(x^2)}{1 - \frac{2x}{3} + \frac{x^2}{2} + o(x^2)}$.

On a :

$$\frac{1}{1 - \frac{2x}{3} + \frac{x^2}{2} + o(x^2)} = 1 + \left(\frac{2x}{3} - \frac{x^2}{2}\right) + \left(\frac{2x}{3} - \frac{x^2}{2}\right)^2 + o(x^2)$$

Il s'ensuit $u(x) = 2\left(1 + \frac{x}{6}\right)\left(1 + \frac{2x}{3} - \frac{x^2}{18}\right) + o(x^2)$ et enfin,

$$u(x) = 2 + \frac{5}{3}x + \frac{1}{9}x^2 + o(x^2).$$

Après simplification par x^2, il reste le quotient de deux développements d'ordre 2 avec un dénominateur de la forme :

$$1 - u(x)$$

On développe $\frac{1}{1-u(x)}$ par composition de développements et on achève par un produit.

Ex. 3

Soit $f : \mathbb{R} \to \mathbb{R}, x \mapsto x e^{x^2}$

1) Montrer que f admet une fonction réciproque.

2) Calculer le développement limité d'ordre 5 de f^{-1} en 0.

Indications

Prouver que f^{-1} est de classe $\mathcal{C}^\infty$ sur $\mathbb{R}$ et écrire le développement $f^{-1}(x) = ax + bx^3 + cx^5 + o(x^7)$.

L'égalité $f \circ f^{-1}(x) = x$ permet une identification.

Solution

1) f est de classe $\mathcal{C}^\infty$ sur $\mathbb{R}$ avec :

$$\forall x \in \mathbb{R},\ f'(x) = \left(2x^2 + 1\right) e^{x^2}$$

Elle est donc strictement croissante et c'est une bijection de $\mathbb{R}$ sur $\mathbb{R}$ car :

$$\lim_{+\infty} f = +\infty \quad , \quad \lim_{-\infty} f = -\infty$$

2) Puisque f est de classe $\mathcal{C}^\infty$ et que f' ne s'annule pas, la fonction réciproque f^{-1} est également de classe $\mathcal{C}^\infty$.

En conséquence, la formule de Taylor-Young s'applique à tout ordre en 0 (en particulier) ce qui prouve l'existence d'un développement limité à tout ordre. Remarquons que f^{-1}, comme f, est impaire, son développement limité d'ordre 5 en 0 s'écrit donc :

$$f^{-1}(x) = ax + bx^3 + cx^5 + o(x^5)$$

Avec $f(x) = x + x^3 + \frac{x^5}{2} + o(x^5)$, on en déduit que le développement de $f \circ f^{-1}$ est :

$$f \circ f^{-1}(x) = ax + (b + a^3)x^3 + \left(c + 3a^2 b + \frac{a^5}{2}\right) x^5 + o(x^5)$$

Or, on a $\forall x \in \mathbb{R},\ f \circ f^{-1}(x) = x$, donc on en déduit par identification :

$$a = 1 \quad , \quad b + a^3 = 0 \quad , \quad c + 3a^2 b + \frac{a^5}{2} = 0$$

$$\text{soit } a = 1 \quad , \quad b = -1 \quad , \quad c = \frac{5}{2}$$

En conclusion ; $f^{-1}(x) = x - x^3 + \frac{5}{2}x^5 + o(x^5)$.

Commentaires

C'est un produit et une composée de fonctions de classe $\mathcal{C}^\infty$.

La classe $\mathcal{C}^\infty$ est une condition suffisante de l'existence d'un développement limité en 0 à tout ordre.

On utilise en fait le théorème d'unicité d'un développement limité à un ordre donné.

Ex. 4

Soit f, g et h les fonctions définies sur $]0, +\infty[$ par :

$$f(x) = x^x \quad , \quad g(x) = x^{f(x)} \quad , \quad h(x) = x^{g(x)}$$

Déterminer les limites en 0 de ces trois fonctions.

Indications

Établir que $\ell n\,|g(x)\,\ell n\,x| \sim \ell n\,x$.

Solution

1) $x^x = e^{x\,\ell n\,x}$ et $\lim\limits_{x\to 0} x\,\ell n\,x = 0$ donnent $\lim\limits_{0} f = 1$.

2) $g(x) = e^{f(x)\,\ell n\,x}$ et $\lim\limits_{x\to 0} f(x)\,\ell n\,x = -\infty$ donnent $\lim\limits_{0} g = 0$.

3) $h(x) = e^{g(x)\,\ell n\,x}$.

Considérons :

$$\begin{aligned}\ell n\,|g(x)\,\ell n\,x| &= \ell n\,g(x) + \ell n\,|\ell n\,x| \\ &= f(x)\,\ell n\,x + \ell n\,|\ell n\,x|\end{aligned}$$

Sachant que $\ell n\,|\ell n\,x| = o(\ell n\,x)$ et que $f(x)\,\ell n\,x \sim \ell n\,x$, on obtient :

$$\ell n\,|g(x) f(x)| = f(x)\,\ell n\,x + o\big(f(x)\,\ell n\,x\big)$$

donc $\ell n\,|g(x) f(x)| \sim f(x)\,\ell n\,x \sim \ell n\,x$

Par suite, on a $\lim\limits_{x\to 0} \ell n\,|g(x)\;\ell n(x)| = -\infty$, donc :

$$\lim_{x\to 0} g(x)\;\ell n(x) = 0 \text{ puis } \lim_{x\to 0} h(x) = 1.$$

Commentaires

Le produit $g(x)\;\ell n(x)$ donne une forme indéterminée.

On utilise que si $u(x)$ tend vers $+\infty$ alors : $\ell n\;u(x) = o\big(u(x)\big)$.

Ex. 5

Calculer la limite en $+\infty$ de $\dfrac{\left[(x+1)^{\frac{1}{x}} - x^{\frac{1}{x}}\right](x\,\ell n\,x)^2}{x^{x^{\frac{1}{x}}} - x}$.

Indications

Factoriser $x^{\frac{1}{x}}$ dans l'expression $(x+1)^{\frac{1}{x}} - x^{\frac{1}{x}}$ et x dans l'expression $x^{x^{\frac{1}{x}}} - x$.

Solution

1) Posons $n(x) = \left[(x+1)^{\frac{1}{x}} - x^{\frac{1}{x}}\right](x\,\ell n\,x)^2$.

On a $n(x) = x^{\frac{1}{x}}\,u(x)(x\,\ell n\,x)^2$ avec $u(x) = \left(1+\dfrac{1}{x}\right)^{\frac{1}{x}} - 1$.

Au voisinage de $+\infty$, $\dfrac{1}{x}\,\ell n\left(1+\dfrac{1}{x}\right) \sim \dfrac{1}{x^2} = o(1)$.

Par suite, $u(x) = \exp\left[\dfrac{1}{x}\,\ell n\left(1+\dfrac{1}{x}\right)\right] - 1 \sim \dfrac{1}{x}\,\ell n\left(1+\dfrac{1}{x}\right) \sim \dfrac{1}{x^2}$. (1)

Commentaires

On utilise des factorisations permettant de faire apparaître des expressions de la forme : $e^{v(x)} - 1$ avec $\lim\limits_{x\to+\infty} v(x) = 0$, auquel cas on sait que : $e^{v(x)} - 1 \sim v(x).1$

D'autre part, $x^{\frac{1}{x}} = \exp \dfrac{\ell n\, x}{x}$ et $\lim\limits_{x\to+\infty} \dfrac{\ell n\, x}{x} = 0$ donne $x^{\frac{1}{x}} \sim 1$. (2)

De (1) et (2) on déduit $n(x) \underset{+\infty}{\sim} \ell n^2 x$.

2) Posons $d(x) = x^{x^{\frac{1}{x}}} - x = x\left(\exp\left[\left(x^{\frac{1}{x}} - 1\right)\ell n\, x\right] - 1\right)$.

Nous avons $x^{\frac{1}{x}} - 1 = \exp\left(\dfrac{\ell n\, x}{x}\right) - 1 \sim \dfrac{\ell n\, x}{x}$ d'où :

$$\left(x^{\frac{1}{x}} - 1\right)\ell n\, x \sim \frac{\ell n^2 x}{x}.$$

Avec $\lim\limits_{x\to+\infty} \dfrac{\ell n^2 x}{x} = 0$, on en déduit :

$$\exp\left[\left(x^{\frac{1}{x}} - 1\right)\ell n\, x\right] - 1 \sim \frac{\ell n^2 x}{x} \quad \text{et enfin} \quad d(x) \sim \ell n^2 x.$$

3) En conclusion, $\lim\limits_{x\to+\infty} \dfrac{\left[(x+1)^{\frac{1}{x}} - x^{\frac{1}{x}}\right](x\,\ell n\, x)^2}{x^{x^{\frac{1}{x}}} - x} = 1.$

Les règles de comparaison des fonctions puissances, logarithmes et exponentielles sont dans ce genre d'étude d'un usage permanent.

Ex. 6

Cacluler la limite en 0 de $f\ :\ x \mapsto \dfrac{e^x - e^{-x} + 2\sin x - 4x}{x\left(e^x + e^{-x} + 2\cos x - 4\right)}$.

Indications

Les développements limités facilitent la déterminination d'un équivalent du numérateur et du dénominateur.

Solution

$$\begin{aligned}
e^x &= 1 + x + \frac{x^2}{2} + \frac{x^3}{6} + \frac{x^4}{24} + \frac{x^5}{120} + o\left(x^5\right)\\
e^{-x} &= 1 - x + \frac{x^2}{2} - \frac{x^3}{6} + \frac{x^4}{24} - \frac{x^5}{120} + o\left(x^5\right)\\
\sin x &= x - \frac{x^3}{6} + \frac{x^5}{120} + o\left(x^5\right)\\
\cos x &= 1 - \frac{x^2}{2} + \frac{x^4}{24} + o\left(x^4\right)
\end{aligned}$$

$$n(x) = e^x - e^{-x} + 2\sin x - 4x = \frac{x^5}{30} + o\left(x^5\right)$$

$$d(x) = x\left(e^x + e^{-x} + 2\cos x - 4\right) = \frac{x^5}{6} + o\left(x^5\right)$$

$$n(x) \sim \frac{x^5}{30}\ ,\quad d(x) \sim \frac{x^5}{6}\ ,\quad \lim_{x\to 0} f(x) = \frac{1}{5}.$$

Commentaires

Les calculs sont immédiats, la seule difficulté est de développer au bon ordre !

Ex. 7

Étudier les branches infinies de $f\ :\ x \mapsto \dfrac{x^2}{x-1} e^{\frac{1}{x}}$.

Solution

f est définie et $\mathcal{C}^\infty$ sur $\mathbb{R} \setminus \{0, 1\}$.

- En 0 à gauche, on a $\lim\limits_{\substack{x\to 0\\ x<0}} e^{\frac{1}{x}} = 0$ donc $\lim\limits_{\substack{x\to 0\\ x<0}} f(x) = 0$: f est prolongeable par continuité, ce n'est pas une branche infinie.

Commentaires

Il y a lieu d'étudier l'allure du graphe autour de ce point. Avec $\lim\limits_{x\to 0} \dfrac{f(x)}{x} = 0$, la tangente a pour équation $y = 0$.

- En 0 à droite, on a $f(x) \sim -x^2 e^{\frac{1}{x}}$ donc $\lim\limits_{\substack{x \to 0 \\ x > 0}} f(x) = +\infty$ et le graphe $\mathcal{G}$ de f admet pour asymptote la droite d'équation $x = 0$.

C'est une simple utilisation des règles de comparaison des fonctions puissances et exponentielles.

- En $+\infty$ ou $-\infty$, posons $t = \dfrac{1}{x}$, il vient $f(x) = g(t) = \dfrac{e^t}{t(1-t)}$

Développons $\dfrac{e^t}{1-t}$ à l'ordre 2 en 0 :

Avec le facteur $\frac{1}{t}$ cela va donner un développement généralisé de g à l'ordre 1.

$$\begin{aligned}\frac{e^t}{1-t} &= \left(1 + t + \frac{t^2}{2} + o(t^2)\right)\left(1 + t + t^2 + o(t^2)\right) \\ &= 1 + 2t + \frac{5}{2}t^2 + o\left(t^2\right)\end{aligned}$$

On en déduit $g(t) = \dfrac{1}{t} + 2 + \dfrac{5}{2}t + o(t)$ soit :

$$f(x) = x + 2 + \frac{5}{2x} + o\left(\frac{1}{x}\right)$$

Le graphe $\mathcal{G}$ de f est donc asymptote, en $+\infty$ et en $-\infty$, à la droite $\mathcal{D}$ d'équation $y = x + 2$.

Le terme complémentaire est équivalent à $\frac{5}{2x}$, il est positif au voisinage de $+\infty$ et le graphe $\mathcal{G}$ est au-dessus de $\mathcal{D}$, il est négatif au voisinage de $-\infty$ et le graphe $\mathcal{G}$ est en dessous de $\mathcal{D}$.

Ex. 8

Étudier la branche infinie pour $t \to 1$ de l'arc Γ paramétrée par : $x(t) = \dfrac{t}{\ell n\, t}$, $y(t) = \dfrac{t^2}{t-1}$, $t \in]0, +\infty[$.

Indications

Cette courbe a été étudiée au chapitre 3, en exemple 6 du cours.

L'objectif est ici de retrouver l'asymptote et surtout de préciser la position de la courbe par rapport à l'asymptote au moyen de développements limités.

Solution

La courbe présente une branche infinie pour $t \to 1$.

En posant $t = 1 + h$, on a $\ell n\, t = \ell n(1+h) = h\left(1 - \dfrac{h}{2} + \dfrac{h^2}{3} + o(h^2)\right)$.

$$\frac{1}{1 - \frac{h}{2} + \frac{h^2}{3} + o(h^2)} = 1 + \left(\frac{h}{2} - \frac{h^2}{3}\right) + \left(\frac{h}{2} - \frac{h^2}{3}\right)^2 + o(h^2) \text{ donne :}$$

$$x(t) = \frac{1}{h}(1+h)\left(1 + \frac{h}{2} - \frac{h^2}{12} + o(h^2)\right) = \frac{1}{h}\left(1 + \frac{3h}{2} + \frac{5h^2}{12} + o(h^2)\right),$$

et finalement : $x(t) = \dfrac{1}{h} + \dfrac{3}{2} + \dfrac{5h}{12} + o(h)$.

Par ailleurs, $y(t) = \dfrac{(1+h)^2}{h} = \dfrac{1}{h} + 2 + h$.

On en déduit : $y(t) - x(t) = \dfrac{1}{2} + \dfrac{7h}{12} + o(h)$.

$\left(y(t) - x(t) - \dfrac{1}{2}\right) \sim \dfrac{7h}{12}$ assure que la droite $\mathcal{D}$ d'équation $y - x - \dfrac{1}{2} = 0$ est asymptote à la courbe.

Γ est au-dessus de $\mathcal{D}$ pour $h > 0$, c'est-à-dire $t > 1$, elle est en-dessous pour $h < 0$, c'est-à-dire $t < 1$.

Commentaires

Développement limité d'inverse du type $\frac{1}{1-u+o(h^2)}$.

$y(t)-x(t)$ est formé pour «éliminer» les termes en $\frac{1}{h}$.

Ex. 9

Étudier la branche infinie dans la direction $\theta = \frac{2\pi}{3}$ de la courbe d'équation polaire $r = \frac{\sin\theta}{1+2\cos\theta}$.

Indications

L'objectif est ici de trouver l'asymptote et de préciser la position de la courbe par rapport à l'asymptote au moyen de développements limités. Pour cela on étudie $r\left(\frac{2\pi}{3}+h\right)\sin h$.

Solution

2π est une période et Oy un axe de symétrie de la courbe.

Commentaires : $r(\theta+2\pi)=r(\theta)$ et $r(-\theta)=-r(\theta)$.

Étudions la branche infinie de direction asymptotique $\theta = \frac{2\pi}{3}$.

Commentaires : On prend $[0,\pi]$ pour intervalle d'étude.

Posons $\theta = \frac{2\pi}{3}+h$ et établissons les développements limités de $\sin\theta$ (à l'ordre 1) et de $\cos\theta$ (à l'ordre 2)

Commentaires : À l'aide de la formule de Taylor-Young.

$$\sin\theta = \frac{\sqrt{3}}{3} - \frac{h}{2} + o(h) = \frac{\sqrt{3}}{2}\left(1 - \frac{h}{\sqrt{3}} + o(h)\right)$$

$$\cos\theta = \cos\left(\frac{2\pi}{3}+h\right) = -\frac{1}{2} - \frac{\sqrt{3}}{2}h + \frac{h^2}{4} + o(h^2)$$

On a donc

$$1+2\cos\theta = -h\sqrt{3} + \frac{h^2}{2} + o(h) = -h\sqrt{3}\left(1 - \frac{h}{2\sqrt{3}} + o(h)\right)$$

et il s'ensuit :

$$r(\theta)\sin h \underset{h\to 0}{\sim} -\frac{1}{2} \quad , \quad r(\theta)\sin h = -\frac{1}{2} + \frac{h}{4\sqrt{3}} + o(h).$$

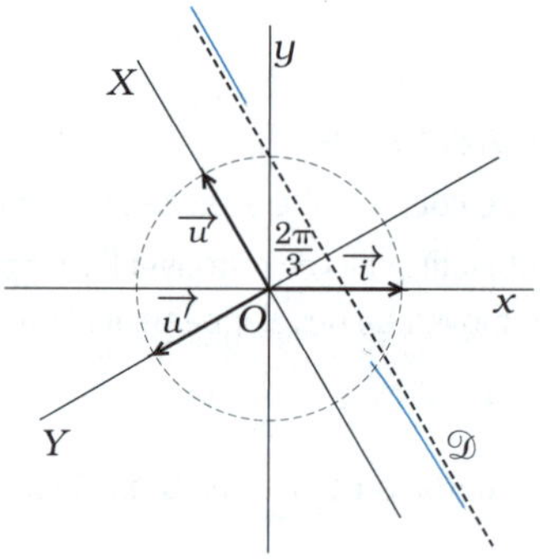

On en déduit que la courbe admet pour asymptote la droite $\mathcal{D}$ d'équation :

$$Y = -\frac{1}{2} \text{ dans } \mathcal{R}_{\frac{2\pi}{3}} \quad \text{et} \quad x\sqrt{3}+y-1=0 \text{ dans } \mathcal{R}_0.$$

Pour $h>0$, la courbe est au-dessus de $\mathcal{D}$: $Y = -\frac{1}{2}$, et en-dessous pour $h<0$.

Commentaires : « Au-dessus » est à considérer dans la direction d'angle polaire $\frac{2\pi}{3}+\frac{\pi}{2}$.

Complétons l'étude de la courbe.

Tableau de signe de $r(\theta)$:

θ	0		$\frac{\pi}{2}$		$\frac{2\pi}{3}$			0
r	0	$+$	1	$+$	$+\infty$ ‖ $-\infty$		$-$	0

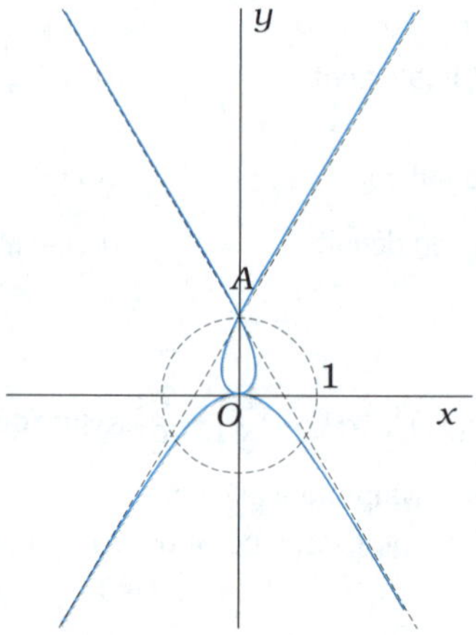

La courbe coupe l'asymptote en $A(0,1) = M\left(\frac{\pi}{2}\right)$.

Il est intéressant de préciser la tangente en ce point.

$\frac{r}{r'} = \frac{(1+2\cos\theta)\sin\theta}{\cos\theta+2}$ donc en A, $\tan V = \frac{1}{2}$.

Exercices

Niveau 1

Développements limités

Ex. 1

Calculer le développement limité en 0, à l'ordre 5 de :

$$x \mapsto \exp\left[\cos(\ell n \cos x\right].$$

Ex. 2

Calculer le développement limité à l'ordre 2 en $+\infty$ de :

$$\sqrt[3]{x^3+x^2} - \sqrt[3]{x^3-x^2}.$$

Ex. 3

Calculer les réels a et b tels que la partie principale en 0 de $\dfrac{1}{x} - \dfrac{a}{\ell n(1+x)} - \dfrac{b}{e^x-1}$ soit de degré maximum.

Calcul de limites

Ex. 4

Soit (a_n) et (b_n) des suites de réels strictement positifs telles que :

$$\lim a_n^n = a > 0 \text{ et } \lim b_n^n = b > 0.$$

Étant donné p et q réels tels que $p + q = 1$, calculer :

$$\lim\left((pa_n + qb_n)^n\right).$$

Ex. 5

Calculer la limite de la suite de terme général :

$$u_n = \left[e - \left(1 + \frac{1}{n}\right)^n\right]^{\sqrt{n^2+2}-\sqrt{n^2+1}}.$$

Ex. 6

Calculer la limite en 0 de $x \mapsto \left(\ell n(e+x)\right)^{1/x}$.

Ex. 7

Calculer la limite de la suite de terme général :

$$\left(\cos\left(\frac{n\pi}{3n+1}\right) + \sin\left(\frac{n\pi}{6n+1}\right)\right)^n.$$

Ex. 8

Calculer la limite en 0 de $f\ :\ x \mapsto \dfrac{(1+x)^{\frac{1}{x}\ell n x} - x}{x(x^x-1)}$.

Ex. 9

Calculer la limite en $+\infty$ de :

$$f\ :\ x \mapsto \left(\ell n^2 x\right)\left(\sin\frac{1}{\ell n x} - \sin\frac{1}{\ell n(x+1)}\right).$$

Ex. 10

Calculer la limite en 2 de $f\ :\ x \mapsto \left(2^x + 3^x - 12\right)^{\tan\frac{\pi x}{4}}$.

Ex. 11

Calculer $\displaystyle\lim_{x\to\pi/6} \frac{\text{Arctan}(2\sin x) - \frac{\pi}{4}}{\cos 3x}$.

Niveau 2

Avec solution détaillée

Ex. 12

Étudier la branche infinie parabolique de la courbe paramétrée par $\left(x(t) = \dfrac{t^2+1}{2t}, y(t) = \dfrac{2t-1}{t^2}\right)$.

Ex. 13

Étudier l'asymptote en $\theta = \dfrac{\pi}{6}$ de la courbe d'équation polaire $r = \tan\theta\tan 3\theta$.

Ex. 14

Calculer les développements en 0, à droite et à gauche, à l'ordre 9, de :

$$f \mapsto \sqrt{x(\sin x + \operatorname{sh} x - 2x)}.$$

Ex. 15

Calculer le développement limité à l'ordre $n+1$, en 0, de :

$$f\ :\ x \mapsto \ell n\left(1 + x + \frac{x^2}{2} + \dots + \frac{x^n}{n!}\right).$$

Ex. 16

1) Soit m réel, $m > 1$, montrer que l'équation :

$$x - m\,\ell n\left(1 + \frac{x}{m+1}\right) = 0$$

a une racine et une seule sur $]-2,-1[$, notée α_m.

2) Déterminer la limite de α_m quand $m \to +\infty$.

Ex. 17

1) Étant donné $n \in \mathbb{N}$, montrer que l'équation

$$x \in \mathbb{R},\ (x^2+1)\sin x = 1$$

admet deux racines x_n' et x_n'', et deux seulement, dans $[2n\pi, (2n+1)\pi]$.,

2) Trouver les développements généralisés de x_n' et x_n'' à l'ordre 4 en $\frac{1}{n}$ en $+\infty$.

Ex. 18

1) Étudier la suite $(u_n)_{\mathbb{N}}$ définie par :

$$u_0 = 1 \text{ et } \forall n \in \mathbb{N}\ u_{n+1} = \sin u_n.$$

2) Déterminer α réel tel que la suite de terme général $u_{n+1}^\alpha - u_n^\alpha$ admette quand n tend vers $+\infty$ une limite finie ℓ non nulle.

En déduire un équivalent de u_n quand $n \to +\infty$.

Avec éléments de solution

Ex. 19

Calculer le développement limité en 0, à l'ordre 7, de :

$$f : x \mapsto \tan x (\cos x)^x - \frac{x^2}{\cos^2 x}.$$

Ex. 20

Calculer $\displaystyle\lim_{\substack{x\to 0\\ x>0}} \frac{(\sin x)^{\operatorname{sh} x} - (\operatorname{sh} x)^{\sin x}}{(\tan x)^{\operatorname{th} x} - (\operatorname{th} x)^{\tan x}}$.

Ex. 21

1) Montrer que, pour tout $n \in \mathbb{N}$, l'équation :

$$\tan x \operatorname{th} x = 1$$

admet une racine unique, notée x_n, dans l'intervalle $]n\pi, (n+1)\pi[$.

2) Déterminer $\ell = \lim_{n\to+\infty} (x_n - n\pi)$ et trouver un équivalent simple de $x_n - n\pi - \ell$.

Ex. 22

Étudier la fonction $f : \mathbb{R} \to \mathbb{R}, x \mapsto \operatorname{Arccos}(4x^3 - 3x)$.

Ex. 23

Étudier la fonction (variations et graphe) :

$$f : \mathbb{R} \to \mathbb{R}, x \mapsto |x|^{\frac{x}{1-x}}.$$

Ex. 24

Étudier la fonction (variations et graphe) :

$$f : \mathbb{R} \to \mathbb{R}, x \mapsto \left(x + 2 - \frac{1}{x}\right) \operatorname{Arctan} x.$$

Niveau 3

Avec solution détaillée

Ex. 25

Calculer la limite en $+\infty$ de :

$$f : x \mapsto \left(\operatorname{ch}(\sqrt{x+1}) - \operatorname{ch}(\sqrt{x})\right)^{\frac{1}{\sqrt{x}}}.$$

Ex. 26

Soit f la fonction définie par

$$f(x) = x^2 e^{\frac{x}{x^2-1}}.$$

Étudier ses variations et tracer sa courbe représentative.

On montrera l'existence d'une parabole asymptote.

Avec éléments de solution

Ex. 27

Soit $a_n \in [0,1]$, racine de $\displaystyle\sum_{k=1}^{n} x^k = 1$.

Montrer que la suite $(a_n)_{\mathbb{N}^*}$ est convergente.

En notant ℓ la limite de $(a_n)_{\mathbb{N}^*}$ trouver un équivalent de $a_n - \ell$.

Ex. 28

Soit $(x_n)_{\mathbb{N}}$ la suite définie par :

$$x_0 \in \mathbb{R} \text{ et } x_{n+1} = x_n + e^{-x_n}.$$

Trouver $\lim_{n\to+\infty} x_n$ et un équivalent simple de x_n.

Indications

Ex. 12

Cette courbe a été vue au chapitre 3, exercice résolu 2.

Pour la branche parabolique en 0, on élimine $\frac{1}{t}$ et $\frac{1}{t^2}$ entre les développements généralisés de x, x^2 et y.

Ex. 13

Cette courbe a été vue au chapitre 3, exercice résolu 5.

Un développement limité de $r\left(\frac{\pi}{6}+h\right)\sin h$ permet de retrouver l'asymptote et de préciser la position de la courbe par rapport à l'asymptote.

Ex. 14

On a besoin des développements limités de $\operatorname{sh} x$ et $\sin x$ à l'ordre 11. Factoriser ensuite $x(\sin x + \operatorname{sh} x - 2x)$ par x^6 avant de prendre la racine carrée.

Ex. 15

Penser à utiliser le développement limité à l'ordre $n+1$ de e^x.

Ex. 16

1) Étudier $f_m : x \mapsto x - m\,\ell n\left(1+\frac{x}{m+1}\right)$.

Pour établir le signe de $f_m(-2)$ on peut étudier la fonction $g : m \mapsto f_m(-2)$.

2) Avec $\lim\limits_{m\to+\infty} \frac{\alpha_m}{m+1} = 0$, on a : $\ell n\left(1+\frac{\alpha_m}{m+1}\right)$

$$= \frac{\alpha_m}{m+1} - \frac{\alpha_m^2}{2(m+1)^2} + o\left(\frac{\alpha_m^2}{(m+1)^2}\right)$$

Ex. 17

1) Étudier $x \mapsto \sin x - \frac{1}{x^2+1}$ sur :

$\left[2n\pi, 2n\pi+\frac{\pi}{2}\right]$ puis sur $\left[2n\pi+\frac{\pi}{2}, (2n+1)\pi\right]$.

2) Remarquer que $x'_n - 2n\pi = \operatorname{Arcsin} \frac{1}{1+x_n'^2}$ et que $(2n+1)\pi - x''_n = \operatorname{Arcsin} \frac{1}{1+x_n''^2}$

Ex. 18

2) Effectuer le développement de $(\sin x)^\alpha - x^\alpha$. Appliquer le théorème de Cesaro.

Ex. 19

$\frac{1}{\cos^2}$ est la dérivée de tan.

Ex. 20

Écrire le numérateur $N(x)$ sous la forme de la différence de deux exponentielles et factoriser l'une des deux pour faire apparaître une expression $e^{u(x)} - 1$ avec $\lim\limits_{x\to 0} u(x) = 0$. Même chose pour le dénominateur.

Ex. 21

1) Étudier la fonction $f : x \mapsto \tan x - \frac{1}{\operatorname{th} x}$.

2) Prouver que $x_n - n\pi = \operatorname{Arctan}\left(\frac{1}{\operatorname{th} x_n}\right)$.

Ex. 22

$1-\left(4x^3-3x\right)^2 = (1-x)(1+x)(1+2x)^2(1-2x)^2$.

Ex. 23

f est prolongeable par continuité sur $\mathbb{R}$, $f'(x)$ est du signe de $\ell n\,|x| + 1 - x$.

Ex. 24

Signe de $f'(x)$: écrire $f'(x) = \frac{x^2+1}{x^2} g(x)$ et étudier les variations de g.

Ex. 25

$\operatorname{ch} a - \operatorname{ch} b = 2\operatorname{sh}\frac{a+b}{2}\operatorname{sh}\frac{a-b}{2}$.

Ex. 26

Un développement généralisé de $f(x)$ au voisinage de $+\infty$ donne la parabole asymptote.

Le signe de $f'(x)$ est lié simplement à celui de :

$$2x^4 - x^3 - 4x^2 - x + 2.$$

qui est un polynôme réciproque.

Ex. 27

a_n vérifie $a_n^{n+1} - 2a_n + 1 = 0$.

Avec $b_n = a_n - \frac{1}{2}$, montrer que :

$$\ell n(2b_n) = -(n+1)\,\ell n\, 2 + o(1).$$

Ex. 28

Considérer la suite de terme général $y_n = e^{-x_n}$ et appliquer la méthode vue en Ex. 18.

Solutions des exercices

Niveau 1

Ex. 1

$\ell n(\cos x) = -\frac{x^2}{2} + o(x^2)$; $\cos\left(\ell n(\cos x)\right) = 1 - \frac{x^4}{8} + o(x^4)$.

$\exp\left[\cos(\ell n \cos x)\right] = e\left(1 - \frac{x^4}{8} + o(x^4)\right) = e\left(1 - \frac{x^4}{8} + o(x^5)\right)$ car la fonction est paire.

Ex. 2

$$\sqrt[3]{x^3 + x^2} = x\left(1 + \frac{1}{x}\right)^{\frac{1}{3}} = x + \frac{1}{3} - \frac{1}{9x} + \frac{5}{81x^2} + o\left(\frac{1}{x^2}\right)$$

$$\sqrt[3]{x^3 - x^2} = x\left(1 - \frac{1}{x}\right)^{\frac{1}{3}} = x - \frac{1}{3} - \frac{1}{9x} - \frac{5}{81x^2} + o\left(\frac{1}{x^2}\right)$$

$$\sqrt[3]{x^3 + x^2} - \sqrt[3]{x^3 - x^2} = \frac{2}{3} + \frac{10}{81x^2} + o\left(\frac{1}{x^2}\right)$$

Ex. 3

Au voisinage de 0, $\ell n(1 + x) = x - \frac{x^2}{2} + \frac{x^3}{3} - \frac{x^4}{4} + o(x^4)$.

Donc $\frac{1}{\ell n(1+x)} = \frac{1}{x\left[1 - \left(\frac{x}{2} - \frac{x^2}{3} + \frac{x^3}{4} + o(x^3)\right)\right]}$ et avec $\frac{1}{1-u} = 1 + u + u^2 + u^3 + o(u^3)$, il vient :

$$\frac{1}{\ell n(1+x)} = \frac{1}{x}\left(1 + \left(\frac{x}{2} - \frac{x^2}{3} + \frac{x^3}{4}\right) + \left(\frac{x}{2} - \frac{x^2}{3} + \frac{x^3}{4}\right)^2 + \left(\frac{x}{2} - \frac{x^2}{3} + \frac{x^3}{4}\right)^3 + o(x^3)\right)$$

c'est-à-dire $\frac{1}{\ell n(1+x)} = \frac{1}{x} + \frac{1}{2} - \frac{x}{12} + \frac{x^2}{24} + o(x^2)$. (1)

Avec, toujours au voisinage de 0, $e^x - 1 = x + \frac{x^2}{2} + \frac{x^3}{6} + \frac{x^4}{24} + o(x^4)$, il vient de même :

$$\frac{1}{e^x - 1} = \frac{1}{x}\left(1 - \left(\frac{x}{2} + \frac{x^2}{6} + \frac{x^3}{24}\right) + \left(\frac{x}{2} + \frac{x^2}{6} + \frac{x^3}{24}\right)^2 - \left(\frac{x}{2} + \frac{x^2}{6} + \frac{x^3}{24}\right)^3 + o(x^3)\right)$$

c'est-à-dire $\frac{1}{e^x - 1} = \frac{1}{x} - \frac{1}{2} + \frac{x}{12} + o(x^2)$. (2)

De (1) et (2), on déduit :

$$\frac{1}{x} - \frac{a}{\ell n(1+x)} - \frac{b}{e^x - 1} = (1 - a - b)\frac{1}{x} - \frac{1}{2}(a - b) + \frac{1}{12}(a - b)x - \frac{1}{24}ax^2 + o(x^2).$$

Nous sommes donc conduits à choisir a et b tels que $a + b = 1$ et $a - b = 0$, c'est-à-dire $a = b = \frac{1}{2}$, et il vient alors :

$$\frac{1}{x} - \frac{1}{2\,\ell n(1+x)} - \frac{1}{2(e^x - 1)} = -\frac{x^2}{48} + o(x^2).$$

Ex. 4

Nous avons $a_n^n = a[1+o(1)]$. Il vient alors :

$$n\,\ell n\, a_n = \ell n\, a + o(1), \text{ puis } a_n = \exp\left(\frac{\ell n\, a}{n} + o\left(\frac{1}{n}\right)\right) \text{ c'est-à-dire } a_n = 1 + \frac{\ell n\, a}{n} + o\left(\frac{1}{n}\right)$$

De même, $b_n = 1 + \dfrac{\ell n\, b}{n} + o\left(\dfrac{1}{n}\right)$.

Posons $c_n = pa_n + qb_n$. Avec $p+q=1$, il vient :

$$c_n = 1 + \frac{1}{n}(p\,\ell n\, a + q\,\ell n\, b) + o\left(\frac{1}{n}\right), \text{ puis } \ell n\, c_n = \frac{1}{n}(p\,\ell n\, a + q\,\ell n\, b) + o\left(\frac{1}{n}\right)$$

Il s'ensuit $\lim n\,\ell n\, c_n = p\,\ell n\, a + q\,\ell n\, b$ donc $\lim((pa_n + qb_n)^n) = a^p b^q$.

Ex. 5

Posons $a_n = \sqrt{n^2+2} - \sqrt{n^2+1}$ et $b_n = e - \left(1+\dfrac{1}{n}\right)^n$.

On a $b_n > 0$ car $\ell n\left(1+\dfrac{1}{n}\right) < \dfrac{1}{n}$ donc la suite $n \mapsto u_n = b_n^{a_n}$ est définie pour $n \in \mathbb{N}^*$.

De $a_n = \dfrac{1}{\sqrt{n^2+2} + \sqrt{n^2+1}}$ on déduit $a_n \underset{+\infty}{\sim} \dfrac{1}{2n}$.

De $\left(1+\dfrac{1}{n}\right)^n = e^{n\,\ell n\left(1+\frac{1}{n}\right)} = e^{n\left(\frac{1}{n} - \frac{1}{2n^2} + o\left(\frac{1}{n^2}\right)\right)} = e^{1-\frac{1}{2n}+o\left(\frac{1}{n}\right)} = e\left(1 - \dfrac{1}{2n} + o\left(\dfrac{1}{n}\right)\right)$ on déduit :

$$b_n = \frac{e}{2n} + o\left(\frac{1}{n}\right) \quad \text{donc } \ell n\, b_n \underset{+\infty}{\sim} -\ell n\, n.$$

On a alors $\ell n\, u_n = a_n\,\ell n\, b_n \sim -\dfrac{\ell n\, n}{2n}$ donc $\lim \ell n\, u_n = 0$ et $\lim u_n = 1$.

Ex. 6

Posons $f(x) = \left[\ell n(e+x)\right]^{1/x}$, alors $\ell n\, f(x) = \dfrac{1}{x}\,\ell n\left[\ell n(e+x)\right]$.

$\ell n(e+x) = 1 + \ell n\left(1+\dfrac{x}{e}\right)$ donne $\ell n(e+x) = 1 + \dfrac{x}{e} + o(x)$.

Il vient alors $\ell n\left[\ell n(e+x)\right] = \ell n\left[1+\dfrac{x}{e}+o(x)\right] = \dfrac{x}{e} + o(x)$ donc $\lim\limits_{x\to 0} \ell n\, f(x) = \dfrac{1}{e}$ puis $\lim\limits_{x\to 0} f(x) = e^{\frac{1}{e}}$.

Ex. 7

$$\frac{n\pi}{3n+1} = \frac{\pi}{3}\left(1 - \frac{1}{3n} + o\left(\frac{1}{n}\right)\right) = \frac{\pi}{3} - \frac{\pi}{9n} + o\left(\frac{1}{n}\right).$$

$$\cos\frac{n\pi}{3n+1} = \frac{1}{2}\cos\left(\frac{\pi}{9n} + o\left(\frac{1}{n}\right)\right) + \frac{\sqrt{3}}{2}\sin\left(\frac{\pi}{9n} + o\left(\frac{1}{n}\right)\right) = \frac{1}{2} + \frac{\pi\sqrt{3}}{18n} + o\left(\frac{1}{n}\right)$$

$$\frac{n\pi}{6n+1} = \frac{\pi}{6}\left(1 - \frac{1}{6n} + o\left(\frac{1}{n}\right)\right) = \frac{\pi}{6} - \frac{\pi}{36n} + o\left(\frac{1}{n}\right)$$

$$\sin\frac{n\pi}{6n+1} = \frac{1}{2}\cos\left(\frac{\pi}{36n} + o\left(\frac{1}{n}\right)\right) - \frac{\sqrt{3}}{2}\sin\left(\frac{\pi}{36n} + o\left(\frac{1}{n}\right)\right) = \frac{1}{2} - \frac{\pi\sqrt{3}}{72n} + o\left(\frac{1}{n}\right)$$

$$u_n = \left(\cos\left(\frac{n\pi}{3n+1}\right) + \sin\left(\frac{n\pi}{6n+1}\right)\right)^n = \exp\left[n\,\ell n\left(1 + \frac{\pi\sqrt{3}}{24n} + o\left(\frac{1}{n}\right)\right)\right] = \exp\left(\frac{\pi\sqrt{3}}{24} + o(1)\right)$$

donc $\lim\limits_{n\to+\infty} u_n = e^{\frac{\pi\sqrt{3}}{24}}$.

Ex. 8

$(1+x)^{\frac{1}{x}\ell n x} = \exp\left(\frac{1}{x}\ell n x\, \ell n(1+x)\right) = x^{\frac{1}{x}\ell n(1+x)}$ donne $f(x) = \dfrac{x^{\frac{1}{x}\ell n(1+x)-1}-1}{x^x-1}$

$u(x) = x^{\frac{1}{x}\ell n(1+x)-1} - 1 = \exp\left[\left(\frac{1}{x}\ell n(1+x)-1\right)\ell n x\right] - 1$

$\frac{1}{x}\ell n(1+x) - 1 = -\frac{x}{2} + o(x)$ donne $\lim\limits_{x\to 0}\left(\frac{1}{x}\ell n(1+x)-1\right)\ell n x = 0$ d'où ;

$$u(x) \sim \left(\frac{1}{x}\ell n(1+x)-1\right)\ell n x \sim -\frac{x}{2}\ell n x$$

$v(x) = e^{x\ell n x} - 1 \sim x\ell n x$ car $\lim\limits_{x\to 0} x\ell n x = 0$. Finalement $\lim\limits_{x\to 0} f(x) = -\dfrac{1}{2}$.

Ex. 9

Posons $u(x) = \sin\dfrac{1}{\ell n x} - \sin\dfrac{1}{\ell n(x+1)} = 2\sin\dfrac{1}{2}\left(\dfrac{1}{\ell n x} - \dfrac{1}{\ell n(x+1)}\right)\cos\dfrac{1}{2}\left(\dfrac{1}{\ell n x} + \dfrac{1}{\ell n(x+1)}\right)$

il vient $u(x) \sim 2\sin\dfrac{1}{2}\left(\dfrac{1}{\ell n x} - \dfrac{1}{\ell n(x+1)}\right) \sim \left(\dfrac{1}{\ell n x} - \dfrac{1}{\ell n(x+1)}\right)$

Avec $\dfrac{1}{\ell n x} - \dfrac{1}{\ell n(x+1)} = \dfrac{\ell n\left(1+\frac{1}{x}\right)}{\ell n x\, \ell n(x+1)} \sim \dfrac{1}{x\,\ell n^2 x}$, on obtient : $f(x) \sim \dfrac{1}{x}$ donc $\lim\limits_{x\to+\infty} f(x) = 0$.

Ex. 10

On pose $x = 2+t$, il vient : $f(x) = f(2+t) = \left(4\cdot 2^t + 9\cdot 3^t - 12\right)^{-\frac{1}{\tan\frac{\pi}{4}t}}$

$4\cdot 2^t + 9\cdot 3^t - 12 = 1 + (4\,\ell n 2 + 9\,\ell n 3)t + o(t)$

$$\ell n f(2+t) = -\frac{1}{\tan\frac{\pi}{4}t}\,\ell n\left(4\cdot 2^t + 9\cdot 3^t - 12\right) \sim -\frac{(4\,\ell n 2 + 9\,\ell n 3)t}{\frac{\pi}{4}t}$$

$\lim\limits_{t\to 0}\ell n\left(f(2+t)\right) = -\dfrac{4}{\pi}(4\,\ell n 2 + 9\,\ell n 3)$; $\lim\limits_{x\to 2} f(x) = 2^{-\frac{16}{\pi}}\cdot 3^{-\frac{36}{\pi}}$.

Ex. 11

En posant $x = \dfrac{\pi}{6} + t$, il vient : $\cos 3x = \cos\left(\dfrac{\pi}{2} + 3t\right) = -\sin 3t$.

Lorsque t tend vers 0, nous avons $-\sin 3t \sim -3t$ et $2\sin x = \cos t + \sqrt{3}\sin t = 1 + \sqrt{3}t + o(t)$.

Soit $\varphi : u \mapsto \text{Arctan}(1+u)$, on a $\varphi'(u) = \dfrac{1}{1+(1+u)^2}$, $\varphi(0) = \dfrac{\pi}{4}$, $\varphi'(0) = \dfrac{1}{2}$ et, d'après la formule de Taylor :

$$\varphi(u) = \frac{\pi}{4} + \frac{u}{2} + o(u).$$

On en déduit $\text{Arctan}(\cos t + \sqrt{3}\sin t) = \text{Arctan}\left(1 + t\sqrt{3} + o(t)\right) = \dfrac{\pi}{4} + \dfrac{\sqrt{3}}{2}t + o(t)$.

Il s'ensuit $\text{Arctan}(2\sin x) - \dfrac{\pi}{4} \sim \dfrac{\sqrt{3}}{2}t$ et $\lim\limits_{x\to\frac{\pi}{6}} \dfrac{\text{Arctan}(2\sin x) - \frac{\pi}{4}}{\cos 3x} = -\dfrac{\sqrt{3}}{6}$.

Niveau 2

Ex. 12

On a $2x = t + \frac{1}{t} \underset{0}{\sim} \frac{1}{t}$ et $y = \frac{2}{t} - \frac{1}{t^2} \underset{0}{\sim} -\frac{1}{t^2}$. On forme alors $y + 4x^2$.

Avec $y + 4x^2 = \frac{2}{t} + t^2 + 2$, on utilise $\frac{2}{t} = 4x - 2t$ et il vient $y = -4x^2 + 4x + 2 - 2t + t^2$.

Au voisinage de $t = 0$, on a $y(t) = \left(-4x(t)^2 + 4x + 2\right) \sim -2t$, ce qui montre que la parabole $\mathcal{P}$ d'équation $y = -4x^2 + 4x + 2$. est asymptote à la courbe.

Pour $t < 0$, la courbe est au-dessus de $\mathcal{P}$ et, pour $t > 0$, elle est en dessous.

Ex. 13

Dans le repère $\left(O, \overrightarrow{u}_{\frac{\pi}{6}}, \overrightarrow{u}_{\frac{2\pi}{3}}\right)$, l'ordonnée du point de paramètre $\theta = \frac{\pi}{6} + h$ est $Y = r\left(\frac{\pi}{6} + h\right) \sin h$.

$$r(\theta) = \tan\theta \tan 3\theta = \tan\left(\frac{\pi}{6} + h\right) \tan\left(\frac{\pi}{2} + 3h\right) = -\frac{\tan\left(\frac{\pi}{6} + h\right)}{\tan 3h}.$$

Avec $\tan\frac{\pi}{6} = \frac{1}{\sqrt{3}}$, on a $\tan\left(\frac{\pi}{6} + h\right) = \dfrac{\frac{1}{\sqrt{3}} + \tan h}{1 - \frac{1}{\sqrt{3}}\tan h}$ et, compte tenu de $\tan h = h + o(h)$, il vient

$1 - \frac{1}{\sqrt{3}}\tan h = 1 - \frac{1}{\sqrt{3}}h + o(h)$, puis $\dfrac{1}{1 - \frac{1}{\sqrt{3}}\tan h} = 1 + \frac{1}{\sqrt{3}}h + o(h)$ donne $\tan\left(\frac{\pi}{6} + h\right) = \frac{1}{\sqrt{3}} + \frac{4}{3}h + o(h)$.

D'autre part, $\sin h = h + o\left(h^2\right)$ et $\tan 3h = 3h + o\left(h^2\right)$ donnent $\frac{\sin h}{\tan 3h} = \frac{1 + o(h)}{3 + o(h)} = \frac{1}{3} + o(h)$.

Finalement, $Y = r\left(\frac{\pi}{6} + h\right) \sin h = -\frac{\sqrt{3}}{9} - \frac{4h}{9} + o(h)$, ce qui permet de retrouver l'asymptote $Y = -\frac{\sqrt{3}}{9}$ et de préciser la position de la courbe par rapport à l'asymptote evec $Y + \frac{\sqrt{3}}{9} \underset{0}{\sim} -\frac{4h}{3}$.

Ex. 14

Au voisinage de 0 : $\sin x = x - \frac{x^3}{6} + \frac{x^5}{120} + o\left(x^5\right)$, $\operatorname{sh} x = x + \frac{x^3}{6} + \frac{x^5}{120} + o\left(x^5\right)$,

donc $x(\sin x + \operatorname{sh} x - 2x) = \frac{x^6}{60} + o\left(x^6\right) = \frac{x^6}{60}\left(1 + u(x)\right)$ avec $\lim\limits_{0} u = 0$.

On va donc avoir $f(x) = \frac{|x|^3}{\sqrt{60}}\left(1 + u(x)\right)^{\frac{1}{2}}$.

Pour obtenir les développements à l'ordre 9, il faut donc disposer du développement de u à l'ordre 6, c'est-à-dire qu'il faut commencer par développer $\sin x$ et $\operatorname{sh} x$ à l'ordre 11.

Avec $\sin x = \sum\limits_{k=0}^{5} (-1)^k \frac{x^{2k+1}}{(2k+1)!} + o\left(x^{11}\right)$ et $\operatorname{sh} x = \sum\limits_{k=0}^{5} \frac{x^{2k+1}}{(2k+1)!} + o\left(x^{11}\right)$, il vient :

$$x(\sin x + \operatorname{sh} x - 2x) = \frac{x^6}{60} + \frac{x^{10}}{181440} + o\left(x^{12}\right) = \frac{x^6}{60}\left(1 + \frac{x^4}{3024} + o\left(x^6\right)\right)$$

d'où $f(x) = \frac{|x|^3}{2\sqrt{15}}\left(1 + \frac{x^4}{6048} + o\left(x^6\right)\right)$. Donc :

en 0, à droite, $f(x) = \frac{x^3}{2\sqrt{15}} + \frac{x^7}{12096\sqrt{15}} + o\left(x^9\right)$ et à gauche, $f(x) = -\frac{x^3}{2\sqrt{15}} - \frac{x^7}{12096\sqrt{15}} + o\left(x^9\right)$.

Ex. 15

Au voisinage de 0, on a $e^x = 1 + x + \frac{x^2}{2} + \dots + \frac{x^n}{n!} + \frac{x^{n+1}}{(n+1)!} + o(x^{n+1})$, donc :

$$f(x) = \ell n\left(e^x - \frac{x^{n+1}}{(n+1)!} + o(x^{n+1})\right) = x + \ell n\left(1 - \frac{x^{n+1}e^{-x}}{(n+1)!} + o(x^{n+1}e^{-x})\right) = x - \frac{x^{n+1}e^{-x}}{(n+1)!} + o(x^{n+1}e^{-x})$$

Avec $e^{-x} = 1 + o(1)$, on en déduit $f(x) = x - \frac{x^{n+1}}{(n+1)!} + o(x^{n+1})$.

Ex. 16

1) Soit $f_m : x \mapsto x - m\,\ell n\left(1 + \frac{x}{m+1}\right)$.

f_m est définie et de classe $\mathcal{C}^\infty$ sur $I =]-m-1, +\infty[$ et pour tout $m > 1$, on a $]-2, -1[\subset I$.

De $f_m'(x) = \frac{x+1}{x+m+1}$ on déduit que f_m est strictement décroissante sur $]-m-1, -1[$, donc f_m induit une bijection de $]-2, -1[$ sur $\left]f_m(-1), f_m(-2)\right[$.

Prouver que l'équation $f_m(x) = 0$ a une racine et une seule sur $]-2, -1[$ revient alors à montrer que $0 \in \left]f_m(-1), f_m(-2)\right[$.

Sur $]-1, +\infty[$ on a $f_m'(x) > 0$ donc f_m est strictement croissante sur $[-1, +\infty[$ et on a :

$$f_m(-1) < f_m(0) \quad \text{c'est-à-dire} \quad f_m(-1) < 0 \quad \textbf{(1)}$$

Posons $g(m) = f_m(-2) = -2 - m\,\ell n\left(\frac{m-1}{m+1}\right)$, g est de classe $\mathcal{C}^\infty$ sur $]1, +\infty[$ avec :

$$g'(m) = \ell n\left(\frac{m+1}{m-1}\right) - \frac{2m}{m^2-1} \quad \text{et} \quad g''(m) = \frac{4}{(m^2-1)^2}.$$

En conséquence :

- g' est strictement croissante sur $]1, +\infty[$ donc strictement négative car $\lim_{m\to+\infty} g'(m) = 0$;
- g est strictement décroissante sur $]1, +\infty[$, donc strictement positive car au voisinage de $+\infty$:

$$g(m) = -2 - m\,\ell n\left(1 - \frac{1}{m}\right) + m\,\ell n\left(1 + \frac{1}{m}\right) = o(1) \quad \text{c'est-à-dire} \quad \lim_{m\to+\infty} g(m) = 0$$

On a ainsi obtenu $f_m(-2) > 0$ **(2)**, ce qui, avec **(1)**, achève la preuve.

2) α_m vérifie $\frac{1}{m}\alpha_m - \ell n\left(1 + \frac{\alpha_m}{m+1}\right) = 0$ avec $-2 < \alpha_m < -1$.

$\left|\frac{\alpha_m}{m+1}\right| < \frac{2}{m+1}$ donne $\lim_{n\to+\infty} \frac{\alpha_m}{m+1} = 0$ et on a donc, au voisinage de $+\infty$:

$$\ell n\left(1 + \frac{\alpha_m}{m+1}\right) = \frac{\alpha_m}{m+1} - \frac{\alpha_m^2}{2(m+1)^2} + o\left(\frac{\alpha_m^2}{(m+1)^2}\right)$$

soit $\frac{1}{m}\alpha_m = \frac{\alpha_m}{m+1} - \frac{\alpha_m^2}{2(m+1)^2} + o\left(\frac{\alpha_m^2}{(m+1)^2}\right)$ ou encore $\frac{\alpha_m}{m(m+1)} = -\frac{\alpha_m^2}{2(m+1)^2} + o\left(\frac{\alpha_m^2}{(m+1)^2}\right)$

donc en simplifiant par $\frac{\alpha_m}{m+1}$ non nul : $\frac{1}{m} = -\frac{\alpha_m}{2(m+1)} + o\left(\frac{\alpha_m}{m+1}\right)$

Ceci nous donne $\frac{\alpha_m}{2(m+1)} \sim -\frac{1}{m}$ donc $\alpha_m \sim -2\frac{m+1}{m}$ et $\lim_{m\to+\infty} \alpha_m = -2$.

Ex. 17

1) Étudions la fonction $f : x \mapsto \sin x - \frac{1}{x^2+1}$.

a) Sur $\left[2n\pi, 2n\pi + \frac{\pi}{2}\right]$, les fonctions sinus et $x \mapsto -\frac{1}{x^2+1}$ sont croissantes. Il en est donc de même pour f.

De plus, il est visible que $f(2n\pi) < 0$ et $f\left(2n\pi + \frac{\pi}{2}\right) > 0$. Donc f s'annule une fois et une seule sur $\left]2n\pi, 2n\pi + \frac{\pi}{2}\right[$. Soit x_n' cette valeur d'annulation.

b) Sur $\left[2n\pi + \frac{\pi}{2}, (2n+1)\pi\right]$, on a : $f'(x) = \cos x + \dfrac{2x}{(x^2+1)^2}$ et $f''(x) = -\sin x - 2\dfrac{3x^2-1}{(x^2+1)^3}$

Avec $f''(x) < 0$, f' est strictement décroissante sur cet intervalle.

De plus, $f'\left(2n\pi + \frac{\pi}{2}\right) = \dfrac{(4n+1)\pi}{\left[\left(2n\pi + \frac{\pi}{2}\right)^2 + 1\right]^2} > 0$ et :

$$f'\left((2n+1)\pi\right) = -1 + \frac{2(2n+1)\pi}{\left[(2n+1)^2\pi^2 + 1\right]^2} < -1 + \frac{2}{(2n+1)^3\pi^3} < 0$$

montrent que f' s'annule une fois et une seule, en α, sur $\left]2n\pi + \frac{\pi}{2}, (2n+1)\pi\right[$.

Le tableau de variation de f met alors en évidence l'existence d'une et une seule valeur d'annulation de f, x_n'' appartenant à $]\alpha, (2n+1)\pi[$.

x	$2n\pi + \frac{\pi}{2}$		α		x_n''		$(2n+1)\pi$
$f'(x)$		$+$	0	$-$			
$f(x)$	λ	$\nearrow$	μ	$\searrow$	0	$\searrow$	ν

$\lambda = f(2n\pi + \pi/2) = 1 - \dfrac{1}{\left(2n\pi + \frac{\pi}{2}\right)^2 + 1} > 0$ donc $f(x) > 0$ sur $\left[2n\pi + \frac{\pi}{2}, \alpha\right]$

$\mu = f(\alpha) > 0$ et $\nu = f\left((2n+1)\pi\right) = -\dfrac{1}{(2n\pi + \pi)^2 + 1} < 0$

2) De $\sin(x_n' - 2n\pi) = \dfrac{1}{1 + x_n'^2}$ et $x_n' - 2n\pi \in \left]0, \frac{\pi}{2}\right[$, on déduit $x_n' - 2n\pi = \text{Arcsin}\dfrac{1}{1 + x_n'^2}$

Il est évident que $\lim x_n' = +\infty$ et par suite, $\text{Arcsin}\dfrac{1}{1 + x_n'^2} = o(1)$ et $x_n' = 2n\pi + o(1)$.

Alors, $\dfrac{1}{1 + x_n'^2} \sim \dfrac{1}{4n^2\pi^2}$ d'où $\text{Arcsin}\dfrac{1}{1 + x_n'^2} \sim \dfrac{1}{4n^2\pi^2}$ et $x_n' = 2n\pi + \dfrac{1}{4n^2\pi^2} + \left(\dfrac{1}{n^2}\right)$.

Il vient ensuite $x_n'^2 = 4n^2\pi^2 + \dfrac{1}{n\pi} + o\left(\dfrac{1}{n}\right)$ donc $1 + x_n'^2 = 4n^2\pi^2 + 1 + o(1)$

$$\frac{1}{1 + x_n'^2} = \frac{1}{4n^2\pi^2\left(1 + \frac{1}{4n^2\pi^2} + o\left(\frac{1}{n^2}\right)\right)} = \frac{1}{4n^2\pi^2} - \frac{1}{16n^4\pi^4} + \left(\frac{1}{n^4}\right).$$

Or $\text{Arcsin}\, u = u + o(u^2)$ donc $\text{Arcsin}\dfrac{1}{1 + x_n'^2} = \dfrac{1}{4n^2\pi^2} - \dfrac{1}{16n^4\pi^4} + \left(\dfrac{1}{n^4}\right)$ et finalement :

$$x_n' = 2n\pi + \frac{1}{4n^2\pi^2} - \frac{1}{16n^4\pi^4} + \left(\frac{1}{n^4}\right).$$

Une démarche analogue conduit à $(2n+1)\pi - x_n'' = \text{Arcsin}\dfrac{1}{1 + x_n''^2}$ puis :

$$x_n'' = (2n+1)\pi - \frac{1}{4n^2\pi^2} + \frac{1}{4n^3\pi^2} - \frac{3\pi^2 - 1}{16n^4\pi^4} + o\left(\frac{1}{n^4}\right)$$

Ex. 18

1) L'intervalle $]0, 1]$ est stable par la fonction sinus donc u_n existe quel que soit n avec $u_n \in]0, 1]$.

Pour $x > 0$, on a $\sin x < x$ donc $(u_n)_{\mathbb{N}}$ est décroissante.

Étant décroissante et minorée, $(u_n)_{\mathbb{N}}$ est convergente et sa limite ℓ appartient à $[0, 1]$. Puisque sin est continue sur $\mathbb{R}$ donc en ℓ, on a aussi $\sin \ell = \ell$ et donc $\ell = 0$.

2) Un développement limité de sin en 0 donne :

$$\sin x = x\left(1 - \frac{x^2}{6} + o(x^2)\right) \text{ et en supposant } x > 0,\ (\sin x)^\alpha = x^\alpha\left(1 - \frac{\alpha}{6}x^2 + o(x^2)\right)$$

Donc, puisque $\lim\limits_{+\infty} u_n = 0$, on a lorsque n tend vers $+\infty$: $u_{n+1}^\alpha - u_n^\alpha = -\frac{\alpha}{6}u_n^{2+\alpha} + o\left(u_n^{2+\alpha}\right)$

Il en résulte que $u_{n+1}^\alpha - u_n^\alpha$ a une limite finie non nulle si et seulement si $\alpha = -2$ et alors :

$$\lim_{n\to+\infty}\left(\frac{1}{u_{n+1}^2} - \frac{1}{u_n^2}\right) = \frac{1}{3}.$$

En appliquant le théorème de Cesaro, il s'ensuit :

$$\lim_{n\to+\infty}\frac{1}{n}\sum_{k=0}^{n-1}\left(\frac{1}{u_{k+1}^2} - \frac{1}{u_k^2}\right) = \frac{1}{3} \text{ d'où } \lim_{n\to+\infty}\frac{1}{n\,u_n^2} = \frac{1}{3} \text{ et avec } u_n > 0, \text{ on conclut à } u_n \sim \sqrt{\frac{3}{n}}.$$

Ex. 19

$$\ell n \cos x = -\frac{x^2}{2} - \frac{x^4}{12} + o\left(x^5\right),\quad \exp(x\,\ell n\cos x) = 1 - \frac{x^3}{2} - \frac{x^5}{12} + \frac{x^6}{8} + o\left(x^6\right)$$

$$\tan x = x + \frac{x^3}{3} + \frac{2}{15}x^5 + \frac{17}{315}x^7 + o\left(x^7\right),\quad (\cos x)^x\tan x = x + \frac{x^3}{3} - \frac{x^4}{2} + \frac{2}{15}x^5 - \frac{x^6}{4} + \frac{451}{2520}x^7 + o\left(x^7\right)$$

$$\frac{1}{\cos^2 x} = 1 + x^2 + \frac{2}{3}x^4 + o\left(x^5\right),\quad f(x) = x - x^2 + \frac{x^3}{3} - \frac{3}{2}x^4 + \frac{2}{15}x^5 - \frac{11}{12}x^6 + \frac{451}{2520}x^7 + o\left(x^7\right)$$

Ex. 20

$$\begin{aligned} N(x) &= \exp\left[\operatorname{sh} x\,\ell n(\sin x)\right] - \exp\left[\sin x\,\ell n(\operatorname{sh} x)\right] \\ &= \exp\left[\sin x\,\ell n(\operatorname{sh} x)\right]\left[\exp\left[\operatorname{sh} x\,\ell n(\sin x) - \sin x\,\ell n(\operatorname{sh} x)\right] - 1\right] \end{aligned}$$

$u(x) = \operatorname{sh} x\,\ell n(\sin x) - \sin x\,\ell n(\operatorname{sh} x)$ tend vers 0 d'où $N(x) \sim u(x)$.

$$\ell n(\sin x) = \ell n\, x + \ell n\left(1 - \frac{x^2}{6} + o(x^2)\right) = \ell n\, x - \frac{x^2}{6} + o\left(x^2\right),\quad \ell n(\operatorname{sh} x) = \ell n\, x + \frac{x^2}{6} + o\left(x^2\right),\quad N(x) \sim \frac{x^3}{3}\ell n\, x$$

De même $D(x) = (\tan x)^{\operatorname{th} x} - (\operatorname{th} x)^{\tan x} \sim -\frac{2}{3}x^3\,\ell n\, x$. Conclusion : $\lim\limits_{\substack{x\to 0\\ x>0}} \frac{N(x)}{D(x)} = -\frac{1}{2}$.

Ex. 21

1) 0 n'est pas solution de l'équation (E) : $\tan x \operatorname{th} x = 1$, donc elle équivaut à (E') : $\tan x = \frac{1}{\operatorname{th} x}$.

Pour tout $n \in \mathbb{N}$, sur $\left[n\pi + \frac{\pi}{2}, (n+1)\pi\right[$, (E') n'a pas de solution.

Pour tout $n \in \mathbb{N}^*$, sur $\left[n\pi, n\pi + \frac{\pi}{2}\right[$, $f : x \mapsto \tan x - \frac{1}{\operatorname{th} x}$ est strictement croissante et $0 \in f\left(\left[n\pi, n\pi + \frac{\pi}{2}\right[\right)$.

Pour $n = 0$, sur $\left]0, \frac{\pi}{2}\right[$, f est strictement croissante et $0 \in f\left(\left]0, \frac{\pi}{2}\right[\right)$

2) On a $\tan x_n = \tan\left(x_n - n\pi\right) = \frac{1}{\operatorname{th} x_n}$ et $x_n - n\pi \in \left]0, \frac{\pi}{2}\right[$ donc $x_n - n\pi = \operatorname{Arctan}\left(\frac{1}{\operatorname{th} x_n}\right)$ et

$\lim\limits_{n\to+\infty} x_n = +\infty$ donne $\lim\limits_{n\to+\infty} x_n - n\pi = \frac{\pi}{4}$. Puisque x_n tend vers $+\infty$, $\frac{1}{\operatorname{th} x_n} = 1 + 2e^{-2x_n} + o\left(e^{-2x_n}\right)$.

On écrit un développement limité de Arctan au voisinage de 1 : $\operatorname{Arctan}(1+u) = \frac{\pi}{4} + \frac{u}{2} + o(u)$, et il vient :

$$x_n - n\pi - \frac{\pi}{4} \sim e^{-2x_n} \sim e^{-2n\pi - \frac{\pi}{2}}$$

Ex. 22

- Ensemble de définition. Avec $1-\left(4x^3-3x\right)^2=(1-x)(1+x)(1+2x)^2(1-2x)^2$, on voit que f est définie sur $[-1,1]$ et dérivable sur $]-1,1[\setminus\left\{-\frac{1}{2},\frac{1}{2}\right\}$. Avec $f(-x)+f(x)=\pi$, on voit que $I\left(0,\frac{\pi}{2}\right)$ est centre de symétrie du graphe et on limite l'étude à $[0,1]$.

- Variations. Sur $\left[0,\frac{1}{2}\right[$, $f'(x)=\dfrac{3}{\sqrt{1-x^2}}$, sur $\left]\frac{1}{2},1\right[$, $f'(x)=\dfrac{-3}{\sqrt{1-x^2}}$.

x	0		$\frac{1}{2}$		1
$f'(x)$		$+$	‖	$-$	‖
$f(x)$	0	↗	π	↘	0

En $\frac{1}{2}$: $\lim\limits_{x\to\frac{1}{2},\,x<\frac{1}{2}} f'(x)=2\sqrt{3}$, $\lim\limits_{x\to\frac{1}{2},\,x>\frac{1}{2}} f'(x)=-2\sqrt{3}$

donc $f'_g\left(\frac{1}{2}\right)=2\sqrt{3}$, $f'_d\left(\frac{1}{2}\right)=-2\sqrt{3}$.

En 1 : $\lim\limits_{x\to1} f'(x)=-\infty$.

- Graphe

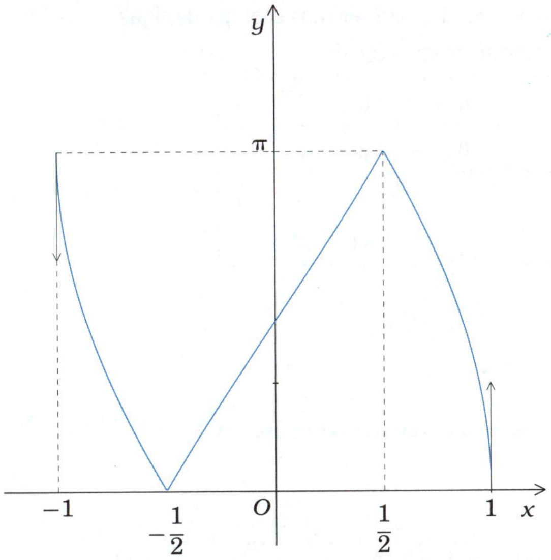

Ex. 23

- Définition – Continuité. f est prolongeable par continuité en 0 : $f(0)=1$ et en 1 : $f(1)=\frac{1}{e}$.

Le prolongement n'est pas dérivable en 0 : $\lim\limits_{x\to0}\dfrac{f(x)-1}{x}=-\infty$ mais est dérivable en $\frac{1}{e}$: $f'\left(\frac{1}{e}\right)=-\frac{1}{2e}$.

- Branches infinies : $\lim\limits_{+\infty} f=\lim\limits_{-\infty} f=0$.

- Variations et graphe. $f'(x)=\dfrac{f(x)}{(1-x)^2}g(x)$ avec $g(x)=\ell n\,|x|+1-x$.

Avec l'étude des variations, on voit que g s'annule deux fois : en un point $\alpha\simeq-0,28$ avec changement de signe et en 1 sans changement de signe, d'où le tableau de variation de f.

x	$-\infty$		α		0		1		$+\infty$
$f'(x)$		$+$	0	$-$		$-$		$-$	
$f(x)$	0	↗		↘	1	↘	$\frac{1}{e}$	↘	0

$f(\alpha)\simeq1,32$

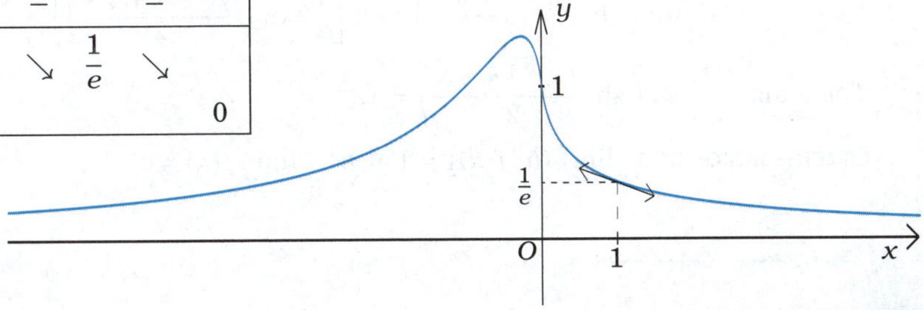

Ex. 24

f est définie sur $\mathbb{R}^*$ et prolongeable par continuité en 0 avec $f(0) = -1$.

Ce prolongement est dérivable en 0 avec $f'(0) = 2$.

- Branches infinies. Au voisinage :

de $+\infty$: $f(x) = \dfrac{\pi x}{2} + \pi - 1 - \dfrac{\pi + 4}{2x} + o\left(\dfrac{1}{x}\right)$

et de $-\infty$: $f(x) = -\dfrac{\pi x}{2} - \pi - 1 - \dfrac{4 - \pi}{2x} + o\left(\dfrac{1}{x}\right)$

- Variations et graphe. $\forall x \in \mathbb{R}^*$, $f'(x) = \dfrac{x^2 + 1}{x^2} g(x)$ avec $g(x) = \operatorname{Arctan} x + \dfrac{x(x^2 + 2x - 1)}{(x^2 + 1)^2}$

$g'(x) = \dfrac{-4x(x^2 - 2x - 1)}{(x^2 + 1)^3}$, les variations de g montrent que g et donc f' s'annule en changeant de signe en un point $\alpha \in]-\infty, 1 - \sqrt{2}[$ et sans changer de signe en 0, d'où le tableau de variation de f.

x	$-\infty$		α		0		$+\infty$
$f'(x)$		$-$	0	$+$	2	$+$	
$f(x)$	$+\infty$	$\searrow$		$\nearrow$	-1	$\nearrow$	$+\infty$

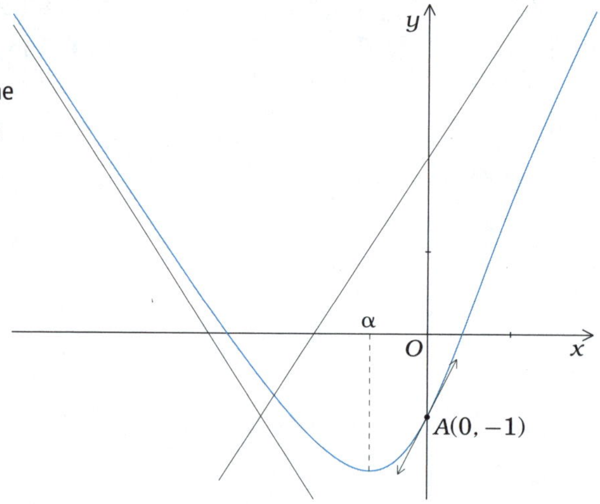

Niveau 3

Ex. 25

La formule $\operatorname{ch} a - \operatorname{ch} b = 2 \operatorname{sh} \dfrac{a+b}{2} \operatorname{sh} \dfrac{a-b}{2}$ donne :

$$\ln f(x) = \frac{1}{\sqrt{x}} \ln 2 + \frac{1}{\sqrt{x}} \ln\left(\operatorname{sh} \frac{\sqrt{x+1} + \sqrt{x}}{2}\right) + \frac{1}{\sqrt{x}} \ln\left(\operatorname{sh} \frac{\sqrt{x+1} - \sqrt{x}}{2}\right)$$

Avec $\sqrt{x+1} - \sqrt{x} = \dfrac{1}{\sqrt{x+1} + \sqrt{x}}$ et $\sqrt{x+1} = \sqrt{x} + o(\sqrt{x})$, on obtient $\sqrt{x+1} - \sqrt{x} \sim \dfrac{1}{2\sqrt{x}}$

donc $\operatorname{sh} \dfrac{\sqrt{x+1} - \sqrt{x}}{2} \sim \dfrac{1}{4\sqrt{x}}$ puis $\ln\left(\operatorname{sh} \dfrac{\sqrt{x+1} - \sqrt{x}}{2}\right) \sim \ln \dfrac{1}{4\sqrt{x}} \sim -\dfrac{1}{2} \ln x$ car on sait que, dans cette situation, le logarithme conserve les équivalents (voir cours, propriété 15).

Par prédominance de la fonction puissance, on en déduit $\lim\limits_{x \to +\infty} \dfrac{1}{\sqrt{x}} \ln\left(\operatorname{sh} \dfrac{\sqrt{x+1} - \sqrt{x}}{2}\right) = 0$.

Lorsque u tend vers $+\infty$, on a $\operatorname{sh} u \sim \dfrac{1}{2} e^u$ donc ici $\operatorname{sh} \dfrac{\sqrt{x+1} + \sqrt{x}}{2} \sim \dfrac{1}{2} \exp\left(\dfrac{\sqrt{x+1} + \sqrt{x}}{2}\right)$, comme précédemment il en résulte :

$$\ln\left(\operatorname{sh} \frac{\sqrt{x+1} + \sqrt{x}}{2}\right) \sim \ln\left[\frac{1}{2} \exp\left(\frac{\sqrt{x+1} + \sqrt{x}}{2}\right)\right] \sim \frac{\sqrt{x+1} + \sqrt{x}}{2} \sim \sqrt{x}$$

d'où $\lim\limits_{x \to +\infty} \dfrac{1}{\sqrt{x}} \ln\left(\operatorname{sh} \dfrac{\sqrt{x+1} + \sqrt{x}}{2}\right) = 1$.

En conséquence, on a $\lim\limits_{x \to +\infty} \ln\big(f(x)\big) = 1$ donc $\lim\limits_{x \to +\infty} f(x) = e$.

Ex. 26

Ensemble de définition : $D = \mathbb{R} \setminus \{-1, 1\}$.

Étude de f aux bornes de D

- Au voisinage de -1 ou 1 : on a alors $f(x) \sim e^{\frac{x}{x^2-1}}$ et selon le cas de figure $\frac{x}{x^2-1}$ tend vers $+\infty$ ou vers $-\infty$,

ce qui donne les résultats suivants : $\lim\limits_{\substack{x\to -1\\ x<-1}} f(x) = 0$, $\lim\limits_{\substack{x\to -1\\ x>-1}} f(x) = +\infty$, $\lim\limits_{\substack{x\to 1\\ x<1}} f(x) = 0$, $\lim\limits_{\substack{x\to 1\\ x>1}} f(x) = +\infty$

Le graphe admet donc les asymptotes d'équations $x = 1$ et $x = -1$, et f est prolongeable par continuité en -1 à gauche : $f(-1) = 0$ et en 1 à gauche : $f(1) = 0$.

En écrivant $\frac{f(x)}{x+1} = x(x-1)\left(\frac{x}{x^2-1}\right) e^{\frac{x}{x^2-1}}$ on obtient au voisinage de -1 : $\frac{f(x)}{x+1} \sim 2\frac{x}{x^2-1} e^{\frac{x}{x^2-1}}$ donc :

$$\lim_{\substack{x\to -1\\ x<-1}} \frac{f(x)}{x+1} = 0 \quad (\text{car } \lim_{u\to -\infty} u\, e^u = 0). \quad \text{De même, on a } \lim_{\substack{x\to 1\\ x<1}} \frac{f(x)}{x-1} = 0$$

Donc le graphe est tangent à la droite $y = 0$ aux points $(-1, 0)$ et $(1, 0)$.

- Au voisinage de $+\infty$ ou $-\infty$, il est clair que $f(x) \sim x^2$, on est donc en présence de branches paraboliques.

Effectuons un développement généralisé de f :

$$e^{\frac{x}{x^2-1}} = e^{\frac{1}{x}+\frac{1}{x^3}+o\left(\frac{1}{x^2}\right)} = 1 + \frac{1}{x} + \frac{1}{2x^2} + \frac{7}{6x^3} + o\left(\frac{1}{x^3}\right) \quad \text{donc } f(x) = x^2 + x + \frac{1}{2} + \frac{7}{6x} + o\left(\frac{1}{x}\right)$$

Le graphe est asymptote à la parabole d'équation $y = x^2 + x + \frac{1}{2}$. La position relative des deux courbes au voisinage de $+\infty$ ou $-\infty$ est donnée par le signe de $\frac{7}{6x}$.

Variations de f

f est dérivable sur D : $f'(x) = \frac{x}{(x^2-1)^2}\left[2x^4 - x^3 - 4x^2 - x + 2\right] e^{\frac{x}{x^2-1}}$

$f'(x)$ est donc du signe de $xg(x)$ avec $g(x) = 2x^4 - x^3 - 4x^2 - x + 2$.

g est un polynôme réciproque, on écrit donc, pour $x \neq 0$:

$$\begin{aligned} g(x) &= x^2\left[2\left(x^2 + \frac{1}{x^2}\right) - \left(x + \frac{1}{x}\right) - 4\right] = x^2\left(2t^2 - t - 8\right) \quad \text{avec } t = x + \frac{1}{x} \\ &= 2x^2(t-\alpha)(t-\beta) \quad \text{avec } \alpha = \frac{1-\sqrt{65}}{4}, \quad \beta = \frac{1+\sqrt{65}}{4} \\ &= 2\left(x^2 - \alpha x + 1\right)\left(x^2 - \beta x + 1\right) \end{aligned}$$

Avec $\alpha^2 = \frac{\alpha+8}{2}$ *et* $\beta^2 = \frac{\beta+8}{2}$, il vient :

$$x^2 - \alpha x + 1 = \left(x - \frac{\alpha}{2}\right)^2 - \frac{\alpha}{8} > 0 \;,\; x^2 - \beta x + 1 = \left(x - \frac{\beta}{2}\right)^2 - \frac{\beta}{8} = \left(x - \frac{\beta}{2} - \frac{\sqrt{\beta}}{2\sqrt{2}}\right)\left(x - \frac{\beta}{2} + \frac{\sqrt{\beta}}{2\sqrt{2}}\right)$$

Finalement $f'(x)$ est du signe de $x(x-a)(x-b)$ avec :

$$a = \frac{\beta\sqrt{2} + \sqrt{\beta}}{2\sqrt{2}}, \quad b = \frac{\beta\sqrt{2} - \sqrt{\beta}}{2\sqrt{2}}$$
$$a \approx 1,665 \qquad b \approx 0,601$$

D'où le tableau de variation :

x	$-\infty$		-1		0		a		1		b		$+\infty$
$f'(x)$		$-$	‖	$-$	0	$+$	0	$-$	‖	$-$	0	$+$	
$f(x)$	$+\infty$	↘	0 ‖ $+\infty$	↘	0	↗		↘	0 ‖ $+\infty$	↘		↗	

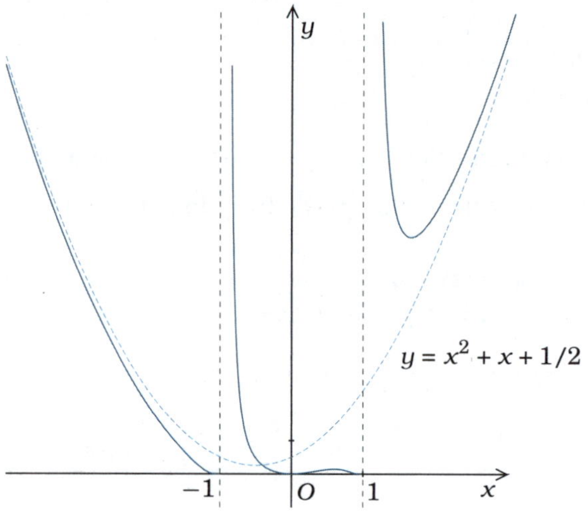

Ex. 27

1) On pose $P_n(x) = \sum_{k=1}^{n} x^k$.

P_n est une bijection croissante de $[0, 1]$ sur $[0, n]$.

$P_n(a_{n-1}) > 1$ donc $a_{n-1} > a_n$, $(a_n)_{\mathbb{N}^*}$ est décroissante minorée donc convergente.

a_n est aussi racine de $x^{n+1} - 2x + 1 = 0$ et $0 < a_n \leqslant a_2$ pour $n \geqslant 2$ donne $\lim_{n\to+\infty} a_n^{n+1} = 0$ donc $\lim_{n\to+\infty} a_n = \frac{1}{2}$.

2) $b_n = a_n - \frac{1}{2}$, b_n vérifie $(n+1)\Big(\ln(1+2b_n) - \ln 2\Big) = \ln(2b_n)$, on en déduit $\lim_{n\to+\infty} (n+1)b_n = 0$

puis $2b_n = e^{-(n+1)\ln 2 + o(1)}$ d'où $b_n \sim \frac{1}{2^{n+2}}$.

Ex. 28

$(x_n)_{\mathbb{N}}$ tend vers $+\infty$ car elle est strictement croissante et la fonction $f : x \mapsto x + e^{-x}$ n'a pas de points fixes.

En posant $y_n = e^{-x_n}$, on a $y_{n+1} = y_n e^{-y_n}$ et $\lim_{n\to+\infty} y_n = 0$.

$y_{n+1}^{\alpha} - y_n^{\alpha}$ a une limite finie non nulle si et seulement si $\alpha = -1$, $\lim_{n\to+\infty} \left(\frac{1}{y_{n+1}} - \frac{1}{y_n}\right) = 1$.

Avec le théorème de Cesaro, $\lim_{n\to+\infty} \frac{1}{n\, y_n} = 1$ d'où $x_n \sim \ln n$.

CHAPITRE

9 *Intégration sur un segment*

A. Fonctions continues par morceaux

Dans cette section, on considère un segment $[a, b] \subset \mathbb{R}$, avec $a < b$.

1. Subdivisions d'un segment

Définition 1

On appelle **subdivision** de $[a, b]$ une famille finie strictement croissante $\sigma = (c_j)_{j \in [\![0,n]\!]}$, avec $n \in \mathbb{N}^*$, $c_0 = a$ et $c_n = b$

$$a = c_0 < \dots < c_n = b.$$

On note $\mathcal{S}_{[a,b]}$ l'ensemble des subdivisions de $[a, b]$, ou $\mathcal{S}$ s'il n'y a pas d'ambiguïté.

Définition 2

Étant donné $\sigma = (c_j)_{j \in [\![0,n]\!]} \in \mathcal{S}$, on appelle **pas** ou **module** de σ le réel :

$$\delta(\sigma) = \sup_{j \in [\![1,n]\!]} (c_j - c_{j-1}).$$

Étant donné $\sigma = (c_j)_{j \in [\![0,n]\!]} \in \mathcal{S}$, on considère $S_\sigma = \{c_j \,,\, j \in [\![0, n]\!]\}$.

C'est une partie finie de $[a, b]$ qui contient a et b.

Réciproquement, à toute partie finie S de $[a, b]$ contenant a et b, on peut associer une subdivision de $[a, b]$ en rangeant les éléments de S dans l'ordre strictement croissant. ✎ (1)

✎ (1) On dispose ainsi d'une bijection entre $\mathcal{S}_{[a,b]}$ et l'ensemble des parties finies de $[a,b]$ qui contiennent a et b.

Définition 3

Étant donné $n \in \mathbb{N}^*$, la **subdivision régulière** $\sigma_n = (c_j)_{j \in [\![0,n]\!]}$ est définie par :

$$c_j = a + j\,\frac{b-a}{n}.$$

Définition 4

On dit que $\sigma' \in \mathcal{S}$ est plus fine que $\sigma \in \mathcal{S}$ lorsque $S_\sigma \subset S_{\sigma'}$.

Définition 5

Étant donné σ et σ' dans $\mathcal{S}$, on note $\sigma \cup \sigma'$ la subdivision associée à $S_\sigma \cup S_{\sigma'}$.

2. Fonctions continues par morceaux Fonctions en escalier

On considère des fonctions réelles définies sur un segment $[a, b]$, $a < b$.

Définition 6

Une fonction $f : [a, b] \to \mathbb{R}$ est **continue par morceaux** sur $[a, b]$ quand il existe une subdivision $\sigma = (c_j)_{j \in [\![0,n]\!]}$ de $[a, b]$ telle que, pour tout $j \in [\![1, n]\!]$,

- f est continue sur $]c_{j-1}\,, c_j[$;
- f admet une limite à droite en c_{j-1} et une limite à gauche en c_j.

Une telle subdivision σ est dite **adaptée** à f. ✎ (2)

✎ (2) Toute subdivision plus fine est encore adaptée à f. Toute subdivision adaptée à f contient les points où f n'est pas continue (et ces points de discontinuité sont nécessairement en nombre fini).

Propriété 1

Toute fonction réelle f, continue par morceaux sur $[a, b]$, est bornée sur $[a, b]$.

☞ Si $\sigma = (c_j)_{j \in [\![0,n]\!]}$ est une subdivision adaptée à f, chaque restriction $f|_{]c_{j-1}, c_j[}$ est prolongeable par continuité sur $[c_{j-1}, c_j]$ donc est bornée.

Propriété 2

L'ensemble $\mathcal{M}([a, b], \mathbb{R})$ des fonctions réelles continues par morceaux sur $[a, b]$ est un sous-espace vectoriel et un sous-anneau de $\mathcal{B}([a, b], \mathbb{R})$. ✎ (3)

✎ (3) $\mathcal{B}([a,b],\mathbb{R})$ désigne l'ensemble des fonctions réelles bornées sur $[a,b]$. C'est un sous-espace vectoriel et un sous-anneau de $\mathbb{R}^{[a,b]}$.

☞ L'unité de $\mathcal{B}([a, b], \mathbb{R})$ c'est-à-dire la fonction constante égale à 1 est dans $\mathcal{M}([a, b], \mathbb{R})$.
Si σ et σ' sont des subdivisions adaptées à f et g, alors $\sigma \cup \sigma'$ est adaptée à f et à g.
Avec cette subdivision de $[a, b]$, on vérifie que $f + g$, fg et λf, avec $\lambda \in \mathbb{R}$, sont continues par morceaux sur $[a, b]$.

Définition 7

Une fonction $f : [a, b] \to \mathbb{R}$ est dite **en escalier** sur $[a, b]$ quand il existe une subdivision $\sigma = (c_j)_{j \in [\![0,n]\!]}$ de $[a, b]$ telle que, pour tout $j \in [\![1, n]\!]$, f est constante sur $]c_{j-1}, c_j[$.

Propriété 3

L'ensemble $\mathcal{E}([a, b], \mathbb{R})$ des fonctions réelles en escalier sur $[a, b]$ est un $\mathbb{R}$-espace vectoriel et un anneau commutatif.

Définition 8

Une fonction $f : \mathbb{R} \to \mathbb{R}$ est dite **en escalier sur** $\mathbb{R}$ lorsqu'il existe un segment $[a, b] \subset \mathbb{R}$ tel que : ✎ (4)

f est nulle sur $\mathbb{R} \setminus [a, b]$, f est en escalier sur $[a, b]$.

✎ (4) Cette définition est conforme aux nouveaux programmes.
La fonction constante 1 sur $\mathbb{R}$ n'est pas en escalier sur $\mathbb{R}$.

3. Approximation des fonctions continues par morceaux

Théorème 1

Soit f une fonction réelle continue par morceaux sur un segment $[a, b]$, avec $a < b$.
Pour tout réel $\varepsilon > 0$, il existe des fonctions φ et ψ en escalier sur $[a, b]$ telles que :

$$\varphi \leqslant f \leqslant \psi \quad \text{et} \quad \psi - \varphi \leqslant \varepsilon.$$

Ce théorème est admis.
Il s'agit, dans cet énoncé, d'inégalités fonctionnelles qui se lisent respectivement :

$$\forall x \in [a, b], \varphi(x) \leqslant f(x) \leqslant \psi(x) \quad \text{et} \quad \forall x \in [a, b], \psi(x) - \varphi(x) \leqslant \varepsilon$$

Corollaire

Soit f une fonction réelle continue par morceaux sur $[a, b]$: $f \in \mathcal{M}([a, b], \mathbb{R})$ et $(u_p)_{p \in \mathbb{N}}$ une suite de réels strictement positifs telle que $\lim\limits_{n \to +\infty} u_n = 0$.
Alors pour tout $p \in \mathbb{N}$, il existe φ_p fonction réelle en escalier sur $[a, b]$: $\varphi_p \in \mathcal{E}([a, b], \mathbb{R})$ telle que $|f - \varphi_p| \leqslant u_p$. ✎ (5)

✎ (5) Après avoir étudié la convergence uniforme (programme de deuxième année) nous dirons que la suite $(\varphi_p)_{p \in \mathbb{N}^*}$ converge uniformément vers f sur $[a,b]$.

☞ Pour tout $p \in \mathbb{N}$, on a $u_p > 0$ donc, d'après le théorème 1, il existe $\varphi_p \in \mathcal{E}([a, b], \mathbb{R})$ telle que $\varphi_p \leqslant f \leqslant u_p + \varphi_p$ ce qui donne bien $|f - \varphi_p| \leqslant u_p$. On peut remarquer que toute fonction $\psi_p \in \mathcal{E}([a, b], \mathbb{R})$ telle que $\varphi_p \leqslant \psi_p \leqslant u_p + \varphi_p$ convient également.

B. Intégrale d'une fonction continue par morceaux

1. Intégrale d'une fonction en escalier

1.1 – Définition

Propriété 4

Soit f une fonction réelle en escalier sur $[a, b]$, $a < b$, et $\sigma = (c_j)_{j\in [\![0,n]\!]}$ une subdivision adaptée à f.

On pose $I(f, \sigma) = \sum_{j=1}^{n}(c_j - c_{j-1})\lambda_j$ où λ_j est la valeur de f sur $]c_{j-1}, c_j[$.

Pour toute subdivision σ' plus fine que σ, on a $I(f, \sigma') = I(f, \sigma)$.

Corollaire

Le nombre $I(f, \sigma) = \sum_{j=1}^{n}(c_j - c_{j-1})\lambda_j$ ne dépend pas de la subdivision σ adaptée à f. ✎ (6)

✎ (6) Il ne dépend que de $[a,b]$ et f.

Définition 9

Le nombre $I(f, \sigma) = \sum_{j=1}^{n}(c_j - c_{j-1})\lambda_j$ est appelé **intégrale** de f sur $[a, b]$ et on le note :

$$\int_{[a,b]} f \quad \text{ou} \quad \int_{[a,b]} f(x)\mathrm{d}x.$$

$\int_{[a,b]} f$ ne dépend pas des valeurs prises par f aux points d'une subdivision adaptée à f.

Si f est la fonction constante λ sauf en un nombre fini de points, on a :

$$\int_{[a,b]} f = (b - a)\lambda.$$

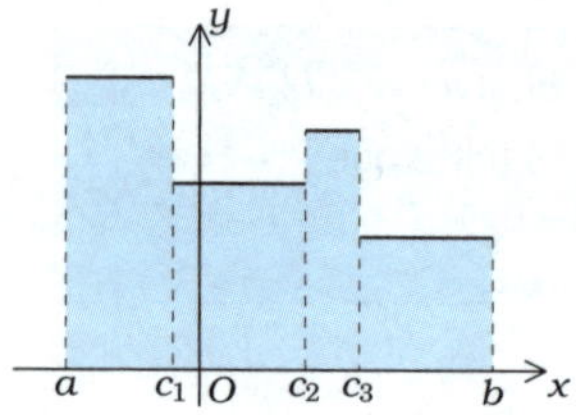

Si la fonction f en escalier sur $[a, b]$ est positive sur $[a, b]$, la représentation graphique de f dans un repère orthonormal du plan fait apparaître des rectangles, limités par l'axe des abscisses, la courbe représentative de f et les droites $x = c_j$ où $(c_j)_{j\in [\![0,n]\!]}$ est une subdivision adaptée à f.

L'intégrale de f est alors la somme des aires de ces différents rectangles.

1.2 – Propriétés

Propriété 5

L'application $f \mapsto \int_{[a,b]} f$ qui, à une fonction réelle en escalier sur $[a, b]$, associe son intégrale, est linéaire. C'est une forme linéaire sur l'espace vectoriel $\mathscr{E}([a, b], \mathbb{R})$.

☞ Soit f et g en escalier sur $[a, b]$ et $\mu \in \mathbb{R}$, en utilisant une subdivision $\sigma = (c_j)_{j\in [\![0,n]\!]}$ adaptée à f et à g, ✎ (7) on vérifie que :

$$\int_{[a,b]} (\mu f + g) = \mu \int_{[a,b]} f + \int_{[a,b]} g.$$

✎ (7) Si σ_1 est adaptée à f et σ_2 adaptée à g, alors $\sigma = \sigma_1 \cup \sigma_2$ est adaptée à f et à g.

Propriété 6

Si f est en escalier et positive sur $[a, b]$, alors $\int_{[a,b]} f \geqslant 0$.

Corollaire

La forme linéaire $\int_{[a,b]}$ est croissante :

$$f \text{ et } g \text{ en escalier sur } [a, b], \quad f \leqslant g \ \Rightarrow \ \int_{[a,b]} f \leqslant \int_{[a,b]} g.$$

☞ D'après la propriété 6, $g - f \geqslant 0$ donne $\int_{[a,b]} (g - f) \geqslant 0$,

et d'après la propriété 5 : $\int_{[a,b]} (g - f) = \int_{[a,b]} g - \int_{[a,b]} f$, d'où la conclusion.

Propriété 7

Soit f une fonction réelle en escalier sur $[a, b]$ et $c \in]a, b[$, alors les restrictions $f_{|[a,c]}$ et $f_{|[c,b]}$ sont en escalier sur $[a, c]$ et $[c, b]$ respectivement et on a :

$$\int_{[a,b]} f = \int_{[a,c]} f + \int_{[c,b]} f$$ ✎ (8)

✎ (8) On note ici : $\int_{[a,b]} f$ et $\int_{[c,b]} f$ au lieu de $\int_{[a,c]} f_{|[a,c]}$ et $\int_{[c,b]} f_{|[c,b]}$

2. Intégrale d'une fonction réelle continue par morceaux

2.1 – Définition

Soit f une fonction réelle continue par morceaux sur un segment $[a, b]$, avec $a < b$.

Nous convenons de poser $I = [a, b]$. L'ensemble des fonctions réelles en escalier sur $[a, b]$ sera donc noté $\mathscr{E}(I, \mathbb{R})$ et nous considérons :

$$E^-(f) = \left\{ \int_I \varphi \ / \ \varphi \in \mathscr{E}(I, \mathbb{R}), \varphi \leqslant f \right\};$$

$$E^+(f) = \left\{ \int_I \psi \ / \ \psi \in \mathscr{E}(I, \mathbb{R}), \psi \geqslant f \right\}.$$

Propriété 8

Les ensembles $E^+(f)$ et $E^-(f)$ sont respectivement minoré et majoré. Et en outre :

$$\sup E^-(f) = \inf E^+(f).$$

☞ f étant continue par morceaux, elle est bornée. ✎ (9) Si m et M sont respectivement un minorant et un majorant de f sur I, les fonctions constantes m et M encadrent f ; donc $E^+(f)$ et $E^-(f)$ sont non vides.

✎ (9) Voir la propriété 1.

Pour tout $\varphi \in \mathscr{E}(I, \mathbb{R})$ tel que $\varphi \leqslant f$, on a $\int_I \varphi \leqslant (b - a)M$,

et, pour tout $\psi \in \mathscr{E}(I, \mathbb{R})$ tel que $\psi \geqslant f$, on a $\int_I \psi \geqslant (b - a)m$.

$E^+(f)$ est une partie non vide minorée de $\mathbb{R}$, elle admet donc une borne inférieure et de même $E^-(f)$ admet une borne supérieure en tant que partie non vide majorée de $\mathbb{R}$.

Quelles que soient les fonctions en escalier φ et ψ telles que $\varphi \leqslant f$ et $\psi \geqslant f$, on a par croissance de l'intégrale de fonctions en escalier : $\int_I \varphi \leqslant \int_I \psi$.

Il en résulte $\sup E^-(f) \leqslant \inf E^+(f)$.

✎ (10) C'est le théorème 1.

Pour tout $\varepsilon > 0$, il existe φ et ψ dans $\mathscr{E}(I, \mathbb{R})$ telles que $\varphi \leqslant f \leqslant \psi$ et $\psi - \varphi \leqslant \varepsilon$. ✎ (10)

Il vient alors $\int_I \varphi \leqslant \sup E^-(f) \leqslant \inf E^+(f) \leqslant \int_I \psi$ et $\int_I (\psi - \varphi) \leqslant (b-a)\varepsilon$ d'où $\inf E^+(f) - \sup E^-(f) \leqslant (b-a)\varepsilon$. On a donc $\inf E^+(f) - \sup E^-(f) \leqslant 0$, et, en conclusion, $\inf E^+(f) = \sup E^-(f)$.

Remarque

✎ (11) Dans un premier temps on a défini l'intégrale d'une fonction en escalier et dans un deuxième temps l'intégrale d'une fonction continue par morceaux. Mais les fonctions en escalier sont des fonctions continues par morceaux. Pour être cohérent il faut donc que, dans le cas des fonctions en escalier, la deuxième définition coïncide avec la première, ce qui est assuré par la remarque précédente.

Si f est elle-même en escalier sur $[a, b]$, alors $\int_I f$ est le plus grand élément de $E^-(f)$ et le plus petit élément de $E^+(f)$.

Définition 10

Avec les notations de la propriété précédente, la borne commune des ensembles $E^+(f)$ et $E^-(f)$ est appelée **intégrale** de f sur $I = [a, b]$ et on la note : ✎ (11)

$$\int_I f \text{ ou } \int_I f(x)\mathrm{d}x.$$

2.2 – Propriétés

Dans la notation $\int_I f(x)\mathrm{d}x$, x est une variable muette qui ne sert qu'à définir la fonction f au moyen de l'expression $f(x)$. En d'autres termes, les symboles $\int_I f(x)\mathrm{d}x$ et $\int_I f(t)\mathrm{d}t$ représentent la même intégrale : $\int_I f$. Un autre intérêt de cette notation apparaîtra lors de l'étude du changement de variable.

Propriété 9

Soit $f \in \mathscr{M}(I, \mathbb{R})$, $(u_p)_{p\in\mathbb{N}}$ une suite de réels strictement positifs de limite nulle et pour tout $p \in \mathbb{N}$, $\varphi_p \in \mathscr{E}(I, \mathbb{R})$ telle que $|f - \varphi_p| \leqslant u_p$.

On a alors $\int_I f = \lim_{p\to+\infty} \int_I \varphi_p$.

☞ L'existence des fonctions φ_p est assurée par le corollaire du théorème 1.

Pour tout $p \in \mathbb{N}$, $\varphi_p - u_p$ et $\varphi_p + u_p$ sont en escalier sur I et $\varphi_p - u_p \leqslant f \leqslant \varphi_p + u_p$ donc :

$$\int_I (\varphi_p - u_p) \in E^-(f) \quad \text{et} \quad \int_I (\varphi_p + u_p) \in E^+(f)$$

Or $\int_I (\varphi_p - u_p) = \int_I \varphi_p - (b-a)u_p$ et $\int_I (\varphi_p + u_p) = \int_I \varphi_p + (b-a)u_p$.

Par définition de $\int_I f$, il en résulte donc :

$$\int_I \varphi_p - (b-a)u_p \leqslant \int_I f \leqslant \int_I \varphi_p + (b-a)u_p$$

d'où aussi : $\left| \int_I f - \int_I \varphi_p \right| \leqslant (b-a)u_p$ ce qui, compte tenu de $\lim_{p\to+\infty} u_p = 0$, assure la conclusion.

Propriété 10

L'application $\int_I : f \mapsto \int_I f$ est une forme linéaire sur l'espace vectoriel $\mathscr{M}(I, \mathbb{R})$ des fonctions réelles continues par morceaux sur $I = [a, b]$.

☞ Soit f et g continues par morceaux sur $I = [a, b]$ et $\lambda \in \mathbb{R}$.

Pour tout $p \in \mathbb{N}$, il existe :

$\varphi_p \in \mathscr{E}_{[a,b]}$ telle que $|f - \varphi_p| \leqslant \dfrac{1}{p+1}$ et

$\psi_p \in \mathscr{E}_{[a,b]}$ telle que $|g - \psi_p| \leqslant \dfrac{1}{p+1}$.

✎ (12) Noter la méthode :
1) la propriété est vraie pour les intégrales de fonctions en escalier ;
2) par un passage à la limite on l'étend aux intégrales de fonctions continues par morceaux.

On a alors $\left|\lambda f + g - \left(\lambda\,\varphi_p + \psi_p\right)\right| \leqslant \dfrac{|\lambda| + 1}{p+1}$ d'où avec la propriété 9 :

$$\int_I (\lambda f + g) = \lim_{p \to +\infty} \int_I \left(\lambda\,\varphi_p + \psi_p\right).$$ ✎ (12)

Les fonctions φ_p et ψ_p étant en escalier, on sait que :

$$\int_I \left(\lambda\,\varphi_p + \psi_p\right) = \lambda \int_I \varphi_p + \int_I \psi_p$$

et puisque, toujours avec la propriété 9 $\lim\limits_{p \to +\infty} \displaystyle\int_I \varphi_p = \int_I f$, $\lim\limits_{p \to +\infty} \displaystyle\int_I \psi_p = \int_I g$, il vient finalement :

$$\int_I (\lambda f + g) = \lambda \int_I f + \int_I g$$

Propriété 11

Soit $f \in \mathcal{M}(I, \mathbb{R})$, si f est positive sur $I = [a, b]$ alors $\displaystyle\int_I f \geqslant 0$.

☞ La fonction nulle sur $[a, b]$ est en escalier sur $[a, b]$ et elle minore f, donc $0 \in E^-(f)$.

Propriété 12

L'application $\displaystyle\int_I : f \mapsto \int_I f$ est **croissante** sur $\mathcal{M}(I, \mathbb{R})$.

$$f \leqslant g \;\Rightarrow\; \int_I f \leqslant \int_I g.$$

C'est un corollaire des deux propriétés précédentes.

Propriété 13

Étant donné $f \in \mathcal{M}(I, \mathbb{R})$, on a :

$$\left|\int_I f\right| \leqslant \int_I |f|.$$

☞ Avec $f \leqslant |f|$ et $-f \leqslant |f|$, il vient $\displaystyle\int_I f \leqslant \int_I |f|$ et $\displaystyle\int_I (-f) \leqslant \int_I |f|$.

Puis, avec $\displaystyle\int_I (-f) = -\int_I f$, on obtient $\displaystyle\left|\int_I f\right| \leqslant \int_I |f|$.

Propriété 14

Additivité par rapport à l'intervalle

Soit une fonction réelle f continue par morceaux sur $I = [a, b]$ et $c \in]a, b[$.

On a alors : $\displaystyle\int_{[a,c]} f + \int_{[c,b]} f = \int_{[a,b]} f.$

☞ Pour tout $p \in \mathbb{N}$, il existe $\varphi_p \in \mathscr{E}([a, b], \mathbb{R})$ telle que :

$$\forall x \in [a, b],\; |\varphi_p(x) - f(x)| \leqslant \frac{1}{p+1}$$

et on a, d'après la propriété 9, $\displaystyle\int_{[a,b]} f = \lim_{p \to +\infty} \int_{[a,b]} \varphi_p$.

Introduisons alors les restrictions $f_{|[a,c]}$, $f_{|[c,b]}$, $\varphi_{p|[a,c]}$ et $\varphi_{p|[c,b]}$ que nous notons respectivement f_1, f_2, $\varphi_{p,1}$ et $\varphi_{p,2}$.

Il est clair que $\varphi_{p,1} \in \mathscr{E}([a, c], \mathbb{R})$, $\varphi_{p,2} \in \mathscr{E}([c, b], \mathbb{R})$.

$$\forall x \in [a,c], \quad |f_1(x) - \varphi_{p,1}(x)| \leqslant \frac{1}{p+1}$$
$$\text{et} \quad \forall x \in [c,b], \quad |f_2(x) - \varphi_{p,2}(x)| \leqslant \frac{1}{p+1}$$

donc, toujours avec la propriété 9 :

$$\lim_{p\to+\infty} \int_{[a,c]} \varphi_{p,1} = \int_{[a,c]} f_1 \quad \text{et} \quad \lim_{p\to+\infty} \int_{[c,b]} \varphi_{p,2} = \int_{[c,b]} f_2$$

Sachant que pour les fonctions en escalier on a :

$$\int_{[a,b]} \varphi_p = \int_{[a,c]} \varphi_{p,1} + \int_{[c,b]} \varphi_{p,2}$$

on obtient la formule annoncée par passage à la limite en notant :

$$\int_{[a,c]} f \text{ pour } \int_{[a,c]} f_1 \quad \text{et} \quad \int_{[c,b]} f \text{ pour } \int_{[c,b]} f_2 .$$

Propriété 15

Inégalité de la moyenne

Si f et g sont des fonctions réelles continues par morceaux sur $I = [a,b]$, alors :

$$\left|\int_I fg\right| \leqslant \sup_I |f| \int_I |g|.$$

☞ On a $\left|\int_I fg\right| \leqslant \int_I |fg|$ et $|fg| \leqslant |g| \sup_I |f|$ et donc $\left|\int_I fg\right| \leqslant \sup_I |f| \int_I |g|$.

Corollaire

Étant donné une fonction réelle f continue par morceaux sur $[a,b]$, on a :

$$\left|\int_I f\right| \leqslant (b-a) \sup_I |f|.$$

Il suffit d'appliquer l'inégalité de la moyenne avec g constante, $g = 1$.

2.3 – Extension de la définition

Étant donné un segment $[a,b]$ de $\mathbb{R}$, $a < b$, et f une fonction réelle définie sur $[a,b]$, il est immédiat que f est continue par morceaux sur $[a,b]$ si et seulement si sa restriction à tout segment $[c,d]$ inclus dans $[a,b]$ est continue par morceaux sur $[c,d]$. ✎ (13)

✎ (13) Il suffit de remarquer que $[a,b]$ est le plus grand des segments inclus dans $[a,b]$.

✎ (14) D'après la remarque qui précède, cette définition est cohérente avec celle des fonctions continues par morceaux sur un segment. C'est là un prolongement de cette notion aux cas des intervalles quelconques.

Définition 11

Soit I un intervalle quelconque de $\mathbb{R}$. Une fonction réelle f définie sur I est dite **continue par morceaux sur** I lorsque sa restriction à tout segment $[a,b]$ inclus dans I est continue par morceaux sur $[a,b]$. ✎ (14)

On note encore $\mathcal{M}(I,\mathbb{R})$ l'ensemble des fonctions réelles continues par morceaux sur I.

C'est un $\mathbb{R}$-espace vectoriel et un anneau commutatif.

Exemple 1 La fonction partie entière E est continue par morceaux sur $\mathbb{R}$ mais, conformément à la définition, elle n'est pas en escalier sur $\mathbb{R}$.

Exemple 2 La fonction $x \mapsto \dfrac{1}{1-x^2}$ est continue donc continue par morceaux sur $]-1,1[$ (mais aussi sur $]1,+\infty[$ ou $]-\infty,-1[$).

Définition 12

Soit $f \in \mathcal{M}(I, \mathbb{R})$, pour tous réels a, b de I, on pose :

$\int_a^b f$ ✎ (15)

- $\int_{[a,b]} f$ si $a < b$
- 0 si $a = b$
- $-\int_{[b,a]} f$ si $b < a$

✎ (15) Comme précédemment, on note indifféremment : $\int_a^b f$ ou $\int_a^b f(t)\mathrm{d}t$.

Propriété 16

Relation de Chasles

Soit f une fonction réelle continue par morceaux sur un intervalle I et a, b, c des éléments de I. On a :

$$\int_a^b f(t)\mathrm{d}t = \int_a^c f(t)\mathrm{d}t + \int_c^b f(t)\mathrm{d}t.$$ ✎ (16)

✎ (16) Ce que l'on peut bien sûr écrire : $\int_a^b f = \int_a^c f + \int_c^b f$

Propriété 17

Inégalité de la moyenne

Soit f et g des fonctions réelles continues par morceaux sur un intervalle I et a, b dans I. On a :

$$\left|\int_a^b f(t)g(t)\mathrm{d}t\right| \leqslant \sup_{[a,b]} |f| \left|\int_a^b |g(t)|\,\mathrm{d}t\right|$$

En particulier, $\left|\int_a^b f(t)\mathrm{d}t\right| \leqslant |b-a| \sup_{[a,b]} |f|.$

C. Intégrale d'une fonction continue

Dans cette section, I désignera un intervalle quelconque de $\mathbb{R}$ non vide et non réduit à un point.

1. Primitives d'une fonction continue

Théorème 2

Soit f une fonction réelle continue sur un intervalle I et $a \in I$.

La fonction $x \mapsto \int_a^x f(t)\mathrm{d}t$ est de classe $\mathcal{C}^1$ sur I, sa dérivée est f.

☞ Posons $F(x) = \int_a^x f(t)\mathrm{d}t$ pour $x \in I$. Pour montrer que la dérivée de F en x est $f(x)$, formons, pour $h \neq 0$,

$$\frac{1}{h}\big(F(x+h) - F(x)\big) - f(x) = \frac{1}{h}\big(F(x+h) - F(x) - hf(x)\big).$$

Avec la relation de Chasles, il vient $F(x+h) - F(x) = \int_x^{x+h} f(t)\mathrm{d}t.$

On a aussi $hf(x) = \int_x^{x+h} f(x)\mathrm{d}t$ et donc :

$$F(x+h) - F(x) - hf(x) = \int_x^{x+h} \big(f(t) - f(x)\big)\mathrm{d}t.$$

L'inégalité de la moyenne donne :

$$\left|\int_x^{x+h}\big(f(t)-f(x)\big)\mathrm{d}t\right| \leqslant |h| \sup_{t\in[x,x+h]} |f(t)-f(x)|$$

et par suite :

$$\left|\frac{1}{h}\big(F(x+h)-F(x)\big)-f(x)\right| \leqslant \sup_{t\in[x,x+h]} |f(t)-f(x)|.$$

La continuité de f en x s'exprime par $\lim_{h\to 0}\sup_{t\in[x,x+h]} |f(t)-f(x)| = 0$ et il en découle que :

$$\lim_{h\to 0}\frac{F(x+h)-F(x)}{h} = f(x).$$

Définition 13

Soit I un intervalle de $\mathbb{R}$, f et F des fonctions réelles définies sur I. On dit que F est une **primitive** de f sur I si et seulement si F est dérivable sur I avec $F' = f$.

Théorème 3

Soit I un intervalle de $\mathbb{R}$. Toute fonction réelle f continue sur I admet au moins une primitive sur I.

C'est un corollaire du théorème 2.

Remarque

$a \in I$ étant fixé, $F : x \mapsto \int_a^x f(t)\mathrm{d}t$ est l'unique primitive qui s'annule en a.

Toute autre primitive est de la forme $x \mapsto k + \int_a^x f(t)\mathrm{d}t \quad k \in \mathbb{R}$.

Corollaire

Étant donné une fonction réelle f continue sur un intervalle I et a, b des éléments de I, pour toute primitive h de f sur I, on a : $\int_a^b f(t)\mathrm{d}t = h(b) - h(a)$.

Exemple 3 **Inégalité des accroissements finis** pour des fonctions de classe $\mathcal{C}^1$.

Montrons que si f et g sont des fonctions réelles de classe $\mathcal{C}^1$ sur $[a, b]$, avec $a \leqslant b$, alors :

$$|f'| \leqslant g' \quad\Rightarrow\quad |f(b)-f(a)| \leqslant g(b)-g(a)$$

Nous avons $\int_a^b f' = f(b) - f(a)$, d'où $\left|\int_a^b f'\right| = |f(b)-f(a)|$.

Mais aussi (propriété **13**) : $\left|\int_a^b f'\right| \leqslant \int_a^b |f'|$.

On conclut avec $\int_a^b |f'| \leqslant \int_a^b g' = g(b) - g(a)$.

2. Fonctions continues positives

Théorème 4

Si f est une fonction réelle continue et positive ✎ (17) sur $[a, b]$, $a < b$, et si $\int_a^b f = 0$, alors f est la fonction nulle sur $[a, b]$.

✎ (17) En remplaçant, au besoin, f par $-f$ on observe que ce théorème s'étend aux fonctions continues de signe constant sur $[a,b]$.

☞ Soit $F : x \mapsto \int_a^x f$ la primitive de f, nulle en a.

Elle est croissante sur $[a, b]$ puisque f est positive.

En outre, $\int_a^b f = 0$ se lit $F(b) = 0$. Il s'ensuit que F est constante sur $[a, b]$ et sa dérivée f est donc nulle sur $[a, b]$.

Corollaire 1

Si f est une fonction réelle continue, positive, non identiquement nulle sur $[a, b]$, $a < b$, alors $\int_a^b f > 0$.

Corollaire 2

Si f et g sont deux fonctions réelles continues telles que $f \leqslant g$ sur $[a, b]$, $a < b$, et si $f - g$ n'est pas identiquement nulle, alors $\int_a^b f < \int_a^b g$.

Exemple 4 Soit f une fonction réelle continue sur $[a, b]$, avec $a < b$. Montrons que si :

$$\left|\int_a^b f\right| = \int_a^b |f|$$

alors f est de signe constant sur $[a, b]$.

Supposons $\int_a^b f \geqslant 0$. L'hypothèse donne alors $\int_a^b \left(|f| - f\right) = 0$.

Comme $|f| - f$ est positive et continue sur $[a, b]$, il vient $f = |f|$ donc f est positive sur $[a, b]$.

Si $\int_a^b f \leqslant 0$, $\int_a^b \left(|f| + f\right) = 0$ donne $f = -|f|$ donc f est négative sur $[a, b]$.

3. Intégrale d'un produit

On considère des fonctions réelles f, g continues sur un segment $[a, b]$.

Théorème 5

Inégalité de Cauchy-Schwarz ✎ (18)

$$\left(\int_a^b fg\right)^2 \leqslant \left(\int_a^b f^2\right)\left(\int_a^b g^2\right)$$

✎ (18) Ce résultat reste vrai si on suppose seulement f et g continues par morceaux sur $[a,b]$.
Si $\int_a^b f^2 \neq 0$, on conclut de la même façon avec le polynôme P de degré 2.
Si $\int_a^b f^2 = 0$, P devient une fonction affine de signe constant ce qui exige $\int_a^b fg = 0$ et l'inégalité est encore vérifiée.

☞ a) On se place dans le cas où $a < b$.

Pour tout λ réel, de $(\lambda f + g)^2 = \lambda^2 f^2 + 2\lambda fg + g^2$, on déduit :

$$\int_a^b (\lambda f + g)^2 = \lambda^2 \int_a^b f^2 + 2\lambda \int_a^b fg + \int_a^b g^2.$$

Soit $P : \lambda \mapsto \int_a^b (\lambda f + g)^2$. C'est une fonction polynôme qui ne prend que des valeurs positives (propriété 11).

Si $\int_a^b f^2 \neq 0$, le polynôme réel P est de degré 2. Puisqu'il ne prend que des valeurs positives, son discriminant (réduit) est négatif ou nul :

$$\left(\int_a^b fg\right)^2 - \left(\int_a^b f^2\right)\left(\int_a^b g^2\right) \leqslant 0.$$

Si $\int_a^b f^2 = 0$, alors f^2 est la fonction nulle sur I (théorème 4).

Il s'ensuit $fg = 0$ et alors $\int_a^b fg = 0$ montre que l'inégalité est vraie avec égalité dans ce cas particulier.

b) La formule reste vraie si $a > b$ car :

$$\left(\int_a^b fg\right)^2 = \left(\int_b^a fg\right)^2 \text{ et } \left(\int_a^b f^2\right)\left(\int_a^b g^2\right) = \left(\int_b^a f^2\right)\left(\int_b^a g^2\right).$$ ✎ (19)

✎ (19) De même, cette propriété est vraie si $a=b$, mais elle est alors sans intérêt.

Théorème 6

Inégalité de Minkowski

Avec $a \leqslant b$, $\sqrt{\int_a^b (f+g)^2} \leqslant \sqrt{\int_a^b f^2} + \sqrt{\int_a^b g^2}$

☞ L'hypothèse $a \leqslant b$ assure $\int_a^b (f+g)^2 \geqslant 0$, $\int_a^b f^2 \geqslant 0$ et $\int_a^b g^2 \geqslant 0.$

Avec $(f+g)^2 = f^2 + 2fg + g^2$, il vient :

$$\int_a^b (f+g)^2 = \int_a^b f^2 + 2\int_a^b fg + \int_a^b g^2.$$

L'inégalité de Schwarz nous montre que :

$$\int_a^b fg \leqslant \left|\int_a^b fg\right| \leqslant \sqrt{\int_a^b f^2}\sqrt{\int_a^b g^2}.$$

Il s'ensuit $\int_a^b (f+g)^2 \leqslant \left(\sqrt{\int_a^b f^2} + \sqrt{\int_a^b g^2}\right)^2.$

Exemple 5 On suppose $a < b$. Montrons que l'égalité de Schwarz est une égalité si et seulement si f et g sont liées.

Si f ou g est nulle sur $[a, b]$, la famille (f, g) est évidemment liée.

Supposons $f \neq 0$. La fonction polynôme $P : \lambda \mapsto \int_a^b (\lambda f + g)^2$ est alors de degré 2. Avec les hypothèses du théorème 5, l'égalité :

$$\left(\int_a^b fg\right)^2 = \left(\int_a^b f^2\right)\left(\int_a^b g^2\right)$$

donne la nullité du discriminant du polynôme P qui admet donc une racine double λ_0 :

$$\int_a^b (\lambda_0 f + g)^2 = 0.$$

La fonction $(\lambda_0 f + g)^2$ étant continue, positive, on en déduit $\lambda_0 f + g = 0$, donc la famille (f, g) est liée.

Inversement, si (f, g) est liée, avec $f \neq 0$, il existe λ réel tel que $g = \lambda f$ et on vérifie que :

$$\left(\int_a^b fg\right)^2 = \int_a^b f^2 \int_a^b g^2 = \lambda^2\left(\int_a^b f^2\right)^2.$$

Exemple 6 Montrons que pour tous réels a, b tels que $0 < a < b$, on a $\displaystyle\int_a^b \frac{\mathrm{d}x}{x} < \frac{b-a}{\sqrt{ab}}$.

Appliquons l'inégalité de Cauchy-Schwarz aux fonctions 1 et $\dfrac{1}{x}$:

$$\left(\int_a^b \frac{\mathrm{d}x}{x}\right)^2 \leqslant \left(\int_a^b 1^2\right)\left(\int_a^b \frac{\mathrm{d}x}{x^2}\right)$$

c'est-à-dire :

$$\left(\int_a^b \frac{\mathrm{d}x}{x}\right)^2 \leqslant (b-a)\left(-\frac{1}{b}+\frac{1}{a}\right) \text{ ou encore } \left(\int_a^b \frac{\mathrm{d}x}{x}\right)^2 \leqslant \frac{(b-a)^2}{ab}.$$

En notant que les fonctions 1 et $\dfrac{1}{x}$ ne sont pas liées sur $[a, b]$, l'inégalité de Cauchy-Schwarz est plus particulièrement une inégalité stricte (voir l'exemple précédent) d'où la conclusion.

4. Sommes de Riemann

Soit $f : [a, b] \to \mathbb{R}$, une fonction continue sur $[a, b]$, avec $a < b$. Soit $n \in \mathbb{N}^*$ et une subdivision $\sigma = (x_k)_{k \in [\![0,n]\!]}$ de $[a, b]$.
Une famille $(c_k)_{k \in [\![1,n]\!]}$, avec $\forall k \in [\![1, n]\!]$, $c_k \in [x_{k-1}, x_k]$, est dite associée à σ.

Définition 14

La **somme de Riemann** de f, relative à σ et à $(c_k)_{k \in [\![1,n]\!]}$ est :

$$\mathcal{R}_f\left(\sigma, (c_k)_{k \in [\![1,n]\!]}\right) = \sum_{k=1}^{n} (x_k - x_{k-1}) f(c_k).$$

Théorème 7

Pour tout $\varepsilon > 0$, il existe $\eta > 0$ tel que, quelle que soit la subdivision σ et la famille $(c_k)_{1 \leqslant k \leqslant n}$ associée, si le pas de σ est inférieur à η, on a :

$$\left|\mathcal{R}_f\left(\sigma, (c_k)_{1 \leqslant k \leqslant n}\right) - \int_a^b f\right| \leqslant \varepsilon.$$

On note abusivement : ✎ (20)

$$\lim_{|\sigma| \to 0} \mathcal{R}_f\left(\sigma, (c_k)_{1 \leqslant k \leqslant n}\right) = \int_a^b f.$$

✎ (20) C'est abusif car la notion de limite n'a jamais été abordée que dans le cadre des fonctions d'une, voire deux ou trois, variables réelles.

☞ Pour cette démonstration, nous nous limitons au cas où f est λ-lipschitzienne. Alors à tout $\varepsilon > 0$, on peut associer $\eta > 0$ tel que, quels que soient x et y dans $[a, b]$:

$$|x - y| \leqslant \eta \quad \Rightarrow \quad |f(x) - f(y)| \leqslant \frac{\varepsilon}{b-a} \text{ ✎ (21)}$$

✎ (21) On suppose bien sûr $\lambda > 0$. On a alors pour tout x, y de $[a,b]$, $|f(x)-f(y)| \leqslant \lambda|x-y|$. Donc avec $\eta = \frac{\varepsilon}{\lambda(b-a)} > 0$, $|x-y| \leqslant \eta$ donne $\lambda|x-y| \leqslant \frac{\varepsilon}{b-a}$ puis $|f(x)-f(y)| \leqslant \frac{\varepsilon}{b-a}$.

Avec la relation de Chasles, on a $\displaystyle\int_a^b f = \sum_{k=1}^{n} \int_{x_{k-1}}^{x_k} f(t)\mathrm{d}t.$

Or pour tout $k \in [\![1, n]\!]$, $(x_k - x_{k-1}) f(c_k) = \displaystyle\int_{x_{k-1}}^{x_k} f(c_k)\mathrm{d}t$, donc :

$$\mathcal{R}_f\left(\sigma, (c_k)_{1 \leqslant k \leqslant n}\right) - \int_a^b f = \sum_{k=1}^{n} \int_{x_{k-1}}^{x_k} \big(f(c_k) - f(t)\big)\,\mathrm{d}t.$$

Si on suppose $|\sigma| \leqslant \eta$, on a $\forall k \in [\![1, n]\!]$, $\forall t \in [x_{k-1}, x_k]$, $|c_k - t| \leqslant \eta$, donc :

$$|f(c_k) - f(t)| \leqslant \frac{\varepsilon}{b-a} \quad \text{puis} \quad \left|\int_{x_{k-1}}^{x_k} \big(f(c_k) - f(t)\big)\,\mathrm{d}t\right| \leqslant \frac{\varepsilon}{b-a}\left(x_k - x_{k-1}\right).$$

Ainsi $\quad |\sigma| \leqslant \eta \quad \Rightarrow \quad \left|\mathcal{R}_f\left(\sigma, (c_k)_{1 \leqslant k \leqslant n}\right) - \displaystyle\int_a^b f\right| \leqslant \varepsilon.$

Cas particuliers usuels

1) Ce résultat est souvent utilisé avec $\sigma = \left(a + k\dfrac{b-a}{n}\right)_{0 \leqslant k \leqslant n}$ subdivision régulière de $[a, b]$ et quel que soit k, $c_k = a + k\dfrac{b-a}{n}$ ou $c_k = a + (k-1)\dfrac{b-a}{n}$.
On obtient alors :

$$\lim_{n \to +\infty} \frac{b-a}{n} \sum_{k=1}^{n} f\left(a + k\frac{b-a}{n}\right) = \int_a^b f$$

$$\lim_{n \to +\infty} \frac{b-a}{n} \sum_{k=0}^{n-1} f\left(a + k\frac{b-a}{n}\right) = \int_a^b f$$

2) Les formules précédentes donnent aussi :

$$\frac{1}{b-a}\int_a^b f = \lim_{n \to +\infty} \frac{1}{n} \sum_{k=1}^{n} f\left(a + k\frac{b-a}{n}\right) = \lim_{n \to +\infty} \frac{1}{n} \sum_{k=0}^{n-1} f\left(a + k\frac{b-a}{n}\right)$$

$$= \lim_{n \to +\infty} \frac{1}{n} \sum_{k=0}^{n} f\left(a + k\frac{b-a}{n}\right).$$

Ainsi le réel $\dfrac{1}{b-a}\displaystyle\int_a^b f$ est égal à la limite quand n tend vers $+\infty$ de la moyenne arithmétique des valeurs prises par f aux points d'une subdivision régulière de $[a, b]$ en n intervalles.

Définition 15

Étant donné f continue sur un intervalle $[a, b]$, la **valeur moyenne** de f sur $[a, b]$ est :

$$\frac{1}{b-a}\int_a^b f(t)\mathrm{d}t.$$

Exemple 7 Étudions la suite de terme général $u_n = \displaystyle\sum_{k=1}^{n} \frac{n}{n^2 + k^2}$.

Pour faire apparaître une somme de Riemmann, il suffit de factoriser $\dfrac{1}{n}$:

$$u_n = \frac{1}{n}\sum_{k=1}^{n} \frac{1}{1 + \left(\dfrac{k}{n}\right)^2} \quad \text{donc} \quad u_n = \frac{1}{n}\sum_{k=1}^{n} f\left(\frac{k}{n}\right) \quad \text{avec} \quad f : x \mapsto \frac{1}{1+x^2}.$$

On a donc $\displaystyle\lim_{n \to +\infty} u_n = \int_0^1 \frac{1}{1+x^2}\mathrm{d}x$ soit $\displaystyle\lim_{n \to +\infty} u_n = \left[\operatorname{Arctan} x\right]_0^1 = \frac{\pi}{4}$.

Exemple 8 Étudions la convergence de la suite de terme général $u_n = \displaystyle\sum_{k=n}^{2n-1} \frac{1}{2k+1}$.

Ici, nous allons encadrer u_n au moyen de deux sommes de Riemann. ✎ (22)

- Posons $k = n + p$. Il vient alors $\displaystyle\sum_{k=n}^{2n-1} \frac{1}{2k+1} = \sum_{p=0}^{n-1} \frac{1}{2n+2p+1}$.

En remarquant que $\dfrac{1}{2n+2(p+1)} \leqslant \dfrac{1}{2n+2p+1} \leqslant \dfrac{1}{2n+2p}$ on obtient :

$$\frac{1}{2}\sum_{p=1}^{n} \frac{1}{n+p} \leqslant \sum_{p=0}^{n-1} \frac{1}{2n+2p+1} \leqslant \frac{1}{2}\sum_{p=0}^{n-1} \frac{1}{n+p}.$$

✎ (22) Une autre méthode consiste à remarquer que la décroissance de la fonction $t \mapsto \frac{1}{2t+1}$ sur $\mathbb{R}_+$ donne, pour tout $k \geqslant 1$:

$$\int_k^{k+1} \frac{1}{2t+1}\,\mathrm{d}t \leqslant \frac{1}{2k+1} \leqslant \int_{k-1}^{k} \frac{1}{2t+1}\mathrm{d}t.$$

✎ (23) En sommant, on obtient alors :
$$\int_n^{2n} \frac{1}{2t+1}\mathrm{d}t \leqslant u_n \leqslant \int_{n-1}^{2n-1} \frac{1}{2t+1}\mathrm{d}t$$
soit :
$$\frac{1}{2}\ln\frac{4n+1}{2n+1} \leqslant u_n \leqslant \frac{1}{2}\ln\frac{4n-1}{2n-1}$$
D'où la conclusion avec le théorème d'encadrement.

- Écrivons $\displaystyle\sum_{p=0}^{n-1} \frac{1}{n+p} = \frac{1}{n}\sum_{p=0}^{n-1} \frac{1}{1+\frac{p}{n}}$ et $\displaystyle\sum_{p=1}^{n} \frac{1}{n+p} = \frac{1}{n}\sum_{p=1}^{n} \frac{1}{1+\frac{p}{n}}$. ✎ (23)

On reconnaît des sommes de Riemann sur $[1,2]$ de $x \mapsto \dfrac{1}{x}$.

$\displaystyle\sum_{p=0}^{n-1} \frac{1}{n+p}$ et $\displaystyle\sum_{p=1}^{n} \frac{1}{n+p}$ admettent donc $\displaystyle\int_1^2 \frac{1}{x}\mathrm{d}x = \ln 2$ pour limite.

On en déduit $\displaystyle\lim_{n\to+\infty}\left(\sum_{k=n}^{2n-1} \frac{1}{2k+1}\right) = \frac{1}{2}\ln 2.$

D. Extension aux fonctions complexes

1. Fonctions complexes continues par morceaux

On considère maintenant des fonctions définies sur un intervalle I de $\mathbb{R}$, à valeurs complexes. Une telle fonction f s'écrit $f = u + iv$ où u est la partie réelle de f et v la partie imaginaire : $u = \mathrm{Re}(f)$, $v = \mathrm{Im}(f)$.

✎ (24) On notera que ces définitions sont identiques à celles données dans le cadre des fonctions réelles : définition 6 et définition 11.

Définition 16

Soit $[a, b]$ un segment de $\mathbb{R}$, $a < b$. ✎ (24)
Une fonction $f : [a, b] \to \mathbb{C}$ est dite **continue par morceaux** sur $[a, b]$ quand il existe une subdivision $\sigma = (c_j)_{c \leqslant j}$ de $[a, b]$ telle que pour tout $j \in [\![1, n]\!]$:

- f est continue sur $]c_{j-1}, c_j[$,
- f admet une limite à droite en c_{j-1} et une limite à gauche en c_j.

Définition 17

Soit I un intervalle quelconque de $\mathbb{R}$.
Une fonction $f : I \to \mathbb{C}$ est dite **continue par morceaux sur** I lorsque sa restriction à tout segment $[a, b]$ inclus dans I est continue par morceaux sur $[a, b]$.

Propriété 18

Soit I un intervalle quelconque de $\mathbb{R}$, et $f : I \to \mathbb{C}$ une fonction complexe définie sur I, $u = \mathrm{Re}(f)$ et $v = \mathrm{Im}(f)$.
f est continue par morceaux sur I si et seulement si u et v sont continues par morceaux sur I.

☞ On sait en effet que si c_1 et c_2 sont des points de I tels que $c_1 < c_2$:

- f est continue sur $]c_1, c_2[$ si et seulement si u et v le sont,
- f admet une limite à droite en c_1 (resp. à gauche en c_2) si et seulement si u et v ont une limite à droite en c_1 (resp. à gauche en c_2).

Propriété 19

L'ensemble $\mathcal{M}(I, \mathbb{C})$ des fonctions complexes continues par morceaux sur I est un $\mathbb{C}$-espace vectoriel et un anneau commutatif.

2. Intégrale d'une fonction complexe continue par morceaux

✎ (25) Ici on a $a < b$.

✎ (26) Ici a et b sont dans un ordre quelconque.

Définition 18

Soit I un intervalle de $\mathbb{R}$, $f : I \to \mathbb{C}$ une fonction continue par morceaux sur I, $u = \mathrm{Re}(f)$ et $v = \mathrm{Im}(f)$.

Pour tout segment $[a, b]$, $a < b$, inclus dans I, on définit l'intégrale sur $[a, b]$ de f par :

$$\int_{[a,b]} f = \int_{[a,b]} u + i \int_{[a,b]} v. \text{ ✎ (25)}$$

Pour tout couple $(a, b) \in I^2$, on définit $\int_a^b f$ par :

$$\int_a^b f = \int_a^b u + i \int_a^b v. \text{ ✎ (26)}$$

Conséquences

$$\mathrm{Re}\left(\int_a^b f\right) = \int_a^b \mathrm{Re}(f) \ , \ \mathrm{Im}\left(\int_a^b f\right) = \int_a^b f \ , \ \overline{\left(\int_a^b f\right)} = \int_a^b \overline{f}.$$

✎ (27) Ce sont là des conséquences immédiates de la définition et des propriétés analogues concernant les fonctions réelles.

Propriété 20

Soit a, b réels tels que $a < b$. ✎ (27)

L'application $\int_{[a,b]} : f \mapsto \int_{[a,b]} f$ est une forme linéaire sur l'espace vectoriel $\mathcal{M}([a, b], \mathbb{C})$.

Propriété 21

Soit I un intervalle de $\mathbb{R}$ et $f \in \mathcal{M}(I, \mathbb{C})$. Pour tous points a, b, c de I, on a :

$$\int_a^c f = \int_a^b f + \int_b^c f.$$

Propriété 22

Soit a, b des réels tels que $a < b$ et $f \in \mathcal{M}([a, b], \mathbb{C})$. Alors :

$$\left|\int_{[a,b]} f\right| \leqslant \int_{[a,b]} |f|.$$

Ou encore, en notant $u = \mathrm{Re}(f)$, $v = \mathrm{Im}(f)$:

$$\left[\left(\int_{[a,b]} u\right)^2 + \left(\int_{[a,b]} v\right)^2\right]^{\frac{1}{2}} \leqslant \int_{[a,b]} \left(u^2 + v^2\right)^{\frac{1}{2}}.$$

☞ Posons $I = [a, b]$. Si $\int_I f = 0$, la propriété est évidente, sinon il existe $\theta \in \mathbb{R}$ tel que :

$$\int_I f = e^{i\theta} \left|\int_I f\right| \text{ donc } \left|\int_I f(t)\mathrm{d}t\right| = \int_I e^{-i\theta} f(t)\mathrm{d}t. \text{ ✎ (28)}$$

✎ (28) L'utilisation d'une variable d'intégration permet de bien mettre en évidence que $e^{-i\theta}$ est une constante.

Le nombre $\int_I e^{-i\theta} f(t)\mathrm{d}t$ est donc un réel et il vient :

$$\left|\int_I f(t)\mathrm{d}t\right| = \mathrm{Re}\left(\int_I e^{-i\theta} f(t)\mathrm{d}t\right) = \int_I \mathrm{Re}\left(e^{-i\theta} f(t)\right) \mathrm{d}t.$$

De $\mathrm{Re}\left(e^{-i\theta} f(t)\right) \leqslant |f(t)|$ et de la croissance sur $\mathcal{M}(I, \mathbb{R})$ de l'application $\int_I$ on déduit alors :

$$\left|\int_I f(t)\mathrm{d}t\right| \leqslant \int_I |f(t)|\, \mathrm{d}t.$$

3. Primitives d'une fonction complexe continue

Théorème 8

Soit f une fonction complexe continue sur un intervalle I et $a \in I$.

La fonction $F : x \mapsto \int_a^x f(t)\mathrm{d}t$ est dérivable sur I et sa dérivée est f.

☞ On pose $u = \mathrm{Re}(f)$, $v = \mathrm{Im}(f)$.

Alors $F(x) = \int_a^x u(t)\mathrm{d}t + i\int_a^x v(t)\mathrm{d}t$ et, d'après le théorème 2, les fonctions :

$$U : x \mapsto \int_a^x u(t)\mathrm{d}t \quad \text{et} \quad V : x \mapsto \int_a^x v(t)\mathrm{d}t$$

sont dérivables sur I avec $U' = u$ et $V' = v$, donc F est dérivable sur I avec $F' = u + iv = f$.

✎ (29) Comme pour les fonctions réelles, si F est une primitive de f sur I, l'ensemble des primitives de f sur I est décrit par les fonctions $F+k$ où $k\in\mathbb{C}$.

Définition 19

Soit I un intervalle de $\mathbb{R}$, f et F des fonctions complexes définies sur I. ✎ (29)

On dit que F est une **primitive** de f sur I si et seulement si F est dérivable sur I avec $F' = f$.

Exemple 9 Soit $a \in \mathbb{C} \setminus \{0\}$, une primitive sur $\mathbb{R}$ de $f : \mathbb{R} \to \mathbb{C}, x \mapsto e^{ax}$ est :

$$F : \mathbb{R} \to \mathbb{C}, x \mapsto \frac{1}{a}e^{ax}.$$

✎ (30) $a\in I$, $F : x\mapsto \int_a^x f(t)\mathrm{d}t$ est l'unique primitive de f sur I qui s'annule en a.

Théorème 9

Soit I un intervalle de $\mathbb{R}$. ✎ (30)

Toute fonction complexe f continue sur I admet au moins une primitive sur I.

Corollaire

Étant donné une fonction complexe f continue sur un intervalle I, a et b des éléments de I, pour toute primitive h de f sur I, on a :

$$\int_a^b f = h(b) - h(a).$$

Exemple 10 Soit à calculer $\int_0^\pi e^{ix}\mathrm{d}x$.

Une primitive de $x \mapsto e^{ix}$ est $x \mapsto \frac{1}{i}e^{ix}$ donc :

$$\int_0^\pi e^{ix}\mathrm{d}x = \frac{1}{i}\left(e^{i\pi} - 1\right) = 2i.$$

E. Intégration par parties

1. Cas d'une intégrale définie

Théorème 10

Formule d'intégration par parties

Soit f et g des fonctions réelles ✎ (31) de classe $\mathcal{C}^1$ sur un segment $[a, b]$.

$$\int_a^b f'g = \big[f(x)g(x)\big]_a^b - \int_a^b fg'.$$

✎ (31) Sachant que pour des fonctions complexes dérivables on a encore : $(fg)'=f'g+gf'$ ce théorème reste valable avec f et g complexes. Rappelons que la notation $\big[f(x)g(x)\big]_a^b$ signifie $f(b)g(b)-f(a)g(a)$.

☞ Avec $(fg)' = f'g + fg'$ et $\displaystyle\int_a^b (fg)' = \big[(fg)(x)\big]_a^b$, le résultat découle de :

$$\int_a^b (fg)' = \int_a^b f'g + \int_a^b fg'.$$

Exemple 11 Calculons $\displaystyle\int_0^1 x \operatorname{Arctan} x \mathrm{d}x.$

Une primitive de $x \mapsto x$ est $\quad x \mapsto \dfrac{x^2+1}{2}$ ✎ (32)

et la dérivée de Arctan est $\quad x \mapsto \dfrac{1}{x^2+1}$.

La méthode d'intégration par parties nous donne :

$$\int_0^1 x \operatorname{Arctan} x \mathrm{d}x = \left[\frac{x^2+1}{2}\operatorname{Arctan} x\right]_0^1 - \int_0^1 \frac{1}{2}\mathrm{d}x = \operatorname{Arctan} 1 - \frac{1}{2} = \frac{\pi}{4} - \frac{1}{2}.$$

✎ (32) Remarquer que la primitive choisie donne un calcul beaucoup plus immédiat qu'avec la primitive «naturelle» : $x \mapsto \frac{x^2}{2}$.

Exemple 12 **Étude des intégrales de Wallis**

a) Calcul de $\quad I_n = \displaystyle\int_0^{\pi/2} \sin^n x \mathrm{d}x.$

b) En considérant la suite $(nI_nI_{n-1})_{n\in\mathbb{N}^*}$, on trouve un équivalent de I_n quand n tend vers $+\infty$.

a) Pour $n \geqslant 2$, intégrons par parties $I_n = \displaystyle\int_0^{\frac{\pi}{2}} \sin x \sin^{n-1} x \mathrm{d}x.$

Une primitive de sin est $-\cos$ et la dérivée de $\sin^{n-1}$ est $(n-1)\cos\sin^{n-2}$.

Il vient alors :

$$I_n = \int_0^{\frac{\pi}{2}} \sin x \sin^{n-1} x \mathrm{d}x = \Big[-\cos x \sin^{n-1} x\Big]_0^{\frac{\pi}{2}} + (n-1)\int_0^{\frac{\pi}{2}} \cos^2 x \sin^{n-2} x \mathrm{d}x.$$

Avec $\cos^2 x = 1 - \sin^2 x$, on obtient :

$$I_n = (n-1)\left(\int_0^{\frac{\pi}{2}} \sin^{n-2} x \mathrm{d}x - \int_0^{\frac{\pi}{2}} \sin^n x \mathrm{d}x\right)$$

c'est-à-dire $I_n = (n-1)\big(I_{n-2} - I_n\big)$ ou $I_n = \dfrac{n-1}{n} I_{n-2}$.

La fonction $\sin^n$ est continue, positive et non nulle sur $\left[0, \dfrac{\pi}{2}\right]$ et donc $I_n \neq 0$.

Avec $I_0 = \frac{\pi}{2}$ et $I_{2n} = \frac{2n-1}{2n} I_{2n-2}$, il vient :

$$I_{2n} = I_0 \prod_{k=1}^{n} \frac{I_{2k}}{I_{2k-2}} = \frac{\pi}{2} \prod_{k=1}^{n} \frac{2k-1}{2k} \quad \text{c'est-à-dire} \quad I_{2n} = \frac{(2n)!}{\left(2^n n!\right)^2} \frac{\pi}{2}.$$

✎ (33) Remarquer comment les termes intermédiaires se simplifient dans les produits $\prod_{k=1}^{n} \frac{I_{2k}}{I_{2k-2}}$ et $\prod_{k=1}^{n} \frac{I_{2k+1}}{I_{2k-1}}$.

Avec $I_1 = 1$ et $I_{2n+1} = \frac{2n}{2n+1} I_{2n-1}$, il vient : ✎ (33)

$$I_{2n+1} = \prod_{k=1}^{n} \frac{I_{2k+1}}{I_{2k-1}} = \prod_{k=1}^{n} \frac{2k}{2k+1} \quad \text{c'est-à-dire} \quad I_{2n+1} = \frac{\left(2^n n!\right)^2}{(2n+1)!}.$$

b) La relation de récurrence donne $nI_nI_{n-1} = (n-1)I_{n-1}I_{n-2}$.

La suite $\left(nI_nI_{n-1}\right)_{n\in\mathbb{N}^*}$ est donc constante :

$$\forall n \in \mathbb{N}^*, \quad nI_nI_{n-1} = I_1I_0 = \frac{\pi}{2}.$$

Avec $0 \leqslant \sin^{n+1} x \leqslant \sin^n x$, pour tout $x \in \left[0, \frac{\pi}{2}\right]$, il vient $0 \leqslant I_{n+1} \leqslant I_n$.

Sachant que $\frac{I_{n-2}}{I_n} = \frac{n}{n-1}$ tend vers 1, l'inégalité :

$$I_n \leqslant I_{n-1} \leqslant I_{n-2} \quad \text{qui s'écrit aussi} \quad 1 \leqslant \frac{I_{n-1}}{I_n} \leqslant \frac{I_{n-2}}{I_n}$$

donne $\lim\limits_{n\to+\infty} \frac{I_{n-1}}{I_n} = 1$ donc $I_{n-1} \underset{+\infty}{\sim} I_n$.

On a alors $I_nI_{n-1} \sim I_n^2$ c'est-à-dire $\frac{\pi}{2n} \sim I_n^2$ d'où $I_n \sim \sqrt{\frac{\pi}{2n}}$. ✎ (34)

✎ (34) On sait que I_n est positif.

2. Cas d'une intégrale indéfinie

Notation 1

Intégrale indéfinie ✎ (35)

Étant donné une fonction f réelle ou complexe, continue sur un intervalle I et une primitive F de f, on note :

$$F(x) = \int f(x)\mathrm{d}x.$$

✎ (35) Attention ! La notation est dangereuse en ce sens qu'elle amène à écrire des égalités qui n'en sont pas. En effet $F(x) = \int f(x)\mathrm{d}x$ et $G(x) = \int f(x)\mathrm{d}x$ ne donne pas $F = G$ mais donne $F = G + k$ où k est une constante.

Il s'agit bien de noter **une** primitive (quelconque) de f, sans se soucier de constantes additives.

Théorème 11

Soit J un intervalle de $\mathbb{R}$, f et g des fonctions réelles ou complexes de classe $\mathcal{C}^1$ sur J.

Alors $\int f'g = fg - \int fg'$.

C'est une conséquence immédiate de $(fg)' = f'g + fg'$.

Ce théorème signifie que si H est **une** primitive de fg' alors $fg - H$ est **une** primitive de $f'g$.

Exemple 13 Établissons une relation de récurrence entre les primitives $I_n = \int \frac{\mathrm{d}x}{(1+x^2)^n}$.

Pour tout n entier, $x \mapsto \frac{1}{(1+x^2)^n}$ est continue sur $\mathbb{R}$.

Une intégration par parties donne $I_n = \frac{x}{(1+x^2)^n} + 2n \int \frac{x^2}{(1+x^2)^{n+1}}\mathrm{d}x$.

En notant que $\dfrac{x^2}{(1+x^2)^{n+1}} = \dfrac{1}{(1+x^2)^n} - \dfrac{1}{(1+x^2)^{n+1}}$ il vient :

$$I_n = \frac{x}{(1+x^2)^n} + 2n(I_n - I_{n+1}) \quad \text{c'est-à-dire} \quad 2nI_{n+1} = \frac{x}{(1+x^2)^n} + (2n-1)I_n.$$

De même, en posant $J_n = \displaystyle\int \frac{\mathrm{d}x}{(1-x^2)^n}$ sur l'un ou l'autre des intervalles $]-\infty,-1[$, $]-1,1[$ ou $]1,+\infty[$, on obtient :

$$2nJ_{n+1} = \frac{x}{(1-x^2)^n} + (2n-1)J_n.$$

3. Formules de Taylor

Théorème 12

Formule de Taylor avec reste intégral

Soit $f : [a,b] \to \mathbb{R}$ une fonction de classe $\mathcal{C}^{n+1}$ sur $[a,b]$. ✎ (36)

$$f(b) = \sum_{k=0}^{n} \frac{(b-a)^k}{k!} f^{(k)}(a) + \int_a^b \frac{(b-x)^n}{n!} f^{(n+1)}(x)\mathrm{d}x.$$

✎ (36) On n'impose pas $a<b$: a et b sont des réels distincts quelconques.

☞ Montrons cette propriété par récurrence sur $n \in \mathbb{N}$.

- Si f est de classe $\mathcal{C}^1$:

$$f(a) + \int_a^b f'(x)\mathrm{d}x = f(b).$$

- Supposons la propriété vraie pour les fonctions de classe $\mathcal{C}^{n+1}$ et soit maintenant f de classe $\mathcal{C}^{n+2}$ sur $[a,b]$.

L'hypothèse de récurrence permet d'écrire :

$$f(b) = \sum_{k=0}^{n} \frac{(b-a)^k}{k!} f^{(k)}(a) + \int_a^b \frac{(b-x)^n}{n!} f^{(n+1)}(x)\mathrm{d}x$$

$f^{(n+1)}$ étant de classe $\mathcal{C}^1$, on peut intégrer $\displaystyle\int_a^b \frac{(b-x)^n}{n!} f^{(n+1)}(x)\mathrm{d}x$ par parties.

Une primitive de $\dfrac{(b-x)^n}{n!}$ est $-\dfrac{(b-x)^{n+1}}{(n+1)!}$ et la dérivée de $f^{(n+1)}$ est $f^{(n+2)}$.

Il vient alors :

$$\int_a^b \frac{(b-x)^n}{n!} f^{(n+1)}(x)\mathrm{d}x = \left[-\frac{(b-x)^{n+1}}{(n+1)!} f^{(n+1)}(x)\right]_a^b + \int_a^b \frac{(b-x)^{n+1}}{(n+1)!} f^{(n+2)}(x)\mathrm{d}x$$

d'où $\displaystyle f(b) = \sum_{k=0}^{n+1} \frac{(b-a)^k}{k!} f^{(k)}(a) + \int_a^b \frac{(b-x)^{n+1}}{(n+1)!} f^{(n+2)}(x)\mathrm{d}x.$

La propriété est donc récurrente.

Exemple 14 $f : x \mapsto e^x$

f est de classe $\mathcal{C}^\infty$ sur $\mathbb{R}$ avec :

$$\forall n \in \mathbb{N}^*, \forall x \in \mathbb{R}, f^{(n)}(x) = e^x.$$

Pour tout $x \in \mathbb{R}$, appliquons la formule sur $[0,x]$:

$$e^x = \sum_{k=0}^{n} \frac{x^k}{k!} + \int_0^x \frac{(x-t)^n}{n!} e^t \mathrm{d}t.$$

Exemple 15 $f\ :\ x \mapsto \ell n(1+x)$

f est de classe $\mathcal{C}^{\infty}$ sur $]-1,+\infty[$ avec :

$$\forall n \in \mathbb{N}^*,\ \forall x \in]-1,+\infty[,\ f^{(n)}(x) = (-1)^{n-1}\frac{(n-1)!}{(1+x)^n}.$$

Pour tout $x \in \mathbb{R}$, appliquons la formule sur $[0,x]$:

$$\ell n(1+x) = \sum_{k=1}^{n}(-1)^{k-1}\frac{x^k}{k} + (-1)^n\int_0^x \frac{(x-t)^n}{(1+t)^{n+1}}\mathrm{d}t.$$

Théorème 13

Inégalité de Taylor-Lagrange

Soit $f\ :\ [a,b] \to \mathbb{R}$ une fonction de classe $\mathcal{C}^{n+1}$ sur $[a,b]$,

$$\left|f(b) - \sum_{k=0}^{n}\frac{(b-a)^k}{k!}f^{(k)}(a)\right| \leqslant \frac{(b-a)^{n+1}}{(n+1)!}\sup_{x\in[a,b]}\left|f^{(n+1)}(x)\right|.$$

☞ Posons $M_{n+1} = \sup\limits_{t\in[a,b]}\left|f^{(n+1)}(t)\right|$, ✎ (37) il vient :

$$\left|\int_a^b \frac{(b-x)^n}{n!}f^{(n+1)}(x)\mathrm{d}x\right| \leqslant M_{n+1}\left|\int_a^b \frac{|b-x|^n}{n!}\mathrm{d}x\right|.$$

Pour $a<b$, $\left|\int_a^b \frac{|b-x|^n}{n!}\mathrm{d}x\right| = \int_a^b \frac{(b-x)^n}{n!}\mathrm{d}x = \frac{(b-a)^{n+1}}{(n+1)!}$

et pour $a>b$, $\left|\int_a^b \frac{|b-x|^n}{n!}\mathrm{d}x\right| = \int_b^a \frac{(x-b)^n}{n!}\mathrm{d}x = \frac{(a-b)^{n+1}}{(n+1)!}$.

La conclusion en résulte.

✎ (37) L'existence de M_{n+1} est assurée par la continuité de $f^{(n+1)}$ sur le segment $[a,b]$.

Exemple 16 $f\ :\ x \mapsto e^x$.

Pour tout $x \in \mathbb{R}^+$, $\left|e^x - \sum_{k=0}^{n}\frac{x^k}{k!}\right| \leqslant \frac{x^{n+1}}{(n+1)!}e^x$.

Pour tout $x \in \mathbb{R}^-$, $\left|e^x - \sum_{k=0}^{n}\frac{x^k}{k!}\right| \leqslant \frac{|x|^{n+1}}{(n+1)!}$.

Exemple 17 $f\ :\ x \mapsto \ell n(1+x)$.

Pour tout $x \in \mathbb{R}^+$, $\left|\ell n(1+x) - \sum_{k=1}^{n}(-1)^{k-1}\frac{x^k}{k}\right| \leqslant \frac{x^{n+1}}{n+1}$.

Pour tout $x \in]-1,0[$, $\left|\ell n(1+x) - \sum_{k=1}^{n}(-1)^{k-1}\frac{x^k}{k}\right| \leqslant \frac{|x|^{n+1}}{(n+1)(1+x)^{n+1}}$.

F. Changement de variable

1. Cas général

Théorème 14

Soit $\varphi\ :\ [\alpha,\beta] \to \mathbb{R}$ une application de classe $\mathcal{C}^1$, $[A,B] = \varphi([\alpha,\beta])$, $a = \varphi(\alpha)$, $b = \varphi(\beta)$ et $f\ :\ [A,B] \to \mathbb{R}$ continue sur $[A,B] \supset [a,b]$. ✎ (38)

On a alors $\displaystyle\int_{\varphi(\alpha)}^{\varphi(\beta)} f = \int_\alpha^\beta (f\circ\varphi)\varphi'$.

✎ (38) Il faut bien noter qu'en l'absence d'hypothèses supplémentaires sur φ, l'inclusion : $[\varphi(\alpha),\varphi(\beta)]\subset\varphi([\alpha,\beta])$ peut fort bien être stricte.

☞ Soit F une primitive de f sur $[A, B]$. La fonction $F \circ \varphi$ est dérivable sur $[\alpha, \beta]$ et sa dérivée est la fonction continue $(f \circ \varphi)\varphi'$. On a donc :

$$\int_\alpha^\beta (f \circ \varphi)\varphi' = \left[F \circ \varphi\right]_\alpha^\beta = F \circ \varphi(\beta) - F \circ \varphi(\alpha) = F(b) - F(a)$$

et enfin $\displaystyle\int_\alpha^\beta (f \circ \varphi)\varphi' = \int_a^b f$ c'est-à-dire $\displaystyle\int_\alpha^\beta (f \circ \varphi)\varphi' = \int_{\varphi(\alpha)}^{\varphi(\beta)} f.$

Définition 20

L'application φ, qui transforme l'intégrale de f sur $[a, b]$ en l'intégrale de $(f \circ \varphi)\varphi'$ sur $[\alpha, \beta]$, définit un **changement de variable**.

Pratique du changement de variable

En écrivant $\displaystyle\int_\alpha^\beta (f \circ \varphi(t))\, \varphi'(t)\mathrm{d}t = \int_{\varphi(\alpha)}^{\varphi(\beta)} f(x)\mathrm{d}x$, on voit que, dans $\displaystyle\int_{\varphi(\alpha)}^{\varphi(\beta)} f(x)\mathrm{d}x$, il suffit de poser $x = \varphi(t)$, ce qui donne $\mathrm{d}x = \varphi'(t)\mathrm{d}t$, et de remplacer les bornes $\varphi(\alpha)$ et $\varphi(\beta)$ par α et β respectivement.

2. Changement de variable bijectif

Théorème 15

Soit $\varphi : [\alpha, \beta] \to \mathbb{R}$ une application de classe $\mathcal{C}^1$ strictement monotone et :

$$f : \left[\varphi(\alpha), \varphi(\beta)\right] \to \mathbb{R} \text{ continue sur } \left[\varphi(\alpha), \varphi(\beta)\right]$$ ✎ (39)

En posant $a = \varphi(\alpha)$, $b = \varphi(\beta)$, on a :

$$\int_a^b f = \int_{\varphi^{-1}(a)}^{\varphi^{-1}(b)} (f \circ \varphi)\varphi'$$

✎ (39) On a maintenant : $\varphi([\alpha,\beta])=[\varphi(\alpha),\varphi(\beta)]$
φ définit une bijection de $[\alpha,\beta]$ sur $[\varphi(\alpha),\varphi(\beta)]$.

Application au calcul des primitives

Théorème 16

Soit I, J des intervalles de $\mathbb{R}$ et φ une bijection de classe $\mathcal{C}^1$ de J sur I.
Étant donné une fonction f continue sur I et G une primitive de $(f \circ \varphi)\varphi'$ sur J, une primitive de f sur I est $G \circ \varphi^{-1}$. ✎ (40)

✎ (40) Cette propriété se vérifie aisément indépendamment de la notion d'intégrale si φ^{-1} est dérivable. $G'=(f\circ\varphi)\varphi'$ donne :
$(G\circ\varphi^{-1})' = (G'\circ\varphi^{-1})(\varphi^{-1})' = f\cdot\left(\varphi'\circ\varphi^{-1}\right)\cdot\frac{1}{\varphi'\circ\varphi^{-1}} = f.$

☞ Étant donné $a \in I$, nous avons, pour tout $x \in I$, $\displaystyle\int_a^x f = \int_{\varphi^{-1}(a)}^{\varphi^{-1}(x)} (f \circ \varphi)\varphi'$ donc :

$$\int_a^x f = G\left(\varphi^{-1}(x)\right) - G\left(\varphi^{-1}(a)\right).$$

Comme $x \mapsto \displaystyle\int_a^x f$ est une primitive de f sur I, il en est de même pour :

$$F : x \mapsto G\left(\varphi^{-1}(x)\right).$$

Remarque

Avec la notation intégrale indéfinie, le théorème précédent se lit :

$$\text{si } F(x) = \int f(x)\mathrm{d}x \quad \text{alors} \quad F\left(\varphi(t)\right) = \int f\left(\varphi(t)\right) \varphi'(t)\mathrm{d}t.$$

3. Applications

Propriété 23

Intégrale d'une fonction périodique

Soit f une fonction réelle continue sur $\mathbb{R}$ et périodique de période T. Alors quels que soient les réels a et b :

$$\int_a^b f = \int_{a+T}^{b+T} f \quad , \quad \int_a^{a+T} f = \int_b^{b+T} f.$$

☞ $t \mapsto t - T$ est un changement de variable bijectif de classe $\mathcal{C}^1$ de $\mathbb{R}$ sur $\mathbb{R}$. On en déduit :

$$\int_a^b f(x)\mathrm{d}x = \int_{a+T}^{b+T} f(t-T)\mathrm{d}t = \int_{a+T}^{b+T} f(t)\mathrm{d}t.$$

La relation de Chasles donne $\displaystyle\int_b^{b+T} f = \int_b^a f + \int_a^{a+T} f + \int_{a+T}^{b+T} f.$

Nous venons de voir que $\displaystyle\int_b^a f + \int_{a+T}^{b+T} f = 0$. Il vient alors $\displaystyle\int_b^{b+T} f = \int_a^{a+T} f.$

Propriété 24

Intégrale d'une fonction paire ou impaire

Soit $a \in \mathbb{R}$ et f une fonction réelle continue sur $[-a, a]$.

Si f est paire, on a $\displaystyle\int_{-a}^a f = 2\int_0^a f$, et si f est impaire, on a $\displaystyle\int_{-a}^a f = 0.$

☞ La relation de Chasles donne $\displaystyle\int_{-a}^a f = \int_{-a}^0 f + \int_0^a f.$

Par le changement de variable défini par $x = -t$, bijection de classe $\mathcal{C}^1$ de $[-a, 0]$ sur $[0, a]$, on obtient :

$$\int_{-a}^0 f(x)\mathrm{d}x = -\int_a^0 f(-t)\mathrm{d}t = \int_0^a f(-t)\mathrm{d}t.$$

En conséquence :

si f est paire, $\displaystyle\int_{-a}^a f = 2\int_0^a f$, si f est impaire, $\displaystyle\int_{-a}^a f = 0.$

Propriété 25

Intégrale d'une fonction présentant une symétrie

Soit f une fonction réelle continue sur $[a, b]$.

Si $\forall x \in [a, b]$ $f(x) = f(a+b-x)$, alors $\displaystyle\int_a^b f = 2\int_a^{\frac{a+b}{2}} f.$ ✎ (41)

Si $\forall x \in [a, b]$ $f(x) = -f(a+b-x)$, alors $\displaystyle\int_a^b f = 0.$ ✎ (42)

✎ (41) $f(x)=f(a+b-x)$: la droite $D\left(x=\frac{a+b}{2}\right)$ est axe de symétrie du graphe.

✎ (42) $f(x)=-f(a+b-x)$: le point $A=\left(\frac{a+b}{2},0\right)$ est centre de symétrie du graphe.

☞ Avec le changement de variable défini par $x = \dfrac{a+b}{2} + t$, on obtient :

$$\int_a^b f(x)\mathrm{d}x = \int_{-\frac{b-a}{2}}^{\frac{b-a}{2}} f\left(\frac{a+b}{2}+t\right)\mathrm{d}t.$$

Dans le premier cas, la fonction $t \mapsto f\left(\dfrac{a+b}{2}+t\right)$ est paire, donc :

$$\int_{-\frac{b-a}{2}}^{\frac{b-a}{2}} f\left(\frac{a+b}{2}+t\right)\mathrm{d}t = 2\int_0^{\frac{b-a}{2}} f\left(\frac{a+b}{2}+t\right)\mathrm{d}t$$

et $\displaystyle\int_a^b f = 2\int_a^{\frac{a+b}{2}} f.$

Dans le deuxième cas la même fonction $t \mapsto f\left(\dfrac{a+b}{2}+t\right)$ est impaire donc :

$$\int_{-\frac{b-a}{2}}^{\frac{b-a}{2}} f\left(\frac{a+b}{2}+t\right)\mathrm{d}t = 0 \quad \text{et} \quad \int_a^b f = 0.$$

4. Exemples

Exemple 18 Montrons que $\forall n \in \mathbb{N}$ $\displaystyle\int_0^{\frac{\pi}{2}} \cos^n x\mathrm{d}x = \int_0^{\frac{\pi}{2}} \sin^n x\mathrm{d}x$ puis calculons $\displaystyle\int_{-1}^{1}(x^2-1)^n\mathrm{d}x.$

- $t \mapsto \dfrac{\pi}{2} - t$ est un changement de variable bijectif de classe $\mathcal{C}^1$ de $\left[0, \dfrac{\pi}{2}\right]$ sur lui-même.

$$\int_0^{\frac{\pi}{2}} \cos^n x\mathrm{d}x = -\int_{\frac{\pi}{2}}^{0} \cos^n\left(\frac{\pi}{2}-t\right)\mathrm{d}t = \int_0^{\frac{\pi}{2}} \sin^n t\mathrm{d}t.$$

- Comme $x \mapsto (x^2-1)^n$ est paire :

$$\int_{-1}^{1}(x^2-1)^n\mathrm{d}x = 2\int_0^1 (x^2-1)^n\mathrm{d}x$$

$t \mapsto \sin t$ est un changement de variable bijectif de classe $\mathcal{C}^1$ de $\left[0, \dfrac{\pi}{2}\right]$ sur $[0, 1]$. Il vient donc :

$$\int_0^1 (x^2-1)^n\mathrm{d}x = \int_0^{\frac{\pi}{2}} (\sin^2 t - 1)^n \cos t\mathrm{d}t = (-1)^n \int_0^{\frac{\pi}{2}} \cos^{2n+1} t\mathrm{d}t.$$

Ainsi, $\displaystyle\int_{-1}^{1}(x^2-1)^n\mathrm{d}x = 2(-1)^n I_{2n+1}.$

L'intégrale de Wallis I_{2n+1} a été calculée à l'occasion de l'exemple 12.

Exemple 19 Calculons les primitives de $x \mapsto \sqrt{1-x^2}$.

La fonction donnée est continue sur $[-1, 1]$. On définit un changement de variable bijectif de classe $\mathcal{C}^1$ de $\left[-\dfrac{\pi}{2}, \dfrac{\pi}{2}\right]$ sur $[-1, 1]$ par $t \mapsto \sin t$ (dont la réciproque est Arcsin).

On obtient alors, en posant $F(x) = \displaystyle\int \sqrt{1-x^2}\mathrm{d}x$:

$$F(\sin t) = \int \cos^2 t\mathrm{d}t = \int \frac{1+\cos 2t}{2}\mathrm{d}t = \frac{t}{2} + \frac{1}{4}\sin 2t$$

et donc $\quad F(x) = \dfrac{1}{2}\operatorname{Arcsin} x + \dfrac{x\sqrt{1-x^2}}{2}.$

Les primitives cherchées sont les fonctions :

$$x \mapsto \frac{x\sqrt{1-x^2} + \operatorname{Arcsin} x}{2} + \lambda, \quad \lambda \in \mathbb{R}.$$

Exemple 20 Calculons une primitive de $x \mapsto \dfrac{1}{\operatorname{ch} x}$.

La fonction $\dfrac{1}{\operatorname{ch}}$ est continue sur $\mathbb{R}$ et $\dfrac{1}{\operatorname{ch} x} = \dfrac{2e^x}{1+e^{2x}}$.

$t \mapsto \ell n\, t$ est un changement de variable bijectif de classe $\mathcal{C}^1$ de $]0, +\infty[$ sur $\mathbb{R}$, dont la réciproque est $x \mapsto e^x$.

$F(x) = \displaystyle\int \frac{1}{\operatorname{ch} x} \mathrm{d}x = \int \frac{2e^x}{1+e^{2x}} \mathrm{d}x$ donne :

$$F(\ell n\, t) = \int \frac{2}{1+t^2} \mathrm{d}t = 2 \operatorname{Arctan} t.$$

Il vient alors $F(x) = 2 \operatorname{Arctan}(e^x)$.

G. Calcul approché d'intégrales

Soit f une fonction réelle continue sur $[a, b]$, avec $a < b$. Étant donné n entier naturel non nul, on construit la subdivision régulière $(c_k)_{k \in [\![0,n]\!]}$, où $c_k = a + k\dfrac{b-a}{n}$.

1. Méthode des rectangles

Définition 21

La méthode des **rectangles** appliquée à $\displaystyle\int_a^b f$ relativement à la subdivision $(c_k)_{k \in [\![1,n]\!]}$ consiste à prendre pour valeur approchée de cette intégrale :

$$R_n(f) = \frac{b-a}{n} \sum_{k=0}^{n-1} f(c_k) \quad \text{ou} \quad R'_n(f) = \frac{b-a}{n} \sum_{k=1}^{n} f(c_k).$$

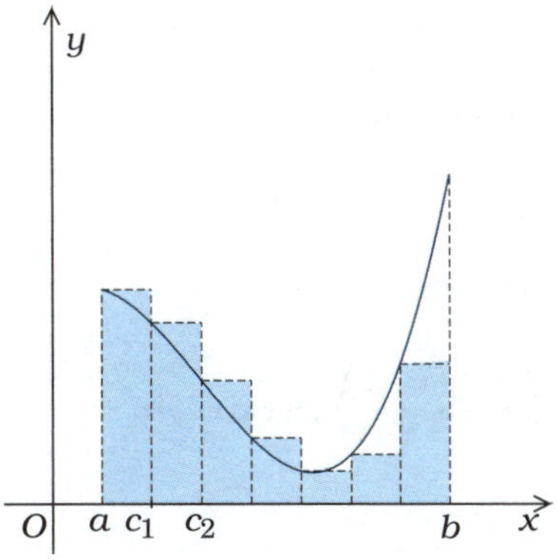

Si f est positive, R_n est la somme des aires des rectangles de largeur $\dfrac{b-a}{n}$ et de hauteurs $f(c_0), f(c_1) \dots f(c_{n-1})$ ou $f(c_1), f(c_2) \dots f(c_n)$ d'où le nom donné à cette méthode.

Dans le cas général, la méthode revient à approcher f par une fonction en escalier.

Par exemple, $R_n(f) = \displaystyle\int_a^b \varphi$ où $\varphi \in \mathscr{E}([a, b], \mathbb{R})$ est définie par :

$\forall k \in [\![0, n-1]\!]$, $\forall x \in [c_k, c_{k+1}[$, $\varphi(x) = f(c_k)$ et $\varphi(b) = f(b)$.

2. Méthode des trapèzes

Définition 22

La méthode des **trapèzes** appliquée à $\int_a^b f$ relativement à la subdivision $(c_k)_{k\in [\![0,n]\!]}$ consiste à prendre pour valeur approchée de cette intégrale :

$$T_n(f) = \frac{b-a}{n}\left(\frac{f(a)+f(b)}{2} + \sum_{k=1}^{n-1} f(c_k)\right).$$

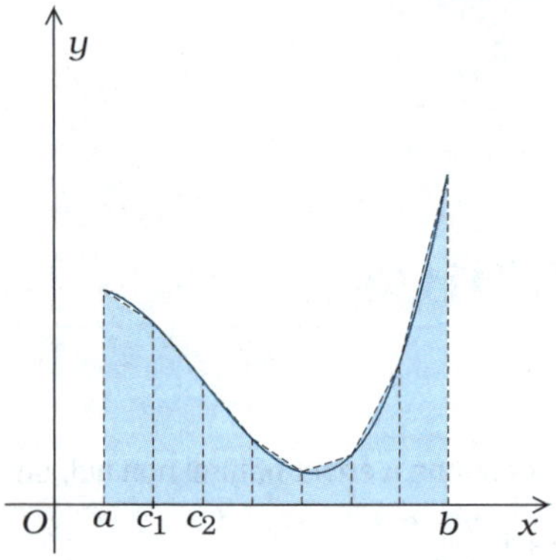

On a aussi $T_n(f) = \sum_{k=0}^{n-1} \frac{b-a}{2n}\left(f(c_k)+f(c_{k+1})\right)$.

Si f est positive, pour tout $k\in [\![1,n]\!]$, $\frac{b-a}{2n}\left(f(c_{k-1})+f(c_k)\right)$ est l'aire d'un trapèze de hauteur $\frac{b-a}{n}$ et dont les bases ont pour mesures $f(c_{k-1})$ et $f(c_k)$. Ainsi, T_n est la somme des aires des n trapèzes associés à la subdivision (c_k).

Dans le cas général, la méthode revient à approcher f par la fonction φ telle que, quel que soit $k\in [\![0,n-1]\!]$, la restriction de φ à $[c_k, c_{k+1}]$ est affine et, quel que soit $k\in [\![0,n]\!]$, $\varphi(c_k)=f(c_k)$.

Propriété 26

Majoration de l'erreur dans la méthode des trapèzes

Si la fonction f est de classe $\mathcal{C}^2$ sur $[a,b]$, on a :

$$\left|\int_a^b f - T_n(f)\right| \leqslant \frac{(b-a)^3}{12n^2} M_2(f)$$

où on a posé $M_2(f) = \sup_{x\in[a,b]} |f''(x)|$. ✎ (43)

✎ (43) La continuité de f'' sur le segment $[a,b]$ assure que f'' est bornée sur $[a,b]$ d'où l'existence de $M_2(f)$.

☞ ▪ Montrons d'abord que, pour tout $(\alpha,\beta)\in[a,b]^2$, $\alpha<\beta$, on a :

$$\int_\alpha^\beta f = \frac{\beta-\alpha}{2}\left[f(\alpha)+f(\beta)\right] + \frac{1}{2}\int_\alpha^\beta (x-\alpha)(x-\beta)f''(x)\mathrm{d}x. \quad (1)$$

On effectue deux intégrations par parties successives :

$$\frac{1}{2}\int_\alpha^\beta (x-\alpha)(x-\beta)f''(x)\mathrm{d}x$$

$$= \left[\frac{(x-\alpha)(x-\beta)}{2}f'(x)\right]_\alpha^\beta - \int_\alpha^\beta \left(x-\frac{\alpha+\beta}{2}\right)f'(x)\mathrm{d}x$$

$$= \int_\alpha^\beta \left(\frac{\alpha+\beta}{2}-x\right)f'(x)\mathrm{d}x$$

$$\int_\alpha^\beta \left(\frac{\alpha+\beta}{2}-x\right)f'(x)\mathrm{d}x = \left[\left(\frac{\alpha+\beta}{2}-x\right)f(x)\right]_\alpha^\beta + \int_\alpha^\beta f(x)\mathrm{d}x$$

$$= \frac{\alpha-\beta}{2}\left[f(\alpha)+f(\beta)\right] + \int_\alpha^\beta f \quad \text{d'où (1).}$$

- De **(1)** on déduit alors :

$$\left|\int_\alpha^\beta f - \frac{\beta-\alpha}{2}\left[f(\alpha)+f(\beta)\right]\right| \leqslant \frac{1}{2}\int_\alpha^\beta |(x-\alpha)(\beta-x)|\,\left|f''(x)\right|\mathrm{d}x$$

d'où $\displaystyle\left|\int_\alpha^\beta f - \frac{\beta-\alpha}{2}\left[f(\alpha)+f(\beta)\right]\right| \leqslant \frac{M_2(f)}{2}\int_\alpha^\beta (x-\alpha)(\beta-x)\mathrm{d}x,$

et avec $\displaystyle\int_\alpha^\beta (x-\alpha)(\beta-x)\mathrm{d}x = \frac{1}{6}(\beta-\alpha)^3$, il vient :

$$\left|\int_\alpha^\beta f - \frac{\beta-\alpha}{2}\left(f(\alpha)+f(\beta)\right)\right| \leqslant M_2(f)\frac{(\beta-\alpha)^3}{12}. \quad (2)$$

- En écrivant :

$$\int_a^b f - T_n(f) = \sum_{k=0}^{n-1}\int_{c_k}^{c_{k+1}} f - \frac{c_{k+1}-c_k}{2}\left(f(c_k)+f(c_{k+1})\right)$$

avec $\displaystyle c_{k+1}-c_k = \frac{b-a}{n}$, on déduit de (2) que :

$$\left|\int_a^b f - T_n(f)\right| \leqslant \sum_{k=0}^{n-1}\frac{(b-a)^3}{12n^3}M_2(f) \text{ donc } \left|\int_a^b f - T_n(f)\right| \leqslant \frac{(b-a)^3}{12n^2}M_2(f).$$

H. Constante d'Euler

La suite $(s_n)_{n\in\mathbb{N}^*}$, où $\displaystyle s_n = \sum_{k=1}^{n}\frac{1}{k}$, est de limite infinie.

L'objet de ce paragraphe est de montrer que :

1) $s_n \sim \ell n\, n$ quand n tend vers $+\infty$;
2) la suite $(s_n - \ell n\, n)_{n\in\mathbb{N}^*}$ est convergente.

Propriété 27

Pour tout $n\in\mathbb{N}^*$, $\displaystyle \ell n\, n < \sum_{k=1}^{n}\frac{1}{k} \leqslant 1 + \ell n\, n.$

✎ (44) La démonstration de cette propriété met en œuvre une méthode très importante : l'étude des sommes de la forme $\displaystyle\sum_{k=1}^{n} f(k)$ au moyen d'un encadrement par des intégrales.

☞ ✎ (44) La fonction $x\mapsto \dfrac{1}{x}$ étant décroissante sur $]0,+\infty[$, on a :

$$\forall k\geqslant 2,\ \int_{k-1}^{k}\frac{1}{x}\mathrm{d}x \geqslant \int_{k-1}^{k}\frac{1}{k}\mathrm{d}x \text{ soit } \frac{1}{k}\leqslant \int_{k-1}^{k}\frac{1}{x}\mathrm{d}x$$

donc $\displaystyle s_n = 1+\sum_{k=2}^{n}\frac{1}{k} \leqslant 1+\sum_{k=2}^{n}\int_{k-1}^{k}\frac{1}{x}\mathrm{d}x,$

et d'après la relation de Chasles :

$$s_n \leqslant 1+\int_1^n \frac{1}{x}\mathrm{d}x \quad\text{soit}\quad s_n\leqslant 1+\ell n\, n$$

De même, pour tout $k\geqslant 1$, $\displaystyle\int_k^{k+1}\frac{1}{x}\mathrm{d}x \leqslant \int_k^{k+1}\frac{1}{k}\mathrm{d}x$ soit $\displaystyle\int_k^{k+1}\frac{1}{x}\mathrm{d}x\leqslant\frac{1}{k}$

et on en déduit $\displaystyle\sum_{k=1}^{n}\int_k^{k+1}\frac{1}{x}\mathrm{d}x \leqslant s_n$ c'est-à-dire $\displaystyle\int_1^{n+1}\frac{1}{x}\mathrm{d}x\leqslant s_n$,

ou encore $\ell n(n+1)\leqslant s_n$ et a fortiori $\ell n\, n < s_n$.

Propriété 28

$s_n \underset{+\infty}{\sim} \ln n.$

☞ De la propriété **27**, on déduit : $1 \leqslant \dfrac{s_n}{\ln n} \leqslant 1 + \dfrac{1}{\ln n}$ donc $\lim\limits_{n\to+\infty} \dfrac{s_n}{\ln n} = 1.$

Propriété 29

La suite $(s_n - \ln n)_{n\in\mathbb{N}^*}$ est décroissante et convergente.

☞ Posons $c_n = s_n - \ln n$, on a :

$$c_{n+1} - c_n = \frac{1}{n+1} - \big(\ln(n+1) - \ln n\big) = \frac{1}{n+1} - \int_n^{n+1} \frac{1}{x}\mathrm{d}x$$

et la décroissance de $x \mapsto \dfrac{1}{x}$ donne $\dfrac{1}{n+1} - \displaystyle\int_n^{n+1} \frac{1}{x}\mathrm{d}x \leqslant 0.$

D'après la propriété 27, on a $c_n > 0$ donc $(c_n)_{n\in\mathbb{N}^*}$ est décroissante, minorée par 0 ce qui assure sa convergence.

Définition 23

La limite de la suite (c_n) est appelée **constante d'Euler**, on la note γ. ✎ (45)

✎ (45) Une valeur approchée de γ est : $\gamma \approx 0{,}57721$ à 10^{-5} près.

Remarque

Les résultats précédents donnent le développement :

$$\sum_{k=1}^{n} \frac{1}{k} = \ln n + \gamma + o(1).$$

Exemple 21 Au moyen de la constante d'Euler, étudions la suite de terme général :

$$u_n = \sum_{k=n+1}^{2n} \frac{1}{k}.$$

Nous avons $u_n = \displaystyle\sum_{k=1}^{2n} \frac{1}{k} - \sum_{k=1}^{n} \frac{1}{k}$.

Avec $\displaystyle\sum_{k=1}^{2n} \frac{1}{k} = \ln 2n + \gamma + o(1)$ et $\displaystyle\sum_{k=1}^{n} \frac{1}{k} = \ln n + \gamma + o(1)$,

il vient $u_n = \ln 2n - \ln n + o(1)$ et donc $\lim\limits_{n\to+\infty} u_n = \ln 2.$

L'essentiel

I. Définition de l'intégrale

✔ **Si l'on veut** établir une propriété concernant l'intégrale de fonctions continues par morceaux,

- **on peut** revenir à la définition : $\int_a^b f$ est la limite d'une suite d'intégrales de fonctions en escalier.
  On procédera donc en deux temps :
  1) vérification de la propriété pour les intégrales de fonctions en escalier ;
  2) extension, par passage à la limite, aux intégrales de fonctions continues par morceaux ;
  → Voir *Mise en œuvre*, exercice 1

- **on peut** interpréter $\int_a^b f$ comme limite de sommes de Riemann.
  → Voir *Mise en œuvre*, exercice 2

II. Majorations – Encadrements

✔ **Si l'on veut** majorer l'intégrale $\int_a^b f$,

- **on peut** utiliser la croissance de l'intégrale ;
  → Voir *Mise en œuvre*, exercice 3
- **on peut** utiliser l'inégalité Cauchy-Schwarz ;
  → Voir *Mise en œuvre*, exercice 4
- **on peut** utiliser les variations de la fonction $x \mapsto \int_a^x f$.
  → Voir *Mise en œuvre*, exercice 5

✔ **Si l'on veut** majorer ou encadrer une somme $s_n = \sum_{k=1}^{n} f(k)$ où f est monotone

- **on peut** penser à encadrer chaque $f(k)$ par les intégrales : $\int_{k-1}^{k} f$ et $\int_k^{k+1} f$
  puis sommer les intégrales : $\int_k^{k+1} f$ avec la relation de Chasles.
  → Voir *Mise en œuvre*, exercice 6

III. Intégrale de fonction continue positive

✔ **Si l'on veut** montrer qu'une fonction f est nulle sur un segment $[a, b]$,

- **on peut** utiliser le théorème qui affirme que si f est continue et de signe constant sur $[a, b]$ alors :
  $$\int_a^b f = 0 \quad \text{donne} \quad f = 0 \text{ sur } [a, b].$$
  → Voir *Mise en œuvre*, exercice 7

Mise en œuvre

Ex. 1

Le lemme de Lebesgue

Soit a et b réels tels que $a < b$ et $f\ :\ [a, b] \to \mathbb{R}$ continue par morceaux.

Montrer que $\lim\limits_{n\to+\infty} \int_a^b f(x)\cos nx\mathrm{d}x = 0$.

Indications

Après avoir établi la propriété pour les fonctions en escalier, à tout $\varepsilon > 0$ on associe $\varphi \in \mathcal{E}([a, b], \mathbb{R})$ telle que :

$$\forall x \in [a, b],\ |f(x) - \varphi(x)| \leqslant \frac{\varepsilon}{2(b-a)}$$

puis on écrit $\displaystyle\int_a^b f(x)\cos nx\mathrm{d}x = \int_a^b \big(f(x) - \varphi(x)\big)\cos nx\mathrm{d}x + \int_a^b \varphi(x)\cos nx\mathrm{d}x.$

Solution

Envisageons d'abord le cas $f = 1$:

$$\int_a^b \cos nx\mathrm{d}x = \frac{1}{n}(\sin nb - \sin na)$$

donc $\left|\displaystyle\int_a^b \cos nx\mathrm{d}x\right| \leqslant \dfrac{2}{n}$ et $\lim\limits_{n\to+\infty}\displaystyle\int_a^b \cos nx\mathrm{d}x = 0$.

Si f est en escalier sur $[a, b]$, on a :

$$\int_a^b f(x)\cos nx\mathrm{d}x = \sum_{i=0}^{p-1} k_i \int_{a_i}^{a_{i+1}} \cos nx\mathrm{d}x$$

où $(a_i)_{0\leqslant i\leqslant p}$ est une subdivision de $[a, b]$ adaptée à f.

Pour tout $i \in [\![0, p-1]\!]$, on a $\lim\limits_{n\to+\infty}\displaystyle\int_{a_i}^{a_{i+1}} \cos nx\mathrm{d}x = 0$ donc :

$$\lim_{n\to+\infty}\int_a^b f(x)\cos nx\mathrm{d}x = 0.$$

À ce stade, on sait que la propriété est vraie pour les fonctions en escalier.

Pour tout $\varepsilon > 0$, il existe $\varphi \in \mathcal{E}([a, b], \mathbb{R})$ telle que :

$$\forall x \in [a, b],\ |f(x) - \varphi(x)| \leqslant \frac{\varepsilon}{2(b-a)}.$$

Avec la décomposition donnée en indication, on en déduit :

$$\left|\int_a^b f(x)\cos nx\mathrm{d}x\right| \leqslant \frac{\varepsilon}{2} + \left|\int_a^b \varphi(x)\cos nx\mathrm{d}x\right|.$$

φ étant en escalier, on a $\lim\limits_{n\to+\infty}\displaystyle\int_a^b \varphi(x)\cos nx\mathrm{d}x = 0$,

donc il existe $n_0 \in \mathbb{N}$ tel que $n \geqslant n_0 \Rightarrow \left|\displaystyle\int_a^b \varphi(x)\cos nx\mathrm{d}x\right| \leqslant \dfrac{\varepsilon}{2}$.

Finalement :

$$\forall\ \varepsilon \geqslant 0, \exists n_0 \in \mathbb{N}, n \geqslant n_0 \Rightarrow \left|\int_a^b f(x)\cos nx\mathrm{d}x\right| \leqslant \varepsilon.$$

Commentaires

Les fonctions en escalier les plus simples sont les fonctions constantes. On commence donc par le cas où $f=1$ et le cas général s'en déduit facilement.

k_i est la valeur constante prise par f sur $]a_i, a_{i+1}[$.

Le but est de prouver que :
$\forall\varepsilon>0, \exists n_0\in\mathbb{N}$,
$n\geqslant n_0 \Rightarrow \left|\int_a^b f(x)\cos nx\mathrm{d}x\right|\leqslant\varepsilon$

On essaie donc de majorer :
$\left|\int_a^b f(x)\cos nx\mathrm{d}x\right|$.

C'est la conclusion souhaitée.

Ex. 2

Soit f et g des fonctions réelles continues sur $[0,1]$. On suppose f positive, g strictement positive et $\int_0^1 f = 1$.

Montrer que $\int_0^1 f(x)\,\ell n\left(g(x)\right)\mathrm{d}x \leqslant \ell n\left(\int_0^1 f(x)\,g(x)\mathrm{d}x\right)$.

Indications

L'inégalité analogue pour les sommes de Riemann est une conséquence de la concavité de la fonction ℓn.
Il suffit alors de justifier le passage à la limite.

Solution

Les fonctions f et $f \times \ell n \circ g$ sont continues sur $[0,1]$, donc :

$$1 = \int_0^1 f = \lim_{n\to+\infty} \frac{1}{n}\sum_{k=1}^{n} f\left(\frac{k}{n}\right) \quad (1) \quad \text{et}$$

$$\int_0^1 f(x)\,\ell n\big(g(x)\big)\mathrm{d}x = \lim_{n\to+\infty} \frac{1}{n}\sum_{k=1}^{n} f\left(\frac{k}{n}\right) \ell n\left(g\left(\frac{k}{n}\right)\right) \quad (2)$$

ℓn étant concave, et les $f\left(\frac{k}{n}\right)$ positifs, on a :

$$\frac{\sum_{k=1}^{n} f\left(\frac{k}{n}\right) \ell n\left(g\left(\frac{k}{n}\right)\right)}{\sum_{k=1}^{n} f\left(\frac{k}{n}\right)} \leqslant \ell n\left(\frac{\sum_{k=1}^{n} f\left(\frac{k}{n}\right) g\left(\frac{k}{n}\right)}{\sum_{k=1}^{n} f\left(\frac{k}{n}\right)}\right)$$

L'inégalité anoncée s'obtient en faisant tendre n vers $+\infty$, en tenant compte de (1), (2) et de la continuité de la fonction ℓn au point :

$$\int_0^1 f(x)\,g(x)\mathrm{d}x.$$

Commentaires

ℓn étant concave, si $x_1, \dots, x_n$ sont des réels strictement positifs et $\lambda_1, \dots, \lambda_n$ des réels positifs tels que $\sum_{k=1}^{n} \lambda_k \neq 0$, on a :

$$\frac{\sum_{k=1}^{n} \lambda_k\,\ell n(x_k)}{\sum_{k=1}^{n} \lambda_k} \leqslant \ell n\left(\frac{\sum_{k=1}^{n} \lambda_k x_k}{\sum_{k=1}^{n} \lambda_k}\right)$$

Avec $\lambda_k = f\left(\frac{k}{n}\right)$, on a bien $\lambda_k \geqslant 0$ et au moins à partir d'un certain rang :

$$\sum_{k=1}^{n} \lambda_k \neq 0$$

car $\lim_{n\to+\infty} \frac{1}{n}\sum_{k=1}^{n} \lambda_k = 1$ donne :

$$\lim_{n\to+\infty} \sum_{k=1}^{n} \lambda_k = +\infty$$

Puisque $\int_0^1 f = 1$, f n'est pas nulle donc fg est continue positive non nulle ce qui assure que $\int_0^1 fg \in \mathbb{R}_+^*$.

Ex. 3

Montrer que $\lim_{n\to+\infty}\int_0^1 x^n \ell n\left(1+x^2\right)\mathrm{d}x = 0.$

Indications

La fonction $x \mapsto \ell n\left(1+x^2\right)$ est bornée sur $[0,1]$. On peut donc, en utilisant la croissance de l'intégrale, majorer :

$$\left|\int_0^1 x^n \ell n\left(1+x^2\right)\mathrm{d}x\right|$$

par une intégrale très simple.

Solution

Pour tout $x \leqslant 1$, $\quad \ell n(1+x^2) \leqslant \ell n\, 2$
et donc, pour tout $x \in [0,1]$, $0 \leqslant x^n\, \ell n(1+x^2) \leqslant x^n\, \ell n\, 2$.

Il s'ensuit :

$$0 \leqslant \int_0^1 x^n\, \ell n(1+x^2)\mathrm{d}x \leqslant \ell n\, 2 \int_0^1 x^n \mathrm{d}x = \frac{\ell n\, 2}{n+1}$$

le résultat est alors immédiat.

Commentaires

Cet exemple élémentaire met en évidence l'outil fondamental de l'analyse : majoration - minoration. Il serait absurde, et difficile, de se lancer dans le calcul de l'intégrale I_n proposée, alors on doit penser à majorer $|I_n|=I_n$ par une intégrale dont le calcul ne pose pas de problème.

Ex. 4

Soit f et g des fonctions continues et positives sur $[0,1]$. On suppose en outre que $fg \geqslant 1$.

Montrer que $\left(\int_0^1 f\right)\left(\int_0^1 g\right) \geqslant 1.$

Indications

Il est clair que l'inégalité de Cauchy-Schwarz n'est pas loin.

Solution

Les fonctions $\sqrt{f}$ et $\sqrt{g}$ sont continues sur $[0,1]$.

Avec $\sqrt{fg} \geqslant 1$, il vient $\int_0^1 \sqrt{fg} \geqslant 1$.

L'inégalité de Schwarz donne :

$$\left(\int_0^1 \sqrt{fg}\right)^2 \leqslant \left(\int_0^1 f\right)\left(\int_0^1 g\right)$$

La conclusion est alors immédiate.

Commentaires

L'inégalité de Cauchy-Schwarz peut être utilisée de deux façons :

1) pour majorer une intégrale : $\int_a^b fg$
2) pour minorer un produit d'intégrales : $\left(\int_a^b f\right)\left(\int_a^b g\right)$

Ex. 5

Soit $f \in \mathcal{C}^1([0,+\infty[,\mathbb{R})$ telle que $f(0)=0$ et $\forall x \in [0,+\infty[,\ 0 \leqslant f'(x) \leqslant 1$.

Démontrer que $\forall x \in [0,+\infty[,\ \left(\int_0^x f\right)^2 \geqslant \int_0^x f^3$.

Indications

Le problème revient à montrer que $F\ :\ x \mapsto \left(\int_0^x f\right)^2 - \int_0^x f^3$ est positive sur $\mathbb{R}_+$. Comme on a évidemment $F(0)=0$, il suffit donc de prouver que F est croissante.

Solution

Soit $F\ :\ \mathbb{R}_+ \to \mathbb{R}, x \mapsto \left(\int_0^x f\right)^2 - \int_0^x f^3$.

f et f^3 sont continues sur $\mathbb{R}_+$ donc $x \mapsto \int_0^x f$ et $x \mapsto \int_0^x f^3$ sont de classe $\mathcal{C}^1$ et il en est de même pour F :

$$\forall x \in \mathbb{R}_+,\ \ F'(x) = 2f(x)\int_0^x f - f^3(x).$$

Par hypothèse f est croissante sur $\mathbb{R}_+$ et $f(0)=0$ donc :

$$\forall x \in \mathbb{R}_+,\ \ f(x) \geqslant 0.$$

Ainsi, en écrivant :

$$F'(x) = f(x)\left(2\int_0^x f - f^2(x)\right)$$

on voit que l'étude du signe de $F'(x)$ se ramène à celle du signe de :

$$g(x) = 2\int_0^x f - f^2(x).$$

La fonction g est elle aussi de classe $\mathcal{C}^1$ sur $\mathbb{R}_+$ avec :

$$\begin{aligned}\forall x \in \mathbb{R}_+,\ \ g'(x) &= 2f(x) - 2f(x)f'(x)\\ &= 2f(x)\big(1-f'(x)\big)\end{aligned}$$

Par hypothèse, on a $1-f'(x) \geqslant 0$ et on a vu que $f(x) \geqslant 0$ donc :

$$\forall x \in \mathbb{R}_+,\ \ g'(x) \geqslant 0.$$

Ainsi g est croissante sur $\mathbb{R}_+$, or $g(0)=0$, donc g est positive sur $\mathbb{R}_+$ et on en déduit que F' est positive.
Finalement, F est croissante sur $\mathbb{R}_+$ et puisque $F(0)=0$, on a :

$$\forall x \in \mathbb{R}_+,\ \ F(x) \geqslant 0.$$

Commentaires

Pour étudier le signe de $F'(x)$, on réitère le procédé en ramenant cette étude à celle des variations d'une fonction g.
Il serait maladroit de former directement $F''(x)$ sans voir que la factorisation :

$$F'(x)=f(x)\,g(x)$$

simplifie le problème.

Ex. 6

1) Pour $n \geqslant 1$, on pose $u_n = \sum_{k=1}^{n} \frac{1}{k^{\frac{3}{2}}}$. Montrer que la suite $(u_n)_{n\in\mathbb{N}^*}$ est majorée, en déduire qu'elle converge.

2) Montrer de manière analogue que la suite $(v_n)_{n\geqslant 2}$ $v_n = \sum_{k=2}^{n} \frac{1}{k\,\ell n\,k}$ est divergente.

Indications

Les fonctions $f\ :\ ]0,+\infty[\to \mathbb{R}, x \mapsto x^{-\frac{3}{2}}$ et $g\ :\ ]1,+\infty[\to \mathbb{R}, x \mapsto \frac{1}{x\,\ell n\,x}$ sont décroissantes.

Solution

1) Pour $k \geqslant 2$, de $\forall x \in [k-1, k],\ k^{-\frac{3}{2}} \leqslant x^{-\frac{3}{2}}$, on déduit :

$$k^{-\frac{3}{2}} \leqslant \int_{k-1}^{k} x^{-\frac{3}{2}} dx.$$

Donc $u_n = 1 + \sum_{k=2}^{n} k^{-\frac{3}{2}} \leqslant 1 + \sum_{k=2}^{n} \int_{k-1}^{k} x^{-\frac{3}{2}} dx$

soit $u_n \leqslant 1 + \int_{1}^{n} x^{-\frac{3}{2}} dx$ ou encore $u_n \leqslant 3 - \frac{2}{\sqrt{n}} < 3$.

La suite $(u_n)_{n \geqslant 1}$ étant croissante et majorée, elle est convergente.

2) Pour $k \geqslant 2$, de $\forall x \in [k, k+1],\ \frac{1}{k \ln k} \geqslant \frac{1}{x \ln x}$, on déduit :

$$\frac{1}{k \ln k} \geqslant \int_{k}^{k+1} \frac{dx}{x \ln x}$$

donc $v_n \geqslant \sum_{k=2}^{n} \int_{k}^{k+1} \frac{dx}{x \ln x}$ soit $v_n \geqslant \int_{2}^{n+1} \frac{dx}{x \ln x}$

ou encore :

$$v_n \geqslant \ln \ln(n+1) - \ln \ln 2.$$

Il en résulte $\lim_{n \to +\infty} v_n = +\infty$.

Commentaires

$k^{\frac{-3}{2}} = \int_{k-1}^{k} k^{\frac{-3}{2}} dx.$

On somme les intégrales avec la relation de Chasles

$\int_1^n x^{\frac{-3}{2}} dx = \left[-2x^{\frac{-1}{2}}\right]_1^n = 2 - \frac{2}{\sqrt{n}}.$

$u_{n+1} - u_n = \frac{1}{(n+1)^{\frac{3}{2}}} > 0$

$\int_2^{n+1} \frac{dx}{x \ln x} = \left[\ln \ln x\right]_2^{n+1}.$

Ex. 7

Soit $f \in \mathcal{C}([a, b], \mathbb{R})$ avec $a < b$. On suppose que $\int_a^b f^2 = \int_a^b f^3 = \int_a^b f^4$.

Montrer que f est constante sur $[a, b]$.

Indications

On ramène l'hypothèse à la nullité d'une intégrale de fonction continue positive.

Solution

La fonction $(f^2 - f)^2$ est continue et positive sur $[a, b]$.

Avec $\int_a^b \left(f^2 - f\right)^2 = \int_a^b f^4 - 2\int_a^b f^3 + \int_a^b f^2$, on obtient :

$$\int_a^b (f^2 - f)^2 = 0.$$

Ainsi $f^2 = f$ et f ne prend donc que les valeurs 0 ou 1 sur $[a, b]$. Puisqu'elle est continue, f est soit la fonction constante 0 soit la fonction constante 1.

Commentaires

La fonction $\left(f^2 - f\right)^2$ est continue positive

donc : $\int_a^b \left(f^2 - f\right)^2 = 0i$

donne $f^2 - f = 0$ c'est-à-dire :

$\forall x \in [0,1], f(x) = 0$ ou $f(x) = 1$

Exercices

Niveau 1

Majoration

Ex. 1

Calculer la limite de la suite définie par :

$$u_n = \frac{1}{n!}\int_0^1 (\text{Arcsin}\, x)^n \text{d}x.$$

Ex. 2

Calculer les limites suivantes, lorsque a tend vers 0, avec $a > 0$:

1) $\displaystyle\int_0^1 x^2\sqrt{1+ax^2}\text{d}x,$

2) $\displaystyle\int_a^{3a} \frac{\cos x}{x}\text{d}x,$ **3)** $\displaystyle\int_a^{a^2} \ell n\, x\text{d}x.$

Intégrales de fonctions continues positives

Ex. 3

Soit $f \in \mathcal{C}([0,1],\mathbb{R})$ telle que $\displaystyle\int_0^1 f = \frac{1}{2}$.

Montrer que f admet un point fixe dans $[0,1]$.

Ex. 4

Trouver les fonctions $f \in \mathcal{C}([0,1],\mathbb{R})$ vérifiant :

$$\int_0^1 f(x)\text{d}x = \frac{1}{3} + \int_0^1 \left[f(x^2)\right]^2\text{d}x.$$

Intégrale fonction de la borne supérieure

Ex. 5

Étudier la fonction $f : \mathbb{R} \to \mathbb{R}$ définie par :

$$f(x) = \int_0^{\sin^2 x} \text{Arcsin}\sqrt{t}\text{d}t + \int_0^{\cos^2 x} \text{Arccos}\sqrt{t}\text{d}t.$$

Ex. 6

Soit $(a,b) \in \mathbb{R}^2$, déterminer $f \in \mathcal{C}(\mathbb{R},\mathbb{R})$ telle que :

$$\forall x \in \mathbb{R}, f(x) + \int_0^x (x-t)f(t)\text{d}t = ax + b.$$

Changement de variable

Ex. 7

Soit f une bijection croissante et de classe $\mathcal{C}^1$ de $[a,b]$ sur $[\alpha,\beta]$.

Calculer $\displaystyle\int_a^b f(t)\text{d}t + \int_\alpha^\beta f^{-1}(t)\text{d}t.$

Ex. 8

Calculer $\displaystyle\int_{\frac{1}{2}}^2 \left(1+\frac{1}{x^2}\right)\text{Arctan}\, x\text{d}x.$

Ex. 9

Calculer $\displaystyle\int_0^\pi \frac{x}{1+\sin x}\text{d}x.$

Intégration des fonctions complexes

Ex. 10

Calculer $\displaystyle\int_0^{\frac{\pi}{2}} e^{2x}\sin x\text{d}x.$

Sommes de Riemann

Ex. 11

Calculer les limites des suites $(u_n)_{n\in\mathbb{N}^*}$ et $(v_n)_{n\in\mathbb{N}^*}$:

$$u_n = \sum_{k=1}^n \frac{1}{\sqrt{n^2+2kn}}, \quad v_n = \sum_{k=1}^n \frac{1}{\sqrt{4n^2-k^2}}.$$

Ex. 12

Calculer la limite de la suite de terme général :

$$u_n = \frac{1}{n^4}\prod_{k=1}^{2n}\left(n^2+k^2\right)^{\frac{1}{n}}.$$

Ex. 13

Calculer $\displaystyle\lim_{n\to+\infty}\left(\frac{(2n)!}{n!n^n}\right)^{\frac{1}{n}}.$

Ex. 14

Trouver un équivalent quand n tend vers $+\infty$ de :

$$u_n = \sum_{k=0}^n \frac{1}{k^2+(n-k)^2}.$$

Encadrement de sommes

Ex. 15

Calculer la partie entière de $S = \displaystyle\sum_{k=1}^{10^4}\frac{1}{\sqrt{k}}.$

Niveau 2

Avec solution détaillée

Ex. 16

Soit f et g des fonctions réelles continues sur $[0, 1]$, telles que, pour tout $x \in [0, 1]$:

$$f(x) = \int_0^x g \text{ et } g(x) = \int_0^x f.$$

Montrer que $f = g = 0$.

Ex. 17

Soit f une fonction réelle continue sur $[a, b]$, $a < b$.

On suppose qu'il existe $n \in \mathbb{N}$ tel que :

$$\forall k \in [\![0, n]\!], \int_a^b x^k f(x)\mathrm{d}x = 0.$$

Montrer que f admet au moins $n + 1$ zéros sur $]a, b[$.

Ex. 18

Étant donné $a > 0$, soit f une fonction réelle continue sur $[0, a]$ et telle que $f(0) = 0$.

Montrer que $\displaystyle\int_0^a |ff'| \leqslant \frac{a}{2}\int_0^a f'^2$.

Étudier les cas d'égalité.

Ex. 19

Soit $u_n = \displaystyle\sum_{k=1}^n \frac{n}{n^2 + k}$. Calculer $\ell = \displaystyle\lim_{n\to+\infty} u_n$.

Ex. 20

Soit $f \in \mathcal{C}([0, \pi], \mathbb{R})$ telle que :

$$\int_0^\pi f(x)\sin x\mathrm{d}x = \int_0^\pi f(x)\cos x\mathrm{d}x = 0.$$

Montrer que f admet au moins deux zéros sur $[0, \pi]$.

Ex. 21

Soit $f \in \mathcal{C}^1([a, b], \mathbb{R})$, $a < b$, et $S_n =$

$$\frac{b-a}{n}\sum_{k=1}^n f\left(a + (k-1)\frac{b-a}{n}\right) f'\left(a + k\frac{b-a}{n}\right).$$

Calculer $\displaystyle\lim_{n\to+\infty} S_n$.

Ex. 22

Soit f une fonction réelle continue sur $[0, 1]$ et g une fonction réelle convexe sur $\mathbb{R}$. Montrer que :

$$g\left(\int_0^1 f\right) \leqslant \int_0^1 g \circ f.$$

Ex. 23

Calculer $\displaystyle\int_0^{\frac{\pi}{2}} \cos nx \cos^n x\mathrm{d}x$.

Ex. 24

Calculer la limite de la suite de terme général :

$$I_n = \int_0^\pi \frac{n\sin x}{n + x}\mathrm{d}x.$$

Ex. 25

Calculer $\displaystyle\lim_{a\to0} \frac{1}{a}\int_0^\pi \tan(a\sin x)\mathrm{d}x$.

Ex. 26

Calculer la limite de la suite de terme général :

$$u_n = \sum_{k=n}^{2n} \sin^2 \frac{1}{\sqrt{k}}.$$

Ex. 27

Déterminer les fonctions $f \in \mathcal{C}(\mathbb{R}, \mathbb{R})$ telles que :

$$\forall x \in \mathbb{R},\ \frac{2}{3}xf(x) = \int_0^x f(t)\mathrm{d}t.$$

Avec éléments de solution

Ex. 28

Calculer la limite de la suite $(u_n)_{n\in\mathbb{N}^*}$:

$$u_n = \sum_{k=1}^n \sin\frac{k\pi}{n}\sin\frac{k}{n^2}.$$

Ex. 29

Calculer $\displaystyle\lim_{n\to+\infty} u_n$ avec :

$$u_n = \left(\sum_{k=1}^n \operatorname{ch}\frac{1}{\sqrt{n+k}}\right) - n.$$

Ex. 30

Soit f une fonction réelle continue strictement positive sur $[a, b]$. Son graphe dans un repère orthonormal délimite, avec les droites $x = a$, $x = b$ et $y = 0$, un domaine Δ d'aire A.

Pour tout $n \in \mathbb{N}^*$, on forme la subdivision :

$$(x_0, x_1, \ldots, x_n) \text{ de } [a, b]$$

telle que les droites $x = a$, $x = x_1, \ldots, x = b$, partagent Δ en n domaines d'aires égales.

Étudier la limite de la suite (a_n), où :

$$a_n = \frac{1}{n}\sum_{k=1}^n f(x_k).$$

Ex. 31

1) Montrer que :

$$\forall x \in [0, 1[, \ \frac{x}{x-1} \leqslant \ell n(1-x) \leqslant -x$$

2) En déduire que :

$$\lim_{n\to+\infty} \int_0^1 \frac{1}{x}\left[1-\left(1-\frac{x}{n}\right)^n\right]\mathrm{d}x = \int_0^1 \frac{1-e^{-x}}{x}\mathrm{d}x.$$

Ex. 32

Soit $f \in \mathcal{C}([a, b], \mathbb{R}_+^*)$.

Calculer :

$$\lim_{n\to+\infty} \left(\frac{1}{b-a}\int_a^b f^{\frac{1}{n}}\right)^n, \quad a < b.$$

Niveau 3

Avec solution détaillée

Ex. 33

Pour $n \in \mathbb{N}^*$, soit :

$$f_n \ : \ \mathbb{R} \to \mathbb{R}, x \mapsto \sum_{p=0}^{n} \frac{1}{x-p}.$$

1) Soit $\lambda \in \mathbb{R}_+^*$, étudier les racines de l'équation $f_n(x) = \lambda$. On note x_n la plus grande de ces racines.

2) Montrer que la suite $(x_n)_{\mathbb{N}}$ est strictement croissante et, qu'à partir d'un certain rang n_0, on a :

$$x_n > n+1.$$

3) Montrer que pour tout $n \geqslant n_0$:

$$\ell n \frac{x_n+1}{x_n-n} \leqslant \lambda \leqslant \ell n \frac{x_n}{x_n-n-1}.$$

En déduire $\lim\limits_{n\to+\infty} \dfrac{x_n}{n}$.

Avec éléments de solution

Ex. 34

1) Soit $f \in \mathcal{C}^1(\mathbb{R}, \mathbb{R})$, montrer que :

$$\lim_{n\to+\infty} \int_a^b f(t)\cos nt\mathrm{d}t = 0,$$

$$\lim_{n\to+\infty} \int_a^b f(t)\sin nt\mathrm{d}t = 0.$$

2) Montrer que la fonction :

$$\varphi \ : \ \left]0, \frac{\pi}{2}\right] \to \mathbb{R}, t \mapsto t\,\mathrm{cotan}\, t$$

admet un prolongement de classe $\mathcal{C}^1$ sur $\left[0, \frac{\pi}{2}\right]$.

3) Déterminer deux constantes a et b telles que $\forall n \in \mathbb{N}^*$, on ait :

$$\int_0^{\pi} \left(at + bt^2\right)\cos nt\mathrm{d}t = \frac{1}{n^2}.$$

4) En déduire la limite de $\sum\limits_{k=1}^{n} \dfrac{1}{k^2}$ quand $n \to +\infty$.

Indications

Ex. 16

Deux méthodes : trouver une majoration

$$\sup_{x\in[0,1]} |f(x)| \leqslant u_n \text{ avec } \lim_{n\to+\infty} u_n = 0$$

ou observer que f est solution d'une équation différentielle simple.

Ex. 17

Par l'absurde, en supposant que f admet au plus n zéros avec changement de signe sur $]a, b[$, construire un polynôme P de degré au plus égal à n et tel que $P(x)f(x)$ soit de signe constant sur $[a, b]$.

Ex. 18

Exprimer $\displaystyle\int_0^a ff'$ en fonction de f' seulement, puis introduire $F(x) = \displaystyle\int_0^x |f'|$ et utiliser l'inégalité de Cauchy-Schwarz pour majorer $\left(\displaystyle\int_0^a |f'|\right)^2$.

Ex. 19

Encadrer u_n par des intégrales.

Ex. 20

Montrer que f admet au moins un zéro dans $]0, \pi[$. S'il n'y a qu'un zéro $c \in]0, \pi[$, utiliser $\sin(x-c)$ et le produit $\sin(x-c)f(x)$.

Ex. 21

Comparer S_n et $S'_n =$

$$\frac{b-a}{n}\sum_{k=1}^{n} f\left(a+k\frac{b-a}{n}\right) f'\left(a+k\frac{b-a}{n}\right)$$

en utilisant que f est lipschitzienne sur $[a, b]$.

Ex. 22

Chaque intégrale peut s'interpréter comme limite d'une somme de Riemann.

Utiliser la convexité de g pour comparer les sommes de Riemann de f et de $g \circ f$.

Ex. 23

Pour calculer $I_n = \displaystyle\int_0^{\frac{\pi}{2}} \cos nx \cos^n x \mathrm{d}x$, établir une relation de récurrence faisant intervenir :

$$J_n = \int_0^{\frac{\pi}{2}} \cos(n+1)x \cos^{n-1} x \mathrm{d}x$$

puis montrer avec une intégration par parties que $J_n = 0$.

Ex. 24

On a $\displaystyle\lim_{n\to+\infty} \frac{n}{x+n} = 1$ ce qui permet de présumer que la limite va être $\displaystyle\int_0^{\pi} \sin x \mathrm{d}x$.

On forme donc la différence :

$$\int_0^{\pi} \frac{n \sin x}{x+n} \mathrm{d}x - \int_0^{\pi} \sin x \mathrm{d}x.$$

Ex. 25

Appliquer la formule de Taylor à la fonction tangente sur $[0, x]$ avec $|x| \leqslant 1$. On fait ainsi apparaître le facteur a ce qui lève l'indétermination.

Ex. 26

Au moyen d'un développement de Taylor, montrer que :

$$\sin^2 \frac{1}{\sqrt{k}} = \frac{1}{k} + r_k \text{ avec } |r_k| \leqslant \frac{1}{3k^2}.$$

Ex. 27

En posant $F(x) = \displaystyle\int_0^x f$ on obtient une équation différentielle élémentaire vérifiée par F.

Ex. 28

Considérer $u'_n = \displaystyle\sum_{k=1}^{n} \frac{k}{n^2} \sin \frac{k\pi}{n}$ et montrer que :

$$\lim_{n\to+\infty} u_n - u'_n = 0.$$

Ex. 29

$u_n = \displaystyle\sum_{k=1}^{n} \left(\operatorname{ch} \frac{1}{\sqrt{n+k}} - 1\right)$ et $\operatorname{ch} x = 1 + \dfrac{x^2}{2} + R(x)$ avec $0 \leqslant R(x) \leqslant \dfrac{x^4}{24} \operatorname{ch} x$.

Ex. 30

Exprimer les x_k au moyen de $F : x \mapsto \displaystyle\int_a^x f$.

Ex. 31

1) $\ell n(1-x) \leqslant -x$ est une inégalité de convexité, la deuxième s'y ramène.
2) Encadrer la différence.

Ex. 32

À partir d'un développement de Taylor de exp, trouver un développement de $\dfrac{1}{b-a}\displaystyle\int_a^b f(x)^{\frac{1}{n}} \mathrm{d}x$.

Ex. 33

2) Montrer que $f_n(x_{n+1}) < \lambda$ puis que pour n assez grand, $f_n(n+1) > \lambda$.
3) Encadrer $f_n(x_n)$ par des intégrales.

Ex. 34

1) Intégrer par parties.
2) Soit $\widetilde{\varphi}$ le prolongement continu de φ sur $\left[0, \frac{\pi}{2}\right]$, pour que $\widetilde{\varphi}$ soit de classe $\mathcal{C}^1$ sur $\left[0, \frac{\pi}{2}\right]$, il faut et il suffit que $\widetilde{\varphi}'(t)$ ait une limite quand t tend vers 0.
4) Faire apparaître $\varphi\left(\frac{t}{2}\right)$ et utiliser le 1).

Solutions des exercices

Niveau 1

Ex. 1

$0 \leqslant u_n \leqslant v_n$ avec $v_n = \dfrac{1}{n!}\left(\dfrac{\pi}{2}\right)^n$, $\dfrac{v_{n+1}}{v_n} \leqslant \dfrac{\pi}{4}$ pour $n \geqslant 1$, d'où $0 < v_n \leqslant v_1\left(\dfrac{\pi}{4}\right)^{n-1}$, $\lim\limits_{n\to+\infty} u_n = 0$.

Ex. 2

1) $I(a) = \displaystyle\int_0^1 x^2\sqrt{1+ax^2}\,\mathrm{d}x$, on forme $I(a) - I(0) = \displaystyle\int_0^1 \frac{ax^4}{1+\sqrt{1+ax^2}}\mathrm{d}x$.

$|I(a) - I(0)| \leqslant a\displaystyle\int_0^1 x^4\mathrm{d}x = \frac{a}{5}$. $\lim\limits_{a\to 0} I(a) = I(0) = \dfrac{1}{3}$.

2) $|\cos x - 1| \leqslant \dfrac{x^2}{2}$, $\left|\displaystyle\int_a^{3a}\frac{\cos x}{x}\mathrm{d}x - \int_a^{3a}\frac{1}{x}\mathrm{d}x\right| \leqslant \int_a^{3a}\frac{x}{2}\mathrm{d}x = 2a^2$.

$\lim\limits_{a\to 0}\displaystyle\int_a^{3a}\frac{\cos x}{x}\mathrm{d}x = \int_a^{3a}\frac{1}{x}\mathrm{d}x = \ell n\,3$.

3) Pour $0 < a < 1$ et $x \in [a^2, a]$, $|\ell n\,x| \leqslant 2\,|\ell n\,a|$ donc $\left|\displaystyle\int_a^{a^2}\ell n\,x\mathrm{d}x\right| \leqslant 2(a - a^2)\,|\ell n\,a|$

et $\lim\limits_{a\to 0}\displaystyle\int_a^{a^2}\ell n\,x\mathrm{d}x = 0$.

Ex. 3

$\displaystyle\int_0^1 \big(f(x) - x\big)\mathrm{d}x = 0$, la fonction continue $x \mapsto f(x) - x$ s'annule donc au moins une fois sur $]0, 1[$.

Ex. 4

Avec le changement de variable défini par $x = t^2$: $\displaystyle\int_0^1 f(x)\mathrm{d}x = \int_0^1 2t f(t^2)\mathrm{d}t$.

L'hypothèse se lit $\displaystyle\int_0^1 \big(f(x^2) - x\big)^2\mathrm{d}x = 0$. Le problème a une solution unique : $f\ :\ [0,1] \to \mathbb{R}, x \mapsto \sqrt{x}$.

Ex. 5

f est de classe $\mathcal{C}^1$ sur $\mathbb{R}$ comme somme de composées de fonctions de classe $\mathcal{C}^1$. f est π-périodique et paire, on l'étudie donc sur $\left[0, \dfrac{\pi}{2}\right]$.

$\forall x \in \left[0, \dfrac{\pi}{2}\right]$, $f'(x) = \sin 2x \operatorname{Arcsin}\sqrt{\sin^2 x} - \sin 2x \operatorname{Arccos}\sqrt{\cos^2 x} = 0$: f est constante.

$f\left(\dfrac{\pi}{4}\right) = \dfrac{\pi}{4}$ donc $\forall x \in \mathbb{R}, f(x) = \dfrac{\pi}{4}$.

Ex. 6

Si f est solution, $\forall x \in \mathbb{R}, f(x) = ax + b - x\int_0^x f(t)\mathrm{d}t + \int_0^x tf(t)\mathrm{d}t$: f est de classe $\mathcal{C}^1$ sur $\mathbb{R}$.

De même, f de classe $\mathcal{C}^n$ donne f de classe $\mathcal{C}^{n+1}$: par récurrence f est donc de classe $\mathcal{C}^\infty$ sur $\mathbb{R}$.

f vérifie alors $\forall x \in \mathbb{R}, f''(x) + f(x) = 0$, $f(0) = b$, $f'(0) = a$ d'où $f(x) = b\cos x + a\sin x$.

On vérifie que cette fonction convient : c'est la seule solution du problème.

Ex. 7

La fonction f étant une bijection de classe $\mathcal{C}^1$, le changement de variable défini par $t = f(x)$ donne :

$$\int_\alpha^\beta f^{-1}(t)\mathrm{d}t = \int_a^b xf'(x)\mathrm{d}x$$

d'où $\displaystyle\int_a^b f(x)\mathrm{d}x + \int_\alpha^\beta f^{-1}(x)\mathrm{d}x = \int_a^b \big(f(x) + xf'(x)\big)\mathrm{d}x = \big[xf(x)\big]_a^b = bf(b) - af(a).$

Ex. 8

On pose $t = \dfrac{1}{x}$: $\quad I = \displaystyle\int_{\frac{1}{2}}^2 \left(1 + \frac{1}{x^2}\right)\mathrm{Arctan}\, x\mathrm{d}x = \int_{\frac{1}{2}}^2 \left(1 + \frac{1}{t^2}\right)\left(\frac{\pi}{2} - \mathrm{Arctan}\, t\right)\mathrm{d}t.$

D'où $I = \dfrac{\pi}{4}\displaystyle\int_{\frac{1}{2}}^2 \left(1 + \frac{1}{t^2}\right)\mathrm{d}t = \frac{3\pi}{4}.$

Ex. 9

$x = \pi - t,\ I = \displaystyle\int_0^\pi \frac{x}{1+\sin x}\mathrm{d}x = \int_0^\pi \frac{\pi - t}{1 + \sin t}\mathrm{d}t$; d'où $I = \dfrac{\pi}{2}\displaystyle\int_0^\pi \frac{1}{1+\sin x}\mathrm{d}x$

$$I = \pi\int_0^{\frac{\pi}{2}} \frac{1}{1+\sin x}\mathrm{d}x = \pi\int_0^{\frac{\pi}{2}} \frac{1}{1+\cos x}\mathrm{d}x = \pi\int_0^{\frac{\pi}{2}} \frac{1}{2\cos^2\frac{x}{2}}\mathrm{d}x = \pi\left[\tan\frac{x}{2}\right]_0^{\frac{\pi}{2}} = \pi$$

Ex. 10

$$\int_0^{\frac{\pi}{2}} e^{2x}\sin x\mathrm{d}x = \mathrm{Im}\int_0^{\frac{\pi}{2}} e^{(2+i)x}\mathrm{d}x = \mathrm{Im}\left[\frac{e^{(2+i)x}}{2+i}\right]_0^{\frac{\pi}{2}} = \frac{1}{5}\left(2e^\pi + 1\right)$$

Ex. 11

$$u_n = \frac{1}{n}\sum_{k=1}^n \frac{1}{\sqrt{1 + 2\frac{k}{n}}}\ ,\quad \lim_{n\to+\infty} u_n = \int_0^1 \frac{1}{\sqrt{1+2x}}\mathrm{d}x = \left[\sqrt{1+2x}\right]_0^1 = \sqrt{3} - 1.$$

$$v_n = \frac{1}{n}\sum_{k=1}^n \frac{1}{\sqrt{4 - \left(\frac{k}{n}\right)^2}}\ ,\quad \lim_{n\to+\infty} v_n = \int_0^1 \frac{1}{\sqrt{4-x^2}}\mathrm{d}x = \left[\mathrm{Arcsin}\,\frac{x}{2}\right]_0^1 = \frac{\pi}{6}.$$

Ex. 12

On a aussi $u_n = \displaystyle\prod_{k=1}^{2n}\left(1 + \frac{k^2}{n^2}\right)^{\frac{1}{n}}$ donc $\ell n\, u_n = \dfrac{1}{n}\displaystyle\sum_{k=1}^{2n} \ell n\left(1 + \frac{k^2}{n^2}\right).$

$\displaystyle\lim_{n\to+\infty} \ell n\, u_n = \int_0^2 \ell n\left(1+x^2\right)\mathrm{d}x = 2\,\ell n\, 5 - 4 + 2\,\mathrm{Arctan}\, 2$ (intégrer par parties). $\displaystyle\lim_{n\to+\infty} u_n = 25e^{-4+2\,\mathrm{Arctan}\,2}.$

Ex. 13

$$u_n = \left(\frac{(2n)!}{n!\,n^n}\right)^{\frac{1}{n}}, \quad v_n = \ell n\, u_n = \frac{1}{n}\sum_{k=1}^{n} \ell n\left(1+\frac{k}{n}\right). \quad \lim_{n\to+\infty} v_n = \int_1^2 \ell n\, x \mathrm{d}x = 2\,\ell n\, 2 - 1,$$

$$\lim_{n\to+\infty} u_n = \frac{4}{e}.$$

Ex. 14

$$n\, u_n = \frac{1}{n}\sum_{k=0}^{n} \frac{1}{\left(\frac{k}{n}\right)^2 + \left(1-\frac{k}{n}\right)^2}, \quad \lim_{n\to+\infty} n\, u_n = \int_0^1 \frac{1}{x^2+(1-x)^2}\mathrm{d}x = \frac{\pi}{2}, \quad u_n \underset{+\infty}{\sim} \frac{\pi}{2n}.$$

Ex. 15

$\forall k \in \mathbb{N}^*, \ \dfrac{1}{\sqrt{k}} > \displaystyle\int_k^{k+1} \frac{\mathrm{d}x}{\sqrt{x}}$ d'où $S > \displaystyle\int_1^{10^4} \frac{\mathrm{d}x}{\sqrt{x}}$, $S > 198$.

Pour $k \geqslant 2$, $\dfrac{1}{\sqrt{k}} < \displaystyle\int_{k-1}^{k} \frac{\mathrm{d}x}{\sqrt{x}}$ d'où $S < 1 + \displaystyle\int_1^{10^4} \frac{\mathrm{d}x}{\sqrt{x}}$, $S < 199$.

Conclusion : $E(S) = 198$.

Niveau 2

Ex. 16

1) Première solution.

La continuité de f sur le segment $[0,1]$ assure l'existence de : $A = \sup_{x\in[0,1]} |f(x)|$. On a alors :

$$\forall x \in [0,1], \ |g(x)| \leqslant \int_0^x A\mathrm{d}t = Ax \ \text{ puis } \ \forall x \in [0,1], \ |f(x)| \leqslant \int_0^x At\mathrm{d}t \text{ soit } |f(x)| \leqslant A\frac{x^2}{2}$$

En répétant ces deux majorations, il vient :

$$\forall x \in [0,1], \quad |g(x)| \leqslant \int_0^x A\frac{t^2}{2}\mathrm{d}t \quad \text{soit} \quad |g(x)| \leqslant A\frac{x^3}{3!}$$

$$\text{puis} \quad |f(x)| \leqslant \int_0^x A\frac{t^3}{3!}\mathrm{d}t \quad \text{soit} \quad |f(x)| \leqslant A\frac{x^4}{4!}$$

Le processus est itératif : une majoration de $|f(x|$ induit une majoration de $|g(x)|$, puis une nouvelle majoration - plus fine - de $|f(x)|$. Une récurrence immédiate donne ainsi :

$$\forall n \in \mathbb{N}, \forall x \in [0,1], |f(x)| \leqslant A\frac{x^{2n}}{(2n)!} \text{ et } |g(x)| \leqslant A\frac{x^{2n+1}}{(2n+1)!}$$

En conséquence : $\forall n \in \mathbb{N}, \ \sup_{x\in[0,1]} |f(x)| \leqslant \dfrac{A}{(2n)!}$ et $\sup_{x\in[0,1]} |g(x)| \leqslant \dfrac{A}{(2n+1)!}$

donc $\sup_{x\in[0,1]} |f(x)| = 0$ et $\sup_{x\in[0,1]} |g(x)| = 0$ ce qui prouve que $f = g = 0$.

2) Deuxième solution.

f étant continue sur $[0,1]$, $g : x \mapsto \displaystyle\int_0^x f$ est de classe $\mathcal{C}^1$, puis $f : x \mapsto \displaystyle\int_0^x g$ est de classe $\mathcal{C}^2$ et on a :

$$\forall x \in [0,1], g'(x) = f(x) \ , \ f'(x) = g(x) \text{ donc } f''(x) = f(x).$$

Ici aussi le processus est itératif : f de classe $\mathcal{C}^k$ donne f de classe $\mathcal{C}^{k+2}$. Donc f étant continue (classe $\mathcal{C}^0$) par hypothèse, une récurrence donne que f est de classe $\mathcal{C}^\infty$.

Ainsi f est l'unique solution sur $[0,1]$ de l'équation différentielle $y'' - y = 0$ vérifiant $f(0) = f'(0) = 0$ et donc $f = 0$, ce qui prouve aussi que $g = 0$. (On peut ici se référer au chapitre 2 de ce tome.)

Ex. 17

1) La propriété $\forall k \in [\![0, n]\!], \int_a^b x^k f(x)\mathrm{d}x = 0$ est vraie pour la fonction nulle sur $[a, b]$. Nous étudions le problème pour une fonction non nulle.

2) Remarquons que, avec $k = 0$, $\int_a^b f(x)\mathrm{d}x = 0$ implique que la fonction f admet au moins une valeur d'annulation dans $]a, b[$ avec changement de signe. En effet, dans le cas contraire, elle serait continue et de signe constant sur $[a, b]$, donc son intégrale sur $[a, b]$ ne serait pas nulle.

3) Supposons que le nombre p de valeurs d'annulation, avec changement de signe, de f sur $]a, b[$ soit compris entre 1 et n. Si $c_1, \ldots, c_p$ sont ces valeurs d'annulation, formons le polynôme $P(X) = \prod_{i=1}^{p}(X - c_i)$.

4) La fonction $x \mapsto P(x)f(x)$ est continue, non nulle et de signe constant sur $[a, b]$. Son intégrale sur $[a, b]$ est donc non nulle. Or la condition $\forall k \in [\![0, n]\!], \int_a^b x^k f(x)\mathrm{d}x = 0$, avec la linéarité de l'intégrale, implique que $\int_a^b Q(x)f(x)\mathrm{d}x = 0$ pour tout polynôme Q de degré inférieur ou égal à n. Ces deux résultats sont contradictoires.
Il s'ensuit que f admet au moins $n + 1$ valeurs d'annulation (avec changement de signe) sur $]a, b[$.

Ex. 18

f' étant continue sur $[0, a]$, avec $f(0) = 0$ nous avons : $f(x) = \int_0^x f'$

Soit F la fonction définie sur $[0, a]$ par $F(x) = \int_0^x |f'|$. Puisque f' est continue sur $[0, a]$, $|f'|$ l'est aussi et F est de classe $\mathcal{C}^1$, et nous avons $F' = |f'|$.

Il vient alors $\int_0^a |ff'| = \int_0^a \left|f'(x)\int_0^x f'(t)\mathrm{d}t\right| \mathrm{d}x$ et donc $\int_0^a |ff'| \leqslant \int_0^a \left(|f'(x)| \int_0^x |f'(t)|\,\mathrm{d}t\right)\mathrm{d}x$

c'est-à-dire : $\int_0^a |ff'| \leqslant \int_0^a F'F = \frac{1}{2}F^2(a) = \frac{1}{2}\left(\int_0^a |f'|\right)^2$. (1)

L'inégalité de Cauchy-Schwarz nous donne :

$$\left(\int_0^a 1 \cdot |f'|\right)^2 \leqslant \int_0^a 1^2 \int_0^a f'^2 \quad \text{donc} \quad \frac{1}{2}\left(\int_0^a |f'|\right)^2 \leqslant \frac{a}{2}\int_0^a f'^2. \quad (2)$$

De (1) et (2), on déduit : $\int_0^a |ff'| \leqslant \frac{a}{2}\int_0^a f'^2$. (3)

$\int_0^a ff' \leqslant \frac{1}{2}\left(\int_0^a |f'|\right)^2 \leqslant \frac{a}{2}\int_0^a f'^2$, si les extrêmes sont égaux, les deux inégalités sont des égalités.

Donc si (3) est une égalité, il en est de même pour l'inégalité de Cauchy-Schwarz (2).
Les fonctions 1 et $|f'|$ sont alors liées et f' est constante (voir exemple 5 du cours).
Puisque $f(0) = 0$, f est de la forme $x \mapsto \lambda x$, avec $\lambda \in \mathbb{R}$. Inversement, il est immédiat de vérifier que toute fonction linéaire $f : x \mapsto \lambda x$ vérifie (3). (3) est donc une égalité si et seulement si f est linéaire.

Ex. 19

La décroissance sur $[0, +\infty[$ de $f : t \mapsto \frac{n}{n^2 + t}$ donne :

$$\forall k \in \mathbb{N}^*, \quad \int_k^{k+1} \frac{n}{n^2 + t}\mathrm{d}t \leqslant \frac{n}{n^2 + k} \leqslant \int_{k-1}^{k} \frac{n}{n^2 + t}\mathrm{d}t.$$

En sommant les intégrales avec la relation de Chasles, on obtient $\displaystyle\int_1^{n+1} \frac{n}{n^2+t}\mathrm{d}t \leqslant u_n \leqslant \int_0^{n} \frac{n}{n^2+t}\mathrm{d}t$

donc $\displaystyle\int_1^{n} \frac{n}{n^2+t}\mathrm{d}t \leqslant u_n \leqslant \int_0^{n} \frac{n}{n^2+t}\mathrm{d}t$ c'est-à-dire $\displaystyle n\,\ell n\left(\frac{n^2+n}{n^2+1}\right) \leqslant u_n \leqslant n\,\ell n\left(\frac{n^2+n}{n^2}\right)$. (1)

Avec $\displaystyle \ell n\left(\frac{n^2+n}{n^2}\right) = \ell n\left(1+\frac{1}{n}\right) = \frac{1}{n} + o\left(\frac{1}{n}\right)$, il vient $\displaystyle\lim_{n\to+\infty} n\,\ell n\left(\frac{n^2+n}{n^2}\right) = 1.$

De même $\displaystyle \ell n\left(\frac{n^2+n}{n^2+1}\right) = \ell n\left(1+\frac{1}{n}\right) - \ell n\left(1+\frac{1}{n^2}\right) = \frac{1}{n} + o\left(\frac{1}{n}\right)$ donne :

$$\lim_{n\to+\infty} n\,\ell n\left(\frac{n^2+n}{n^2+1}\right) = 1.$$

Avec l'encadrement (1) on en déduit $\displaystyle\lim_{n\to+\infty} u_n = 1.$

Ex. 20

La fonction nulle vérifie $\displaystyle\int_0^{\pi} f(x)\sin x\mathrm{d}x = \int_0^{\pi} f(x)\cos x\mathrm{d}x = 0$. Pour la suite, on suppose f non nulle.

$\displaystyle\int_0^{\pi} f(x)\sin x\mathrm{d}x = 0$ montre que la fonction f s'annule au moins une fois sur $]0,\pi[$ en changeant de signe.

En effet, dans le cas contraire, $f(x)$ serait de signe constant sur $[0,\pi]$. Il en serait de même pour $f(x)\sin x$ et, puisque $x \mapsto f(x)\sin x$ est continue sur $[0,\pi]$, on aurait :

$$\int_0^{\pi} f(x)\sin x\mathrm{d}x \neq 0$$

Supposons que f ait une seule valeur d'annulation c sur $]0,\pi[$ avec changement de signe. La fonction $g\ :\ x \mapsto \sin(x-c)$ est négative sur $[0,c]$ et positive sur $[c,\pi]$. La fonction continue fg est alors de signe constant sur $[0,\pi]$. Son intégrale sur $[0,\pi]$ n'est donc pas nulle. Cependant :

$$f(x)\,g(x) = f(x)(\sin x\cos c - \sin c\cos x) \quad \text{et} \quad \int_0^{\pi} fg = \cos c\int_0^{\pi} f(x)\sin x\mathrm{d}x - \sin c\int_0^{\pi} f(x)\cos x\mathrm{d}x = 0.$$

Ces résultats sont contradictoires, f admet donc au moins deux valeurs d'annulation (avec changement de signe) sur $]0,\pi[$.

Ex. 21

Posons $\displaystyle S'_n = \frac{b-a}{n}\sum_{k=1}^{n} f\left(a+k\frac{b-a}{n}\right)f'\left(a+k\frac{b-a}{n}\right).$

S'_n est une somme de Riemann attachée à ff' sur le segment $[a,b]$.

La fonction f' étant continue sur $[a,b]$, il existe $\displaystyle M_1 = \sup_{x\in[a,b]} \left|f'(x)\right|$ et l'inégalité des accroissements finis donne :

$$\forall\left(x,x'\right) \in [a,b]^2,\ \left|f(x)-f\left(x'\right)\right| \leqslant M_1\left|x-x'\right|$$

Pour tout $\varepsilon > 0$ fixé, choisissons $n_0 \in \mathbb{N}$ tel que $\displaystyle n_0 \geqslant \frac{M_1^2(b-a)^2}{\varepsilon}$. Il vient alors pour tout $n \geqslant n_0$ et tout $k \in [\![1,n]\!]$, $\displaystyle\frac{b-a}{n} \leqslant \frac{\varepsilon}{M_1^2(b-a)}$ donc :

$$\left|f\left(a+k\frac{b-a}{n}\right) - f\left(a+(k-1)\frac{b-a}{n}\right)\right| \leqslant \frac{\varepsilon}{M_1(b-a)}$$

d'où on déduit $\left|S'_n - S_n\right| \leqslant \varepsilon.$

Ainsi $\displaystyle\lim_{n\to+\infty} S'_n - S_n = 0$, donc $\displaystyle\lim_{n\to+\infty} S_n = \lim_{n\to+\infty} S'_n = \int_a^b f(x)f'(x)\mathrm{d}x = \frac{1}{2}\left(f^2(b)-f^2(a)\right).$

Ex. 22

Une somme de Riemann relative à f et à une subdivision régulière de $[0,1]$ en n intervalles est $\frac{1}{n}\sum_{k=1}^{n} f\left(\frac{k}{n}\right)$.

g étant convexe, nous avons $g\left(\frac{1}{n}\sum_{k=1}^{n} f\left(\frac{k}{n}\right)\right) \leqslant \frac{1}{n}\sum_{k=1}^{n} g\circ f\left(\frac{k}{n}\right)$. (1)

Au second membre, nous reconnaissons une somme de Riemann relative à $g\circ f$ et à une subdivision régulière de $[0,1]$ en n intervalles. Notons que g est continue car elle est convexe sur $\mathbb{R}$. On a donc :

$$\lim_{n\to+\infty} g\left[\frac{1}{n}\sum_{k=1}^{n} f\left(\frac{k}{n}\right)\right] = g\left[\lim_{n\to+\infty}\frac{1}{n}\sum_{k=1}^{n} f\left(\frac{k}{n}\right)\right]$$

Ainsi en passant à la limite quand n tend vers $+\infty$, l'inégalité (1) donne $g\left(\int_0^1 f\right) \leqslant \int_0^1 g\circ f$.

Ex. 23

Posons $I_n = \int_0^{\frac{\pi}{2}} \cos nx \cos^n x\mathrm{d}x$. Avec $\cos nx\cos x = \frac{1}{2}[\cos(n+1)x + \cos(n-1)x]$, il vient :

$$I_n = \frac{1}{2}\int_0^{\frac{\pi}{2}} \cos(n+1)x\cos^{n-1} x\mathrm{d}x + \frac{1}{2}\int_0^{\frac{\pi}{2}} \cos(n-1)x\cos^{n-1} x\mathrm{d}x,$$

c'est-à-dire $I_n = \frac{1}{2}J_n + \frac{1}{2}I_{n-1}$ (1) où on a posé $J_n = \int_0^{\frac{\pi}{2}} \cos(n+1)x\cos^{n-1} x\mathrm{d}x$.

Le but était de faire apparaître I_{n-1} mais on obtient, en fait, une relation entre I_n, I_{n-1} et J_n. Il faut donc rechercher une deuxième relation liant ces intégrales de façon à pouvoir éliminer J_n.

Avec $\cos(n+1)x\cos^{n-1} x = \cos nx\cos^n x - \sin nx\sin x\cos^{n-1} x$, on obtient :

$$J_n = I_n - \int_0^{\frac{\pi}{2}} \sin nx\sin x\cos^{n-1} x\mathrm{d}x \quad (2)$$

Pour $n \geqslant 1$, une intégration par parties donne :

$$I_n = \frac{1}{n}\left[\sin nx\cos^n x\right]_0^{\frac{\pi}{2}} + \int_0^{\frac{\pi}{2}} \sin nx\sin x\cos^{n-1} x\mathrm{d}x \text{ c'est-à-dire } I_n = \int_0^{\frac{\pi}{2}} \sin nx\sin x\cos^{n-1} x\mathrm{d}x$$

Avec (2) on obtient donc $J_n = 0$, puis **(1)** donne $I_n = \frac{1}{2}I_{n-1}$. Comme $I_0 = \frac{\pi}{2}$, il vient finalement : $I_n = \frac{\pi}{2^{n+1}}$.

Ex. 24

Nous avons $\frac{n}{x+n} = 1 - \frac{x}{x+n}$ donc $I_n = \int_0^{\pi} \sin x\mathrm{d}x - \int_0^{\pi}\frac{x\sin x}{n+x}\mathrm{d}x$, c'est-à-dire :

$$I_n = 2 - J_n \text{ où on a posé } J_n = \int_0^{\pi}\frac{x\sin x}{n+x}\mathrm{d}x$$

Avec $0 \leqslant \frac{x\sin x}{x+n} \leqslant \frac{x}{n}$, il vient $0 \leqslant J_n \leqslant \frac{\pi^2}{2n}$ d'où on déduit $\lim_{n\to+\infty} J_n = 0$ puis $\lim_{n\to+\infty} I_n = 2$.

Ex. 25

La formule de Taylor avec reste intégral sur $[0,x]$ avec $|x| \leqslant 1$ donne $\tan x = x + \int_0^x \frac{(x-t)^2}{2}\tan^{(3)} t\mathrm{d}t$ et donc :

$$\tan x = x + R(x) \quad \text{avec} \quad |R(x)| \leqslant M|x|^3 \text{ où on a posé } M = \frac{1}{3!}\sup_{t\in[-1,1]}\left|\tan^{(3)} t\right|.$$

Remarquons que l'on pouvait aussi invoquer directement l'inégalité de Taylor-Lagrange.

Pour $|a| < 1$, on a $a \sin x \in [-1, 1]$, quel que soit $x \in [0, \pi]$, donc $\tan(a \sin x) = a \sin x + R(a \sin x)$ et :

$$\frac{1}{a}\int_0^{\pi} \tan(a \sin x)\mathrm{d}x = 2 + \frac{1}{a}\int_0^{\pi} R(a \sin x)\mathrm{d}x$$

De $\left|\int_0^{\pi} R(a \sin x)\mathrm{d}x\right| \leqslant M\,\pi\,|a|^3$, on déduit $\lim_{a \to 0} \frac{1}{a}\int_0^{\pi} R(a \sin x)\mathrm{d}x = 0$.

Finalement $\lim_{a \to 0} \frac{1}{a}\int_0^{\pi} \tan(a \sin x)\mathrm{d}x = 2$.

Ex. 26

La formule de Taylor avec reste intégral donne pour la fonction cos :

$$\cos x = 1 - \frac{x^2}{2} + \int_0^x \frac{(x-t)^3}{3!}\cos t\mathrm{d}t \text{ donc } \cos x = 1 - \frac{x^2}{2} + R(x) \text{ avec } |R(x)| \leqslant \frac{x^4}{24}$$

On en déduit $\sin^2 x = \dfrac{1 - \cos 2x}{2} = x^2 - \dfrac{1}{2}R(2x)$ et donc $\sin^2 \dfrac{1}{\sqrt{k}} = \dfrac{1}{k} + r_k$ avec $|r_k| \leqslant \dfrac{1}{3k^2}$.

En remarquant que $0 < \displaystyle\sum_{k=n}^{2n} \frac{1}{k^2} < \frac{n+1}{n^2}$ on obtient $\displaystyle\lim_{n \to +\infty} \sum_{k=n}^{2n} \frac{1}{k^2} = 0$ et donc $\displaystyle\lim_{n \to +\infty} \sum_{k=n}^{2n} r_k = 0$.

D'autre part, l'encadrement $\displaystyle\int_k^{k+1} \frac{\mathrm{d}t}{t} \leqslant \frac{1}{k} \leqslant \int_{k-1}^{k} \frac{\mathrm{d}t}{t}$ pour $k \geqslant 2$ donne en sommant de $k = n$ à $k = 2n$:

$$\int_n^{2n+1} \frac{\mathrm{d}t}{t} \leqslant \sum_{k=n}^{2n} \frac{1}{k} \leqslant \int_{n-1}^{2n} \frac{\mathrm{d}t}{t} \text{ soit } \ell n\left(2 + \frac{1}{n}\right) \leqslant \sum_{k=n}^{2n} \frac{1}{k} \leqslant \ell n 2 - \ell n\left(1 - \frac{1}{n}\right).$$

Il en résulte $\displaystyle\lim_{n \to +\infty} \sum_{k=n}^{2n} \frac{1}{k} = \ell n 2$, puis avec $\displaystyle\sum_{k=n}^{2n} \sin^2 \frac{1}{\sqrt{k}} = \sum_{k=n}^{2n} \frac{1}{k} + \sum_{k=n}^{2n} r_k$, on obtient :

$$\lim_{n \to +\infty} \sum_{k=n}^{2n} \sin^2 \frac{1}{\sqrt{k}} = \ell n 2.$$

Ex. 27

Si f est solution du problème, alors $F : x \mapsto \displaystyle\int_0^x f(t)\mathrm{d}t$ est de classe $\mathcal{C}^1$ et vérifie :

$$\forall x \in \mathbb{R}^*,\ F'(x) - \frac{3}{2x}F(x) = 0 \quad (1)$$

donc $\forall x \in \mathbb{R}^*$, $\left(F'(x) - \dfrac{3}{2x}F(x)\right) e^{-\frac{3}{2}\ell n|x|} = 0$ soit $\forall x \in \mathbb{R}^*$, $\dfrac{\mathrm{d}}{\mathrm{d}x}\left(F(x)e^{-\frac{3}{2}\ell n|x|}\right) = 0$

Ainsi $x \mapsto F(x)e^{-\frac{3}{2}\ell n|x|}$ est constante sur $]-\infty, 0[$ et sur $]0, +\infty[$, c'est-à-dire qu'il existe $(\lambda, \mu) \in \mathbb{R}^2$ tel que :

$$F(x) = \lambda(-x)^{\frac{3}{2}} \text{ pour } x < 0 \text{ et } F(x) = \mu\, x^{\frac{3}{2}} \text{ pour } x > 0.$$

La continuité donne de plus $F(0) = 0$.

Remarque

On vient de résoudre l'équation différentielle (1) par la méthode du facteur intégrant :

l'expression $F'(x) - \dfrac{3}{2x}F(x)$ est de la forme $F'(x) - a'(x)F(x)$. En la multipliant par $e^{-a(x)}$ (c'est le facteur intégrant) on voit apparaître la dérivée d'un produit :

$$F'(x)e^{-a(x)} - F(x)a'(x)e^{-a(x)} = \frac{\mathrm{d}}{\mathrm{d}x}\left(F(x)e^{-a(x)}\right).$$

Avec $f = F'$, on en déduit que les solutions possibles du problème sont les fonctions f de la forme :

$$f : \begin{cases} x \mapsto a\sqrt{-x} & \text{si } x < 0 \\ 0 \mapsto 0 \\ x \mapsto b\sqrt{x} & \text{si } x > 0 \end{cases} \quad \text{où } a \text{ et } b \text{ sont des constantes réelles.}$$

Réciproquement, on vérifie que toute fonction de cette forme est bien solution du problème.

Ex. 28

$\forall x \in \mathbb{R}, |\sin x - x| \leqslant x^2$, $u_n = u_n' + u_n''$.

$$u_n' = \frac{1}{n}\sum_{k=1}^{n} \frac{k}{n} \sin \frac{k\pi}{n} \ , \quad u_n'' = \sum_{k=1}^{n}\left(\sin\frac{k}{n^2} - \frac{k}{n^2}\right)\sin\frac{k\pi}{n} \ , \quad |u_n''| \leqslant \sum_{k=1}^{n}\frac{k^2}{n^4} \leqslant \frac{1}{n}.$$

$$\lim_{n\to+\infty} u_n = \lim_{n\to+\infty} u_n' = \frac{1}{\pi^2}\int_0^{\pi} x\sin x \mathrm{d}x = \frac{1}{\pi}.$$

Ex. 29

On a $\mathrm{ch}\, x = 1 + \dfrac{x^2}{2} + R(x)$, $0 \leqslant R(x) \leqslant \dfrac{x^4}{4!}\mathrm{ch}\, x$ (inégalité de Taylor-Lagrange) d'où :

$$\mathrm{ch}\,\frac{1}{\sqrt{n+k}} = 1 + \frac{1}{2(n+k)} + r(n,k) \ \text{ avec } \ 0 < r(n,k) < \frac{1}{n^2}$$

$$u_n = \frac{1}{2}\sum_{k=1}^{n}\frac{1}{n+k} + \sum_{k=1}^{n} r(n,k) : \ \lim_{n\to+\infty} u_n = \frac{1}{2}\ell n\, 2.$$

Ex. 30

$F : [a,b] \to \mathbb{R}, x \mapsto \displaystyle\int_a^x f$ est un homéomorphisme de $[a,b]$ sur $[0,A]$ $(A = \displaystyle\int_a^b f)$.

$$\forall k \in [\![0,n]\!],\ x_k = F^{-1}\left(\frac{kA}{n}\right) ; \ a_n = \frac{1}{n}\sum_{k=1}^{n} f\circ F^{-1}\left(\frac{kA}{n}\right),$$

$$\lim_{n\to+\infty} a_n = \frac{1}{A}\int_0^A f\circ F^{-1}(t)\mathrm{d}t = \frac{\displaystyle\int_a^b f^2(x)\mathrm{d}x}{\displaystyle\int_a^b f(x)\mathrm{d}x}.$$

Ex. 31

1) L'inégalité $\ell n(1-x) \leqslant -x$ résulte de la concavité de la fonction ℓn et elle est vraie pour tout $x \in]-\infty, 1[$.

Pour $x \in [0,1[$, on a $\dfrac{x}{x-1} \in]-\infty, 0]$, on peut donc appliquer l'inégalité précédente au point $\dfrac{x}{x-1}$ et cela conduit à $\dfrac{x}{x-1} \leqslant \ell n(1-x)$.

2) On pose $f_n(x) = \dfrac{1}{x}\left[1 - \left(1 - \dfrac{x}{n}\right)^n\right]$ et $f(x) = \dfrac{1-e^{-x}}{x}$.

Il faut commencer par montrer que ces fonctions sont prolongeables par continuité en 0.

Avec le 1), il vient $0 \leqslant \displaystyle\int_0^1 (f_n - f) \leqslant \int_0^1 \frac{e^{-x}}{x}\left(1 - e^{-\frac{x^2}{n-x}}\right)\mathrm{d}x$.

Avec $e^x \geqslant 1 + x$ (encore une inégalité de convexité) on obtient enfin :

$$0 \leqslant \int_0^1 (f_n - f) \leqslant \int_0^1 \frac{x e^{-x}}{n-x}\mathrm{d}x \leqslant \frac{1}{n-1}.$$

Ex. 32

La formule de Taylor donne $e^x = 1 + x + \frac{x^2}{2} R(x)$ avec $|R(x)| \leqslant e^{|x|}$, donc :

$$f(x)^{\frac{1}{n}} = 1 + \frac{1}{n} \ell n f(x) + \frac{\ell n^2 f(x)}{2n^2} R\left(\frac{1}{n} \ell n f(x)\right)$$

puis $\displaystyle \frac{1}{b-a} \int_a^b f(x)^{\frac{1}{n}} \mathrm{d}x = 1 + \frac{1}{n(b-a)} \int_a^b \ell n f(x) \mathrm{d}x + \frac{1}{2n^2(b-a)} R_1(x)$

avec $\displaystyle |R_1(x)| \leqslant \int_a^b |\ell n f(x)|^2 \, e^{|\ell n f(x)|} \mathrm{d}x.$

On en déduit $\displaystyle \lim_{n \to +\infty} \left(\frac{1}{b-a} \int_a^b f(x)^{\frac{1}{n}} \right)^n = \exp\left(\frac{1}{b-a} \int_a^b \ell n f(x) \mathrm{d}x \right).$

Niveau 3

Ex. 33

1) f_n est continue strictement décroissante sur chacun des intervalles $]-\infty, 0[,]0, 1[, \dots,]n-1, n[,]n, +\infty[$.

$f_{n\,|]-\infty,0[}$ est une bijection de $]-\infty, 0[$ sur $]-\infty, 0[$, pour $k \in [\![0, n-1]\!]$, $f_{n\,|]k,k+1[}$ est une bijection de $]k, k+1[$ sur $\mathbb{R}$, enfin $f_{n\,|]n,+\infty[}$ est une bijection de $]n, +\infty[$ sur $]0, +\infty[$.

L'équation $f_n(x) = \lambda$ a donc n racines : $r_1, \dots, r_n$ telles que $\forall k \in [\![0, n-1]\!]$, $r_k \in]k, k+1[$ et $r_n > n$.

2) Formons $f_n(x_{n+1}) = f_{n+1}(x_{n+1}) - \dfrac{1}{x_{n+1} - n - 1} = \lambda - \dfrac{1}{x_{n+1} - n - 1} < \lambda.$

On a donc $f_n(x_{n+1}) < f_n(x_n)$ et puisque f_n est strictement décroissante sur l'intervalle $]n, +\infty[$ contenant x_n et x_{n+1}, on en déduit $x_{n+1} > x_n$: $(x_n)_{\mathbb{N}}$ est strictement croissante.

De même, formons $\displaystyle f_n(n+1) = \sum_{k=1}^{n+1} \frac{1}{k}$. On sait que $\displaystyle \lim_{n \to +\infty} \sum_{k=1}^{n+1} \frac{1}{k} = +\infty$, donc à partir d'un certain rang n_0, on a $f_n(n+1) > \lambda$ ce qui prouve que $n+1 < x_n$.

3) On suppose $n \geqslant n_0$ alors pour tout $p \in [\![0, n]\!]$ on a $x_n - p - 1 > 0$.

La décroissance de $t \mapsto \dfrac{1}{t}$ sur $]0, +\infty[$ permet d'encadrer la somme par des intégrales.

$\displaystyle \forall p \in [\![0, n]\!], \int_{x_n - p}^{x_n - p + 1} \frac{\mathrm{d}t}{t} \leqslant \frac{1}{x_n - p} \leqslant \int_{x_n - p - 1}^{x_n - p} \frac{\mathrm{d}t}{t}$ d'où $\displaystyle \int_{x_n - n}^{x_n + 1} \frac{\mathrm{d}t}{t} \leqslant f_n(x_n) \leqslant \int_{x_n - n - 1}^{x_n} \frac{\mathrm{d}t}{t}$

c'est-à-dire $\displaystyle \ell n\left(\frac{x_n + 1}{x_n - n}\right) \leqslant \lambda \leqslant \ell n\left(\frac{x_n}{x_n - n - 1}\right)$

Posons $y_n = \dfrac{x_n}{n}$, la fonction exp étant croissante, on obtient $\displaystyle \frac{y_n + \frac{1}{n}}{y_n - 1} \leqslant e^\lambda \leqslant \frac{y_n}{y_n - 1 - \frac{1}{n}}.$

Or $x_n > n + 1$ donne $y_n - 1 - \dfrac{1}{n} > 0$ et $y_n - 1 > 0$, il vient donc :

$$\frac{e^\lambda + \frac{1}{n}}{e^\lambda - 1} \leqslant y_n \leqslant \frac{e^\lambda}{e^\lambda - 1}\left(1 + \frac{1}{n}\right) \text{ et enfin } \lim_{n \to +\infty} y_n = \frac{e^\lambda}{e^\lambda - 1}.$$

Ex. 34

1) $I_n = \int_a^b f(t)\cos nt\mathrm{d}t$, $J_n = \int_a^b f(t)\sin t\mathrm{d}t$, $M_0 = \sup\limits_{t\in[a,b]} |f(t)|$, $M_1 = \sup\limits_{t\in[a,b]} |f'(t)|$.

Une intégration par parties conduit à $|I_n| \leqslant \dfrac{2M_0}{n} + \dfrac{(b-a)M_1}{n}$ et de même pour J_n.

Remarque

L'intégration par parties étant valable avec les fonctions complexes, on peut traiter les deux limites simultanément en considérant $\int_a^b f(t)e^{int}\mathrm{d}t$.

1) φ est de classe $\mathcal{C}^1$ sur $\left]0, \frac{\pi}{2}\right]$, $\lim\limits_{t\to 0} \varphi(t) = 1$, on pose $\widetilde{\varphi}(t) = \varphi(t)$ si $t \in \left]0, \frac{\pi}{2}\right]$, $\widetilde{\varphi}(0) = 1$: $\widetilde{\varphi}$ est continue sur $\left[0, \frac{\pi}{2}\right]$.

Alors $\lim\limits_{\substack{t\to 0\\ t>0}} \widetilde{\varphi}'(t) = \lim\limits_{\substack{t\to 0\\ t>0}} \varphi'(t) = 0$: $\widetilde{\varphi}$ est de classe $\mathcal{C}^1$ sur $\left[0, \frac{\pi}{2}\right]$.

2) $a = -1$, $b = \dfrac{1}{2\pi}$.

3) $S_n = \sum\limits_{k=1}^{n} \dfrac{1}{k^2} = \int_0^\pi \left(-t + \dfrac{t^2}{2\pi}\right) \sum\limits_{k=1}^{n} \cos kt\mathrm{d}t.$

$$\sum_{k=1}^{n} \cos kt = \mathrm{Re}\left(\sum_{k=1}^{n} e^{ikt}\right) = \frac{\cos(n+1)\frac{t}{2}\sin n\frac{t}{2}}{\sin\frac{t}{2}} = \frac{1}{2}\sin nt \,\mathrm{cotan}\,\frac{t}{2} - \frac{1}{2}(1-\cos nt)$$

$$S_n = \int_0^\pi \left(-1 + \frac{t}{2\pi}\right)\widetilde{\varphi}\left(\frac{t}{2}\right)\sin nt\mathrm{d}t + \frac{1}{2}\int_0^\pi \left(-t + \frac{t^2}{2\pi}\right)\cos nt\mathrm{d}t + \frac{1}{2}\int_0^\pi \left(t - \frac{t^2}{2\pi}\right)\mathrm{d}t.$$

D'après 1) et 2) : $\lim\limits_{n\to+\infty} S_n = \dfrac{1}{2}\int_0^\pi \left(t - \dfrac{t^2}{2\pi}\right)\mathrm{d}t = \dfrac{\pi^2}{6}$.

CHAPITRE 10

Calcul de primitives

A. Tableau des primitives usuelles

Dans le chapitre **9**, nous avons vu que toute fonction continue sur un intervalle possède au moins une primitive sur celui-ci.

Le tableau ci-après donne, pour chaque fonction f, **une** primitive $\int f$. Dans chaque cas, on pourra préciser utilement le (les) intervalles(s) I sur le(s)quel(s) f est continue.

La dernière ligne donne une relation de récurrence utile dans la primitivation des fonctions rationnelles.

$\alpha \in \mathbb{R}, \alpha \neq -1, \int x^\alpha \mathrm{d}x = \frac{x^{\alpha+1}}{\alpha+1}$ ✎ (1)	$\int \frac{\mathrm{d}x}{x} = \ln\lvert x\rvert$
$a \in \mathbb{C}^*, \int e^{ax}\mathrm{d}x = \frac{1}{a}e^{ax}$	$\int \ln x\,\mathrm{d}x = x\ln x - x$
$\int \cos x\,\mathrm{d}x = \sin x$	$\int \sin x\,\mathrm{d}x = -\cos x$
$\int \frac{\mathrm{d}x}{\cos^2 x} = \tan x$	$\int \frac{\mathrm{d}x}{\sin^2 x} = -\operatorname{cotan} x$
$\int \tan x\,\mathrm{d}x = -\ln\lvert\cos x\rvert$	$\int \operatorname{cotan} x\,\mathrm{d}x = \ln\lvert\sin x\rvert$
$\int \frac{\mathrm{d}x}{\sin x} = \ln\left\lvert\tan\left(\frac{x}{2}\right)\right\rvert$	$\int \frac{\mathrm{d}x}{\cos x} = \ln\left\lvert\tan\left(\frac{x}{2}+\frac{\pi}{4}\right)\right\rvert$
$\int \operatorname{ch} x\,\mathrm{d}x = \operatorname{sh} x$	$\int \operatorname{sh} x\,\mathrm{d}x = \operatorname{ch} x$
$\int \frac{\mathrm{d}x}{\operatorname{ch}^2 x} = \operatorname{th} x$	$\int \frac{\mathrm{d}x}{\operatorname{sh}^2 x} = -\operatorname{coth} x$
$\int \operatorname{th} x\,\mathrm{d}x = \ln \operatorname{ch} x$	$\int \operatorname{coth} x\,\mathrm{d}x = \ln\lvert\operatorname{sh} x\rvert$
$\int \frac{\mathrm{d}x}{\operatorname{sh} x} = \ln\left\lvert\operatorname{th}\frac{x}{2}\right\rvert$	$\int \frac{\mathrm{d}x}{\operatorname{ch} x} = 2\operatorname{Arctan} e^x$
$a \neq 0, \int \frac{\mathrm{d}x}{x^2+a^2} = \frac{1}{a}\operatorname{Arctan}\frac{x}{a}$	$a > 0, \int \frac{\mathrm{d}x}{\sqrt{a^2-x^2}} = \operatorname{Arcsin}\frac{x}{a} = -\operatorname{Arccos}\frac{x}{a}$ ✎ (2)
$a \neq 0, \int \frac{\mathrm{d}x}{x^2-a^2} = \frac{1}{2a}\ln\left\lvert\frac{x-a}{x+a}\right\rvert$	$h \neq 0, \int \frac{\mathrm{d}x}{\sqrt{x^2+h}} = \ln\left\lvert x+\sqrt{x^2+h}\right\rvert$ ✎ (3)
$I_n = \int \frac{\mathrm{d}x}{(1+x^2)^n}$	Formule de récurrence $2nI_{n+1} = \frac{x}{(1+x^2)^n} + (2n-1)I_n$

✎ (1) Pour $\alpha \in \mathbb{Z} \setminus \{-1\}$, on a $I = \mathbb{R}$ si $\alpha \geqslant 0$ et $I = \mathbb{R}_+^*$ ou $\mathbb{R}_-^*$ si $\alpha < 0$.

✎ (2) Les deux primitives proposées diffèrent de $\frac{\pi}{2}$.

✎ (3) Pour $h > 0$: $I = \mathbb{R}$. Pour $h < 0$, avec $a = \sqrt{-h}$, on a $I =]a, +\infty[$ ou $I =]-\infty, -a[$.

B. Primitives de fonctions rationnelles

1. Fonctions réelles

Soit F une fonction rationnelle à coefficients réels : $F(X) \in \mathbb{R}(X)$, on se propose de calculer une primitive de F, notée $\displaystyle\int F(x)\mathrm{d}x$.

Méthode

La décomposition de F en éléments simples sur $\mathbb{R}$ ramène au calcul de primitives du type :

$$\text{(a)} : \int \frac{\mathrm{d}x}{(x-a)^n} \quad \text{ou} \quad \text{(b)} : \int \frac{ax+b}{\left(x^2+px+q\right)^n}\mathrm{d}x \text{ avec } p^2-4q<0.$$

(a) $\displaystyle\int \frac{\mathrm{d}x}{(x-a)^n}$

- Si $n=1$, $\displaystyle\int \frac{\mathrm{d}x}{x-a} = \ell n\,|x-a|$.
- Si $n \geqslant 2$, $\displaystyle\int \frac{\mathrm{d}x}{(x-a)^n} = \frac{1}{(1-n)(x-a)^{n-1}}$.

(b) $\displaystyle\int \frac{ax+b}{\left(x^2+px+q\right)^n}\mathrm{d}x$

- Si $n=1$, $\displaystyle\int \frac{ax+b}{x^2+px+q}\mathrm{d}x$

$$= \frac{a}{2}\int \frac{2x+p}{x^2+px+q}\mathrm{d}x + \left(b-\frac{ap}{2}\right)\int \frac{\mathrm{d}x}{\left(x+\frac{p}{2}\right)^2+\frac{4q-p^2}{4}}$$

$$= \frac{a}{2}\,\ell n\left(x^2+px+q\right) + \frac{2b-ap}{\sqrt{4q-p^2}}\,\mathrm{Arctan}\left(\frac{2x+p}{\sqrt{4q-p^2}}\right).$$

- Si $n \geqslant 2$, $\displaystyle\int \frac{ax+b}{\left(x^2+px+q\right)^n}\mathrm{d}x$

$$= \frac{a}{2}\int \frac{2x+p}{\left(x^2+px+q\right)^n}\mathrm{d}x + \left(b-\frac{ap}{2}\right)\int \frac{\mathrm{d}x}{\left[\left(x+\frac{p}{2}\right)^2+\frac{4q-p^2}{4}\right]^n}$$

$$= \frac{a}{2(1-n)\left(x^2+px+q\right)^{n-1}} + \frac{2b-ap}{2}\left(\frac{4}{4q-p^2}\right)^n \int \frac{\mathrm{d}x}{\left[\left(\frac{2x+p}{\sqrt{4q-p^2}}\right)^2+1\right]^n}$$

Dans la dernière intégrale, le changement de variable défini par $t = \dfrac{2x+p}{\sqrt{4q-p^2}}$ ramène au calcul de $I_n = \displaystyle\int \frac{\mathrm{d}t}{\left(1+t^2\right)^n}$ qui peut s'effectuer au moyen de la formule de récurrence :

$$2n\,I_{n+1} = \frac{t}{\left(1+t^2\right)^n} + (2n-1)I_n. \text{ ✎ }^{(4)}$$

✎ (4) Voir à ce propos l'exemple 13 du chapitre 9.

Exemple 1 Calculons une primitive de $f : x \mapsto \dfrac{x^4}{(x+1)^2(x^2+1)}$.

- La fonction f est continue sur $]-\infty, -1[$ et sur $]-1, +\infty[$. Les calculs effectués concernent l'un ou l'autre de ces deux intervalles.
- La décomposition en éléments simples de f se présente sous la forme :

$$f(x) = 1 + \frac{a}{x+1} + \frac{b}{(x+1)^2} + \frac{cx+d}{x^2+1} \quad \text{avec } a, b, c, d \text{ réels}$$

✎ (5) $[(x+1)^2 f(x)](-1)$ désigne la valeur prise par la fraction simplifiée $(x+1)^2 f(x)$ lorsque l'on substitue à x la valeur -1.

$\left[(x+1)^2 f(x)\right](-1) = \frac{1}{2}$ ✎ (5) donne $b = \frac{1}{2}$.

$f(0) = 0$ donne $1 + a + b + d = 0$.

$\left[(x^2+1) f(x)\right](i) = -\frac{i}{2}$ donne $ci + d = \dfrac{1}{(1+i)^2} = -\dfrac{i}{2}$ et donc :

$$c = -\frac{1}{2} \text{ et } d = 0$$

Ainsi, $f(x) = 1 - \dfrac{3}{2(x+1)} + \dfrac{1}{2(x+1)^2} - \dfrac{x}{2(x^2+1)}$.

- Il vient alors $\displaystyle\int f(x)\mathrm{d}x = x - \frac{3}{2}\ell n|x+1| - \frac{1}{2(x+1)} - \frac{1}{4}\ell n\left(x^2+1\right)$.

Exemple 2 Calcul de l'intégrale $\displaystyle\int_0^1 \frac{x^3+x+1}{\left(x^2+2\right)^2}\mathrm{d}x$.

- La fraction rationnelle $\dfrac{x^3+x+1}{\left(x^2+2\right)^2}$ se décompose en $\dfrac{x}{x^2+2} - \dfrac{x-1}{\left(x^2+2\right)^2}$.
- Nous avons $\displaystyle\int \frac{x}{x^2+2}\mathrm{d}x = \frac{1}{2}\ell n(x^2+2)$ et donc $\displaystyle\int_0^1 \frac{x}{x^2+2}\mathrm{d}x = \frac{1}{2}\ell n\frac{3}{2}$.

$$\frac{-x+1}{\left(x^2+2\right)^2} = -\frac{1}{2}\frac{2x}{\left(x^2+2\right)^2} + \frac{1}{\left(x^2+2\right)^2}.$$

$$-\frac{1}{2}\int_0^1 \frac{2x}{\left(x^2+2\right)^2}\mathrm{d}x = \frac{1}{2}\left[\frac{1}{x^2+2}\right]_0^1 = -\frac{1}{12}.$$

En intégrant par parties $\displaystyle\int_0^1 \frac{\mathrm{d}x}{x^2+2}$ on obtient :

$$\begin{aligned}\int_0^1 \frac{\mathrm{d}x}{x^2+2} &= \left[\frac{x}{x^2+2}\right]_0^1 + 2\int_0^1 \frac{x^2}{\left(x^2+2\right)^2}\mathrm{d}x \\ &= \frac{1}{3} + 2\int_0^1 \frac{\mathrm{d}x}{x^2+2} - 4\int_0^1 \frac{\mathrm{d}x}{\left(x^2+2\right)^2}\end{aligned}$$

donc $\displaystyle\int_0^1 \frac{\mathrm{d}x}{\left(x^2+2\right)^2} = \frac{1}{12} + \frac{1}{4}\int_0^1 \frac{\mathrm{d}x}{x^2+2} = \frac{1}{12} + \frac{1}{4\sqrt{2}}\text{Arctan}\frac{1}{\sqrt{2}}$.

Finalement, $\displaystyle\int_0^1 \frac{-x+1}{\left(x^2+2\right)^2}\mathrm{d}x = \frac{1}{4\sqrt{2}}\text{Arctan}\frac{1}{\sqrt{2}}$

et :
$$\int_0^1 \frac{x^3+x+1}{\left(x^2+2\right)^2}\mathrm{d}x = \frac{1}{2}\ell n\frac{3}{2} + \frac{1}{4\sqrt{2}}\text{Arctan}\frac{1}{\sqrt{2}}.$$

2. Fonctions complexes

Soit F une fonction rationnelle à coefficients complexes : $F(X) \in \mathbb{C}(X)$, on se propose de calculer une primitive de F, notée $\int F(x)\mathrm{d}x$. ✎ (6)

✎ (6) F est maintenant une fonction de $\mathbb{R}$ dans $\mathbb{C}$.

Méthode

La décomposition de F en éléments simples sur $\mathbb{C}$ ramène au calcul de primitives du type :

$$\int \frac{\mathrm{d}x}{(x-a)^n}, \quad a \in \mathbb{C}$$

- pour $n \geqslant 2$, on a (comme dans le cas des fonctions réelles) :

$$\int \frac{\mathrm{d}x}{(x-a)^n} = \frac{1}{(1-n)(x-a)^{n-1}}$$ ✎ (7)

✎ (7) D'après les règles de dérivation des fonctions à valeurs dans $\mathbb{C}$, vues dans le chapitre 1.

- pour $n = 1$, on sépare les parties réelles et imaginaires :

$$\int \frac{\mathrm{d}x}{x-a} = \int \frac{x}{|x-a|^2}\mathrm{d}x - \overline{a}\int \frac{1}{|x-a|^2}\mathrm{d}x.$$

Exemple 3 Calcul de $\int \frac{1}{(1+i+x)^2}\mathrm{d}x$.

$$\int \frac{1}{(1+i+x)^2}\mathrm{d}x = \frac{-1}{1+i+x} = -\frac{x+1}{(x+1)^2+1} + \frac{i}{(x+1)^2+1}.$$

Exemple 4 Calcul de $\int \frac{1}{1+i+x}\mathrm{d}x$.

$\frac{1}{1+i+x} = \frac{x+1-i}{(x+1)^2+1}$ conduit à :

$$\begin{aligned}\int \frac{1}{1+i+x}\mathrm{d}x &= \int \frac{x+1}{(x+1)^2+1}\mathrm{d}x - i\int \frac{1}{(x+1)^2+1}\mathrm{d}x\\ &= \frac{1}{2}\ell n\left(x^2+2x+2\right) - i\,\mathrm{Arctan}(x+1).\end{aligned}$$

C. Primitives de fonctions rationnelles en sin, cos

Soit $F(X, Y)$ une fraction rationnelle. On cherche une primitive de la fonction f définie par :

$$f(x) = F(\sin x, \cos x).$$

1. F est un polynôme

Par linéarité de l'intégrale, on est ramené au calcul de primitives de la forme :

$$I_{n,m} = \int (\cos x)^n(\sin x)^m\mathrm{d}x \quad \text{où } m \text{ et } n \text{ sont des entiers naturels.}$$

1.1 – m ou n est impair

- $n = 2p+1$, avec $p \in \mathbb{N}$: $I_{2p+1,m} = \int \left(1-\sin^2 x\right)^p(\sin x)^m(\cos x)\mathrm{d}x.$

Le changement de variable $t = \sin x$ ramène au calcul de $\int \left(1-t^2\right)^p t^m \mathrm{d}t$.

- $m = 2q+1$, avec $q \in \mathbb{N}$: $I_{n,2q+1} = \int (\cos x)^n \left(1-\cos^2 x\right)^q \sin x \mathrm{d}x$.

Le changement de variable $t = \cos x$ ramène à $-\int t^n \left(1-t^2\right)^q \mathrm{d}t$.

Dans chaque cas, il s'agit d'une primitive d'une fonction polynôme.

1.2 – m et n sont pairs

$n = 2p$ et $m = 2q$, avec p et q entiers naturels. On linéarise $(\cos x)^{2p}(\sin x)^{2q}$.

Si p et q sont trop grands pour que la linéarisation soit aisée, on se ramène au calcul de $\int (\cos x)^{2(p+q)}\mathrm{d}x$ ou de $\int (\sin x)^{2(p+q)}\mathrm{d}x$ au moyen d'une relation de récurrence.

En effet, en intégrant par parties, on a :

$$\begin{aligned} I_{2p,2q} &= \int (\sin x)^{2q-1}(\cos x)^{2p}\sin x \mathrm{d}x \\ &= -\frac{1}{2p+1}(\cos x)^{2p+1}(\sin x)^{2q-1} + \frac{2q-1}{2p+1}\int (\cos x)^{2p+2}(\sin x)^{2q-2}\mathrm{d}x \\ &= -\frac{1}{2p+1}(\cos x)^{2p+1}(\sin x)^{2q-1} + \frac{2q-1}{2p+1} I_{2p+2,2q-2} \end{aligned}$$

ou, de même, $I_{2p,2q} = \frac{1}{2q+1}(\sin x)^{2q+1}(\cos x)^{2p-1} + \frac{2p-1}{2q+1} I_{2p-2,2q+2}$.

Exemple 5 Calcul de $\int \sin^5 x \mathrm{d}x$.

$\sin^5 x \mathrm{d}x = \left(1-\cos^2 x\right)^2 \sin x \mathrm{d}x$ donne avec le changement de variable défini par $t = \cos x$:

$$\int \sin^5 x \mathrm{d}x = -\int \left(1-t^2\right)^2 \mathrm{d}t = -\int \left(t^4 - 2t^2 + 1\right)\mathrm{d}t.$$

Il vient alors : $\int \sin^5 x \mathrm{d}x = -\frac{1}{5}\cos^5 x + \frac{2}{3}\cos^3 x - \cos x$.

Exemple 6 Calcul de $\int \cos^4 x \sin^2 x \mathrm{d}x$.

- Linéarisation avec les formules d'Euler et $\cos^4 x \sin^2 x = \cos^4 x - \cos^6 x$.

$$\begin{aligned} \cos^4 x &= \frac{1}{2^4}\left(e^{ix}+e^{-ix}\right)^4 = \frac{1}{2^4}\left(e^{4ix}+e^{-4ix}+4\left(e^{2ix}+e^{-2ix}\right)+6\right) \\ &= \frac{1}{2^3}(\cos 4x + 4\cos 2x + 3) \\ \cos^6 x &= \frac{1}{2^6}\left(e^{ix}+e^{-ix}\right)^6 \\ &= \frac{1}{2^6}\left(e^{6ix}+e^{-6ix}+6\left(e^{4ix}+e^{-4ix}\right)+15\left(e^{2ix}+e^{-2ix}\right)+20\right) \\ &= \frac{1}{2^5}(\cos 6x + 6\cos 4x + 15\cos 2x + 10) \end{aligned}$$

Ainsi, $\cos^4 x - \cos^6 x = -\frac{1}{32}\cos 6x - \frac{1}{16}\cos 4x + \frac{1}{32}\cos 2x + \frac{1}{16}$.

- Il vient alors :

$$\int \cos^4 x \sin^2 x \mathrm{d}x = -\frac{1}{192}\sin 6x - \frac{1}{64}\sin 4x + \frac{1}{64}\sin 2x + \frac{1}{16}x.$$

2. Règles de Bioche

On a toujours $f(x) = F(\cos x, \sin x)$ où $F(X, Y)$ est une fraction rationnelle.

Chacune des règles suivantes donne un changement de variable qui ramène le calcul de $\int f(x)\mathrm{d}x$ à celui d'une primitive de fonction rationnelle.

Règle 1

On étudie si $f(x)\mathrm{d}x$ est invariant quand on remplace x par $-x$ ou par $\pi - x$ ou par $\pi + x$.

a) **Si $f(x)\,\mathrm{d}x$ est invariant quand on remplace x par $-x$,** ✎ (8)
le changement de variable défini par $x = \operatorname{Arccos} t$, donc $t = \cos x$, ramène au calcul d'une primitive d'une fonction rationnelle en t.

b) **Si $f(x)\,\mathrm{d}x$ est invariant quand on remplace x par $\pi - x$,** ✎
le changement de variable défini par $x = \operatorname{Arcsin} t$, donc $t = \sin x$, ramène au calcul d'une primitive d'une fonction rationnelle en t.

c) **Si $f(x)\,\mathrm{d}x$ est invariant quand on remplace x par $\pi + x$,** ✎
le changement de variable défini par $x = \operatorname{Arctan} t$, donc $t = \tan x$, ramène au calcul d'une primitive d'une fonction rationnelle en t.

✎ (8) On notera qu'il faut examiner l'invariance de $f(x)\mathrm{d}x$ (sans oublier le $\mathrm{d}x$).

Règle 2

Si deux au moins des changements a) ou b) ou c) laissent invariant $f(x)\mathrm{d}x$, le changement de variable défini par $x = \frac{1}{2}\operatorname{Arccos} t$, donc $t = \cos 2x$ ramène au calcul d'une primitive d'une fonction rationnelle en t.

Règle 3

Dans tous les cas, le changement de variable $x = 2\operatorname{Arctan} t$, donc $t = \tan\frac{x}{2}$, ramène au calcul d'une primitive d'une fonction rationnelle en t. ✎ (9)

✎ (9) Pour avoir les calculs les plus simples possibles, il faut utiliser ces règles dans l'ordre préférentiel 2 puis 1 puis 3.
Les règles 1 et 2 sont admises.

Exemple 7 Calcul de $\displaystyle\int \frac{\mathrm{d}x}{\sin x + \sin 2x}$.

$\sin x + \sin 2x = \sin x(1 + 2\cos x)$ ne prend pas la valeur 0 sur tout intervalle I ne contenant pas de réel de la forme $\frac{k\pi}{3}$, avec $k \equiv 0[2]$ ou $k \equiv 0[3]$.

La périodicité et l'imparité de $f\ :\ x \mapsto \dfrac{1}{\sin x + \sin 2x}$ permettent de se limiter aux intervalles $\left]0, \frac{2\pi}{3}\right[$ et $\left]\frac{2\pi}{3}, \pi\right[$.

Les règles de Bioche nous conduisent à poser $x = \cos t$.

Avec $\dfrac{\mathrm{d}x}{\sin x + \sin 2x} = \dfrac{\sin x\mathrm{d}x}{\sin^2 x + 2\sin^2 x\cos x}$,

il vient $\displaystyle\int \frac{1}{\sin x + \sin 2x}\mathrm{d}x = -\int \frac{\mathrm{d}t}{(1+2t)\left(1 - t^2\right)}$.

Avec $-\dfrac{1}{(1+2t)\left(1-t^2\right)} = \dfrac{1}{6(t-1)} + \dfrac{1}{2(t+1)} - \dfrac{4}{3(2t+1)}$,

il vient $\displaystyle\int \frac{\mathrm{d}x}{\sin x + \sin 2x} = \frac{1}{6}\ell n(1 - \cos x) + \frac{1}{2}\ell n(1 + \cos x) - \frac{2}{3}\ell n\left|1 + 2\cos x\right|$.

Exemple 8 Calcul de $\displaystyle\int \frac{\mathrm{d}x}{\sin^4 x + \cos^4 x}$.

La fonction $f \ : \ x \mapsto \dfrac{1}{\sin^4 x + \cos^4 x}$ est continue sur $\mathbb{R}$ et de période $\dfrac{\pi}{2}$.

Avec $\quad \sin^4 x + \cos^4 x = \left(\sin^2 x + \cos^2 x\right)^2 - 2\sin^2 x \cos^2 x,$

il vient $\quad$ pour tout $x \in \mathbb{R}$, $f(x) = \dfrac{1}{1 - \dfrac{1}{2}\sin^2 2x}$. ✎ (10)

✎ (10) L'application de la règle de Bioche avec la forme initiale de $f(x)$ conduit à poser $t = \tan x$ ce qui ramène au calcul de $\displaystyle\int \frac{1+t^2}{1+t^4}\mathrm{d}t$. On voit ainsi que la fait d'exprimer $f(x)$ en fonction de $\sin 2x$ amène une simplification sensible des calculs.

On peut alors se limiter à l'intervalle $\left[-\dfrac{\pi}{4}, \dfrac{\pi}{4}\right]$ et utiliser le changement de variable défini par :

$$t = \tan 2x \quad \text{pour } x \in \left]-\frac{\pi}{4}, \frac{\pi}{4}\right[$$

On a aussi $\quad f(x) = \dfrac{1}{\cos^2 2x + \dfrac{1}{2}\sin^2 2x} = \dfrac{2}{\cos^2 2x} \times \dfrac{1}{2 + \tan^2 2x}$

d'où $\quad \displaystyle\int \frac{\mathrm{d}x}{\sin^4 x + \cos^4 x} = \int \frac{\mathrm{d}t}{2 + t^2} = \frac{1}{\sqrt{2}} \operatorname{Arctan}\left(\frac{t}{\sqrt{2}}\right),$

c'est-à-dire $\quad \displaystyle\int \frac{\mathrm{d}x}{\sin^4 x + \cos^4 x} = \frac{1}{\sqrt{2}} \operatorname{Arctan}\left(\frac{\tan 2x}{\sqrt{2}}\right).$

D. Primitives de fonctions rationnelles en ch, sh

Soit $F(X, Y)$ une fraction rationnelle. On cherche une primitive de la fonction f définie par :

$$f(x) = F(\operatorname{ch} x, \operatorname{sh} x).$$

Chacune des règles suivantes donne un changement de variable qui ramène le calcul de $\displaystyle\int f(x)\mathrm{d}x$ à celui d'une primitive de fonction rationnelle.

Règle 4

On examine $F(\cos x, \sin x)\mathrm{d}x$ et quel changement de variable permet, le plus efficacement possible ✎ (11) de se ramener à une primitive de fonction rationnelle.

✎ (11) Voir les propriétés annoncées pour les règles de Bioche.

a) Si $\displaystyle\int F(\cos x, \sin x)\mathrm{d}x$ se calcule avec $t = \cos x$,

alors $\displaystyle\int F(\operatorname{ch} x, \operatorname{sh} x)\mathrm{d}x$ se calcule avec $t = \operatorname{ch} x$.

b) Si $\displaystyle\int F(\cos x, \sin x)\mathrm{d}x$ se calcule avec $t = \sin x$,

alors $\displaystyle\int F(\operatorname{ch} x, \operatorname{sh} x)\mathrm{d}x$ se calcule avec $t = \operatorname{sh} x$.

c) Si $\displaystyle\int F(\cos x, \sin x)\mathrm{d}x$ se calcule avec $t = \tan x$,

alors $\displaystyle\int F(\operatorname{ch} x, \operatorname{sh} x)\mathrm{d}x$ se calcule avec $t = \operatorname{th} x$.

d) Si $\displaystyle\int F(\cos x, \sin x)\mathrm{d}x$ se calcule avec $t = \cos 2x$,

alors $\displaystyle\int F(\operatorname{ch} x, \operatorname{sh} x)\mathrm{d}x$ se calcule avec $t = \operatorname{ch} 2x$.

La règle 4 est admise.

Règle 5

Dans les autres cas, on peut utiliser le changement de variable défini par $t = \operatorname{th} \dfrac{x}{2}$, mais il est en général préférable d'utiliser $t = e^x$.

Exemple 9 Calcul de $\displaystyle\int \frac{dx}{\operatorname{sh}^3 x}$.

$\displaystyle\int \frac{dx}{\sin^3 x}$ se calcule en posant $t = \cos x$. $f : x \mapsto \dfrac{1}{\operatorname{sh}^3 x}$ est continue sur $\mathbb{R}^*$.

Nous calculons $\displaystyle\int \frac{dx}{\operatorname{sh}^3 x}$ avec le changement de variable défini par $t = \operatorname{ch} x$.

$t \mapsto \operatorname{ch} t$ est un changement de variable bijectif de $]-\infty, 0[$ sur $]1, +\infty[$ et de $]0, +\infty[$ sur $]1, +\infty[$. Sur l'un ou l'autre des intervalles $]-\infty, 0[$ ou $]0, +\infty[$, il vient alors :

$$\int \frac{dx}{\operatorname{sh}^3 x} = \int \frac{\operatorname{sh} x}{\operatorname{sh}^4 x} dx = \int \frac{dt}{(t^2-1)^2}.$$

Une intégration par parties nous donne : ✎ (12)

$$2\int \frac{dt}{(t^2-1)^2} = \frac{t}{1-t^2} + \int \frac{dt}{1-t^2}$$

c'est-à-dire $\displaystyle 2\int \frac{dt}{(t^2-1)^2} = \frac{t}{1-t^2} + \frac{1}{2}\ln\left|\frac{1+t}{1-t}\right|$.

Ainsi, $\displaystyle\int \frac{dx}{\operatorname{sh}^3 x} = \frac{1}{4}\ln\left|\frac{1+\operatorname{ch} x}{1-\operatorname{ch} x}\right| - \frac{\operatorname{ch} x}{2\operatorname{sh}^2 x}$.

✎ (12) $\displaystyle\int \frac{dt}{1-t^2} = \frac{t}{1-t^2} - 2\int \frac{t^2}{(1-t^2)^2}dt = \frac{t}{1-t^2} + 2\int \frac{dt}{1-t^2} - 2\int \frac{dt}{(1-t^2)^2}$

Exemple 10 Calcul de $\displaystyle\int_0^{\ln 2} \frac{dx}{5\operatorname{sh} x - 4\operatorname{ch} x}$.

On a $5\operatorname{sh} x - 4\operatorname{ch} x = 0$ si et seulement si $e^x - 9e^{-x} = 0$, ou encore $e^{2x} = 9$, soit enfin : $x = \ln 3$.

$f : x \mapsto \dfrac{1}{5\operatorname{sh} x - 4\operatorname{ch} x}$ est donc continue sur $[0, \ln 2]$.

Nous utilisons le changement de variable $x \mapsto e^x$, bijectif de $[0, \ln 2]$ sur $[1, 2]$.

Il vient alors $\displaystyle\int_0^{\ln 2} \frac{dx}{5\operatorname{sh} x - 4\operatorname{ch} x} = 2\int_0^{\ln 2} \frac{dx}{e^x - 9e^{-x}} = 2\int_1^2 \frac{dt}{t^2-9}$, et donc :

$$\int_0^{\ln 2} \frac{dx}{5\operatorname{sh} x - 4\operatorname{ch} x} = \frac{1}{3}\left[\ln\left|\frac{t-3}{t+3}\right|\right]_1^2 = \frac{1}{3}\ln\frac{2}{5}.$$

E. Intégrales abéliennes

Soit $F(X, Y)$ une fraction rationnelle.

L'objet de cette section est de calculer une primitive d'une fonction f de l'une des formes suivantes :

- $f(x) = F\left(x, \sqrt[n]{\dfrac{ax+b}{cx+d}}\right)$
- $f(x) = F\left(x, \sqrt{ax^2+bx+c}\right)$

1. $\displaystyle\int F\left(x, \sqrt[n]{\frac{ax+b}{cx+d}}\right)\mathrm{d}x, \quad ad-bc\neq 0$

✎ (13) Ce paragraphe contient le cas où : $f(x)=F(x, \sqrt[n]{ax+b})$, avec $a\neq 0$.

✎ (13)

On suppose $ad-bc\neq 0$, sinon $\dfrac{ax+b}{cx+d}$ est constante, et le problème est sans objet.

On étudie en premier lieu le ou les intervalles sur le(s)quel(s) f est continue.

Règle 6

Le changement de variable défini par $t=\sqrt[n]{\dfrac{ax+b}{cx+d}}$ ramène le calcul de :

$$\int F\left(x, \sqrt[n]{\frac{ax+b}{cx+d}}\right)\mathrm{d}x$$

à celui d'une primitive de fonction rationnelle en t.

☞ Avec $x=\dfrac{-dt^n+b}{ct^n-a}$ il vient $\mathrm{d}x = n\dfrac{ad-bc}{(ct^n-a)^2}t^{n-1}\mathrm{d}t$, ce qui ramène au calcul de :

$$\int nF\left(\frac{-dt^n+b}{ct^n-a}, t\right)\frac{ad-bc}{(ct^n-a)^2}t^{n-1}\mathrm{d}t.$$

Exemple 11 Calcul de $\displaystyle\int \frac{\sqrt{x+1}-\sqrt[4]{x+1}}{\sqrt{x+1}+\sqrt[4]{x+1}}\mathrm{d}x$.

La fonction $f\ :\ x\mapsto \dfrac{\sqrt{x+1}-\sqrt[4]{x+1}}{\sqrt{x+1}+\sqrt[4]{x+1}}$ est continue sur $]-1,+\infty[$.

Le changement de variable défini par $t=\sqrt[4]{x+1}$, avec $x\in\ ]-1,+\infty[$, c'est-à-dire $x=t^4-1$ avec $t\in\ ]0,+\infty[$, nous donne :

$$\int f(x)\mathrm{d}x = 4\int \frac{t^2-t}{t^2+t}t^3\mathrm{d}t = 4\int\frac{t-1}{t+1}t^3\mathrm{d}t.$$

Avec $\dfrac{t-1}{t+1}t^3 = t^3-2t^2+2t-2+\dfrac{2}{t+1}$, il vient :

$$\int f(x)\mathrm{d}x = x+1-\frac{8}{3}(x+1)^{\frac{3}{4}}+4(x+1)^{\frac{1}{2}}-8(x+1)^{\frac{1}{4}}+8\,\ell n\left((x+1)^{\frac{1}{4}}+1\right).$$

Exemple 12 Calcul de $\displaystyle\int (x+1)\sqrt{\frac{x-1}{x}}\mathrm{d}x$.

- La fonction $f\ :\ x\mapsto (x+1)\sqrt{\dfrac{x-1}{x}}$ est continue sur $I_1=]-\infty,0[$ et sur $I_2=[1,+\infty[$.

Le changement de variable défini par $x=\dfrac{1}{1-t^2}$ est bijectif de $]1,+\infty[$ sur $]-\infty,0[$, et de $]0,1[$ sur $]1,+\infty[$. ✎ (14)

✎ (14) Les deux applications réciproques sont définies par : $t=\sqrt{\dfrac{x-1}{x}}$

Dans les deux cas, $\mathrm{d}x=\dfrac{2t}{\left(1-t^2\right)^2}\mathrm{d}t$ et :

$$\int f(x)\mathrm{d}x = 2\int\frac{2-t^2}{\left(1-t^2\right)^3}t^2\mathrm{d}t.$$

- En intégrant par parties, il vient :

$$\int\left(2t-t^3\right)\frac{2t}{\left(1-t^2\right)^3}\mathrm{d}t = \frac{2t-t^3}{2\left(1-t^2\right)^2}-\int\frac{2-3t^2}{2\left(1-t^2\right)^2}\mathrm{d}t.$$

Avec $\dfrac{2-3X}{(1-X)^2} = \dfrac{3}{1-X} - \dfrac{1}{(1-X)^2}$, il vient :

$$\int \frac{2-3t^2}{\left(1-t^2\right)^2}\mathrm{d}t = 3\int \frac{\mathrm{d}t}{1-t^2} - \int \frac{\mathrm{d}t}{\left(1-t^2\right)^2}$$

Comme dans l'exemple 12, on a : $2\displaystyle\int \frac{\mathrm{d}t}{(1-t^2)^2} = \frac{t}{1-t^2} + \int \frac{\mathrm{d}t}{1-t^2}$.

Il s'ensuit :

$$\int \left(2t-t^3\right)\frac{2t}{\left(1-t^2\right)^3}\mathrm{d}t = \frac{2t-t^3}{2\left(1-t^2\right)^2} + \frac{t}{4\left(1-t^2\right)} - \frac{5}{8}\ell n\left|\frac{1+t}{1-t}\right|,$$

d'où $\displaystyle\int f(x)\mathrm{d}x = \frac{x(2x+3)}{4}\sqrt{\frac{x-1}{x}} - \frac{5}{8}\ell n\left|\frac{1+\sqrt{\frac{x-1}{x}}}{1-\sqrt{\frac{x-1}{x}}}\right|$.

2. $\displaystyle\int F\left(x, \sqrt{ax^2+bx+c}\right)\mathrm{d}x, \quad a \neq 0, \quad b^2-4ac \neq 0$

✎ (15)

✎ (15) On suppose $\Delta = b^2-4ac \neq 0$, sinon $\sqrt{ax^2+bx+c}$ admet une racine double α. Alors $\sqrt{ax^2+bx+c} = \sqrt{a}|x-\alpha|$ pour $a>0$ et, pour $a<0$, l'ensemble de définition est réduit à un point.

2.1 – Méthode ramenant à une primitive de fonction rationnelle

Règle 7

Avec $a>0$, le calcul de $\displaystyle\int F\left(x, \sqrt{ax^2+bx+c}\right)\mathrm{d}x$ se ramène à celui d'une primitive de fonction rationnelle au moyen du changement de variable défini par :

$$\sqrt{ax^2+bx+c} = x\sqrt{a} + t.$$

☞ On a alors $x = \dfrac{t^2-c}{b-2t\sqrt{a}}$ et $\mathrm{d}x = \dfrac{-2t^2\sqrt{a}+2bt-2c\sqrt{a}}{(b-2t\sqrt{a})^2}\mathrm{d}t$.

Règle 8

Avec $\Delta > 0$, le polynôme ax^2+bx+c admet des racines réelles α et β, avec $\alpha \neq \beta$.

En écrivant $\sqrt{a(x-\alpha)(x-\beta)} = |x-\alpha|\sqrt{a\dfrac{x-\beta}{x-\alpha}}$, on est ramené à calculer une primitive de fonction rationnelle en x et $\sqrt{a\dfrac{x-\beta}{x-\alpha}}$. ✎ (16)

✎ (16) Avec $a>0$, en supposant $\alpha<\beta$, l'ensemble de définition de $x \mapsto \sqrt{a(x-\alpha)(x-\beta)}$ est $]-\infty,\alpha] \cup [\beta,+\infty[$, on posera alors $\sqrt{ax^2+bx+c} = \varepsilon(x-\beta)\sqrt{a\dfrac{x-\alpha}{x-\beta}}$ pour traiter simultanément les deux cas : $\varepsilon=-1$ sur $]-\infty,\alpha[$, $\varepsilon=1$ sur $]\beta,+\infty[$

2.2 – Méthode ramenant à une primitive de fonction rationnelle en ch, sh ou en sin, cos

Règle 9

Avec $a>0$ et $\Delta>0$, en écrivant $ax^2+bx+c = a\left[\left(x+\dfrac{b}{2a}\right)^2 - \dfrac{\Delta}{4a^2}\right]$, le changement de variable défini par $t \geqslant 0$, $\left|x+\dfrac{b}{2a}\right| = \dfrac{\sqrt{\Delta}}{2a}\operatorname{ch} t$ ramène au calcul d'une primitive de fonction rationnelle en ch, sh.

☞ Si $\alpha < \beta$, on a $x + \dfrac{b}{2a} = \dfrac{\sqrt{\Delta}}{2a}\operatorname{ch} t$ pour $x \in]\beta, +\infty[$ et $x + \dfrac{b}{2a} = -\dfrac{\sqrt{\Delta}}{2a}\operatorname{ch} t$ pour $x \in]-\infty, \alpha[$.

On a alors $\sqrt{ax^2+bx+c} = \sqrt{\dfrac{\Delta}{4a}}\operatorname{sh} t$ et $\mathrm{d}x = \varepsilon\dfrac{\sqrt{\Delta}}{2a}\operatorname{sh} t$, avec $\varepsilon = 1$ ou $\varepsilon = -1$ suivant que l'on travaille sur $]\beta, +\infty[$ ou sur $]-\infty, \alpha[$.

Règle 10

Avec $a > 0$ et $\Delta < 0$, on écrit $ax^2 + bx + c = a\left[\left(x + \dfrac{b}{2a}\right)^2 + \dfrac{-\Delta}{4a^2}\right]$.

Le changement de variable défini par $x + \dfrac{b}{2a} = \dfrac{\sqrt{-\Delta}}{2a}\operatorname{sh} t$ ramène au calcul d'une primitive de fonction rationnelle en ch, sh.

On suit la même démarche que pour la règle précédente.

Règle 11

Avec $a < 0$ (et $\Delta > 0$), en écrivant $ax^2+bx+c = (-a)\left[\dfrac{\Delta}{4a^2} - \left(x + \dfrac{b}{2a}\right)^2\right]$, le changement de variable défini par $t \in \left]-\dfrac{\pi}{2}, \dfrac{\pi}{2}\right[$, $x + \dfrac{b}{2a} = \dfrac{\sqrt{\Delta}}{2a}\sin t$ ramène au calcul d'une primitive de fonction rationnelle en cos, sin. ✎ (17)

✎ (17) **Remarque**
On peut aussi prendre le changement de variable défini par :
$t \in]0, \pi[, x + \frac{b}{2a} = \frac{\sqrt{\Delta}}{2a}\cos t$

☞ Il vient alors $\sqrt{ax^2+bx+c} = \sqrt{\dfrac{\Delta}{-4a}}\cos t$ et $\mathrm{d}x = \dfrac{\sqrt{\Delta}}{2a}\cos t\mathrm{d}t$.

Exemple 13 Calcul de $\displaystyle\int \frac{\mathrm{d}x}{x - 2 + \sqrt{x^2 - 2x + 2}}$.

$x \mapsto \sqrt{x^2 - 2x + 2}$ est continue sur $\mathbb{R}$ et $x - 2 + \sqrt{x^2 - 2x + 2}$ s'annule en 1. La fonction $f : x \mapsto \dfrac{1}{x - 2 + \sqrt{x^2 - 2x + 2}}$ est continue sur $]-\infty, 1[$ et sur $]1, +\infty[$.

- Première méthode. On pose $\sqrt{x^2 - 2x + 2} = x + t$. Il vient :

$x = \dfrac{2 - t^2}{2(1+t)}$ et $\mathrm{d}x = -\dfrac{t^2 + 2t + 2}{2(1+t)^2}\mathrm{d}t$, d'où $\displaystyle\int f(x)\mathrm{d}x = \frac{1}{2}\int \frac{t^2 + 2t + 2}{t(t+1)}\mathrm{d}t$.

Avec $\dfrac{t^2 + 2t + 2}{t(t+1)} = 1 + \dfrac{2}{t} - \dfrac{1}{t+1}$, on a :

$$\int \frac{t^2 + 2t + 2}{t(t+1)}\mathrm{d}t = t + 2\ln|t| - \ln|t+1|$$

et donc $\displaystyle\int f(x)\mathrm{d}x = \frac{1}{2}\left(\sqrt{x^2 - 2x + 2} - x\right) + \ln\left|\sqrt{x^2 - 2x + 2} - x\right|$

$$-\frac{1}{2}\ln\left|\sqrt{x^2 - 2x + 2} - x + 1\right|.$$

- Deuxième méthode. On pose $x - 1 = \operatorname{sh} t$. Il vient $\mathrm{d}x = \operatorname{ch} t\mathrm{d}t$ et :

$$x^2 - 2x + 2 = (x-1)^2 + 1 = \operatorname{ch}^2 t.$$

Ainsi, $\displaystyle\int f(x)\mathrm{d}x = \int \frac{\operatorname{ch} t\mathrm{d}t}{\operatorname{ch} t + \operatorname{sh} t - 1}$.

On pose alors $u = e^t$ pour obtenir $\displaystyle\int \frac{\operatorname{ch} t\mathrm{d}t}{\operatorname{ch} t + \operatorname{sh} t - 1} = \int \frac{u^2 + 1}{2u^2(u-1)}\mathrm{d}u$.

La fin des calculs est laissée au lecteur.

Exemple 14 Calcul de $\displaystyle\int \frac{x-1}{x+1}\sqrt{2x-x^2}\mathrm{d}x.$

La fonction $f\ :\ x \mapsto \dfrac{x-1}{x+1}\sqrt{2x-x^2}$ est continue sur $[0,2]$.

- Première méthode.

Sur $]0,2[$, $2x - x^2 = x^2\dfrac{2-x}{x}$ et donc $f(x) = \dfrac{x(x-1)}{x+1}\sqrt{\dfrac{2-x}{x}}$.

Posons alors $t = \sqrt{\dfrac{2-x}{x}}$, avec $x \in\ ]0,2[\ :\ x = \dfrac{2}{1+t^2}$ avec $t \in\ ]0,+\infty[$.

Avec $\mathrm{d}x = -\dfrac{4t}{(1+t^2)^2}\mathrm{d}t$, on obtient :

$$\int f(x)\mathrm{d}x = \int \frac{8(t^2-1)t^2}{(1+t^2)^3(3+t^2)}\mathrm{d}t.$$

Par décomposition en éléments simples, il vient : ✎ (18)

$$\frac{8(t^2-1)t^2}{(1+t^2)^3(3+t^2)} = \frac{8}{(1+t^2)^3} - \frac{16}{(1+t^2)^2} + \frac{12}{1+t^2} - \frac{12}{3+t^2}$$

✎ (18) On décompose en éléments simples la fraction : $\dfrac{8(x-1)x}{(1+x)^3(3+x)}$ puis on substitue t^2 à x.

Avec la formule de récurrence donnée en fin du tableau des primitives usuelles, on obtient :

$$\int \frac{8(t^2-1)t^2}{(1+t^2)^3(3+t^2)}\mathrm{d}t = \frac{2t}{(1+t^2)^2} - \frac{5t}{1+t^2} + 7\,\mathrm{Arctan}\,t - 4\sqrt{3}\,\mathrm{Arctan}\,\frac{t}{\sqrt{3}}$$

et enfin :

$$\int f(x)\mathrm{d}x = \frac{x-5}{2}\sqrt{2x-x^2} + 7\,\mathrm{Arctan}\sqrt{\frac{2-x}{x}} - 4\sqrt{3}\,\mathrm{Arctan}\sqrt{\frac{2-x}{3x}}.$$

- Deuxième méthode.

En écrivant $2x - x^2 = 1 - (x-1)^2$, on est conduit à poser $x - 1 = \cos u$, avec $x \in\ ]0,2[$ et $u \in\ ]0,\pi[$.

Il vient alors $f(x)\mathrm{d}x = -\dfrac{\cos u \sin^2 u}{2+\cos u}\mathrm{d}u = \dfrac{\cos^3 u - \cos u}{2+\cos u}\mathrm{d}u$

En s'aidant de la division euclidienne de $X^3 - X$ par $X+2$, on obtient :

$$\frac{\cos^3 u - \cos u}{2+\cos u} = \cos^2 u - 2\cos u + 3 - \frac{6}{2+\cos u}$$

Il s'ensuit $\displaystyle\int f(x)\mathrm{d}x = \frac{\sin 2u}{4} - 2\sin u + \frac{7u}{2} - 6\int \frac{\mathrm{d}u}{2+\cos u}.$

En posant $t = \tan\dfrac{u}{2}$, on obtient :

$$\int \frac{\mathrm{d}u}{2+\cos u} = \int \frac{2\mathrm{d}t}{3+t^2} = \frac{2}{\sqrt{3}}\mathrm{Arctan}\,\frac{t}{\sqrt{3}}.$$

Finalement,

$$\int f(x)\mathrm{d}x = \frac{x-5}{2}\sqrt{2x-x^2} + \frac{7}{2}\mathrm{Arccos}(x-1) - 4\sqrt{3}\,\mathrm{Arctan}\sqrt{\frac{2-x}{3x}}.$$ ✎ (19)

✎ (19) $t = \tan\frac{u}{2}$ donne $t = \dfrac{2\sin\frac{u}{2}\cos\frac{u}{2}}{2\cos^2\frac{u}{2}} = \dfrac{\sin u}{1+\cos u}$ donc $t = \sqrt{\dfrac{2-x}{x}}$

On peut vérifier que les deux primitives trouvées coïncident. ✎ (20)

✎ (20) En posant $\theta = \mathrm{Arctan}\sqrt{\dfrac{2-x}{x}}$, on a $\theta \in \left]0,\frac{\pi}{2}\right[$ donc $2\theta \in\ ]0,\pi[$.
Alors : $\cos 2\theta = \dfrac{1-\tan^2\theta}{1+\tan^2\theta} = x-1$ donne $\theta = \dfrac{1}{2}\mathrm{Arccos}(x-1)$.

Exercices

Niveau 1

Avec solution détaillée

Ex. 1

Calculer les primitives :

1) $\displaystyle\int \frac{1}{x}\sqrt{\frac{x-1}{x+1}}\mathrm{d}x$;

2) $\displaystyle\int \frac{x}{\sqrt{x^2+x+2}}\mathrm{d}x$;

3) $\displaystyle\int \frac{x+2}{\sqrt{x^2-5x+6}}\mathrm{d}x$;

4) $\displaystyle\int x\sqrt{-x^2+3x-2}\mathrm{d}x$.

Ex. 2

Calculer les primitives :

1) $\displaystyle\int \frac{\mathrm{d}x}{e^x+2e^{-x}}$;

2) $\displaystyle\int \frac{\mathrm{d}x}{5\,\mathrm{ch}\,x+3\,\mathrm{sh}\,x+4}$.

Ex. 3

Calculer une primitive de :

$$x \mapsto \frac{x}{\sqrt{x^2+1}+\sqrt[3]{x^2+1}}.$$

Avec éléments de solution

Ex. 4

Calculer $\displaystyle\int \frac{1}{\left(x^4-1\right)^2}\mathrm{d}x$.

Ex. 5

Calculer $\displaystyle\int \frac{x}{\left(x^2+x+1\right)^3}\mathrm{d}x$;

Ex. 6

Calculer $\displaystyle\int \frac{\sin x\mathrm{d}x}{\sin^4 x+\cos^4 x-1}$.

Ex. 7

Calculer $\displaystyle\int \frac{\sin x\mathrm{d}x}{\sin^3 x+\cos^3 x}$.

Ex. 8

Calculer $\displaystyle\int \frac{\tan x}{1+\sin 3x}\mathrm{d}x$.

Ex. 9

Calculer $\displaystyle\int \frac{\mathrm{d}x}{2+\sin x}$.

Ex. 10

Calculer $\displaystyle\int_0^{\frac{\pi}{2}} \frac{\sin^3 x\cos x}{1+\cos^2 2x}\mathrm{d}x$.

Ex. 11

Calculer $\displaystyle\int \frac{\mathrm{d}x}{\sin 2x+\cos^3 x}$.

Ex. 12

Calculer $\displaystyle\int \frac{\mathrm{d}x}{\mathrm{sh}^2 x+\mathrm{ch}^2 x-1}$.

Ex. 13

Calculer $\displaystyle\int \frac{\mathrm{ch}\,x}{\mathrm{sh}\,x+\mathrm{ch}\,x}\mathrm{d}x$.

Ex. 14

Calculer $\displaystyle\int \frac{\mathrm{d}x}{2\,\mathrm{ch}\,x+\mathrm{sh}\,x+1}$.

Niveau 2

Avec solution détaillée

Ex. 15

Calculer $\displaystyle\int_0^{\ln 2} \frac{\operatorname{sh}^2 x}{\operatorname{ch}^5 x}\mathrm{d}x.$

Ex. 16

Étant donné $\theta \in [0, \pi[$, calculer $\displaystyle\int_0^{\frac{\pi}{2}} \frac{\mathrm{d}t}{1+\cos\theta\cos t}.$

Ex. 17

Calculer une primitive de $x \mapsto \dfrac{\cos x + 2\sin x}{\sin x - \cos x}.$

Ex. 18

Calculer une primitive de $x \mapsto \dfrac{1}{\sqrt{x^2+1}-\sqrt{x^2-1}}.$

Ex. 19

On pose :

$$I = \int_0^{\frac{\pi}{2}} \frac{\sin x}{\sqrt{1+\sin x\cos x}}\mathrm{d}x\,;$$

$$J = \int_0^{\frac{\pi}{2}} \frac{\cos x}{\sqrt{1+\sin x\cos x}}\mathrm{d}x.$$

1) Montrer que $I = J$.

2) Calculer I en considérant $I + J$.

Avec éléments de solution

Ex. 20

Calculer $\displaystyle\int_0^{\pi} \frac{1-\cos\frac{x}{3}}{\sin\frac{x}{2}}\mathrm{d}x.$

Ex. 21

Calculer $\displaystyle\int \frac{\mathrm{d}x}{x\sqrt{-x^4+3x^2-2}}.$

Ex. 22

Calculer $\displaystyle\int \frac{\sin x}{\cos x\sqrt{\cos 2x}}\mathrm{d}x.$

Ex. 23

Calculer $\displaystyle I = \int_0^1 \frac{\sqrt{x+1}}{\sqrt{x}+\sqrt{x+2}}\mathrm{d}x.$

Ex. 24

Calculer $\displaystyle I = \int_{-1}^1 \frac{\mathrm{d}x}{\sqrt{1+x}+\sqrt{1-x}+2}.$

Indications

Ex. 1

1) Utiliser le changement de variable défini par :

$$t = \sqrt{\frac{x-1}{x+1}}.$$

2) Poser $\sqrt{x^2+x+2} = x+t$.

3) Plusieurs méthodes :

- poser $\sqrt{x^2-5x+6} = x+t$,
- poser $t = \sqrt{\frac{x-2}{x-3}}$ ou $t = \sqrt{\frac{x-3}{x-2}}$,
- poser $x - \frac{5}{2} = \frac{1}{2}t$,
- poser $|2x-5| = \operatorname{ch} t \ , \ t > 0$.

4) Plusieurs méthodes :

- poser $t = \sqrt{\frac{x-1}{2-x}}$ ou $t = \sqrt{\frac{2-x}{x-1}}$,
- poser $x - \frac{3}{2} = \frac{t}{2}$.

Ex. 2

Pour les deux primitives, poser $e^x = t$.

Ex. 3

Poser $t = \sqrt[6]{x^2+1}$.

Ex. 6

Poser $t = \cos x$.

Ex. 7

Poser $t = \tan x$.

Ex. 8

Poser $t = \sin x$.

Ex. 9

Poser $t = \tan \frac{x}{2}$.

Ex. 10

Poser $u = \cos 2x$.

Ex. 11

Poser $u = \sin x$.

Ex. 12

Poser $t = \operatorname{th} x$.

Ex. 13

Poser $t = \operatorname{th} x$.

Ex. 14

Poser $t = e^x$.

Ex. 15

Intégrer deux fois par parties pour se ramener à une primitive de $\frac{1}{\operatorname{ch} x}$.

Ex. 16

Changement de variable $t = 2 \operatorname{Arctan} u$.

Ex. 17

Poser $u = x - \frac{\pi}{4}$.

Ex. 18

Multiplier par la quantité conjuguée puis calculer :

$$\int \sqrt{x^2+1}\mathrm{d}x \text{ et } \int \sqrt{x^2-1}\mathrm{d}x.$$

en intégrant par parties.

Ex. 19

Dans $\displaystyle\int_0^{\frac{\pi}{2}} \frac{\sin x + \cos x}{\sqrt{1+\sin x \cos x}}\mathrm{d}x$, poser $t = x - \frac{\pi}{4}$.

Ex. 20

Poser $u = \cos \frac{x}{6}$.

Ex. 21

Poser $t = \frac{1}{x^2}$.

Ex. 22

Poser $t = \sqrt{\cos 2x}$.

Ex. 23

$$\frac{\sqrt{x+1}}{\sqrt{x}+\sqrt{x+2}} = \frac{1}{2}\sqrt{x+1}\left(\sqrt{x+2}-\sqrt{x}\right).$$

Ex. 24

Poser $x = \cos t$ puis $u = \frac{t}{4} - \frac{\pi}{8}$.

Solutions des exercices

Niveau 1

Ex. 1

1) La fonction $x \mapsto \dfrac{1}{x}\sqrt{\dfrac{x-1}{x+1}}$ est continue sur $]-\infty, -1[$ et sur $[1, +\infty[$.

$x \mapsto \sqrt{\dfrac{x-1}{x+1}}$ est un changement de variable bijectif de $]-\infty, -1[$ sur $]1, +\infty[$ ou de $[1, +\infty[$ sur $[0, 1[$.

Posons $t = \sqrt{\dfrac{x-1}{x+1}}$ c'est-à-dire $x = \dfrac{1+t^2}{1-t^2} = -1 + \dfrac{2}{1-t^2}$ et $\mathrm{d}x = \dfrac{4t}{\left(1-t^2\right)^2}\mathrm{d}t$

Soit $J = \displaystyle\int \frac{4t^2}{(1+t^2)(1-t^2)}\mathrm{d}t$. Avec $\dfrac{4t^2}{\left(1+t^2\right)\left(1-t^2\right)} = -\dfrac{2}{1+t^2} + \dfrac{2}{1-t^2}$, on obtient :

$$J = -2\,\mathrm{Arctan}\, t + \ell n\left|\frac{1+t}{1-t}\right|$$

Il vient alors $\displaystyle\int \frac{1}{x}\sqrt{\frac{x-1}{x+1}}\mathrm{d}x = -2\,\mathrm{Arctan}\sqrt{\frac{x-1}{x+1}} + \ell n\left|\frac{1+\sqrt{\dfrac{x-1}{x+1}}}{1-\sqrt{\dfrac{x-1}{x+1}}}\right|.$

2) La fonction $x \mapsto \dfrac{x}{\sqrt{x^2+x+2}}$ est continue sur $\mathbb{R}$.

Posons $\sqrt{x^2+x+2} = x+t$. On obtient $x = \dfrac{t^2-2}{1-2t}$, $x+t = \dfrac{-t^2+t-2}{1-2t}$ et $\mathrm{d}x = \dfrac{-2t^2+2t-4}{(1-2t)^2}\mathrm{d}t$.

Soit alors $J = \displaystyle\int \frac{2t^2-4}{(1-2t)^2}\mathrm{d}t$.

Avec $\dfrac{2t^2-4}{(1-2t)^2} = \dfrac{1}{2} + \dfrac{1}{2t-1} - \dfrac{7}{2(2t-1)^2}$, il vient $J = \dfrac{t}{2} + \dfrac{1}{2}\ell n\,|2t-1| + \dfrac{7}{4(2t-1)}$.

On en déduit :

$$\begin{aligned}
&\int \frac{x}{\sqrt{x^2+x+2}}\mathrm{d}x \\
&= \frac{1}{2}\ell n\left|2\sqrt{x^2+x+2}-2x-1\right| + \frac{1}{2}\left(\sqrt{x^2+x+2}-x\right) + \frac{7}{4\left(2\sqrt{x^2+x+2}-2x-1\right)} \\
&= \frac{1}{2}\ell n\left|2\sqrt{x^2+x+2}-2x-1\right| + \sqrt{x^2+x+2} + \frac{1}{4}.
\end{aligned}$$

3) La fonction $x \mapsto \dfrac{x+2}{\sqrt{x^2-5x+6}}$ est continue sur $]-\infty, 2[$ et sur $]3, +\infty[$.

Nous pouvons envisager plusieurs méthodes :

a) poser $\sqrt{x^2-5x+6} = x+t$, b) poser $t = \sqrt{\dfrac{x-2}{x-3}}$ ou $t = \sqrt{\dfrac{x-3}{x-2}}$,

c) poser $x - \dfrac{5}{2} = \dfrac{1}{2}t$ à partir de $x^2-5x+6 = \left(x-\dfrac{5}{2}\right)^2 - \dfrac{1}{4}$, d) poser $|2x-5| = \mathrm{ch}\, t$, $t > 0$.

Utilisons la troisième, en notant que $x \notin [2,3]$ donne $|t| > 1$.

Soit $J = \displaystyle\int \frac{\frac{1}{2}t + \frac{9}{2}}{\sqrt{t^2 - 1}}\mathrm{d}t$. On obtient immédiatement : $J = \dfrac{1}{2}\sqrt{t^2 - 1} + \dfrac{9}{2}\,\ell n\left|t + \sqrt{t^2 - 1}\right|$.

Il vient alors $\displaystyle\int \frac{x+2}{\sqrt{x^2 - 5x + 6}}\mathrm{d}x = \sqrt{x^2 - 5x + 6} + \frac{9}{2}\,\ell n\left|2x - 5 + 2\sqrt{x^2 - 5x + 6}\right|$.

4) $x \mapsto x\sqrt{-x^2 + 3x - 2}$ est continue sur $[1, 2]$. Nous pouvons envisager deux méthodes :

a) poser $t = \sqrt{\dfrac{x-1}{2-x}}$ ou $t = \sqrt{\dfrac{2-x}{x-1}}$,

b) poser $x - \dfrac{3}{2} = \dfrac{1}{2}t$ à partir de $-x^2 + 3x - 2 = -\left(x - \dfrac{3}{2}\right)^2 + \dfrac{1}{4}$.

Utilisons la deuxième, en remarquant que $x \in [1, 2]$ donne $|t| \leqslant 1$.

Soit $J = \dfrac{1}{4}\displaystyle\int \left(\frac{1}{2}t + \frac{3}{2}\right)\sqrt{1 - t^2}\mathrm{d}t = \frac{1}{8}\int t\sqrt{1 - t^2}\mathrm{d}t + \frac{3}{8}\int \sqrt{1 - t^2}\mathrm{d}t.$

Soit $u = \operatorname{Arcsin} t$. Avec $t = \sin u$, il vient successivement :

$$\sqrt{1 - t^2} = \cos u \text{ et } \mathrm{d}t = \cos u\mathrm{d}u$$

$$\int \sqrt{1 - t^2}\mathrm{d}t = \int \cos^2 u\mathrm{d}u = \int \frac{1 + \cos 2u}{2}\mathrm{d}u$$

$$\int \sqrt{1 - t^2}\mathrm{d}t = \frac{u}{2} + \frac{1}{2}\sin u \cos u = \frac{1}{2}\operatorname{Arcsin} t + \frac{t\sqrt{1 - t^2}}{2}.$$

De plus, $\displaystyle\int t\sqrt{1 - t^2}\mathrm{d}t = -\frac{1}{3}\left(1 - t^2\right)^{\frac{3}{2}}$.

Finalement, $\displaystyle\int x\sqrt{-x^2 + 3x - 2}\mathrm{d}x = \left(\frac{x^2}{3} - \frac{x}{4} - \frac{11}{24}\right)\sqrt{-x^2 + 3x - 2} + \frac{3}{16}\operatorname{Arcsin}(2x - 3).$

Ex. 2

Pour le calcul de ces deux primitives, on effectue le changement de variable défini par $e^x = u$.

1) $\dfrac{\mathrm{d}x}{e^x + 2e^{-x}} = \dfrac{e^x\mathrm{d}x}{e^{2x} + 2} = \dfrac{\mathrm{d}u}{u^2 + 2}$.

Avec $\displaystyle\int \frac{\mathrm{d}u}{u^2 + 2} = \frac{1}{\sqrt{2}}\operatorname{Arctan}\frac{u}{\sqrt{2}}$, on obtient $\displaystyle\int \frac{\mathrm{d}x}{e^x + 2e^{-x}} = \frac{1}{\sqrt{2}}\operatorname{Arctan}\frac{e^x}{\sqrt{2}}$.

2) Nous avons : $\dfrac{1}{5\operatorname{ch} x + 3\operatorname{sh} x + 4} = \dfrac{2e^x}{5\left(e^{2x} + 1\right) + 3\left(e^{2x} - 1\right) + 8e^x} = \dfrac{e^x}{4e^{2x} + 4e^x + 1}$.

Il vient alors $\dfrac{\mathrm{d}x}{5\operatorname{ch} x + 3\operatorname{sh} x + 4} = \dfrac{\mathrm{d}u}{(2u+1)^2}$.

$\displaystyle\int \frac{\mathrm{d}u}{(2u+1)^2} = \frac{-1}{2(2u+1)}$ nous donne alors $\displaystyle\int \frac{\mathrm{d}x}{5\operatorname{ch} x + 3\operatorname{ch} x + 4} = -\frac{1}{2\left(2e^x + 1\right)}$.

Ex. 3

Posons $t = \sqrt[6]{x^2 + 1}$. On obtient $1 + x^2 = t^6$ et $x\mathrm{d}x = 3t^5\mathrm{d}t$.

$\dfrac{x\mathrm{d}x}{\sqrt{1 + x^2} + \sqrt[3]{1 + x^2}} = 3\dfrac{t^5}{t^3 + t^2}\mathrm{d}t = 3\dfrac{t^3}{t + 1}\mathrm{d}t$ (t n'est pas nul, car $t \geqslant 1$).

Avec $\dfrac{t^3}{t+1} = t^2 - t + 1 - \dfrac{1}{t+1}$ il vient $\displaystyle\int \frac{t^3}{t+1}\mathrm{d}t = \frac{1}{3}t^3 - \frac{1}{2}t^2 + t - \ell n(1 + t)$. (Noter que $1 + t > 0$.)

Ainsi $\displaystyle\int \frac{x}{\sqrt{1 + x^2} + \sqrt[3]{1 + x^2}}\mathrm{d}x = \sqrt{x^2 + 1} - \frac{3}{2}\sqrt[3]{x^2 + 1} + 3\sqrt[6]{x^2 + 1} - 3\,\ell n\left(1 + \sqrt[6]{x^2 + 1}\right)$.

Ex. 4

$$\frac{1}{\left(x^2-1\right)^2}=\frac{1}{4(x-1)^2}+\frac{1}{4(x+1)^2}-\frac{1}{4(x-1)}+\frac{1}{4(x+1)}$$

$$\begin{aligned}\int\frac{1}{\left(x^4-1\right)^2}\mathrm{d}x &= \frac{1}{4}\int\frac{\mathrm{d}x}{\left(x^2-1\right)^2}+\frac{1}{4}\int\frac{\mathrm{d}x}{\left(x^2+1\right)^2}-\frac{1}{4}\int\frac{\mathrm{d}x}{x^2-1}+\frac{1}{4}\int\frac{\mathrm{d}x}{x^2+1}\\ &= \frac{x}{4\left(1-x^4\right)}+\frac{3}{8}\operatorname{Arctan}x+\frac{3}{16}\ln\left|\frac{x+1}{x-1}\right|.\end{aligned}$$

Ex. 5

$$t=x+\frac{1}{2}\ ,\ I=\int\frac{x}{\left(x^2+x+1\right)^3}\mathrm{d}x=\int\frac{t-\frac{1}{2}}{\left(t^2+\frac{3}{4}\right)^3}\mathrm{d}t.$$

$$I=-\frac{x+2}{6\left(x^2+x+1\right)^2}-\frac{2x+1}{6\left(x^2+x+1\right)}-\frac{2}{3\sqrt{3}}\operatorname{Arctan}\left(\frac{2x+1}{\sqrt{3}}\right).$$

Ex. 6

$\sin^4x+\cos^4x-1=2\cos^2x\left(\cos^2x-1\right).$

Poser $t=\cos x$: $I=\displaystyle\int\frac{\sin x}{\sin^4x+\cos^4x-1}\mathrm{d}x=\int\frac{\mathrm{d}t}{2t^2\left(1-t^2\right)}$, $I=-\dfrac{1}{2\cos x}+\dfrac{1}{4}\ln\left(\dfrac{1+\cos x}{1-\cos x}\right).$

Ex. 7

Poser $t=\tan x$: $I=\displaystyle\int\frac{\sin x}{\cos^3x+\sin^3x}\mathrm{d}x=\int\frac{t}{t^3+1}\mathrm{d}t.$

$$I=\frac{1}{\sqrt{3}}\operatorname{Arctan}\left(\frac{-1+2\tan x}{\sqrt{3}}\right)+\frac{1}{6}\ln\left(\tan^2x-\tan x+1\right)-\frac{1}{3}\ln|1+\tan x|.$$

Ex. 8

Poser $t=\sin x$: $I=\displaystyle\int\frac{\tan x}{1+\sin 3x}\mathrm{d}x=\int\frac{t}{(t-1)^2(t+1)(2t+1)^2}\mathrm{d}t.$

$$I=\frac{1}{18(1-\sin x)}-\frac{5}{108}\ln(1-\sin x)-\frac{1}{4}\ln(1+\sin x)+\frac{2}{9(1+2\sin x)}+\frac{8}{27}\ln(1+2\sin x).$$

Ex. 9

Poser $t=\tan\dfrac{x}{2}$: $I=\displaystyle\int\frac{1}{2+\sin x}\mathrm{d}x=\int\frac{1}{t^2+t+1}\mathrm{d}t$, $I=\dfrac{2}{\sqrt{3}}\operatorname{Arctan}\left[\dfrac{1}{\sqrt{3}}\left(1+2\tan\dfrac{x}{2}\right)\right].$

Ex. 10

Poser $u=\cos 2x$: $I=\displaystyle\int_0^{\frac{\pi}{2}}\frac{\sin^3x\cos x}{1+\cos^2 2x}=\frac{1}{8}\int_{-1}^{1}\frac{1-u}{1+u^2}\mathrm{d}u=\frac{1}{4}\int_0^1\frac{1}{1+u^2}\mathrm{d}u=\frac{\pi}{16}.$

Ex. 11

Poser $u=\sin x$: $I=\displaystyle\int\frac{\mathrm{d}x}{\sin 2x+\cos^3x}=\int\frac{1}{\left(1-u^2\right)\left(1+2u-u^2\right)}\mathrm{d}u.$

$$I=-\frac{1}{2}\ln|\cos x|+\frac{1}{4}\ln\left|\sin^2x-2\sin x-1\right|+\frac{1}{4\sqrt{2}}\ln\left|\frac{\sqrt{2}-1+\sin x}{\sqrt{2}+1-\sin x}\right|.$$

Ex. 12

$$I=\int\frac{\mathrm{d}x}{\operatorname{ch}^2x+\operatorname{sh}^2x-1}=\frac{1}{2}\int\frac{\mathrm{d}t}{t^2}\ ,\ (t=\operatorname{th}x)\ ,\ I=-\frac{1}{2\operatorname{th}x}.$$

Ex. 13

$$I=\int\frac{\operatorname{ch}x}{\operatorname{sh}x+\operatorname{ch}x}\mathrm{d}x=\int\frac{\mathrm{d}t}{(1+t)\left(1-t^2\right)}\quad(t=\operatorname{th}x),\quad I=-\frac{\operatorname{ch}x}{2(\operatorname{ch}x+\operatorname{sh}x)}+\frac{x}{2}.$$

Ex. 14

$$I=\int\frac{\mathrm{d}x}{2\operatorname{ch}x+\operatorname{sh}x+1}=\int\frac{2\mathrm{d}t}{3t^2+2t+1}\quad(t=e^x),\quad I=\sqrt{2}\operatorname{Arctan}\left(\frac{3e^x+1}{\sqrt{2}}\right).$$

Niveau 2

Ex. 15

Au lieu d'utiliser directement la règle de Bioche, commençons par essayer de simplifier le problème.

Une intégration par parties donne, avec $\dfrac{\operatorname{sh}^2x}{\operatorname{ch}^5x}=\operatorname{sh}x\dfrac{\operatorname{sh}x}{\operatorname{ch}^5x}$:

$$I=\int_0^{\ln 2}\frac{\operatorname{sh}^2x}{\operatorname{ch}^5x}\mathrm{d}x=\left[-\frac{\operatorname{sh}x}{4\operatorname{ch}^4x}\right]_0^{\ln 2}+\frac{1}{4}\int_0^{\ln 2}\frac{\mathrm{d}x}{\operatorname{ch}^3x}.$$

Avec $1=\operatorname{ch}^2x-\operatorname{sh}^2x$, il vient ensuite $\displaystyle\int_0^{\ln 2}\frac{\mathrm{d}x}{\operatorname{ch}^3x}\mathrm{d}x=\int_0^{\ln 2}\frac{\mathrm{d}x}{\operatorname{ch}x}-\int_0^{\ln 2}\frac{\operatorname{sh}^2x}{\operatorname{ch}^3x}\mathrm{d}x.$

Une nouvelle intégration par parties donne $\displaystyle\int_0^{\ln 2}\frac{\operatorname{sh}^2x}{\operatorname{ch}^3x}\mathrm{d}x=-\left[\frac{\operatorname{sh}x}{2\operatorname{ch}^2x}\right]_0^{\ln 2}+\frac{1}{2}\int_0^{\ln 2}\frac{\mathrm{d}x}{\operatorname{ch}x}.$

Une primitive de $x\mapsto\dfrac{1}{\operatorname{ch}x}$ est $x\mapsto 2\operatorname{Arctan}e^x$.

En regroupant les résultats intermédiaires, nous avons donc $I=\left[-\dfrac{\operatorname{sh}x}{4\operatorname{ch}^4x}+\dfrac{\operatorname{sh}x}{8\operatorname{ch}^2x}+\dfrac{1}{4}\operatorname{Arctan}e^x\right]_0^{\ln 2}.$

En tenant compte de $\operatorname{sh}(\ln 2)=\dfrac{1}{2}\left(2-\dfrac{1}{2}\right)=\dfrac{3}{4}$, de $\operatorname{ch}(\ln 2)=\dfrac{1}{2}\left(2+\dfrac{1}{2}\right)=\dfrac{5}{4}$ et de

$\operatorname{Arctan}2-\operatorname{Arctan}1=\operatorname{Arctan}\dfrac{1}{3}$, il vient finalement $I=\dfrac{1}{4}\operatorname{Arctan}\dfrac{1}{3}-\dfrac{21}{1250}.$

Ex. 16

Pour $\theta\in[0,\pi[$ et $t\in\left[0,\dfrac{\pi}{2}\right]$, on a $\cos\theta\cos t\in\,]-1,1]$ donc $1+\cos\theta\cos t>0$.

Il en résulte que la fonction $t\mapsto\dfrac{1}{1+\cos\theta\cos t}$ est continue sur $\left[0,\dfrac{\pi}{2}\right]$.

Le changement de variable défini par $t=2\operatorname{Arctan}u$ nous ramène au calcul de :

$$I(\theta)=\int_0^1\frac{2\mathrm{d}u}{(1+\cos\theta)+(1-\cos\theta)u^2}=\int_0^1\frac{\mathrm{d}u}{\cos^2\dfrac{\theta}{2}+u^2\sin^2\dfrac{\theta}{2}}.$$

Pour $\theta\in\,]0,\pi[$ on obtient $I(\theta)=\dfrac{1}{\sin\dfrac{\theta}{2}\cos\dfrac{\theta}{2}}\left[\operatorname{Arctan}\left(u\tan\dfrac{\theta}{2}\right)\right]_0^1$

c'est-à-dire $I(\theta)=\dfrac{\theta}{\sin\theta}$ car $\dfrac{\theta}{2}\in\left]0,\dfrac{\pi}{2}\right[$ donne $\operatorname{Arctan}\left(\tan\dfrac{\theta}{2}\right)=\dfrac{\theta}{2}$. Si $\theta=0$, $I(0)=\displaystyle\int_0^1\mathrm{d}u=1.$

Remarquons que $\theta\mapsto I(\theta)$ est continue en 0.

Ex. 17

La fonction $f : x \mapsto \dfrac{\cos x + 2\sin x}{\sin x - \cos x}$ est continue sur tout intervalle U ne contenant pas $\dfrac{\pi}{4} (\mathrm{mod}\, \pi)$.

- En application des règles de Bioche, nous pouvons nous ramener à une primitive de fonction rationnelle en posant $t = \tan x$ sur tout intervalle excluant en outre $\dfrac{\pi}{2} (\mathrm{mod}\, \pi)$.

On est ainsi conduit au calcul de :

$$\int \frac{1 + 2t}{(t-1)\left(t^2+1\right)} \mathrm{d}t.$$

- Avec $\sin x - \cos x = \sqrt{2} \sin\left(x - \dfrac{\pi}{4}\right)$, choisissons de préférence le changement de variable défini par $u = x - \dfrac{\pi}{4}$.

Il vient alors $\cos x + 2\sin x = \dfrac{1}{\sqrt{2}} (3\cos u + \sin u)$ et nous sommes ramenés à :

$$I = \frac{3}{2} \int \frac{\cos u}{\sin u} \mathrm{d}u + \frac{1}{2} \int \mathrm{d}u = \frac{3}{2} \ell n\, |\sin u| + \frac{u}{2}.$$

En conclusion, sur un intervalle ne contenant pas $\dfrac{\pi}{4} (\mathrm{mod}\, \pi)$, $\displaystyle\int \frac{\cos x + 2\sin x}{\sin x - \cos x} \mathrm{d}x = \frac{x}{2} + \frac{3}{2} \ell n \left|\sin\left(x - \frac{\pi}{4}\right)\right|$.

Ex. 18

La fonction $f : x \mapsto \dfrac{1}{\sqrt{x^2+1} - \sqrt{x^2-1}}$ est continue sur $]-\infty, -1] \cup [1, +\infty[$.

Nous avons $\dfrac{1}{\sqrt{x^2+1} - \sqrt{x^2-1}} = \dfrac{1}{2}\left(\sqrt{x^2+1} + \sqrt{x^2-1}\right)$.

En remarque préliminaire, notons que, sur $\mathbb{R}$: $\displaystyle\int \frac{\mathrm{d}x}{\sqrt{x^2+1}} = \ell n\left(x + \sqrt{x^2+1}\right)$

et, sur $]-\infty, -1[\cup]1, +\infty[$: $\displaystyle\int \frac{\mathrm{d}x}{\sqrt{x^2-1}} = \ell n \left|x + \sqrt{x^2-1}\right|$.

Une intégration par parties donne :

$$\int \sqrt{x^2+1}\mathrm{d}x = x\sqrt{x^2+1} - \int \frac{x^2}{\sqrt{x^2+1}} \mathrm{d}x = x\sqrt{x^2+1} - \int \sqrt{x^2+1}\mathrm{d}x + \int \frac{\mathrm{d}x}{\sqrt{x^2+1}}$$

et donc $\displaystyle\int \sqrt{x^2+1}\mathrm{d}x = \frac{1}{2} x\sqrt{x^2+1} + \frac{1}{2} \ell n \left(x + \sqrt{x^2+1}\right)$.

De même :

$$\int \sqrt{x^2-1}\mathrm{d}x = x\sqrt{x^2-1} - \int \frac{x^2}{\sqrt{x^2-1}} \mathrm{d}x = x\sqrt{x^2-1} - \int \sqrt{x^2-1}\mathrm{d}x - \int \frac{\mathrm{d}x}{\sqrt{x^2-1}}$$

donne $\displaystyle\int \sqrt{x^2-1}\mathrm{d}x = \frac{1}{2} x\sqrt{x^2-1} - \frac{1}{2} \ell n \left|x + \sqrt{x^2-1}\right|$.

En conclusion :

- sur $]1, +\infty[$, $\displaystyle\int \frac{\mathrm{d}x}{\sqrt{x^2+1} - \sqrt{x^2-1}} = \frac{1}{4}\left(x\left(\sqrt{x^2+1} + \sqrt{x^2-1}\right) + \ell n \left(\frac{x + \sqrt{x^2+1}}{x + \sqrt{x^2-1}}\right)\right)$,
- sur $]-\infty, -1[$, $\displaystyle\int \frac{\mathrm{d}x}{\sqrt{x^2+1} - \sqrt{x^2-1}} = \frac{1}{4}\left(x\left(\sqrt{x^2+1} + \sqrt{x^2-1}\right) + \ell n \left(\frac{x + \sqrt{x^2+1}}{-x - \sqrt{x^2-1}}\right)\right)$.

Ex. 19

1) Le changement de variable défini par $t = \frac{\pi}{2} - x$ nous donne :

$$I = \int_0^{\frac{\pi}{2}} \frac{\sin x}{\sqrt{1 + \sin x \cos x}} \mathrm{d}x = \int_0^{\frac{\pi}{2}} \frac{\cos t}{\sqrt{1 + \sin t \cos t}} \mathrm{d}t.$$ C'est-à-dire $I = J$.

2) On a donc $2I = I + J$, soit :

$$2I = \int_0^{\frac{\pi}{2}} \frac{\sin x + \cos x}{\sqrt{1 + \sin x \cos x}} \mathrm{d}x \quad \text{ou encore} \quad 2I = \int_0^{\frac{\pi}{2}} \frac{\sqrt{2}\cos\left(x - \frac{\pi}{4}\right)}{\sqrt{1 + \frac{1}{2}\sin 2x}} \mathrm{d}x.$$

Posons alors $t = x - \frac{\pi}{4}$. Il vient $2I = \int_{-\frac{\pi}{4}}^{\frac{\pi}{4}} \frac{\sqrt{2}\cos t}{\sqrt{1 + \frac{1}{2}\cos 2t}} \mathrm{d}t,$

d'où, en tenant compte de la parité de la fonction intégrée : $I = \sqrt{2} \int_0^{\frac{\pi}{4}} \frac{\cos t}{\sqrt{\frac{3}{2} - \sin^2 t}} \mathrm{d}t.$

En posant maintenant $u = \sin t$, il vient :

$$I = \sqrt{2} \int_0^{\frac{\sqrt{2}}{2}} \frac{\mathrm{d}u}{\sqrt{\frac{3}{2} - u^2}} = \sqrt{2}\left[\operatorname{Arcsin} u\sqrt{\frac{2}{3}}\right]_0^{\frac{\sqrt{2}}{2}} = \sqrt{2}\operatorname{Arcsin} \frac{1}{\sqrt{3}}.$$

Ex. 20

Poser $u = \cos \frac{x}{6}$: $I = \int_0^{\pi} \frac{1 - \cos \frac{x}{3}}{\sin \frac{x}{2}} \mathrm{d}x = 12 \int_{\frac{\sqrt{3}}{2}}^{1} \frac{\mathrm{d}u}{4u^2 - 1} = 3\,\ell n\left(\sqrt{3} + 1\right) - 3\,\ell n\left(\sqrt{3} - 1\right) - 3\,\ell n\, 3.$

Ex. 21

$I = \int \frac{1}{x\sqrt{-x^4 + 3x^2 - 2}} \mathrm{d}x = \int -\frac{1}{2\sqrt{-1 + 3t - 2t^2}} \mathrm{d}t \quad \left(t = \frac{1}{x^2}\right).\ I = -\frac{1}{2\sqrt{2}} \operatorname{Arcsin}\left(\frac{4}{x^2} - 3\right).$

Ex. 22

$I = \int \frac{\sin x}{\cos x\sqrt{\cos 2x}} \mathrm{d}x = \int -\frac{1}{1 + t^2} \mathrm{d}t \left(t = \sqrt{\cos 2x}\right), \quad I = -\operatorname{Arctan} \sqrt{\cos 2x}.$

Ex. 23

$I = \frac{1}{2}\int_1^2 \sqrt{x^2 + x}\mathrm{d}x - \frac{1}{2}\int_0^1 \sqrt{x^2 + x}\mathrm{d}x = \frac{5}{8}\sqrt{6} - \frac{3}{4}\sqrt{2} + \frac{1}{8}\,\ell n\left(\frac{3 + 2\sqrt{2}}{\sqrt{2} + \sqrt{3}}\right).$

Ex. 24

$x = \cos t,\ t \in [0, \pi],\ I = \int_0^{\pi} \frac{\sin t\mathrm{d}t}{\sqrt{2}\left(\cos \frac{t}{2} + \sin \frac{t}{2}\right) + 2} = \frac{1}{4}\int_0^{\pi} \frac{\sin t\mathrm{d}t}{\cos^2\left(\frac{t}{4} - \frac{\pi}{8}\right)}.$

$I = 2\int_0^{\frac{\pi}{8}} \frac{\cos 4u}{\cos^2 u} \mathrm{d}u = 16\int_0^{\frac{\pi}{8}} \left(\cos^2 u - 1 + \frac{1}{8\cos^2 u}\right) \mathrm{d}u = 4\sqrt{2} - \pi - 2.$

CHAPITRE 11

Étude métrique des courbes planes

$\mathcal{P}$ est le plan euclidien orienté usuel identifié à $\mathbb{R}^2$ par le choix d'un repère orthonormal direct $(O, \vec{i}, \vec{j})$.

A. Longueur – Abscisse curviligne

1. Notion d'arc orienté

On considère un arc paramétré Γ de classe $\mathcal{C}^k$, $k \geqslant 1$.

Définition 1

Soit $\Phi : I \to \mathcal{P}, t \mapsto M(t)$ et $\Psi : J \to \mathcal{P}, u \mapsto P(u)$ deux paramétrages admissibles de Γ, puis $\varphi : J \to I, u \mapsto t = \varphi(u)$ le changement de paramètre correspondant.

Lorsque φ est croissant ✎ (1) on dit que (I, Φ) et (J, Ψ) sont de **même orientation**. ✎ (2)

Lorsque φ est décroissant, on dit que (I, Φ) et (J, Ψ) sont d'**orientations contraires**.

✎ (1) On sait que φ est un $\mathcal{C}^k$ difféomorphisme de J sur I, et on a soit $\forall u \in J,\ \varphi'(u)>0$ soit $\forall u \in J,\ \varphi'(u)<0$. Rappelons que φ est un $\mathcal{C}^k$-difféomorphisme de I sur J si et seulement si φ est une bijection de classe $\mathcal{C}^k$ telle que φ^{-1} soit aussi de classe $\mathcal{C}^k$. Voir chapitre 3.

✎ (2) Alors dans les deux paramétrages : $t \mapsto M(t),\ t \in I$ et $u \mapsto M\big(\varphi(u)\big),\ u \in J$ l'arc Γ est parcouru dans «le même sens» lorsque t décrit I ou lorsque u décrit J.

Définition 2

Orienter Γ par (I, Φ) revient à considérer comme **orientation positive** tout paramétrage (J, Ψ) de même orientation que (I, Φ).

Le paramétrage (I, Φ) étant donné par $\Phi : I \to \mathcal{P}, t \mapsto M(t)$, l'arc Γ orienté par (I, Φ) est aussi dit **orienté dans le sens des t croissants** ; dans le cas contraire, il est dit orienté dans le sens des t décroissants.

Exemple 1

$$x \mapsto O + x\vec{i} + \sqrt{1-x^2}\,\vec{j} \quad , \quad x \in]-1, 1[$$
$$\theta \mapsto O + \cos\theta\,\vec{i} + \sin\theta\,\vec{j} \quad , \quad \theta \in]0, \pi[$$
$$t \mapsto O + \frac{1-t^2}{1+t^2}\vec{i} + \frac{2t}{1+t^2}\vec{j} \quad , \quad t \in]0, +\infty[$$

sont trois paramétrages admissibles d'un même arc Γ de classe $\mathcal{C}^1$: le demi-cercle ouvert d'équations $x^2 + y^2 = 1$, $y > 0$. ✎ (3)

Le deuxième et le troisième sont de même orientation, le premier est d'orientation contraire.

L'orientation positive classique (sens trigonométrique direct) correspond à l'orientation dans le sens des θ croissants (donc aussi dans le sens des t croissants).

✎ (3)

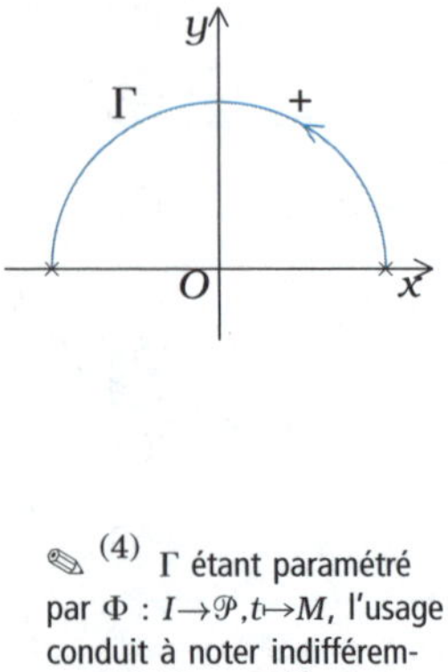

2. Abscisse curviligne d'un arc de classe $\mathcal{C}^1$

Définition 3

Soit Γ un arc paramétré (I, Φ) où Φ est de classe $\mathcal{C}^1$ sur un intervalle I. ✎ (4)

Au réel $t_0 \in I$ correspond la fonction $s : I \to \mathbb{R}, t \mapsto \displaystyle\int_{t_0}^{t} \| \Phi'(\tau) \| d\tau$ appelée **abscisse curviligne d'origine** $M_0 = \Phi(t_0)$ sur l'arc Γ orienté «dans le sens des t croissants».

✎ (4) Γ étant paramétré par $\Phi : I \to \mathcal{P}, t \mapsto M$, l'usage conduit à noter indifféremment $\Phi(t)$ ou $M(t)$ et, pour les dérivées, $\Phi'(t)$ ou $\overrightarrow{M}'(t)$ ou $\dfrac{d\overrightarrow{M}}{dt}$

Le réel $s(t)$ est l'abscisse curviligne du point $M(t)$, elle est positive si $t > t_0$, négative si $t < t_0$. La fonction s est de classe $\mathcal{C}^1$ avec $s'(t) = \| \Phi'(t) \|$.

Propriété 1

Soit (I, Φ) et (J, Ψ) deux paramétrages admissibles de l'arc Γ de classe $\mathcal{C}^1$ et $\varphi : J \to I$ le changement de paramètre : $\Psi = \Phi \circ \varphi$.

Étant donné $t_0 \in I$ et $u_0 = \varphi^{-1}(t_0)$, on définit les abscisses curvilignes :

$$s : I \to \mathbb{R}, t \mapsto \int_{t_0}^{t} \| \Phi'(\tau) \| d\tau$$

$$\text{et} \quad s_1 : J \to \mathbb{R}, u \mapsto \int_{u_0}^{u} \| \Psi'(\nu) \| d\nu$$

Si (I, Φ) et (J, Ψ) sont de même orientation, on a $s_1 = s \circ \varphi$. ✎ (5)

Dans le cas contraire, on a $s_1 = -s \circ \varphi$.

✎ (5) Interprétation géométrique : si φ respecte l'orientation, l'origine étant prise au même point $M_0 = \Phi(t_0) = \Psi(u_0)$, l'abscisse curviligne d'un point géométrique $M = \Phi(t) = \Psi(u)$ est indépendante du paramétrage utilisé pour la calculer.

☞ $\forall u \in J, \quad \Psi'(u) = \Phi'(\varphi(u))\, \varphi'(u)$ donc $\| \Psi'(u) \| = \| \Phi'(\varphi(u)) \| \, |\varphi'(u)|$ ou encore :

$$\| \Psi'(u) \| = \varepsilon \| \Phi'(\varphi(u)) \| \, \varphi'(u)$$

avec $\varepsilon = 1$ si φ est croissant , $\varepsilon = -1$ si φ est décroissant.

On obtient donc $\displaystyle\int_{u_0}^{u} \| \Psi'(\nu) \| d\nu = \varepsilon \int_{\varphi(u_0)}^{\varphi(u)} \| \Phi'(\tau) \| d\tau$ soit $s_1(u) = \varepsilon\, s(\varphi(u))$.

Théorème 1

Une abscisse curviligne d'un arc paramétré orienté de classe $\mathcal{C}^1$ **régulier** définit un nouveau paramétrage admissible d'orientation positive de cet arc.

☞ Notons J l'image de $s : I \to J, t \mapsto \displaystyle\int_{t_0}^{t} \| \Phi'(\tau) \| d\tau$. Pour tout $t \in I$, on a $s'(t) = \| \Phi'(t) \| > 0$ car l'arc est régulier, donc s induit un $\mathcal{C}^1$-difféomorphisme croissant de I sur J ; on note (abusivement) l'inverse $J \to I, s \mapsto t(s)$.

Les formules associées à ce changement de paramètre sont : ✎ (6)

✎ (6) Un changement d'origine des abscisses curvilignes transforme s en $s - \lambda$.

$$\Gamma : J \to \mathcal{P}, s \mapsto M = \Phi(t(s)) \ , \ \frac{d\overrightarrow{M}}{ds} = \frac{1}{s'}\Phi' \ , \ s' = \| \Phi' \| \ \text{ et } \ \left\| \frac{d\overrightarrow{M}}{ds} \right\| = 1.$$

Interprétation cinématique

Les notations et le vocabulaire y sont attachés :

$M = \Phi(t)$: mobile , t : temps , s : abscisse curviligne,

$\dfrac{d\overrightarrow{M}}{dt} = \overrightarrow{V}$: vecteur vitesse , $s' = \dfrac{ds}{dt} = v$: vitesse numérique.

Calculs pratiques

- Si l'arc est donné par une représentation paramétrique cartésienne :

$$\Phi : I \to \mathcal{P}, \ t \mapsto M = O + x(t)\overrightarrow{i} + y(t)\overrightarrow{j}$$

On calcule $\Phi'(t) = x'(t)\overrightarrow{i} + y'(t)\overrightarrow{j}$, $\| \Phi'(t) \| = \sqrt{x'^2(t) + y'^2(t)}$.

Une abscisse curviligne est $s(t) = \displaystyle\int_{t_0}^{t} \sqrt{x'^2(\tau) + y'^2(\tau)}\, d\tau$.

- Si l'arc est donné par une représentation polaire :

$$\Phi : I \to \mathcal{P}, \theta \mapsto M = O + r(\theta)\overrightarrow{u}(\theta)$$

On calcule $\Phi'(\theta) = r(\theta)\overrightarrow{u_\theta} + r(\theta)\overrightarrow{u'_\theta}$, ✎ (7) $\| \Phi'(\theta) \| = \sqrt{r^2(\theta) + r'^2(\theta)}$.

✎ (7) $\overrightarrow{u'_\theta} = \overrightarrow{u}_{\theta + \frac{\pi}{2}}$

Une abscisse curviligne est $s(t) = \displaystyle\int_{\theta_0}^{\theta} \sqrt{r^2(\tau) + r'^2(\tau)}\, d\tau$.

Exemple 2 Abscisse curviligne sur la cycloïde $\mathscr{C}\ :\ x = a(t - \sin t)\ ,\ y = a(1 - \cos t)\ ,\ t \in \mathbb{R}$, orientée dans le sens des t croissants.

✎ (8) La cylcoïde a été étudiée au chapitre 3, Ex. 1 – Mise en œuvre –

Posons $M(t) = O + a(t - \sin t)\overrightarrow{i} + a(1 - \cos t)\overrightarrow{j}$ ✎ (8) et prenons $O = M(0)$ comme origine des abscisses curvilignes.

On a ici $\overrightarrow{M'}(t) = a(1 - \cos t)\overrightarrow{i} + a \sin t\overrightarrow{j} = 2a \sin \frac{t}{2}\left(\sin \frac{t}{2}\overrightarrow{i} + \cos \frac{t}{2}\overrightarrow{j}\right)$, donc :

$$\|\overrightarrow{M'}(t)\| = 2a\left|\sin \frac{t}{2}\right|.$$

Pour $t \in [0, 2\pi]$, $\quad s(t) = \displaystyle\int_0^t 2a \sin \frac{u}{2} du = 4a\left(1 - \cos \frac{t}{2}\right)$

Pour $t \in [2\pi, 4\pi]$, $\quad s(t) = \displaystyle\int_0^{2\pi} 2a \sin \frac{u}{2} du + \int_{2\pi}^t -2a \sin \frac{u}{2} du = 12a + 4a \cos \frac{t}{2}$.

Pour $t \in [2p\pi, 2(p+1)\pi]$, $\quad s(t) = \displaystyle\sum_{k=0}^{p-1} \int_{2k\pi}^{2(k+1)\pi} 2a\left|\sin \frac{u}{2}\right| du + \int_{2p\pi}^t 2a\left|\sin \frac{u}{2}\right| du$

$$\begin{aligned} s(t) &= p\int_0^{2\pi} 2a \sin \frac{u}{2} du + 2a(-1)^p \int_{2p\pi}^t \sin \frac{u}{2} du \\ &= 8pa + 4a(-1)^{p+1}\left[\cos \frac{t}{2} - (-1)^p\right] = 8pa + 4a\left[1 + (-1)^{p+1} \cos \frac{t}{2}\right]. \end{aligned}$$

Exemple 3 Abscisse curviligne sur la cardioïde $\mathscr{C}\ :\ r = a(1 + \cos \theta)\ ,\ \theta \in [-\pi, \pi]$ orientée dans le sens des θ croissants.

Avec $\overrightarrow{u}(\theta) = \cos \theta\,\overrightarrow{i} + \sin \theta\,\overrightarrow{j}$, le paramétrage est ici :

$$\theta \mapsto M(\theta) = O + a(1 + \cos \theta)\overrightarrow{u}(\theta)\ ,\ \theta \in [-\pi, \pi]$$

Prenons l'origine des abscisses curvilignes en $A = M(0)$.

On a $\quad \begin{aligned} \overrightarrow{M'}(\theta) &= -a \sin \theta\,\overrightarrow{u}(\theta) + a(1 + \cos \theta)\overrightarrow{u'}(\theta) \\ &= 2a \cos \frac{\theta}{2}\left(-\sin \frac{\theta}{2}\overrightarrow{u} + \cos \frac{\theta}{2}\overrightarrow{u'}(\theta)\right) \end{aligned}$

d'où $\quad \left\|\overrightarrow{M'}(\theta)\right\| = 2a\left|\cos \frac{\theta}{2}\right| = 2a \cos \frac{\theta}{2}$ car $\frac{\theta}{2} \in \left[-\frac{\pi}{2}, \frac{\pi}{2}\right]$.

Pour tout $\theta \in [-\pi, \pi]$, il vient $s(\theta) = \displaystyle\int_0^\theta 2a \cos \frac{t}{2} dt = 4a \sin \frac{\theta}{2}$.

Définition 4

Un paramétrage $\Psi\ :\ J \to \mathscr{P},\ \sigma\ \mapsto M = \Psi(\sigma)$ de l'arc Γ, de classe $\mathcal{C}^1$, régulier, est dit **normal** lorsque :

$$\forall\ \sigma \in J,\ \|\ \Psi'(\sigma)\| = 1$$

On dit aussi que σ est un **paramètre normal**.

Une abscisse curviligne est un paramètre normal. ✎ (9)

✎ (9) Γ étant défini par $\Phi : I \to \mathscr{P}, t \mapsto M(t)$ soit s une abscisse curviligne ($s : t \mapsto s(t)$) et σ un changement de paramètre admissible ($\sigma : t \mapsto \sigma(t)$). Alors σ est un paramètre normal sur Γ si et seulement si il existe $\lambda \in \mathbb{R}$: $\forall t \in I,\ \sigma(t) = s(t) + \lambda$ ou $\forall t \in I,\ \sigma(t) = -s(t) + \lambda$.

3. Longueur d'un arc de classe C^1

Définition 5

Soit a, b des réels tels que $a < b$, $I = [a, b]$ et $\Phi \in \mathcal{C}^1(I, \mathscr{P})$.

La longueur de l'arc paramétré $\Gamma = (I, \Phi)$ est le réel :

$$\int_I \|\Phi'(t)\|\, dt = \int_a^b \|\Phi'(t)\|\, dt.$$

Interprétation

Soit Γ : Φ : $[a, b] \to \mathcal{P}, t \mapsto M(t)$.
Induisons une abscisse curviligne s sur Γ orienté dans le sens des t croissants. La longueur de Γ est $L(\Gamma) = s(b) - s(a)$.
Cinématiquement, c'est la distance parcourue par le mobile $M(t)$ dans l'intervalle de temps $[a, b]$.

Exemple 4 Comparer les longueurs L_1 de l'ellipse $\mathscr{C}_1$ d'équation $\dfrac{x^2}{4a^2} + \dfrac{y^2}{a^2} = 1$ et L_2 de la courbe $\mathscr{C}_2$ d'équation polaire $\rho = a \sin 2\theta$.

$\mathscr{C}_1$ est paramétrée par $t \mapsto M(t) = O + 2a \cos t\, \vec{i} + a \sin t\, \vec{j}$, $t \in [-\pi, \pi[$.

Des symétries apparentes montrent que $L_1 = 4a \displaystyle\int_0^{\pi/2} \sqrt{4\sin^2 t + \cos^2 t}\, \mathrm{d}t$.

La courbe $\mathscr{C}_2$ est obtenue pour $\theta \in [-\pi, +\pi]$. Il suffit de l'étudier sur $\left[0, \dfrac{\pi}{4}\right]$ et de la compléter par une réflexion d'axe $(O, \vec{j})$, une rotation de centre O et une symétrie de centre O.

$\rho^2(\theta) + \rho'^2(\theta) = a^2(\sin^2 2\theta + 4\cos^2 2\theta)$ donne $L_2 = 8a \displaystyle\int_0^{\pi/4} \sqrt{4\cos^2 2\theta + \sin^2 2\theta}\, \mathrm{d}\theta$.

En posant $t = \dfrac{\pi}{2} - 2\theta$, il vient $L_2 = 4a \displaystyle\int_0^{\pi/2} \sqrt{4\sin^2 t + \cos^2 t}\, \mathrm{d}t = L_1$.

4. Vecteur unitaire tangent

Définition 6

Soit Γ un arc régulier, de classe $\mathcal{C}^1$, orienté, paramétré par $\Phi : I \to \mathcal{P}, \ t \mapsto M = \Phi(t)$.

Le vecteur unitaire $\vec{T}(t) = \dfrac{\Phi'(t)}{\|\Phi'(t)\|}$ est appelé **vecteur unitaire tangent** au point de paramètre t. Il dirige la tangente orientée $M_{(t)} + \mathbb{R}\,\Phi'(t)$. ✎ (10)

✎ (10) L'image de l'application $\vec{T}$ de I dans $\mathcal{P}$ ainsi définie est une partie du cercle unité de $\mathcal{P}$, appelée **indicatrice des tangentes**.

Propriété 2

Si Γ est un arc de classe $\mathcal{C}^k$, $k \geqslant 2$, $\vec{T}$ est de classe $\mathcal{C}^{k-1}$;
en tout point, les vecteurs $\vec{T}(t)$ et $\vec{T'}(t)$ sont orthogonaux. ✎ (11)

✎ (11) Usuellement, on note $\vec{T}$ au lieu de $\vec{T}(t)$. Donc si Γ est de classe $\mathcal{C}^k$ avec $k \geqslant 2$, on a : $\forall t \in I, \vec{T} \cdot \vec{T} = 1$ et en dérivant : $\forall t \in I, \ \vec{T} \cdot \vec{T'} = 0$.

Propriété 3

Si s est une abscisse curviligne sur Γ : $\vec{T} = \dfrac{\mathrm{d}\vec{M}}{\mathrm{d}s}$.

5. Repère de Frenet

Le plan euclidien $\mathcal{P}$ est orienté par $(O, \vec{i}, \vec{j})$, en posant $\vec{u}(t) = \cos t\, \vec{i} + \sin t\, \vec{j}$, on a $\vec{u'}(t) = -\sin t\, \vec{i} + \cos t\, \vec{j}$ et $\mathcal{R}_t = \left(O, \vec{u}(t), \vec{u'}(t)\right)$ est un repère orthonormal direct.

5.1 – Vecteur unitaire normal

Définition 7

Soit Γ un arc régulier, de classe $\mathcal{C}^1$, orienté, paramétré par $\Phi : I \to \mathcal{P}, \ t \mapsto M(t)$. ✎ (12)
$\vec{N}(t)$ étant le vecteur unitaire directement orthogonal au vecteur unitaire tangent $\vec{T}(t)$, le repère orthonormal direct $\left(M(t), \vec{T}(t), \vec{N}(t)\right)$ est appelé **repère de Frenet** de l'arc Γ au point $M(t)$.

✎ (12) On suppose que Γ est orientée dans le sens des t croissants.

Remarque

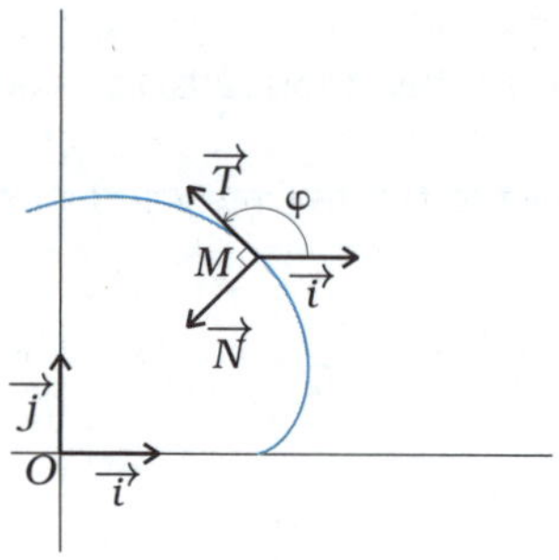

Si $\varphi = (\overrightarrow{i}, \overrightarrow{T})$, alors :

$$\overrightarrow{T} = \overrightarrow{u}(\varphi) \text{ et } \overrightarrow{N} = \overrightarrow{u'}(\varphi)$$

$\overrightarrow{N}(t)$ est un vecteur directeur de la normale en $M(t)$ à Γ.

5.2 – Le paramètre angulaire φ

Théorème 2

Soit $z : I \to \mathbb{C}$, une application de classe $\mathcal{C}^p$, ($p \in \mathbb{N}^*$), de module 1 :

$$\forall t \in I, \quad |z(t)| = 1$$

Alors il existe une application $\varphi : I \to \mathbb{R}$ de classe $\mathcal{C}^p$ telle que $z = e^{i\varphi}$.

Si φ_1 vérifie les mêmes conditions alors $\varphi_1 - \varphi$ est constante : $\varphi_1 - \varphi = 2k\pi, \quad k \in \mathbb{Z}$.

Analyse

Si φ existe on a alors $z' = i\,\varphi'\,e^{i\varphi}$ donc $z' = i\,\varphi'\,z$ puis, étant donné $\alpha \in I$:

$$\forall t \in I, \quad \varphi(t) = \lambda + \int_\alpha^t \frac{z'(\tau)}{iz(\tau)}\mathrm{d}\tau$$

Avec $z(\alpha) = e^{i\varphi(\alpha)} = e^{i\lambda}$, on obtient $\lambda = \operatorname{Arg} z(\alpha) + 2k\pi \;, \quad k \in \mathbb{Z}$.

Synthèse

Soit $\lambda = \operatorname{Arg} z(\alpha)$ et $\varphi : I \to \mathbb{C}, \quad t \mapsto \lambda + \displaystyle\int_\alpha^t \frac{z'(\tau)}{iz(\tau)}\mathrm{d}\tau.$

On vérifie que φ est à valeurs réelles, en effet $|z|^2 = 1$ donne $z\overline{z} = 1$ donc $z'\overline{z} + z\overline{z'} = 0$ et la fonction $\dfrac{z'}{z} = z'\overline{z}$ est imaginaire pure.

D'autre part, $\dfrac{z'}{z}$ est de classe $\mathcal{C}^{p-1}$ sur I donc φ est de classe $\mathcal{C}^p$ avec $\varphi' = \dfrac{z'}{iz}$. Ceci donne $\left(ze^{-i\varphi}\right)' = 0$ donc $z = a\,e^{i\varphi}$ où $a \in \mathbb{C}$ est une constante. Avec $z(\alpha) = e^{i\operatorname{Arg} z(\alpha)} = e^{i\varphi(\alpha)}$ on trouve $a = 1$ et finalement $z = e^{i\varphi}$.

Théorème 3

Soit Γ un arc régulier de classe $\mathcal{C}^p$, ($p \geqslant 2$), orienté, paramétré par :

$$\Phi : I \to \mathcal{P}_2, \quad t \mapsto M = \Phi(t)$$

alors il existe une application $\varphi : I \to \mathbb{R}$ de classe $\mathcal{C}^{p-1}$ telle que $\overrightarrow{T} = \overrightarrow{u}(\varphi)$. ✎ (13)

On a $\varphi' = \left[\overrightarrow{T}, \overrightarrow{T'}\right]$. ✎ (14)

☞ C'est le théorème précédent appliqué à $z = \overrightarrow{T} = \dfrac{\overrightarrow{M'}}{\|\overrightarrow{M'}\|}$ en identifiant $\mathbb{C}$ à $\mathcal{P}$, par le choix de la base $(\overrightarrow{i}, \overrightarrow{j})$, $z = x + iy = x\overrightarrow{i} + y\overrightarrow{j}$, $e^{i\varphi} = \overrightarrow{u}(\varphi) = \cos\varphi\,\overrightarrow{i} + \sin\varphi\,\overrightarrow{j}$.

On a alors $\overrightarrow{T'} = \varphi'\overrightarrow{u'}(\varphi)$ donc $\left[\overrightarrow{T}, \overrightarrow{T'}\right] = \det_{(\overrightarrow{u}, \overrightarrow{u'})}\left(\overrightarrow{T}, \overrightarrow{T'}\right) = \varphi'$. ✎ (15)

✎ (13) C'est-à-dire $\forall t \in I, \ \overrightarrow{T}(t) = \overrightarrow{u}\left(\varphi(t)\right)$.

✎ (14) Dans le plan $\mathcal{P}$ orienté, le produit mixte $[u,v]$ est le déterminant de (u,v) dans une base orthonormale directe, on l'a aussi noté $\operatorname{Det}(u,v)$. (Voir Algèbre–Géométrie, chapitre 2.)

✎ (15) $(\overrightarrow{u}, \overrightarrow{u'})$ est une base orthonormale directe de $\mathcal{P}$.

Théorème 4

Si l'arc est de classe $\mathcal{C}^p$, birégulier, alors φ fournit un paramètre admissible de classe $\mathcal{C}^{p-1}$ appelé **paramètre angulaire.** ✎ (16)

✎ (16) Plus précisément, $\varphi : t \mapsto \varphi(t)$ est un changement de paramètre admissible de classe $\mathcal{C}^{p-1}$.

☞ Dans ce cas $\varphi' = \left[\overrightarrow{T}, \overrightarrow{T'}\right]$ ne s'annule pas donc φ est un difféomorphisme de classe $\mathcal{C}^{k-1}$ de I sur $J = \varphi(I)$.

Formulaire

Avec un paramètrage normal $s \mapsto M(s) = O + x(s)\overrightarrow{i} + y(s)\overrightarrow{j}$:

$$\frac{\mathrm{d}\overrightarrow{M}}{\mathrm{d}s} = \overrightarrow{T} = \frac{\mathrm{d}x}{\mathrm{d}s}\overrightarrow{i} + \frac{\mathrm{d}y}{\mathrm{d}s}\overrightarrow{j} \quad \text{et} \quad \frac{\mathrm{d}x}{\mathrm{d}s} = \cos\varphi, \quad \frac{\mathrm{d}y}{\mathrm{d}s} = \sin\varphi.$$

5.3 – Détermination du repère de Frenet

✎ (17) On note x', y' au lieu de $x'(t), y'(), \dots$ r, r' au lieu de $r(\theta), r'(\theta)$

Pour les paramétrisations usuelles des arcs plans, voici, avec des notations simplifiées, ✎ (17) le mode de calcul qui donne les vecteurs $\overrightarrow{T}$ et $\overrightarrow{N}$ du repère de Frenet.

- $\mathscr{C}$: $M = \big(x(t), y(t)\big)$, $\overrightarrow{M'} = x'\overrightarrow{i} + y'\overrightarrow{j}$, $s' = \|\overrightarrow{M'}\| = \sqrt{x'^2 + y'^2}$

$$\overrightarrow{T} = \frac{1}{s'}\left(x'\overrightarrow{i} + y'\overrightarrow{j}\right) \quad , \quad \overrightarrow{N} = \frac{1}{s'}\left(-y'\overrightarrow{i} + x'\overrightarrow{j}\right).$$

- $\mathscr{C}$: $r = r(\theta)$, $\overrightarrow{M'} = r'\overrightarrow{u} + r\overrightarrow{u'}$, $s' = \|\overrightarrow{M'}\| = \sqrt{r^2 + r'^2}$

$$\overrightarrow{T} = \frac{1}{s'}\left(r'\overrightarrow{u} + r\overrightarrow{u'}\right) \quad , \quad \overrightarrow{N} = \frac{1}{s'}\left(-r\overrightarrow{u} + r\overrightarrow{u'}\right).$$

Remarque

Pour la détermination de $\overrightarrow{T}$, il peut être intéressant de factoriser l'expression vectorielle de $\overrightarrow{M'}$ en faisant apparaître un vecteur unitaire.

Dans les exemples suivants, on détermine le repère de Frenet au point courant, on donne s et φ dans les cas simples.

Exemple 5 La chaînette $\mathscr{C}$: $y = a \operatorname{ch} \frac{x}{a}$.

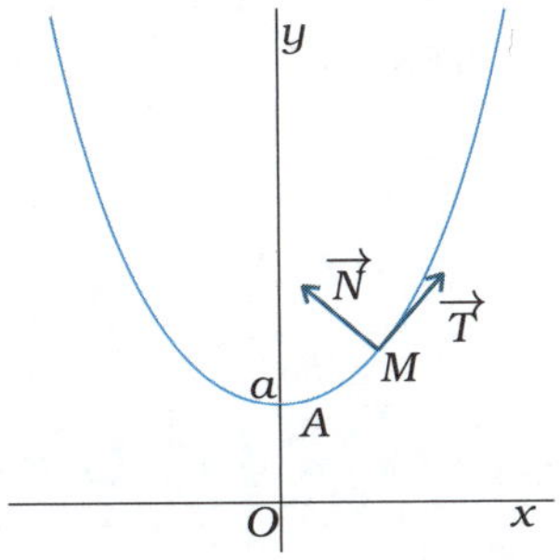

Paramètrons la courbe $\mathscr{C}$:

$\mathbb{R} \to \mathscr{P}, t \mapsto M = O + at\overrightarrow{i} + a \operatorname{ch} t\overrightarrow{j}$

$\overrightarrow{M'} = a\overrightarrow{i} + a \operatorname{sh} t\overrightarrow{j} = a \operatorname{ch} t\left(\frac{1}{\operatorname{ch} t}\overrightarrow{i} + \operatorname{th} t\overrightarrow{k}\right)$

En orientant $\mathscr{C}$ dans les sens des t croissants :

$$s' = \|\overrightarrow{M'}\| = a \operatorname{ch} t$$

$\overrightarrow{T} = \frac{1}{\operatorname{ch} t}\overrightarrow{i} + \operatorname{th} t\overrightarrow{j}$, $\overrightarrow{N} = -\operatorname{th} t\overrightarrow{i} + \frac{1}{\operatorname{ch} t}\overrightarrow{j}$.

Exemple 6 La cycloïde $\mathscr{C}$: $x = a(t - \sin t)$, $y = a(1 - \cos t)$ orientée dans le sens des t croissants.

Avec $M(t) = O + a(t - \sin t)\overrightarrow{i} + a(1 - \cos t)\overrightarrow{j}$, on obtient :

$\overrightarrow{M'} = 2a \sin\frac{t}{2}\left(\sin\frac{t}{2}\overrightarrow{i} + \cos\frac{t}{2}\overrightarrow{j}\right)$, $\|\overrightarrow{M'}\| = 2a\left|\sin\frac{t}{2}\right|$. (Voir exemple 2.)

Il ne s'agit pas ici d'un arc régulier : tout point $M(2k\pi)$, $k \in \mathbb{Z}$, est stationnaire.

✎ (18) Les courbes $\mathscr{C}_k$ sont aussi appelées arches de la cycloïde $\mathscr{C}$.

En revanche, pour tout $k \in \mathbb{Z}$, l'arc $\mathscr{C}_k$ ✎ (18) correspondant à $t \in]2k\pi, 2(k+1)\pi[$ est régulier de classe $\mathcal{C}^\infty$.

Sur la première arche : $t \in]0, 2\pi[$, on a $s' = \|\overrightarrow{M'}\| = 2a \sin \frac{t}{2}$ donc :

$$\overrightarrow{T} = \sin \frac{t}{2} \overrightarrow{i} + \cos \frac{t}{2} \overrightarrow{j} \quad , \quad \overrightarrow{N} = -\cos \frac{t}{2} \overrightarrow{i} + \sin \frac{t}{2} \overrightarrow{j}$$

Un paramètre angulaire est $\varphi = \dfrac{\pi - t}{2}$.

Sur la deuxième arche : $t \in]2\pi, 4\pi[$, on a $s' = \|\overrightarrow{M'}\| = -2a \sin \frac{t}{2}$ donc :

$$\overrightarrow{T} = -\sin \frac{t}{2} \overrightarrow{i} - \cos \frac{t}{2} \overrightarrow{j} \quad , \quad \overrightarrow{N} = \cos \frac{t}{2} \overrightarrow{i} - \sin \frac{t}{2} \overrightarrow{j}$$

Un paramètre angulaire est $\varphi = \dfrac{3\pi - t}{2}$.

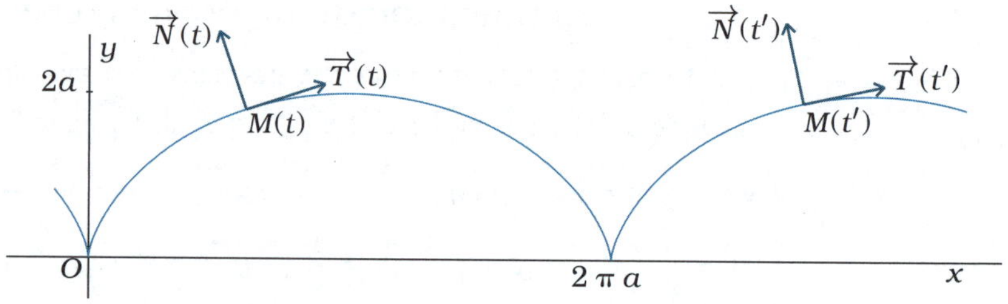

Exemple 7 La cardioïde $\mathscr{C}$: $r = a(1 + \cos\theta)$ orientée dans le sens des θ croissants.

$\mathscr{C}$ est paramétrée par $\theta \mapsto M = O + a(1 + \cos\theta)\overrightarrow{u}(\theta)$, $\theta \in [-\pi, \pi]$.
Pour avoir un arc régulier, on se limite à $\theta \in]-\pi, \pi[$, ce qui revient à exclure le point O.

$\overrightarrow{M'} = 2a \cos \frac{\theta}{2} \left(-\sin \frac{\theta}{2} \overrightarrow{u} + \cos \frac{\theta}{2} \overrightarrow{u'} \right)$

Sur $]-\pi, \pi[$, on a $\cos \frac{\theta}{2} > 0$ donc $s' = 2a \cos \frac{\theta}{2}$ puis :

$\overrightarrow{T} = -\sin \frac{\theta}{2} \overrightarrow{u} + \cos \frac{\theta}{2} \overrightarrow{u'}$,

$\overrightarrow{N} = -\cos \frac{\theta}{2} \overrightarrow{u} - \sin \frac{\theta}{2} \overrightarrow{u'}$

$V = (\overrightarrow{u}, \overrightarrow{T}) = \dfrac{\theta + \pi}{2}$, $\quad \varphi = \theta + V = \dfrac{3\theta + \pi}{2}$

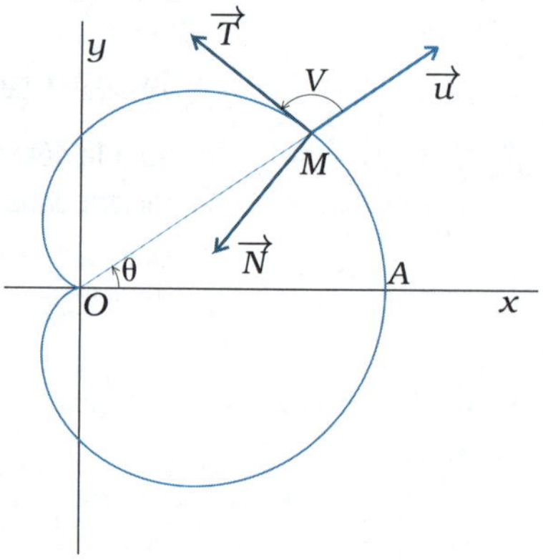

B. Courbure d'un arc du plan orienté

1. Courbure, rayon et centre de courbure

Dans ce paragraphe, Γ désigne un arc orienté, régulier, de classe $\mathcal{C}^2$ au moins, donné par un paramétrage normal $J \to \mathscr{P}$, $s \mapsto M(s)$.

Les fonctions vectorielles $\overrightarrow{T}$ et $\overrightarrow{N}$ du repère de Frenet en M sont des applications de classe $\mathcal{C}^1$ au moins et il existe $\varphi : J \to \mathscr{P}$, de classe $\mathcal{C}^1$ au moins, telle que :

$$\forall s \in J, \quad \overrightarrow{T}(s) = \cos\varphi(s)\overrightarrow{i} + \sin\varphi(s)\overrightarrow{j}.$$

Définition 8

Pour tout $s \in J$, le réel $\varphi'(s)$ est appelé **courbure** de l'arc Γ au point $M(s)$. On le note $c(s)$.

$$\forall x \in J, \quad c(s) = \varphi'(s).$$

Remarque

Le point $M(s)$ est birégulier si et seulement si $c(s)$ est non nul.

Définition 9

Si $M(s)$ est birégulier,

- le **rayon de courbure** de Γ en $M(s)$ est le réel $R(s) = \dfrac{1}{c(s)}$;
- le **centre de courbure** de Γ en $M(s)$ est le point $I(s) = M(s) + R(s)\,\overrightarrow{N}(s)$;
- le **cercle de courbure** ou cercle osculateur de Γ en $M(s)$ a pour centre $I(s)$ et pour rayon $|R(s)|$.

Remarque

Lorsque l'arc Γ est birégulier de classe $\mathcal{C}^p$, $(p \geqslant 3)$, $R : J \to \mathbb{R}$ est une application de classe $\mathcal{C}^{p-2}$ qui ne s'annule pas. ✎ (19)

✎ (19) Elle est donc de signe constant éventuellement négatif.

Définition 10

Si Γ est un arc birégulier de classe $\mathcal{C}^p$, $(p \geqslant 3)$, la trajectoire du centre de courbure $I = M + R\,\overrightarrow{N}$ est une courbe de classe $\mathcal{C}^{p-2}$ appelée **développée** de Γ. ✎ (20)

✎ (20) Ces définitions ne sont données qu'à titre d'information. Le programme précise : «Aucune connaissance spécifique sur le centre de courbure, le cercle osculateur, les développées et les développantes n'est exigible des étudiants».

Interprétation graphique

- Le centre de courbure est sur la normale. Il est dans la concavité.
Il est indépendant du choix de l'orientation de Γ.
- Le cercle de courbure est tangent en M à Γ. Il traverse Γ, en général.

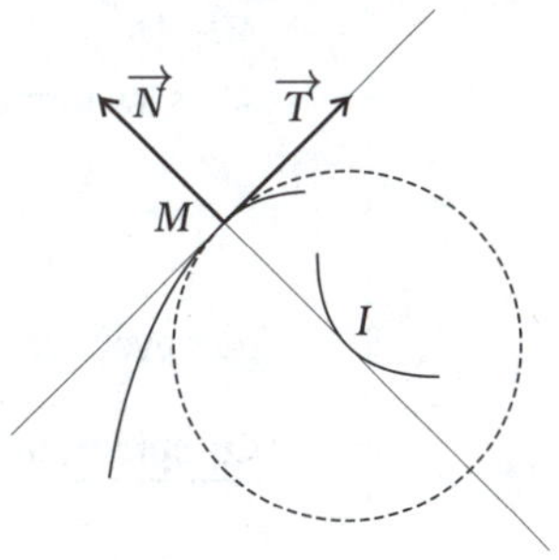

2. Formules de Frenet

Dans ce paragraphe et le suivant, Γ est un arc orienté, birégulier, de classe $\mathcal{C}^p$, $(p \geqslant 3)$, donné par un paramétrage normal $J \to \mathcal{P}$, $s \mapsto M(s)$.

Avec les notations habituelles, on a les formules de Frenet :

Théorème 5

$$\frac{d\overrightarrow{T}}{ds} = c\,\overrightarrow{N} = \frac{1}{R}\,\overrightarrow{N}\ , \quad \frac{d\overrightarrow{N}}{ds} = -c\,\overrightarrow{T} = -\frac{1}{R}\,\overrightarrow{T}.$$

☞ Avec $\overrightarrow{T} = \cos\varphi\,\overrightarrow{i} + \sin\varphi\,\overrightarrow{j}$, il vient :

$$\frac{d\overrightarrow{T}}{d\varphi} = \overrightarrow{N} = \cos\left(\varphi + \frac{\pi}{2}\right)\overrightarrow{i} + \sin\left(\varphi + \frac{\pi}{2}\right)\overrightarrow{j}.$$ ✎ (21)

✎ (21) Γ étant birégulier, φ fournit un paramètre admissible pour l'arc de classe $\mathcal{C}^{p-1}$.

Alors $\dfrac{d\varphi}{ds} = c$ donne $\dfrac{d\overrightarrow{T}}{ds} = \dfrac{d\overrightarrow{T}}{d\varphi}\dfrac{d\varphi}{ds} = c\,\overrightarrow{N}$.

De même $\dfrac{d\overrightarrow{N}}{d\varphi} = -\overrightarrow{T}$ donne $\dfrac{d\overrightarrow{N}}{ds} = \dfrac{d\overrightarrow{N}}{d\varphi}\dfrac{d\varphi}{ds} = -c\,\overrightarrow{T}$.

Exemple 8 Montrons trois propriétés classiques du centre de courbure.

a) Le centre de courbure est dans la concavité.

b) La normale est tangente en I à la développée.

c) $\Phi\ :\ t \mapsto M(t),\ t \in I$, étant un paramétrage admissible quelconque de Γ, le centre de courbure I, en M, est caractérisé par $\overrightarrow{MI} \cdot \overrightarrow{M'} = 0\ ,\ \overrightarrow{MI} \cdot \overrightarrow{M''} = \left\|\overrightarrow{M'}\right\|^2$.

a) Avec la première formule de Frenet, on obtient :

$$\overrightarrow{N} = R\frac{\mathrm{d}\overrightarrow{T}}{\mathrm{d}s} = R\frac{\overrightarrow{\mathrm{d}^2M}}{\mathrm{d}s^2}.$$

Par conséquent, $I = M + R\,\overrightarrow{N} = M + R^2\dfrac{\overrightarrow{\mathrm{d}^2M}}{\mathrm{d}s^2}$, la concavité étant définie par $\dfrac{\overrightarrow{\mathrm{d}^2M}}{\mathrm{d}s^2}$, le centre de courbure I est bien dans la concavité.

b) La développée est paramétrée par $s \mapsto I = M + R\overrightarrow{N}$.

En dérivant, il vient : $\dfrac{\mathrm{d}\overrightarrow{I}}{\mathrm{d}s} = \dfrac{\mathrm{d}\overrightarrow{M}}{\mathrm{d}s} + R\dfrac{\mathrm{d}\overrightarrow{N}}{\mathrm{d}s} + \dfrac{\mathrm{d}R}{\mathrm{d}s}\overrightarrow{N}$ donc $\dfrac{\mathrm{d}\overrightarrow{I}}{\mathrm{d}s} = \dfrac{\mathrm{d}R}{\mathrm{d}s}\overrightarrow{N}$.

Lorsque I est un point régulier de la développée $\mathcal{D}$, la tangente en I à $\mathcal{D}$ est $I + \mathbb{R}\,\overrightarrow{N}$: c'est la normale à Γ en M.

c) On note maintenant $\overrightarrow{M'}$ et $\overrightarrow{M''}$ pour $\overrightarrow{M'}(t)$ et $\overrightarrow{M''}(t)$.

Pour tout $t \in I$, $\left(\overrightarrow{M'}, \overrightarrow{M''}\right)$ est libre donc le vecteur $\overrightarrow{MI}$ est caractérisé par ses projetés orthogonaux sur $\mathbb{R}\overrightarrow{M'}$ et $\mathbb{R}\overrightarrow{M''}$ donc aussi par les deux produits scalaires $\overrightarrow{MI} \cdot \overrightarrow{M'}$ et $\overrightarrow{MI} \cdot \overrightarrow{M''}$.

Alors les formules de Frenet donnent :

$$\overrightarrow{M'} = \frac{\mathrm{d}s}{\mathrm{d}t}\overrightarrow{T}\ ,\quad \overrightarrow{M''} = \frac{\mathrm{d}^2s}{\mathrm{d}t^2}\overrightarrow{T} + \frac{1}{R}\left(\frac{\mathrm{d}s}{\mathrm{d}t}\right)^2\overrightarrow{N}$$

puis avec $\overrightarrow{MI} = R\overrightarrow{N}$, il vient $\overrightarrow{MI} \cdot \overrightarrow{M'} = 0\ ,\ \overrightarrow{MI} \cdot \overrightarrow{M''} = \left(\dfrac{\mathrm{d}s}{\mathrm{d}t}\right)^2 = \left\|\overrightarrow{M'}\right\|^2$.

Complément

La relation $\dfrac{\mathrm{d}\overrightarrow{I}}{\mathrm{d}s} = \dfrac{\mathrm{d}R}{\mathrm{d}s}\overrightarrow{N}$ donne $\left\|\dfrac{\mathrm{d}\overrightarrow{I}}{\mathrm{d}s}\right\| = \left|\dfrac{\mathrm{d}R}{\mathrm{d}s}\right|$.

Si la développée est régulière, R est un paramètre normal de la développée.

3. Vitesse et accélération dans le repère de Frenet

On considère un mouvement ponctuel défini dans le plan $\mathcal{P}$ par $\Phi\ :\ t \mapsto M(t),\ t \in I$, où l'arc (I, Φ) est de classe $\mathcal{C}^k$, $k \geqslant 2$, birégulier. Une abscisse curviligne sur l'arc orienté dans le sens des t croissants étant s, la vitesse numérique est $v = \dfrac{\mathrm{d}s}{\mathrm{d}t}$.

Théorème 6

La vitesse et l'accélération sont données, dans le repère de Frenet, par :

$$\overrightarrow{V} = v\overrightarrow{T}\quad ,\quad \overrightarrow{\Gamma} = \frac{\mathrm{d}v}{\mathrm{d}t}\overrightarrow{T} + \frac{v^2}{R}\overrightarrow{N}.\ (22)$$

(22) Ce sont là des égalités fonctionnelles qui se lisent :
$\forall t \in I,\ \overrightarrow{V}(t) = v(t)\,\overrightarrow{T}(t)$
$\overrightarrow{\Gamma}(t) = v'(t)\,\overrightarrow{T}(t) + \dfrac{v(t)^2}{R(t)}\overrightarrow{N}(t)$
Si l'arc (I, Φ) est seulement supposé régulier, on a : $\overrightarrow{\Gamma} = \dfrac{\mathrm{d}v}{\mathrm{d}t}\overrightarrow{T} + cv^2\overrightarrow{N}$.

☞ $\dfrac{\mathrm{d}\overrightarrow{M}}{\mathrm{d}t} = \dfrac{\mathrm{d}\overrightarrow{M}}{\mathrm{d}s}\dfrac{\mathrm{d}s}{\mathrm{d}t}$ donne $\overrightarrow{V} = v\overrightarrow{T}$.

$$\frac{d\overrightarrow{T}}{dt} = \frac{d\overrightarrow{T}}{ds}\frac{ds}{dt} = \frac{ds}{dt}\frac{\overrightarrow{N}}{R} \text{ donne } \overrightarrow{\Gamma} = \frac{dv}{dt}\overrightarrow{T} + v\frac{d\overrightarrow{T}}{dt} = \frac{dv}{dt}\overrightarrow{T} + \frac{v^2}{R}\overrightarrow{N}.$$

Définition 11

$\gamma_T = \dfrac{dv}{dt}$ est l'**accélération tangentielle.**

$\gamma_N = \dfrac{v^2}{R}$ est l'**accélération normale.**

4. Exemples de détermination du centre de courbure, de la développée

4.1 – Position du problème et notations

Il s'agit de trouver les éléments du repère de Frenet d'un arc Γ plan à partir d'un paramétrage quelconque (I, f), par comparaison avec un paramètre normal (J, g).

On suppose Γ birégulier de classe $\mathcal{C}^p$, $(p \geqslant 3)$. ✎ (23)

✎ (23) La courbe étudiée peut être réunion d'arcs réguliers dont les extrémités sont des points stationnaires.

Suivant l'usage et par abus d'écriture, on note :

$$M = f(t) = g(s),\quad \overrightarrow{M'} = \frac{\overrightarrow{dM}}{dt},\qquad \overrightarrow{M''} = \frac{\overrightarrow{d^2M}}{dt^2},\qquad s' = \frac{ds}{dt},\quad R' = \frac{dR}{dt}$$

$$\frac{\overrightarrow{dM}}{ds} = \overrightarrow{T}\ ,\quad \frac{\overrightarrow{d^2M}}{ds^2} = c\overrightarrow{N} = \frac{1}{R}N.$$

4.2 – Utilisation des formules de Frenet

Le calcul se déroule comme suit : ✎ (24)

✎ (24) Cette méthode est intéressante lorsque l'expression de $\|\overrightarrow{M'}\|$ est dépourvue de radical, l'écriture de $\overrightarrow{M'}$ fait alors apparaître facilement un vecteur unitaire (choix de $\overrightarrow{T}$).

$\overrightarrow{M'} = s'\overrightarrow{T}$ donne s', $\overrightarrow{T}$ et $\overrightarrow{N}$; si s' ne s'annule pas, l'arc est régulier.

$\dfrac{d\overrightarrow{T}}{ds} = \dfrac{1}{R}\overrightarrow{N} = \dfrac{1}{s'}\dfrac{d\overrightarrow{T}}{dt}$ donne R, puis $I = M + R\overrightarrow{N}$.

Exemple 9 Développée de la tractrice Γ : $x = a(t - \operatorname{th} t)$, $y = \dfrac{a}{\operatorname{ch} t}$.

Posons $M(t) = O + a(t - \operatorname{th} t)\overrightarrow{i} + \dfrac{a}{\operatorname{ch} t}\overrightarrow{j}$.

On calcule $\overrightarrow{M'} = a\operatorname{th}^2 t\,\overrightarrow{i} - a\dfrac{\operatorname{sh} t}{\operatorname{ch}^2 t}\overrightarrow{j} = a\operatorname{th} t\left(\operatorname{th} t\,\overrightarrow{i} - \dfrac{1}{\operatorname{ch} t}\overrightarrow{j}\right)$.

Γ privée de $A(0, a)$ est la réunion de deux arcs réguliers Γ_1 correspondant à $t \in \mathbb{R}_+^*$ et Γ_2 correspondant à $t \in \mathbb{R}_-^*$.

Orientons Γ_1 dans le sens des t croissants, on a alors $s' = a\operatorname{th} t$ donc :

$$\overrightarrow{T} = \operatorname{th} t\,\overrightarrow{i} - \frac{1}{\operatorname{ch} t}\overrightarrow{j} \text{ et } \overrightarrow{N} = \frac{1}{\operatorname{ch} t}\overrightarrow{i} + \operatorname{th} t\,\overrightarrow{j}$$

$$\frac{d\overrightarrow{T}}{ds} = \frac{1}{R}\overrightarrow{N} = \frac{1}{a\operatorname{th} t}\left(\frac{1}{\operatorname{ch}^2 t}\overrightarrow{i} + \frac{\operatorname{sh} t}{\operatorname{ch}^2 t}\overrightarrow{j}\right) = \frac{1}{a\operatorname{sh} t}\overrightarrow{N} \text{ d'où } R = a\operatorname{sh} t,$$

$I = M + R\overrightarrow{N}$ a pour coordonnées :

$$x_I = a(t - \operatorname{th} t) + a\operatorname{th} t = at\ ,\quad y_I = \frac{a}{\operatorname{ch} t} + a\frac{\operatorname{sh}^2 t}{\operatorname{ch} t} = a\operatorname{ch} t$$

En orientant Γ_2 dans le sens des t décroissants, on a $s' = -\|\overrightarrow{M'}\| = a\operatorname{th} t$ et le calcul est identique.

Ainsi la développée de la tractrice est la chaînette d'équation $y = a\operatorname{ch}\dfrac{x}{a}$.

Exemple 10 Développée de la cardioïde $\mathscr{C}\ :\ r = a(1+\cos\theta)$

La cardioïde est paramétrée par $\theta \mapsto M = O + a(1+\cos\theta)\overrightarrow{u}(\theta),\ \ \theta \in [-\pi,\pi]$.

On élimine le point stationnaire en se limitant à $\theta \in]-\pi,\pi[$.

Dans l'exemple 7, on a trouvé :

$$s' = 2a\cos\frac{\theta}{2}\ ,\quad \overrightarrow{T} = -\sin\frac{\theta}{2}\overrightarrow{u} + \cos\frac{\theta}{2}\overrightarrow{u'}\ ,\quad \overrightarrow{N} = -\cos\frac{\theta}{2}\overrightarrow{u} - \sin\frac{\theta}{2}\overrightarrow{u'}$$

$$\text{et}\qquad \varphi = \frac{3\theta}{2} + \frac{\pi}{2}$$

On a donc $\varphi' = \dfrac{3}{2}$ et $R = \dfrac{\mathrm{d}s}{\mathrm{d}\varphi} = \dfrac{s'}{\varphi'} = \dfrac{4a}{3}\cos\dfrac{\theta}{2}$.

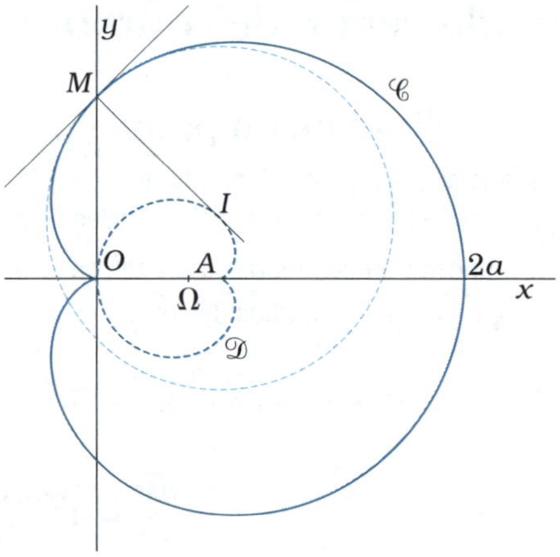

$$I = M + R\overrightarrow{N} = O + a(1+\cos\theta)\overrightarrow{u} - \frac{4a}{3}\cos\frac{\theta}{2}\left(\cos\frac{\theta}{2}\overrightarrow{u} + \sin\frac{\theta}{2}\overrightarrow{u'}\right),$$

$$I = O + \frac{a}{3}(1+\cos\theta)\overrightarrow{u} - \frac{2a}{3}\sin\theta\overrightarrow{u'}\quad ,\quad I = O + \frac{a}{3}(2+\cos\theta-\cos^2\theta)\overrightarrow{i} + \frac{a}{3}(1-\cos\theta)\sin\theta\,\overrightarrow{j},$$

$$I = O + \frac{2a}{3}\overrightarrow{i} + \frac{a}{3}(1-\cos\theta)\overrightarrow{u}(\theta).$$

En prenant $A = O + \dfrac{2a}{3}\overrightarrow{i}$ pour origine, la développée a pour équation polaire $r = \dfrac{a}{3}(1-\cos\theta)$.

C'est la cardioïde image de $\mathscr{C}$ par l'homothétie de centre $\Omega = O + \dfrac{a}{2}\overrightarrow{i}$ et de rapport $-\dfrac{1}{3}$.

4.3 – Utilisation d'un paramètre angulaire φ

Soit Γ une courbe birégulière, orientée, de classe $\mathcal{C}^p$, $(p \geqslant 3)$, paramétrée par :

$$t \mapsto M = O + x(t)\overrightarrow{i} + y(t)\overrightarrow{j}$$

s une abscisse curviligne et $\varphi = (\overrightarrow{i}, \overrightarrow{T})$ (de classe $\mathcal{C}^{p-1}$).

Avec des notations (simplifiées) usuelles, on a $\overrightarrow{T} = \dfrac{\mathrm{d}x}{\mathrm{d}s}\overrightarrow{i} + \dfrac{\mathrm{d}y}{\mathrm{d}s}\overrightarrow{j}$ donc $\overrightarrow{N} = -\dfrac{\mathrm{d}y}{\mathrm{d}s}\overrightarrow{i} + \dfrac{\mathrm{d}x}{\mathrm{d}s}\overrightarrow{j}$.

Alors $R = \dfrac{\mathrm{d}s}{\mathrm{d}\varphi}$ donne $I = M + R\overrightarrow{N} = M - \dfrac{\mathrm{d}y}{\mathrm{d}\varphi}\overrightarrow{i} + \dfrac{\mathrm{d}x}{\mathrm{d}\varphi}\overrightarrow{j}$.

Ainsi les coordonnées du centre de courbure sont :

$$x_I = x - \frac{\mathrm{d}y}{\mathrm{d}\varphi}\ ,\quad y_I = y + \frac{\mathrm{d}x}{\mathrm{d}\varphi}.$$

On remarquera que l'on arrive ainsi aux coordonnées du centre de courbure I sans avoir à calculer $\mathrm{d}s$. On a simplement besoin de $\mathrm{d}x$, $\mathrm{d}y$, $\mathrm{d}\varphi$ donc de $x'(t)$, $y'(t)$, $\varphi'(t)$.

Exemple 11 Développée de la parabole $\mathcal{P}$: $y^2 = 2px$.

$\mathcal{P}$ est paramétrée par $t \mapsto O + \dfrac{t^2}{2p}\vec{i} + t\vec{j}$.

On a alors $\dfrac{dx}{dt} = \dfrac{t}{p}$, $\dfrac{dy}{dt} = 1$ donc $\tan\varphi = \dfrac{dy}{dx} = \dfrac{p}{t}$.

En dérivant la dernière relation, il vient $(1 + \tan^2\varphi)\dfrac{d\varphi}{dt} = -\dfrac{p}{t^2}$, c'est-à-dire :

$$\left(1 + \frac{p^2}{t^2}\right)\frac{d\varphi}{dt} = -\frac{p}{t^2} \quad \text{d'où} \quad \frac{d\varphi}{dt} = \frac{-p}{p^2 + t^2}.$$

On en déduit les coordonnées du centre de courbure :

$$x_I = \frac{t^2}{2p} + \frac{p^2 + t^2}{p} = p + \frac{3t^2}{2p} \quad , \quad y_I = t - \frac{t(p^2 + t^2)}{p^2} = -\frac{t^3}{p^2}.$$

Ce qui donne une représentation paramétrique de la développée $\mathcal{D}$.

✎ [25]

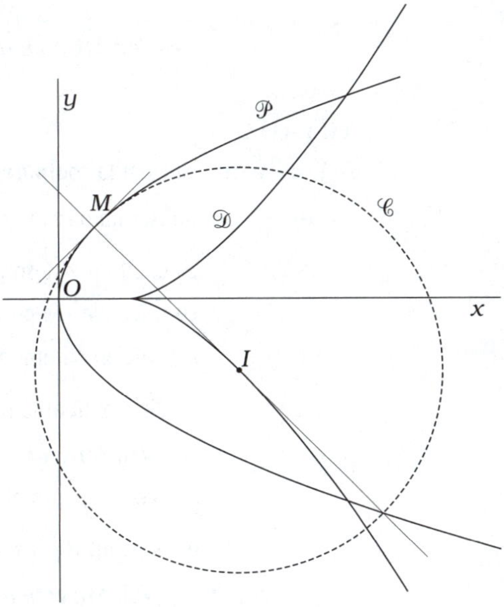

✎ [25] I est le centre de courbure et $\mathcal{C}$ le cercle osculateur en M.

Exemple 12 Courbure et centre de courbure à l'origine pour une courbe Γ d'équation $y = f(x)$, $f \in \mathcal{C}^2(I, \mathbb{R})$, tangente en O à l'axe $(O, \vec{i})$.

Γ est paramétrée par $x \mapsto M = O + x\vec{i} + f(x)\vec{j}$.

L'arc étant orienté dans le sens des x croissants, on obtient :

$$\frac{ds}{dx} = \left\| \vec{i} + f'(x)\vec{j} \right\| = \sqrt{1 + f'^2(x)}$$

et $\tan\varphi = f'(x)$ donne en dérivant $\dfrac{d\varphi}{dx} = \dfrac{f''(x)}{1 + f'^2(x)}$.

Par hypothèse, on a $f'(0) = 0$, donc pour $x = 0$, on obtient :

$$\vec{T}(0) = \vec{i} \ , \ \vec{N}(0) = \vec{j} \ , \ \frac{ds}{dx}(0) = 1 \ , \ \frac{d\varphi}{dx}(0) = f''(0)$$

$$R(0) = \frac{1}{f''(0)} \quad \text{et} \quad I(0) = \frac{1}{f''(0)}\vec{j}.$$ ✎ [26]

✎ [26] En supposant bien sûr $f''(0) \neq 0$.

Méthodes

L'essentiel

I. Abscisse curviligne

✔ **Si l'on veut** calculer la longueur d'un arc de classe $\mathcal{C}^1$ ou une abscisse curviligne,

- **on peut** ne retenir qu'une seule formule :
l'arc étant défini et orienté par $t \mapsto M(t)$, $t \in I$, on a :
$$s'(t) = \left\|\overrightarrow{M'}(t)\right\|$$
  - pour un paramétrage cartésien : $M(t) = O + x(t)\,\vec{i} + y(t)\,\vec{j}$, cela donne :
$$s'(t) = \sqrt{x'(t)^2 + y'(t)^2}$$
→ Voir *Mise en œuvre*, exercice 1
  - pour un paramétrage polaire : $M(\theta) = O + r(\theta)\vec{u}(\theta)$, cela donne :
$$s'(\theta) = \sqrt{r^2(\theta) + r'^2(\theta)}.$$
→ Voir *Mise en œuvre*, exercice 2

II. Courbure

✔ **Si l'on veut** calculer la courbure, ou le rayon de courbure, d'un arc de classe $\mathcal{C}^2$,

- **on peut** utiliser un paramètre angulaire φ.
La courbure est donnée par $c = \dfrac{\mathrm{d}\varphi}{\mathrm{d}s}$.
Le calcul de $\mathrm{d}\varphi$ peut se faire :
  - avec un paramétrage cartésien $t \mapsto M = O + x(t)\,\vec{i} + y(t)\,\vec{j}$,
en différentiant la relation $\tan\varphi = \dfrac{y'}{x'}$;
→ Voir *Mise en œuvre*, exercice 1
  - avec un paramétrage polaire : $\theta \mapsto M = O + r(\theta)\,\vec{u}(\theta)$,
en utilisant $\mathrm{d}\varphi = \mathrm{d}V + \mathrm{d}\theta$ et en différentiant la relation $\tan V = \dfrac{r}{r'}$;
→ Voir *Mise en œuvre*, exercice 3
- **on peut** utiliser les formules de Frenet :
on calcule les vecteurs $\vec{T}$, $\vec{N}$, $\dfrac{\mathrm{d}\vec{T}}{\mathrm{d}s}$ et la courbure est donnée par :
$$\frac{\mathrm{d}\vec{T}}{\mathrm{d}s} = c\vec{N}.$$
→ Voir *Mise en œuvre*, exercice 4

III. Courbes conditionnées

✔ **Si l'on veut** déterminer les courbes planes de classe $\mathcal{C}^2$ birégulières satisfaisant à une condition différentielle donnée

- **on peut** penser à paramétrer ces courbes au moyen d'un paramètre angulaire φ en exploitant les formules $\mathrm{d}x = \mathrm{d}s\cos\varphi$, $\mathrm{d}y = \mathrm{d}s\sin\varphi$.
→ Voir *Mise en œuvre*, exercice 5

Mise en œuvre

Dans tous les exercices, sauf mention contraire, le plan est rapporté à un repère orthonormal $(O, \vec{i}, \vec{j})$.

Ex. 1

1) Tracer l'arc $\mathscr{C}$ paramétré par $t \mapsto M = O + 8\sin t\,\vec{i} + \sqrt{2}\sin 2t\,\vec{j}$.

2) Calculer la longueur de $\mathscr{C}$.

3) Calculer le rayon de courbure en $M(t)$.

Solution

1) La fonction $t \mapsto M(t)$ est 2π-périodique.

$M(t+\pi)$ est image de $M(t)$ dans la réflexion d'axe $(O, \vec{j})$.
$M(-t)$ est symétrique de $M(t)$ par rapport à O.

On étudie l'arc $\mathscr{C}_0$ correspondant à $t \in \left[0, \frac{\pi}{2}\right]$ et on obtient $\mathscr{C}$ en effectuant la symétrie S_0 de centre O puis la réflexion $S_{(O,\vec{j})}$ d'axe $(O, \vec{j})$.

Variations

t	0		$\frac{\pi}{4}$		$\frac{\pi}{2}$
x	0	$\nearrow$	$4\sqrt{2}$	$\nearrow$	8
y	0	$\nearrow$	$\sqrt{2}$	$\searrow$	0

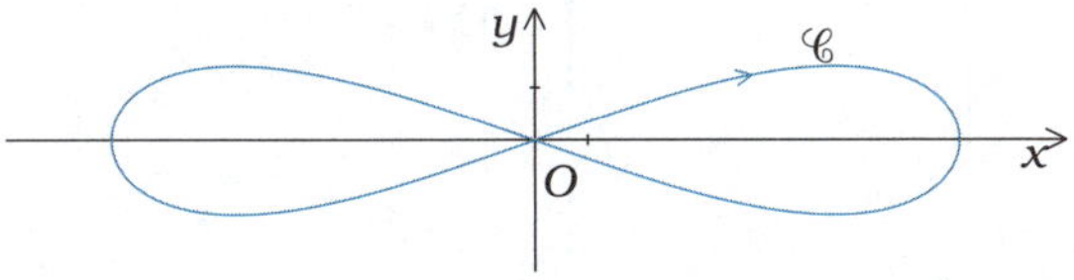

2) $\|\vec{M'}\|^2 = x'^2 + y'^2 = 8\left(8\cos^2 t + \cos^2 2t\right) = 8\left(2\cos^2 t + 1\right)^2$.

La longueur de $\mathscr{C}$ est donc $L(\mathscr{C}) = \displaystyle\int_{-\pi}^{\pi} 2\sqrt{2}(2+\cos 2t)\mathrm{d}t = 8\,\pi\,\sqrt{2}$.

3) Pour $t \in \left\{-\frac{\pi}{2}, \frac{\pi}{2}\right\}$, on a $\tan\varphi = \dfrac{1}{\sqrt{2}}\cos t - \dfrac{1}{2\sqrt{2}\cos t}$

d'où en dérivant :

$$\frac{8\left(2\cos^2 t+1\right)^2}{64\cos^2 t}\,\varphi'(t) = -\frac{\sin t}{\sqrt{2}} - \frac{\sin t}{2\sqrt{2}\cos^2 t}$$

et $\quad \varphi'(t) = -\dfrac{2\sqrt{2}\sin t}{2\cos^2 t+1}\quad$ ou $\quad \mathrm{d}\varphi = -\dfrac{2\sqrt{2}\sin t}{2\cos^2 t+1}\mathrm{d}t$

Par continuité de φ', cette relation reste vraie en $+\frac{\pi}{2}$ et $-\frac{\pi}{2}$.

Finalement, pour $t \notin \pi\mathbb{Z}$, en $M(t)$ on a $R = \dfrac{\mathrm{d}s}{\mathrm{d}\varphi} = -\dfrac{\left(2\cos^2 t+1\right)^2}{\sin t}$.

Commentaires

Un intervalle utile (pour obtenir toute la courbe) est $[\alpha, \alpha+2\pi[$.

$\mathscr{C}'_0 = S_0\left(\mathscr{C}_0\right)$ correspond à $t \in \left[-\pi/2, 0\right]$

$\mathscr{C}_1 = \mathscr{C}_0 \cup \mathscr{C}'_0$ correspond à $t \in \left[-\pi/2, \pi/2\right]$

$\mathscr{C}'_1 = S_{(O,\vec{j})}\left(\mathscr{C}_1\right)$ correspond à $t \in \left[\pi/2, 3\pi/2\right]$

$\mathscr{C} = \mathscr{C}_1 \cup \mathscr{C}'_1$.

$x' = 8\cos t\ ,\ y' = 2\sqrt{2}\cos 2t$

L'arc est régulier de classe C^∞.

On voit apparaître un carré parfait, la situation est favorable.

$\tan\varphi = \dfrac{y'}{x'} = \dfrac{2\cos^2 t - 1}{2\sqrt{2}\cos t}$

$\left(1+\tan^2\varphi\right)\varphi' = -\dfrac{\sin t}{\sqrt{2}} - \dfrac{\sin t}{2\sqrt{2}\cos^2 t}$ et

$1+\tan^2\varphi = 1 + \dfrac{y'^2}{x'^2} = \dfrac{x'^2+y'^2}{x'^2}$.

L'arc est supposé orienté dans le sens des t croissants. Si $t \in \pi\mathbb{Z}$, alors $M(t) = O$, la courbure est nulle. O est point d'inflexion sur les deux arcs passant par ce point.

Ex. 2

1) Tracer la courbe $\mathscr{C}$ d'équation polaire $r = \cos\theta - \dfrac{1}{\cos\theta}$.

2) On oriente $\mathscr{C}$ dans le sens des θ croissants. L'origine étant prise en O ($\theta = 0$), calculer l'abscisse curviligne du point $M(\theta)$.

Indications

1) π est antipériode.

2) Observer que $3x^2 - 2x - 1 = (x-1)(3x+1)$.

Une intégration par parties ramène le calcul de $\displaystyle\int \frac{\sqrt{3u^2+1}}{u^2}\mathrm{d}u$ à des primitives usuelles.

Solution

1) La fonction $r\ :\ \theta \mapsto \cos\theta - \dfrac{1}{\cos\theta}$ est définie sur $\mathbb{R} \setminus \left\{\dfrac{\pi}{2} + k\pi\ /\ k \in \mathbb{Z}\right\}$ et elle est π-antipériodique. On obtient donc toute la courbe pour θ décrivant $\left]-\dfrac{\pi}{2}, \dfrac{\pi}{2}\right[$.

De plus r est paire, on peut donc limiter l'étude à l'intervalle $\left[0, \dfrac{\pi}{2}\right[$ et on complétera la courbe en effectuant une réflexion d'axe $(O, \vec{i})$.

Branche infinie : $\displaystyle\lim_{\theta \to \pi/2} r\cos\theta = -1$, la droite $D(x=-1)$ est asymptote.

Tableau de valeurs et signe de r

θ	0		$\frac{\pi}{2}$
r	0	$-$	$-\infty$ ||

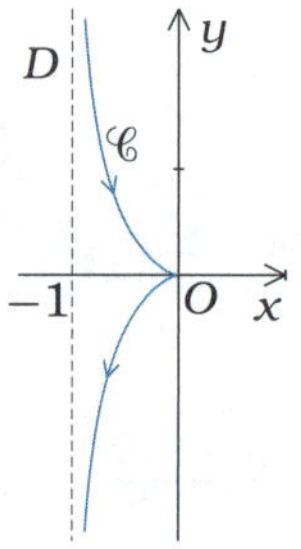

2) On obtient ici :

$$\|\overrightarrow{M'}(\theta)\|^2 = \frac{1 + 2\cos^2\theta - 3\cos^4\theta}{(\cos\theta)^4} = \frac{(1-\cos^2\theta)(3\cos^2\theta + 1)}{(\cos\theta)^4}$$

donc : $\quad \|\overrightarrow{M'}(\theta)\| = |\sin\theta|\dfrac{\sqrt{3\cos^2\theta + 1}}{\cos^2\theta}$

et $\quad s(\theta) = \displaystyle\int_0^\theta \frac{|\sin t|\sqrt{3\cos^2 t + 1}}{\cos^2 t}\mathrm{d}t$

Pour $\theta \in [0, \pi/2[$ en posant $u = \cos t$, il vient :

$$s(\theta) = \int_{\cos\theta}^1 \frac{\sqrt{3u^2+1}}{u^2}\mathrm{d}u$$

puis par intégration par parties :

$$\begin{aligned} s(\theta) &= \left[-\frac{\sqrt{3u^2+1}}{u}\right]_{\cos\theta}^1 + 3\int_{\cos\theta}^1 \frac{\mathrm{d}u}{\sqrt{3u^2+1}} \\ &= \frac{\sqrt{3\cos^2\theta+1}}{\cos\theta} - 2 + \sqrt{3}\,\ell n\left(\frac{2+\sqrt{3}}{\sqrt{3}\cos\theta + \sqrt{3\cos^2\theta+1}}\right). \end{aligned}$$

Pour $\theta \in \left]-\dfrac{\pi}{2}, 0\right]$, on a $s(\theta) = -s(-\theta)$, ce qui achève le calcul.

Commentaires

$r(\theta+\pi) = -r(\theta)$ donne :

$$M(\theta+\pi) = M(\theta)$$

Tout intervalle de longueur π convient.

On a ici $x = r\cos\theta = -1 + \cos^2\theta$ donc la courbe $\mathscr{C}$ se trouve globalement à droite de D.

Avec $r' = -\sin\theta - \dfrac{\sin\theta}{\cos^2\theta}$ on voit que r décroît de 0 à $-\infty$.

$\overrightarrow{M}(\theta) = O + r(\theta)\overrightarrow{u}(\theta)$.

La factorisation de $\sin t$ va permettre de poursuivre le calcul en effectuant le changement de variable défini par $u = \cos t$.

On évite ainsi un changement de variable laborieux.

$\displaystyle\int_{\cos\theta}^1 \frac{\mathrm{d}u}{\sqrt{3u^2+1}} = \frac{1}{\sqrt{3}}\int_{\sqrt{3}\cos\theta}^{\sqrt{3}} \frac{\mathrm{d}v}{\sqrt{v^2+1}}$.

Ex. 3

1) Tracer la courbe $\mathscr{C}$ d'équation polaire $r = \dfrac{\sin 3\theta}{1+\sin 2\theta}$.

2) On oriente $\mathscr{C}$ dans le sens des t croissants. Calculer les rayons de courbure en O pour chacun des arcs passant par ce point et au point $A\left(\theta = \dfrac{\pi}{2}\right)$.

Indications

1) π est antipériode.

2) Les valeurs de $r'\left(\dfrac{\pi}{2}\right)$ et $r''\left(\dfrac{\pi}{2}\right)$ peuvent se déduire d'un développement limité.

Solution

1) La fonction $r\ :\ \theta \mapsto \dfrac{\sin 3\theta}{1+\sin 2\theta}$ est définie sur $\mathbb{R} \setminus \left\{\dfrac{3\pi}{4} + k\pi\ /\ k \in \mathbb{Z}\right\}$ et elle est π-antipériodique. On obtient donc toute la courbe pour θ décrivant $[0, \pi[\setminus \left\{\dfrac{3\pi}{4}\right\}$.

- Branches infinies

En posant $\theta = \dfrac{3\pi}{4} + h$, on obtient :

$$Y = r(\theta)\sin\left(\theta - \frac{3\pi}{4}\right) = \frac{\sin\left(\frac{\pi}{4} + 3h\right)}{1 - \cos 2h}\sin h \sim \frac{\sqrt{2}}{4h}.$$

Dans les deux cas, on a donc une branche parabolique.

- Tableau de valeurs et signe de r

θ	0		$\frac{\pi}{3}$		$\frac{2\pi}{3}$		$\frac{3\pi}{4}$		π
$r(\theta)$	0	$+$	0	$-$	0	$+$	‖	$+$	0

- Dessin

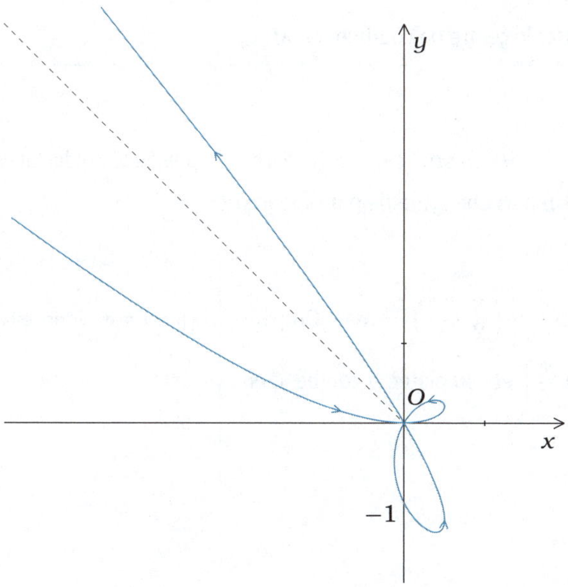

Commentaires

$M(\theta) = M(\theta+\pi)$.

On peut remplacer $[0,\pi[$ par tout intervalle de longueur π.

$\lim_{\theta \to \frac{3\pi}{4}} r(\theta) = +\infty$, on a donc une direction asymptotique d'angle polaire $\frac{3\pi}{4}$.

Les deux cas sont :

$\theta \to \frac{3\pi}{4}$, $\theta < \frac{3\pi}{4}$ et

$\theta \to \frac{3\pi}{4}$, $\theta > \frac{3\pi}{4}$

$r'(\theta) = \dfrac{3\cos 3\theta}{1+\sin 2\theta} - \dfrac{2\sin 3\theta \cos 2\theta}{(1+\sin 2\theta)^2}$.

Pour obtenir un tracé correct, il est intéressant de placer le point $A\left(\theta = \frac{\pi}{2}\right)$ et la tangente en ce point.

$r\left(\frac{\pi}{2}\right) = -1$, $r'\left(\frac{\pi}{2}\right) = -2$

$\frac{r}{r'}\left(\frac{\pi}{2}\right) = \frac{1}{2}$

2) On a $M(\theta) = 0$ pour $\theta = 0$, $\theta = \frac{\pi}{3}$ et $\theta = \frac{2\pi}{3}$.

sur l'intervalle $[0, \pi[$.

Avec des notations usuelles, de $\tan V = \frac{r}{r'}$, on déduit :

$$(1 + \tan^2 V)\mathrm{d}V = \frac{r'^2 - rr''}{r'^2}\mathrm{d}\theta \text{ donc } \left(r^2 + r'^2\right)\mathrm{d}V = \left(r'^2 - rr''\right)\mathrm{d}\theta.$$

En un point θ_0 tel que $r(\theta_0) = 0$ et $r'(\theta_0) \neq 0$, cela donne $\mathrm{d}V = \mathrm{d}\theta$ donc $\mathrm{d}\varphi = 2\mathrm{d}\theta$

$r(\theta_0)=r'(\theta_0)=0$ correspondrait à un point stationnaire.

de même $\mathrm{d}s = \sqrt{r^2 + r'^2}\mathrm{d}\theta$ donne $\mathrm{d}s = |r'(\theta_0)|\,\mathrm{d}\theta$ et finalement :

$$R = \frac{\mathrm{d}s}{\mathrm{d}\varphi} = \frac{|r'(\theta_0)|}{2}$$

Les rayons de courbure sont donc :

$$R(0) = \frac{3}{2}, \quad R\left(\frac{\pi}{3}\right) = 3(2 - \sqrt{3}), \quad R\left(\frac{2\pi}{3}\right) = 3(2 + \sqrt{3})$$

Au point A, pour obtenir $r''\left(\frac{\pi}{2}\right)$, effectuons un développement limité de r.

Avec $\theta = \frac{\pi}{2} + h$, il vient :

$$r = \frac{-\cos 3h}{1 - \sin 2h} = -1 - 2h + \frac{h^2}{2} + o\left(h^2\right)$$

La formule de Taylor donne les dérivées en ce point sans qu'il soit utile de calculer les fonctions dérivées.

$$r\left(\frac{\pi}{2}\right)^2 + r'\left(\frac{\pi}{2}\right)^2 = r'\left(\frac{\pi}{2}\right)^2 - r\left(\frac{\pi}{2}\right)r''\left(\frac{\pi}{2}\right) = 5.$$

d'où $r\left(\frac{\pi}{2}\right) = -1$, $r'\left(\frac{\pi}{2}\right) = -2$, $r''\left(\frac{\pi}{2}\right) = 1$.

En ce point, on a donc $\mathrm{d}V = \mathrm{d}\theta$, $\mathrm{d}\varphi = 2\mathrm{d}\theta$

$$\mathrm{d}s = \sqrt{5}\mathrm{d}\theta$$

et finalement $R\left(\frac{\pi}{2}\right) = \frac{\sqrt{5}}{2}$.

Ex. 4

Soit $a \in \mathbb{R}_+^*$, on considère l'arc $\mathscr{C}$ paramétré par $x = a\cos^3 t$, $y = a\sin^3 t$, $t \in \left[0, \frac{\pi}{2}\right]$.

1) Tracer $\mathscr{C}$.

2) Pour tout $t \in \left]0, \frac{\pi}{2}\right[$, déterminer le repère de Frenet de $\mathscr{C}$ au point M de paramètre t.

Calculer le rayon de courbure et préciser le centre de courbure en M.

Indications

La courbe paramétrée par $x = a\cos^3 t$, $y = a\sin^3 t$, $t \in [0, 2\pi]$ est appelée astroïde. Elle se déduit de $\mathscr{C}$ par une réflexion d'axe $(O, \vec{i})$ (ou $(O, \vec{j})$) puis une symétrie par rapport à O.

Solution

Commentaires

1) Remarquons que $x\left(\frac{\pi}{2} - t\right) = y(t)$, $y\left(\frac{\pi}{2} - t\right) = x(t)$. On peut donc réduire l'intervalle d'étude à $\left[0, \frac{\pi}{4}\right]$ et compléter la courbe $\mathscr{C}$ en effectuant une réflexion d'axe $(O, \vec{i} + \vec{j})$.

La première bissectrice est axe de symétrie de $\mathscr{C}$.

- Variations

$$x' = -3a\cos^2 t\sin t \ , \ y' = 3a\sin^2 t\cos t$$

t	0		$\frac{\pi}{4}$
x'	0	$-$	$-\frac{3a}{2\sqrt{2}}$
y'	0	$+$	$\frac{3a}{2\sqrt{2}}$
x	a	$\searrow$	$\frac{a}{2\sqrt{2}}$
y	0	$\nearrow$	$\frac{a}{2\sqrt{2}}$

- Point stationnaire

Développons $x(t)$ et $y(t)$ au voisinage de 0, il vient :

$$x(t) = a\left(1 - \frac{3}{2}t^2 + o\left(t^3\right)\right) \ , \ y(t) = at^3 + o\left(t^3\right)$$

$M(0)$ est donc un point de rebroussement de première espèce en lequel la tangente est dirigée par $\overrightarrow{i}$.

Les entiers caractéristiques en $M(0)$ sont

$p=2 \ , \ q=3.$

$\overrightarrow{OM}(t)=a\overrightarrow{i}-\frac{3at^2}{2}\overrightarrow{i}+at^3\overrightarrow{j}+o\left(t^3\right).$

- Dessin

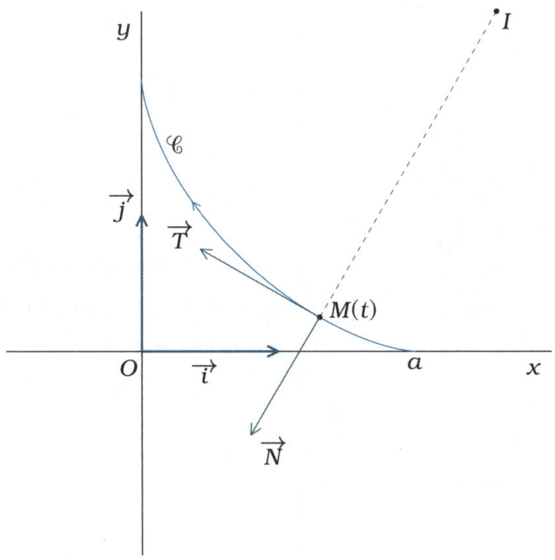

2) On a $\|\overrightarrow{M'}\| = 3a\,|\sin t\cos t| = 3a\sin t\cos t$ donc :

$$\overrightarrow{T} = -\cos t\,\overrightarrow{i} + \sin t\,\overrightarrow{j} \ \text{ et } \ \overrightarrow{N} = -\sin t\,\overrightarrow{i} - \cos t\,\overrightarrow{j}.$$

$$\frac{\mathrm{d}\overrightarrow{T}}{\mathrm{d}s} = \frac{\mathrm{d}\overrightarrow{T}}{\mathrm{d}t}\frac{\mathrm{d}t}{\mathrm{d}s} = \frac{1}{3a\sin t\cos t}\left(\sin t\,\overrightarrow{i} + \cos t\,\overrightarrow{j}\right) \ \text{donne :}$$

$$R = -3a\sin t\cos t$$

compte tenu de $\frac{\mathrm{d}\overrightarrow{T}}{\mathrm{d}s}=\frac{\overrightarrow{N}}{R}$.

Le centre de courbure I est défini par $I = M + R\overrightarrow{N}$ donc :

$$\begin{cases} x_I = a\cos^3 t + 3a\sin^2 t\cos t \\ y_I = a\sin^3 t + 3a\sin t\cos^2 t \end{cases}$$

Ex. 5

Soit $a \in \mathbb{R}_+^*$, trouver une courbe plane $\mathscr{C}$, de classe $\mathcal{C}^2$, birégulière décrite par M, telle que le point $P = M + a\overrightarrow{T}$ ($\overrightarrow{T} = \dfrac{\mathrm{d}\overrightarrow{M}}{\mathrm{d}s}$) reste sur une droite $\mathscr{D}$ donnée.

Indications

Commencer par choisir un repère adapté à la figure. Pour un arc de classe $\mathcal{C}^2$ birégulier, le paramètre angulaire φ (tel que $(\overrightarrow{i}, \overrightarrow{T}) = \varphi$) est un paramètre admissible.

Solution

Le repère orthonormal $(O, \overrightarrow{i}, \overrightarrow{j})$ est choisi tel que $(O, \overrightarrow{j})$ soit porté par la droite $\mathscr{D}$.

- Analyse. Soit $\mathscr{C}$ un arc de classe $\mathcal{C}^2$ birégulier, paramétré par $\varphi \mapsto M = O + x(\varphi)\overrightarrow{i} + y(\varphi)\overrightarrow{j}$, $\varphi \in I$, où φ est un paramètre angulaire. En tout point M de $\mathscr{C}$, le vecteur unitaire tangent est :

$$\overrightarrow{T} = \cos\varphi\,\overrightarrow{i} + \sin\varphi\,\overrightarrow{j},$$

donc $P = M + a\overrightarrow{T}$ décrit $\mathscr{D}$ si et seulement si $x + a\cos\varphi = 0$.

Alors, on a nécessairement $\dfrac{\mathrm{d}y}{\mathrm{d}\varphi} = \dfrac{\mathrm{d}y}{\mathrm{d}x}\dfrac{\mathrm{d}x}{\mathrm{d}\varphi} = a\tan\varphi\sin\varphi = a\dfrac{\sin^2\varphi}{\cos\varphi}$

soit $\dfrac{\mathrm{d}y}{\mathrm{d}\varphi} = a\left(\cos\varphi - \dfrac{1}{\cos\varphi}\right)$ et :

$y = a\left(\sin\varphi - \ell n\left|\tan\left(\dfrac{\varphi}{2} + \dfrac{\pi}{4}\right)\right|\right) + k.$

Les solutions possibles sont donc les courbes Γ_k déduites de :

$$\Gamma_0 : \begin{cases} x = -a\cos\varphi \\ y = a\left(\sin\varphi - \ell n\tan\left(\dfrac{\varphi}{2} + \dfrac{\pi}{4}\right)\right) \end{cases} \quad \varphi \in]0, \pi/2[$$

$$\Gamma_0' : \begin{cases} x = -a\cos\varphi \\ y = a\left(\sin\varphi - \ell n\left|\tan\left(\dfrac{\varphi}{2} + \dfrac{\pi}{4}\right)\right|\right) \end{cases}$$

pour $\varphi \in]-\pi/2, 0[$ ou de leurs symétriques Γ_0'' et Γ_0''' par rapport à O, par translation de vecteur $k\overrightarrow{j}$.

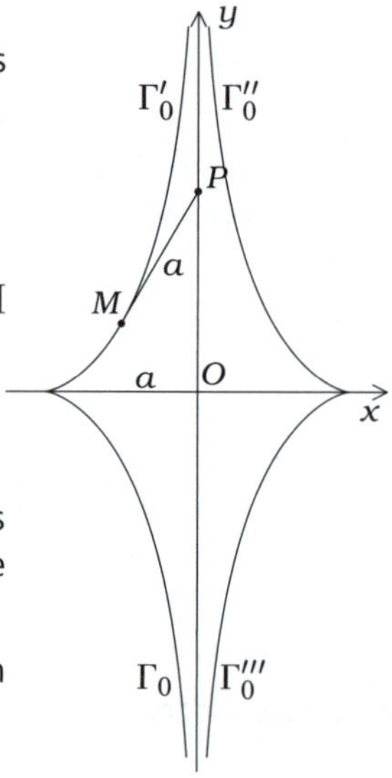

- Synthèse. Vérifions de Γ_0 est bien solution du problème.

C'est un arc de classe $\mathcal{C}^\infty$ tel que $x'(\varphi) = a\sin\varphi$, $y'(\varphi) = a\dfrac{\sin^2\varphi}{\cos\varphi}$

On a donc :

$$s'(\varphi) = \sqrt{x'(\varphi)^2 + y'(\varphi)^2} = a\tan\varphi \text{ et } \overrightarrow{T} = \cos\varphi\,\overrightarrow{i} + \sin\varphi\,\overrightarrow{j}.$$

Ainsi la condition $x = -a\cos\varphi$ donne que $M + a\overrightarrow{T}$ est sur $\mathscr{D}$.

Commentaires

On procède par analyse-synthèse.

Analyse : si $\mathscr{C}$ est solution du problème, alors $\mathscr{C}$ est nécessairement de telle forme.

Synthèse : parmi les solutions possibles, on détermine celles qui conviennent.

Γ_0 et Γ_0' sont symétriques par rapport à Ox.

En posant $t = \ell n\left(\tan\left(\frac{\varphi}{2} + \frac{\pi}{4}\right)\right)$, on obtient pour Γ_0 le paramétrage :

$x = -\dfrac{a}{\operatorname{ch} t}$, $y = a(\operatorname{th} t - t)$, $t \in]0, +\infty[$.

Des considérations géométriques simples montrent que si Γ_0 convient alors toute courbe Γ_k convient aussi.

On oriente dans le sens des φ croissants.

On a vérifié que φ est paramètre angulaire pour Γ_0.

Exercices

Niveau 1

Avec solution détaillée

Ex. 1

Déterminer le rayon de courbure en O de

$$\Gamma \ : \ x^2 - xy + y^2 - y = 0.$$

Construire Γ.

Ex. 2

On considère l'équation différentielle :

$$(E) \quad (1+x^2)y'' - (2x+1)y' + 2y = 0$$

On admet que pour tout $(x_0, y_0, y_0') \in \mathbb{R}^3$ il existe une solution f de (E) sur $\mathbb{R}$ et une seule vérifiant la condition initiale $f(x_0) = y_0$, $f'(x_0) = y_0'$.

1) Calculer les rayons de courbure en O des courbes intégrales de (E) passant par ce point.

2) En déduire l'ensemble des centres de courbure en O de ces courbes intégrales. *Le centre de courbure en un point M d'un arc birégulier est le point I défini par :*

$$I = M + R\vec{N}.$$

Avec éléments de solution

Ex. 3

Soit $R(\theta)$ le rayon de courbure au point $M(\theta)$ de la spirale logarithmique $\Gamma \ : \ r = ae^{b\theta}$, $a \in \mathbb{R}_+^*$, $b \in \mathbb{R}_+^*$.

Montrer qu'il existe $\lambda \in \mathbb{R}$ tel que $\forall\, \theta \in \mathbb{R}$, $R(\theta = \lambda\, r(\theta)$.

Ex. 4

Soit $a \in \mathbb{R}_+^*$ on considère la courbe $\mathscr{C}$ paramétrée par :

$$x = a\,\ell n\left(\tan\frac{t}{2}\right) + 2a\cos t \ , \quad y = 2a\sin t,\ t \in]0, \pi[.$$

1) Calculer le rayon de courbure $R(t)$ au point $M(t)$.

2) Trouver une abscisse curviligne s telle que :

$$\forall t \in]0,\pi[, \quad R(t) = \frac{a}{2}\,\mathrm{ch}\,\frac{s(t)}{a}.$$

Ex. 5

Calculer le rayon de courbure en O de la courbe $\mathscr{C}$ d'équation : $x^3 + 3y^3 - a(x^2 - y^2) = 0$, $a \in \mathbb{R}_+^*$

Niveau 2

Avec solution détaillée

Ex. 6

Soit Γ : $\begin{cases} y = a\cos^3 t \\ y = a\sin^3 t \end{cases}$, $t \in \left[0, \dfrac{\pi}{2}\right]$.

On découpe Γ en n arcs de même longueur :

$$\widehat{M_0M_1}, \ldots, \widehat{M_{n-1}M_n}.$$

Déterminer $\displaystyle\lim_{n\to+\infty} \sum_{i=0}^{n} \frac{OM_i}{n+1}$.

Ex. 7

Soit $\mathscr{C}$ une courbe plane, régulière autant qu'il est nécessaire et $A \in \mathscr{C}$; pour $M \in \mathscr{C}$, voisin de A, on considère l'intersection T des tangentes à $\mathscr{C}$ en A et en M et Γ le cercle circonscrit à (ATM).

Que dire de ce cercle Γ quand M tend vers A sur $\mathscr{C}$?

Ex. 8

Soit $\mathscr{P}$ une parabole de foyer O. Montrer que le projeté orthogonal sur la droite (OM) du centre de courbure de $\mathscr{P}$ en M est symétrique de M par rapport à O.

Ex. 9

Soit $a \in \mathbb{R}_+^*$, trouver la trajectoire $\mathscr{C}$ d'un mouvement ponctuel plan, de classe $\mathcal{C}^2$, birégulier, tel que, à tout instant, les accélérations tangentielles et normales vérifient $\gamma_T = 2a$, $\gamma_N = a$.

Avec éléments de solution

Ex. 10

Trouver les courbes $\mathscr{C}$ birégulières de classe $\mathcal{C}^3$ telles que, si I est le centre de courbure de $\mathscr{C}$ en M et F le milieu de $[MI]$, la tangente à la trajectoire de F fasse un angle $\alpha \in]0, \pi/2]$ avec la normale en M à $\mathscr{C}$.

Cas où $\alpha = \pi/2$?

Ex. 11

Soit $a \in \mathbb{R}_+^*$, trouver les arcs $\mathscr{C}$ biréguliers, de classe $\mathcal{C}^2$, tels qu'en tout point M, on ait $R = a + (s^2/a)$, (R : rayon de courbure en M, s : abscisse curviligne de M).

Indications

Ex. 1

Γ est une ellipse tangente en O à Ox. On peut la paramétrer en coupant par les droites $\mathcal{D}_t \;:\; y = tx$.

Ex. 2

1) Une courbe intégrale passant par O est définie par la donnée de $y'(0) = \lambda$.

2) Paramétrer le lieu cherché au moyen de λ.

Ex. 3

V est constant donc $\mathrm{d}\varphi = \mathrm{d}\theta$.

Ex. 4

1) Le paramètre angulaire φ s'exprime simplement.

2) $\sin t = \dfrac{2\tan\dfrac{t}{2}}{1+\tan^2\dfrac{t}{2}}$.

Ex. 5

Paramétrer $\mathscr{C}$ en passant en polaires ou en coupant par les droites $\mathcal{D}_t(y = tx)$.
On voit ainsi que O est point double et qu'il y a donc deux rayons à calculer.

Ex. 6

Reconnaître une somme de Riemann.

Ex. 7

Rapporter le plan au repère de Frenet en A. Effectuer un développement limité d'ordre 2 de $s \mapsto OM(s)$.

Ex. 8

Représenter la parabole en polaires.

Le projeté orthogonal d'un vecteur x sur une droite $\mathbb{R}v$ est $\dfrac{(x \cdot v)}{\| v\|^2}v$.

Ex. 9

α étant un paramètre angulaire, évaluer $\dfrac{\mathrm{d}\overrightarrow{M}}{\mathrm{d}\alpha}$ en fonction de $\overrightarrow{u}(\alpha)$ et en déduire une équation polaire de la trajectoire.

Ex. 10

Introduire le paramètre angulaire φ tel que :

$$\left(\overrightarrow{i}, \overrightarrow{T}\right) = \varphi$$

et trouver une équation polaire de $\mathscr{C}$.

Ex. 11

Calculer s en fonction de φ paramètre angulaire.

Solutions des exercices

Niveau 1

Ex. 1

L'équation s'écrit $\left(x-\frac{y}{2}\right)^2+\frac{3}{4}\left(y-\frac{2}{3}\right)^2=\frac{1}{3}$. Γ est donc une ellipse qui contient, visiblement, le point O.

Il est clair que Γ coupe Ox en deux points confondus avec O, elle est donc tangente en O à Ox.

Paramétrons l'ellipse Γ.

Une droite $\mathcal{D}_t(y=tx)$ coupe Γ en O et en un autre point $M(t)$ de coordonnées :

$$x(t)=\frac{t}{t^2-t+1} \quad \text{et} \quad y(t)=\frac{t^2}{t^2-t+1}$$

Ce faisant, on «perd» le point $A(0,1)$ deuxième intersection de Γ avec la droite Oy. Donc $\Gamma \setminus \{A\}$ est paramétrée par :

$$t \mapsto M=O+x(t)\,\vec{i}+y(t)\,\vec{j} \ , \ t\in\mathbb{R}$$

En écrivant des développements limités d'ordre 2 au voisinage de 0 :

$$x(t)=t+t^2+o\left(t^2\right) \ , \ y(t)=t^2+o\left(t^2\right)$$

on obtient $x'(0)=1$, $x''(0)=2$, $y'(0)=0$, $y''(0)=2$.

On en déduit pour une abscisse curviligne s et un paramètre angulaire φ :

$$s'(0)=\sqrt{x'(0)^2+y'(0)^2}=1 \ , \ \tan\varphi(0)=\frac{y'(0)}{x'(0)}=0$$

$$\left(1+\tan^2\varphi(0)\right)\varphi'(0)=\frac{y''(0)x'(0)-x''(0)y'(0)}{x'(0)^2} \quad \text{donc } \varphi'(0)=2$$

Finalement, le rayon de courbure en O est $R(0)=\frac{\mathrm{d}s}{\mathrm{d}\varphi}(0)=\frac{s'(0)}{\varphi'(0)}=\frac{1}{2}$.

Opérons la rotation des axes définie par $\begin{pmatrix}x\\y\end{pmatrix}=\frac{\sqrt{2}}{2}\begin{pmatrix}x'-y'\\x'+y'\end{pmatrix}$ (rotation d'angle $\frac{\pi}{4}$).

Dans le nouveau repère, Γ a pour équation $x'^2+3y'^2-\sqrt{2}(x'+y')=0$, c'est-à-dire :

$$\left(x'-\frac{1}{\sqrt{2}}\right)^2+3\left(y'-\frac{1}{3\sqrt{2}}\right)^2=\frac{2}{3}.$$

Le centre Ω de Γ a donc pour coordonnées $x'=\frac{1}{\sqrt{2}}$, $y'=\frac{1}{3\sqrt{2}}$.

Le cercle de courbure en O est représenté en pointillés.

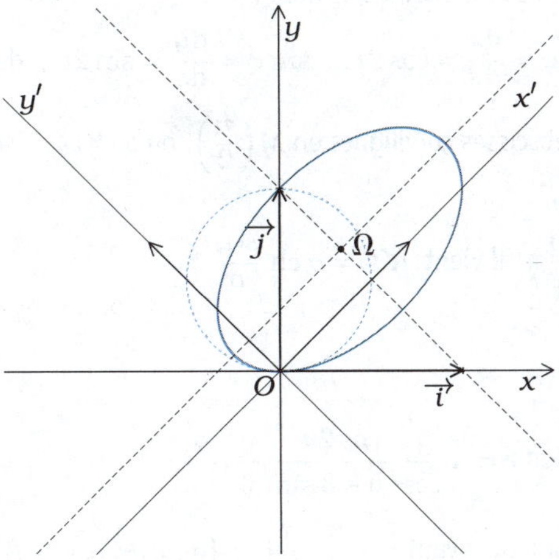

Ex. 2

1) Les courbes intégrales passant par O sont les graphes des solutions f_λ de (E) vérifiant la condition initiale :

$$f_\lambda(0) = 0 \ , \ f'_\lambda(0) = \lambda \text{ avec } \lambda \text{ réel quelconque}$$

La courbe intégrale $\mathscr{C}_\lambda$ est paramétrée par $x \mapsto M = O + x\,\overrightarrow{i} + f_\lambda(x)\,\overrightarrow{j}$.

On a alors $\overrightarrow{M'}(0) = \overrightarrow{i} + \lambda\,\overrightarrow{j}$ et $\overrightarrow{M''}(0) = \lambda\,\overrightarrow{j}$ car d'après (E), $f_\lambda(0) = 0$ et $f'_\lambda(0) = \lambda$ donne $f''_\lambda(0) = \lambda$ donc pour $\lambda \neq 0$, le point $O = M(0)$ est birégulier.

$\mathscr{C}_\lambda$ étant orientée dans le sens des t croissants, on a :

$$s'(x) = \sqrt{1 + f'_\lambda(x)^2} \text{ donc } s'(0) = \sqrt{1 + \lambda^2}$$

Considérons alors un paramètre angulaire φ sur $\mathscr{C}_\lambda$, on a $\tan\varphi = f'_\lambda(x)$ donc en dérivant :

$$\left(1 + \tan^2\varphi\right)\varphi'(x) = f''_\lambda(x)$$

soit $\left(1 + f'_\lambda(x)^2\right)\varphi'(x) = f''_\lambda(x)$ et en 0 : $\varphi'(0) = \dfrac{\lambda}{1+\lambda^2}$.

Le rayon de courbure de $\mathscr{C}_\lambda$ en 0 est donc $R_\lambda = \dfrac{\mathrm{d}s}{\mathrm{d}\varphi}(0) = \dfrac{s'(0)}{\varphi'(0)} = \dfrac{(1+\lambda^2)^{\frac{3}{2}}}{\lambda}$.

2) Soit $\overrightarrow{T}$, $\overrightarrow{N}$ les vecteurs du repère de Frenet de $\mathscr{C}_\lambda$ en O, on a :

$$\overrightarrow{T} = \frac{\overrightarrow{M'}(0)}{\|\overrightarrow{M'}(0)\|} = \frac{\overrightarrow{i} + \lambda\,\overrightarrow{j}}{\sqrt{1+\lambda^2}} \text{ donc } \overrightarrow{N} = \frac{-\lambda\,\overrightarrow{i} + \overrightarrow{j}}{\sqrt{1+\lambda^2}}$$

et le centre de courbure I_λ de $\mathscr{C}_\lambda$ en O est défini par :

$$I_\lambda = O - \left(1+\lambda^2\right)\overrightarrow{i} + \frac{1+\lambda^2}{\lambda}\,\overrightarrow{j}$$

L'ensemble décrit par I_λ est paramétré par $\begin{cases} x = -1-\lambda^2 \\ y = \dfrac{1+\lambda^2}{\lambda} \end{cases}$

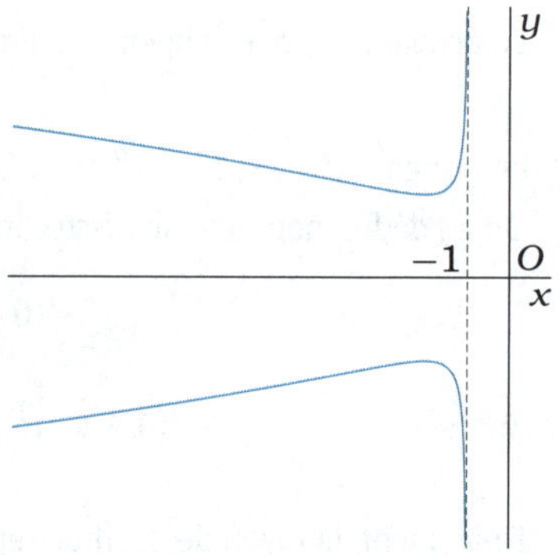

Ex. 3

Avec les notations usuelles, Γ est paramétrée par $\theta \mapsto M = O + a e^{b\theta}\,\overrightarrow{u}$ et on a :

$$\overrightarrow{M'}(\theta) = r(\theta)\left(b\,\overrightarrow{u} + \overrightarrow{u'}\right) \ , \ \mathrm{d}s = r(\theta)\sqrt{1+b^2}\,\mathrm{d}\theta$$

$$\tan V = \frac{1}{b} \ , \ V \text{ est constant} \ , \ \mathrm{d}\varphi = \mathrm{d}\theta \ , \ R(\theta) = \frac{\mathrm{d}s}{\mathrm{d}\theta} = \sqrt{1+b^2}\,r(\theta)$$

Ex. 4

1) On oriente $\mathscr{C}$ dans le sens des t croissants, il vient :

$$\mathrm{d}s = \frac{a}{\sin t}\mathrm{d}t \ , \ \cos\varphi = \frac{\mathrm{d}x}{\mathrm{d}s} = \cos 2t \ , \ \sin\varphi = \frac{\mathrm{d}y}{\mathrm{d}s} = \sin 2t \ , \text{ donc } \varphi = 2t \ , \ R(t) = \frac{\mathrm{d}s}{\mathrm{d}\varphi} = \frac{a}{2\sin t}$$

2) En prenant l'origine des abscisses curvilignes en $M\left(\dfrac{\pi}{2}\right)$, on a $s(t) = a\,\ell n\left(\tan\dfrac{t}{2}\right)$ d'où $\tan\dfrac{t}{2} = e^{\frac{s(t)}{a}}$

et avec $\sin t = \dfrac{2\tan\frac{t}{2}}{1+\tan^2\frac{t}{2}}$ il vient $R(t) = a\,\mathrm{ch}\,\dfrac{s(t)}{a}$.

Ex. 5

- En polaires, $\mathscr{C}$ a pour équation $r = a\dfrac{\cos 2\theta}{\cos^3\theta + 3\sin^3\theta}$.

On obtient toute la courbe pour θ décrivant $\left[-\dfrac{\pi}{2}, \dfrac{\pi}{2}\right] \setminus \{\alpha\}$ avec $\alpha = -\mathrm{Arctan}\,\dfrac{1}{\sqrt[3]{3}}$.

En posant $M(\theta) = O + r(\theta)\overrightarrow{u}(\theta)$, on a $M(\theta) = O$ pour $\theta = \dfrac{\pi}{4}$ et $\theta = -\dfrac{\pi}{4}$.

On oriente $\mathscr{C}$ dans le sens des θ croissants. En O, on a $r(\theta) = 0$ donc $\dfrac{\mathrm{d}s}{\mathrm{d}\theta} = \sqrt{r(\theta)^2 + r'(\theta)^2} = \left|r'(\theta)\right|$,

et $\left(1 + \dfrac{r(\theta)^2}{r'(\theta)^2}\right)\dfrac{\mathrm{d}V}{\mathrm{d}\theta} = \dfrac{r'(\theta)^2 - r(\theta)r''(\theta)}{r'(\theta)^2}$ donne $\dfrac{\mathrm{d}V}{\mathrm{d}\theta} = 1$ donc $\dfrac{\mathrm{d}\varphi}{\mathrm{d}\theta} = 2$

On obtient ainsi $R\left(\dfrac{\pi}{4}\right) = \dfrac{1}{2}\left|r'\left(\dfrac{\pi}{4}\right)\right| = \dfrac{a\sqrt{2}}{2}$, $R\left(-\dfrac{\pi}{4}\right) = \dfrac{1}{2}\left|r'\left(-\dfrac{\pi}{4}\right)\right| = a\sqrt{2}$.

- En coupant $\mathscr{C}$ par les droites $\mathscr{D}_t(y = tx)$ on obtient le paramétrage $x = a\dfrac{1-t^2}{1+3t^3}$, $y = at\dfrac{1-t^2}{1+3t^3}$.

Les paramètres de O sont 1 et -1. Les orientations suivant les θ croissants et suivant les t croissants étant identiques, on doit avec cette deuxième représentation obtenir les mêmes résultats que ci-dessus.

Niveau 2

Ex. 6

Γ est un arc d'astroïde.

$$A = M_0 \qquad t = 0$$

$$B = M_n \qquad t = \frac{\pi}{2}$$

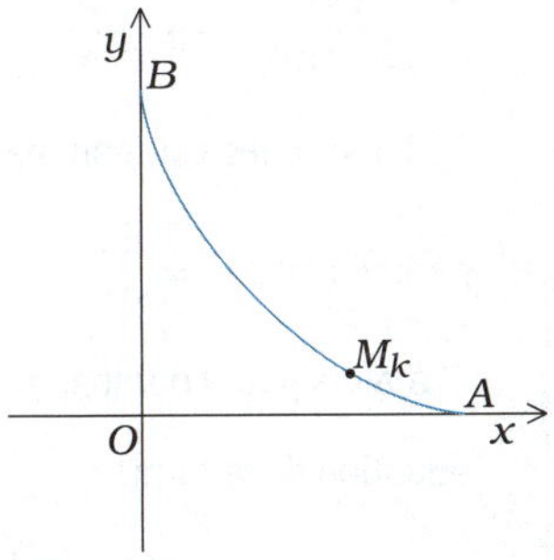

$\mathrm{d}x = -3a\cos^2 t\sin t\mathrm{d}t$, $\mathrm{d}y = 3a\sin^2 t\cos t\mathrm{d}t$

La courbe étant orientée dans le sens des t croissants, on a :

$$\mathrm{d}s = 3a\sin t\cos t\mathrm{d}t$$

et avec l'origine des abscisses curvilignes prise en A :

$$s(t) = \int_0^t 3a\sin u\cos u\mathrm{d}u = \frac{3a}{2}\sin^2 t.$$

La longueur de $\overset{\frown}{AB}$ est donc $L = \dfrac{3a}{2}$ et on a $\overset{\frown}{M_0M_k} = \dfrac{k}{n}\times\dfrac{3a}{2} = \dfrac{3a}{2}\sin^2 t_k$ d'où $t_k = \operatorname{Arcsin}\sqrt{\dfrac{k}{n}}$

On en déduit :

$$u_n = \frac{1}{n+1}\sum_{k=0}^{n} OM_k = \frac{a}{n+1}\sum_{k=0}^{n}\sqrt{\cos^6 t_k + \sin^6 t_k} = \frac{1}{n+1}\sum_{k=0}^{n}\left[\left(1-\frac{k}{n}\right)^3 + \frac{k^3}{n^3}\right]^{\frac{1}{2}}$$

$$u_n = \frac{1}{n+1}\sum_{k=0}^{n}\left[1 - 3\,\frac{k}{n} + 3\,\frac{k^2}{n^2}\right]^{\frac{1}{2}}$$

On reconnaît une somme de Riemann, et donc $\lim\limits_{n\to+\infty} u_n = a\displaystyle\int_0^1 \sqrt{1-3x+3x^2}\mathrm{d}x$

$$I = \int_0^1 \sqrt{3x^2-3x+1}\mathrm{d}x = \sqrt{3}\int_0^1\sqrt{x^2-x+\frac{1}{3}}\mathrm{d}x = \sqrt{3}\int_0^1\sqrt{\left(x-\frac{1}{2}\right)^2+\frac{1}{12}}\mathrm{d}x.$$

Donc $I = \sqrt{3}\displaystyle\int_{-\frac{1}{2}}^{\frac{1}{2}}\sqrt{t^2+\frac{1}{12}}\mathrm{d}t = 2\sqrt{3}\int_0^{\frac{1}{2}}\sqrt{t^2+\frac{1}{12}}\mathrm{d}t$ ou encore $I = 2\sqrt{3}\displaystyle\int_0^{\frac{1}{2}}\frac{x^2+\frac{1}{12}}{\sqrt{x^2+1/12}}\mathrm{d}x.$

Une intégration par parties donne :

$$\int_0^{\frac{1}{2}} \frac{x^2}{\sqrt{x^2+\frac{1}{12}}}\mathrm{d}x = \left[x\sqrt{x^2+\frac{1}{12}}\right]_0^{\frac{1}{2}} - \int_0^{\frac{1}{2}}\sqrt{x^2+\frac{1}{12}}\mathrm{d}x = \frac{1}{2\sqrt{3}} - \frac{I}{2\sqrt{3}}$$

donc :

$$I = 1 - I + \frac{\sqrt{3}}{6}\int_0^{\frac{1}{2}}\frac{\mathrm{d}x}{\sqrt{x^2+\frac{1}{12}}} = \frac{1}{2}+\frac{\sqrt{3}}{12}\left[\ell n\left(x+\sqrt{x^2+\frac{1}{12}}\right)\right]_0^{\frac{1}{2}} = \frac{1}{2}+\frac{\sqrt{3}}{12}\,\ell n\left(2+\sqrt{3}\right)$$

Finalement $\lim\limits_{n\to+\infty} u_n = a\left(\frac{1}{2}+\frac{\sqrt{3}}{12}\,\ell n(2+\sqrt{3})\right)$.

Ex. 7

Notons s l'abscisse curviligne d'origine A sur $\mathscr{C}$.

Soit $\left(M(s), \overrightarrow{T}(s), \overrightarrow{N}(s)\right)$ le repère de Frenet en $M(s)$, rapportons le plan au repère orthonormal $(A, \overrightarrow{i}, \overrightarrow{j})$ où $\overrightarrow{i} = \overrightarrow{T}(0)$, $\overrightarrow{j} = \overrightarrow{N}(0)$.

Soit x et y les coordonnées de M, et $m = \frac{y'}{x'}$ le coefficient directeur de MT (avec $x' = \frac{\mathrm{d}x}{\mathrm{d}s}$, $y' = \frac{\mathrm{d}y}{\mathrm{d}s}$).

T a alors pour coordonnées $\left(x - \frac{y}{m}, 0\right)$ et le cercle Γ a donc une équation de la forme :

$$X^2 + Y^2 - X\left(x - \frac{y}{m}\right) - \lambda Y = 0$$

en écrivant qu'il passe par M, il vient $\lambda = y + \frac{x}{m}$.

On en déduit que Ω, centre de Γ, a pour coordonnées :

$$\frac{1}{2}\left(x - \frac{y}{m}\right), \frac{1}{2}\left(y + \frac{x}{m}\right)$$

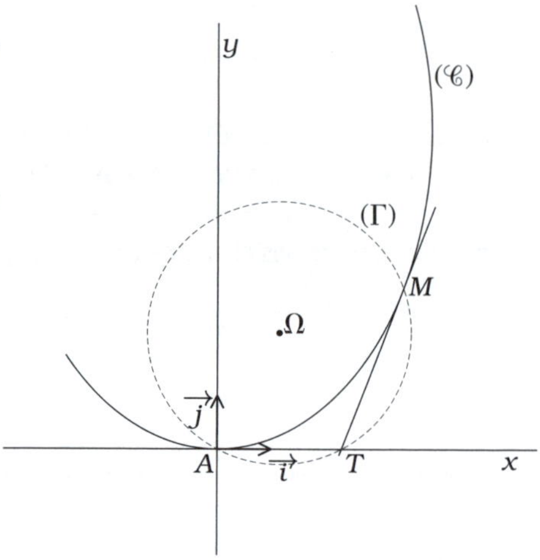

Le développement de Taylor à l'ordre 2 de $s \mapsto \overrightarrow{OM}(s)$ au voisinage de $s = 0$ s'écrit :

$$\overrightarrow{OM} = s\overrightarrow{M'}(0) + \frac{s^2}{2}\overrightarrow{M''}(0) + o\left(s^2\right) \text{ avec } \overrightarrow{M'}(0) = \frac{\mathrm{d}\overrightarrow{M}}{\mathrm{d}s}(0) = \overrightarrow{T}(0)$$

et d'après la première formule de Frenet : $\overrightarrow{M''}(0) = \frac{\mathrm{d}\overrightarrow{T}}{\mathrm{d}s}(0) = \frac{1}{R(0)}\overrightarrow{N}(0)$ donc :

$$\overrightarrow{OM} = s\,\overrightarrow{T}(0) + \frac{s^2}{2R(0)}\overrightarrow{N}(0) + o\left(s^2\right)$$

d'où $x = s + o(s^2)$, $x' = 1 + o(s)$, $y = \frac{s^2}{2R(0)} + o(s^2)$, $y' = \frac{s}{R(0)} + o(s)$ et $m = \frac{s}{R(0)} + o(s)$.

On en déduit :

$$\lim_{s\to 0}\frac{y}{m} = 0\ ,\ \lim_{s\to 0}\frac{1}{2}\left(x - \frac{y}{m}\right) = 0\ ,\ \lim_{s\to 0}\frac{x}{m} = R(0)\ ,\ \lim_{s\to 0}\frac{1}{2}\left(y + \frac{x}{m}\right) = \frac{R(0)}{2}$$

En conséquence, Ω tend vers le milieu J de OI où I désigne le centre de courbure en A à $\mathscr{C}$ et Γ vers le cercle de diamètre OI.

Ex. 8

En coordonnées polaires de pôle O, une équation de $\mathscr{P}$ est $r = \dfrac{p}{1+\cos\theta}$, $\theta \in]-\pi, \pi[$.

On obtient alors avec les notations usuelles :

$$M = O + \frac{p}{1+\cos\theta}\vec{u} \ , \ \vec{M'} = \frac{p\sin\theta}{(1+\cos\theta)^2}\vec{u} + \frac{p}{1+\cos\theta}\vec{u'} \ , \ \vec{M'} = \frac{p}{2\cos^3\frac{\theta}{2}}\left[\sin\frac{\theta}{2}\vec{u} + \cos\frac{\theta}{2}\vec{u'}\right]$$

D'où en orientant $\mathscr{P}$ dans le sens des θ croissants :

$$\vec{T} = \sin\frac{\theta}{2}\vec{u} + \cos\frac{\theta}{2}\vec{u'} \ , \ \vec{N} = -\cos\frac{\theta}{2}\vec{u} + \sin\frac{\theta}{2}\vec{u'}$$

$$s' = \frac{p}{2\cos^3\frac{\theta}{2}} \ , \ V = \frac{\pi}{2} - \frac{\theta}{2} \ , \ \varphi = \frac{\theta+\pi}{2} \ , \ R = \frac{s'}{\varphi'} = \frac{p}{\cos^3\frac{\theta}{2}}$$

Notons H le projeté orthogonal sur (OM) du centre de courbure I en M.

On a $\vec{MH} = \dfrac{(\vec{MI}\cdot\vec{OM})}{\|\vec{OM}\|^2}\vec{OM} = R\dfrac{\vec{N}\cdot\vec{OM}}{\|\vec{OM}\|^2}\vec{OM}$

d'où $\vec{MH} = -2\vec{OM}$ soit encore $\vec{OH} = -\vec{OM}$.

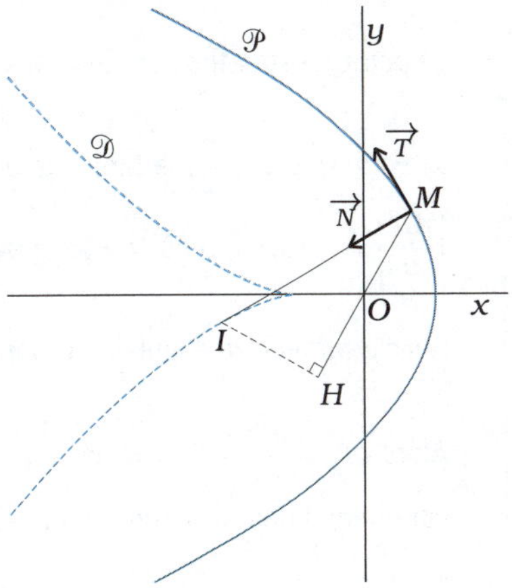

On a représenté la développée $\mathscr{D}$ de $\mathscr{P}$

Ex. 9

- Analyse

La trajectoire $\mathscr{C}$, si elle existe, admet un paramétrage $\alpha \mapsto M(\alpha)$, $\alpha \in I$, où α est un paramètre angulaire.

Pour tout $\alpha \in I$, $\vec{T} = \cos\alpha\,\vec{i} + \sin\alpha\,\vec{j}$ est le vecteur unitaire tangent à $\mathscr{C}$.

La vitesse est $\vec{V} = v\vec{T} = \dfrac{\mathrm{d}s}{\mathrm{d}t}\vec{T}$ et l'accélération $\vec{\Gamma} = \dfrac{\mathrm{d}v}{\mathrm{d}t}\vec{T} + \dfrac{v^2}{R}\vec{N}$ où $R = \dfrac{\mathrm{d}s}{\mathrm{d}\alpha}$ est le rayon de courbure en $M(\alpha)$. Les hypothèses sur le mouvement donnent $\dfrac{\mathrm{d}v}{\mathrm{d}t} = 2a$ et $\dfrac{v^2}{R} = a$.

À partir de $\dfrac{\mathrm{d}v}{\mathrm{d}t} = 2a$, à une translation près de l'origine des temps, on obtient $v = 2at$ puis, à une translation près de l'origine des abscisses curvilignes, $s = at^2$.

Alors $\dfrac{v^2}{R} = a$ donne $R = \dfrac{\mathrm{d}s}{\mathrm{d}\alpha} = 4at^2$. Or $\dfrac{\mathrm{d}s}{\mathrm{d}\alpha} = v\dfrac{\mathrm{d}t}{\mathrm{d}\alpha} = 2at\dfrac{\mathrm{d}t}{\mathrm{d}\alpha}$ on a donc $\dfrac{\mathrm{d}t}{\mathrm{d}\alpha} = 2t$ et on en déduit $\alpha = \dfrac{1}{2}\ell n|t| + \alpha_0$.

À une rotation près du repère $(O, \vec{i}, \vec{j})$ on peut se ramener à $\alpha_0 = 0$ d'où finalement $\alpha = \dfrac{1}{2}\ell n|t|$.

Nécessairement l'intervalle de temps I est inclus dans $\mathbb{R}_+^*$ ou dans $\mathbb{R}_-^*$. Envisageons le cas $I \subset \mathbb{R}_+^*$. On a alors $t = e^{2\alpha}$ donc $\dfrac{\mathrm{d}t}{\mathrm{d}\alpha} = 2e^{2\alpha}$ puis $\dfrac{\mathrm{d}s}{\mathrm{d}\alpha} = \dfrac{\mathrm{d}s}{\mathrm{d}t}\dfrac{\mathrm{d}t}{\mathrm{d}\alpha} = 4ae^{4\alpha}$ et enfin $\dfrac{\mathrm{d}\vec{M}}{\mathrm{d}\alpha} = \vec{T}\dfrac{\mathrm{d}s}{\mathrm{d}\alpha} = 4ae^{4\alpha}\vec{u}(\alpha)$.

Ainsi la fonction $\alpha \mapsto z(\alpha)$ (affixe de $M(\alpha)$) vérifie $\dfrac{\mathrm{d}z}{\mathrm{d}\alpha} = 4ae^{4\alpha+i\alpha}$ d'où $z = \dfrac{4a}{4+i}e^{4\alpha+i\alpha} + z_0$.

À une translation près du repère $(O, \vec{i}, \vec{j})$ on peut se ramener au cas $z_0 = 0$ et on obtient $z = \dfrac{4a(4-i)}{17}e^{4\alpha+i\alpha}$

soit $z = \dfrac{4a}{\sqrt{17}}e^{4\alpha+i(\alpha+\alpha_1)}$ où on a posé $4 - i = \sqrt{17}e^{i\alpha_1}$.

Finalement, une équation polaire de la trajectoire $\mathscr{C}$ est $r = \dfrac{4a}{\sqrt{17}}e^{4(\theta-\alpha_1)}$. On reconnaît une spirale logarithmique.

Le cas où $I \subset \mathbb{R}_-^*$ donne de même $t = -e^{2\alpha}$, $\dfrac{\mathrm{d}t}{\mathrm{d}\alpha} = -2e^{2\alpha}$, $\dfrac{\mathrm{d}s}{\mathrm{d}\alpha} = 4a2^{4\alpha}$ donc $\dfrac{\mathrm{d}\vec{M}}{\mathrm{d}\alpha} = 4ae^{4\alpha}\vec{u}(\alpha)$ et la conclusion est identique.

- Synthèse

Pour achever, il y a lieu de vérifier que si un mobile M décrit la spirale précédente en suivant la loi de mouvement définie par $\theta - \alpha_1 = \frac{1}{2}\ell n\, t$ (ou $\theta - \alpha_1 = \frac{1}{2}\ell n(-t)$) alors à tout instant t, on a $\gamma_T = 2a$, $\gamma_N = a$.

Ex. 10

Soit $\mathcal{C}$ une courbe plane birégulière ; $s \mapsto M$ un paramétrage normal de $\mathcal{C}$.

Le point F est défini par $F = M + \frac{1}{2}R\overrightarrow{N}$, on a $\frac{d\overrightarrow{F}}{ds} = \frac{1}{2}\left(\overrightarrow{T} + \frac{dR}{ds}\overrightarrow{N}\right)$

- Pour $0 < \alpha < \frac{\pi}{2}$, la tangente en F à sa trajectoire fait une angle α avec la normale en M à $\mathcal{C}$ si et seulement si $\left|\frac{dR}{ds}\right| = \text{cotan}\,\alpha$, d'où $R = \lambda s$ avec un choix convenable de l'origine des abscisses et $\lambda = \pm\,\text{cotan}\,\alpha \in \mathbb{R}^*$.

Avec φ paramètre angulaire, il vient $\frac{ds}{d\varphi} = \lambda s$ d'où $s = ae^{\lambda\varphi}$.

Alors $\overrightarrow{T} = \frac{d\overrightarrow{M}}{ds} = \overrightarrow{u_\varphi} = \cos\varphi\,\overrightarrow{i} + \sin\varphi\,\overrightarrow{j}$ donne $\frac{d\overrightarrow{M}}{d\varphi} = a\lambda\, e^{\lambda\varphi}\overrightarrow{u}_\varphi$.

Par intégration par parties ou par identification, on trouve, avec un choix convenable de l'origine :

$$\overrightarrow{OM} = \frac{a\lambda\, e^{\lambda\varphi}}{\lambda^2 + 1}\left(\lambda\overrightarrow{u_\varphi} - \overrightarrow{u'_\varphi}\right) \text{ avec } \overrightarrow{u'_\varphi} = \overrightarrow{u}_{\varphi+\frac{\pi}{2}}$$

Nécessairement, $\mathcal{C}$ est une spirale logarithmique.

Réciproquement, on vérifie que toute spirale logarithmique (équation $r = ae^{b\theta}$, $b \in \mathbb{R}^*$, dans un repère adapté) convient.

- Pour $\alpha = \frac{\pi}{2}$, la condition s'écrit $\frac{dR}{ds} = 0$. Les solutions sont les cercles.

Ex. 11

- Analyse

Soit $\mathcal{C}$ une solution du problème. Un paramétrage admissible est $\varphi \mapsto M(\varphi)$ où φ est un paramètre angulaire.

$R = a + \frac{s^2}{a}$ donne $a\frac{ds}{a^2 + s^2} = d\varphi$ d'où $s = a\tan(\varphi - \varphi_0)$, $\varphi - \varphi_0 \in \left]-\frac{\pi}{2}, \frac{\pi}{2}\right[$.

À une rotation près du repère, on peut se ramener à $\varphi_0 = 0$ d'où $s = a\tan\varphi$, $\varphi \in \left]-\frac{\pi}{2}, \frac{\pi}{2}\right[$.

Les relations $\frac{dx}{ds} = \cos\varphi$, $\frac{dy}{ds} = \sin\varphi$ avec $\frac{ds}{d\varphi} = \frac{a}{\cos^2\varphi}$ donnent $\frac{dx}{d\varphi} = \frac{a}{\cos\varphi}$, $\frac{dy}{d\varphi} = a\frac{\sin\varphi}{\cos^2\varphi}$

on en déduit $x = a\,\ell n\left[\tan\left(\frac{\varphi}{2} + \frac{\pi}{4}\right)\right] + x_0$, $y = \frac{a}{\cos\varphi} + y_0$, $\varphi \in \left]-\frac{\pi}{2}, \frac{\pi}{2}\right[$.

À une translation près du repère, on peut se ramener à $x_0 = y_0 = 0$.

En posant $t = \tan\left(\frac{\varphi}{2} + \frac{\pi}{4}\right)$, on a $t = e^{\frac{x}{a}}$ et $y = \frac{a}{\sin\left(\varphi + \frac{\pi}{2}\right)} = a\frac{1+t^2}{2t}$ donc $y = a\,\text{ch}\,\frac{x}{a}$.

Ainsi si $\mathcal{C}$ est solution du problème, $\mathcal{C}$ est l'image par un déplacement plan de la chaînette $\mathcal{C}_0$ d'équation $y = a\,\text{ch}\,\frac{x}{a}$.

- Synthèse

On vérifie que la chaînette $\mathcal{C}_0$: $y = a\,\text{ch}\,\frac{x}{a}$ est solution du problème et il en résulte que toute chaînette $\mathcal{C}$ image de $\mathcal{C}_0$ par un déplacement plan est solution, car il existe un repère orthonormal $\left(O_1, \overrightarrow{i_1}, \overrightarrow{j_1}\right)$ dans lequel $\mathcal{C}$ a également pour équation $y_1 = a\,\text{ch}\,\frac{x_1}{a}$.

CHAPITRE 12

Fonctions de deux ou trois variables Intégrales multiples

A. Normes, ouverts et fermés

✎ (1) L'objet de cette section est d'introduire des outils efficaces pour étudier la notion de limite ou de continuité d'une fonction définie sur une partie de $\mathbb{R}^2$ et à valeurs dans $\mathbb{R}$.

✎ (1)

1. Normes sur $\mathbb{R}^2$

1.1 – Définitions

Définition 1

Étant donné un $\mathbb{R}$-espace vectoriel E, une **norme** sur E est une application N de E dans $\mathbb{R}$ telle que :

(1) $\forall u \in E,\ N(u) \geqslant 0$ et $\forall u \in E, N(u) = 0 \Rightarrow u = 0$;

(2) $\forall \lambda \in \mathbb{R}, \forall u \in E,\ N(\lambda u) = |\lambda|\, N(u)$;

(2) $\forall (u, v) \in E^2,\ N(u+v) \leqslant N(u) + N(v)$.

On dit alors que (E, N) est un $\mathbb{R}$-espace vectoriel normé.

Définition 2

Étant donné un ensemble E, on appelle **distance** sur E toute application d de E^2 dans $\mathbb{R}$ telle que :

(1) $\forall (u, v) \in E^2,\ d(u, v) \geqslant 0$ et $d(u, v) = 0 \Rightarrow u = v$;

(2) $\forall (u, v) \in E^2,\ d(u, v) = d(v, u)$;

(3) $\forall (u, v, w) \in E^3,\ d(u, w) \leqslant d(u, v) + d(v, w)$ (inégalité triangulaire).

Propriété 1

Deuxième inégalité triangulaire ✎ (2)

Soit d une distance sur E.

$$\forall (u, v, w) \in E^3,\ |d(u, v) - d(u, w)| \leqslant d(v, w)$$

✎ (2) $d(u,v) \leqslant d(u,w) + d(v,w)$ donne $d(u,v) - d(u,w) \leqslant d(v,w)$ et $d(u,w) \leqslant d(u,v) + d(v,w)$ donne $-d(v,w) \leqslant d(u,v) - d(u,w)$.

1.2 – Exemples de référence

Définition 3

Si E est un $\mathbb{R}$-espace vectoriel muni d'un produit scalaire, l'application de E dans $\mathbb{R}$ définie par $u \mapsto \sqrt{u.u}$ est une norme sur E.

On note $\| u \| = \sqrt{u.u}$ et on dit qu'il s'agit de la **norme euclidienne** sur E associée au produit scalaire.

Propriété 2

L'application $\mathbb{R}^2 \to \mathbb{R}, (x, y) \mapsto \sqrt{x^2 + y^2}$ est une norme sur $\mathbb{R}^2$.

☞ C'est la norme euclidienne associée au produit scalaire défini par :

$$\forall u = (x_1, y_1) \in \mathbb{R}^2, \forall v = (x_2, y_2) \in \mathbb{R}^2,\ u.v = x_1 x_2 + y_1 y_2$$ ✎ (3)

✎ (3) Ce produit scalaire est caractérisé par le fait que la base canonique est orthonormale. On dit que c'est le produit scalaire canonique sur $\mathbb{R}^2$ et la norme associée est la norme euclidienne canonique.

Propriété 3

L'application $\mathbb{R}^2 \to \mathbb{R}, (x, y) \mapsto |x| + |y|$ est une norme sur $\mathbb{R}^2$.

Propriété 4

L'application $\mathbb{R}^2 \to \mathbb{R}, (x, y) \mapsto \sup\left(|x|, |y|\right)$ est une norme sur $\mathbb{R}^2$.

Notation 1

Étant donné $u = (x, y) \in \mathbb{R}^2$, on pose :

$$\| u \|_2 = \sqrt{x^2 + y^2} \quad , \quad \| u \|_1 = |x| + |y| \quad , \quad \| u \|_\infty = \sup(|x|\, , |y|)$$

Propriété 5

Si N est une norme sur un $\mathbb{R}$-espace vectoriel E, l'application d définie par ;

$$\forall (u, v) \in E^2, \ \ d(u, v) = N(u - v)$$

est une distance sur E.

1.3 – Équivalence des normes

Sur l'espace $\mathbb{R}^2$, on étudie les liens entre les normes $\| \ \|_1$, $\| \ \|_2$ et $\| \ \|_\infty$.

Propriété 6

Pour tout $u \in \mathbb{R}^2$, on a les inégalités :

$\| u \|_\infty \leqslant \| u \|_1 \qquad \| u \|_\infty \leqslant \| u \|_2$

$\| u \|_1 \leqslant 2\| u \|_\infty \qquad \| u \|_1 \leqslant \sqrt{2}\| u \|_2$

$\| u \|_2 \leqslant \sqrt{2}\| u \|_\infty \qquad \| u \|_2 \leqslant \sqrt{2}\| u \|_1$

Définition 4

On dit que les normes $\| \ \|_1$, $\| \ \|_2$ et $\| \ \|_\infty$ sont **équivalentes** pour exprimer que, pour α et β dans $\{1, 2, \infty\}$, il existe $k \in \mathbb{R}_+^*$ tel que :

$$\forall u \in E, \ \| u \|_\alpha \leqslant k \| u \|_\beta$$ ✎ (4)

✎ (4) Remarquons que pour tout couple (α,β) de $\{1,2,\infty\}$, il existe $k>0$ et $k'>0$ tels que : $\forall u \in E, \| u \|_\alpha \leqslant k \| u \|_\beta$ et $\| u \|_\beta \leqslant k' \| u \|_\alpha$

On a, pour tout α et tout β dans $\{1, 2, \infty\}$, $\forall u \in E$, $\frac{1}{2}\| u \|_\beta \leqslant \| u \|_\alpha \leqslant 2\| u \|_\beta$.

2. Ouverts de $\mathbb{R}^2$

L'ensemble $\mathbb{R}^2$ est muni de la distance d associée à l'une des normes rencontrées ci-avant.

Définition 5

Étant donné $r \in \mathbb{R}_+^*$ et $a \in \mathbb{R}^2$, La **boule ouverte** de **centre** a et de **rayon** r est l'ensemble

$$B(a, r) = \{u \in \mathbb{R}^2, \ \ d(a, u) < r\}$$ ✎ (5)

✎ (5) La notion de boule ouverte de centre a prolonge la définition, dans $\mathbb{R}$, d'intervalle ouvert.
On peut étendre la définition d'une boule ouverte au cas du rayon r=0 en convenant que c'est alors l'ensemble $\varnothing$.

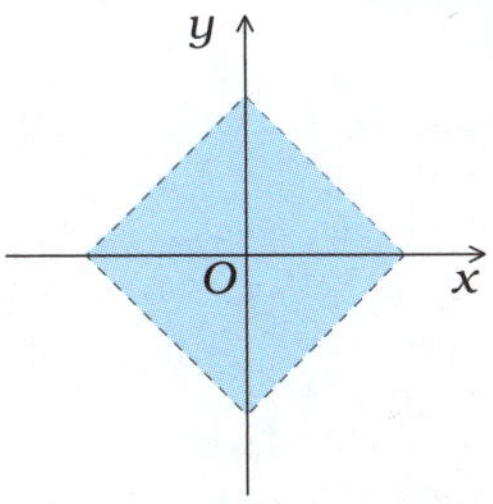

$B_1(O, r) = \{(x, y) \in \mathbb{R}^2 \,/\, |x| + |y| < r\}$

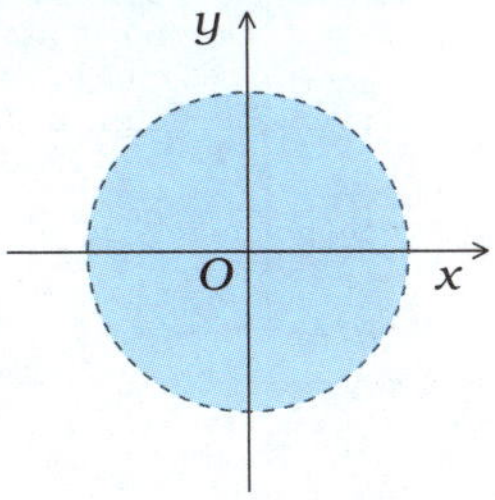

$B_2(O, r) = \{(x, y) \in \mathbb{R}^2 \,/\, \sqrt{x^2 + y^2} < r\}$

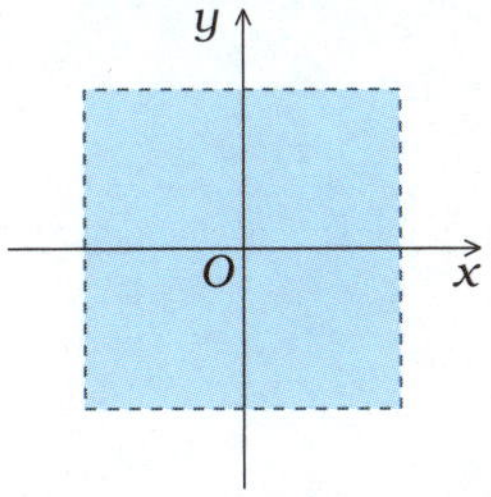

$B_\infty(O, r) = \{(x, y) \in \mathbb{R}^2 \,/\, \sup(|x|\, , |y|) < r\}$

Définition 6

Une partie X de $\mathbb{R}^2$ est appelée un **ouvert** si elle est la réunion d'une famille de boules ouvertes. ✎ (6)

✎ (6) Toute réunion d'une famille de parties de $\mathbb{R}^2$, indexée par l'ensemble vide, est l'ensemble vide. La définition des parties ouvertes de $\mathbb{R}^2$ implique donc que $\varnothing$ est un ouvert de $\mathbb{R}^2$.

Propriété 7

Une partie U de $\mathbb{R}^2$ est un ouvert si et seulement si $\forall u \in U, \exists r > 0, B(u, r) \subset U$.

$\mathbb{R}^2$ est un ouvert de $\mathbb{R}^2$.

Exemple 1 Toute réunion d'ouverts de $\mathbb{R}^2$ est un ouvert de $\mathbb{R}^2$.

Soit $(U_i)_{i \in I}$ une famille d'ouverts de $\mathbb{R}^2$ et U la réunion des U_i. Pour tout $a \in U$, il existe $j \in I$ tel que $a \in U_j$ Comme a est dans l'ouvert U_j, il existe $r_j > 0$ tel que $B(a, r_j) \subset U_j$ et donc $B(a, r_j) \subset U$. U est donc un ouvert, en application de la propriété 7.

Exemple 2 Toute intersection finie d'ouverts de $\mathbb{R}^2$ est un ouvert de $\mathbb{R}^2$.

Pour procéder par récurrence, il suffit de prouver que l'intersection de deux ouverts est un ouvert.

Soit U et U' des ouverts de $\mathbb{R}^2$. Si leur intersection est vide, c'est un ouvert de $\mathbb{R}^2$.

Dans le cas contraire, soit $c \in U \cap U'$. Il existe $r > 0$ et $r' > 0$ tels que $B(c, r) \subset U$ et $B(c, r') \subset V$.

Avec $\rho = \inf(r, r')$ qui est un réel strictement positif, la boule $B(c, \rho)$ est incluse dans $U \cap V$.

B. Limite – Continuité

1. Étude de la notion de limite

$\mathbb{R}^2$ est muni de l'une des normes $\| \ \|_1$, $\| \ \|_2$ ou $\| \ \|_\infty$ et de la distance associée.

On considère une fonction f définie sur une partie D de $\mathbb{R}^2$, à valeurs dans $\mathbb{R}$, et a un point de $\mathbb{R}^2$ tel que, quel que soit $r \in \mathbb{R}_+^*$, $D \cap B(a, r)$ est non vide.

Remarque

L'hypothèse faite sur a montre que, quel que soit r, aussi petit soit-il, il existe $x \in D$ tel que $\| x - a \| < r$, c'est-à-dire que l'on peut faire tendre x vers a en restant dans D.

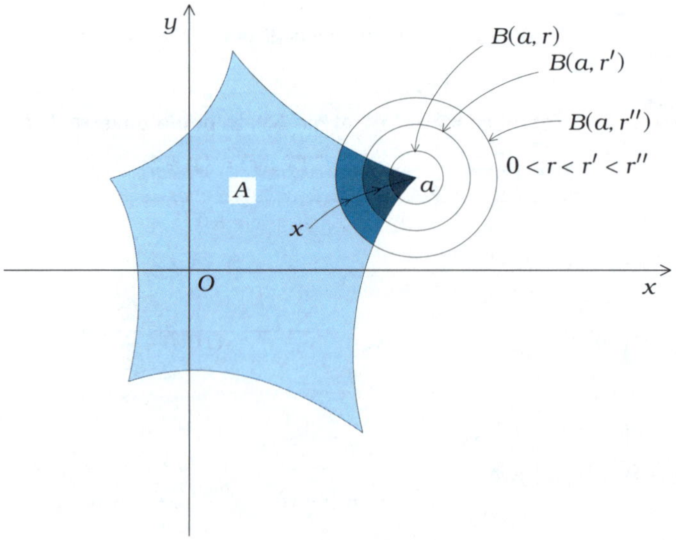

Définition 7

Étant donné $\ell \in \mathbb{R}$, on dit que ℓ est limite de f en a lorsque :

$$\forall \varepsilon > 0, \ \exists r > 0, \ \forall u \in D, \ \| u - a \| < r \ \Rightarrow \ |f(u) - \ell| < \varepsilon$$ ✎ (7)

✎ (7) En utilisant la propriété 6 on montre que si ℓ est limite de f en a pour l'une des normes $\| \ \|_1$, $\| \ \|_2$, $\| \ \|_\infty$ alors il en est de même pour chacune des deux autres. La notion de limite est indépendante de la norme choisie dans $\mathbb{R}^2$.

Propriété 8

Unicité de la limite

Si ℓ et ℓ' réels sont limite de f en a, on a $\ell = \ell'$.

☞ $\forall \varepsilon > 0,\ \exists r > 0,\ \forall x \in \mathbb{R}^2,\ x \in D \cap B(a, r) \ \Rightarrow\ |f(x) - \ell| < \varepsilon.$

$\forall \varepsilon > 0,\ \exists r' > 0,\ \forall x \in \mathbb{R}^2,\ x \in D \cap B(a, r') \ \Rightarrow\ |f(x) - \ell'| < \varepsilon.$

Pour tout $\varepsilon > 0$, posons $\rho = \inf(r, r')$. Il existe $x_0 \in D \cap B(a, \rho)$ ✎ (8) et on a alors :

$$|f(x_0) - \ell| < \varepsilon\ ,\ \ |f(x_0) - \ell'| < \varepsilon \text{ donc } |\ell - \ell'| \leqslant |\ell - f(x_0)| + |f(x_0) - \ell'| < 2\varepsilon$$

Finalement, $\forall \varepsilon > 0$, $|\ell - \ell'| < 2\varepsilon$ donne $\ell = \ell'$.

✎ (8) Un tel x_0 existe par hypothèse sur a.

Notation 2

La limite (si elle existe) de f en a est notée $\lim\limits_{a} f$ ou $\lim\limits_{x \to a} f(x)$.

2. Continuité

2.1 – Définition

On considère toujours une fonction réelle f définie sur une partie D de $\mathbb{R}^2$.

Propriété 9

Si a est un élément de D et si f admet une limite en a, alors cette limite est $f(a)$.

☞ Soit $\ell = \lim\limits_{a} f : \forall \varepsilon > 0, \exists r > 0, \forall x \in \mathbb{R}^2, x \in D \cap B(a, r) \ \Rightarrow\ |f(x) - \ell| < \varepsilon$

Comme a appartient à $D \cap B(a, r)$, il vient $|f(a) - \ell| < \varepsilon$

et ainsi, $\forall \varepsilon > 0$, $|f(a) - \ell| < \varepsilon$, ce qui montre que $\ell = f(a)$.

Définition 8

f est continue en $a \in D$ si elle admet une limite en a.

f est continue sur $U \subset D$ si elle est continue en tout point de U.

2.2 – Composée de fonctions continues

f est une fonction définie sur une partie A de $\mathbb{R}^2$, à valeurs dans $\mathbb{R}$.

Soit φ une fonction définie sur une partie D de $\mathbb{R}$, à valeurs dans $\mathbb{R}$, telle que $f(A) \subset D$ et ψ une fonction définie sur un intervalle I de $\mathbb{R}$, à valeurs dans $\mathbb{R}^2$, ✎ (9) telle que $\psi(I) \subset A$.

✎ (9) Les notions de fonction de $\mathbb{R}$ dans $\mathbb{R}^2$, limite ou continuité d'une telle fonction ont été introduites dans les chapitres 1 et 3 en utilisant l'identification de $\mathbb{R}^2$ et $\mathbb{C}$. Cette identification amène à munir $\mathbb{R}^2$ de la norme $\| \ \|_2$ mais, toujours d'après la propriété 6, toute formulation de limite ou continuité peut s'écrire indifféremment avec l'une quelconque des normes $\| \ \|_1$, $\| \ \|_2$ ou $\| \ \|_\infty$.

Propriété 10

Si f est continue en $a \in A$ et si φ est continue en $b = f(a)$, alors $\varphi \circ f$ est continue en a.

☞ Soit $\varepsilon > 0$. La continuité de φ en b donne $\exists \alpha > 0, |y - b| < \alpha \ \Rightarrow\ |\varphi(y) - \varphi(b)| < \varepsilon$.

Avec la continuité de f en a, il vient $\exists r > 0, \| x - a \| < r \ \Rightarrow\ |f(x) - f(a)| < \alpha$. ✎ (10)

Avec $f(a) = b$, on obtient alors $\| x - a \| < r \ \Rightarrow\ |\varphi(f(x)) - \varphi(f(a))| < \varepsilon$, ce qui montre la continuité de $\varphi \circ f$ en a.

✎ (10) $\| \ \|$ désigne l'une quelconque des normes $\| \ \|_\alpha$ avec $\alpha \in \{1, 2, \infty\}$.

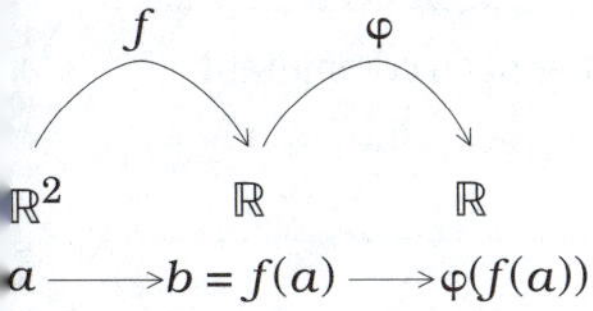

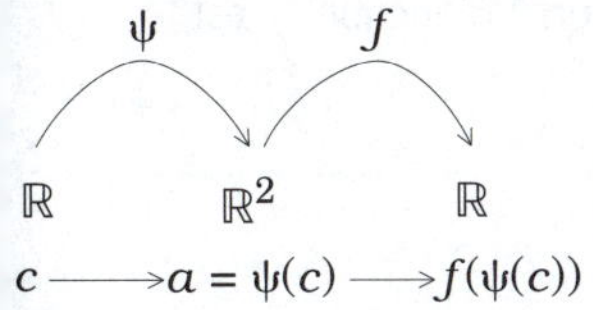

Propriété 11

Si ψ est continue en $c \in I$ et si f est continue en $a = \psi(c)$, alors $f \circ \psi$ est continue en c.

☞ Soit $\varepsilon > 0$. La continuité de f en a donne $\exists r > 0,\ \| x - a \| < r \ \Rightarrow\ |f(x) - f(a)| < \varepsilon$.
Avec la continuité de ψ en c, il vient $\exists\, \alpha > 0,\ |t - c| < \alpha \ \Rightarrow \| \ \psi(t) - \psi(c) \| < r$.
Avec $\psi(c) = a$, on obtient alors $|t - c| < \alpha \ \Rightarrow\ \left| f\big(\psi(t)\big) - f\big(\psi(c)\big) \right| < \varepsilon$, ce qui montre la continuité en c de $f \circ \psi$

Propriété 12

Si f est définie sur D et continue en $a \in D$, alors, pour toute suite (x_n) d'éléments de D :

$$\lim x_n = a \ \Rightarrow\ \lim f(x_n) = f(\ell)$$

☞ La continuité de f en a donne :

$$\forall \varepsilon > 0, \exists r > 0, \forall x \in D, \| x - a \| < r \ \Rightarrow\ |f(x) - f(a)| < \varepsilon$$

Si (x_n) est une suite de points de D convergeant vers a, il existe $n_0 \in \mathbb{N}$ tel que, pour tout $n \geqslant n_0$, on ait $\| x_n - a \| < r$ et donc $\left| f(x_n) - f(a) \right| < \varepsilon$.
En conséquence, $\forall \varepsilon > 0, \exists n_0 \in \mathbb{N}, \forall n \in \mathbb{N}, n \geqslant n_0 \ \Rightarrow\ \left| f(x_n) - f(a) \right| < \varepsilon$.

3. Ensembles de fonctions continues

L'ensemble $\mathbb{R}^A$ des fonctions définies sur A et à valeurs dans $\mathbb{R}$ est un $\mathbb{R}$-espace vectoriel et un anneau commutatif. Dans ce paragraphe, A est une partie de $\mathbb{R}^2$.

Propriété 13

L'ensemble des fonctions définies sur A et continues en $a \in A$ est un sous-espace vectoriel et un sous-anneau de $\mathbb{R}^A$.

☞ La fonction nulle sur A et la fonction constante égale à 1 sur A sont continues en a.
Soit f et g continues en a.
On a $\forall \varepsilon > 0$, $\quad \exists r > 0,\ \forall x \in \mathbb{R}^2,\ x \in A \cap B(a, r) \ \Rightarrow\ |f(x) - f(a)| < \varepsilon$ et :

$$\exists r' > 0,\ \forall x \in \mathbb{R}^2,\ x \in A \cap B(a, r') \ \Rightarrow\ |g(x) - g(a)| < \varepsilon.$$

Avec $\rho = \inf(r, r')$, il vient $\forall \varepsilon > 0$,

$$\forall x \in \mathbb{R}^2,\ x \in A \cap B(a, \rho) \ \Rightarrow\ |f(x) - f(a)| < \varepsilon \quad \text{et} \quad |g(x) - g(a)| < \varepsilon.$$

a) Avec $\lambda \in \mathbb{R}$, il vient $|\lambda f(x) + g(x) - \lambda f(a) - g(a)| < (1 + |\lambda|)\varepsilon$, ce qui montre que $\lambda f + g$ est continue en a.

b) $f(x)g(x) - f(a)g(a)$

$$= \big(f(x) - f(a)\big)\big(g(x) - g(a)\big) + f(a)\big((g(x) - g(a)\big) + g(a)\big(f(x) - f(a)\big).$$

Pour $x \in A \cap B(a, \rho)$, il vient alors $|f(x)g(x) - f(a)g(a)| < \big(\varepsilon + |f(a)| + |g(a)|\big)\varepsilon$, ce qui montre que fg est continue en a.

Corollaire

L'ensemble des fonctions continues sur A est un $\mathbb{R}$-espace vectoriel et un anneau commutatif.

Propriété 14

Si f ne s'annule en aucun point de A et si f est continue en $a \in A$, alors la fonction $\dfrac{1}{f}$ est définie sur A et continue en a.

☞ Pour tout $x \in A$, $\dfrac{1}{f(x)} - \dfrac{1}{f(a)} = \dfrac{f(a) - f(x)}{f(a)f(x)}$.

Pour tout $\varepsilon > 0$, avec $\varepsilon \leqslant \dfrac{|f(a)|}{2}$, il existe $r > 0$ tel que :

$$\text{pour tout } x \in A \cap B(a,r),\ |f(x) - f(a)| < \varepsilon$$

Avec $|f(x)| \geqslant |f(a)| - \varepsilon$, il vient $|f(x)| \geqslant \dfrac{|f(a)|}{2}$ donc $\left|\dfrac{1}{f(x)} - \dfrac{1}{f(a)}\right| < \dfrac{2\varepsilon}{f^2(a)}$

ce qui montre que $\dfrac{1}{f}$ est continue en a.

4. Continuité des applications partielles

4.1 – Applications partielles

Soit f une application d'une partie A de $\mathbb{R}^2$ dans $\mathbb{R}$.

Définition 9

Étant donné $a = (a_1, a_2) \in A$, les fonctions de $\mathbb{R}$ dans $\mathbb{R}$ définies par :

$$f_{1,a}(x) = f(x, a_2) \quad \text{et} \quad f_{2,a}(y) = f(a_1, y)$$

sont appelées les deux applications partielles de f en a. ✎ (11)

✎ (11) $\mathbb{R}^2$ étant rapporté à sa base canonique (e_1, e_2), on a : $(x, a_2) = xe_1 + a_2e_2 = a + (x - a_1)e_1$ et $(a_1, y) = a + (y - a_2)e_2$ et donc $f_{1,a}(x) = f(a + (x - a_1)e_1)$ et $f_{2,a}(y) = f(a + (y - a_2)e_2)$.

Leurs ensembles de définition sont $\{x \in \mathbb{R} \,/\, (x, a_2) \in A\}$ et $\{y \in \mathbb{R} \,/\, (a_1, y) \in A\}$.

4.2 – Continuité

Propriété 15

Si f est continue en a, les deux applications partielles $f_{1,a}$ et $f_{2,a}$ sont continues en a_1 et a_2 respectivement.

☞ Montrons que la première application partielle est continue en a_1, l'autre démonstration est analogue.

On a $f_{1,a}(x) - f_{1,a}(a_1) = f(a + (x - a_1)e_1) - f(a)$. La continuité de f en a se lit :

$$\forall \varepsilon > 0,\ \exists r > 0,\ \forall u \in A,\ \| u - a \|_\infty < r \ \Rightarrow\ |f(u) - f(a)| < \varepsilon$$

Pour avoir $|f_{1,a}(x) - f_{1,a}(a_1)| < \varepsilon$, il suffit donc que $\| (x - a_1)e_1 \|_\infty < r$,

c'est-à-dire $|x - a_1| < r$ puisque $\| e_1 \|_\infty = 1$

Remarque importante

Cette propriété exprime une condition nécessaire, mais non suffisante, pour que f soit continue en a. ✎ (12)

✎ (12) Il en résulte que la non continuité d'une (au moins) des fonctions partielles est une condition **suffisante** de non continuité de f.

Exemple 3 Étudier la continuité en $(0,0)$ de $f : \mathbb{R}^2 \to \mathbb{R}$ définie par :

$$f(x,y) = \frac{xy}{x^2 + y^2} \quad \text{si} \quad (x,y) \neq (0,0) \quad \text{et} \quad f(0,0) = 0$$

- Les deux fonctions partielles en $(0,0)$: $x \mapsto f(x,0)$ et $y \mapsto f(0,y)$ sont identiquement nulles, donc continues.
- Pour $x \neq 0$, on a $f(x,x) = \dfrac{1}{2}$, la restriction de f à la droite $\mathbb{R}u$, où $u = (1,1)$, n'est donc pas continue en $(0,0)$ et il en est de même pour f.

C. Dérivées partielles

1. Dérivées partielles premières

✎ (13) U étant ouvert, pour tout $u=(a,b) \in U$, il existe $r>0$ tel que U contienne la boule $B_\infty(u,r)$ $=]a-r,a+r[\times]b-r,b+r[$ ce qui assure que $f_{1,u}$ est définie sur $]a-r,a+r[$ et $f_{2,u}$ définie sur $]b-r,b+r[$. En d'autres termes, a et b ne se retrouvent pas au bord de l'intervalle de définition de $f_{1,u}$ ou $f_{2,u}$.

f est définie sur U **ouvert de** $\mathbb{R}^2$, à valeurs dans $\mathbb{R}$. Soit $u = (a, b) \in U$. ✎ (13)

Définition 10

Les **dérivées partielles** de f en u sont, lorsqu'elles existent, les dérivées en a et b respectivement des applications partielles $f_{1,u}$ et $f_{2,u}$.

Notation 3

Ces dérivées partielles sont notées respectivement :

$$D_1f(u) \quad \text{ou} \quad \frac{\partial f}{\partial x}(u) \qquad D_2f(u) \quad \text{ou} \quad \frac{\partial f}{\partial y}(u).$$

Remarques

1) Dans les secondes notations des dérivées partielles de f en u, les symboles ∂x et ∂y sont purement formels. Ils proviennent du fait qu'une fonction de deux variables est souvent notée $(x, y) \mapsto f(x, y)$, et conformément à l'ordre lexicographique, x désigne la première variable et y la seconde.

2) $$\frac{\partial f}{\partial x}(u) = \lim_{\substack{t\to 0\\ t\neq 0}} \frac{f(a+t,b)-f(a,b)}{t} \quad , \quad \frac{\partial f}{\partial y}(u) = \lim_{\substack{t\to 0\\ t\neq 0}} \frac{f(a,b+t)-f(a,b)}{t}.$$

3) En notant (e_1, e_2) la base cononique de $\mathbb{R}^2$, on a aussi :

$$\frac{\partial f}{\partial x}(u) = \lim_{\substack{t\to 0\\ t\neq 0}} \frac{f(u+te_1)-f(u)}{t} \quad , \quad \frac{\partial f}{\partial y}(u) = \lim_{\substack{t\to 0\\ t\neq 0}} \frac{f(u+te_2)-f(u)}{t}.$$

Définition 11

Si $D_jf(u)$, avec $j \in \{1,2\}$, existe en tout point u de U, on définit les **fonctions dérivées partielles** de f sur U par $D_jf : U \to \mathbb{R}, \quad u \mapsto D_jf(u)$:

$$\frac{\partial f}{\partial x} : U \to \mathbb{R},\ u \mapsto \frac{\partial f}{\partial x}(u) \qquad \frac{\partial f}{\partial y} : U \to \mathbb{R},\ u \mapsto \frac{\partial f}{\partial y}(u)$$

Définition 12

On dit que f est de **classe $\mathcal{C}^1$ sur** U si les fonctions dérivées partielles D_jf, $j \in \{1,2\}$, sont **continues sur** U.

Définition 13

Étant donné $h \in \mathbb{R}^2$, $h \neq 0_E$, on dit que f admet une **dérivée en** u **suivant le vecteur** h lorsque la fonction $f_{u,h} : \mathbb{R} \to \mathbb{R}, \quad t \mapsto f(u+th)$, définie au voisinage de 0, est dérivable en 0, ✎ (14)

c'est-à-dire s'il existe $\displaystyle\lim_{\substack{t\to 0\\ t\neq 0}} \frac{f(u+th)-f(u)}{t}$.

Lorsqu'elle existe, cette dérivée est notée $D_hf(u)$.

✎ (14) De même que ci-dessus, comme U est un ouvert, il existe $r>0$ tel que U contienne la boule ouverte : $B_2(u,r) = \{v \in \mathbb{R}^2 / \| u-v \|_2 < r \| h \|_2\}$ et $f_{u,h}$ est définie sur $]-r,r[$.

Les dérivées partielles de f en $u \in U$ sont donc, lorsqu'elles existent, les dérivées de f en u suivant les vecteurs e_1 et e_2 de la base canonique.

Remarque

Une fonction peut admettre des dérivées partielles en un point et ne pas être continue en ce point.

En effet, la fonction f telle que $f(0,0)=0$ et $f(x,y)=\dfrac{xy}{x^2+y^2}$ n'est pas continue en $(0,0)$ (exemple 3) et cependant en $(0,0)$ les fonctions partielles sont nulles donc dérivables.

2. Étude locale

On considère une fonction f de $\mathbb{R}^2$ dans $\mathbb{R}$, de classe $\mathcal{C}^1$ sur un ouvert U.

2.1 – Développement limité d'ordre 1

Soit $u=(a,b)\in U$, et $h=(\alpha,\beta)\in\mathbb{R}^2$ tel que $[a,a+\alpha]\times[b,b+\beta]\subset U$. ✎ (15)

(15) U étant ouvert, il suffit pour réaliser cette condition que $\|h\|$ soit suffisamment petit.

Théorème 1

f étant de classe $\mathcal{C}^1$ sur U, $f(a+\alpha,b+\beta)=f(a,b)+\alpha\dfrac{\partial f}{\partial x}(u)+\beta\dfrac{\partial f}{\partial y}(u)+o(\|h\|)$.

☞ $f(a+\alpha,b+\beta)-f(a,b)=f(a+\alpha,b+\beta)-f(a+\alpha,b)+f(a+\alpha,b)-f(a,b)$

Le développement limité à l'ordre 1 en a de l'application partielle $f_{1,u}$ donne :

$$f(a+\alpha,b)-f(a,b)=\alpha\frac{\partial f}{\partial x}(u)+o(\alpha)$$

Notons que $|\alpha|\leqslant\|h\|$ donne que $o(\alpha)$ est aussi $o(\|h\|)$.

En posant $d=a+\alpha$ et $v=(d,b)$, on a :

$$f(a+\alpha,b+\beta)-f(a+\alpha,b)=f(d,b+\beta)-f(d,b)$$

et $f(d,b+\beta)-f(d,b)=\beta\dfrac{\partial f}{\partial y}(v)+o(\beta)$, en notant que $o(\beta)$ est aussi $o(\|h\|)$.

La continuité de $\dfrac{\partial f}{\partial y}$ en u donne que $\dfrac{\partial f}{\partial y}(v)-\dfrac{\partial f}{\partial y}(u)$ est de limite 0 quand $\|v-u\|$ tend vers 0, c'est-à-dire lorsque α tend vers 0 et donc lorsque $\|h\|$ tend vers 0.

En regroupant ces informations, il vient :

$$f(a+\alpha,b+\beta)=f(a,b)+\alpha\frac{\partial f}{\partial x}(u)+\beta\frac{\partial f}{\partial y}(u)+o(\|h\|).$$

2.2 – Gradient en un point

$\mathbb{R}^2$ est muni de sa structure euclidienne canonique. ✎ (16)

(16) On note $(x|y)$ le produit scalaire des vecteurs $x=(x_1,x_2)$ et $y=(y_1,y_2)$: $(x|y)=x_1y_1+x_2y_2$.

Définition 14

Le vecteur $\left(\dfrac{\partial f}{\partial x}(u),\dfrac{\partial f}{\partial y}(u)\right)$ est appelé le **gradient** de f en u. On le note $\operatorname{grad} f(u)$.

Remarque

$$f(u+h)-f(u)=\left(\operatorname{grad} f(u)|h\right)+o(\|h\|).$$

Définition 15

L'application linéaire de $\mathbb{R}^2$ dans $\mathbb{R}$ définie par $h\mapsto\left(\operatorname{grad} f(u)|h\right)$ est appelée la **différentielle** de f en u et on la note $\mathrm{d}f_u$. ✎ (17)

(17) $\mathrm{d}f_u : h=(\alpha,\beta)\mapsto \alpha\dfrac{\partial f}{\partial x}(u)+\beta\dfrac{\partial f}{\partial y}(u)$

Remarque

En notant $\mathrm{d}x$ et $\mathrm{d}y$ les formes coordonnées sur $\mathbb{R}^2$ on a : ✎ (18)

$$\mathrm{d}f_u=\frac{\partial f}{\partial x}(u)\mathrm{d}x+\frac{\partial f}{\partial y}(u)\mathrm{d}y.$$

(18) Étant donné $h=(\alpha,\beta)\in\mathbb{R}^2$, $\mathrm{d}x(h)=\alpha$, $\mathrm{d}y(h)=\beta$.

Propriété 16

La dérivée de f en u suivant le vecteur h est égale à $\mathrm{d}f_u(h)$:

$$D_h f(u) = \left(\operatorname{grad} f(u) | h\right) = \mathrm{d}f_u(h)$$

Avec $u = (a, b)$, $h = (\alpha, \beta) \neq (0, 0)$ fixés, le théorème 1 donne :

$$f(u + th) - f(u) = \alpha t \frac{\partial f}{\partial x}(u) + \beta t \frac{\partial f}{\partial y}(u) + o(t) \text{ donc } \lim_{t \to 0} \frac{f(u + th) - f(u)}{t} = \mathrm{d}f_u(h).$$

Propriété 17

L'application $h \mapsto D_h f(u)$ est linéaire.

Propriété 18

Linéarité de la différentielle

Si f et g sont de classe $\mathcal{C}^1$ sur U, alors, pour $\lambda \in \mathbb{R}$ et $u \in U$, $\mathrm{d}(\lambda f + g)_u = \lambda\, \mathrm{d}f_u + \mathrm{d}g_u$.

En examinant les applications partielles de $\lambda f + g$ en u en fonction de celles de f et de g, le résultat découle de la linéarité de la dérivation des fonctions réelles.

3. Extremum local

3.1 – Définition

$f : \mathbb{R}^2 \to \mathbb{R}$, définie sur un ouvert U, admet en $u \in U$ un **extremum local** si et seulement si il existe une boule ouverte $B(u, r)$ incluse dans U telle que :

$\forall v \in B(u, r), \quad f(v) \leqslant f(u) \quad$: c'est alors un maximum (19)

ou $\forall v \in B(u, r), \quad f(v) \geqslant f(u) \quad$: c'est alors un minimum

On parle d'extremum **strict** si, de plus, $v \neq u \Rightarrow f(v) \neq f(u)$.

(19) Remarque : cette condition nécessaire s'exprime aussi par $\mathrm{d}f_u = 0$ et on peut noter qu'elle n'est pas suffisante. En effet, pour la fonction $f : \mathbb{R}^2 \to \mathbb{R}, (x,y) \mapsto xy$, on a : $\frac{\partial f}{\partial x}(0,0) = \frac{\partial f}{\partial y}(0,0) = 0$ or f n'a pas d'extremum local en $(0,0)$ car pour tout $x \neq 0$, $f(x,x) > 0$ et $f(x,-x) < 0$ avec $0 = f(0,0)$.

3.2 – Conditions nécessaires d'extremum

Théorème 2

Pour que f de classe $\mathcal{C}^1$ sur U ouvert de $\mathbb{R}^2$, à valeurs dans $\mathbb{R}$, admette un extremum local en $u \in U$, il est nécessaire que :

$$\frac{\partial f}{\partial x}(u) = 0 \ , \ \frac{\partial f}{\partial y}(u) = 0 \text{ c'est-à-dire } \operatorname{grad} f(u) = 0.$$

Soit $u = (a, b) \in U$. L'ouvert U contient un pavé $P = I \times J$, où I et J sont des intervalles ouverts de $\mathbb{R}$ de centres respectifs a et b.

Si f admet un extremum en u, $f_{1,u}$ admet un extremum en a et $f_{2,u}$ admet un extremum en b. Ces fonctions étant dérivables sur I et J respectivement, il vient :

$$\frac{\partial f}{\partial x}(u) = 0 \quad \text{et} \quad \frac{\partial f}{\partial y}(u) = 0.$$

Exemple 4 Étudier les extremums relatifs des fonctions :

$f : \mathbb{R}^2 \to \mathbb{R}, \quad (x, y) \mapsto (x - y)^2 + x^3 + y^3$ et $g : \mathbb{R}^2 \to \mathbb{R}, \quad (x, y) \mapsto (x - y)^2 + x^4 + y^4$

a) f est de classe $\mathcal{C}^\infty$ sur $\mathbb{R}^2$. La condition nécessaire d'extremum local est :

$$\begin{cases} \frac{\partial f}{\partial x}(x, y) = 0 \\ \frac{\partial f}{\partial y}(x, y) = 0 \end{cases} \text{ c'est-à-dire } \begin{cases} 2(x - y) + 3x^2 & = 0 \\ -2(x - y) + 3y^2 & = 0 \end{cases} \text{ soit } \begin{cases} x^2 + y^2 & = 0 \\ 2(x - y) + 3x^2 & = 0 \end{cases}$$

On a donc un seul extremum possible : l'origine $O = (0, 0)$.

Remarquons que $f(x,x) = 2x^3$ est du signe de x. Dans toute boule de centre O, il y a donc des points où f est strictement positive et des points où f est strictement négative.

O n'est donc pas un extremum et f n'a aucun extremum local.

b) g est de classe $\mathcal{C}^\infty$ sur $\mathbb{R}$.

On obtient encore que le seul extremum possible est $O = (0,0)$.

De façon évidente, on a $\quad \forall (x,y) \in \mathbb{R}^2, \quad g(x,y) \geqslant g(0,0) = 0.$

Donc, g présente un minimum en $(0,0)$; c'est d'ailleurs un minimum absolu et strict.

4. Dérivées partielles d'ordres supérieurs

f est supposée définie sur U ouvert de $\mathbb{R}^2$.

Définition 16

On suppose que f admet sur U une $j^{\text{ième}}$ fonction dérivée partielle, $1 \leqslant j \leqslant 2$.

Si $D_j f$ admet en $a \in U$ une $k^{\text{ième}}$ dérivée partielle $D_k\big(D_j f\big)(a)$, $1 \leqslant k \leqslant 2$, on dit que f admet en a une $(k,j)^{\text{ième}}$ **dérivée partielle seconde** notée :

$$D^2_{kj} f(a) \quad \text{ou} \quad \frac{\partial^2 f}{\partial x_k\, \partial x_j}(a).$$ ✎ (20)

✎ (20) $D^2_{kj} f(a) = D_k\big(D_j f\big)(a)$ ou $\frac{\partial^2 f}{\partial x_k\,\partial x_j}(a) = \frac{\partial}{\partial x_k}\left(\frac{\partial f}{\partial x_j}\right)(a)$

On peut alors, comme précédemment, définir, si c'est possible, les fonctions dérivées partielles secondes, puis, en itérant le procédé, les dérivées partielles et fonctions dérivées partielles triples, quadruples, etc.

$$\frac{\partial f}{\partial x_j} = D_j f \qquad \frac{\partial^2 f}{\partial x_k\,\partial x_j} = \frac{\partial}{\partial x_k}\left(\frac{\partial f}{\partial x_j}\right) = D^2_{kj} \text{ pour } j \text{ et } k \text{ dans } [\![1,2]\!].$$

$$\frac{\partial^q f}{\partial x_{j_q} \ldots \partial x_{j_2}\,\partial x_{j_1}} = \frac{\partial}{\partial x_{j_q}}\left(\frac{\partial^{q-1} f}{\partial x_{j_{q-1}} \ldots \partial x_{j_2}\,\partial x_{j_1}}\right) \text{ pour } j_1, \ldots j_q \text{ dans } [\![1,2]\!].$$

Définition 17

f est dite de classe $\mathcal{C}^0$ sur U si elle est continue sur U.

f est de **classe** $\mathcal{C}^k$, ($k \in \mathbb{N}^*$), sur U lorsque, quel que soit $(j_1, \ldots, j_k) \in [\![1,2]\!]^k$, f admet une $(j_k, \ldots, j_1)^{\text{ième}}$ fonction dérivée partielle $\dfrac{\partial^k f}{\partial x_{j_k} \ldots \partial x_{j_1}}$ continue sur U.

f est de **classe** $\mathcal{C}^\infty$ sur U quand, pour tout $k \in \mathbb{N}$, f est de classe $\mathcal{C}^k$ sur U.

Théorème 3

Théorème de Schwarz ✎ (21)

Soit $f : \mathbb{R}^2 \to \mathbb{R}, (x,y) \mapsto f(x,y)$ admettant, sur U ouvert de $\mathbb{R}^2$, (resp. de E), des fonctions dérivées partielles secondes $\dfrac{\partial^2 f}{\partial x\,\partial y}$ et $\dfrac{\partial^2 f}{\partial y\,\partial x}$.

Si ces fonctions sont continues en $(a,b) \in U$, on a :

$$\frac{\partial^2 f}{\partial x\,\partial y}(a,b) = \frac{\partial^2 f}{\partial y\,\partial x}(a,b).$$

✎ (21) La démonstration de ce résultat est hors programme.

Corollaire

Si $f : \mathbb{R}^2 \to \mathbb{R}$ est de classe $\mathcal{C}^k$ sur U, pour tout $(i_1, i_2, \ldots, i_k) \in [\![1,2]\!]^k$ et toute permutation σ de $[\![1,k]\!]$, on a $\dfrac{\partial^k f}{\partial x_{i_1}\,\partial x_{i_2} \ldots \partial x_{i_k}} = \dfrac{\partial^k f}{\partial x_{i_{\sigma(1)}}\,\partial x_{i_{\sigma(2)}} \ldots \partial x_{i_{\sigma(k)}}}$. ✎ (22)

✎ (22) f étant de classe $\mathcal{C}^k$ sur U, tout calcul de fonction dérivée partielle d'ordre inférieur ou égal à k peut se faire dans un ordre arbitraire, ordre qui n'a donc pas à apparaître dans la notation. On écrit par exemple : $\dfrac{\partial^4 f}{\partial y^2\,\partial x^2}$ pour $\dfrac{\partial^4 f}{\partial y\,\partial x\,\partial y\,\partial x}$.

5. Opérations sur les fonctions de classe $\mathcal{C}^k$

Propriété 19

Linéarité des dérivations partielles.

Si $f : \mathbb{R}^2 \to \mathbb{R}$ et $g : \mathbb{R}^2 \to \mathbb{R}$ sont de classe $\mathcal{C}^k$ sur U, ouvert de $\mathbb{R}^2$, il en est de même de $\lambda f + \mu g$ pour tout $(\lambda, \mu) \in \mathbb{R}^2$. ✎ (23)

✎ (23) L'ensemble $\mathcal{C}^k(U,F)$ des fonctions de $\mathbb{R}^2$ dans $\mathbb{R}$ de classe $\mathcal{C}^k$ sur U est un sous-espace vectoriel de $\mathbb{R}^U$.

☞ C'est immédiat en notant que, pour tout $(i_1, i_2, \dots, i_k) \in [\![1,2]\!]^k$, on a :

$$\frac{\partial^k(\lambda f + \mu g)}{\partial x_{i_1}\,\partial x_{i_2}\cdots\partial x_{i_k}} = \lambda\frac{\partial^k f}{\partial x_{i_1}\,\partial x_{i_2}\cdots\partial x_{i_k}} + \mu\frac{\partial^k f}{\partial x_{i_1}\,\partial x_{i_2}\cdots\partial x_{i_k}}.$$

Propriété 20

Produit de fonctions de classe $\mathcal{C}^k$

Si f et g sont de classe $\mathcal{C}^k$ sur U, ouvert de $\mathbb{R}^2$, alors la fonction produit fg est de classe $\mathcal{C}^k$ sur U. ✎ (24)

✎ (24) Démonstration par récurrence en utilisant le fait que $\forall i \in [\![1,2]\!]$, $\frac{\partial(fg)}{\partial x_i} = f\frac{\partial g}{\partial x_i} + g\frac{\partial f}{\partial x_i}$.

Propriété 21

Inverse d'une fonction de classe $\mathcal{C}^k$

Si $f : \mathbb{R}^2 \to \mathbb{R}$ est de classe $\mathcal{C}^k$ sur U et si u est un point de U tel que $f(u) \neq 0$, alors il existe une boule ouverte B de centre u, incluse dans U, telle que $0 \notin f(B)$ et $\frac{1}{f}$ est de classe $\mathcal{C}^k$ sur B. ✎ (25)

✎ (25) L'existence de B résulte de la continuité de f en u. On a de plus $\forall i \in [\![1,2]\!]$, $\frac{\partial}{\partial x_i}\left(\frac{1}{f}\right) = -\frac{1}{f^2}\frac{\partial f}{\partial x_i}$ ce qui permet une démonstration par récurrence.

D. Fonctions vectorielles de 2 variables

1. Limite – Continuité

On considère une fonction f définie sur une partie D de $\mathbb{R}^2$, à valeurs dans $\mathbb{R}^2$, et a un point de $\mathbb{R}^2$ tel que, quel que soit $r \in \mathbb{R}_+^*$, $D \cap B(a,r)$ est non vide.

Définition 18

Étant donné $\ell \in \mathbb{R}^2$, on dit que ℓ est limite de f en a lorsque :

$$\forall \varepsilon > 0,\ \exists r > 0,\ \forall u \in D,\ \|u - a\|_\alpha < r \Rightarrow \|f(u) - \ell\|_\beta < \varepsilon.$$ ✎ (26)

✎ (26) Comme précédemment α et β sont quelconques dans $\{1,2,\infty\}$. On notera la similitude avec la définiton 7. Et comme pour la propriété 8, on montre que si il y a une limite, elle est unique.

Définition 19

f est continue en $a \in D$ si elle admet une limite en a. ✎ (27)

f est continue sur $U \subset D$ si elle est continue en tout point de U.

✎ (27) Comme pour la propriété 9, on montre que cette limite ne peut être que $f(a)$.

Propriété 22

Notons f_1 et f_2 les fonctions coordonnées de f et soit $\ell = (\ell_1, \ell_2) \in \mathbb{R}^2$.

- Alors $\lim\limits_{x\to a} f(x) = \ell \iff \lim\limits_{x\to a} f_i(x) = \ell_i$, $i \in \{1,2\}$.
- f est continue en $a \in D$ si et seulement si f_1 et f_2 sont continues en a.
- f est continue sur $U \subset D$ si et seulement si f_1 et f_2 sont continues sur U.

✎ (28) $\mathbb{R}^2 \xrightarrow{f} \mathbb{R} \xrightarrow{\varphi} \mathbb{R}^2$

Propriété 23

Soit f une fonction réelle définie sur une partie U de $\mathbb{R}^2$ et φ une fonction à valeurs dans $\mathbb{R}^2$, définie sur une partie D de $\mathbb{R}$ contenant $f(U)$. ✎ (28)

- f continue en $u \in U$ et φ continue en $c = f(u)$ implique $\varphi \circ f$ continue en u.
- f continue sur U et φ continue sur $f(U)$ implique $\varphi \circ f$ continue sur U.

2. Dérivées partielles d'application composée

2.1 – Dérivées partielles de fonction vectorielle

Soit g une fonction définie sur un ouvert V de $\mathbb{R}^2$ et à valeurs dans $\mathbb{R}^2$.
Notons g_1 et g_2 les fonctions coordonnées de g.

Définition 20

On dit que g est de classe $\mathcal{C}^1$ sur V quand ses deux fonctions coordonnées le sont.

La **matrice jacobienne** de g en $v \in V$ est alors $J_g(v) = \begin{pmatrix} \dfrac{\partial g_1}{\partial x}(v) & \dfrac{\partial g_1}{\partial y}(v) \\ \dfrac{\partial g_2}{\partial x}(v) & \dfrac{\partial g_2}{\partial y}(v) \end{pmatrix}$.

Remarque

Cette matrice apparaît dans le développement limité à l'ordre 1 des fonctions g_1 et g_2 :

$$\begin{pmatrix} g_1(v+h) \\ g_2(v+h) \end{pmatrix} = \begin{pmatrix} g_1(v) \\ g_2(v) \end{pmatrix} + \begin{pmatrix} \dfrac{\partial g_1}{\partial x}(v) & \dfrac{\partial g_1}{\partial y}(v) \\ \dfrac{\partial g_2}{\partial x}(v) & \dfrac{\partial g_2}{\partial y}(v) \end{pmatrix} \begin{pmatrix} h_1 \\ h_2 \end{pmatrix} + o(h)$$

où $o(h)$ est un vecteur de norme négligeable devant $\| h \|$

2.2 – Situation de référence

Soit f une fonction réelle de classe $\mathcal{C}^1$ sur un ouvert U de $\mathbb{R}^2$.

Propriété 24

Soit ψ une fonction à valeurs dans $\mathbb{R}^2$, de classe $\mathcal{C}^1$ sur un intervalle I de $\mathbb{R}$, avec $\psi(I) \subset U$.
Alors $f \circ \psi$ est une fonction de classe $\mathcal{C}^1$ sur I.

☞ Soit ψ_1 et ψ_2 les fonctions coordonnées de ψ : $\psi(t) = \big(\psi_1(t), \psi_2(t)\big)$

$f \circ \psi(t+\alpha) = f\big(\psi_1(t+\alpha), \psi_2(t+\alpha)\big)$

$= f\big(\psi_1(t) + \alpha\, \psi_1'(t_1), \psi_2(t) + \alpha\, \psi_2'(t_2)\big)$ avec $t_i \in [t, t+\alpha]$, $i = 1$ ou 2 ✎ (29)

$= f\big(\psi_1(t), \psi_2(t)\big) + \alpha\big(\psi_1'(t_1)\dfrac{\partial f}{\partial x}(\psi(t)) + \psi_2'(t_2)\dfrac{\partial f}{\partial y}(\psi(t))\big) + o\big(\alpha\,\psi_1'(t_1), \alpha\,\psi_2'(t_2)\big)$

$= f \circ \psi(t) + \alpha\big(\psi_1'(t)\dfrac{\partial f}{\partial x}(\psi(t)) + \psi_2'(t)\dfrac{\partial f}{\partial y}(\psi(t))\big) + o(\alpha)$ ✎ (30)

Il vient alors que le nombre dérivé de $f \circ \psi$ en t est $\big(\psi_1'(t)\dfrac{\partial f}{\partial x}(\psi(t)) + \psi_2'(t)\dfrac{\partial f}{\partial y}(\psi(t))\big)$ et que $(f \circ \psi)'$ est continue.

✎ (29) On applique le théorème des accroissements finis sur $[t, t+\alpha]$ aux fonctions réelles ψ_1 et ψ_2.

✎ (30) Puisque ψ_1' et ψ_2' sont continues sur I, elles sont bornées au voisinage de t.
De ce fait, $o\big(\alpha\psi_1'(t_1)\big)$ et $o\big(\alpha\psi_2'(t_2)\big)$ sont des $o(\alpha)$.

2.3 – Dérivées partielles d'application composée

Soit g une application de classe $\mathcal{C}^1$ sur un ouvert V de $\mathbb{R}^2$, à valeurs dans $\mathbb{R}^2$ et g_1, g_2 les fonctions coordonnées de g.

Soit aussi f une application de classe $\mathcal{C}^1$ sur un ouvert U de $\mathbb{R}^2$ et à valeurs dans $\mathbb{R}$, avec $g(V) \subset U$.

Propriété 25

$$\frac{\partial f \circ g}{\partial u}(u,v) = \frac{\partial g_1}{\partial u}(u,v)\frac{\partial f}{\partial x}(g(u,v)) + \frac{\partial g_2}{\partial u}(u,v)\frac{\partial f}{\partial y}(g(u,v))$$

$$\frac{\partial f \circ g}{\partial v}(u,v) = \frac{\partial g_1}{\partial v}(u,v)\frac{\partial f}{\partial x}(g(u,v)) + \frac{\partial g_2}{\partial v}(u,v)\frac{\partial f}{\partial y}(g(u,v))$$

✎ (31) Comme pour la définition 9, on peut définir φ et ψ comme étant les fonctions partielles de $g : \mathbb{R}^2 \to \mathbb{R}^2$.

☞ Puisque V est ouvert, pour tout $(u, v) \in V$, il existe un intervalle ouvert I de centre u tel que la fonction $\varphi : \mathbb{R} \to \mathbb{R}^2$, $t \mapsto g(t, v)$, ✎ (31) soit de classe $\mathcal{C}^1$ sur I avec $\varphi(I) \subset U$.

Alors, en posant $F = f \circ g$, la fonction partielle $F_{1,(u,v)} : t \mapsto f\big(g_1(t, v), g_2(t, v)\big)$ s'écrit $F_{1,(u,v)} = f \circ \varphi$ donc, d'après la propriété 24, $F_{1,(u,v)}$ est de classe $\mathcal{C}^1$ sur I et, en notant φ_1 et φ_2 les fonctions coordonnées de φ, on obtient :

$$F'_{1,(u,v)}(u) = \varphi'_1(u)\frac{\partial f}{\partial x}\big(g(u, v)\big) + \varphi'_2(u)\frac{\partial f}{\partial y}\big(g(u, v)\big).$$

Puisque φ_1 et φ_2 sont les fonctions partielles :

$$\varphi_1 : t \mapsto g_1(t, v) \quad \text{et} \quad \varphi_2 : t \mapsto g_2(t, v),$$

la relation précédente s'écrit :

$$\frac{\partial(f \circ g)}{\partial u}(u, v) = \frac{\partial g_1}{\partial u}(u, v)\frac{\partial f}{\partial x}\big(g(u, v)\big) + \frac{\partial g_2}{\partial u}(u, v)\frac{\partial f}{\partial y}\big(g(u, v)\big).$$

La deuxième formule se démontre de la même façon en notant que la seconde fonction partielle $F_{2,(u,v)} : t \mapsto f\big(g(u, t)\big)$ s'écrit $F_{2,(u,v)} = f \circ \psi$ où on a défini $\psi : \mathbb{R} \to \mathbb{R}^2$ par $\psi : t \mapsto g(u, t)$. ✎

Corollaire

Si g est de classe $\mathcal{C}^k$, $k \geqslant 1$, sur V et si f est de classe $\mathcal{C}^k$ sur $U \supset f(V)$, alors $f \circ g$ est de classe $\mathcal{C}^k$ sur V.

Exemple 5 Soit $f : \mathbb{R}^2 \to \mathbb{R}, (x, y) \mapsto f(x, y)$ de classe $\mathcal{C}^2$ sur $\mathbb{R}^2$

et $g : \mathbb{R}^2 \to \mathbb{R}^2, (r, \theta) \mapsto (x, y) = (r\cos\theta, r\sin\theta)$.

Calculer les dérivées partielles premières et secondes de $F = f \circ g$. En déduire l'expression de $\Delta f = \dfrac{\partial^2 f}{\partial x^2} + \dfrac{\partial^2 f}{\partial y^2}$ (Laplacien de f) en fonction des dérivées partielles de F.

On a ici $F(r, \theta) = f(r\cos\theta, r\sin\theta)$ d'où $\begin{cases} \dfrac{\partial F}{\partial r} = \dfrac{\partial f}{\partial x}\cos\theta + \dfrac{\partial f}{\partial y}\sin\theta \\ \dfrac{\partial F}{\partial \theta} = -\dfrac{\partial f}{\partial x} r\sin\theta + \dfrac{\partial f}{\partial y} r\cos\theta \end{cases}$

Dans ces formules, pour alléger l'écriture, on note :

$$\frac{\partial F}{\partial r} \quad \text{pour} \quad \frac{\partial F}{\partial r}(r, \theta) \quad \text{et} \quad \frac{\partial f}{\partial x} \quad \text{pour} \quad \frac{\partial f}{\partial x}(r\cos\theta, r\sin\theta), \ldots$$

Le théorème de Schwarz s'applique, et on obtient :

$$\frac{\partial^2 F}{\partial r^2} = \frac{\partial^2 f}{\partial x^2}\cos^2\theta + 2\frac{\partial^2 f}{\partial x\,\partial y}\sin\theta\cos\theta + \frac{\partial^2 f}{\partial y^2}\sin^2\theta$$

$$\frac{\partial^2 F}{\partial \theta^2} = -\frac{\partial f}{\partial x} r\cos\theta - \frac{\partial f}{\partial y} r\sin\theta + \frac{\partial^2 f}{\partial x^2} r^2\sin^2\theta - 2\frac{\partial^2 f}{\partial x\,\partial y} r^2\sin\theta\cos\theta + \frac{\partial^2 f}{\partial y^2} r^2\cos^2\theta$$

$$\frac{\partial^2 F}{\partial r\,\partial \theta} = -\frac{\partial f}{\partial x}\sin\theta + \frac{\partial f}{\partial y}\cos\theta - \frac{\partial^2 f}{\partial x^2} r\sin\theta\cos\theta + \frac{\partial^2 f}{\partial x\,\partial y} r(\cos^2\theta - \sin^2\theta) + \frac{\partial^2 f}{\partial y^2} r\sin\theta\cos\theta$$

On en déduit $\quad \dfrac{\partial^2 F}{\partial \theta^2} + r^2\dfrac{\partial^2 F}{\partial r^2} + r\dfrac{\partial F}{\partial r} = r^2\,\Delta F.$

Donc, pour tout $(r, \theta) \in \mathbb{R}^* \times \mathbb{R}$: $\quad \Delta F = \dfrac{\partial^2 F}{\partial r^2} + \dfrac{1}{r^2}\dfrac{\partial^2 F}{\partial \theta^2} + \dfrac{1}{r}\dfrac{\partial F}{\partial r}.$

E. Fonctions de trois variables

Avertissement

Les notions abordées dans cette section ne figurent pas au programme de mathématiques de la classe. L'objectif est de présenter brièvement des outils indispensables pour les sciences physiques.

L'objet est ici d'étendre les notions étudiées pour les fonctions de deux variables réelles au cas d'une fonction réelle définie sur un ouvert U de $\mathbb{R}^3$.

1. Normes sur $\mathbb{R}^3$, ouverts fermés

1.1 – Norme

Notation 4

Étant donné $u = (x, y, z) \in \mathbb{R}^3$, on pose :

$$\| u \|_2 = \sqrt{x^2 + y^2 + z^2}, \quad \| u \|_\infty = \sup\{|x|, |y|, |z|\}$$ ✎ (32)

✎ (32) $\| \ \|_2$ est la norme euclidienne sur l'espace vectoriel euclidien $\mathbb{R}^3$ canonique.

Propriété 26

Les normes $\| \ \|_2$ et $\| \ \|_\infty$ sont équivalentes. ✎ (33)

✎ (33) Pour la notion de normes équivalentes, voir la définition 4.
Pour la notion de distance associée à une norme, voir la définition 2 et la propriété 5.

1.2 – Ouverts, de $\mathbb{R}^3$

Le paragraphe 2 de la section A : «Ouverts de $\mathbb{R}^2$» , s'adapte sans problème au cas de $\mathbb{R}^3$.

2. Limite – Continuité

La section B s'étend sans difficulté au cas des fonctions définies sur un ouvert de $\mathbb{R}^3$.

Pour une fonction f définie sur une partie A de $\mathbb{R}^3$, on considère trois applications partielles :

Définition 21

Étant donné $a = (a_1, a_2, a_3) \in A$, les fonctions de $\mathbb{R}$ dans $\mathbb{R}$ définies par

$$f_{1,a}(x) = f(x, a_2, a_3) \quad , \quad f_{2,a}(y) = f(a_1, y, a_3) \quad \text{et} \quad f_{3,a}(z) = f(a_1, a_2, z)$$

sont appelées les applications partielles de f en a.

Propriété 27

Si f est continue en a, les trois applications partielles $f_{1,a}, f_{2,a}$ et $f_{3,a}$ sont continues en a_1, a_2 et a_3 respectivement. ✎ (34)

✎ (34) Cette propriété exprime une condition nécessaire, mais non suffisante, pour que f soit continue en a.

3. Dérivées partielles

Pour une fonction définie sur un ouvert U de $\mathbb{R}^3$, on dispose, éventuellement, de trois dérivées partielles de f en $u = (a, b, c) \in U$. f est dite de classe $\mathcal{C}^1$ sur U si, en tout point de U, les trois dérivées partielles de f sont continues.

On considère une fonction f de $\mathbb{R}^3$ dans $\mathbb{R}$, de classe $\mathcal{C}^1$ sur un ouvert U.

Développement limité d'ordre 1

Soit $u = (a, b, c) \in U$, et $h = (\alpha, \beta, \gamma) \in \mathbb{R}^3$ tel que $[a, a+\alpha] \times [b, b+\beta] \times [c, c+\gamma] \subset U$.

Théorème 4

f étant de classe $\mathcal{C}^1$ sur U,

$$f(a+\alpha, b+\beta, c+\gamma) = f(a, b, c) + \alpha \frac{\partial f}{\partial x}(u) + \beta \frac{\partial f}{\partial y}(u) + \gamma \frac{\partial f}{\partial z}(u) + o(\| h \|).$$

Gradient en un point

$\mathbb{R}^3$ est muni de sa structure euclidienne canonique.

Définition 22

$\left(\frac{\partial f}{\partial x}(u), \frac{\partial f}{\partial y}(u), \frac{\partial f}{\partial z}(u)\right)$ est le vecteur **gradient** de f en u. On le note $\operatorname{grad} f(u)$. ✎ (35)

✎ (35) $f(u+h)-f(u) = \left(\operatorname{grad} f(u) | h\right) + o(\| h \|)$

Définition 23

L'application linéaire de $\mathbb{R}^3$ dans $\mathbb{R}$ définie par $h \mapsto \left(\operatorname{grad} f(u) \,|\, h\right)$ est appelée la **différentielle** de f en u et on la note $\mathrm{d}f_u$.

En notant $\mathrm{d}x$, $\mathrm{d}y$ et $\mathrm{d}z$ les formes coordonnées sur $\mathbb{R}^3$,

$$\mathrm{d}f_u = \frac{\partial f}{\partial x}(u)\mathrm{d}x + \frac{\partial f}{\partial y}(u)\mathrm{d}y + \frac{\partial f}{\partial z}(u)\mathrm{d}z$$ ✎ (36)

✎ (36) Étant donné $h=(\alpha,\beta,\gamma)\in\mathbb{R}^3$, $\mathrm{d}x(h)=\alpha$, $\mathrm{d}y(h)=\beta$, $\mathrm{d}z(h)=\gamma$.

Théorème 5

Conditions nécessaires d'extremum

Pour que f admette un extremum local en $u \in U$, il est nécessaire que :

$$\frac{\partial f}{\partial x}(u) = 0 \ , \ \frac{\partial f}{\partial y}(u) = 0 \ , \ \frac{\partial f}{\partial z}(u) = 0 \ \text{c'est-à-dire} \ \operatorname{grad} f(u) = 0.$$

F. Notions sur les champs de vecteurs

Cette section présente brièvement des outils mathématiques utiles en sciences physiques. Aucune démonstration des résultats présentés n'est exigible des étudiants.

On se place dans le contexte de fonctions de deux variables, à valeurs dans $\mathbb{R}^2$, ou de trois variables, à valeurs dans $\mathbb{R}^3$ définies, de classe $\mathcal{C}^k$ ($k \geqslant 1$) sur U ouvert de $\mathbb{R}^2$ ou de $\mathbb{R}^3$.

Étant donné $F \in \mathcal{C}^k(U, \mathbb{R}^2)$ avec $U \subset \mathbb{R}^2$, nous notons P et Q ses fonctions coordonnées :

$$F \ : \ (x, y) \mapsto \big(P(x, y), Q(x, y)\big)$$

et pour $F \in \mathcal{C}^k(U, \mathbb{R}^3)$ avec $U \subset \mathbb{R}^3$, nous notons P, Q et R ses fonctions coordonnées :

$$F \ : \ (x, y, z) \mapsto \big(P(x, y, z), Q(x, y, z), R(x, y, z)\big)$$

Une telle fonction est encore appelée un **champ de vecteurs** de classe $\mathcal{C}^k$ de $\mathbb{R}^2$ ou de $\mathbb{R}^3$ selon le cas.

L'espace $\mathbb{R}^2$ ou $\mathbb{R}^3$ est usuellement supposé muni de sa structure euclidienne canonique. Le produit scalaire de deux vecteurs x, y de $\mathbb{R}^2$ (ou $\mathbb{R}^3$) est noté $\left(x|y\right)$ ou $x \cdot y$.

1. Divergence

Définition 24

Soit F un champ de vecteurs de $\mathbb{R}^2$ (resp. $\mathbb{R}^3$) de classe $\mathcal{C}^1$ sur U ouvert de $\mathbb{R}^2$ (resp. $\mathbb{R}^3$).
Étant donné $u \in U$, on appelle **divergence** de F en u le réel :

$$\frac{\partial P}{\partial x}(u)+\frac{\partial Q}{\partial y}(u) \quad \text{(resp. } \frac{\partial P}{\partial x}(u)+\frac{\partial Q}{\partial y}(u)+\frac{\partial R}{\partial z}(u))$$

On le note $\operatorname{div} F(u)$.

Propriété 28

L'application $F \mapsto \operatorname{div} F(u)$ est une forme linéaire sur le $\mathbb{R}$-espace vectoriel des fonctions de classe $\mathcal{C}^1$ sur U. ✎ (37)

✎ (37) Cela découle de la linéarité des dérivarions partielles.

Propriété 29

Si φ est une fonction réelle de classe $\mathcal{C}^1$ sur U, on a :

$$\operatorname{div} \varphi F(u) = \big(\operatorname{grad} \varphi(u) | F(u)\big) + \varphi(u) \operatorname{div} F(u)$$

☞ Les fonctions coordonnées de φF sont $(\varphi P, \varphi Q, \varphi R)$. Il suffit d'utiliser :

$$\frac{\partial \varphi P}{\partial x}(u) = \frac{\partial \varphi}{\partial x}(u) P(u) + \varphi(u) \frac{\partial P}{\partial x}(u)$$

et les deux autres termes analogues pour conclure.

2. Rotationnel

On considère maintenant un champ de vecteurs F de $\mathbb{R}^3$ de classe $\mathcal{C}^k$, $k \geqslant 1$, sur U.

Définition 25

Pour tout $u \in U$, il existe un unique vecteur W_u tel que $\forall v \in \mathbb{R}^3$, $\operatorname{div}(F \wedge v)(u) = \big(v | W_u\big)$.
Ce vecteur est appelé le **rotationnel de** F **en** u et noté $\operatorname{rot} F(u)$. ✎ (38)

✎ (38) Le champ de vecteurs $F \wedge v$ est défini par : $U \to \mathbb{R}^3, u \mapsto F(u) \wedge v$. L'application $v \mapsto \operatorname{div}(F \wedge v)(u)$ est linéaire, donc l'existence et l'unicité de W_u résulte du fait que pour toute forme linéaire Φ sur un espace vectoriel euclidien, il existe un unique vecteurs w tel que, pour tout v, $\Phi(v) = \big(v | w\big)$.

Propriété 30

Les **coordonnées de** $\operatorname{rot} F(u)$ sont :

$$\frac{\partial R}{\partial y}(u) - \frac{\partial Q}{\partial z}(u) \quad , \quad \frac{\partial P}{\partial z}(u) - \frac{\partial R}{\partial x}(u) \quad , \quad \frac{\partial Q}{\partial x}(u) - \frac{\partial P}{\partial y}(u)$$

☞ Soit $(\vec{i}, \vec{j}, \vec{k})$ la base canonique de $\mathbb{R}^3$.

La première coordonnée de $\operatorname{rot} F(u)$ est $(\operatorname{rot} F(u) | \vec{i})$.

Par définition du rotationnel en u, ce produit scalaire est égal à $\operatorname{div}(F(u) \wedge \vec{i})$.

Les fonctions coordonnées de $(F \wedge \vec{i})$ sont :

$$(0, R, -Q) \quad \text{et} \quad \operatorname{div}(F(u) \wedge \vec{i}) = \frac{\partial R}{\partial y}(u) - \frac{\partial Q}{\partial z}(u).$$

On procède de même pour les autres coordonnées de $\operatorname{rot} F(u)$

Propriété 31

Si φ est une fonction réelle de classe $\mathcal{C}^1$ sur U, on a :

$$\operatorname{rot}(\varphi F(u)) = \varphi(u) \operatorname{rot} F(u) + (\operatorname{grad} \varphi(u)) \wedge F(u)$$

Théorème 6

Étant donné un champ de vecteurs F, on a $\operatorname{div}(\operatorname{rot} F) = 0$. ✎ (39)

✎ (39) Cette propriété se vérifie à partir des fonctions coordonnées de F.

Théorème 7

Étant donné une fonction numérique f, $\operatorname{rot}(\operatorname{grad} f) = 0$. ✎ (40)

✎ (40) Cette propriété se vérifie à partir des fonctions coordonnées de $\operatorname{grad} f$.

3. Potentiel scalaire

Définition 26

Étant donné un champ de vecteurs sur un ouvert U de $\mathbb{R}^2$ (resp. $\mathbb{R}^3$), on dit que F dérive d'un **potentiel scalaire** quand il existe une fonction réelle f de classe $\mathcal{C}^1$ sur U telle que :

$$F = \operatorname{grad} f.$$

Propriété 32

Une condition nécessaire pour que F dérive d'un potentiel scalaire est que $\operatorname{rot} F = 0$. ✎ (41)

✎ (41) Cette propriété devient suffisante lorsque U est convexe.

4. Circulation d'un champ de vecteurs

Dans ce paragraphe, E désignera l'espace $\mathbb{R}^2$ ou $\mathbb{R}^3$ ✎ (42) muni de sa structure euclidienne canonique. Le produit scalaire de deux vecteurs x, y de E est noté $x \cdot y$.

✎ (42) On retrouve le contexte géométrique usuel en identifiant le plan $\mathcal{P}$ avec $\mathbb{R}^2$ et l'espace $\mathcal{E}$ avec $\mathbb{R}^3$.

U étant un ouvert de E, nous considérons un champ de vecteurs V de E, défini, continu sur U :

- si $E = \mathbb{R}^2$, $V \ : \ (x, y) \mapsto \big(V_1(x, y,), V_2(x, y)\big)$,
- si $E = \mathbb{R}^3$, $V \ : \ (x, y, z) \mapsto \big(V_1(x, y, z,), V_2(x, y, z), V_3(x, y, z,)\big)$

Définition 27

Soit Γ un arc de E, ✎ (43) inclus dans U et représenté par le paramétrage $\gamma = \big([a, b], \Phi\big)$ où $\varphi \ : \ [a, b] \to E, t \mapsto M = \Phi(t)$ est de classe $\mathcal{C}^1$ sur $[a, b]$.

On appelle **circulation** ✎ (44) du champ de vecteurs V le long de γ, le réel :

$$\int_\gamma V = \int_a^b V\big(\Phi(t)\big) \cdot \Phi'(t)\mathrm{d}t \text{ ✎ (45)}$$

✎ (43) Nous avons étudié dans le chapitre 3 la notion d'arc paramétré de $\mathcal{P}=\mathbb{R}^2$. On définit les arcs paramétrés de $\mathcal{E}=\mathbb{R}^3$ de façon identique.

✎ (44) ou **intégrale curviligne**.

✎ (45) Φ et Φ' sont continues sur $[a,b]$ et V est continue sur $U \supset \Phi\big([a,b]\big)$ donc $t \mapsto V\big(\Phi(t)\big) \cdot \Phi'(t)$ est continue sur $[a,b]$ ce qui assure l'existence de l'intégrale.

- Si $E = \mathbb{R}^2$, notons φ_1 et φ_2 les composantes de Φ :

$$\int_\gamma V = \int_a^b \big(V_1\big(\Phi(t)\big)\,\varphi_1'(t) + V_2\big(\Phi(t)\big)\,\varphi_2'(t)\big)\,\mathrm{d}t$$

- Si $E = \mathbb{R}^3$, notons $\varphi_1, \varphi_2, \varphi_3$ les composantes de Φ :

$$\int_\gamma V = \int_a^b \big(V_1\big(\Phi(t)\big)\,\varphi_1'(t) + V_2\big(\Phi(t)\big)\,\varphi_2'(t) + V_3\big(\Phi(t)\big)\,\varphi_3'(t)\big)\,\mathrm{d}t$$

Notation 5

Soit $(\vec{i}, \vec{j})$ (resp. $(\vec{i}, \vec{j}, \vec{k})$) la base canonique de $\mathbb{R}^2$ (resp. $\mathbb{R}^3$) euclidien.

L'intégrale curviligne $\int_\gamma V_1 \vec{i} + V_2 \vec{j}$ (resp. $\int_\gamma V_1 \vec{i} + V_2 \vec{j} + V_3 \vec{k}$) se note aussi :

$$\int_\gamma V_1\,\mathrm{d}x + V_2\mathrm{d}y \quad \text{(resp. } \int_\gamma V_1\,\mathrm{d}x + V_2\mathrm{d}y + V_3\mathrm{d}z\text{) ✎ (46)}$$

✎ (46) On dit aussi que c'est l'intégrale curviligne sur γ de la forme différentielle $V_1\,\mathrm{d}x + V_2\mathrm{d}y$ (resp. $V_1\,\mathrm{d}x + V_2\mathrm{d}y + V_3\mathrm{d}z$).

On remarquera le mécanisme de formation de $\int_a^b V\big(\Phi(t)\big) \cdot \Phi'(t)\mathrm{d}t$.

Pour $E = \mathbb{R}^2$, dans l'expression $V_1(x, y)\,dx + V_2(x, y)dy$ on remplace x par $\varphi_1(t)$, y par $\varphi_2(t)$, dx par $\varphi_1'(t)dt$ et dy par $\varphi_2'(t)dt$.

Pour $E = \mathbb{R}^3$, c'est la même chose avec une variable de plus. ✎ (47)

✎ (47) En fonction de cette propriété on étend la définition de l'intégrale curviligne aux arcs continus de classe $\mathcal{C}^1$ par morceaux.
Si $\gamma=\big([a,b],\Phi\big)$ est un tel arc, il existe $\big(c_0,\dots,c_n\big)$ subdivision de $[a,b]$ telle que Φ' soit continue sur chaque intervalle $\big]c_i, c_{i+1}\big[$ et prolongeable par continuité sur chaque $\big[c_i, c_{i+1}\big]$.
On pose alors :

$$\int_{\gamma_{a,b}} V = \sum_{i=0}^{n-1} \int_{\gamma_{c_i,c_{i+1}}} V.$$

Propriété 33

Relation de Chasles

Avec les notations précédentes et, pour $c \in]a, b[$, introduisons les arcs :

$$\gamma_{a,c} = \big([a, c], \Phi\big) \;,\; \gamma_{c,b} = \big([c, b], \Phi\big) \;,\; \gamma = \gamma_{a,b}$$

Alors $\displaystyle\int_{\gamma_{a,b}} V = \int_{\gamma_{a,c}} V + \int_{\gamma_{c,b}} V.$

Cette formule se généralise à un nombre fini de points de $]a, b[$.

Propriété 34

Changement de paramétrage

Ajoutons aux données précédentes celle d'une autre représentation paramétrique $\gamma' = ([c, d], \Phi \circ \theta)$ de Γ, où θ est un $\mathcal{C}^1$-difféomorphisme de $[c, d]$ sur $[a, b]$.

Alors $\displaystyle\int_{\gamma'} V = \varepsilon \int_{\gamma} V$ avec $\begin{cases} \varepsilon = 1 & \text{si } \theta \text{ est croissant} \\ \varepsilon = -1 & \text{si } \theta \text{ est décroissant}\end{cases}$

☞ Le changement de variable $t = \theta(u)$ donne :

$$\int_a^b V\big(\Phi(t)\big)\cdot\big[\Phi'(t)\big]dt = \int_{\theta^{-1}(a)}^{\theta^{-1}(b)} V\big(\Phi\circ\theta(u)\big)\cdot\big[\Phi'\big(\theta(u)\big)\big]\,\theta'(u)du$$

d'où $\displaystyle\int_{\gamma} V = \varepsilon \int_c^d V\big(\Phi\circ\theta(u)\big)\cdot\big[(\Phi\circ\theta)'(u)\big]\,du = \varepsilon\int_{\gamma'} V.$

Remarque

Si θ est croissant, on dit que les deux représentations paramétriques γ et γ' définissent la même orientation de Γ, sinon elles définissent des orientations opposées.
Soit Γ_+ l'arc orienté défini par le choix d'un représentant γ, la propriété précédente montre que deux représentants de Γ_+ donnent la même circulation ; celle-ci sera notée $\displaystyle\int_{\Gamma_+} V$.
Si Γ_- désigne l'arc déduit de Γ_+ par changement d'orientation, on a :

$$\int_{\Gamma_-} V = -\int_{\Gamma_+} V$$

La circulation ou intégrale curviligne de V le long d'une courbe Γ dont l'orientation n'est pas précisée, n'est définie qu'au signe près.

Propriété 35

Si Γ est une courbe fermée orientée, l'intégrale curviligne $\displaystyle\int_{\Gamma} V$ ne dépend pas de l'origine choisie sur Γ.

Théorème 8

Si il existe une fonction $f \in \mathcal{C}^1(U, E)$ telle que $V = \operatorname{grad} f$, ✎ (48) pour toute courbe orientée Γ d'origine A, d'extrémité B incluse dans U, on a :

$$\int_{\Gamma} \omega = f(B) - f(A)$$ ✎ (49)

✎ (48) C'est-à-dire si V dérive d'un potentiel scalaire.

✎ (49) Noter que le résultat ne dépend que des points A et B.

☞ Soit $\gamma = \big([a, b], \Phi\big)$ un représentant de Γ, $A = \Phi(a)$, $B = \Phi(b)$.
De $V = \operatorname{grad} f$, on tire $V\big(\Phi(t)\big)\cdot\big[\Phi'(t)\big] = df_{\Phi(t)}[\Phi'(t)] = (f\circ\Phi)'(t)$

d'où $\displaystyle\int_{\Gamma} V = \int_a^b (f\circ\Phi)'(t)dt = f\circ\Phi(b) - f\circ\Phi(a) = f(B) - f(A).$

Exemple 6 Notons $(\vec{i}, \vec{j})$ la base canonique de $\mathbb{R}^2$, et soit V le champ de vecteurs de $\mathbb{R}^2$ défini par $V : x\vec{i} + y\vec{j} \mapsto y^2\vec{i} + x^2\vec{j}$.

Calculer la circulation ✎ (50) de V le long de Γ lorsque Γ est l'une des courbes suivantes :

a) $x^2 + y^2 - ay = 0$, b) $\dfrac{x^2}{a^2} + \dfrac{y^2}{b^2} - 1 = 0, a > 0, b > 0$, c) $\dfrac{x^2}{a^2} + \dfrac{y^2}{b^2} - \dfrac{2x}{a} - \dfrac{2y}{b} = 0$

✎ (50) C'est-à-dire $\int_\Gamma y^2\vec{i} + x^2\vec{j}$ ou $\int_\Gamma y^2\,dx + x^2 dy$ avec la notation différentielle.

a) Paramétrisation de $\Gamma_1 : x^2 + y^2 - ay = 0$.

$[0, \pi] \to \mathbb{R}^2, \quad t \mapsto M_1(t), \; x = a\cos t \sin t, \; y = a\sin^2 t$

$$\int_{\Gamma_1} y^2\vec{i} + x^2\vec{j} = \frac{a^3}{4}\int_0^\pi \left[(1 - \cos 2t)^2 \cos 2t + \sin^3 2t\right] dt = -\frac{\pi a^3}{4}.$$

b) Paramétrisation de $\Gamma_2 : \dfrac{x^2}{a^2} + \dfrac{y^2}{b^2} - 1 = 0$.

$[-\pi, \pi] \to \mathbb{R}^2, \quad t \mapsto M_2(t), \; x = a\cos t, \; y = b\sin t$

$$\int_{\Gamma_2} y^2\vec{i} + x^2\vec{j} = \int_{-\pi}^{\pi} \left[-ab^2\sin^3 t + a^2 b\cos^3 t\right] dt = 0.$$

c) Paramétrisation de $\Gamma_3 : \dfrac{(x-a)^2}{a^2} + \dfrac{(y-b)^2}{b^2} - 2 = 0$.

$[-\pi, \pi] \to \mathbb{R}^2, \quad \theta \mapsto M_3(\theta), \; x = a(1 + \sqrt{2}\cos\theta), \; y = b(1 + \sqrt{2}\sin\theta)$

$$\int_{\Gamma_3} y^2\vec{i} + x^2\vec{j} = \int_{-\pi}^{+\pi} \left[-ab^2\sqrt{2}\sin\theta(1+\sqrt{2}\sin\theta)^2 + a^2 b\sqrt{2}\cos\theta(1+\sqrt{2}\cos\theta)^2\right] d\theta$$

$$\int_{\Gamma_3} y^2\vec{i} + x^2\vec{j} = 4\pi ab(a - b).$$

G. Intégrale double

1. Intégrale double sur un pavé

Définition 28

L'**intégrale double** sur un pavé ✎ (51) $P = [a, b] \times [c, d]$ de $\mathbb{R}^2$ d'une fonction réelle f continue sur P est :

$$\int_P f = \int_a^b \left[\int_c^d f(x, y) dy\right] dy$$

✎ (51) On dit qu'une partie P de $\mathbb{R}^2$ est un pavé si $P = \emptyset$ ou si, avec a, b, c, d réels, $a \leqslant b$, $c \leqslant d$: $P = [a,b] \times [c,d]$
- Un point de $\mathbb{R}^2$ est un pavé (cas $a = b$, $c = d$).
- L'intersection de deux pavés est un pavé.

On note aussi $\displaystyle\int_P f = \iint_P f(x, y)\, dxdy$.

L'aire de P se calcule en choisissant $f = 1$: $\mathcal{A}(P) = \displaystyle\iint_\Delta dxdy$.

Théorème 9

Théorème de Fubini

La fonction réelle f étant continue sur le pavé $P = [a, b] \times [c, d]$, on a :

$$\int_P f = \int_a^b \left[\int_c^d f(x, y) dy\right] dx = \int_c^d \left[\int_a^b f(x, y)\, dx\right] dy. \text{ ✎ (52)}$$

✎ (52) Pour tout $(x,y) \in [a,b] \times [c,d]$, les applications partielles de f sont continues, ce qui justifie l'existence des intégrales simples :

$\displaystyle\int_c^d f(x,y)dy$

$\displaystyle\int_a^b f(x,y)\, dx$

$\displaystyle\int_{u(x)}^{v(x)} f(x,y)dy$

Ainsi, le calcul d'une intégrale double se ramène à celui de deux intégrales simples.

Propriété 36

Si f se décompose en $f(x, y) = g(x)\, h(y)$, on a :

$$\iint_\Delta g(x)\, h(y)\, dxdy = \left[\int_a^b g(x)\, dx\right] \left[\int_c^d h(y) dy\right]$$

2. Extension de la notion d'intégrale double – Aire plane

Définition 29

On appelle **compact élémentaire** une partie Δ de $\mathbb{R}^2$ pouvant être définie simultanément par $\Delta : a \leqslant x \leqslant b, \quad u(x) \leqslant y \leqslant v(x)$ ou par $\Delta : c \leqslant y \leqslant d, \quad r(y) \leqslant x \leqslant s(y)$ où $u, v : [a, b] \to \mathbb{R}$ et $r, s : [c, d] \to \mathbb{R}$ sont continues.

Théorème 10

Théorème de Fubini ✎ (53)

Avec les notations ci-dessus, si $f \in \mathcal{C}(\Delta, \mathbb{R})$, on a :

$$\iint_\Delta f(x, y)\, dxdy = \int_a^b \left[\int_{u(x)}^{v(x)} f(x, y) dy\right] dx = \int_c^d \left[\int_{r(y)}^{s(y)} f(x, y)\, dx\right] dy$$

✎ (53) En fait nous prenons ce résultat comme **définition** de l'intégrale double sur un compact élémentaire.

Définition 30

L'aire d'un compact élémentaire Δ de $\mathbb{R}^2$ est l'intégrale double sur Δ de la fonction constante égale à 1 sur Δ. $\mathscr{A}(\Delta) = \iint_\Delta dxdy$.

Propriété 37

Soit Δ un compact élémentaire de $\mathbb{R}^2$.

L'application $\mathscr{I} : \mathcal{C}(\Delta, \mathbb{R}) \to \mathbb{R}, \quad f \mapsto \iint_\Delta f(x, y)\, dxdy$ est une forme linéaire sur $\mathcal{C}(\Delta, \mathbb{R})$. ✎ (54)

✎ (54) Pour f,g dans $\mathcal{C}(\Delta,\mathbb{R})$ et $\lambda \in \mathbb{R}$, en utilisant le théorème 10 et la linéarité de l'intégrale simple, on vérifie que :

$$\iint_\Delta \big(\lambda f(x,y)+g(x,y)\big)\, dxdy = \lambda \iint_\Delta f(x,y)\, dxdy + \iint_\Delta g(x,y)\, dxdy$$

Propriété 38

Soit f et g dans $\mathcal{C}(\Delta, \mathbb{R})$,

a) $f \geqslant 0 \Rightarrow \iint_\Delta f(x, y)\, dxdy \geqslant 0. \quad f \geqslant g \Rightarrow \iint_\Delta f(x, y)\, dxdy \geqslant \iint_\Delta g(x, y)\, dxdy.$

b) $\left|\iint_\Delta f(x, y)\, dxdy\right| \leqslant \iint_\Delta |f(x, y)|\, dxdy \leqslant \mathscr{A}(\Delta) \sup_\Delta |f(x, y)|.$

c) $\mathscr{A}(\Delta) = 0 \Rightarrow \iint_\Delta f(x, y)\, dxdy = 0.$

Propriété 39

Supposons que Δ soit la réunion de deux compacts élémentaires Δ_1 et Δ_2, dont l'intersection est réduite à un arc paramétré par $x \mapsto \big(x, u(x)\big)$, $x \in [a, b]$, ou $y \mapsto \big(v(y), y\big)$, $y \in [c, d]$ (avec $u \in \mathcal{C}\big([a, b], \mathbb{R}\big)$, $v \in \mathcal{C}\big([c, d]), \mathbb{R}\big)$.

On a alors : $\iint_\Delta f(x, y)\, dxdy = \iint_{\Delta_1} f(x, y)\, dxdy + \iint_{\Delta_2} f(x, y)\, dxdy$ ✎ (55)

Exemple 7 Calculer $\iint_\Delta y^x\, dxdy$ où $\Delta : 0 < a \leqslant x \leqslant b, 0 \leqslant y \leqslant 1.$

Ici $\Delta = [a, b] \times [0, 1]$ est un pavé, et $f : \Delta \to \mathbb{R}, (x, y) \mapsto y^x$ est continue.

On peut utiliser le théorème de Fubini, mais le choix pour l'ordre d'intégration n'est pas indifférent. Le calcul donne :

$$\forall (x, y) \in \Delta : \int_0^1 y^x dy = \frac{1}{x+1} \quad , \quad \int_a^b y^x\, dx = \begin{cases} \dfrac{y^b - y^a}{\ln y} & \text{si } y \in]0, 1[\\ 0 & \text{si } y = 0 \\ b - a & \text{si } y = 1 \end{cases}$$

✎ (55) **Remarque**
La propriété 39 permet d'étendre la définition de l'intégrale double à des parties Δ qui sont des réunions finies de compacts élémentaires. Les parties fermées bornées correspondant à cette description seront appelées des **compacts quarrables**.

Ainsi $\iint_\Delta y^x \, dxdy = \int_a^b \left[\int_0^1 y^x dy\right] dx = \int_a^b \frac{dx}{x+1} = \ell n \frac{b+1}{a+1}$

ou bien $\iint_\Delta y^x \, dxdy = \int_0^1 \frac{y^b - y^a}{\ell n\, y} dy.$

Le calcul de la dernière intégrale ne peut se faire à l'aide de primitive.

Exemple 8 Calculer $\iint_\Delta xy \, dxdy$ où Δ est la partie du plan limitée par les paraboles d'équations :

$$y = x^2 \text{ et } x = y^2.$$

On a ici $\Delta : 0 \leqslant x \leqslant 1, \quad x^2 \leqslant y \leqslant \sqrt{x}$. Le calcul s'écrit :

$$\begin{aligned}\iint_\Delta xy \, dxdy &= \int_0^1 \left(x \int_{x^2}^{\sqrt{x}} y dy\right) dx \\ &= \int_0^1 \left(\frac{x^2}{2} - \frac{x^5}{2}\right) dx \\ &= \left[\frac{x^3}{6} - \frac{x^6}{12}\right]_0^1\end{aligned}$$

$$\iint_\Delta xy \, dxdy = \frac{1}{12}.$$

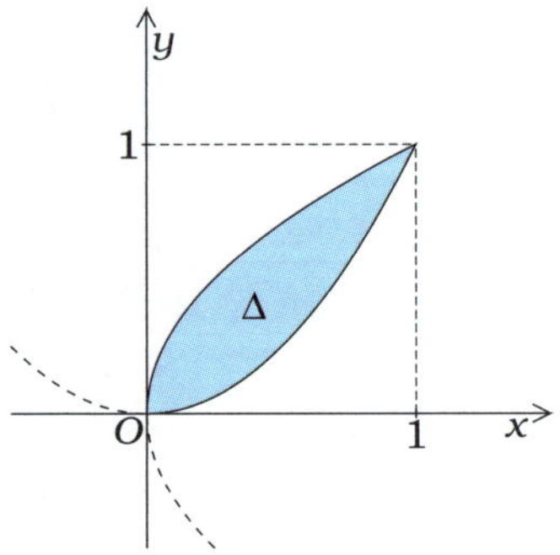

3. Changement de variables

3.1 – Formule du changement de variables dans les intégrales doubles

Soit U et V deux ouverts de $\mathbb{R}^2$, $\varphi : U \to V$ une application de classe $\mathcal{C}^1$, D et Δ deux compacts quarrables tels que $D \subset U$, $\Delta \subset V$, $\varphi(D) = \Delta$. On suppose, de plus, que l'ensemble des points de Δ qui ont plusieurs antécédents dans D est d'aire nulle. (56)

L'application $\varphi : D \to \Delta, (u, v) \mapsto (x, y)$ définit un changement de variables ;

le jacobien de φ, $\frac{D(x,y)}{D(u,v)} = \begin{vmatrix} \frac{\partial x}{\partial u} & \frac{\partial x}{\partial v} \\ \frac{\partial y}{\partial u} & \frac{\partial y}{\partial v} \end{vmatrix}$ induit une application continue de D dans $\mathbb{R}$.

Avec ces notations, on a la formule :

$$\iint_\Delta f(x,y) \, dxdy = \int_D f\big(x(u,v), y(u,v)\big) \left|\frac{D(x,y)}{D(u,v)}\right| dudv \quad (57)$$

(56) Une partie d'aire nulle est, par exemple, une partie formée d'un ensemble fini de points A_i ou d'arcs Γ_j de classe $\mathcal{C}^1$ admettant un paramétrage de la forme $([a_j, b_j], \Phi_j)$.

(57) Noter la présence de la valeur absolue du jacobien de φ.

3.2 – Applications

a) Coordonnées polaires

$$\varphi : \mathbb{R}^2 \to \mathbb{R}^2, (r, \theta) \mapsto (x, y) = (r\cos\theta, r\sin\theta)$$

Le jacobien de φ est $\frac{D(x,y)}{D(r,\theta)} = \begin{vmatrix} \cos\theta & -r\sin\theta \\ \sin\theta & r\cos\theta \end{vmatrix} = r.$

La formule du changement de variables s'écrit alors :

$$\iint_\Delta f(x,y) \, dxdy = \iint_D f(r\cos\theta, r\sin\theta)\,|r| \, drd\theta \quad (58)$$

(58) Il est souvent judicieux de choisir D pour que r reste positif (quitte à faire un partage de Δ et utiliser la relation de Chasles).

✎ (59) Cas particuliers
φ homothétie de rapport $\lambda \in \mathbb{R}^*$: $\mathcal{A}[\varphi(D)] = |\lambda|^2 \mathcal{A}(D)$
φ isométrie de $\mathbb{R}^2$: $\mathcal{A}[\varphi(D)] = \mathcal{A}(D)$

c) Cas d'une application affine ✎ (59)

$$\varphi : \mathbb{R}^2 \to \mathbb{R}^2 \quad \text{est une bijection affine}$$

Le jacobien de φ est le réel $\det L(\varphi)$ où $L(\varphi)$ désigne la partie linéaire de φ.

Si D est un compact quarrable, $\varphi(D)$ est un compact quarrable dont l'aire est :

$$\mathcal{A}[\varphi(D)] = \mathcal{A}(D)\,|\det L(\varphi)|.$$

Exemple 9 Calculer $I = \iint_\Delta \frac{1}{1+x^2+y^2}\,dxdy$ où Δ est le disque fermé de centre $(0,0)$ et de rayon 1.

Il est naturel d'utiliser les coordonnées polaires :

$\Delta : x^2 + y^2 \leqslant 1$ $\qquad$ $D : 0 \leqslant r \leqslant 1, 0 \leqslant \theta \leqslant 2\pi$

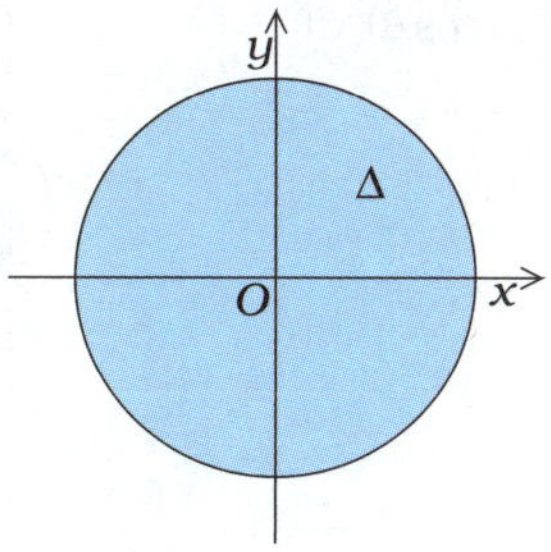

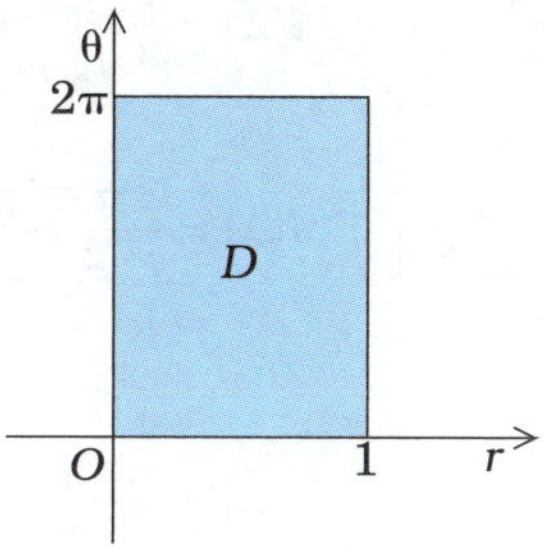

L'ensemble des points de Δ qui ont plusieurs antécédents dans D est :

$$A = \{(x, y) \in \mathbb{R}^2 \,/\, 0 \leqslant x \leqslant 1 \,,\; y = 0\}, \quad \text{il est d'aire nulle.}$$

Le calcul de l'intégrale double s'écrit :

$$I = \iint_D \frac{r}{1+r^2}\,drd\theta = \left(\int_0^{2\pi} d\theta\right)\left(\int_0^1 \frac{r}{1+r^2}\,dr\right) \quad , \quad I = \pi \ln 2.$$

4. Formule de Green-Riemann – Calcul d'aires planes

Théorème 11

Soit Δ une partie de $\mathbb{R}^2$ bordée par un arc fermé, de classe $\mathcal{C}^1$ par morceaux, sans point double, et soit $V = P\vec{i} + Q\vec{j}$ un champ de vecteurs de classe $\mathcal{C}^1$ sur un ouvert contenant Δ. ✎ (60)

On a alors $\int_{\delta^+\Delta} P\vec{i} + Q\vec{j} = \int_{\delta^+\Delta} P\,dx + Q\,dy = \iint_\Delta \left(\frac{\partial Q}{\partial x} - \frac{\partial P}{\partial y}\right) dxdy$, où $\delta^+\Delta$ désigne la frontière de Δ parcourue dans le sens direct du plan.

✎ (60) $(\vec{i}, \vec{j})$ désigne la base canonique de $\mathbb{R}^2$.

Application au calcul d'aires planes

Soit D l'image de Δ en coordonnées polaires.

1) $\mathcal{A}(\Delta) = \iint_\Delta dxdy = \iint_D r\,drd\theta$

2) $\mathcal{A}(\Delta) = \int_{\delta^+\Delta} x\,dy = -\int_{\delta^+\Delta} y\,dx = \frac{1}{2}\int_{\delta^+\Delta} x\,dy - y\,dx = \frac{1}{2}\int_{\delta^+D} r^2\,d\theta$ ✎ (61)

✎ (61) L'usage veut que ces formules soient données avec la notation différentielle.

Exemple 10 **Aire d'une arche de cycloïde.** Δ est la partie du plan limitée par l'axe Ox et l'arc paramétré

$\gamma : [0, 2\pi] \to \mathbb{R}^2, \quad t \mapsto (x, y) = \big(a(t - \sin t), a(1 - \cos t)\big)$

$$\mathscr{A}(\Delta) = -\int_{\delta^+\Delta} y\,\mathrm{d}x = a^2 \int_0^{2\pi} (1-\cos t)^2 \mathrm{d}t$$

$$\mathscr{A}(\Delta) = 3\,\pi\,a^2$$

(noter que l'orientation de $\delta^+\Delta$ correspond à l'orientation de γ dans le sens des t décroissants)

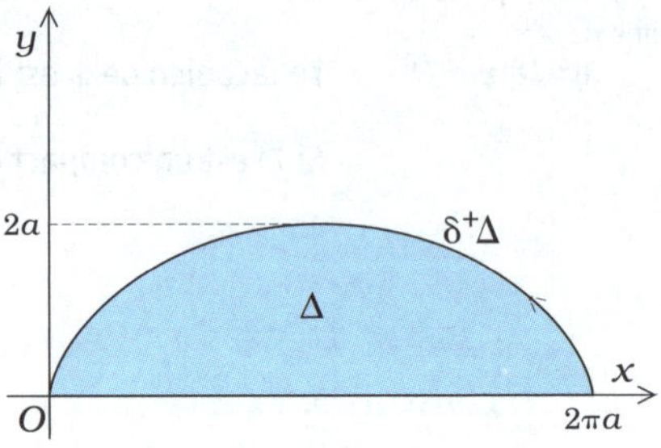

Exemple 11 Aire limitée par la cardioïde d'équation polaire $r = a(1 + \cos\theta)$.

$$\mathscr{A}(\Delta) = \frac{1}{2}\int_{\delta^+ D} r^2 \mathrm{d}\theta = \frac{a^2}{2}\int_{-\pi}^{\pi} (1+\cos\theta)^2 \mathrm{d}\theta$$

$$\mathscr{A}(\Delta) = \frac{3\,\pi\,a^2}{2}$$

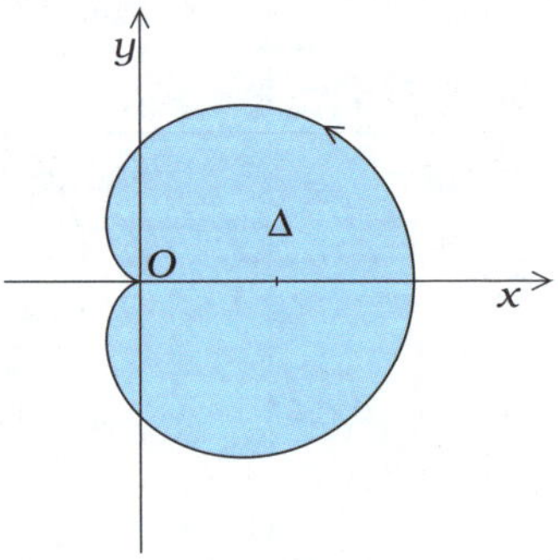

H. Intégrale triple – Calcul de volumes

Cette section présente brièvement des outils mathématiques utiles en sciences physiques.

1. Brève extension

On considère une fonction réelle f continue sur Δ, partie de $\mathbb{R}^3$, de l'un des types précisés dans la définition qui suit.

Définition 31

L'**intégrale triple** sur Δ de f notée $\displaystyle\int_\Delta f = \iiint_\Delta f(x, y, z)\,\mathrm{d}x\mathrm{d}y\mathrm{d}z$ est définie par :

a) Cas où Δ est un pavé : $\Delta = [a, a'] \times [b, b'] \times [c, c']$

$$\iiint_\Delta f(x, y, z)\,\mathrm{d}x\mathrm{d}y\mathrm{d}z = \int_a^{a'} \left[\int_b^{b'} \left(\int_c^{c'} f(x, y, z)\mathrm{d}z\right) \mathrm{d}y\right] \mathrm{d}x$$

b) Cas où Δ : $(x, y) \in D, u(x, y) \leqslant z \leqslant v(x, y)$, avec D compact quarrable de $\mathbb{R}^2$, u et v : $D \to \mathbb{R}$ continues.

$$\iiint_\Delta f(x, y, z)\,\mathrm{d}x\mathrm{d}y\mathrm{d}z = \iint_D \left[\int_{u(x,y)}^{v(x,y)} f(x, y, z)\mathrm{d}z\right] \mathrm{d}x\mathrm{d}y$$

c) Cas où Δ : $a \leqslant z \leqslant b, (x, y) \in D(z)$, avec, pour tout $z \in [a, b]$, $D(z)$ compact quarrable de $\mathbb{R}^2$.

$$\iint_\Delta f(x, y, z)\,\mathrm{d}x\mathrm{d}y\mathrm{d}z = \int_a^b \left[\iint_{D(z)} f(x, y, z)\,\mathrm{d}x\mathrm{d}y\right] \mathrm{d}z$$

Définition 32

Le volume de Δ, noté $\mathscr{V}(\Delta)$, se calcule en choisissant $f \equiv 1$

$$\mathscr{V}(\Delta) = \iiint_{\Delta} \mathrm{d}x\mathrm{d}y\mathrm{d}z$$

Remarques

1) Dans a), on peut permuter l'ordre des intégrations.
Dans le cas où $f(x, y, z) = \alpha(x)\,\beta(y)\,\gamma(z)$, on a :

$$\iiint_{\Delta} \alpha(x)\,\beta(y)\,\gamma(z)\,\mathrm{d}x\mathrm{d}y\mathrm{d}z = \left[\int_a^{a'} \alpha(x)\,\mathrm{d}x\right]\left[\int_b^{b'} \beta(y)\mathrm{d}y\right]\left[\int_c^{c'} \gamma(z)\mathrm{d}z\right]$$

2) Le cas b) est appelé **sommation par piles**. Le cas c) est appelé **sommation par tranches**.

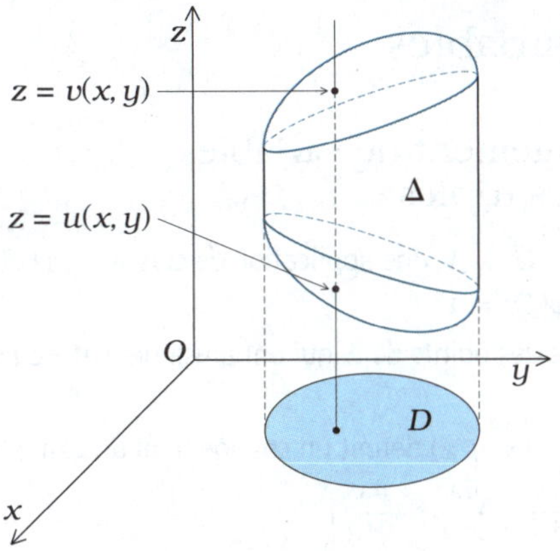

Sommation par piles

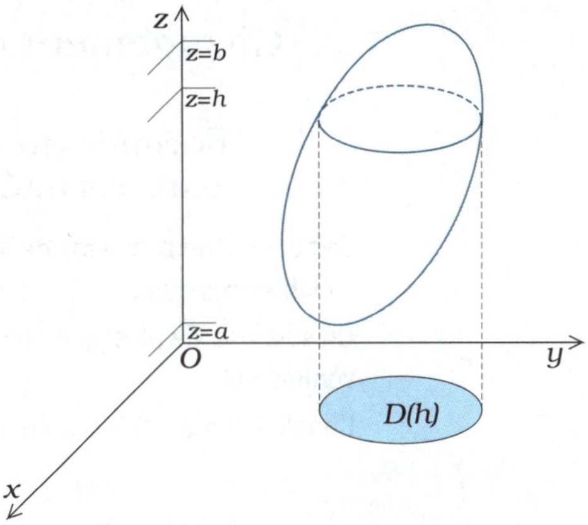

Sommation par tranches

Convention

Les parties de $\mathbb{R}^3$ sur lesquelles on définit une intégrale triple sont appelées les **compacts cubables** de $\mathbb{R}^3$.

Propriétés

On retrouve les mêmes propriétés que pour l'intégrale double :

- linéarité par rapport à la fonction intégrée (voir propriété 37) ;
- positivité, croissance (voir propriété 38) ;
- additivité par rapport au compact d'intégration (voir propriété 39).

Exemple 12 Calculer $I = \iiint_{\Delta} (x^2 + y^2)\,\mathrm{d}x\mathrm{d}y\mathrm{d}z$ où $\Delta : x^2 + y^2 + z^2 \leqslant a^2$.

Utilisons une sommation par piles avec $D : x^2 + y^2 \leqslant a^2$.

$$I = \iint_D 2(x^2 + y^2)\sqrt{a^2 - x^2 - y^2}\,\mathrm{d}x\mathrm{d}y = 2\iint_{D'} r^2\sqrt{a^2 - r^2}\,r\,\mathrm{d}r\mathrm{d}\theta$$

à l'aide des coordonnées polaires, $D' : 0 \leqslant r \leqslant a, 0 \leqslant \theta \leqslant 2\pi$, on obtient $I = \dfrac{8\pi}{15}a^5$

(moment d'inertie d'une boule par rapport à un de ses diamètres)

Exemple 13 Calculer $I = \iiint_{\Delta} z\,\mathrm{d}x\mathrm{d}y\mathrm{d}z$ où $\Delta : \sqrt{x} + \sqrt{y} + \sqrt{z} \leqslant 1$.

Utilisons une sommation par tranches avec $D(z) : \sqrt{x} + \sqrt{y} \leqslant 1 - \sqrt{z}$.

Notons que $D(z)$ se déduit de $D(0)$ par l'homothétie de centre $(0, 0)$, de rapport $(1 - \sqrt{z})^2$, autrement dit :

$$\iint_{D(z)} \mathrm{d}x\mathrm{d}y = \iint_{D(0)} (1-\sqrt{z})^4 \,\mathrm{d}x\mathrm{d}y = (1-\sqrt{z})^4 \mathcal{A}(D(0))$$

On a $\mathcal{A}(D(0)) = \int_0^1 (1-\sqrt{x})^2 \,\mathrm{d}x = \frac{1}{6}$ d'où

$$\begin{aligned} I &= \int_0^1 z\left[\iint_{D(z)} \mathrm{d}x\mathrm{d}y\right]\mathrm{d}z = \frac{1}{6}\int_0^1 z(1-\sqrt{z})^4 \mathrm{d}z \\ &= \frac{1}{3}\int_0^1 t^3(1-t)^4 \mathrm{d}t = \frac{1}{840} \end{aligned}$$

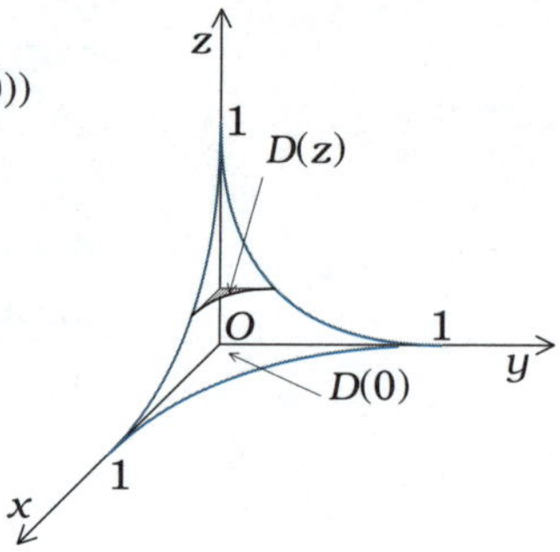

2. Changement de variables

2.1 – Formule du changement de variables dans les intégrales triples

Soit U et V deux ouverts de $\mathbb{R}^3$, $\varphi : U \to V$ une application de classe $\mathcal{C}^1$, D et Δ deux compacts cubables tels que $D \subset U,\ \Delta \subset V,\ \varphi(D) = \Delta$.

On suppose, de plus, que l'ensemble des points de Δ qui ont plusieurs antécédents dans D est de volume nul.

L'application $\varphi : D \to \Delta, (u, v, w) \mapsto (x, y, z)$ définit un changement de variables ;

le jacobien de φ, $\dfrac{D(x,y,z)}{D(u,v,w)} = \begin{vmatrix} \frac{\partial x}{\partial u} & \frac{\partial x}{\partial v} & \frac{\partial x}{\partial w} \\ \frac{\partial y}{\partial u} & \frac{\partial y}{\partial v} & \frac{\partial y}{\partial w} \\ \frac{\partial z}{\partial u} & \frac{\partial z}{\partial v} & \frac{\partial z}{\partial w} \end{vmatrix}$

induit une application continue de D dans $\mathbb{R}$. Avec ces notations, on a la formule ✎ (62)

✎ (62) Noter la présence de la valeur absolue du jacobien de φ.

$$\iiint_\Delta f(x,y,z)\,\mathrm{d}x\mathrm{d}y\mathrm{d}z = \iiint_D f\big(x(u,v,w), y(u,v,w), z(u,v,w)\big)\left|\frac{D(x,y,z)}{D(u,v,w)}\right| \mathrm{d}u\mathrm{d}v\,\mathrm{d}w.$$

2.2 – Applications

a) Coordonnées cylindriques

$$\varphi : \mathbb{R}^3 \to \mathbb{R}^3, (r,\theta,z) \mapsto (x,y,z) = (r\cos\theta, r\sin\theta, z)$$

Le jacobien de φ est $\dfrac{D(x,y,z)}{D(r,\theta,z)} = r$. La formule du changement de variables s'écrit alors :

$$\iiint_\Delta f(x,y,z)\,\mathrm{d}x\mathrm{d}y\mathrm{d}z = \iiint_D f(r\cos\theta, r\sin\theta, z)\,|r|\ \mathrm{d}r\,\mathrm{d}\theta\,\mathrm{d}z$$

b) Coordonnées sphériques

$$\varphi : \mathbb{R}^3 \to \mathbb{R}^3, (r,\theta,\varphi) \mapsto (x,y,z) = (r\cos\theta\cos\varphi, r\sin\theta\cos\varphi, r\sin\varphi)$$

Le jacobien de φ est : $\dfrac{D(x,y,z)}{D(r,\theta,\varphi)} = \begin{vmatrix} \cos\theta\cos\varphi & -r\sin\theta\cos\varphi & -r\cos\theta\sin\varphi \\ \sin\theta\cos\varphi & r\cos\theta\cos\varphi & -r\sin\theta\sin\varphi \\ \sin\varphi & 0 & r\cos\varphi \end{vmatrix} = r^2\cos\varphi.$

La formule du changement de variables s'écrit alors :

$$\iiint_\Delta f(x,y,z)\,\mathrm{d}x\mathrm{d}y\mathrm{d}z = \iiint_D f(r\cos\theta\cos\varphi, r\sin\theta\cos\varphi, r\sin\varphi)r^2\,|\cos\varphi|\ \mathrm{d}r\,\mathrm{d}\theta\,\mathrm{d}\varphi$$

✎ (63) Cas particuliers
φ homothétie de rapport $\lambda \in \mathbb{R}^*$:
$\mathcal{V}[\varphi(D)] = |\lambda|^3 \mathcal{V}(D)$
φ isométrie de $\mathbb{R}^3$:
$\mathcal{V}[\varphi(D)] = \mathcal{V}(D)$

d) Cas d'une application affine ✎ (63)

$$\varphi \; : \; \mathbb{R}^3 \to \mathbb{R}^3 \quad \text{bijection affine}$$

Le jacobien de φ est $\det L(\varphi)$, où $L(\varphi)$ désigne la partie linéaire de φ, il est constant.

Si D est un compact cubable, $\varphi(D)$ l'est aussi, son volume est $\mathcal{V}[\varphi(D)] = \mathcal{V}(D)\,|\det L(\varphi)|$.

Exemple 14 Calculer $I = \iiint_\Delta z^2 \,\mathrm{d}x\mathrm{d}y\mathrm{d}z$ où $\Delta \; : \; \dfrac{x^2}{a^2} + \dfrac{y^2}{b^2} + \dfrac{z^2}{c^2} \leqslant 1$.

Utilisons le changement de variables linéaire défini par :

$$x = aX \; , \; y = bY \; , \; z = cZ$$
$$D \; : X^2 + Y^2 + Z^2 \leqslant 1$$
$$I = \iiint_D abc^3 Z^2 \mathrm{d}X\,\mathrm{d}Y\,\mathrm{d}Z.$$

Puis on introduit les coordonnées sphériques :

$$D_1 \; : 0 \leqslant r \leqslant 1 \; , \; 0 \leqslant \theta \leqslant 2\pi \; , \; -\frac{\pi}{2} \leqslant \varphi \leqslant \frac{\pi}{2}$$
$$I = \iiint_{D_1} abc^3 r^4 \sin^2 \varphi \cos \varphi \,\mathrm{d}r\,\mathrm{d}\theta\,\mathrm{d}\varphi = \frac{4\pi abc^3}{15}.$$

Exemple 15 Calculer $I = \iiint_\Delta x^p y^q z^r (1 - x - y - z)^s \,\mathrm{d}x\mathrm{d}y\mathrm{d}z$ où $(p, q, r, s) \in \mathbb{N}^4$ et $\Delta \; : \; x \geqslant 0, \, y \geqslant 0, \, z \geqslant 0, \, x + y + z \leqslant 1$

Utilisons le changement de variables défini par $x + y + z = u, \quad y + z = uv, \quad z = uvw$

L'image de Δ est $D = [0, 1]^3$, le jacobien est $\dfrac{D(x, y, z)}{D(u, v, w)} = u^2 v$.

$$I = \iiint_D u^{p+q+r+2} v^{q+r+1} w^r (1-u)^s (1-v)^p (1-w)^q \mathrm{d}u\mathrm{d}v\,\mathrm{d}w$$

$$I = \int_0^1 u^{p+q+r+2}(1-u)^s \mathrm{d}u \int_0^1 v^{q+r+1}(1-v)^p \mathrm{d}v \int_0^1 w^r (1-w)^q \,\mathrm{d}w.$$

Le calcul donne $\displaystyle\int_0^1 t^n (1-t)^m \mathrm{d}t = \frac{n!m!}{(n+m+1)!}$ d'où $I = \dfrac{p!q!r!s!}{(p+q+r+s+3)!}$.

Remarque

On en déduit que le volume du tétraèdre Δ, $(p = q = r = s = 0)$, $\mathcal{V}(\Delta) = \dfrac{1}{6}$.

Exemple 16 Volume de la partie du cylindre $x^2 + y^2 - ax \leqslant 0$ intérieure à la sphère de centre O et de rayon a.

Utilisons les coordonnées cylindriques. L'image réciproque de Δ est :

$$D : -\frac{\pi}{2} \leqslant \theta \leqslant \frac{\pi}{2}, \quad 0 \leqslant r \leqslant a\cos\theta, \quad |z| \leqslant \sqrt{a^2 - r^2}$$

$$\mathcal{V}(\Delta) = \iiint_D r\,\mathrm{d}r\,\mathrm{d}\theta\,\mathrm{d}z = \int_{-\frac{\pi}{2}}^{\frac{\pi}{2}} \left[\int_0^{a\cos\theta} 2r\sqrt{a^2 - r^2}\,\mathrm{d}r \right] \mathrm{d}\theta$$

$$\mathcal{V}(\Delta) = \frac{2a^3}{3} \int_{-\frac{\pi}{2}}^{\frac{\pi}{2}} \left(1 - \left|\sin^3\theta\right|\right) \mathrm{d}\theta \qquad \mathcal{V}(\Delta) = \frac{4a^3}{3}\left(\frac{\pi}{2} - \frac{2}{3}\right).$$

Méthodes

L'essentiel

I. Continuité

✔ **Si l'on veut** prouver qu'une fonction $f : \mathbb{R}^2 \to \mathbb{R}$ est continue en un point (a, b) ou sur une partie A de $\mathbb{R}^2$,

- **on peut** penser à utiliser les théorèmes généraux concernant les opérations sur les fonctions continues et les compositions de fonctions continues ;
  → Voir *Mise en œuvre*, exercices 1 et 2
- **on peut** pour étudier la continuité en (a, b), introduire les coordonnées polaires de pôle (a, b) de façon à faire apparaître explicitement la distance de (a, b) à (x, y).
  → Voir *Mise en œuvre*, exercice 1

✔ **Si l'on veut** prouver qu'une fonction $f : \mathbb{R}^2 \to \mathbb{R}$ est non continue en un point (a, b),

- **on peut** penser à étudier les restrictions de f à des droites ou d'autres courbes simples passant par (a, b) : si l'une de ces restrictions est non continue en (a, b) alors f n'est pas continue.
  → Voir *Mise en œuvre*, exercice 3

II. Extremums

✔ **Si l'on veut** trouver les extremums d'une fonction : $\mathbb{R}^2 \to \mathbb{R}$, sur une partie $A \subset \mathbb{R}^2$ formée de la réunion d'une partie ouverte A' et d'une partie A'' constituant le bord de A,

- **on peut** penser que si un extremum est atteint en $(a, b) \in A$ alors ce point peut être :
  - un point de A' en lequel f est de classe $\mathcal{C}^1$ et $\operatorname{grad} f(a, b) = 0$,
  - un point de A' en lequel f n'est pas de classe $\mathcal{C}^1$,
  - un point du bord A'' de A.

  → Voir *Mise en œuvre*, exercice 4

III. Équations aux dérivées partielles

✔ **Si l'on veut** résoudre l'équation $\dfrac{\partial f}{\partial x}(x, y) = 0$ avec $f \in \mathcal{C}^1(U, \mathbb{R})$,

- **on peut** penser que cela ne donne $f(x, y)$ constante par rapport à x (et donc $f(x, y) = g(y)$) que si pour tout couple $\big((x_1, y), (x_2, y)\big)$ de points de U, le segment les joignant est inclus dans U.
  → Voir *Mise en œuvre*, exercice 5

✔ **Si l'on veut** transformer une équation aux dérivées partielles d'une fonction f par un changement de variables, la nouvelle fonction inconnue étant g,

- **on peut** si le changement de variables est défini par :
  $$u = \varphi_1(x, y) \ , \ v = \varphi_2(x, y),$$
  écrire l'identité $f(x, y) = g\big(\varphi_1(x, y), \varphi_2(x, y)\big)$ et calculer les dérivées partielles de f en fonction de celles de g,
- **on peut** si le changement de variables est défini par :
  $$x = \psi_1(u, v) \ , \ y = \psi_2(u, v),$$
  essayer d'inverser ces formules pour se ramener au cas précédent ou écrire l'identité $g(u, v) = f\big(\psi_1(u, v), \psi_2(u, v)\big)$ et calculer les dérivées partielles de g en fonction de celles de f et inverser le système obtenu pour en déduire les dérivées de f en fonction de celles de g.
  → Voir *Mise en œuvre*, exercice 6

Mise en œuvre

Ex. 1

On considère la fonction $f\ :\ \mathbb{R}^2 \to \mathbb{R}$ définie par $f(x,y) = \dfrac{x^3+y^3}{x^2+xy+y^2}$ si $(x,y) \neq (0,0)$ et $f(0,0) = 0$.

Montrer que f est continue sur $\mathbb{R}^2$.

Indications

On commence par vérifier que x^2+xy+y^2 ne s'annule qu'en $(0,0)$.

Les théorèmes généraux donnent la continuité de f sur $\mathbb{R}^2 \setminus \{(0,0)\}$.

Solution

On a $f = \dfrac{u}{v}$ avec $u\ :\ (x,y) \mapsto x^3+y^3$ et $v\ :\ (x,y) \mapsto x^2+xy+y^2$ et il est clair que u et v sont des fonctions continues sur $\mathbb{R}^2$.

En écrivant $x^2+xy+y^2 = \left(x+\dfrac{y}{2}\right)^2 + \dfrac{3}{4}y^2$, on voit que v ne s'annule qu'en $(0,0)$. En conséquence, f est continue sur $\mathbb{R}^2 \setminus \{(0,0)\}$ en tant que quotient de fonctions continues, le dénominateur ne s'annulant pas.

Posons maintenant $x = r\cos\theta\ ,\ \ y = r\sin\theta$, il vient :

$$f(x,y) = r\,\frac{\cos^3\theta + \sin^3\theta}{1+\sin\theta\cos\theta}$$

donc $|f(x,y)| \leqslant 4\,|r|$ c'est-à-dire $|f(x,y)| \leqslant 4\sqrt{x^2+y^2}$.

Il en résulte $\displaystyle\lim_{(x,y)\to(0,0)} f(x,y) = 0$ ce qui prouve la continuité en $(0,0)$.

Commentaires

Ce sont en effet des fonctions polynômes en (x,y).

Il reste à étudier la continuité en $(0,0)$ qui n'est pas établie par les théorèmes généraux.

$|\cos^3\theta+\sin^3\theta| \leqslant 2$

et $1+\sin\theta\cos\theta = 1+\frac{1}{2}\sin 2\theta \geqslant \frac{1}{2}$

Ex. 2

Soit $U = \left\{(x,y) \in \mathbb{R}^2 \setminus 1+x+y > 0\right\}$.

1) Montrer que U est un ouvert de $\mathbb{R}^2$.

2) On considère la fonction $f\ :\ U \to \mathbb{R}$ définie par $f(x,y) = \dfrac{\sin(x+y)}{\ell n(1+x+y)}$ si $x+y \neq 0$ et $f(x,-x) = 1$.

Montrer que f est continue sur U.

Indications

1) Tout point $(x_0\,,y_0)$ de U est centre d'une boule $B_\infty\Big((x_0\,,y_0)\,,r\Big)$ incluse dans U, avec $r > 0$.

2) Considérer les fonctions $\varphi\ :\ u \mapsto \dfrac{\sin u}{u}$ et $\psi\ :\ u \mapsto \dfrac{\ell n(1+u)}{u}$.

Solution

1) Étant donné $(x_0, y_0) \in U$, posons $r = \dfrac{1}{2}(x_0 + y_0 + 1)$.

Alors on a $r > 0$ et pour tout $(x, y) \in \left]x_0 - r, x_0 + r\right[\times \left]y_0 - r, y_0 + r\right[$ il vient :

$$x + y + 1 > x_0 - r + y_0 - r + 1 \text{ c'est-à-dire } x + y + 1 > 0.$$

Il en résulte que U contient la boule :

$$B_\infty\Big((x_0, y_0), r\Big) = \left]x_0 - r, x_0 + r\right[\times \left]y_0 - r, y_0 + r\right[$$

On en déduit que U est ouvert car chacun de ses points contient une boule ouverte non vide de centre ce point.

2) Considérons les fonctions réelles φ et ψ définies par :

$$\forall x \in \mathbb{R}\setminus\{0\}, \varphi(x) = \frac{\sin x}{x}, \quad \psi(x) = \frac{\ell n(1 + x)}{x} \quad \text{et} \quad \varphi(0) = \psi(0) = 1$$

Ce sont là deux fonctions continues sur $\mathbb{R}$ et pour tout $(x, y) \in U$, on a :

$$f(x, y) = \frac{\varphi(x + y)}{\psi(x + y)}$$

On note alors que $(x, y) \mapsto \varphi(x + y)$ et $(x, y) \mapsto \psi(x + y)$ sont continues sur $\mathbb{R}^2$ donc sur U en tant que composées de fonctions continues.

Il en résulte que f est continue sur U en tant que quotient de fonctions continues, le dénominateur ne s'annulant pas.

Commentaires

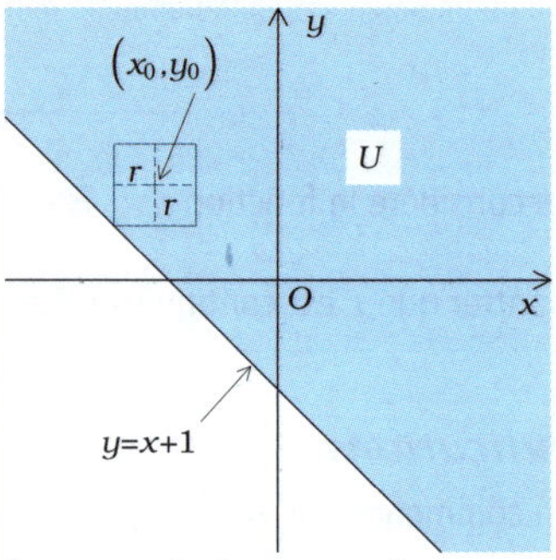

$\left]x_0 - r, x_0 + r\right[\times \left]y_0 - r, y_0 + r\right[$ est une boule pour la norme infinie.

ψ ne s'annule pas sur $\mathbb{R}$.

Ex. 3

On considère la fonction $f : \mathbb{R}^2 \to \mathbb{R}$ définie par $f(x, y) = \dfrac{x^2 y}{x^4 + y^2}$ si $(x, y) \neq (0, 0)$ et $f(0, 0) = 0$.

1) Étudier la continuité en $(0, 0)$ des restrictions de f aux droites passant par $(0, 0)$.

2) f est-elle continue en $(0, 0)$?

Indications

Pour $y = \lambda x^2$, on peut factoriser x^4 en dénominateur.

Solution

1) Les fonctions partielles en $(0, 0)$: $x \mapsto f(x, 0)$ et $y \mapsto f(0, y)$ sont nulles, donc continues, ce qui assure la continuité en $(0, 0)$ des restrictions de f aux droites $\mathbb{R}e_1$ et $\mathbb{R}e_2$.

Pour tout $x \neq 0$, on a $f(x, tx) = \dfrac{tx}{x^2 + t^2}$ d'où la continuité en $(0, 0)$ de la restriction de f à toute droite $\mathbb{R}u_t$, avec $u_t = (1, t)$.

Tous les cas ont ainsi été envisagés.

2) Pour tout $x \neq 0$, on a $f(x, x^2) = \dfrac{1}{2}$.

La restriction de f à $P = \{(x, y) \in \mathbb{R}^2 / y = x^2\}$, (parabole), n'est donc pas continue en $(0, 0)$ et il en est de même pour f.

Commentaires

La restriction de f à toute droite $\mathbb{R}u_t$ est continue en $(0,0)$ et pourtant f n'est pas continue en $(0,0)$.

Ex. 4

En admettant qu'ils sont atteints, trouver les extremums de $f\ :\ (x,y)\mapsto(y-x)^3+6xy$ sur :

$$\Delta=\{(x,y)\in\mathbb{R}^2\,/\,-1\leqslant x\leqslant y\leqslant 1\}.$$

Indications

Δ est la réunion de $\Delta'=\left\{(x,y)\in\mathbb{R}^2\,/\,-1<x<y<1\right\}$ partie ouverte de $\mathbb{R}^2$ et d'un triangle.

Solution

Avec $\Delta'=\left\{(x,y)\in\mathbb{R}^2\,/\,-1<x<y<1\right\}$, on a $\Delta=\Delta'\cap\Delta''$ où Δ'' est la réunion des trois segments $[A,B]$, $[B,C]$ et $[C,A]$ (voir figure).

Montrons d'abord que Δ' est un ouvert de $\mathbb{R}^2$.

Étant donné $(x_0,y_0)\in\Delta'$, il existe $r\in\mathbb{R}_+^*$ tel que :

$$r<\min\left\{x_0+1,\frac{1}{2}(y_0-x_0),1-y_0\right\},$$

et on a alors :

$$-1<x_0-r<x_0+r<y_0-r<y_0+r<1$$

Ainsi, pour tout $(x,y)\in\left]x_0-r,x_0+r\right[\times\left]y_0-r,y_0+r\right[$, il vient $-1<x<y<1$, et donc $(x,y)\in\Delta'$.

Ceci prouve que $\left]x_0-r,x_0+r\right[\times\left]y_0-r,y_0+r\right[\subset\Delta'$.

Puisque f est de classe $\mathcal{C}^1$ sur $\mathbb{R}^2$ donc sur Δ', les extremums cherchés peuvent être atteints en des points de Δ'', ou en des points (a,b) de Δ' tels que $\operatorname{grad}f(a,b)=0$.

Avec $\dfrac{\partial f}{\partial x}(x,y)=-3(y-x)^2+6y$ et $\dfrac{\partial f}{\partial y}(x,y)=3(y-x)^2+6x$, on voit qu'il existe un seul point de Δ' en lequel $\operatorname{grad}f(a,b)=0$, il s'agit de :

$$\left(-\frac{1}{2},\frac{1}{2}\right)$$

L'étude de f sur Δ'' se ramène à celle des trois fonctions :

$$\varphi_1\ :\ [-1,1]\to\mathbb{R}\quad,\quad x\mapsto f(x,x)$$
$$\varphi_2\ :\ [-1,1]\to\mathbb{R}\quad,\quad y\mapsto f(-1,y)$$
$$\varphi_3\ :\ [-1,1]\to\mathbb{R}\quad,\quad x\mapsto f(x,1)$$

Avec $f(x,x)=6x^2$, on obtient :

$$\sup_{[-1,1]}\varphi_1=6=f(1,1)=f(-1,-1)\quad\text{et}\quad\inf_{[-1,1]}\varphi_1=0=f(0,0)$$

De même $f(-1,y)=(y+1)^3-6y$ donne :

$$\sup_{[-1,1]}\varphi_2=6=f(-1,-1)\ ,\quad\inf_{[-1,1]}\varphi_2=6-4\sqrt{2}=f\left(-1,\sqrt{2}-1\right)$$

et enfin $f(x,1)=(1-x)^3+6x$ donne :

$$\sup_{[-1,1]}\varphi_3=6=f(1,1)\ ,\quad\inf_{[-1,1]}\varphi_3=6-4\sqrt{2}=f\left(1-\sqrt{2},1\right)$$

Finalement :

$$\sup_{\Delta''}f=6=f(1,1)=f(-1,-1)\quad\text{et}\quad\inf_{\Delta''}f=0=f(0,0)$$

En tenant compte de $f\left(-\dfrac{1}{2},\dfrac{1}{2}\right)=-\dfrac{1}{2}$, on conclut que :

$$\sup_{\Delta}f=6=f(1,1)=f(-1,-1)\quad\text{et}\quad\inf_{\Delta}f=-\frac{1}{2}=f\left(-\frac{1}{2},\frac{1}{2}\right).$$

Commentaires

Pour cela on va prouver que pour tout $(x_0,y_0)\in\Delta'$, il existe $r>0$ tel que Δ' contient la boule ouverte :

$B_\infty\left((x_0,y_0),r\right)$
$=\left]x_0-r,x_0+r\right[\times\left]y_0-r,y_0+r\right[$.

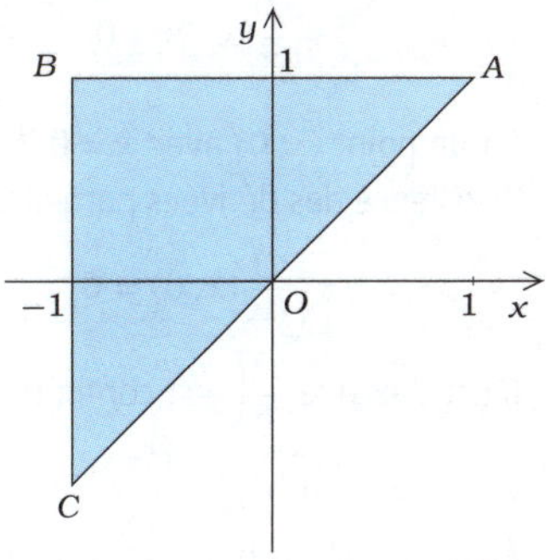

$6-4\sqrt{2}=2(\sqrt{2}-1)^2>0$.

Sachant que les bornes sont atteintes, il suffit pour conclure de comparer les valeurs prises par f aux points où ces extremums peuvent être atteints.

Ex. 5

On pose $U = \mathbb{R}^2 \setminus \{(0, y)/y \in \mathbb{R}_+\}$ et soit $f : U \to \mathbb{R}$ définie par :

$$f(x, y) = 0 \text{ si } y \in \mathbb{R}_-^* \quad , \quad f(x, y) = y^2 \text{ si } (x, y) \in \mathbb{R}_+^* \times \mathbb{R}_+ \quad , \quad f(x, y) = y^3 \text{ si } (x, y) \in \mathbb{R}_-^* \times \mathbb{R}_+$$

1) Montrer que U est ouvert et que f est de classe $\mathcal{C}^1$ sur U. Calculer $\dfrac{\partial f}{\partial x}$ et $\dfrac{\partial f}{\partial y}$.

2) La fonction f est-elle constante par rapport à x sur U ? Expliquer.

Indications

La classe $\mathcal{C}^1$ pose problème aux points $(x, 0)$ avec $x \in \mathbb{R}^*$.

Solution

1) On montre facilement que U est un ouvert de $\mathbb{R}^2$.

Il est clair que f est de classe $\mathcal{C}^\infty$ sur $\mathbb{R} \times \mathbb{R}_-^*$ avec :

$$\forall (x, y) \in \mathbb{R} \times \mathbb{R}_-^* , \ \frac{\partial f}{\partial x}(x, y) = \frac{\partial f}{\partial y}(x, y) = 0$$

de même sur $\mathbb{R}_+^* \times \mathbb{R}_+^*$ avec $\forall (x, y) \in \mathbb{R}_+^* \times \mathbb{R}_+^*$:

$$\frac{\partial f}{\partial x}(x, y) = 0 \quad , \quad \frac{\partial f}{\partial y}(x, y) = 2y$$

et sur $\mathbb{R}_-^* \times \mathbb{R}_+^*$ avec $\forall (x, y) \in \mathbb{R}_-^* \times \mathbb{R}_+^*$:

$$\frac{\partial f}{\partial x}(x, y) = 0 \quad , \quad \frac{\partial f}{\partial y}(x, y) = 3y^2$$

En un point $(x, 0)$ avec $x \neq 0$, l'examen des fonctions partielles donne l'existence des dérivées partielles :

$$\frac{\partial f}{\partial x}(x, 0) = 0 \quad , \quad \frac{\partial f}{\partial y}(x, 0) = 0$$

Il est clair que $\dfrac{\partial f}{\partial x}$ est continue sur U puisque identiquement nulle.

Étant donné $(x, 0) \in \mathbb{R}^* \times \mathbb{R}$, pour tout (x', y') tel que $|x'| < |x|$ et $|y'| < 1$, on a $(x', y') \in U$ et $\left|\dfrac{\partial f}{\partial y}(x', y')\right| \leqslant 3\,|y'|$ donc $\dfrac{\partial f}{\partial y}$ est continue en $(x, 0)$ et finalement elle est continue sur U.

2) Sur U, f n'est pas constante par rapport à x puisque l'on a par exemple :

$$f(1, 2) = 4 \quad , \quad f(-1, 2) = 8.$$

Commentaires

Pour tout $(x_0, y_0) \in U$,

- si $x_0 \neq 0$, en posant $r = |x_0|$, U contient la boule ouverte : $\left]x_0 - r, x_0 + r\right[\times \left]y_0 - r, y_0 + r\right[$
- si $x_0 = 0$ alors $y_0 < 0$ et en posant $r = |y_0|$, U contient la boule ouverte : $\left]-r, r\right[\times \left]y_0 - r, y_0 + r\right[$.

En $(x, 0)$ avec $x > 0$, les fonctions partielles sont :

$f_{1,(x,0)} : t \mapsto 0$

$f_{2,(x,0)} : t \mapsto \begin{cases} 0 & \text{si } t < 0 \\ t^2 & \text{si } t \geqslant 0 \end{cases}$

et en $(x, 0)$ avec $x < 0$, ce sont :

$f_{1,(x,0)} : t \mapsto 0$

$f_{2,(x,0)} : t \mapsto \begin{cases} 0 & \text{si } t < 0 \\ t^3 & \text{si } t \geqslant 0 \end{cases}$

Trois cas sont possibles :

$\left|\dfrac{\partial f}{\partial y}(x', y')\right| = 0 \leqslant 3|y'|$

$\left|\dfrac{\partial f}{\partial y}(x', y')\right| = 2y' \leqslant 3|y'|$

$\left|\dfrac{\partial f}{\partial y}(x', y')\right| = 3y'^2 \leqslant 3|y'|$

On remarque que pour tout $(x_1, x_2) \in \mathbb{R}_+^* \times \mathbb{R}_-^*$ et tout $y \in \mathbb{R}_+$ le segment $[(x_1, y), (x_2, y)]$ n'est pas inclus dans U.

Ex. 6

$U = \{(x, y) \in \mathbb{R}^2 \mid x^2 - y^2 > 0\}$

On veut déterminer les applications $f : U \to \mathbb{R}, (x, y) \mapsto f(x, y)$ de classe $\mathcal{C}^2$ sur U telles que :

$$\forall (x, y) \in U, \quad \frac{\partial^2 f}{\partial x^2}(x, y) - \frac{\partial^2 f}{\partial y^2}(x, y) = \frac{1}{\sqrt{x^2 - y^2}} \qquad (1).$$

Étant donnée $f \in \mathcal{C}^2(\mathbb{R}^2, \mathbb{R})$, on définit $g \in \mathcal{C}^2(\mathbb{R}^2, \mathbb{R})$ par $g(x + y, x - y) = f(x, y)$

Calculer $\dfrac{\partial^2 f}{\partial x^2} - \dfrac{\partial^2 f}{\partial y^2}$ en fonction des dérivées partielles de g. En déduire les solutions de (1).

Solution

g est définie sur $V = \{(u, v) \in \mathbb{R}^2 / uv > 0\}$ par $g(u, v) = f\left(\dfrac{u + v}{2}, \dfrac{u - v}{2}\right)$

ou encore $\quad g = f \circ \varphi$ avec $\varphi \; : \; (u, v) \mapsto (x, y) = \left(\dfrac{u + v}{2}, \dfrac{u - v}{2}\right)$

et φ est évidemment de classe $\mathcal{C}^\infty$ sur $\mathbb{R}^2$. Donc g est de classe $\mathcal{C}^2$ tout comme f (d'après le corollaire de la propriété 25).

De $f(x, y) = g(x + y, x - y)$, on déduit alors :

$$\begin{aligned}
\frac{\partial f}{\partial x}(x, y) &= \frac{\partial g}{\partial u}(x + y, x - y) + \frac{\partial g}{\partial v}(x + y, x - y) \\
\frac{\partial^2 f}{\partial x^2}(x, y) &= \frac{\partial^2 g}{\partial u^2}(x + y, x - y) + 2\frac{\partial^2 g}{\partial u\, \partial v}(x + y, x - y) \\
&\quad + \frac{\partial^2 g}{\partial v^2}(x + y, x - y) \\
\frac{\partial f}{\partial y}(x, y) &= \frac{\partial g}{\partial u}(x + y, x - y) - \frac{\partial g}{\partial v}(x + y, x - y) \\
\frac{\partial^2 f}{\partial y^2}(x, y) &= \frac{\partial^2 g}{\partial u^2}(x + y, x - y) - 2\frac{\partial^2 g}{\partial u\, \partial v}(x + y, x - y) \\
&\quad + \frac{\partial^2 g}{\partial v^2}(x + y, x - y)
\end{aligned}$$

donc $\dfrac{\partial^2 f}{\partial x^2}(x, y) - \dfrac{\partial^2 f}{\partial y^2}(x, y) = 4\dfrac{\partial^2 g}{\partial u\, \partial v}(u, v)\; ; \; (u = x + y, v = x - y)$

φ réalisant une bijection de $V = \{(u, v) \in \mathbb{R}^2 / uv > 0\}$ sur U, le calcul ci-dessus donne donc :

$$(1) \iff \forall (u, v) \in V \;, \; 4\frac{\partial^2 g}{\partial u\, \partial v}(u, v) = \frac{1}{\sqrt{uv}} \; (2)$$

On a ici $V = V_1 \cup V_2$ où $V_1 = (\mathbb{R}_+^*)^2$ et $V_2 = (\mathbb{R}_-^*)^2$ sont des pavés de $\mathbb{R}^2$.

Commentaires

On montre facilement que U est un ouvert de $\mathbb{R}^2$. En effet, pour tout $(x_0, y_0) \in U$, en posant $r = \frac{1}{2}\left(|x_0| - |y_0|\right)$ on a $r > 0$ et U contient la boule ouverte :

$B_\infty\left((x_0, y_0), r\right) =$
$]x_0 - r, x_0 + r[\times]y_0 - r, y_0 + r[$.

Le calcul des dérivées de f en fonction de celles de g s'effectue à partir de :

$$f = g \circ \varphi^{-1}$$

alors que la définition de g est donnée par $g = f \circ \varphi$. Il apparaît ainsi qu'un changement de variable φ doit être une bijection telle que φ **et** φ^{-1} soient de classe $\mathcal{C}^k$ avec k imposé par l'ordre des équations.

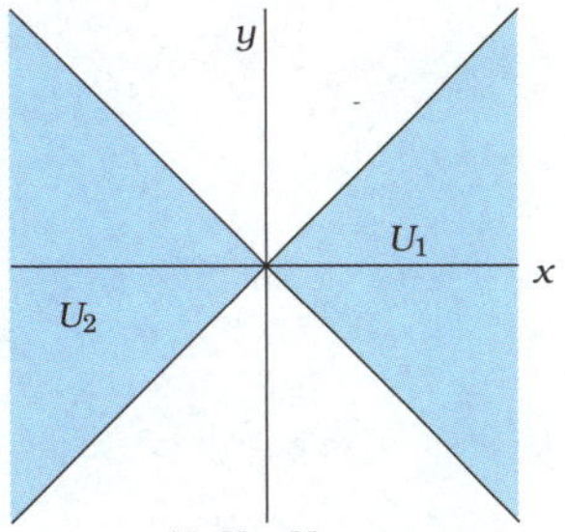

$U = U_1 \cup U_2$

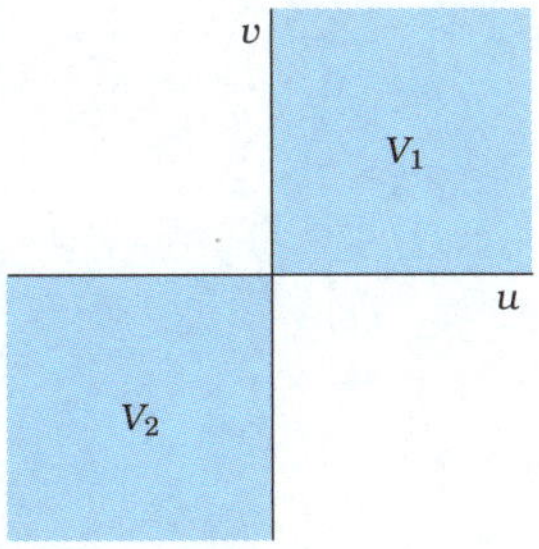

Sur V_1, (2) s'écrit $\frac{\partial}{\partial v}\left(\frac{\partial g}{\partial u}(u,v)-\frac{1}{2}\sqrt{\frac{v}{u}}\right)=0$ ce qui équivaut à l'existence de $a_1 \in \mathcal{C}^1(\mathbb{R}_+^*, \mathbb{R})$ telle que :

$$\forall (u,v)\in V_1,\ \frac{\partial g}{\partial u}(u,v)-\frac{1}{2}\sqrt{\frac{v}{u}}=a_1(u)\ \text{(3)}$$

c'est-à-dire $\frac{\partial}{\partial u}\left(g(u,v)-\sqrt{uv}-A_1(u)\right)=0$ où A_1 est une primitive quelconque de a_1 sur $\mathbb{R}_+^*$.

On en déduit que sur V_1, (2) équivaut à l'existence de A_1 et B_1 dans $\mathcal{C}^2(\mathbb{R}_+^*, \mathbb{R})$ telles que $\forall (u,v)\in V_1,\ g(u,v)=\sqrt{uv}+A_1(u)B_1(v)$

Sur V_2, (2) donne de même $g(u,v)=\sqrt{uv}+A_2(u)+B_2(v)$, où A_2 et B_2 sont arbitraires dans $\mathcal{C}^2(\mathbb{R}_+^*, \mathbb{R})$.
En posant :

$$U_1=\{(x,y)\in\mathbb{R}^2/x-y>0, x+y>0\}$$
$$U_2=\{(x,y)\in\mathbb{R}^2/x-y<0, x+y<0\}$$

on en déduit que la solution générale de (1) est définie par :

$$\forall (x,y)\in U_k, f(x,y)=\sqrt{x^2-y^2}+A_k(x+y)+B_k(x-y)$$

A_k et B_k étant arbitraires dans $\mathcal{C}^2(\mathbb{R}^*, \mathbb{R})$, $\quad k\in\{1,2\}$.

Pour tout (u,v_1), (u,v_2) appartenant à V_1, le segment joignant ces deux points est inclus dans V_1 donc avec :
$h(u,v)=\frac{\partial g}{\partial u}(u,v)-\frac{1}{2}\sqrt{\frac{v}{u}}$
$\frac{\partial h}{\partial v}=0$ donne
$h(u,v_1)=h(u,v_2)$.
Ainsi h est constante par rapport à v, sur V_1.
Sur V_2 on obtient d'abord :
$\frac{\partial g}{\partial u}(u,v)+\frac{1}{2}\sqrt{\frac{-v}{-u}}=a_2(u)$
$a_2\in\mathcal{C}^1(\mathbb{R}_-^*, \mathbb{R})$.

Exercices

Niveau 1

Continuité

Ex. 1

Soit $U = \{(x, y) \in \mathbb{R}^2 / xy > -1\}$.

1) Montrer que U est un ouvert de $\mathbb{R}^2$.
2) Étudier la continuité de la fonction f définie sur U par $f(x, y) = \dfrac{\ell n(1 + xy)}{x^2 + y^2}$ si $(x, y) \neq (0, 0)$ et $f(0, 0) = 0$.

Ex. 2

Étudier la continuité de la fonction $f : \mathbb{R}^2 \to \mathbb{R}$ définie par $f(x, y) = \dfrac{e^x - e^y}{x - y}$ si $x \neq y$ et $f(x, x) = e^x$.

Problèmes d'extremums

Ex. 3

On considère la fonction :

$$f : \mathbb{R}_+^{*2} \to \mathbb{R}, (x, y) \mapsto \frac{xy}{(1 + x)(1 + y)(x + y)}.$$

Montrer qu'il existe un point $\mathbb{R}_+^{*2}$ et un seul en lequel f atteint un extremum relatif et que celui-ci est un maximum absolu.

Dérivées partielles

Ex. 4

Soit $D = \{(x, y) \in \mathbb{R}^2 / x > 0\}$. On recherche toutes les fonctions $f \in \mathcal{C}^1(D, \mathbb{R})$ telles que :

$$\forall (x, y) \in D \ , \ x\frac{\partial f}{\partial x} + y\frac{\partial f}{\partial y} = 0 \quad \textbf{(E)}.$$

1) Vérifier que $\varphi : (x, y) \mapsto \dfrac{y}{x}$ est solution du problème.
2) Soit $g \in \mathcal{C}^1(\mathbb{R}, \mathbb{R})$, montrer que $g \circ \varphi$ est solution de **(E)**.
3) Soit f une solution, montrer alors que $f(u, uv)$ ne dépend que de v.
4) Donner l'ensemble des solutions.

Ex. 5

Soit $u : \mathbb{R}^2 \to \mathbb{R}, (x, y) \mapsto \dfrac{\cos x}{\text{ch}\, y}$. Trouver $f \in \mathcal{C}^2\big(]-1, 1[, \mathbb{R}\big)$ telle que la fonction $g : \mathbb{R}_+^{*2} \to \mathbb{R}$ définie par $\forall (x, y) \in \mathbb{R}_+^{*2}$, $g(x, y) = f\big(u(x, y)\big)$ vérifie :

$$\frac{\partial^2 g}{\partial x^2} + \frac{\partial^2 g}{\partial y^2} = 0.$$

Ex. 6

Dans le plan euclidien $\mathcal{P}$ rapporté au repère orthonormal $(O, \vec{i}, \vec{j})$, on donne les points $A(1, 0)$ et $B(-1, 0)$ et le champ de vecteurs V défini sur $\mathbb{R}^2 \setminus \{A, B\}$ par $V(M) = \dfrac{\overrightarrow{AM}}{\|\overrightarrow{AM}\|^3} - \dfrac{\overrightarrow{BM}}{\|\overrightarrow{BM}\|^3}$.

Calculer f telle que $V = \text{grad} f$.

Niveau 2

Avec solution détaillée

Ex. 7

Soit $D = \{(x, y) \in \mathbb{R}^2 / x^2 + y^2 \leqslant 9\}$.

Trouver les extremums sur D de f définie par :

$$f(x, y) = \sqrt{x^2 + y^2} + y^2 - 1.$$

Ex. 8

Soit $f \in \mathcal{C}^1(\mathbb{R}, \mathbb{R})$ et $g : \mathbb{R}^2 \to \mathbb{R}$ définie par :

$$g(x, y) = \frac{f(x) - f(y)}{x - y} \text{ si } x \neq y \text{ et } g(x, x) = f'(x).$$

1) Étudier la continuité de g sur $\mathbb{R}^2$.
2) On suppose que f est de classe $\mathcal{C}^2$; montrer que g est de classe $\mathcal{C}^1$.

Ex. 9

Soit φ et ψ deux fonctions de $\mathcal{C}^2(\mathbb{R}_+^*, \mathbb{R})$ et f la fonction :

$$f : (\mathbb{R}_+^*)^2 \to \mathbb{R}, (x, y) \mapsto \sqrt{xy}\, \varphi\left(\frac{y}{x}\right) + \psi(xy)$$

Montrer que $x^2 \dfrac{\partial^2 f}{\partial x^2} - y^2 \dfrac{\partial^2 f}{\partial y^2} = 0$ **(1)**

Réciproque.

Ex. 10

1) Soit $U = \mathbb{R}^2 \setminus \{(x,0)/x \in \mathbb{R}_-\}$.

Montrer que $\Phi : (r,\theta) \mapsto (x,y) = (r\cos\theta, r\sin\theta)$ est bijection de classe $\mathcal{C}^1$ de $V =]0,+\infty[\times]-\pi,\pi[$ sur U dont la bijection réciproque est :

$\Phi^{-1} : (x,y) \mapsto (r,\theta) =$

$$\left(\sqrt{x^2+y^2}, 2\,\mathrm{Arctan}\,\frac{y}{x+\sqrt{x^2+y^2}}\right).$$

2) En déduire $f : \mathbb{R}^2 \to \mathbb{R}$ de classe $\mathcal{C}^1$ sur U, solution de l'équation aux dérivées partielles :

$$x^2+y^2+\left(x\frac{\partial f}{\partial x}+y\frac{\partial f}{\partial y}\right)f = 0 \quad \textbf{(1)}$$

Avec éléments de solution

Ex. 11

α étant un réel strictement positif fixé, étudier la continuité de la fonction $f : \mathbb{R}^2 \to \mathbb{R}$ définie par : $\forall (x,y) \in \mathbb{R}^* \times \mathbb{R}$,

$$f(x,y) = \frac{|x|^\alpha y}{x^2+y^4}, \quad \forall y \in \mathbb{R}, f(0,y) = 0.$$

Ex. 12

Trouver $f \in \mathcal{C}^2(\mathbb{R}_+^*, \mathbb{R})$ telle que $g : \mathbb{R}^3 \to \mathbb{R}$ définie par $g : (x,y,z) \mapsto f\left(\frac{x^2+y^2}{z^2}\right)$ vérifie :

$$\frac{\partial^2 g}{\partial x^2}+\frac{\partial^2 g}{\partial y^2}+\frac{\partial^2 g}{\partial z^2} = 0.$$

Indications

Ex. 1

1) En utilisant la continuité de $p : (x,y) \mapsto xy$, prouver que pour tout $(x_0, y_0) \in U$, U contient une boule ouverte non vide de centre (x_0, y_0).

2) Sur $U \setminus \{(0,0)\}$, on applique les théorèmes généraux.

Ex. 2

Exprimer f au moyen de la fonction $\varphi \in \mathcal{C}(\mathbb{R},\mathbb{R})$ telle que $\forall u \neq 0, \varphi(u) = \dfrac{e^u-1}{u}$.

Ex. 3

Considérer la fonction $g : \mathbb{R}_+^{*2} \to \mathbb{R}, (x,y) \mapsto \ell n\, f(x,y)$.

Ex. 4

1) $\dfrac{\partial F}{\partial u}(u,v) = 0$ sur D donne que F est indépendant de u car D est un pavé.

Ex. 5

f' est solution sur $]-1,1[$ d'une équation différentielle linéaire du premier ordre.

Ex. 6

On rappelle que dans l'espace affine $\mathbb{R}^2$, le point $M(x,y)$ est identifié au vecteur $x\vec{i}+y\vec{j}$.

Ex. 7

$\Omega = \{(x,y) \in \mathbb{R}^2 / x^2+y^2 < 9\}$.

Il n'y a pas d'extremum de f sur $\Omega \setminus \{(0,0)\}$.

Ex. 8

1) Montrer que $g(a+h, a+k) = f'(x)$ avec $x \in [a+h, a+k]$.

2) Majorer $\left|\dfrac{\partial g}{\partial x}(a+h,a+k) - \dfrac{\partial g}{\partial x}(a,a)\right|$ en utilisant la formule de Taylor avec reste intégral appliquée à f sur $[a+h, a+k]$.

Ex. 9

Réciproque : faire le changement de variables

$$u = xy\ ,\quad v = \frac{y}{x}.$$

Ex. 10

1) $\tan\dfrac{\theta}{2} = \dfrac{\sin\theta}{1+\cos\theta}$.

2) La fonction $g : (r,\theta) \mapsto f(r\cos\theta, r\sin\theta)$ vérifie $r+\dfrac{\partial g}{\partial r}\cdot g = 0$.

Ex. 11

Pour la continuité en $(0,0)$, considérer $f(y^2, y)$.

Puis majorer $|f(x,y)|$ en distinguant deux cas : $|x| > y^2$ et $|x| \leqslant y^2$.

Ex. 12

f est solution du problème si et seulement si f' est solution d'une équation différentielle linéaire homogène du premier ordre.

Solutions des exercices

Niveau 1

Ex. 1

1) Étant donné $(x_0, y_0) \in U$ on a $x_0y_0 + 1 > 0$, posons donc $\varepsilon = x_0y_0 + 1$.

La fonction $p : \mathbb{R}^2 \to \mathbb{R}, (x, y) \mapsto xy$ étant continue sur $\mathbb{R}^2$, il existe $r > 0$ tel que :

$$\sqrt{(x - x_0) + (y - y_0)^2} < r \Rightarrow |xy - x_0y_0| < \varepsilon \Rightarrow xy > x_0y_0 - \varepsilon$$

En conséquence, pour tout $(x, y) \in B_2((x_0, y_0), r)$, on a $xy > -1$ donc $(x, y) \in U$ ce qui montre :

$$B_2((x_0, y_0), r) \subset U.$$

On a ainsi prouvé que, pour tout (x_0, y_0) de U il existe $r > 0$ tel que U contienne la boule $B_2((x_0, y_0), r)$, et on conclut que U est un ouvert de $\mathbb{R}^2$.

2) La fonction $(x, y) \mapsto \ell n(1 + xy)$ est continue sur U en tant que composée de p, continue sur U, et $u \mapsto \ell n(1 + u)$ continue sur $]-1, +\infty[$ avec $p(U) \subset]-1, +\infty[$.

De plus, $(x, y) \mapsto x^2 + y^2$ est continue et ne s'annule pas sur $U \setminus \{(0, 0)\}$, donc f est continue sur $U \setminus \{(0, 0)\}$ en tant que quotient de deux fonctions continues, le dénominateur ne s'annulant pas.

En remarquant que $\lim\limits_{x \to 0} f(x, 0) = 0$ et $\lim\limits_{x \to 0} f(x, x) = \lim\limits_{x \to 0} \dfrac{\ell n(1 + x^2)}{2x^2} = \dfrac{1}{2}$, on voit que f n'a pas de limite en $(0, 0)$ et n'est donc pas continue en ce point.

Ex. 2

La fonction $\varphi : \mathbb{R} \to \mathbb{R}$ définie par $\varphi(u) = \dfrac{e^u - 1}{u}$ si $u \neq 0$ et $\varphi(0) = 1$ est continue sur $\mathbb{R}$.

Pour $x \neq y$, on peut écrire $f(x, y) = e^x \left(\dfrac{e^{y-x} - 1}{y - x}\right)$ et compte tenu de $f(x, x) = e^x$, on vérifie que pour tout $(x, y) \in \mathbb{R}^2$, $f(x, y) = e^x\, \varphi(y - x)$. La fonction $(x, y) \mapsto \varphi(y - x)$ est continue sur $\mathbb{R}^2$ en tant que composée de fonctions continues et en conséquence, f est continue sur $\mathbb{R}^2$ en tant que produit de fonctions continues.

Ex. 3

La fonction ℓn étant strictement croissante sur $\mathbb{R}_+^*$, f atteint en (x_0, y_0) un extrémum si et seulement si $g : (x, y) \mapsto \ell n\, f(x, y)$ atteint au même point un extrémum.

Les fonctions g et f sont évidemment de classe $\mathcal{C}^\infty$ sur $\mathbb{R}_+^{*2}$ et on obtient :

$$\begin{aligned} \forall (x, y) \in \mathbb{R}_+^{*2}, \quad g(x, y) &= \ell n\, x + \ell n\, y - \ell n(1 + x) - \ell n(1 + y) - \ell n(x + y) \\ \frac{\partial g}{\partial x}(x, y) &= \frac{1}{x} - \frac{1}{1 + x} - \frac{1}{x + y} \\ \frac{\partial g}{\partial y}(x, y) &= \frac{1}{y} - \frac{1}{1 + y} - \frac{1}{x + y} \end{aligned}$$

Si g atteint un extrémum en un point (x, y), en ce point on a $\operatorname{grad} f(x, y) = 0$ c'est-à-dire $\dfrac{\partial g}{\partial x}(x, y) = \dfrac{\partial g}{\partial y}(x, y) = 0$

ce qui donne : $\begin{cases} \dfrac{1}{x} - \dfrac{1}{1 + x} - \dfrac{1}{x + y} = 0, \\ \dfrac{y - x}{xy} = \dfrac{y - x}{(1 + x)(1 + y)}. \end{cases}$ Dans $\mathbb{R}_+^{*2}$ ce système admet $(1, 1)$ pour solution unique.

Formons alors :

$$f(1+u,1+v)-f(1,1)=\frac{(1+u)(1+v)}{(2+u)(2+v)(2+u+v)}-\frac{1}{8}=-\frac{2u^2+2v^2-2uv+u^2v+v^2u}{8(2+u)(2+v)(2+u+v)}$$

En écrivant $2u^2+2v^2-2uv+u^2v+v^2u=(u-v)^2+u^2(1+v)+v^2(1+u)$,

il est clair que pour tout $(u,v)\in\,]-1,+\infty[^2$, on a : $\quad f(1+u,1+v)-f(1,1)\leqslant 0.$

Donc f atteint au point $(1,1)$ un maximum absolu.

Ex. 4

1) $\dfrac{\partial\varphi}{\partial x}(x,y)=-\dfrac{y}{x^2}\;,\quad \dfrac{\partial\varphi}{\partial y}(x,y)=\dfrac{1}{x}$ donc φ est de classe $\mathcal{C}^1$ sur D et vérifie **(E)**.

2) Si $g\in\mathcal{C}^1(\mathbb{R},\mathbb{R})$ alors $g\circ\varphi\in\mathcal{C}^1(D,\mathbb{R})$.

$$\frac{\partial g\circ\varphi}{\partial x}(x,y)=g'\big(\varphi(x,y)\big)\frac{\partial\varphi}{\partial x}(x,y)\;,\quad \frac{\partial g\circ\varphi}{\partial y}(x,y)=g'\big(\varphi(x,y)\big)\frac{\partial\varphi}{\partial y}(x,y)$$

donc $g\circ\varphi$ vérifie **(E)**.

3) Soit f solution de **(E)** et $F\in\mathcal{C}^1(D,\mathbb{R})$ définie par $F(u,v)=f(u,uv)$, alors :

$$\frac{\partial F}{\partial u}(u,v)=\frac{\partial f}{\partial x}(u,uv)+v\frac{\partial f}{\partial y}(u,uv)\text{ donc }u\frac{\partial F}{\partial u}(u,v)=u\frac{\partial f}{\partial x}(u,uv)+uv\frac{\partial f}{\partial y}(u,uv)=0$$

car f est solution de **(E)**.

Ainsi $\quad\forall(u,v)\in D,\ u\dfrac{\partial F}{\partial u}(u,v)=0\quad$ et donc $\quad\dfrac{\partial F}{\partial u}(u,v)=0.$ D étant un **pavé,**

il en résulte $F(u,v)=\Phi(v)$.

4) D'après 2) et 3), l'ensemble des solutions du problème est constitué des fonctions :

$$(x,y)\mapsto g\left(\frac{y}{x}\right)\quad\text{avec}\quad g\in\mathcal{C}^1(\mathbb{R},\mathbb{R})$$

Ex. 5

Le calcul des dérivées partielles de g donne :

$$\frac{\partial g}{\partial x}(x,y)=-\frac{\sin x}{\operatorname{ch} y}f'\big(u(x,y)\big)\quad,\quad\frac{\partial^2 g}{\partial x^2}(x,y)=-\frac{\cos x}{\operatorname{ch} y}f'\big(u(x,y)\big)+\frac{\sin^2 x}{\operatorname{ch}^2 y}f''\big(u(x,y)\big),$$

$$\frac{\partial g}{\partial y}(x,y)=-\frac{\cos x\operatorname{sh} y}{\operatorname{ch}^2 y}f'\big(u(x,y)\big),$$

$$\frac{\partial^2 g}{\partial y^2}(x,y)=\left(\frac{2\cos x\operatorname{sh}^2 y}{\operatorname{ch}^3 y}-\frac{\cos x}{\operatorname{ch} y}\right)f'\big(u(x,y)\big)+\frac{\cos^2 x\operatorname{sh}^2 y}{\operatorname{ch}^4 y}f''\big(u(x,y)\big),$$

et on en déduit :

$$\frac{\partial^2 g}{\partial x^2}(x,y)+\frac{\partial^2 g}{\partial y^2}(x,y)=-\frac{2\cos x}{\operatorname{ch}^3 y}f'\big(u(x,y)\big)+\left(\frac{1}{\operatorname{ch}^2 y}-\frac{\cos^2 x}{\operatorname{ch}^4 y}\right)f''\big(u(x,y)\big).$$

En conséquence, f est solution du problème si et seulement si :

$$\forall(x,y)\in\mathbb{R}_+^{*2},\ -\frac{2u(x,y)}{\operatorname{ch}^2 y}f'\big(u(x,y)\big)+\frac{1-u(x,y)^2}{\operatorname{ch}^2 y}f''\big(u(x,y)\big)=0$$

En remarquant que $u(x,y)$ décrit $]-1,1[$ lorsque (x,y) décrit $\mathbb{R}_+^{*2}$, il est nécessaire et suffisant que f' soit solution sur $]-1,1[$ de l'équation différentielle linéaire du premier ordre:

$$(1-u^2)z'-2uz=0.$$

Cette équation s'écrit aussi $\Big((1-u^2)z\Big)'=0$, on en déduit qu'il existe $a\in\mathbb{R}$ tel que $(1-u^2)f'(u)=a$

et enfin $f(u)=a\operatorname{Argth}u+b$ ou $f(u)=\dfrac{a}{2}\ln\left(\dfrac{1+u}{1-u}\right)+b,\ \ (a,b)\in\mathbb{R}^2.$

Ex. 6

Avec $M = x\overrightarrow{i} + y\overrightarrow{j}$, on obtient :

$$V(M) = \left(\frac{x-1}{\left[(x-1)^2+y^2\right]^{\frac{3}{2}}} - \frac{x+1}{\left[(x+1)^2+y^2\right]^{\frac{3}{2}}}\right)\overrightarrow{i} + \left(\frac{y}{\left[(x-1)^2+y^2\right]^{\frac{3}{2}}} - \frac{y}{\left[(x+1)^2+y^2\right]^{\frac{3}{2}}}\right)\overrightarrow{j}$$

Ainsi si $V = \operatorname{grad} f$, on a pour tout $(x, y) \in \mathbb{R}^2 \setminus \{A, B\}$:

$$\frac{\partial f}{\partial x}(x,y) = \frac{x-1}{\left[(x-1)^2+y^2\right]^{\frac{3}{2}}} - \frac{x+1}{\left[(x+1)^2+y^2\right]^{\frac{3}{2}}} \quad , \quad \frac{\partial f}{\partial y}(x,y) = \frac{y}{\left[(x-1)^2+y^2\right]^{\frac{3}{2}}} - \frac{y}{\left[(x+1)^2+y^2\right]^{\frac{3}{2}}}$$

On en déduit aisément : $f(x,y) = \dfrac{1}{\left[(x+1)^2+y^2\right]^{\frac{1}{2}}} - \dfrac{1}{\left[(x-1)^2+y^2\right]^{\frac{1}{2}}} + k \ , \ k \in \mathbb{R},$

ce qui peut s'écrire : $f(M) = \dfrac{1}{\|\overrightarrow{BM}\|} - \dfrac{1}{\|\overrightarrow{AM}\|} k \ , \ k \in \mathbb{R}.$

Niveau 2

Ex. 7

La fonction $f : \mathbb{R}^2 \to \mathbb{R}, (x,y) \mapsto f(x,y) = \sqrt{x^2+y^2} + y^2 - 1$ est continue sur $\mathbb{R}^2$, de classe $\mathcal{C}^1$ sur $\mathbb{R}^2 \setminus \{(0,0)\}$.

D est la réunion de la boule ouverte $\Omega = \{(x,y) \in \mathbb{R}^2 / x^2+y^2 < 9\}$ et du cercle $\mathscr{C}$ d'équation $x^2+y^2 = 9$.

Sur l'ouvert Ω, si f atteint un extremum en un point distinct de $(0,0)$, alors $\operatorname{grad} f$ est nul en ce point.

Avec $\dfrac{\partial f}{\partial x}(x,y) = \dfrac{x}{\sqrt{x^2+y^2}}$ et $\dfrac{\partial f}{\partial y}(x,y) = \dfrac{y}{\sqrt{x^2+y^2}} + 2y,$

on voit que $\operatorname{grad} f$ ne s'annule pas sur $\Omega \setminus \{(0,0)\}$:

les extremums de f ne peuvent être atteints que sur $\mathscr{C}$ ou en $(0,0)$.

- Étude en $(0,0)$. On remarque que $f(x,y) \geqslant -1$ avec égalité en $(0,0)$ seulement.

Donc f présente en $(0,0)$ un minimum absolu strict, $f(0,0) = -1$.

- Étude sur le cercle $\mathscr{C}$. $\mathscr{C}$ étant paramétré par : $x = 3\cos\theta$, $y = 3\sin\theta$, $\theta \in]0, 2\pi[$, on est ramené à étudier la fonction $\varphi : [0, 2\pi] \to \mathbb{R}, \theta \mapsto 2 + 9\sin^2\theta$.

Il est clair que le maximum de φ est 11, valeur atteinte pour $\theta = \dfrac{\pi}{2}$ et $\theta = \dfrac{3\pi}{2}$.

D'autre part, pour tout $(x,y) \in D$, on a $f(x,y) \leqslant 3 + 9 - 1$, le maximum de f est donc 11, il est atteint aux points $(0,3)$ et $(0,-3)$.

Ex. 8

1) La continuité en (a,b), avec $a \neq b$, est évidente. Étude en (a,a)

- Pour tout $(h,k) \in \mathbb{R}^2$, avec $h \neq k$, on a, d'après le théorème des accroissements finis (appliqué à f sur $[a+h, a+k]$) : $g(a+h, a+k) = f'(x)$ avec $x \in]a+h, a+k[$
- Par définition de g : $g(a+h, a+h) = f'(a+h)$.
- Dans tous les cas, on a donc $g(a+h, a+k) = f'(x)$, $x \in [a+h, a+k]$,

et la continuité de g en (a,a) résulte de celle de f' en a.

2) Montrons que g admet en (a,a) des dérivées partielles $\dfrac{\partial g}{\partial x}(a,a)$ et $\dfrac{\partial g}{\partial y}(a,a)$. On a :

$$\frac{g(a+x,a) - g(a,a)}{x} = \frac{f(a+x) - f(a) - xf'(a)}{x^2}.$$

Or, d'après la formule de Taylor-Young : $f(a+x)-f(a)-xf'(a)=\dfrac{x^2}{2}f''(a)+o(x^2)$

donc $\displaystyle\lim_{x\to 0}\frac{g(a+x,a)-g(a,a)}{x}=\frac{1}{2}f''(a)$ et ainsi $\dfrac{\partial g}{\partial x}(a,a)=\dfrac{1}{2}f''(a)$.

Étant donné la symétrie de g : $g(x,y)=g(y,x)$, on a de même $\dfrac{\partial g}{\partial y}(a,a)=\dfrac{1}{2}f''(a)$.

Il est clair que g est de classe $\mathcal{C}^1$ sur $U=\mathbb{R}^2\setminus\{(a,a),a\in\mathbb{R}\}$, avec $\forall(x,y)\in U$, $\dfrac{\partial g}{\partial x}(x,y)=\dfrac{f'(x)}{x-y}-\dfrac{f(x)-f(y)}{(x-y)^2}$

et symétriquement : $\dfrac{\partial g}{\partial y}(x,y)=\dfrac{f'(y)}{y-x}-\dfrac{f(y)-f(x)}{(y-x)^2}$,

il reste à prouver que $\dfrac{\partial g}{\partial x}$ et $\dfrac{\partial g}{\partial y}$ sont continues en tout point (a,a).

Posons $\Delta(h,k)=\dfrac{\partial g}{\partial x}(a+h,a+k)-\dfrac{\partial g}{\partial x}(a,a)$

Pour $h\neq k$, $\Delta(h,k)=\dfrac{(h-k)f'(a+h)-\big(f(a+h)-f(a+k)\big)-\frac{1}{2}(h-k)^2f''(a)}{(h-k)^2}$

f étant de classe $\mathcal{C}^2$, la formule de Taylor avec reste intégral donne :

$$f(a+k)-f(a+h)=(k-h)f'(a+h)+\int_{a+h}^{a+k}(a+k-t)f''(t)\mathrm{d}t$$

donc $(h-k)f'(a+h)-\big(f(a+h)-f(a+k)\big)-\dfrac{1}{2}(h-k)^2f''(a)=\displaystyle\int_{a+h}^{a+k}(a+k-t)\big(f''(t)-f''(a)\big)\mathrm{d}t$

On en déduit $|\Delta(h,k)|\leqslant\dfrac{1}{2}\displaystyle\sup_{t\in[a+h,a+k]}\big|f''(t)-f''(a)\big|$ **(1)**.

Par ailleurs, pour $h=k$, on a $\dfrac{\partial g}{\partial x}(a+h,a+h)=\dfrac{1}{2}f''(a+h)$ et l'inégalité **(1)** reste vraie.

On en déduit $\displaystyle\lim_{(h,k)\to(0,0)}\Delta(h,k)=0$ et on a ainsi prouvé la continuité de $\dfrac{\partial g}{\partial x}$ en (a,a).

Par raison de symétrie, il en est de même pour $\dfrac{\partial g}{\partial y}$ en (a,a).

Ex. 9

1) Il est clair que f est de classe $\mathcal{C}^2$ sur l'ouvert $U=\left(\mathbb{R}_+^*\right)^2$. Le calcul donne :

$$\begin{cases}\dfrac{\partial f}{\partial x}=\dfrac{1}{2}\sqrt{\dfrac{y}{x}}\,\varphi\left(\dfrac{y}{x}\right)-\sqrt{\dfrac{y^3}{x^3}}\,\varphi'\left(\dfrac{y}{x}\right)+y\,\psi'(xy)\\[2ex] \dfrac{\partial f}{\partial y}=\dfrac{1}{2}\sqrt{\dfrac{x}{y}}\,\varphi\left(\dfrac{y}{x}\right)+\sqrt{\dfrac{y}{x}}\,\varphi'\left(\dfrac{y}{x}\right)+x\,\psi'(xy)\end{cases}$$

$$\begin{cases}\dfrac{\partial^2 f}{\partial x^2}=-\dfrac{1}{4}\sqrt{\dfrac{y}{x^3}}\,\varphi\left(\dfrac{y}{x}\right)+\sqrt{\dfrac{y^3}{x^5}}\,\varphi'\left(\dfrac{y}{x}\right)+\sqrt{\dfrac{y^5}{x^7}}\,\varphi''\left(\dfrac{y}{x}\right)+y^2\,\psi''(xy)\\[2ex] \dfrac{\partial^2 f}{\partial y^2}=-\dfrac{1}{4}\sqrt{\dfrac{x}{y^3}}\,\varphi\left(\dfrac{y}{x}\right)+\dfrac{1}{\sqrt{xy}}\,\varphi'\left(\dfrac{y}{x}\right)+\sqrt{\dfrac{y}{x^3}}\,\varphi''\left(\dfrac{y}{x}\right)+x^2\,\psi''(xy)\end{cases}$$

D'où $x^2\dfrac{\partial^2 f}{\partial x^2}-y^2\dfrac{\partial^2 f}{\partial y^2}=0$.

2) Soit f une solution de classe $\mathcal{C}^2$ de l'équation **(1)** sur $\left(\mathbb{R}_+^*\right)^2$, Il est naturel d'introduire les nouvelles variables : $u = xy$ et $v = \dfrac{y}{x}$. Plus précisément, on considère l'application $\Phi : U \to U, (x, y) \mapsto \left(xy, \dfrac{y}{x}\right)$.

On vérifie que Φ est une bijection dont l'inverse est $\Phi^{-1} : U \to U, (u, v) \mapsto \left(\sqrt{\dfrac{u}{v}}, \sqrt{uv}\right)$ et que Φ^{-1} est de classe $\mathcal{C}^1$ sur $(\mathbb{R}_+^*)^2$. Posons $g = f \circ \Phi^{-1}$ ou $f = g \circ \Phi$. Autrement dit $\forall (x, y) \in U^2, f(x, y) = g\left(xy, \dfrac{y}{x}\right)$.

g est de classe $\mathcal{C}^2$ et le calcul donne : $\begin{cases} \dfrac{\partial f}{\partial x}(x, y) = y\dfrac{\partial g}{\partial u}\left(xy, \dfrac{y}{x}\right) - \dfrac{y}{x^2}\dfrac{\partial g}{\partial v}\left(xy, \dfrac{y}{x}\right) \\ \dfrac{\partial f}{\partial y}(x, y) = x\dfrac{\partial g}{\partial u}\left(xy, \dfrac{y}{x}\right) + \dfrac{1}{x}\dfrac{\partial g}{\partial v}\left(xy, \dfrac{y}{x}\right) \end{cases}$

et avec des notations simplifiées : $\begin{cases} \dfrac{\partial^2 f}{\partial x^2}(x, y) = \dfrac{2y}{x^3}\dfrac{\partial g}{\partial v} + y^2\dfrac{\partial^2 g}{\partial u^2} - \dfrac{2y^2}{x^2}\dfrac{\partial^2 g}{\partial u\,\partial v} + \dfrac{y^2}{x^4}\dfrac{\partial^2 g}{\partial v^2} \\ \dfrac{\partial^2 f}{\partial y^2}(x, y) = x^2\dfrac{\partial^2 g}{\partial u^2} + 2\dfrac{\partial^2 g}{\partial u\,\partial v} + \dfrac{1}{x^2}\dfrac{\partial^2 g}{\partial v^2} \end{cases}$

d'où $x^2\dfrac{\partial^2 f}{\partial x^2} - y^2\dfrac{\partial^2 f}{\partial y^2} = 2\dfrac{y}{x}\dfrac{\partial g}{\partial v} - 4y^2\dfrac{\partial^2 g}{\partial u\,\partial v}$

Ainsi g est solution sur U de l'équation $\dfrac{\partial g}{\partial v} - 2u\dfrac{\partial^2 g}{\partial u\,\partial v} = 0$ **(2)**.

(2) s'écrit aussi $\forall (u, v) \in U, \quad \dfrac{1}{\sqrt{u}}\dfrac{\partial^2 g}{\partial u\,\partial v} - \dfrac{1}{2u\sqrt{u}}\dfrac{\partial g}{\partial v} = 0$ c'est-à-dire $\dfrac{\partial}{\partial u}\left(\dfrac{1}{\sqrt{u}}\dfrac{\partial g}{\partial v}\right) = 0$

U étant un pavé, ceci équivaut à l'existence de $a \in \mathcal{C}^1(\mathbb{R}_+^*, \mathbb{R})$ tel que :

$$\forall (u, v) \in U, \quad \frac{1}{\sqrt{u}}\frac{\partial g}{\partial v} = a(v)$$

d'où, enfin, à l'existence de A et B dans $\mathcal{C}^2(\mathbb{R}_+^*, \mathbb{R})$ tels que :

$$\forall (u, v) \in U, \quad g(u, v) = A(v)\sqrt{u} + B(u).$$

En utilisant Φ, il vient finalement $\forall (x, y) \in U, f(x, y) = A\left(\dfrac{y}{x}\right)\sqrt{xy} + B(xy)$.

Ex. 10

1) U et V sont des ouverts de $\mathbb{R}^2$.

Tout point (x, y) de U admet un couple de coordonnées polaires (r, θ) et un seul appartenant à V donc Φ est bijective.

Il est clair que $r = \sqrt{x^2 + y^2}$ et d'autre part $\tan\dfrac{\theta}{2} = \dfrac{\sin\dfrac{\theta}{2}}{\cos\dfrac{\theta}{2}} = \dfrac{2\sin\dfrac{\theta}{2}\cos\dfrac{\theta}{2}}{2\cos^2\dfrac{\theta}{2}} = \dfrac{\sin\theta}{1 + \cos\theta}$

donc avec $\cos\theta = \dfrac{x}{\sqrt{x^2 + y^2}}$ et $\sin\theta = \dfrac{y}{\sqrt{x^2 + y^2}}$ il vient $\tan\dfrac{\theta}{2} = \dfrac{y}{x + \sqrt{x^2 + y^2}}$ et comme $\dfrac{\theta}{2} \in \left]-\dfrac{\pi}{2}, \dfrac{\pi}{2}\right[$

on a finalement $\dfrac{\theta}{2} = \operatorname{Arctan}\dfrac{y}{x + \sqrt{x^2 + y^2}}$.

2) On vérifie que Φ^{-1} est de classe $\mathcal{C}^1$ sur U. Posons $g = f \circ \Phi$, c'est-à-dire $g(r, \theta) = f(r\cos\theta, r\sin\theta)$.

Nous avons $\dfrac{\partial g}{\partial r} = \cos\theta\dfrac{\partial f}{\partial x} + \sin\theta\dfrac{\partial f}{\partial y} = \dfrac{1}{r}\left(x\dfrac{\partial f}{\partial x} + y\dfrac{\partial f}{\partial y}\right)$.

L'équation **(1)** est transformée en **(2)** : $r + \dfrac{\partial g}{\partial r}\cdot g = 0$, et puisque $\mathbb{R}_+^* \times]-\pi, \pi[$ est un pavé, elle s'intègre par $r^2 + g^2 = h^2(\theta)$ avec h arbitraire dans $\mathcal{C}^1(]-\pi, \pi[, \mathbb{R})$.

Avec l'expression de θ : $\theta = 2\operatorname{Arctan}\dfrac{y}{x + \sqrt{x^2 + y^2}}$, $(x, y) \in U$, la relation précédente permet d'expliciter g et f.

Ex. 11

Puisque $\alpha > 0$, la fonction $\varphi \,:\, \mathbb{R}^2 \to \mathbb{R}$ définie par : $\varphi(x, y) = |x|^\alpha\, y$ si $x \neq 0$
et $\varphi(0, y) = 0$ est continue sur $\mathbb{R}^2$.

Donc sur $\mathbb{R}^2 \setminus \{(0,0)\}$, f est continue en tant que quotient de deux fonctions continues avec un dénominateur qui ne s'annule pas.

Avec $|f(y^2, y)| = \frac{1}{2}|y|^{2\alpha-3}$, on voit que la continuité de f en $(0,0)$ nécessite $\alpha > \frac{3}{2}$.

Pour $|x| \geqslant y^2$, on a $|f(x, y)| \leqslant \frac{|x|^\alpha |y|}{x^2} \leqslant |x|^{\alpha - \frac{3}{2}}$ et pour $|x| \leqslant y^2$, $|f(x, y)| \leqslant \frac{|x|^\alpha |y|}{y^4} \leqslant |y|^{2\alpha-3}$

donc pour $\alpha > \frac{3}{2}$, il vient $\lim\limits_{(x,y)\to(0,0)} f(x, y) = 0$.

Ainsi f est continue en $(0,0)$ si et seulement si $\alpha > \frac{3}{2}$.

Ex. 12

Avec $u = \dfrac{x^2 + y^2}{z^2}$, on obtient :

$$\frac{\partial^2 g}{\partial x^2} = \frac{2}{z^2} f'(u) + \frac{4x^2}{z^4} f''(u) \quad , \quad \frac{\partial^2 g}{\partial y^2} = \frac{2}{z^2} f'(u) + \frac{4y^2}{z^4} f''(u) \quad , \quad \frac{\partial^2 g}{\partial z^2} = \frac{6(x^2+y^2)}{z^4} f'(u) + \frac{4(x^2+y^2)^2}{z^6} f''(u)$$

Donc f est solution si et seulement si $(2 + 3u)f'(u) + 2u(1+u)f''(u) = 0$ **(1)**.

En tenant compte de $u > 0$, **(1)** donne $f'(u) = \dfrac{\lambda}{u\sqrt{1+u}}$,

puis $f(u) = \lambda \,\ell n \left(\dfrac{\sqrt{1+u} - 1}{\sqrt{1+u} + 1} \right) + \mu$.

Index

D

E

F

G – H

I – J

R

S

T

V

W

Imprimé en France par I.M.E. 25110 Baume-les-Dames
dépôt légal : août 2003
Réf: 2080328/01